AF356422

BIBLIOTHÈQUE DU *PROGRÈS AGRICOLE ET VITICOLE*

LES

INSECTES

DE LA VIGNE

PAR

VALÉRY MAYET

PROFESSEUR DE ZOOLOGIE GÉNÉRALE ET D'ENTOMOLOGIE A L'ÉCOLE NATIONALE
D'AGRICULTURE DE MONTPELLIER, SOUS-DIRECTEUR DE LA STATION SÉRICICOLE,
DÉLÉGUÉ DE L'ACADÉMIE DES SCIENCES,
MEMBRE DE LA SOCIÉTÉ ENTOMOLOGIQUE DE FRANCE,
DE L'ACADÉMIE DES SCIENCES ET LETTRES DE MONTPELLIER,
DE LA SOCIÉTÉ CENTRALE D'AGRICULTURE DE L'HÉRAULT, ETC.

Avec 5 Planches dont 4 en Chromo et 80 Figures dans le Texte.

MONTPELLIER
CAMILLE COULET, LIBRAIRE-ÉDITEUR
LIBRAIRE DE LA BIBLIOTHÈQUE UNIVERSITAIRE, DE L'ÉCOLE NATIONALE
D'AGRICULTURE ET DE L'ACADÉMIE DES SCIENCES ET LETTRES,
GRAND'RUE, 5.
PARIS
GEORGES MASSON, LIBRAIRE-ÉDITEUR
LIBRAIRIE DE L'ACADÉMIE DE MÉDECINE.
120, Boulevard Saint-Germain (en face l'École de Médecine)
1890

LES

INSECTES DE LA VIGNE

MONTPELLIER. — TYPOGRAPHIE ET LITHOGRAPHIE CHARLES BOEHM

LES
INSECTES
DE LA VIGNE

PAR

VALÉRY MAYET

PROFESSEUR DE ZOOLOGIE GÉNÉRALE ET D'ENTOMOLOGIE A L'ÉCOLE NATIONALE
D'AGRICULTURE DE MONTPELLIER, SOUS-DIRECTEUR DE LA STATION SÉRICICOLE,
DÉLÉGUÉ DE L'ACADÉMIE DES SCIENCES,
MEMBRE DE LA SOCIÉTÉ ENTOMOLOGIQUE DE FRANCE,
DE L'ACADÉMIE DES SCIENCES ET LETTRES DE MONTPELLIER,
DE LA SOCIÉTÉ CENTRALE D'AGRICULTURE DE L'HÉRAULT, ETC.

Avec 5 Planches dont 4 en Chromo et 80 Figures dans le Texte.

MONTPELLIER

CAMILLE COULET, LIBRAIRE-ÉDITEUR

LIBRAIRE DE LA BIBLIOTHÈQUE UNIVERSITAIRE, DE L'ÉCOLE NATIONALE
D'AGRICULTURE ET DE L'ACADÉMIE DES SCIENCES ET LETTRES,
GRAND'RUE, 5.

PARIS

GEORGES MASSON, LIBRAIRE-ÉDITEUR

LIBRAIRIE DE L'ACADÉMIE DE MÉDECINE.
120, Boulevard Saint-Germain (en face l'Ecole de Médecine)

1890

A MON FRÈRE AINÉ

ALBIN MAYET

Hommage affectueux.

VALÉRY MAYET.

INTRODUCTION.

La liste des parasites, animaux ou végétaux, qui s'attaquent à nos récoltes augmente d'année en année. Par leur histoire mieux connue, leur développement mieux étudié et aussi par ses applications empruntées à la chimie et à la physique, la science semblerait, au premier abord, devoir en diminuer le nombre ; il n'en est rien cependant. Si la quantité des individus décroît beaucoup dans certains cas, celle des espèces s'accroît sensiblement.

Depuis un demi-siècle, la facilité de plus en plus grande des communications [1], la tendance des agriculteurs à se borner à une même culture dans un milieu approprié, permettent l'acclimatation de nombreux types étrangers et leur diffusion rapide.

Il y a une vingtaine d'années que nous nous occupons de cette question au point de vue entomologique. Différentes études publiées déjà par nous sur les insectes qui attaquent la vigne, la culture française par excellence, divers documents recueillis et encore inédits, nous ont engagé à donner aujourd'hui une revision de ce qui a été écrit et observé sur les *Insectes ampélophages* [2].

Nous n'avons pas la prétention d'avoir réuni tous les documents : le sujet est trop vaste ! Chaque année, en France et à l'Étranger, se publient des travaux, de tous les pays vignobles nous viennent

---

[1] On ne met aujourd'hui que 7 à 8 jours pour aller du Havre à New-York et 6 à 7 seulement si l'on part de Liverpool. Voici, comme temps, le chiffre officiel des traversées récentes les plus rapides opérées par les navires de la Compagnie transatlantique : du Havre à New-York, paquebot *la Bourgogne*, 7 jours 13 heures ; *la Champagne*, 7 jours 20 heures ; de New-York au Havre, *la Bourgogne*, 7 jours 14 heures, *la Champagne*, 7 jours 20 heures. *L'Orient-Express* a mis Constantinople à 4 jours de Paris, et les chemins de fer établis par les Russes dans l'Asie centrale réduiront prochainement à 10 ou 12 jours le voyage de Paris aux Indes.

[2] Ampélophage, de ἄμπελος vigne, et φαγεῖν manger.

des communications nouvelles et intéressantes, et, s'il nous est donné de publier une seconde édition, elle sera certainement plus complète que la première.

Comme toute œuvre qui n'est pas parfaite, celle-ci fera naître des critiques, provoquera des observations dont nous profiterons avec empressement, en vue de cette seconde édition.

Tout en donnant des détails techniques, nous tâcherons de rester clair et pratique, citant les étymologies, expliquant les obscurités, évitant les formules, nous mettant, en un mot, à la portée du plus grand nombre.

Donner un historique succinct complété par une note bibliographique, décrire l'insecte, ses métamorphoses, ses mœurs, ses ravages, indiquer les moyens de lutte : tel est le plan de notre travail.

Qu'est-ce qu'un insecte? Pour bien des gens, c'est un petit animal quelconque, et tout petit animal peut être appelé insecte. Depuis Réaumur, qui volontiers parlait ainsi, la science a marché. A ce groupe des Insectes que les naturalistes appellent une classe, nous ne laisserons pas même l'extension que lui donnait Linné, et avec les entomologistes modernes nous ne comprendrons sous ce nom que les *animaux Articulés ou Arthropodes ayant six pieds, jamais plus, jamais moins, ayant d'ordinaire quatre ailes, subissant des métamorphoses, ne grossissant pas à l'état parfait, mourant aussitôt l'acte de la reproduction accompli.*

Laissant donc de côté les Mollusques, escargots ou autres, qui attaquent les jeunes pousses, ne parlant pas davantage des Anguillules des racines [1], qui sont des Vers, nous ne ferons exception à notre règle que pour les Acariens produisant la maladie des feuilles appelée Érinose, qui sont des Arachnides ou Articulés à huit pieds et que les entomologistes de tous les pays comprennent dans leurs études.

Les naturalistes ont divisé la classe des Insectes en sept grou-

---

[1] *Anguillula radicicola* Greef. Voir au sujet de ce petit Ver Nématoïde, trouvé à Montpellier par M. Ravaz, produisant des renflements comparables à ceux du Phylloxera et qui, à ce titre, nous intéresse : Max. Cornu ; *Étude sur le Phylloxera vastatrix*, pag. 172 (imprimerie nationale, 1878). — Bellati et Saccardo ; *Atti del R. Instituto Veneto di Scienze, Lettere e Arti*, 1881. — F. de Almedia e Brito ; *Le Phylloxera et autres épiphyties de la vigne en Portugal*. Lisbonne, 1884, pag. 27. — Prof. Ottavio Ottavi ; *Viticoltura teoricopratica*. Casale, 1885, pag. 888. — Foëx ; *Cours complet de viticulture*. Montpellier, 1888, pag. 520.

pes, qu'ils ont appelés des ordres. Ces divisions étant basées sur la conformation de la bouche, le nombre et la forme des ailes, nous avons pu dresser le petit tableau suivant, destiné à montrer les affinités des différents ordres entre eux :

	APPAREIL BUCCAL	AILES	ORDRES	TYPES
INSECTES.	Suceur.	2 ailes supérieures développées ; les inférieures réduites à des balanciers.	Diptères [1].	Cécidomie
		4 ailes. Les supérieures, souvent 1/2 solides, 1/2 membraneuses ; les inférieures, membraneuses.	Hémiptères.	Phylloxera
		4 ailes. Recouvertes d'écailles brillantes et colorées, imbriquées comme les tuiles d'un toit.	Lépidoptères.	Pyrale
	Broyeur.	4 ailes membraneuses et réticulées.	Névroptères.	Termite
		4 ailes, les supérieures parcheminées, les inférieures pliées en éventail	Orthoptères.	Criquet
		4 ailes, les supérieures solides, appelées *élytres*, servant d'étui aux inférieures, qui sont membraneuses et pliées transversalement.	Coléoptères.	Altise
	Lécheur.	4 ailes membraneuses transparentes.	Hyménoptères.	Guêpe

Appareil buccal suceur, broyeur, lécheur : ceci demande une explication ! Sans donner une description complète de la bouche des insectes, nous devons entrer dans quelques détails, inutiles peut-être à la plupart de nos lecteurs, mais qui rendront quelques services à ceux qui ont écrit que la vigne succombait sous la dent du *Phylloxera*.

Les parties de la bouche des insectes étudiées chez un animal

---

[1] Les étymologies de ces noms d'ordres sont les suivantes : Diptères, de δίς deux, πτερόν aile ; Hémiptères, de ἥμισυς demi ; Lépidoptères, de λεπίς écaille ; Névroptères, de νεῦρον nervure ; Orthoptères, de ὀρθός droit ; Coléoptères, de κολεός étui ; Hyménoptères, de ὑμήν membrane.

broyeur, le Criquet par exemple, se composent d'une lèvre supérieure, d'une lèvre inférieure, d'une paire de mandibules appelées
vulgairement pinces, placées latéralement au-dessous de la lèvre
supérieure, et d'une paire de mâchoires situées au-dessous des
mandibules. Celles-ci sont destinées à saisir, à couper la feuille ;
les mâchoires, à la mâcher et à la pousser dans l'œsophage.

La position latérale des mandibules et des mâchoires indique
que leurs mouvements s'exécutent horizontalement et non verticalement, comme chez les animaux supérieurs. Cette bouche, que
nous appellerons normale, se modifie profondément chez les insectes appelés à lécher ou à sucer. La bouche d'un insecte suceur, le
Phylloxera par exemple, nous servira de type pour montrer une
de ces adaptations particulières qui permettent cependant de retrouver toutes les parties constitutives de la bouche normale.

Chez le *Phylloxera*, comme chez tous les Hémiptères, du reste,
la lèvre supérieure est atrophiée, la lèvre inférieure est au contraire longue et transformée en gaîne articulée, pouvant s'allonger ou se raccourcir comme une lunette d'approche. Cette gaîne
sert d'étui protecteur à quatre stylets solides, dont deux sont soudés ensemble, entre lesquels se trouve l'ouverture buccale ; ils
constituent l'appareil perforant et ne sont que les mandibules et
les mâchoires modifiées.

Fidèle à notre habitude, qui est de procéder du simple au composé, nous avons mis en première ligne sur notre tableau les Diptères, considérés comme insectes inférieurs, et nous terminons par
les Hyménoptères, qui peuvent être appelés insectes supérieurs.

Les insectes, avons-nous dit, subissent des métamorphoses ;
on nomme ainsi des changements de formes qui d'un œuf font une
larve (chenille), d'une larve une nymphe (chrysalide), d'une nymphe un insecte parfait, apte à se reproduire. Tous les insectes
passent par ces quatre états; mais il y a parfois simplification.
Dans ce cas, l'animal sort de l'œuf avec sa forme définitive ou à
peu près ; les métamorphoses se réduisent à de simples mues et le
passage d'une forme à l'autre est peu sensible (blattes, sauterelles,
punaises, etc.) Parfois, au contraire, le phénomène se complique.
Certains Insectes passent par plusieurs formes larvaires, dans le
détail desquelles nous n'avons pas à entrer ici (Insectes vésicants) ;
ou bien encore, pendant la série des générations, divers états parfaits apparaissent. Les uns, appelés formes agames, se multiplient

sans fécondation apparente, autrement dit par parthénogénèse [1], et la forme sexuée, pondant des œufs normalement fécondés, n'apparaît qu'à un moment donné (cynips, pucerons, phylloxera, etc.).

La larve, au point de vue agricole, est bien plus importante que l'insecte parfait. Ce dernier n'est généralement destiné qu'à assurer la perpétuité de la race. C'est sous la forme embryonnaire, qu'on appelle larve, que l'insecte accomplit le plus souvent le mandat qui lui a été tracé. Que sont en effet les vingt ou trente jours de forme parfaite pour les deux cigales américaines observées par M. Riley aux environs de Saint-Louis (Missouri) ? L'une, la *Cicada tredecim*, passe sous terre, suçant les racines, treize ans à l'état larvaire; l'autre, la *Cicada septemdecim*, dix-sept ans dans le même état. La larve est une forme embryonnaire, si l'on veut, mais un embryon qui vit plus longtemps que l'animal parfait ; qui marche, broute, taille, perfore, suce, détruit en un mot, non seulement pour se nourrir sur le moment, mais pour emmagasiner des réserves physiologiques qui lui permettent de vivre, sans manger, à l'état de nymphe et même d'insecte parfait. La Pyrale, qui, à une époque, a mis en question l'existence même de la vigne, sort de la chrysalide, s'accouple et meurt sans avoir mangé; il en est de même de la Cochylis et d'un grand nombre d'autres insectes.

De tous les végétaux cultivés, la vigne est certainement celui qui a le plus d'ennemis. Elle a non seulement les parasites qui lui sont particuliers, mais aussi ceux d'un grand nombre de végétaux sauvages et cultivés. Quand nous semons du blé ou de la luzerne, nous savons que l'une ou l'autre de ces cultures risquent fort d'être attaquées par les insectes ; mais nous sommes certains que les parasites du blé n'attaqueront pas la luzerne, et *vice versa*. Pourquoi cette exception au détriment d'une de nos principales cultures ? C'est ce que je vais tâcher d'expliquer.

Nous avons fait de la vigne un végétal essentiellement favorable au développement des insectes. Soit par le semis, soit par l'hybridation, pour l'obtention de variétés nouvelles, soit par la greffe, nous avons profondément modifié sa constitution, ses tissus, ses organes végétatifs et ses fruits, l'éloignant ainsi de plus en plus du type sauvage, bien mieux armé pour la résistance. Chaque an-

---

[1] Agame, de α sans, et γάμος mariage ; parthénogénèse, de παρθένος vierge, et γένεσις génération.

née, la vigne est taillée, fumée, labourée, irriguée, et même submergée. En lui donnant de l'eau, en la fumant, nous lui faisons pousser de gros bourgeons remplis de sève sucrée, portant des feuilles également riches en sucre, comme toutes celles des végétaux en voie de développement rapide [1]. Les tissus ne renferment ni huiles essentielles, ni alcaloïdes, ni acides en excès dont l'odeur ou la saveur puisse écarter les insectes étrangers au végétal. La feuille est très aqueuse, très peu lignifiée; le tissu en palissade sous-épidermique n'a qu'une seule couche, le tissu lacuneux l'est fortement; la feuille, en un mot, est très tendre. Le fait de cette préférence malheureuse accordée à la vigne par les insectes polyphages est ce que le Dr Laboulbène (*Comptes rendus Acad. des Sc.*, mai 1888) a très bien appelé l'*adaptation d'un parasite à un hôte plus favorable ou meilleur.*

De plus, en labourant ou en piochant trois ou quatre fois dans l'année, nous fournissons un abri assuré et d'un accès facile à tous les insectes (et ils sont nombreux) dont les métamorphoses s'opèrent dans le sol. A ces conditions, si propres déjà à attirer et à multiplier les parasites, nous en ajoutons d'autres : nous faisons souvent de la vigne notre culture exclusive, nous arrachons les bois, les haies, les arbres isolés, les plantes basses qui poussent entre les souches. Nous forçons ainsi certains insectes qui sont polyphages [2] à se réfugier sur la vigne.

En ce qui concerne ces usages viticoles, sur lesquels nous reviendrons, usages qui d'insectes inoffensifs font parfois des ampélophages dangereux, il est à propos, croyons-nous, de mentionner ici une des observations intéressantes faites par nous à ce sujet.

Nous nous sommes assuré de la présence d'une grande quantité de sucre (glucose) dans les jeunes pousses de la vigne, au moyen du réactif ordinaire, la liqueur de Fehling (tartrate cupropotassique). Ces recherches ont été faites au laboratoire de botanique de la Faculté des Sciences de Montpellier. Après ébullition, le cuivre, réduit par le glucose, est, comme on le sait, précipité à l'état d'oxyde de cuivre sous forme de granulations amorphes de

---

[1] Les accumulations de substances sucrées se forment chez les plantes dans le voisinage des régions qui doivent prendre ultérieurement un développement spécial (ovaire) ou près des organes en voie de développement (bourgeon). (G. Bonnier; *Les Nectaires. Ann. des Sc. nat.*, *Bot.*, 6e série 1879, pag. 202.)

[2] Polyphage, de πολύς nombreux, et φαγεῖν manger.

couleur rouge. La réaction, très faible avec les feuilles adultes, a été au contraire très accentuée avec des tiges et des jeunes feuilles, aussi accentuée qu'avec des coupes pratiquées dans un nectaire de rose ou des bases de pétales de la même fleur.

Nous tenions à établir ce point de comparaison, car, à plusieurs reprises depuis trois ans, nous avons reçu de Provence, d'Algérie, de Corse et de l'île de Négrepont (Grèce) des cétoines envoyées comme insectes ampélophages et exerçant, dès la fin de mars, de très grands ravages sur les bourgeons. Ces Coléoptères, dont le type connu de tous est la Cétoine dorée, si commune sur les roses, passent pour vivre exclusivement sur les fleurs des Rosacées, des Crucifères, etc., broutant les parties riches en sucre. Les espèces envoyées comme ampélophages sont les *Cetonia hirtella* et *stictica* ; la première est commune tout autour de la Méditerranée. A défaut de fleurs à leur convenance, multipliés peut-être par les fumures (les larves de cétoines vivent de détritus), ces insectes se sont abattus sur de jeunes pousses de vignes leur offrant, comme composition chimique, une certaine analogie avec leur nourriture habituelle. Déjà, au siècle dernier, le fait avait été signalé par un naturaliste d'outre-Rhin, Gmelin, qui avait rencontré abondamment la *C. hirtella* sur la vigne au bord du Volga [1].

Nous avons personnellement fait sur cette même espèce une observation, intéressante en ce qu'elle prouve que certaines cétoines vont chercher leur nourriture sucrée partout où elles peuvent la trouver. Dans un voyage récent dans le Sahara tunisien, il nous est arrivé plusieurs fois de trouver sous les déjections de nos chevaux des *C. hirtella* occupées à manger des grains d'orge dont sans doute l'amidon avait été en partie changé en sucre par la digestion. Vivant dans des pays où il n'y a ni fleurs ni feuilles tendres à brouter, ces insectes, toujours floricoles en France, deviennent coprophages [2] dans le désert, comme ailleurs ils deviennent ampélophages.

Nous pourrions multiplier ces exemples d'*ampélophagie* accidentelle ; mais ici un seul suffit pour que nous ayons été compris du lecteur. Nous aurons du reste l'occasion de revenir sur ce sujet.

En ce qui concerne l'envahissement extraordinaire des vignes,

---

[1] Gmelin ; *Systema naturæ Linnæi*, editio XIII, 1788.

[2] Coprophage, de κόπρος fiente, et φαγεῖν manger.

disons enfin que l'étendue elle-même de nos champs est une condition très défavorable au végétal. Quand les immenses vignobles qu'on appelle la Bourgogne, le Bordelais ou le Languedoc sont attaqués à l'une de leurs extrémités, il n'y a pas de raison pour que le fléau, de proche en proche, n'envahisse tout le pays. Nous en avons fait la triste expérience avec le *Phylloxera*. Telles sont les causes multiples qui, selon nous, attirent sur la vigne un si grand nombre de parasites.

Est-ce à dire pour cela qu'il faille cesser de tailler, de greffer, de fumer, de biner, etc. ? Loin de moi cette pensée, et ceux qui conseillaient comme remède contre le *Phylloxera* de laisser pousser la vigne à son gré, de tasser la terre au lieu de la piocher, n'étaient pas, à coup sûr, des agriculteurs pratiques. Il y en a même qui ont été jusqu'à conseiller de paver le sol entre les souches. Tout cela doit être relégué dans le domaine de la fantaisie, et l'on continuera toujours à tailler, à greffer, à fumer, à labourer, à cultiver des plants délicats, parce que les avantages de ces divers procédés de culture sont plus grands que leurs inconvénients. J'ai tenu seulement à signaler ces inconvénients, parce qu'ils sont ignorés de bien des gens qui ne cessent de s'étonner de la quantité des ennemis de la vigne. Le nombre des espèces exclusivement ampélophages est, en somme, minime et peut être évalué à une dizaine ; celui des ampélophages de circonstance est plus que décuple, comme on le verra plus loin.

D'une manière générale et comme conclusion de ce qui précède, nous dirons que la loi du parasitisme est une loi bienfaisante *tant qu'elle reste dans les limites tracées par la nature*, elle maintient l'équilibre des espèces, dont telle ou telle tendrait à supplanter les autres ; mais dès que, pour une raison quelconque, nous diminuons la résistance de l'une d'elles, l'équilibre est rompu. Nous avons alors à lutter aux lieu et place de cette espèce affaiblie et désarmée[1]. Citons un exemple qui, pour nous, est typique. Certains coteaux

---

[1] M. le professeur Marion (*Revue générale d'Agriculture et de Viticulture méridionale*, 20 mai 1888, pag. 6) dit de son côté : « Il faut bien comprendre que les parasites des plantes trouvent l'occasion d'une multiplication excessive précisément dans la culture du végétal auquel ils sont liés. L'agriculteur crée ainsi des conditions artificielles, il rompt l'équilibre qui s'était établi dans la nature entre les divers êtres. Il ne peut donc se dispenser d'intervenir directement pour corriger l'effet inattendu de son industrie. »

rocheux et incultes des environs de Montpellier, le versant nord
du Pic Saint-Loup, par exemple, sont remplis de lambrusques ou
vignes sauvages. Ce pays-là, jadis très riche par sa plaine, un des
premiers atteint par le *Phylloxera*, a eu toutes ses vignes cultivées
détruites en deux ou trois ans. Nous le parcourions récemment,
et nous n'avons pas remarqué qu'une seule de ces lambrusques
fût morte du parasite. Livrées à elles-mêmes, assez loin du contact
de l'homme et de ses cultures pour ne pas être trop hybridées,
elles ont résisté. Les paysans pauvres du pays continuent tous les
automnes à cueillir le petit raisin noir qui, additionné d'eau, donne
tant de couleur à l'âpre piquette ainsi fabriquée. Le propriétaire
aisé a lutté, a commencé par sulfurer ses cépages perfectionnés,
les a perdus, puis replantés sur pied américain résistant.

Sans donner ici une place capitale au côté historique du sujet
qui nous occupe, nous proposant à chaque description d'espèce d'y
consacrer tout au moins quelques lignes, nous voulons indiquer
cependant depuis quelle époque les petits parasites de la vigne ont
été observés, quelle a été, dans le cours des siècles, l'importance
de leur étude, et arriver graduellement à notre époque, à leur
bibliographie générale. Seule, elle devra nous arrêter longtemps
et sera l'objet de Notes bibliographiques spéciales.

De tout temps, on peut le dire, la culture chère à Noé a été
entravée par les insectes. A plusieurs reprises, la Bible parle de
vers ou larves attaquant la vigne. Dans un des livres de Moïse, le
Deutéronome, nous trouvons en effet le verset suivant : «Vous
planterez une vigne, la labourerez, mais n'en boirez pas le vin et
n'en recueillerez rien, parce qu'elle sera gâtée par le *Thola* (ver)».
Dans le prophète Amos (viiie siècle avant J.-C.), nous lisons : «Je
vous ai frappés par un vent brûlant, dit le Seigneur, *Gaza*[1] a
dévasté vos jardins, vos vignes, tous vos plants d'olivier et de
figuier, et vous n'êtes pas revenus à moi». Si des Hébreux nous
passons aux Grecs, nous voyons Ctésias (ve siècle avant J.-C.) parler
du *Phteir* (pou) qui attaque et fait périr la vigne ; sans doute une
de nos cochenilles ampélophages. Théophraste (ive siècle avant
J.-C.) dit : «Les *Ipes* qui attaquent la vigne s'engendrent par le

---

[1] Suivant Walckenaer (*Ann. Soc. ent. de France*, 1835 et 1836), auquel nous
empruntons une partie de ces citations, le mot hébreu *Gaza* est employé dans la
Bible comme insecte dévastateur en général. La *Vulgate* traduit par *Eruca*
(chenille) , mais le *Talmud* en fait une sauterelle.

vent du midi ; il est cependant des lieux où ils ne s'engendrent pas : les endroits aérés, bien exposés aux vents et qui ne sont pas trop chargés d'humidité ». Strabon, de son côté, raconte que « les Érythréens donnent à Hercule le nom d'*Ipoctone*, c'est-à-dire destructeur des *Ipes*, insectes qui rongent les vignes».

Les auteurs latins ne sont pas moins explicites. Plaute (III° siècle avant J.-C.) parle de l'*Involvulus*, qui s'enferme dans des feuilles de vigne roulée, «*quæ in pampini folio intorta implicat se* ». Pomponius Festus, de son côté, dit dans son dictionnaire, au mot *Involvulus* : « *Vermiculi genus qui involvit se pampino* ». Caton l'ancien (II° siècle avant J.-C.), dans son traité *De re rustica*, parlant du *Convolvulus*, donne une recette pour le combattre : «*Convolvulus in vinea ne siet amurca condita*, le *Convolvulus* ne se trouve pas sur une vigne enduite de marc d'huile ». On voit que les badigeonnages insecticides ne datent pas d'hier !

Pline parle également du *Convolvulus*, ainsi que d'un autre insecte qui ronge les raisins naissants et qu'il appelle *Volvox* : «*Alii Volvocem appellant animal prærodens pubescentes uvas*». Suivent les recettes empiriques familières à cet auteur : graisse d'ours, peau de castor, dont il faut frotter la serpe, etc. Columelle, dans son traité *De arboribus*, cite un animal, qu'il nomme *Volucra*, rongeant les pousses tendres et les raisins : «*Genus est animalis, Volucra appellatur, id fere prærodet teneras adhuc pampinos et uvas* ». Gallen, dans son livre *De simplic. medicament. facultatibus*, lib. IX, rappelle les dégâts produits par le *Scnips*, insecte ennemi de la vigne. Nous pourrions multiplier ces citations d'auteurs latins, mais nous n'en voyons pas l'utilité.

De l'époque romaine, il nous faut arriver au XVI° siècle, à Ch. Estienne et Liebault, à l'italien Aldrovande et à Olivier de Serres, pour trouver quelque chose concernant notre sujet. Pendant cette longue période, on vivait dans l'admiration des anciens et de leurs écrits. Comme le dit Walckenaer : « Avant l'invention de l'imprimerie, on n'avait d'autre source d'instruction que les anciens; l'admiration qu'ils avaient excitée, l'ascendant qu'ils avaient acquis sur l'esprit humain, s'accrurent encore par l'effet de cette invention. Les bien comprendre, les commenter, classer les notions qu'ils nous avaient transmises, telle était toute l'ambition des savants. Tout traité sur une branche quelconque des connaissances humaines n'était qu'une compilation de ce que les anciens avaient écrit sur la matière. On y ajoutait parfois ce que les modernes avaient pensé ou observé ; mais ces suppléments n'avaient, dans l'intention de l'auteur et dans l'esprit des lecteurs, ni le même poids ni la même autorité que le reste de l'ouvrage. On faisait bien peu de cas de toute proposition, de toute remarque à la suite de laquelle on ne pouvait ajouter : *ut ait Aristoteles, ut ait Plinius, ut ait Hippocrates.* Heureusement, pour les progrès de l'histoire naturelle, que le grand nombre de productions nouvelles importées en Europe des contrées récemment découvertes à la fin du XVᵉ et au commencement du XVIᵉ siècle ouvrirent bientôt les yeux sur l'insuffisance des ouvrages des anciens. On s'aperçut que la plupart des objets qu'on avait occasion d'observer leur avaient été inconnus. Pour ce qui concerne les insectes particulièrement, il fut facile de s'apercevoir que les anciens n'avaient traité que d'un petit nombre, fort inexactement. Dès lors, on cessa de s'occuper de ce qu'ils avaient écrit, on se livra exclusivement à l'étude de la nature, et la science prit aussitôt un nouvel essor. »

La *Maison rustique*, de Ch. Estienne et Liebault, est de 1554. Après avoir parlé des petits ennemis du vigneron, ces auteurs ajoutent : « Les chenilles et poux, n'austres bestelettes ne gasteront le bourgeon ne la feuille de vigne, si la serpe de laquelle l'on eslaguera et taillera est oinste avec sang de bouc ou graisse d'asne ou d'ours, ou d'huile où auront bouilli les chenilles, ou ail pilez, etc. » On voit, par cette citation, que la science *à la manière de Pline* n'avait pas dit son dernier mot à une époque relativement récente.

Aldrovande, dans son traité *De animalibus insectis* (1602), s'étend assez longuement sur les parasites de la vigne, et, selon Vallot, qui a consacré un long paragraphe à cet auteur, celui-ci, par le mot *Cantharis*, désigne plusieurs coléoptères ; ce qu'il nomme *Ips* serait un coupe-bourgeons, peut-être un *Otiorhynchus* ; quant au *Tagliadizzo*, sa neuvième cantharis, qui est grossièrement figuré, mais reconnaissable, c'est le rhynchite, ou attelabe. Olivier de Serres a très bien décrit le rhynchite, qu'il appelle *Coigniau.*

Au XVIIᵉ siècle, Olivier de Serres restait l'oracle ; on se contentait de ce qu'avait dit le Père de l'Agriculture dans son *Théâtre d'Agriculture et mesnage des champs*, publié en 1604. En 1732, dans son *Spectacle de la Nature*, tom. II, pag. 353, Pluche cite plusieurs ennemis de la vigne ; mais la confusion est telle dans son livre entre ceux qui roulent les feuilles, piquent les fruits ou filent des toiles, que le gribouri et le rhynchite seuls se distinguent nettement. Pluche, le premier, a adopté le nom de *gribouri*, employé si souvent depuis cette époque.

Il nous faut arriver en 1771 pour trouver une œuvre consciencieuse (*Journal de Physique*, tom. I, 1re, 2e et 3e parties), le Mémoire de l'abbé Rozier, intitulé : *Des Insectes essentiellement nuisibles à la vigne*. Malgré certaines erreurs, et les noms français correspondant parfois assez mal à la nomenclature latine de Linné, ce travail peut être considéré comme le point de départ de tous ceux (et ils sont nombreux) qui ont été publiés au xixe siècle. C'est à lui que nous arrêterons cette Revue historique et bibliographique des siècles passés concernant les Insectes de la vigne.

Primitivement notre intention était de dresser ici une liste générale de tous les travaux publiés pendant ce siècle ; mais, entreprise par nous, cette liste s'est trouvée être si considérable qu'elle dépassait le cadre que nous nous sommes assigné pour cette Introduction. A chaque chapitre consacré à une espèce, nous citerons dans une Note bibliographique les principaux travaux publiés sur elle. Mentionnons toutefois, de suite, les quelques auteurs qu'il est indispensable de connaître dès le début, dont les travaux, comprenant l'ensemble de la question, sont, en quelque sorte, devenus classiques et dont les noms sont liés à l'histoire de la vigne. Pour la France, nous citerons Walckenaer, Dunal, Vallot et Audouin ; pour les États-Unis, Asa Fitch et Riley. Citons encore, bien que d'une importance moindre, le nom de M. André (de Beaune)[1].

Les auteurs que nous venons de nommer parlent, les uns d'une trentaine d'espèces, les autres de quarante ou cinquante. Nous étonnerons peut-être le lecteur en disant qu'il sera parlé de beau-

---

[1] **Le Baron Walckenaer**; *Recherches sur les insectes nuisibles à la vigne* (Ann. soc. ent. de Fr., 1835 et 1836 ; Entom. Magazine, 1837, tom. IV, pag. 117 et 293). — **Dunal**; *Des insectes qui attaquent la vigne* (Bull. Soc. d'Agr. de l'Hérault, 1832 à 1839 ; Comptes rendus de l'Acad. de Montpellier, tom. IV, pag. 834). — **Vallot**; *Des insectes nuisibles à la vigne* (Mémoires de l'Acad. de Dijon, 1839-40 ; Revue et Magasin de Zool., 1840 ; Ann. des Sciences physiques et naturelles de Lyon, 1841. — **Audouin**; *Histoire des insectes nuisibles à la vigne et particulièrement de la Pyrale* (Paris, Fortin-Masson, 1842). — **Asa Fitch**; Annual Report of agricultural Society of New-York de 1854 à 1859. — **Riley**; First annual Report on noxious Insects of the state Missouri, 1869 et années suivantes ; American entom., 1869 et années suivantes. — **André**; *Les parasites et les maladies de la vigne* (Beaune, 1882).

coup plus d'une centaine [1], et cependant nous avons écarté toutes les espèces restées américaines et retranché des listes classiques plusieurs insectes qui n'ont jamais vécu sur la vigne [2].

Nous comprenons, il est vrai, dans notre travail les espèces de tous les pays viticoles de l'Europe et de l'Afrique française.

La liste générale des ampélophages étudiés avec quelques détails dans ce livre peut se dresser comme suit [3] :

CLASSE DES ARACHNIDES.

Ordre des Acariens..... *Phytoptus vitis* Dujardin.

CLASSE DES INSECTES.

Ordre des Diptères...... *Cecidomyia œnophila* Haimhoffen.
Ordre des Hémiptères .. *Pulvinaria vitis* Linné.
        Aspidiotus vitis Signoret.
        Dactylopius vitis Niedelsky.

---

[1] Comme nombre d'ennemis, la vigne sauvage, la lambrusque de nos bois, comparée aux autres espèces forestières, est au contraire bien au-dessous de la moyenne. Elle n'a guère qu'une dizaine d'espèces parasites, tandis que si nous consultons le précieux travail de Kaltenbach (*Die Planzenfeinde aus der Klasse der Insecten*. Les insectes ennemis des plantes. Stuttgard, 1874), où sont énumérés les insectes vivant aux dépens des espèces botaniques les plus répandues, nous trouvons pour nos principales essences forestières les chiffres suivants : les différents chênes 537 espèces parasites, les saules 396, les pins et sapins 299, le bouleau 270, les peupliers 264, l'aulne 119, le hêtre 154, l'orme 107, le tilleul 102, le noisetier 98, le charme 88, le frêne 51, etc. La vigne est donc *naturellement* favorisée, et c'est bien aux divers usages culturaux qu'est dû le grand nombre de ses ennemis.

[2] Nous pouvons citer entre autres le *Rhynchites Bacchus* et l'*Altica Lythri*. Le premier, parasite du pommier, vit à l'état de larve dans l'intérieur des fruits de cet arbre et n'a jamais brouté le parenchyme d'une feuille de vigne roulée en cigare. L'erreur vient de Linné (*Syst. naturæ*, tom. II, pag. 611), a été répétée par Audouin et tous ceux qui ont copié Audouin. Pour l'*Altica Lythri*, c'est dans l'*Exploration scientifique de l'Algérie*, pag. 544, pl. 44, par M. Lucas (Paris, impr. nat., 1849), qu'il faut chercher l'origine de la confusion avec l'*Altica ampelophaga*. L'*A. Lythri* n'a jamais vécu que sur la salicaire (*Lythrum salicaria*).

[3] Le nom d'une bonne partie des insectes composant cette liste générale n'ayant pu être francisé, nous avons dû la dresser avec les noms latins seuls. Par contre, tous les noms français existant ou qui ont pu être créés, serviront de titre, autant que possible, aux chapitres ou paragraphes composant ce livre, et le nom latin ne viendra qu'en seconde ligne.

Ordre des Orthoptères... *Acridium Maroccanum* Thunberg.
Ephippiger vitium Serville.
—   *Bitterensis* Marquet.
Barbitistes Berenguieri Mayet.
Phaneroptera falcata Serville.
Œcanthus pellucens Scopoli.

Ordre des Coléoptères... *Altica ampelophaga* Guérin.
Malacosoma Lusitanicum Linné.
Aulacophora abdominalis Fabricius.
Adoxus vitis Fourcroy.
Clythra taxicornis Fabricius.
Cerambyx miles Bonelli.
Clytus Verbasci Linné.
Callidium unifasciatum Olivier.
Vesperus Xatarti Mulsant.
Rhynchites Betuleti Fabricius.
Geonemus flabellipes Olivier.
Cneorhinus geminatus Fabricius.
Peritelus subdepressus Mulsant.
—   *griseus* Olivier.
—   *senex* Bohemann.
—   *familiaris* Bohemann.
Otiorhynchus planithorax Bohemann.
—   *Ligustici* Linné.
—   *asphaltinus* Germar.
—   *populeti* Bohemann.
—   *sulcatus* Fabricius.
—   *globus* Bohemann.
—   *singularis* Linné.
—   *raucus* Fabricius.
Opatrum sabulosum Linné.
Apate sexdentata Olivier.
— *muricata* Fabricius.
— *sinuata* Fabricius.
— *bimaculata* Olivier.
Agrilus derasofasciatus Lacordaire.
Cetonia hirtella Linné.
—   *stictica* Linné.
Pentodon punctatus Villers.
Anomala vitis Fabricius.

Ordre des Coléoptères.. *Anomala ænea* Degeer.
                        Melolontha vulgaris Fabricius.
                        —   *fullo* Linné.
                        Rhizotrogus marginipes Mulsant.
                        —   *euphytus* Buquet.
                        —   *inflatus* Buquet.
                        —   *sinuatocollis* Fairmaire.
                        Lethrus cephalotes Fabricius.
Ordre des Hyménoptères. *Vespa vulgaris* Linné.
                        Tenthredo strigosa Fabricius.

En tout, 95 espèces. En plus de cela, sans parler ici des insectes ennemis naturels de nos ampélophages, dont la description ou la mention accompagnera l'histoire de chacun de ceux-ci; sans faire entrer non plus en ligne de compte les Hyménoptères vivant dans les sarments secs, dont il sera parlé page 443, nous décrirons succinctement ou nommerons tout au moins 36 autres insectes cités par divers auteurs. Ces espèces, que nous n'avons pas cru devoir décrire en détail ni même ranger parmi les principaux ennemis à combattre, jointes aux 95 de notre liste générale, forment un total de 131 espèces décrites ou mentionnées dans ce livre. Sur ces 131 espèces, 109 environ sont françaises.

Devant cette masse d'ennemis, le viticulteur devra-t-il parfois désespérer de défendre ses vignes ? Loin de là ! Il devra tout d'abord se dire que ce nombre comprend tous les Ampélophages des régions les plus diverses, des bords de la Seine à ceux du Volga, de l'Andalousie et de la Barbarie à la Syrie, et qu'il n'aura jamais à lutter contre plus d'une demi-douzaine d'ennemis à la fois. Il devra se dire ensuite que tous ces parasites pourront être vaincus; à une condition, toutefois, c'est que leurs mœurs seront bien connues.

En recueillant les matériaux destinés à composer ce livre, ce sont sans doute les insectes eux-mêmes et les meilleurs moyens de lutter contre eux que nous nous sommes proposé d'étudier ; mais c'est aussi et surtout vers la connaissance de leurs premiers états et de leurs mœurs que nos efforts ont été dirigés.

Nous suivrons dans le cours de ce travail l'ordre adopté dans le tableau dressé au début de ces lignes et dans la liste ci-dessus, allant du simple au composé. Les Arachnides, à tort ou à raison, étant considérés comme inférieurs aux insectes, nous parlerons donc tout d'abord du *Phytoptus vitis*, petit Arachnide de la famille des Acariens qui occasionne la maladie de l'Érinose. L'étude des Insectes sera commencée par celle des Diptères ou mouches à deux ailes, regardés comme formes inférieures, et nous la terminerons par celle des Hyménoptères ou mouches à quatre ailes, considérés comme Insectes supérieurs.

Nous nous faisons un devoir de citer ici tous ceux qui nous ont prêté leur concours dévoué. Nous avons correspondu en Italie avec M. Targioni-Tozzeti, en Espagne avec M. Graëlls, en Grèce avec M. Gennadius, en Autriche avec M. Bolle, en Hongrie avec M. Horvath, en Allemagne avec MM. Von Heyden, Osten-Saken et Blankenhorn ; en Suisse avec MM. Fatio et Covelle, en Russie avec M. Kowalesky, et nous saisissons l'occasion de les remercier de nouveau. Nommer ces naturalistes, c'est indiquer la valeur des documents qu'ils nous ont transmis.

En France et dans nos colonies du nord de l'Afrique, nous devons des renseignements précieux à MM. Flahault, de Fischer, Foëx, Viala et Ravaz, de Montpellier ; Balbiani, Megnin, Bedel, Sedillot, Gazagnaire et Ragonot, de Paris ; André, de Beaune ; Puton, de Remiremont ; Marquet, de Toulouse ; Gobert, de Mont-de-Marsan ; Perez, de Bordeaux ; Boiteau, de Libourne ; De Laffitte, de Lajoannenque ; Marion, de Marseille ; Rivière, Lecq, Barbier et Delamothe, d'Alger ; Mangiavachi et Chapelle, de Tunis, etc. Nous tenons à leur témoigner toute notre gratitude.

LEXIQUE

POUR SERVIR A L'ÉTUDE DES INSECTES DE LA VIGNE

Abdomen. — Partie postérieure du corps des Insectes comprenant l'ensemble des segments ventraux.

Acuminé. — Terminé en pointe.

Agame. — Qui se reproduit sans accouplement.

Aiguillon. — Arme de défense, aiguë, rétractile, faisant partie de l'armure génitale femelle des Insectes Hyménoptères.

Ailes. — Organes du vol, au nombre de quatre généralement chez les Insectes, parfois réduits à deux, parfois complètement atrophiés.

Anal. — Voisin ou faisant partie de l'orifice postérieur du tube digestif.

Anneau. — Segment ou portion dont la réunion constitue l'ensemble du squelette extérieur des Insectes.

Annelé. — Composé d'anneaux ou segments.

Anté. — (En composition) situé en avant de... antéoculaire, situé en avant de l'œil.

Antennes. — Appendices mobiles au nombre de deux chez les Insectes, placés sur la tête et composés d'un nombre variable d'articles ou parties. Elles servent à palper et sont le siège de l'odorat.

Aphidiphage. — Qui se nourrit de Pucerons (Aphis).

Apical. — Placé au sommet.

Apode. — Dépourvu de pattes.

Apophyse. — Saillie ou prolongement des pièces du squelette.

Aptère. — Dépourvu d'ailes.

Arête. — Ligne en relief et un peu tranchante faisant saillie sur les jambes, l'abdomen, etc.

Armure génitale. — Parties cornées fortement chitineuses des organes sexuels.

Article. — Partie d'un appendice, antenne, palpe ou tarse, comprise entre deux articulations.

Atténué. — Graduellement diminué.

Balanciers. — Petits appendices placés sur le métathorax et qui ne sont que les ailes inférieures atrophiées.

Basal ou **basilaire.** — Dépendant ou voisin de la base.

Bec. — Ensemble des pièces buccales solides d'un insecte suceur (Hémiptères principalement). Se dit aussi pour la tête fortement prolongée des Charançons, etc.

Buccal. — Qui dépend de la bouche.

Calus. — Saillie en bosse. Calus huméral situé sur les élytres vers l'épaule.

Capité. — Terminé par un bouton, poil capité.

Carène. — Ligne longitudinale saillante.

Cellule. — Élément anatomique, généralement microscopique, constituant les tissus du corps des êtres organisés.

Cellules des ailes. — Espaces circonscrits par les nervures.

Cellulose. — Substance ternaire (carbone, hydrogène et oxygène) dont la formule est $C^{12} H^{10} O^{10}$, qui constitue l'enveloppe de la cellule des végétaux et se retrouve dans les tissus de certains animaux.

Céphalique. — Qui dépend de la tête.

Céphalothorax. — Partie du corps formée de la tête et du thorax réunis.

Cerques. — Appendices ou filets au nombre de deux, terminant la partie dorsale de l'abdomen chez les Orthoptères et placés sous la plaque sus-anale.

Chaperon. — Partie antérieure et saillante de l'épistome.

Chenille. — Nom sous lequel on désigne les larves des Lépidoptères.

Chitine. — Substance incrustante composée d'une matière albuminoïde et de cellulose, destinée à solidifier le squelette extérieur des Insectes.

Chitineux. — Incrusté de chitine.

Chlorophylle. — Matière azotée de couleur verte, constituant le plus important des principes colorants des végétaux, décomposant l'acide carbonique de l'air au profit de la plante qui retient le carbone et dont la formule peut s'écrire ainsi : $C^{36} H^{30} Az O^{4}$.

Cilié. — Garni de cils ou poils raides.

Cocon. — Coque de soie destinée à protéger l'Insecte.

Coléoptères. — Insectes dont les ailes supérieures, appelées élytres, sont solides et servent d'étui aux deux inférieures, qui sont pliées transversalement.

Conchiforme. — En forme de conque, de coquille.

Concolore. — De même couleur.

Contractile. — Qui peut se contracter, se replier sur lui-même.

Coprophage. — Qui vit de déjections.

Coque. — Enveloppe formée de substances diverses où sont enfermés les œufs, les larves ou les nymphes.

Cordiforme. — En forme de cœur.

Cornicule. — Petits tubes au nombre de deux, particuliers aux Pucerons, placés sur le sixième segment abdominal et desquels sort une liqueur sucrée.

Côte. — Ligne longitudinale saillante comparable à celles des feuilles et des fruits.

Crête. — Ligne élevée et dentelée.

Crochets. — Pointes recourbées qui terminent les tarses, etc.

Cuisse. — La partie la plus robuste de la patte appelée aussi fémur, placée entre le trochanter et le tibia.

Cupules. — Organes concaves en forme de petite coupe.

Déhiscent. — Se dit de deux pièces qui s'écartent vers leur extrémité.

Dent. — Petite saillie formant pointe.

Digitule. — Poil terminé par une partie élargie en forme de ventouse.

Dimère. — A deux articles (tarse).

Dimorphe. — Se dit d'une espèce qui présente deux types distincts.

Diptères. — Insectes n'ayant que deux ailes développées.

Disque. — Région centrale d'un organe développé en surface.

Écailles. — Poils modifiés, aplatis et imbriqués les uns sur les autres.

Écusson — Pièce du thorax appartenant au mésonotum, souvent triangulaire et apparaissant au sommet de la suture des élytres.

Efflorescence. — Couche d'aspect farineux, rappelant la fleur de certains fruits, généralement de nature cireuse.

Élytres. — Ailes supérieures modifiées et servant d'étui aux inférieures.

Entomophage. — Qui mange des Insectes.

Épaule. — Partie antéro-externe des élytres.

Épistome. — Partie antérieure des pièces fixes de la tête en dessus, immédiatement au-dessus de la lèvre supérieure.

Éruciforme. — En forme de chenille.

Faciès. — Aspect particulier d'un insecte ou d'un groupe d'insectes.

Fausse-chenille. — Nom donné aux larves de certains Hyménoptères (Tenthrédides), larves qui ressemblent à des chenilles.

Fausses-pattes. — Protubérances charnues parfois munies de crochets, rétractiles, placées sous les segments abdominaux et servant à la marche chez certaines larves. Les chenilles en sont toutes pourvues.

Fémur. — Cuisse.

Filets. — Prolongements en forme de fil très déliés qui terminent parfois l'abdomen.

Filiforme. — En forme de fil.

Floricole. — Qui vit sur les fleurs.

Foliacé. — Aminci comme une feuille.

Front. — Partie moyenne du dessus de la tête, entre l'épistome, les yeux et le vertex.

Frugivore. — Qui se nourrit de fruits.

Funicule. — Articles des antennes compris entre le scape (premier article) et les articles terminaux plus ou moins groupés.

Fusiforme. — En forme de fuseau.

Gallicole. — Qui vit dans une galle.

Hanche. — Pièce d'insertion des pattes dans le thorax.

Hémiptères. — Insectes dont les ailes supérieures sont souvent demi-solides et opaques, demi-transparentes, les inférieures membraneuses.

Hétéromères. — Insectes à tarses postérieurs composés de moins d'articles que les antérieurs.

Hexagonal. — A six pans.

Hexapodes. — Ayant six pieds.

Huméral. — Qui dépend de l'épaule.

Hyalin. — Transparent comme du verre.

Hybride. — Produit de deux espèces différentes.

Hyménoptères. — Insectes à quatre ailes membraneuses, transparentes et à bouche organisée pour lécher.

Hypogé. — Qui vit sous terre.

Imbriqué. — Se dit des écailles disposées comme les tuiles d'un toit.

Inerme. — Sans pointe ni épine.

Joue. — Partie latérale de la tête.

Labial. — Qui dépend de la lèvre inférieure.

Labre. — Lèvre supérieure.

Larve. — État sous lequel l'insecte sort de l'œuf et qui est généralement vermiforme.

Lépidoptères. — Insectes à quatre ailes recouvertes d'écailles brillantes imbriquées, connus sous le nom vulgaire de papillons.

Ligne médiane. — Ligne idéale divisant longitudinalement le corps ou un organe en deux parties égales.

Lignivore. — Qui se nourrit de bois.

Mâchoires. — Pièces buccales au nombre de deux, situées entre les mandibules et la lèvre inférieure, souvent recouvertes par les mandibules et portant la paire de palpes la plus développée.

Mandibules. — Pièces buccales au nombre de deux placées au-dessus des mâchoires, très solides, parfois très développées (cerf-volant), mues par des muscles puissants, destinées à saisir et à couper.

Massue. — Renflement terminal d'un organe tel que les antennes.

Maxillaire. — Qui dépend des mâchoires.

Médian. — Qui est au milieu.

Mésosternum. — Face inférieure du deuxième segment thoracique sur laquelle sont insérées les pattes intermédiaires.

Mésothorax. — Deuxième segment du thorax pris dans son ensemble.

Mésothoracique. — Qui dépend du mésothorax.

Métasternum. — Face inférieure du troisième segment thoracique sur laquelle sont insérées les pattes postérieures.

Métathorax. — Troisième segment du thorax pris dans son ensemble.

Métathoracique. — Qui dépend du métathorax.

Micropyle. — Petite ouverture par laquelle les spermatozoïdes ou éléments mâles pénètrent dans l'œuf.

Monomère. — Qui n'est composé que d'un article : tarse monomère.

Névroptères. — Insectes à quatre ailes membraneuses égales, réticulées.

Oblitéré. —- Un peu effacé.

Ocelles. — Yeux simples des Insectes.

Octopode. — Qui a huit pieds.

Œil. — Organe de la vision, de deux sortes chez les Insectes : œil simple ou ocelle ; œil composé, formé de la réunion d'un grand nombre d'yeux.

Ongles. — Crochets terminaux des tarses. .

Orthoptères.—Insectes ayant quatre ailes droites, les inférieures généralement pliées en éventail.

Ovaires. — Glandes génitales femelles.

Oviducte.— Partie des organes génitaux femelles qui conduit les œufs au dehors.

Ovigère. — Qui produit et porte les œufs.

Ovipare. — Qui pond des œufs.

Oviscapte. — Partie des organes génitaux femelles terminant parfois l'oviducte et propre à insérer les œufs dans un milieu résistant.

Ovovivipare. — Qui pond des petits vivants, mais sortis d'un œuf éclos dans le corps de la mère.

Palpes.— Appendices mobiles et articulés des parties de la bouche, au nombre de deux ou trois paires.

Pattes. — Organes de la locomotion, au nombre de six chez les Insectes, insérés sous les trois anneaux du thorax et composés de cinq pièces : la hanche, le trochanter, le fémur, le tibia et le tarse. Par opposition aux fausses-pattes, on leur donne parfois le nom de pattes écailleuses.

Pectiné. — En forme de peigne.

Pédicelle. — Pièce amincie servant de support.

Pédoncule. — Pièce de support, généralement grêle.

Pénis. — Partie des organes génitaux mâles faisant saillie à l'extérieur ; ce nom s'applique plus spécialement à la verge.

Pentagone. — A cinq pans.

Pentamère. — Composé de cinq articles : tarse pentamère.

Pénultième. — Avant-dernier.

Phytophage. — Qui se nourrit de végétaux.

Pilifère. — Qui porte ou donne naissance à des poils.

Piliforme. — En forme de poil.

Piriforme. — En forme de poire.

Poitrine. — Ensemble des méso et métasternum.

Polymorphe. — De formes variables.

Polyphage. — Qui vit de végétaux ou de substances différentes.

Post... — (En composition) situé en arrière de.

Pré... — (En composition) situé en avant de.

Pronotum. — Surface dorsale du prothorax.

Prosternum. — Face inférieure du prothorax.

Prothoracique. — Qui dépend du prothorax.

Prothorax. — Premier anneau ou segment du thorax.

Pruineux. — Couvert d'une efflorescence comparable à celle de certains fruits

Pubescent. — Garni de poils.

Pucerons. — Nom vulgaire donné à tous les insectes de la famille des Aphides ou Aphidiens.

Pupe. — Enveloppe de la nymphe des Insectes Diptères, en forme d'œuf ou de barillet et formée de la peau de la larve.

Pygidium. — Dernier arceau dorsal chitineux de l'abdomen.

Radicicole. — Qui vit sur les racines.

Rétractile. — Qui peut rentrer dans l'intérieur du corps ou se replier sur soi-même.

Réticulé. — Couvert d'une sorte de réseau.

Rhizophage. — Qui se nourrit de racines.

Rostre. — Bec, prolongement de la tête en avant des yeux (Charançons); se dit aussi de l'ensemble des parties solides de la bouche d'un insecte suceur.

Sabre. — Oviscapte aplati et recourbé de certains Orthoptères.

Saltatoire. — Propre à sauter.

Scape. — Premier article de l'antenne fortement développé.

Scrobes. — Sillons latéraux du rostre servant à loger les antennes.

Sécuriforme. — En forme de hache.

Segments. — Division circulaire ou anneau dont l'ensemble constitue le corps des Insectes.

Sessile. — Qui n'est pas supporté par un pédicelle.

Sétigère. — Qui porte des soies.

Sexué. — Qui se reproduit par génération ordinaire, par opposition à agame.

Sommet. — De la tête, partie contiguë au prothorax ; du prothorax, partie contiguë à la tête ; des élytres, extrémité postérieure.

Spermatozoïde. — Élément mâle fécondant, constitué chez les Insectes par une cellule microscopique, allongée en forme de fil, mobile, et qui nage en nombre considérable dans un liquide (liquide spermatique).

Squameux. — Couvert d'écailles.

Squamule. — Petite écaille.

Squelette tégumentaire. — On nomme ainsi la partie extérieure solide très chitineuse du corps des Insectes, constituant un appareil de protection et servant aux insertions des muscles.

Sternum. — Partie ventrale du thorax.

Stigmates. — Ouvertures de l'appareil respiratoire des Insectes, généralement latérales, et servant de point de départ aux trachées.

Stridulation. — Bruit produit par un frottement.

Stylets. — Pièces dures, allongées, faisant partie d'un appareil perforant.

Sub... (En composition) signifie légèrement : subaigu, légèrement aigu.

Sutural. — Dépendant de la suture ou ligne de jonction des élytres.

Tarière. — Oviscapte prolongé en longue pointe.

Tarse. — Partie terminale des pattes, ayant de un à cinq articles.

Tempe. — Portion latérale de la tête, derrière les yeux.

Temporal. — Relatif aux tempes.

Testacé. — Jaune tirant sur le terreux.

Testicule. — Glande sexuelle mâle.

Tétramère. — Qui a quatre articles : tarse tétramère.

Tétrapode. — Qui a quatre pieds.

Thorax. — Groupe de trois segments, prothorax, mésothorax et métathorax, portant les trois paires de pieds, formant un ensemble homogène et placé entre la tête et l'abdomen.

Tibia. — Partie de la patte placée entre le fémur et le tarse.

Tissu. — Réunion de cellules dont sont formées les parties constitutives du corps : sang, muscles, peau, nerfs, etc.

Trachées. — Vaisseaux respiratoires subdivisés à l'infini dans le corps des Insectes, prenant l'air extérieur par les stigmates et le distribuant partout.

Tri... — (En composition) signifie en trois : trimère, composé de trois articles.

Trochanter. — Pièce de la patte située entre la hanche et le fémur.

Tronqué. — Coupé brusquement.

Tubes. — Organes en forme de vaisseaux, ou tuyaux très déliés, filiformes, terminés d'un côté par un cul-de-sac. *Tubes ovariques*, produisant les œufs et les conduisant dans les deux branches de l'ovaire. *Tubes de Malpighi*, organes glandulaires insérés sur le canal digestif et paraissant remplir à la fois les fonctions de foie et de reins.

Uni. — (En composition) exprime l'idée d'unité : unicolore, d'une seule couleur.

Valve. — Écaille de coquille, et par extension, écaille servant d'opercule.

Vermiforme. — En forme de ver.

Versicolore. — De couleur variée.

Vertex. — Partie supérieure de la tête, en arrière des yeux.

Verticillé. — Poils verticillés, en forme de verticille ou de rangée circulaire autour d'un axe.

Vésicant. — Doué de propriétés analogues à celle des vésicatoires.

Vésicule germinative. — Partie de l'œuf ou noyau primitif de la cellule œuf, qui adjointe à un nouvel élément (spermatozoïde) est fécondée par ce fait. La cellule œuf ainsi régénérée devient le point de départ de la production des cellules qui formeront le corps de l'embryon.

Vivipare. — Qui pond ses petits éclos.

Xylophage. — Qui mange le bois.

INSECTES DE LA VIGNE

CHAPITRE PREMIER

CLASSE DES ARACHNIDES

LE PHYTOPTUS DE LA VIGNE[1]

(*Phytoptus Vitis* Dujardin.)

I. — MALADIE DE L'ÉRINOSE.

Les feuilles de différents végétaux sont souvent remplies de galles d'une nature particulière et qui depuis longtemps ont attiré l'attention des naturalistes. Ces excroissances ont tantôt la forme d'une petite corne ou d'une pointe de clou un peu recourbé (tilleul), tantôt l'aspect d'une boursouflure formant légère saillie du côté de la face supérieure du limbe

[1] BIBLIOGRAPHIE. — **Malpighi** ; *De excrescentiis et tumoribus plantarum.*— **Réaumur** ; *Mémoires pour servir à l'histoire des Insectes*, tom. III, pag. 511, 1737. — **Persoon** ; *Sinops. fungorum*, 1809. — **Fries** ; *Observat. mycolog.*, 1815. — **Id.**; *Syst. mycologicum*, 1825. — **Schlechtendal** ; *Denkschrift der Botan. gesellsch.*, in *Regensburg*, tom. II, 1822.— **Id.**; *Botan. Zeit.*, tom. XXIV. — **Vallot** ; *Méd. Acad.*, Dijon, 1832, part. d. scienc. — **Turpin** ; *Sur le développement des galles du Tilleul* (Nouv. Bull. de la Soc. philomatique, pag. 163), 1833. — **Unger** ; *Die Exantheme der Pflanzen*, 1833. — **Dugès** ; *Ann. des Sciences nat.*, 2ᵉ série, tom. II, 1834. — **Fée** ; *Mémoire sur les groupes des*

1

(fig. 1) et dépression sur la face inférieure (vigne, etc.). Ces galles sont garnies à leur partie concave de poils feutrés, blanchâtres au début, qui deviennent progressivement blancs, ensuite roux et tournent au brun en vieillissant.

Si l'on fait une coupe au rasoir à travers une de ces déformations de la

Phylléridies de Fries, 1834. — **Siebold** ; *Bericht über die Arbeiten des entomologischen, sektion, etc.*, 1850. — **Dujardin** ; *Ann. Scienc. nat.*, 3ᵉ série, tom. XV, 1851. — **Lacaze-Duthiers** ; *Recherches pour servir à l'histoire des Galles* (Ann. des Sc. nat., 3ᵉ série, Botan., tom. XIX, 1853. — **Esprit Fabre** et **Dunal** ; *De l'Érinose de la Vigne* (Bull. Soc. d'Agr. de l'Hérault, pag. 35, 1853. — **Scheuten** ; *Einiges über Milben* (Arch. für naturg., drei und zwanzigster Jarhgang, pag. 104, 1857. — **Paggenstecher (H.-A.)** ; *Ueber Milben, besonders die Gattung Phytoplus*, in *Verhandl. d. nat. med. Vereins zu Heidelberg*, tom. I, 1857-59. — **Landois (H.)** ; *Eine Milbe (Phytoplus vitis Mihi), Als Ursache des Traubenmisswachses*, in *Zeitschrift für wissenschaftliche Zoologie von Siebold und Kölliker*, tom. XIV, pag. 353, 1861. — **Landois** et **Rœse** ; *Bot. Zeitung*, 1866, n° 38, pag. 293. — **Thomas (Fr.)** ; *Ueber Phytoplus Duj. und. Seine grossere Anzahl neuer oder wenig gekannter Missbildungen, welche dies Milben aus Pflanzen hevorbringen con. 1. Tav.*, in *Prog. d. Realschule zu Ohrdruf*, 1869. — **Id.** ; *Schweizerische Milbengallen, Verhandl. der. St. Gallischen naturw. Gesellschaft*, 1870-71. — **Targioni-Tozzeti** ; *La Erinosi della vite et suoi acari* (Bulletino della Soc. entomologica Italiana, 1870, pag. 283. — **Donnadieu** ; *Note sur l'Acarus de l'Érinose de la Vigne* (Bull. Soc. d'Agriculture de l'Hérault, 1871, pag. 44. — **Thomas** ; *Milbengallen und verwandter Pflanzenauswüchse*, in *Bot. Zeit.*, 1872, n° 17, pag. 282. — **Id.**; *Entwickelungsgeschichte zweier Phytoplus-Gallen an Prunus*, in *Giebel's Zeitschr. f. d. gesammten Naturwissenschaften*, tom. XXXIX, pag. 193, 1872. — **Donnadieu** ; *Sur l'Acarus de l'Érinose de la Vigne* (Journal de Zoologie, par Paul Gervais, 1872, pag. 45). — **Thomas** ; *Beitrage zur Kenntniss der Milbengallen und der Gallmilben.* — **Id.** ; *Die Stellung der Blattgallen an der Holzgewachsen und die Lebensweise von Phytoplus* (Zeitschr. f. d. gesamm Naturwis., tom. 42, pag. 513, 1873). — **T. Moritz** ; in *Frauendorfr. Blatter.*, n° 30, 1873. — **Sorauer (P.)** ; *Handbuch der Pflanzenkrankheiten.* Berlin, 1874, pag. 165. — **Donnadieu** ; *Recherches pour servir à l'Histoire des Tétranyques*, 1875, Lyon, Georg ; Paris, Baillière et fils. — **Briosi** ; *Sulla Phytoplosi della Vite* (Atti della stazione chimico-agraria sperimentale di Palermo, 1875. — **Foëx** ; *Cours complet de Viticulture.* Montpellier, C. Coulet ; Paris, G. Masson, 1886. — **Pizzini** ; *Acaro infesto alle viti* (Boll. della sezione di Trento del consiglio provinciale d'Agricoltura, 1887). — **P. Viala** ; *Les Maladies de la Vigne*, pag. 449. Montpellier, C. Coulet, édit., 1887. — **Dʳ G. Padrigeon** ; *L'Érinose de la Vigne* (Journal d'Agriculture pratique de M. Lecouteux, 1887). — **Ravaz** ; L'Érinose (Progrès agricole et viticole de Montpellier, 9 décembre 1888).

feuille, l'examen microscopique fait reconnaître que cet aspect feutré provient des cellules de l'épiderme, qui se sont hypertrophiées, démesurément

Fig. 1. — Feuille de vigne atteinte d'Érinose.

allongées en forme de poils cylindriques (fig. 2), renfermant très peu de chlorophylle. Ces poils, généralement unicellulaires, souvent renflés à leur extrémité, quelquefois ramifiés, s'entremêlent avec leurs voisins et forment parfois un lacis inextricable. L'examen des tissus sous-jacents fait reconnaître la présence de nombreux grains d'amidon, indice d'un travail nutritif important occasionné par la production des cellules piliformes et la prolifération de celles du parenchyme, qui est toujours plus ou moins épaissi.

Ces végétations bizarres forment des plaques souvent assez larges, envahissant parfois tout le dessous de la feuille et même les pétioles, les vrilles et les grappes de fleurs (Pl. V). Dans certains pays, il y a bien peu de pieds de vigne qui n'en soient atteints, et, quand toutes les feuilles sont attaquées, les fonctions de ces organes végétatifs étant entravées, une diminution de récolte peut en résulter.

Quelle est la cause de ces désordres dans la végétation? On a cru longtemps à un champignon parasite de la feuille décrit sous le nom d'*Erineum vitis*, de là le nom d'Érinose; mais on est aujourd'hui d'accord pour attribuer le mal à un Arachnide du groupe des Acariens, invisible à l'œil nu, le *Phytoptus vitis*, dont les piqûres répétées provoquent l'hypertrophie des cellules épidermiques et la déformation du parenchyme (fig. 2).

II. — HISTORIQUE.

Depuis plus de deux siècles, les hommes de science étudient cette maladie et le sujet n'est pas encore épuisé. Au xviie siècle, le savant italien Malpighi, dans un travail intitulé *De excrescentiis et tumoribus plantarum* (Des excroissances et tumeurs des plantes), les décrit le premier et les attribue à un liquide corrosif déposé par un insecte qu'il ne définit pas. En 1737, Réaumur, de son côté (*Mémoires sur les Insectes*, tom. III, pag. 511), dit que les galles en forme de clou des feuilles du tilleul «sont probablement dues à des insectes extrêmement petits qu'on ne peut apercevoir qu'avec l'aide d'une très forte loupe ».

Ces idées de Malpighi et de Réaumur, qui étaient les bonnes, furent cependant abandonnées, et pendant très longtemps on a cru que ces productions étaient d'origine purement végétale.

A la fin du xviiie siècle, un botaniste, Schrader, décrivit celles de la vigne sous le nom d'*Erineum vitis* et les classa dans les champignons parasites des feuilles. En 1809, Persoon (*Synopsis fungorum*) adopta ce nom, et bien qu'en 1815, Fries, séparant ces soi-disant champignons de la vigne de ceux du tilleul, de l'aulne, etc., en ait fait le genre *Phyllerium*, et de tout le groupe la tribu des *Phyllériées*, le nom d'*Erineum* a prévalu. C'est celui que de Candolle a adopté dans sa *Flore française*, tom. II, pag. 74, et après lui bon nombre de botanistes qu'il est inutile de nommer ici.

Tel était l'état de la question en 1833, lorsque Turpin publia un Mémoire *Sur le développement des galles du tilleul* et décrivit dans ces galles un petit *Acarien* se rapportant à l'animal indiqué par Réaumur, « dont la forme définitive, dit-il, prend quatre pattes » , et qu'il nomma, avec Latreille, le *Sarcopte du tilleul*. L'année suivante, Dugès observa ces prétendus *Sarcoptes*, et voici ce qu'il en dit : « C'est sans doute sur la forme extérieure et l'habitat que Latreille a déterminé *Sarcopte* cet animalcule quand les figures lui en furent soumises par Turpin; mais une recherche minutieuse, quoique difficile, en raison de l'extrême petitesse de l'animal, nous a appris : 1° que le suçoir conique est flanqué de 2 palpes gros, courts, semblables à ceux des *Tétranyques*; 2° que de ce suçoir sort quelquefois

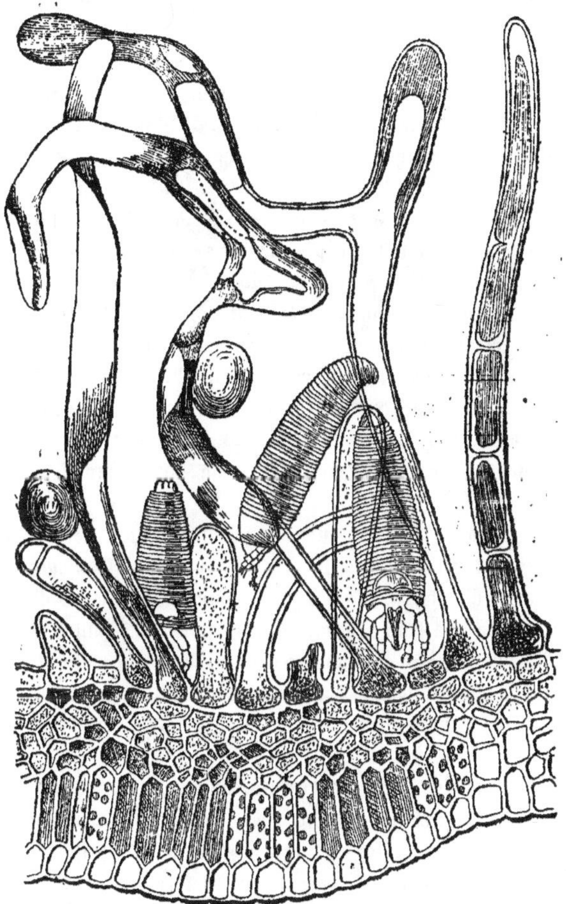

Fig. 2. — Coupe d'une galle d'Érinose avec les Phytoptus (d'après M. Briosi).

par compression une lamelle courbe, étroite et longue ; 3° que les pattes sont de 7 articles. Or, si nous considérons la forme des palpes, des mandibules et des pieds, nous devrons classer cet Acarien dans la famille des Trombidiens, *près des Tétranyques* ; d'autre part, le nombre des pieds nous prouve que ce n'est qu'une larve et non un Acarien parfait, car il n'en a que deux paires, et les autres larves en ont même généralement une de plus. » La figure correspondant à ces lignes, et qui est à la fin du volume, est bien celle d'un *Phytoptus*, celui du tilleul, un peu différent de celui de la vigne. Et plus loin, Dugès ajoute: « Nous avons vu beaucoup de ces petits êtres devenus immobiles, changés en *chrysalides*, dans lesquelles on voyait déjà le corps se raccourcir en abandonnant les extrémités de son long étui cutané. Nous avons vu aussi deux ou trois fois, dans les galles, des Acariens à 8 pattes, blancs, courts, agiles, ayant le caractère des *Tétranyques*. Or ces petits ressemblaient fort à de plus grands, rougeâtres, trouvés souvent dans des galles volumineuses. Ces *Tétranyques* n'étaient pas de la même espèce que le *T. tisserand du tilleul*, qui habite le revers des feuilles avec ses œufs et ses petits hexapodes. Il était d'une taille beaucoup moindre et en différait par quelques détails de forme et par la couleur verdâtre chez l'un, rouge clair chez l'autre. Il y a du vague encore sur les rapports des prétendus *Sarcoptes* et des *Tétranyques*, il en reste aussi sur le rôle qu'ils jouent dans la production des galles ; mais ce que nous en disons mettra les observateurs sur la voie. »

Nous avons tenu à citer longuement le professeur de Montpellier, parce que nous le considérons comme un maître dont les observations, déjà anciennes et trop oubliées de l'École allemande, ont un grand poids dans cette question de l'*Érinose*.

En 1834, également, Fée dans un bon travail intitulé : *Mémoire sur le groupe des Phyllériées de Fries*, dit que les prétendus champignons sont des excroissances des tissus, et qu'il y a découvert deux sortes d'insectes: l'un plus rare, que l'on peut rapprocher des Aphidiens ; l'autre plus abondant et qu'il décrit comme « une larve allongée avec 4 pattes terminées par 2 petits penicilles de poils, attachées à la partie antérieure du corps, larve ayant des anneaux transversaux et munis de poils vers la partie postérieure ».

En 1850, Siebold signale dans les excroissances chevelues des Érineum, des Acarus non encore parvenus à l'état adulte; dans son Rapport sur les travaux de la section entomologique de la Société de Silésie (1870), il crée pour eux le genre *Eriophyes*. Mais revenons à notre ordre chronologique. En 1851, Dujardin publie un Mémoire important et crée le genre *Phytoptus*, nom qui a été adopté par la plupart des entomologistes. Dujardin considère les *Phytoptus* à quatre pieds comme des Acariens à l'état parfait, s'appuyant sur ce qu'ils pondent des œufs. Scheuten, le premier (1857), retrouve la forme à 8 pattes signalée par Dugès. Il rapproche lui aussi les *Phytoptus* des *Tétranyques* par l'examen des pattes et des parties de la bouche.

Il faut arriver à 1864 pour trouver un travail important, celui de Landois. Le naturaliste allemand, dans un Mémoire savant, trop savant peut-être, donnant pour certain ce qu'il a cru voir, commence par sembler ignorer les travaux de ses devanciers. Il n'y fait allusion que dans une note de 6 lignes, où Dujardin seul est cité et où il ne trouve pas la place de dire que le naturaliste français est le créateur du genre *Phytoptus*. Le travail est entièrement consacré à l'Acarien de la vigne, et il le décrit sous le nom de *Phytoptus vitis* Mihi. Pour Landois, les *Phytoptus* ne sont ni des larves, ni des adultes à 4 pieds, mais bien des Acariens à 8 pieds ; et si Dujardin n'a pas aperçu les deux paires postérieures, c'est qu'elles sont toujours avortées et réduites à des appendices en forme de petits mamelons terminés par un poil rigide. Il dit avoir vu des mâles et des femelles *dont la structure est tout à fait analogue* et qui ne diffèrent que par l'orifice génital extérieur, qui est sensiblement plus étroit chez le mâle que chez la femelle. *L'accouplement n'a jamais été observé.*

Thomas, dans une série d'articles, plutôt botaniques que zoologiques, publiés de 1869 à 1873, cite, au contraire, avec soin les travaux de ses devanciers. Il étudie l'*Érinose* surtout au point de vue des déformations produites sur les différents végétaux. Il cite plus de 70 plantes attaquées et semble croire à une seule espèce d'Acarien, qu'il appelle simplement *Phytoptus*, nom auquel il voudrait voir substituer celui de *Phytocoptes* (φύτον plante, κόπτω je coupe).

Targioni-Tozzetti (1870), dans un article court et bien résumé, décrit le *Phytoptus vitis* et semble accepter sans conteste les observations de Landois.

En 1875, paraît le travail fort important de M. Donnadieu, thèse pour le doctorat ès sciences, intitulée : *Recherches pour servir à l'histoire des Tétranyques*. L'auteur de ce Mémoire, adoptant les idées de Dugès et le nom générique de Thomas, considère la forme ordinaire des *Phytoptus* comme une forme larvaire des *Tétranyques* gallicoles se reproduisant par parthénogénèse, et nomme la forme adulte sexuée de la vigne observée, décrite et figurée par lui, *Phytocoptes epidermi*. Le dernier travail sérieux sur le *Phytoptus vitis* [1] est celui de M. Briosi (décembre 1875). L'auteur publie, avec un résumé de la question, d'excellentes observations microscopiques et de bonnes planches à l'appui. Nous aurons à revenir sur ce travail pour la description de l'Acarien ; disons seulement que M. Briosi

---

[1] Nous adoptons ce nom : 1º parce que c'est le plus ancien et le plus usité ; 2º parce que nous ne sommes pas d'avis de débaptiser une espèce sous prétexte qu'elle a été d'abord décrite à l'état de larve.

n'a pas vu les individus adultes à 8 pieds décrits par Donnadieu et qu'il lui a été également impossible de découvrir les deux paires de pattes rudimentaires décrites et figurées par Landois. Il pense que l'observateur allemand a été trompé par la valve génitale plus ou moins soulevée, et que les poils ne sont pas portés sur des appendices, mais appartiennent à la marge de cette valve.

Tel est l'état actuel de l'étude scientifique de l'*Érinose*. Bien que, personnellement, nous ayons étudié souvent les *Phytoptus* et que nous en ayons en préparation à toutes les phases de leur développement larvaire agame, nous ne nous permettrions pas de trancher nous-même une question aussi difficile.

Le débat peut se concentrer sur ces deux noms, Landois et Donnadieu. Fidèle à notre habitude de citer des autorités compétentes, nous nous sommes adressé à l'homme qui, actuellement en Europe, connaît le mieux les *Acariens* et leur histoire, et voici ce que M. Mégnin nous répond :

« L'observation de Landois est certainement inexacte: je n'ai jamais pu voir les caractères sexuels chez les *Phytoptus*; les pattes supplémentaires figurées par cet auteur chez ses prétendus adultes m'ont également toujours échappé. A part le Trombidion soyeux, qui n'est pas en cause, je ne connais d'autres Acariens sexués vivant habituellement sur les feuilles de la vigne que les *Tétranyques* gallicoles, parents des *Phytoptus*, nommés *Phytocoptes* par Donnadieu, et je suis de l'avis de ce dernier observateur.»

III. — DESCRIPTION ET BIOLOGIE.

Le genre *Phytoptus* appartient à la classe des *Arachnides*, à l'ordre des *Acariens*, à la famille des *Tétranycidés*.

Les *Arachnides* comprennent tous les Articulés à 8 pattes. L'ordre des *Acariens* se compose d'Arachnides à abdomen soudé au céphalothorax, à respiration trachéenne ou cutanée, et à bouche organisée pour la succion. Les *Tétranycidés* sont les Acariens réunissant les caractères suivants : 7 articles aux pattes, rostre formant en avant du corps une pointe conique assez grosse, mobile et susceptible de s'abaisser verticalement. Ce rostre est formé de deux mandibules armées de crochets à leur extrémité, de 2 mâchoires en forme de stylets portant à leur base une pointe barbelée. La lèvre inférieure, formant gouttière pour loger cet appareil perforant, est munie de deux gros palpes qui sont les parties les plus volumineuses du rostre.

Tous les *Tétranycidés* subissent des métamorphoses, mais chez les *Phytoptus* elles sont plus compliquées que dans les autres genres. Si

ERINEUM
(PHYTOCOPTES EPIDERMIS.)

l'on voit en effet, chez les *Tétranyques vrais*, sortir de l'œuf une larve
hexapode, ne se multipliant pas et se transformant en adulte sexué ayant
8 pieds, chez les *Phytoptus* nous voyons l'œuf produire une forme
larvaire à 4 pieds, se multipliant pendant toute la belle saison au moyen
d'œufs pondus par parthénogénèse. A l'approche de l'hiver, suivant
M. Donnadieu, auquel nous empruntons beaucoup de détails biologiques,
ces larves tétrapodes cessent de se multiplier ; un grand nombre, sans
changer de forme, se cachent sous les écorces du cep et surtout, suivant
M. Briosi, dans les écailles des bourgeons ; d'autres s'enferment dans un
kyste transparent, formé de la peau qui se détache du corps sans être
rejetée, la chrysalide de Dugès, « dans laquelle on voit le corps se raccourcir en abandonnant les extrémités du long étui cutané ».

Ces kystes, figurés par M. Donnadieu, sont placés dans les mêmes abris
que les larves qui hivernent dans leur état ordinaire. Ils sont de forme
allongée, arrondis vers l'extrémité postérieure de la larve, atténués dans
la direction de la tête. Celle-ci est tournée du côté où le kyste est fixé au
support par une matière glutineuse. Pendant l'hiver, la larve à 4 pieds se
transforme ; elle se raccourcit, une nouvelle paire de pieds apparaît, les
parties de la bouche et les ovaires se dessinent nettement. Au printemps
suivant, le kyste se rompt par le milieu, la larve hexapode en sort et,
comme celle des autres Tétranyques, se développe, donnant naissance par
une mue à l'adulte sexué, qui a 8 pieds.

Ce *Phytoptus* à l'état parfait a environ 4 dixièmes de millim.ʳ de long ;
sa forme est celle d'un ovale aplati et fortement atténué dans sa partie
postérieure, principalement chez le mâle, qui est un peu plus petit, surtout
plus étroit, que la femelle. La couleur est jaune pâle, quelquefois verdâtre
dans la région du tube digestif, quand l'Acarien, sans doute, a absorbé
des grains de chlorophylle. Ces *Phytoptus* sexués ne vivent que peu de
temps ; après l'accouplement, ils pondent sur la feuille et disparaissent pour
laisser la place aux larves à 4 pieds qui sortiront de leurs œufs, pro-
duiront l'Érinose par leurs piqûres et se multiplieront jusqu'à l'automne
par des œufs non fécondés qui seront fixés aux poils de la galle (fig. 2).
Quand celle-ci renferme un trop grand nombre d'individus, les jeunes
émigrent, et c'est ainsi que d'une feuille à l'autre le cep est parfois complètement envahi.

La larve à 4 pieds étant la forme la plus commune du *Phytoptus*, la
seule que l'on trouve pendant la belle saison entre les poils de la galle, il
est utile d'en donner une description détaillée.

L'animal (fig. 3) est microscopique. Les plus grands individus n'ont que
10 à 13 centièmes de millim. de long sur 3 à 4 centièmes de millim. de large

et ne peuvent être vus à l'œil nu que posés sur une feuille de papier blanc et examinés en pleine lumière par un œil exercé. Une loupe ne suffit pas pour révéler leur présence au milieu des poils de la galle, il faut le microscope. Un grossissement de 50 à 60 diamètres suffit pour les apercevoir sur une très jeune feuille transparente ; mais, pour les bien voir, il faut les isoler [1].

Le corps est allongé, flexible, vermiforme (fig. 3), presque cylindrique, brusquement atténué du côté de la tête, plus insensiblement du côté postérieur, qui se recourbe un peu vers le ventre. Les deux paires de pattes étendues en avant dépassent sensiblement la tête, l'abdomen est strié transversalement de fins replis au nombre de 60 à 70 qui rappellent les anneaux d'une sangsue. Le céphalothorax (tête réunie au thorax) est uni, sans stries transversales, séparé de l'abdomen par un petit sillon circulaire. La tête se termine en cône tronqué légèrement incliné vers le sternum. L'armature buccale se compose de deux stylets pointus que l'animal peut rétracter ou allonger au dehors de la bouche.

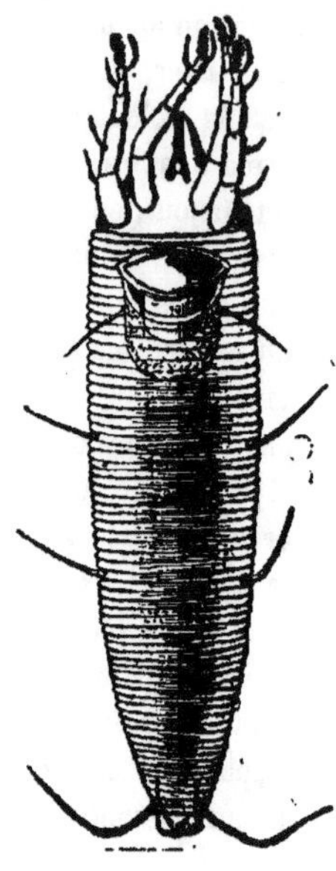

Fig. 3. — Phytoptus vitis (larve) 850 diamètres (d'après M. Briosi).

L'ouverture anale est placée à l'extrémité du corps dans une dépression formée par un disque un peu excavé. Sur le corps on peut compter six paires de poils, deux paires pour la région dorsale, l'une sur le premier, l'autre sur le dernier anneau ; quatre paires pour la région ventrale : la

---

[1] Divers procédés peuvent être employés pour isoler les *Phytoptus*, impossibles à bien voir autrement. Un des plus usités consiste à faire au rasoir, ou avec un scalpel très tranchant, une coupe à la base des poils de la galle, et, ceux-ci étant éparpillés sur du papier blanc, on aperçoit à la loupe, ou mieux au microscope, les *Acariens*, qui courent d'un côté et d'autre ; on s'en empare alors avec un poil emmanché. Ce procédé est bon ; mais le meilleur est celui que nous tenons de M. Ravaz, auquel nous devons de plus beaucoup de documents bibliographiques concernant le sujet qui nous occupe. Son procédé pour isoler les *Phytoptus* consiste à couper avec des ciseaux un grand nombre de galles d'Érinose et à les mettre dans un verre de montre ou tout autre petit récipient à bords très évasés ; au bout de quelques heures, les galles s'étant desséchées, les *Phytoptus* ont tous quitté leur retraite et se trouvent en très grand nombre, courant sur le bord du verre de montre.

première entre le neuvième et le douzième anneau (à partir du céphalo-thorax), la deuxième entre le vingtième et le vingt-deuxième anneau, la troisième vers le trente-huitième, et la quatrième sur le cinquième avant-dernier. Ces poils sont rigides, divergents, élastiques, et servent évidemment à protéger l'animal contre les chocs du dehors.

Les pattes, qui chez l'adulte sont composées de 7 articles, n'en ont que 6 chez cette larve. Elles sont incolores, transparentes; le premier article, inséré sur le thorax, semble correspondre à la hanche; le deuxième, le plus long, peut être considéré comme la cuisse; les trois suivants représentent le tibia, et le sixième le tarse. Ce dernier est formé d'un pièce grêle, cylindrique, légèrement recourbé à l'extrémité, à côté de laquelle se voit une pointe ou stylet barbelé comme une plume, éminemment propre à assurer la solidité de la marche au milieu des filaments de la galle.

Au-dessous de l'insertion de la seconde paire de pattes, après le deuxième et le sixième repli abdominal, sont placés les organes génitaux, qui à l'extérieur apparaissent sous la forme d'un opercule fixé aux téguments par en haut, libre et arrondi par en bas. Cet opercule, très bien représenté par M. Briosi, auquel nous empruntons la figure de cette larve et une partie de cette description, recouvre les organes génitaux. Des œufs s'aperçoivent dans l'intérieur du corps, les plus développés situés du côté de l'orifice génital. Ils sont renfermés dans un ovaire en forme de tube, remplissant presque toute la cavité abdominale et se dirigeant d'arrière en avant. Les œufs, au moment de la ponte, sont couverts d'une substance glutineuse à l'aide de laquelle ils adhèrent aux poils de la plante (fig. 2). Ils ont une forme un peu allongée et paraissent d'abord homogènes, pleins d'une fine matière granuleuse. Ils grossissent bientôt et l'on y distingue une ligne centrale, puis la forme arrondie de l'embryon. Enfin, après la rupture de la membrane vitelline, on peut reconnaitre l'animal entier replié sur lui-même, avec les contours de la tête bien distincts, ainsi que les stries de l'abdomen. Au moment de l'éclosion, le jeune *Phytoptus* n'a encore aucun poil. Les plus petits individus mesurés par M. Briosi avaient 4 centièmes de millim. et demi.

L'animal se meut avec vitesse, malgré la disposition peu avantageuse de ses pattes, placées trop avant; tandis que l'abdomen, trois fois et demi plus long que le céphalothorax, est supporté par le disque anal, qui forme ventouse.

La vitalité de ces larves de *Phytoptus* est extrême : plongées dans l'eau, elles remuent encore au bout de quarante-huit heures. Sorauer et Landois les ont vues pondre après avoir séjourné vingt-quatre heures dans la glycérine, d'où ce dernier auteur conclut que leur respiration n'est ni trachéenne ni même cutanée, mais intestinale.

IV. — DANGER DE L'ÉRINOSE ET MOYENS PRÉVENTIFS.

Certains auteurs ont considéré le *Phytoptus* comme très nuisible à la vigne. Esprit Fabre et Dunal (*Bull. Soc. d'Agr. de l'Hérault*, 1853), qui ne croyaient pas encore à l'origine animale de l'*Érinose*, décrivent cette maladie *cryptogamique* comme très grave. «Cet *Erineum*, disent-ils pag. 38, qui désole nos vignes du Languedoc, diffère assez de l'*Erineum vitis* pour en être distingué au moins comme une variété, à laquelle nous donnerons le nom de *necator* (meurtrier).» Ils semblent confondre ses ravages avec ceux de l'*Oïdium*. «Je n'ai jamais vu, dit Dunal, sur les feuilles de nos vignes que l'*Érineum*, même quand les fruits étaient couverts d'*Oïdium*. L'*Erineum necator* commence par attaquer les jeunes feuilles, les altère de telle manière qu'elles ne fonctionnent qu'imparfaitement, et dans un âge plus avancé ces feuilles tombent ou ne fonctionnent plus.»

Landois, de son côté, parfaitement fixé cependant sur la cause animale de la maladie, compare les effets du *Phytoptus* à ceux de l'*Oïdium*. «Il est, dit-il, aussi préjudiciable. Quand les Acariens ne sont pas nombreux, leur influence pernicieuse ne se remarque pas facilement et une apparition sporadique sur quelques feuilles n'a pas une influence considérable sur la production. Mais, pour se faire une idée des suites funestes de l'apparition d'un grand nombre d'Acariens, nous citerons comme preuve le fait suivant : Dans un jardin bien à l'abri du vent, se trouve adossé à un mur un cep de vigne grand et vigoureux. Depuis deux ans, la présence des Acariens sur les tendres productions foliacées des bourgeons en évolution se faisaient remarquer dès le printemps par l'apparition des excroissances en question. A mesure que les feuilles et les fleurs se développèrent, le dommage causé par les Acariens s'étendit de plus en plus, jusqu'à ce qu'enfin il ne resta plus sur le cep une seule feuille qui n'eût été totalement envahie par les excroissances, et par suite il ne se développa pas un seul raisin malgré les fleurs abondantes qu'avait portées le cep. Après la fécondation de la fleur, les ovaires restèrent dans le même état sans se développer, et on ne vit apparaître sur chaque grappe que trois ou quatre grains au plus, trop pauvres en sève et dépourvus de sucre».

Nous venons de citer ces deux auteurs, l'un pour la région de l'olivier, l'autre pour la limite extrême de la vigne dans le Nord.

A notre avis, Dunal a mis sur le compte de l'*Érinose* une grande partie des dégâts commis par l'*Oïdium* ; quant au cep de vigne cité par Landois, il eût fallu, selon nous, faire intervenir deux facteurs dont il n'est pas parlé : la coulure pour le petit nombre de grains, l'*Oïdium* pour le manque de sucre.

Nous sommes convaincu qu'on a beaucoup exagéré les torts du *Phytoptus*. Il n'est réellement dangereux, agissant seul, que pour les plantiers à la première année, alors que la plante, pour constituer ses racines, a besoin du développement complet de la feuille. Si la sécheresse vient en plus ralentir la végétation, un certain nombre de jeunes plants peuvent succomber. Il est dangereux aussi pour les vignes faites, lorsque le mal qu'il provoque est concomitant avec une autre maladie ou toute autre cause de grand affaiblissement.

En temps normal, les années de très grande multiplication, le dommage peut aller jusqu'à un manque relatif d'aoûtement [1] et à une diminution de récolte difficilement appréciable, mais pas au delà. D'habitude, le mal n'est pas général et peut être considéré comme négligeable.

Dans le cas d'apparition extraordinaire au printemps, on peut enlever les premières feuilles, les brûler, et arrêter ainsi la multiplication. Les *Phytoptus* hivernant entre les écailles des bourgeons et dans les fissures de l'écorce, les vignes en espalier qui auraient été fortement atteintes une année pourront être rabattues à la taille suivante et le bois du cep, après décortication, échaudé avec de l'eau bouillante. A ce procédé, inventé contre la *Pyrale*, et dont nous parlerons au long à propos de cet insecte, un animalcule aux téguments mous tel que le *Phytoptus* ne résiste pas.

S'il s'agit de faire une plantation avec des sarments pris sur une vigne fortement atteinte, on pourra préalablement plonger les boutures dans de l'eau chaude. Les expériences sur la reprise des sarments échaudés faites par MM. Henneguy, Couanon et Salomon (*Compt. rend. de l'Acad. des Sc.*, 1887) ont montré que la reprise de boutures plongées pendant dix minutes dans de l'eau à 50° se faisait dans les proportions de 89 %. A cette température de 50° subie pendant dix minutes, tous les animaux, même à l'état d'œuf, succombent.

On a remarqué que des soufrages répétés, appliqués dès le début de la végétation, entravaient la multiplication de l'*Acarien*, et M. Ravaz en a fait récemment l'expérience.

Tous les cépages ne sont pas affectés de la même manière. A ce sujet, des observations qui méritent d'être signalées ont été faites également par M. Ravaz, et nous empruntons les lignes suivantes à son dernier travail :

« Les dégâts de l'Érinose, dit-il, varient avec la nature du cépage atteint. La liste suivante fait connaître la manière dont se sont comportées à ce point de vue, en 1886, les vignes cultivées dans les collections de l'École d'Agriculture de Montpellier.

[1] H. Marès ; *Les Vignes du midi de la France*, in *Livre de la Ferme*, 1863, pag. 369.

»*Cépages très atteints :* Souvenir du Congrès, Sucré de Marseille, Clairette Mazelle, Noir Hardy, Bucheter, Aramon Pignat, Aramon, Cinsaut, Muscat de Frontignan, Muscat rouge, Gros Ribier, Petit Ribier, Bonne vituaigne, Piquepoul rouge, Pougnet, Gros Gamay, Montepulciano, Muscat rond d'Espagne.

»*Cépages assez atteints :* Michelin, Muscat, Talabot, Terret-Bourret, Muscat bifère, Moulas, Chatus, Guadura, Renard, Pinot blanc, Mazzari, Pietro Corintho, Vigne de chien.

»*Cépages peu atteints :* Joannenc, Lignan Comte Odart, Noir hâtif de Marseille, Sauvignon, Aramon blanc, Terret noir, Grenache blanc, Œillade de Bellevue, Olivette noire, Olivette blanche, Olivette jaune, Marocain, Aspiran gris, Piquepoul-Morrastel, Brun Fourcat, Tibouren, Colombaud, Tripier, Altesse, Basplant, Syramuse, Estacca Saouma, Marsanne, Passerille blanche, Syrah, Marsanne, Abelione, Rousse, Chichaud, Gamay de l'Aube, Gamay teinturier, Gamay très fertile, Gamay noir, Gitana, Silvana, Lacrima nera, Verdicchio, Rodites, etc.

«*Cépages indemnes :* Berlandieri, Mustang, Cinerea, Cordifolia, Grand noir ou Sphinx, Scupernong, etc. »

La confusion entre l'*Érinose* et le *Mildew* s'étant maintes fois produite, nous terminerons cette étude en signalant les différences qui existent entre les deux affections. L'*Érinose*, par les galles en forme d'ampoules ou boursouflures, que nous avons décrites et figurées, provoque la déformation de la feuille. Les poils blancs dont ces galles sont garnies en dessous n'ont jamais l'aspect laiteux des fructifications du *Peronospora viticola*. Celles-ci ressemblent à une moisissure très blanche, facile à enlever avec l'ongle, et avec raison ont été comparées à des efflorescences salines. La feuille attaquée par le *Mildiou* peut être criblée de taches blanches en dessous, mais elle n'est jamais déformée par des boursouflures.

CHAPITRE II.

CLASSE DES INSECTES

ORDRE DES DIPTÈRES

LA CÉCIDOMIE DE LA VIGNE[1]

(*Cecidomyia œnophila* HAIMHOFFEN.)

L'ordre des *Diptères* ou mouches à deux ailes passait, il n'y a pas bien longtemps, pour ne renfermer aucun parasite de la vigne; mais depuis 1862 plusieurs espèces du genre *Cécidomie* ont été signalées en Amérique et en

[1] BIBLIOGRAPHIE. — **Osten-Saken**; *Ueber die Gallen und andere durch Insekten hervorgebrachte Pflanzendeformationen* (Stett. ent. Zeitg., 1861, tom. XXII, pag. 405-420). — **Id.**; *Monographs of the Diptera of N. America.* Washington, 1862, tom. I. — **Id.**; *Lasioptera reared from a gall on the golden-rod* (Proc. Ent. Soc. Philad., 1863, tom. I, pag. 368-370). — **Id.**; *Two new north American Cecidomyiæ* (Ibid., 1866-67, tom. VI, pag. 219-220). — **Id.**; *Catal. N. America Dipt.*, 1878, pag. 7 (Smithsonian Miscellaneous Collections). — **Riley** et **Walsh**; *The American Entomologist and Botanist*, 1868-69, tom. I; 1869-70, tom. II.— **Riley**; *Ann. Reports of the noxious and beneficial Insects of Missouri*, 3, Rep. 1871; 4, Rep. 1872; 5, Rep. 1873. — **G. Ritter von Haimhoffen**; *Beobachtungen über die Blattgalle und deren Erzeuger auf Vitis vinifera L.* (mit drei Holzeschnitten.), *den Verhandlungen Zool. Botan. Gesellschaft in Wien*, 1875, pag. 803-810. — **Julius Edler, von Bergenstamm und Paul Low**; *Synopsis Cecidomyidarum* (Aus den Verhandlungen Zool. Bot. Gesellschaft in Wien, 1876. — **Antonio Aloi**; *Die un nuevo Insetto, damnoso alle viti, del genere Cecidomyia, scoperto nelle Vigne della piana di Catania* (Comunicazione fatta all' Accademia Gioenia nella tornata del di 8 agosto 1886). — **Ravaz**; *Traduction résumée du travail d'Antonio Aloï* (Progrès agricole et viticole de Montpellier, 22 mai 1887).

Europe comme vivant dans l'intérieur du parenchyme de la feuille et y provoquant la formation de galles d'un aspect tout particulier.

Les *Cécidomies* (κεκις galle, μυῖα mouche) sont de petits Diptères bruns ou teintés de couleurs tendres passant au brun par la dessiccation, de 1^{mm},50 à 3 millim. de long, au corps svelte, très fragiles, aux grands pieds, aux longues antennes, ce qui les fait ranger, à côté des cousins ou moustiques et des grandes tipules de nos jardins, dans le sous-ordre des *Némocères* (νημα fil, κερας corne). Elles constituent une petite famille, celle des *Cécidomides*, détachée par les entomologistes modernes de celle des *Tipulides*, où on les rangeait autrefois. On les classe par la disposition des nervures des ailes, le nombre et la forme des articles des antennes.

Ces Diptères lilliputiens, très nombreux en espèces, plus d'une centaine en Europe, sont parfois, à l'état de larves, de grands ennemis de nos récoltes. Ils se multiplient souvent en quantités énormes et constituent des légions de ravageurs qui s'attaquent aux tiges, aux feuilles, aux fleurs, aux fruits et aux parties ligneuses des végétaux vivants. Il y en a même qui habitent dans le bois mort, entre l'écorce et l'aubier et jusque dans des matières végétales en putréfaction.

Celles qui s'attaquent aux végétaux vivants, les seules qui intéressent l'agriculteur, produisent d'ordinaire des déformations qui rentrent souvent dans la forme renflée et arrondie connue sous le nom de galle (*Cecidomyia œnophila, C. Urticæ, C. Fagi*), mais qui se réduisent parfois à des hypertrophies de tissus (*C. Eryngii, C. Rubi*), de fruits (*C. Pyri, C. nigra*), à des modifications dans le développement des fleurs (*C. Verbasci*), des bourgeons (*C. Ericæ-scopariæ*). Certaines font épanouir en forme de rose les bourgeons terminaux du saule (*C. rosaria*), d'autres rongent le parenchyme de la feuille sans y produire de renflement, on aperçoit simplement la galerie par transparence (*C. buxi* décrite par M. Laboulbène); d'autres enfin, telles que *C. destructor* du blé, vivent dans les gaines des feuilles sans y occasionner de déformations sensibles, exerçant leurs ravages en rongeant la tige, qui se brise alors au moindre vent.

Les *larves* de Cécidomies ont la forme générale allongée de beaucoup de larves de Diptères connues sous le nom vulgaire d'asticots, tantôt solitaires dans leur loge (*C. œnophila, C. Fagi*, etc.), tantôt en sociétés plus ou moins nombreuses (*C. nigra, C. Pyri, C. Papaveris*, etc.). Leur corps est de diverses couleurs, blanc, jaune, orange, rose, rose saumon, avec des parties translucides plus ou moins grandes aux extrémités. La coloration, variable, est due à celle du tissu adipeux, qui est vu par transparence et plus ou moins abondant. Quand la larve est grasse, bien nourrie, elle est plus colorée et sur une plus grande étendue. Le corps est souvent armé de crochets à l'ex-

trémité postérieure, ce qui permet à l'insecte de s'accrocher, de se courber
en arc et, par une brusque détente, d'exécuter des sauts qui le lancent au
loin. Cette proprieté, commune du reste à beaucoup de larves de Diptères,
se voit surtout chez les espèces qui se changent en nymphe dans le sol. La
métamorphose a lieu pour les unes dans la cavité même où elles ont vécu,
pour les autres sous les écorces, entre les nervures des feuilles ou dans la
terre meuble. Certaines se filent un cocon de soie blanche (*C. œnophila,
C. Pini*, etc.), d'autres se métamorphosent dans leur propre peau, qui, sans
se rompre, s'est détachée de leur corps (*C. Tritici, C. destructor*, etc.).

En donnant ces renseignements généraux sur les premiers états des
Cécidomies, nous ne pouvons passer sous silence un des phénomènes les
plus extraordinaires qui aient été constatés jusqu'à ce jour en biologie.

Qui dit animal apte à se reproduire, dit en quelque sorte animal parfait,
et les cas de larves pondeuses étaient inconnus chez les insectes avant
1862. A cette époque, un naturaliste russe, Nicolas Wagner, publia des
observations faites par lui en 1861 au bord du *Volga*, à Kasan, sur des
larves de *Cécidomies*, sous-genre *Miastor*, vivant sous l'écorce des ormes
et pondant par parthénogénèse des larves semblables à elles-mêmes.

Plusieurs générations de ces larves se succédaient; puis, à un moment
donné, certaines se changeaient en nymphes et ensuite en insectes parfaits.
Le fait, qui fit beaucoup de bruit dans le monde des naturalistes, fut confirmé par M. Fr. Meinert, qui obtint à son tour des *Miastor* parfaits de
larves pondues par des larves.

Les *nymphes* sont blanches, rosées, oranges ou roussâtres, glabres ou
hérissées de quelques soies. On distingue nettement les ailes, les antennes
et les pattes, qui sont repliées contre le corps. Le thorax est muni de
deux cornicules dont on a discuté le rôle, mais que l'on considère aujourd'hui comme des tubes respiratoires surmontant les stigmates thoraciques. M. Laboulbène y a observé une trachée qui en occupe tout l'intérieur ; ces cornicules respiratoires s'observent du reste chez beaucoup de
Diptères. La tête est ornée de deux pointes chitineuses placées à la base des
antennes et destinées a ouvrir un passage au dehors, un peu avant la
transformation en insecte parfait. Celui-ci est en effet trop faible, à téguments trop mous, pour pouvoir traverser l'obstacle le plus léger si la voie
ne lui est pas préparée. Les insectes parfaits ne vivent que quelques jours,
le temps de s'accoupler et de pondre.

I. — HISTORIQUE.

Le genre *Cecidomyia*, si important au point de vue agricole ou purement scientifique, a dès le xvie siècle attiré l'attention de beaucoup de naturalistes. Malpighi 1628-1694, Réaumur 1736-1740, Scopoli 1763, Schrank 1776-1803, Degeer 1782, Kirby, 1797-1828, Meigen 1803-1838, Vallot 1819-1849, Bouché 1833-1847, Dufour 1837-1861, Perris 1840-1870, Rondani 1840-1874, Ratzeburg 1841-1868, Bremi 1844-1849, Löw 1844-1876, Winnertz 1846-1870, Passerini 1850, Schiner 1854-1868, Laboulbène 1857-1873, Gehin 1860, Giraud 1861-1863, Osten-Saken 1861-1871, N. Wagner 1862-1865, Goureau 1862-1863, Meinert 1864-1872, B. Wagner, 1866-1871, Riley et Walsh 1868-1872, Haimhoffen 1875, Edler von Bergenstamm 1876, pour ne citer que les principaux, ont publié de nombreux travaux, les uns exclusivement techniques, les autres remplis de science et d'observations sagaces sur les mœurs de ces insectes et les désordres physiologiques causés par eux sur les plantes.

Entrer dans le détail de tous ces Mémoires serait sortir de notre sujet. «Le nombre des espèces de *Cécidomies*, a dit Perris [1], est tel et la variété de leurs mœurs si grande, que la vie d'un homme s'épuiserait à revoir tout ce qui a été écrit sur leur compte et à compléter leur histoire.» Nous ne citons donc, dans la Note bibliographique et dans cet exposé historique, que les travaux concernant les diverses *Cécidomies* ampelophages, et renverrons pour les Mémoires parlant des autres espèces au *Synopsis Cecidomyidarum* de MM. Julien Edler von Bergenstamm et Paul Löw. Ce travail énumère 141 auteurs et 291 Ouvrages ou Mémoires dans lesquels il est question de 606 espèces de *Cécidomies*, attaquant 325 espèces de plantes.

Tout d'abord signalons ce qu'au xviie siècle disait Malpighi (*An. plant.*, *pars altera*, pag. 39, Pl. XVI, fig. 58). Le vieil auteur parle d'une mouche produisant des galles ovales sur les vrilles de la vigne. Le travail de Vallot, dans lequel nous puisons ce renseignement (pag. 316), n'en dit pas davantage ; mais nous ne pouvons voir dans ces galles causées par une mouche autre chose que celles d'une *Cécidomie* ayant, comme nous l'avons observé à Montpellier, piqué les vrilles de la vigne. Dans les auteurs du xviiie et ceux de la première moitié du xixe, rien de semblable n'est mentionné. Ce n'est qu'en 1854 que des galles causées par

---

[1] Perris ; *Les Diptères du Pin maritime* (*Ann. Soc. ent. de Fr.*, pag. 182, 1870).

des *Cécidomies* ont été vues d'une façon certaine sur la vigne d'Europe par M. Haimhoffen, de Vienne ; mais l'observation n'a été publiée que plus tard, et c'est en 1862 que pour la première fois une *Cecidomyia (Lasioptera) vitis*, vivant sur la *Vitis riparia*, a été décrite par M. Osten-Saken dans sa *Monographie des Diptères du nord de l'Amérique*. L'entomologiste russe a publié ensuite une *Cecidomyia viticola* également américaine, dont il n'a observé que la larve et la galle. MM. Walsh et Riley, de leur côté, ont donné l'histoire et la description de deux espèces, toujours des États-Unis, *C. Vitis-coryloïdes* vivant sur *Vitis cordifolia*, et *C. Vitis-pomum* vivant sur *Vitis cordifolia, labrusca, riparia* et *vulpina*. Les galles ont été figurées par ces deux auteurs. Dans son *Catalogue des Diptères du nord de l'Amérique*, publié en 1878, M. Osten-Saken cite ces divers travaux.

Le Mémoire de M. Haimhoffen renfermant la description de l'espèce européenne vivant sur *Vitis vinifera* est de 1875. «J'ai trouvé, dit-il, des galles de *Cécidomie* sur une vigne cultivée, le 15 juin 1854, au N.-O. de la ville de Vienne, derrière Gersthof, sur une colline ayant un de ses versants exposé au Midi et découvert. Dans la seconde moitié d'août 1854, j'ai essayé l'élevage de plusieurs de ces producteurs de galles et je n'ai obtenu que deux espèces d'*Hyménoptères* parasites de la famille des Chalcidiens. Une publication à ce sujet devait être retardée pour ne pas publier des choses douteuses. Soit par suite de circonstances atmosphériques ou toute autre cause, j'ai passé huit ans sans retrouver ces galles. C'est le 1er juin 1869 que je les ai rencontrées de nouveau dans les vignobles situés au pied du Geisberg, près Perchtoldsdorf ; enfin trois ans plus tard, le 11 juin 1865, j'ai trouvé de ces galles en pleine maturité, au nombre de 19 sur une seule feuille. Dès le lendemain, presque toutes les larves étaient sorties et s'étaient cachées dans la terre du récipient. Le 27 juin, donc seize jours plus tard, sortirent les premières *Cécidomies* à l'état parfait, mais rien que des femelles. Huit jours après, le 19 juin 1865, je découvris encore plusieurs galles habitées ; le 7 juillet, la plupart étaient sèches, d'autres étaient abandonnées par les larves et laissaient voir un petit trou de sortie sur la face inférieure. Depuis cette époque, il s'est encore passé dix ans jusqu'à ce que j'aie pu obtenir quelques producteurs par éducation. Grâce à moi, la présence de ces galles n'avait pas échappé à quelques autres observateurs autrichiens : ainsi, j'ai reçu de M. Von Bergenstamm une feuille de vigne sauvage cueillie à Rubia, près Gärz, avec une galle qui, quoique desséchée, était reconnaissable.»

Notre regretté ami Lichtenstein a le premier, en 1878, trouvé à Montpellier l'insecte d'Haimhoffen, et il se disposait à le décrire sous le nom de *Cecidomyia vitis*, lorsqu'il eut connaissance du Mémoire autrichien. Depuis cette époque, nous l'avons personnellement rencontré plusieurs fois dans le département de l'Hérault, à Béziers, à Agde et à

Fig. 4. — Feuilles de vigne avec galles de Cécidomies.

Montpellier; nous avons également reçu de M. Bayle, d'Aiguesmortes Gard), une quantité considérable de galles. Elles abondent, paraît-il, dans cette localité et se trouvent surtout sur la vigne sauvage dans les haies, placées de préférence sur les rameaux latéraux.

Un second Mémoire sur des *Cécidomies* trouvées sur la vigne en Europe date de 1886. Il est dû à un italien, M. le professeur Antoine Aloï, qui a rencontré ces insectes dans la plaine de Catane. Cet auteur ne donne pas de nom d'espèce à la *Cecidomyia* qu'il décrit très brièvement ; il la considère cependant comme peut-être nouvelle. « Les données me font défaut, dit-il, pour établir que mon insecte est ou n'est pas le même que celui de M. Haimhoffen. »

Dans une traduction résumée qu'il a donnée de ce travail (*Progrès agricole*, mai 1887), M. Ravaz dit en note que l'espèce italienne n'est autre que la *C. œnophila*. Ce n'est pas sur la description de l'auteur italien que nous pouvons juger, elle est trop incomplète ! *Le ali sono frangiate ed hamo tre nervature principali*, voilà tout ce qu'il dit du caractère le plus important chez une Cécidomie, celui de la disposition des nervures des ailes ; mais M. Aloï parle de trois générations dans l'année, en mai, en juin et en juillet : or la *Cecidomyia œnophila*, d'après les observations de l'auteur autrichien et d'après les nôtres, parait n'en n'avoir qu'une seule. Nous n'avons pas l'habitude de classer les animaux d'après leur biologie, les mœurs pouvant se modifier suivant le climat, le sol, etc., s'adapter en un mot à un milieu ; nous trouvons cependant considérable cette différence dans le nombre des générations et nous faisons nos réserves, attendant un nouveau travail annoncé par M. Aloï.

II. — DESCRIPTION ET BIOLOGIE.

Les *Galles* mûres sont rondes ou ovales (fig. 4), en forme de lentilles ayant environ 3 millim. de diamètre et faisant saillie des deux côtés de la feuille, de consistance dure, placées souvent sur les nervures, lisses et un peu luisantes en dessus, velues et mates en dessous, à parois épaisses, denses à l'extérieur, tendres et translucides à l'intérieur ; elles sont d'abord d'un vert plus clair que la feuille, deviennent ensuite de même teinte, et quand la larve est sortie elles se rembrunissent et se dessèchent, en commençant par le centre. M. Haimhoffen dit qu'elles deviennent parfois d'un rouge foncé. Nous ne l'avons jamais observé ; mais sur des plants à raisins colorés, le *Petit Bouschet* ou autres, la chose est possible. On sait qu'à l'automne, au moment où la chlorophylle de la feuille perd de sa vitalité, l'érythrophylle, ou principe colorant rouge, prend au contraire une grande intensité sur ces plants-là ; il n'y a donc rien d'étonnant à ce qu'au moment de la maturité de la galle et avant sa dessiccation, celle-ci puisse tourner au rouge. Cette teinte est très fréquente du reste sur les galles du *Phylloxera*.

Le nombre de ces renflements est parfois considérable, jusqu'à 50 ou 60, mais d'ordinaire de 5 à 20 par feuille. Nous en avons observé jusque sur les vrilles. Souvent deux galles voisines se soudent, principalement sur les nervures, où leur dimension est plus grande ; elles se confondent alors, formant une tumeur allongée dans laquelle chaque larve a sa loge distincte. Cette loge, d'abord très petite, juste de la dimension de la larve, qui se tient courbée en demi-cercle, devient ensuite spacieuse, jusqu'à 2 millim. de diamètre en tout sens, quand la recluse, grandissant, a consommé les cellules du parenchyme tout autour d'elle. Celles-ci, vues au microscope, paraissent comme déchirées par l'appareil spécial dont nous parlerons en décrivant la larve. Les galles apparaissent à la fin de mai, la plus grande partie les premiers jours de juin, et à la fin du même mois toutes les larves sont sorties.

On a parfois pris ces galles pour celles du *Phylloxera*. Nous les avons personnellement reçues sous ce nom, des environs de Béziers. M. G. Hünstler, dans son ouvrage sur les Insectes nuisibles aux plantes cultivées (*Die unseren Culturpflanzen schädlichen Insecten*, 1871, pag. 85), paraît les avoir confondues, ainsi que le chevalier de Fraunfeld dans son travail sur le *Phylloxera* (*Verh. der Zool , Bot. ges.*, 1872, § 3—4. Heft, pag. 569 und 571). La différence est cependant notable. Les galles du *Phylloxera* sont développées seulement au-dessous de la feuille, renflées en forme d'utricules ou de gourdes, avec une ouverture en dessus de la feuille ; celles de la *Cécidomie* sont au contraire lenticulaires, aussi saillantes en dessus qu'en dessous de la feuille et entièrement closes.

Fig. 5.—Larve de
de la Cecidomyia
œnophila.

La *larve* est longue de 2 millim. environ, aveugle, légèrement courbée en demi-cercle, de couleur rose saumon plus ou moins foncé, tirant parfois sur l'orange. Le *corps* est atténué aux deux bouts, formé de 14 segments y compris les deux dont semble se composer la tête, glabre, n'ayant que quelques poils spiniformes dirigés en arrière, portant d'une base ou article basilaire élargi et placés en dessous au milieu des segments ; peau recouverte de fines granulations épineuses, aplaties, semblant imbriquées et dont la pointe est dirigée en arrière. Les téguments extérieurs sont blancs, translucides ; la couleur est donnée par le tissu adipeux vu par transparence et qui d'ordinaire ne s'étend pas jusqu'aux extrémités du corps.

La *tête*, très petite, est rétractile, semblant formée de deux segments,

prolongée en museau allongé, à l'extrémité duquel se trouve l'ouverture
buccale; l'armature interne de celle-ci est formée de pièces chitineuses
jaunes, peu distinctes; deux palpes labiaux paraissant n'avoir qu'un article
sont placés à la partie inférieure.

Le *prothorax* est renflé, une fois plus long que la tête, muni en dessus
d'une lame chitineuse rousse, terminée par deux pointes divergentes. Cette
lame, partant d'une échancrure du mésothorax, s'avance engagée dans la
peau à la surface du prothorax, dont elle suit le contour arrondi jusque
près de son bord antérieur. Les deux pointes divergentes seules sont un
peu détachées et sont retenues solidement par deux prolongements chitineux latéraux, à l'endroit où elles se séparent du prothorax. Par un mouvement de rétraction de la tête et du bord antérieur du prothorax, ces deux
pointes font saillie. C'est évidemment là l'instrument perforant qui permet
à cette larve à bouche inerme de déchirer les tissus du parenchyme pour
se nourrir ou se frayer un passage au dehors au moment où elle quitte la
galle[1]. Les deux autres anneaux thoraciques sont d'un tiers moins longs
que le prothorax. Le mésothorax est remarquable par l'échancrure pointue
aux bords arrondis et renflés et qui donne naissance à la lame chitineuse
décrite ci-dessus.

[1] Perris, dans une description de larve de *Cécidomie* vivant dans le Pin maritime (*Ann. Soc. ent. de Fr.*, 1870, pag. 172), parle d'une pièce subcornée placée
sous la peau, en dessus du prothorax, roussâtre, un peu spatulée, légèrement
échancrée à l'extrémité antérieure et devant servir d'attache aux muscles qui
mettent en mouvement les parties de la bouche et la tête elle-même. M. Laboulbène, de son côté, dans la *Description de la Larve de la Cécidomie du buis* (*Ann.
Soc. ent. de Fr.*, 1873, pag. 317), mentionne deux pièces chitineuses: l'une *interne*, déjà signalée par Réaumur sous le nom de « trait brun corné », appartenant à l'appareil buccal ; l'autre *externe*, bifide à son extrémité antérieure, placée
en dessous du prothorax et servant d'appareil perforant. Y a-t-il eu confusion
entre ces deux pièces ? Évidemment non, pas même de la part de Réaumur. Celle
de Perris, placée *en dessus* du prothorax, intérieurement, paraît correspondre au
« trait brun corné » du vieil auteur, et celle de M. Laboulbène, placée *en dessous* du
prothorax, extérieurement, est bien certainement l'appareil perforant signalé déjà
par Réaumur à propos de la *Cécidomie* du hêtre (*Mémoires*, tom. III, pag. 519,
Pl. 38, fig. 16). Chez notre larve, la lame unique placée en dessus du prothorax,
extérieurement, paraît remplir les deux fonctions, servir de point d'attache aux
muscles et aussi d'appareil perforant. Comme l'indique M. Laboulbène, nous avons
fait rouler sur une plaque de verre la larve vivante, nous l'avons examinée au
microscope de face et *de profil*, et nous avons vu que la lame bifide sus-protho-
racique est, il est vrai, en partie engagée dans la peau, mais fait saillie extérieurement et que les deux pointes de l'extrémité sont libres.

L'abdomen est formé de 9 segments à peu près d'égale longueur; les *stigmates* au nombre de 9, placés latéralement, sont très petits, invisibles à la loupe la plus forte et ne peuvent être vus distinctement au microscope qu'à un grossissement d'environ deux cents diamètres. Le stigmate thoracique placé sur le prothorax un peu en arrière, les 8 abdominaux situés au milieu des 8 premiers segments, sauf le huitième très petit placé un peu plus bas vers la partie ventrale.

Dans l'intérieur de la galle, les mouvements sont lents, mais au dehors assez vifs, et à l'occasion, d'après M. Haimhoffen, ces larves sautent pour quitter la feuille. Nous les avons simplement vues se laisser choir, et nous nous demandons comment elles pourraient sauter, n'ayant pas l'extrémité abdominale munie de crochets. Mises dans un récipient avec de la terre, les larves sorties des galles s'enfoncent de suite, et quinze jours après les petites mouches apparaissent.

Nous avons dû donner de cette larve une description détaillée, celle de M. Haimhoffen ne comprenant que quelques lignes et pouvant se rapporter à beaucoup d'autres larves de *Cécidomies*.

La *nymphe* est enfermée dans un cocon de soie blanche qui reste dans la terre après l'éclosion ; mais, si l'on ne donne pas de terre à l'insecte, il file ce cocon dans un coin du récipient ou entre les nervures des feuilles ; nous en avons obtenu deux dans ces conditions-là. Ce cocon est ellipsoïde un peu aplati, long

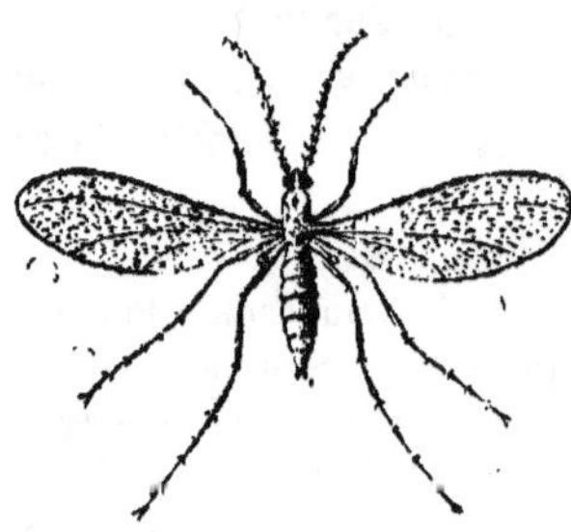

Fig. 6. — Cecidomyia œnophila fortement grossie.

d'un millim. et demi à un millim trois quarts, légèrement translucide, et laisse apercevoir la nymphe qui est d'un blanc rosé. Quelques larves, dit M. Haimhoffen, ne se transforment pas et restent dans le cocon pour ne se métamorphoser qu'au printemps suivant ; mais la plupart des petites mouches apparaissent en juillet. Haimhoffen en a obtenu fin juin.

Cet auteur ayant donné une bonne description de l'insecte parfait, nous ne pouvons mieux faire que de la reproduire. Les mâles n'ayant été encore observés par personne, elle a été faite sur des femelles.

Longueur 1^{mm},6.

Tête petite, noire, tronquée en arrière, détachée du thorax ; la face, entre les antennes, est d'un rougeâtre pâle, parsemée de poils noirs rares. Palpes blanchâtres, cou distinct, rouge pâle, yeux noirs ; antennes effilées, de 14 articles brun rougeâtre, couvertes de poils courts, les articles plus longs que larges, plus petits vers l'extrémité, avec des poils verticillés. *Thorax* bombé, gris noir dans sa partie dorsale avec des poils noirs isolés, les côtés de la poitrine et le métathorax couleur de chair, ainsi que le scutellum qui est rugueux. *Balanciers* d'un rougeâtre pâle avec le pédicelle blanc. *Abdomen* fusiforme, effilé, couleur de chair, les deux derniers segments pâles, l'oviscapte encore plus pâle, proéminent, sans lamelle à l'extrémité. Segments très renflés couverts de poils noirs divergents, portant sur la partie dorsale une touffe de poils recourbés en arrière, intervalles des segments plus clairs, les pattes longues, fines, rougeâtres, les hanches et les articulations plus foncées, grisâtres, les cuisses postérieures avec trois ou quatre soies très fines, divergentes et noires. *Ailes* d'un quart plus longues que le corps, se couvrant, la surface obscurcie par des poils noirs et serrés, le bord garni de cils se détachant facilement, entre la nervure longitudinale médiane et la nervure bifurquée ; une ligne foncée

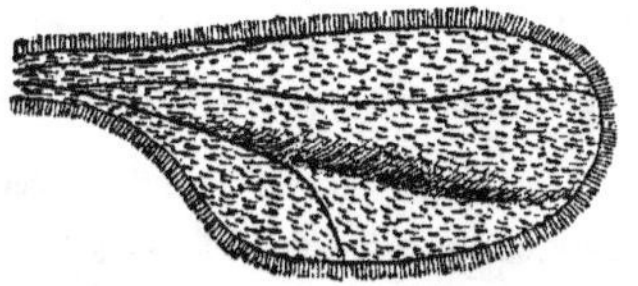

Fig. 7.— Aile de la Cecidomyia œnophila, d'après Haimhoffen.

oblique, composée de poils épais, s'avance vers le bord de l'aile. Nervure du bord noirâtre, la 2° nervure longitudinale légèrement arquée dans son milieu, se réunissant à la nervure du bord avant la naissance de l'aile. La ramification externe de la 3° nervure longitudinale manquant, du moins invisible aux plus forts grossissements. La bifurcation interne obliquement descendante sous un angle obtus. Pas de petites nervures transversales entre les première et seconde nervures longitudinales.

Ces petits et gracieux moucherons sont difficiles à saisir à cause de leur vivacité. Après leur mort, ils perdent leur aspect et leurs couleurs.

La présence de la *Cécidomie* de la vigne a été signalée jusqu'à présent, en Autriche par M. Haimhoffen, en France par plusieurs naturalistes, en Roumanie par M. Horvath, en Grèce par M. Gennadius, en Sicile enfin par M. Aloï.

III. — MOYENS PRÉVENTIFS.

Bien que le petit *Diptère* qui nous occupe soit exclusivement parasite de la vigne, ou peut-être parce qu'il est particulier à cette plante, il ne nous paraît pas occasionner de dommages sérieux. Beaucoup d'espèces qui ne sont ampélophages que par occasion sont autrement dangereuses. D'après ce que nous avons observé en France, les fonctions physiologiques de la feuille ne peuvent être gravement entravées par ses galles. M. Aloï, dans le travail cité plus haut, n'est pas de notre avis. En Sicile, selon lui, le mal serait parfois appréciable. « L'insecte, dit-il, ayant plusieurs générations dans l'année, les larves de la première dessèchent et trouent le limbe en plusieurs points ; les générations suivantes produisent de nouvelles galles dans les endroits encore intacts, si bien que la feuille s'atrophie, se recroqueville, se dessèche en grande partie et cesse de fonctionner. »

S'il en est ainsi en Sicile et dans les climats similaires, il faut avoir soin, dès le commencement, de détruire les premières feuilles portant des galles. En France, nous le répétons, nous n'avons jamais observé de dégâts sérieux. La trop grande multiplication de l'espèce est du reste arrêtée naturellement par deux petits hyménoptères[1] de la famille des Chalcidiens, qui sortent des galles du 10 juillet au 10 août. Passé le 10 juillet, on peut même dire que toutes les galles qui ne sont pas percées sont occupées par ces parasites.

[1] Nous n'avons pu jusqu'à présent déterminer ces deux petits *Chalcidiens.* Les célèbres collections d'*Hyménoptères* de Sichel et de Giraud, aujourd'hui propriété du Muséum d'Histoire Naturelle de Paris, étaient en France les seules assez riches en *Hyménoptères* parasites pour nous offrir des types de comparaison. Nous nous sommes donc adressé au Muséum ; mais, malgré les recherches opérées pour nous par M. Poujade, préparateur de la chaire d'Entomologie, l'identité de ces deux insectes n'a pu être établie.

Sont-ce les mêmes espèces que M. Haimhoffen dit avoir obtenues à Vienne dans la seconde quinzaine d'août ? Il n'en donne pas la description ! Au premier abord, nous les avions rapprochées des *Eulophus*, parasites des *Cécidomies* observés déjà par Dufour, Perris, Laboulbène et d'autres auteurs ; mais ils s'en éloignent par la forme des ailes et des antennes. Peut-être sont-ils inédits ; mais, avant de leur assigner un nom, de nouvelles recherches doivent être opérées.

De ces deux insectes, l'un, le plus grand, dont tous les individus sont femelles, est long de 1mm,50, de 2 millim. si dans la longueur du corps est comprise celle de l'oviscapte. La largeur est d'environ 1/2 millim. Le corps est d'un jaune safran foncé avec deux grandes taches noires en dessus, l'une sur le devant du thorax, l'autre à l'extrémité de l'abdomen. L'oviscapte est noir avec la base rousse, les yeux bruns, ainsi que deux ocelles placées sur le front au-dessus des antennes. Celles-ci, également brunes, sont assez courtes, insérées très près l'une de l'autre entre les deux yeux et composées de cinq articles seulement ; les pattes sont d'un jaune pâle avec l'extrémité des tarses bruns.

L'autre forme, la plus petite, dont tous les individus sont des mâles, n'a guère qu'un millim. de long ; le corps, d'un noir foncé brillant, est très étroit en proportion, les pattes sont d'un jaune pâle et les antennes brunes, celles-ci sont filiformes et atteignent les deux tiers de la longueur du corps.

Ces deux types ne représenteraient-ils pas les deux sexes d'une même espèce ? La larve et la nymphe de ces parasites ont été observées par nous. Les métamorphoses s'opèrent dans l'intérieur de la galle de la *Cécidomie.*

CHAPITRE III.

ORDRE DES HÉMIPTÈRES

Ce groupe important, dont le nom est tiré de deux mots grecs (ἥμισυς demi et πτερον aile) renferme des insectes à métamorphoses incomplètes, à appareil buccal suceur, à ailes supérieures à moitié transparentes. Ce dernier caractère, qui a valu son nom à l'ordre, n'est cependant pas général et ne se rencontre que dans les genres les plus élevés en organisation. De là deux sous-ordres, dont l'un, celui des *Homoptères* (ὁμός semblable), renferme toutes les espèces à ailes supérieures uniformes, et l'autre, celui des *Hétéroptères* (ἕτερος dissemblable), toutes celles qui ont les ailes supérieures à demi transparentes. Les *Cochenilles*, le *Phylloxera*, etc., appartiennent au premier sous-ordre; les *Punaises*, si nombreuses en espèces, au second.

Les *Hémiptères*, en majeure partie phytophages, renferment naturellement un très grand nombre d'ennemis de nos cultures. Dans les diverses contrées de l'ancien Monde, la vigne est attaquée par une quinzaine d'espèces. Plusieurs vivent exclusivement à ses dépens et, à ne citer que le *Phylloxera*, peuvent être rangés dans les ravageurs célèbres.

Le premier sous-ordre, celui des *Homoptères*, se subdivise en diverses familles, parmi lesquelles on peut citer, comme renfermant des espèces ennemies des vignes : les *Coccides* connues vulgairement sous le nom de *Cochenilles*, les *Aphides* ou *Pucerons*, les *Cicadellides* ou petites *Cigales*, les *Fulgorides* et les *Cicadides* ou grandes *Cigales*.

Dans les *Hétéroptères*, nommés vulgairement punaises, il n'y a qu'une seule famille à citer, celle des *Capsides*, et encore ne renferme-t-elle qu'une seule espèce nuisible à la vigne.

Commençant par les formes inférieures, nous pourrons donc dresser comme suit la liste des *Hémiptères* ampélophages dont nous aurons à nous occuper :

Sous-ordre des Homoptères :
Famille des Coccides...... *Pulvinaria vitis*. Linné.
    —   —   *Aspidiotus vitis*. Signoret.

Famille des Coccides ...... *Dactylopius vitis*. Niedelski.
　— 　　des Aphides....... *Phylloxera vastatrix*. Planchon.
　— 　　　　— 　　　　　*Aphis vitis*. Scopoli.
　— 　　des Cicadellides.... *Typhlocyba flavescens*. Fabricius.
　— 　　　　— 　　　　　　　— 　*viticola*. Targioni.
　— 　　　　— 　　　　　*Penthimia atra*. Fabricius.
　— 　　des Fulgorides..... *Hysteropterum Grylloides*. Fabricius.
　— 　　des Cicadides...... *Cicada atra*. Olivier.
　— 　　　　— 　　　　　　— *hæmatodes* Scopoli.
　— 　　　　— 　　　　　　— *plebeja*. Scopoli.
　— 　　　　— 　　　　　　— *orni*. Linné.

Sous-ordre des Hétéroptères :
Famille des Capsides....... *Lopus sulcatus*. Fieber.

Cette liste de quatorze espèces pourrait être allongée ; mais nous avons cru devoir n'y pas comprendre plusieurs *punaises* citées par certains auteurs comme accidentellement ampélophages et qui d'habitude ne sont nullement dangereuses.

Nous terminerons ces renseignements généraux en disant que, pour la nomenclature parfois embrouillée des *Hémiptères*, nous avons suivi l'ouvrage le plus récent (1886) et qui passe pour être le mieux au courant de la science, le *Catalogue des Hémiptères d'Europe* de M. le Dr Puton. Pour les *Coccides* qui ne sont pas compris dans ce Catalogue, nous avons adopté les noms de l'*Essai sur les Cochenilles* de M. le Dr Signoret.

SOUS-ORDRE DES HOMOPTÈRES

FAMILLE DES COCCIDES.

Les *Coccides* ou *Cochenilles* sont les plus inférieurs des *Hémiptères*. La femelle, presque toujours privée d'ailes, est, chez de nombreuses espèces, entièrement fixée à la plante qui la nourrit. Muni de pattes et d'antennes dans son jeune âge, l'insecte, lorsqu'il a grandi, circule pour trouver une place convenable, plante son bec dans les tissus tendres de la plante et devient immobile. Les pattes et les antennes s'atrophient, se dessèchent et tombent; le corps, d'abord aplati, se renfle par la production des œufs, et une sécrétion cireuse blanche, pulvérulente, gluante ou solide suivant les genres, le soude au végétal. Les œufs sont alors pondus en dessous de l'insecte ainsi fixé. A mesure que les ovaires se vident, la peau du ventre va progressivement rejoindre celle du dos et, la ponte terminée, le corps se trouve réduit à une coque hémisphérique desséchée, recouvrant plus ou

moins les œufs pour les protéger contre les intempéries et ressemblant à
une excroissance du végétal. De là, le nom de *Gallinsectes* donné par
Réaumur à ces êtres dégradés.

Dans certains genres plus élevés en organisation, tels que les *Dactylopius*,
la femelle, toujours aptère, conserve ses pattes et ses antennes, ne se fixe
pas et pond ses œufs en un ou plusieurs tas séparés, recouverts de la production cireuse. Cette sécrétion, d'ordinaire d'aspect cotonneux, filamen-
teux ou pulvérulent, plus abondante chez la femelle que chez le mâle, est
produite par des glandes cutanées, unicellulaires, parfois en forme de poils,
isolées ou réunies par groupe, placées souvent autour de tubercules spéciaux, et que nous retrouverons chez les *Aphides* et les *Cicadides*.

Le mâle, toujours très petit (Pl. IV, fig. 6) est muni de deux ailes seulement, les inférieures étant toujours avortées et réduites à des balanciers.
L'abdomen est remarquable par les deux longs filets qui le terminent.
Entre ces filets, partant du segment anal, se voit le stylet, pointe saillante,
chitineuse, parfois très longue, formée de deux valves destinées à protéger
le pénis. Privé de bec, ayant l'appareil digestif atrophié, ce mâle ne mange
pas. On ne le voit apparaitre que pendant quelques jours, et, l'accouplement
opéré, il disparaît.

Les *Cochenilles* sont célèbres par leurs ravages. A part certaines espèces
utiles, comme la *Cochenille* du *Cactus* (*Coccus Cacti*) produisant le carmin
des teinturiers, la *Cochenille* de Pologne (*Porphyrophora Poloniæ*) affectée
au même emploi, les différents kermès du chêne qui donnent aussi une
couleur rouge, la *Cochenille* à cire de la Chine (*Éricerus Pé-là*) et le *Carteria
lacca* de l'Inde qui par sa piqûre provoque l'exsudation de la laque sur
diverses espèces de figuiers ; à part ces quelques types, on peut dire que
toutes les *Cochenilles* sont nuisibles et même que leurs ravages sont parfois
irrésistibles. Nous en avons actuellement un exemple frappant dans la
destruction des fusains cultivés, destruction lente, mais sûre, qui s'accomplit aux États-Unis et en Europe par l'envahissement du *Chionaspis
Evonymi*. Nous pouvons citer encore les divers *Coccides* qui dans certains
pays ont fait renoncer à la culture des orangers et des citronniers, (*Dactylopius citri*, *Lecanium hesperidum*, etc.).

Moins dangereuses sont les *Cochenilles* de la vigne. Bien que s'attaquant
exclusivement au genre *Vitis*, elles n'occasionnent des dégâts sérieux que
dans certaines régions et dans des circonstances exceptionnelles. Elles sont,
nous l'avons dit, au nombre de trois: *Pulvinaria vitis*, *Aspidiotus vitis* et
Dactylopius vitis.

LA COCHENILLE ROUGE [1]

(*Pulvinaria vitis* Linné.)

SYNONYMIE. — *Coccus vitis*, Linné. — *Callinsecte* de la vigne, Réaumur. — *Lecanium vitis*, Illiger. — *Calypticus spumosus*, Costa. — *Calypticus ampelocecis*, Amyot. — *Lecanium vini*, Bouché. — *Pulvinaria vitis*, Targioni.

I. — HISTORIQUE.

Des trois espèces de Cochenilles attaquant spécialement la vigne dans l'ancien Monde, celle qui nous occupe est la plus anciennement connue et décrite. Walckenaer rapporte en effet au *Coccus vitis* de Linné le *Tholea*

---

[1] BIBLIOGRAPHIE. — **Linné** ; *Systema naturæ*, tom. II, 741, 16. 1735. — **Réaumur** ; *Hist. des Insectes*, tom. IV, pag. 62, Pl. I, fig. 9 ; et Pl. VI, fig. 5 à 7, 1738. — **Geoffroy** ; *Hist. abrégée des Ins. des environs de Paris*, tom. I, pag. 506, 1762.— **Fabricius** ; *Syst. ent.*, pag. 744, 1775.— **Modeer** ; *Gœtheborgska vetensk*, tom. III, 1778.— **Fabricius** ; *Species Ins.*, tom. II, pag. 395, 1780 — **Fourcroy** ; *Calal. Insect. qui in agro Parisiensi reperiuntur*, 1785. — **Fabricius** ; *Mantissa*, pag. 317, 1787. — **Gmelin** ; *Systema naturæ*, 2218, 1791. — **Olivier** ; *Encycl.*, 439, 5, Pl. CXX, fig. 13 à 16, 1792. — **Illiger** ; *Kœfer Preussens*. Hallœ, 1798. — **Fabricius** ; *Syst. Rhyngotorum*. 310, 24, 1803. — **Schrank** ; *Fauna Boïca*, tom. II, 1, 1261 ; 144, 1804.— **Haworth** ; *Observations on the Coccus vitis* (Trans. ent. Society of London. 1812, tom. I, pag. 297 à 309.— **Costa** ; *Prospetto di una nuova divisione del genere Coccus*, 1827. — **Id** ; *Fauna Napol.*, 10, Pl. VI, fig. 12, 1829. — **Dunal** ; *Insectes qui attaquent la Vigne*, pag. 92 (Ann. Soc. d'Agr. de l'Hérault, 1832).— **Bouché** ; *Naturgeschichte Garten Insecten*, 1833. — **Boyer de Fonscolombe** ; *Ann. Soc. entom de Fr.*, tom. III, pag. 214, 1834. — **Valckenaer** ; *Ins. nuisibles de la Vigne*, pag. 263 (Ann. Soc. ent. de Fr., 1835. — **Vallot** ; *Ins. ennemis des Vignes*, pag. 312 (Mém. de l'Acad. des Sc. de Dijon, 1840). — **Audouin** ; *Histoire des Insectes nuisibles à la Vigne*, pag. 319. Paris, Fortin Masson et Cie, 1842.— **Harris** ; *On Cocci or Bark lice* (New. Engl. Farmer, XXIII, 4, 1843). **Ratzeburg** ; *Forstinsecten*, tom. III, pag. 191, 1844. — **Amyot** ; *Méthode mononymique*, pag. 490, 1848. — **Bouché** ; *Ent. Zeitung Stettin*, tom. XII, 1851. — **Harris** ; *Ins. of New. Engl. Farmer*, pag. 205, 1852. — **Fauvel** ; *Bull. Soc. Linn. de Normandie*, tom. VIII, pag. 290, 1852.— **Quequett** ; *Obser-*

des Hébreux [1]. Linné le premier a décrit scientifiquement l'insecte dans son *Systema naturæ* (1735); il a parlé uniquement de la femelle et l'a comprise dans son genre *Coccus*, groupe renfermant alors toutes les formes qui composent aujourd'hui la nombreuse famille des *Coccides*. Il l'a nommée *Coccus vitis*. La description est suffisante pour que l'identité de l'espèce ne puisse être contestée. Après le travail de Linné, nous trouvons presque à la même époque (1738) les observations si remarquables de Réaumur. Le Père de l'Entomologie française paraissant ignorer le travail du naturaliste suédois et n'admettant pas, comme on sait, sa nomenclature latine, appelle cette cochenille la *Gallinsecte* de la vigne. Il en donne dans le tom. IV de ses *Mémoires* une histoire détaillée et si bien faite qu'elle a été copiée par presque tous les auteurs qui depuis ont parlé des mœurs de cet insecte. Réaumur est le premier qui ait distingué le mâle, petit moucheron n'ayant

vations on the structure of the White Filamentous substance of the Coccus vitis (Trans. micr. of. London, 1858). — **Asa Fitch** ; *Annual Report of New-York*, 69, n° 96, 1859. — **Goureau** ; *Les Insectes nuisibles*, pag. 55. Paris, Victor Masson, 1861.— **Boisduval** ; *Entomologie horticole*, pag. 312, 1867. — **Targioni-Tozzetti** ; *Études sur les Cochenilles*, 1867 et 1869.— **Nordlinger** ; *Die kleinen Feinde der Landwirthschaft*, pag. 609 Stuttgart, 1869. — **Planchon** ; *La Phthiriose de la Vigne chez les Anciens* (Bull. Soc. des Agriculteurs de France, 1870. — **Lichtenstein** ; *Manuel d'Entomologie à l'usage des horticulteurs*, pag. 74 Montpellier, Hamelin, 1872. — **Signoret** ; *Essai sur les Cochenilles* (Ann. Soc. ent. de France, 1873. pag. 29 et 46, Pl. II). — **Kaltenbach**; *Die Pflanzenfeinde*, pag. 95. Stuttgard, Julius Hoffmann, 1874.—**Maurice Girard** ; *Catal. raisonné des Insectes utiles et nuisibles*, pag. 181. Paris, Hachette, 1878.— **Dr V. Haller** ; *Uber die Rebenschildlaus Coccus vitis*, pag. 230 (Ann. der Œnologie. Heidelberg, 1880. — **Comstock**; *Report et of Entomologist of Department of Agriculture*, pag. 334. Washington, 1881. — **André** ; *Les Parasites de la Vigne*, pag. 165. Beaune, 1882. — **Lichtenstein** ; *Tableau synoptique des Maladies de la Vigne*. Montpellier, 1884.— **Foëx**; *Cours complet de Viticulture*. Montpellier, Coulet ; Paris, Masson, 1886.

[1] « Le mot de *Tholea*, dit Walckenaer (*loc. cit.*), est employé dans la *Bible* non seulement pour désigner un ver, un insecte ou larve d'insecte en général, mais également un insecte particulier qui mangeait la vigne et aussi un grand arbre. Au mot *Tholea* était souvent joint le mot *Dibaphi*, pour désigner la *Cochenille* du chêne, que les Arabes ont nommée *Kermes* et qui, traitée par le vinaigre, donne une belle couleur rouge. La *Cochenille* de la vigne ne produit pas cette couleur, mais la ressemblance de ces insectes a dû les faire confondre, et l'épithète *Dibaphi*, adjointe à *Tholea*, employée pour désigner le *Kermes*, indiquait suffisamment de quelle nature était l'insecte désigné par ce mot et qui causait de si grands ravages aux vignes et à certains arbres. »

que deux ailes et que certains auteurs modernes ont pris pour un parasite
de la Cochenille.

Illiger (1798) créa pour les *Coccus* en forme de carapace de tortue ou de
bateau renversé et pondant au-dessous d'eux, le genre *Lecanium*, nom sous
lequel plusieurs livres récents désignent encore notre insecte. En 1827 et
1829, Costa, dans plusieurs Mémoires importants publiés sur les *Coccus*,
travaux qui ne manquent pourtant pas d'une certaine valeur, attaqua vivement les écrits de Réaumur, «qui, dit-il, a pris pour le mâle des Cochenilles
ce qui n'est qu'un parasite de l'ordre des *Diptères* ». Cette thèse étrange,
rééditée d'un autre âge, qui prouvait que l'auteur italien avait mal vu et
n'avait pas su apprécier la rigoureuse méthode d'observation de Réaumur,
a été soutenue par lui avec une telle assurance que plusieurs entomologistes distingués de l'époque, entre autres Audinet-Serville, en ont été
ébranlés. Toutes les récentes observations, est-il besoin de le dire? ont
donné raison à Réaumur, et nous ne pouvons ici que renvoyer le lecteur
au chapitre Ier du tome IV de ses Mémoires, aux pages, si pleines à la fois
de science, de sagacité et de bonhomie, écrites sur les *Gallinsectes* par notre
grand naturaliste.

Le nom de *Pulvinaria* (du latin *pulvinar*, coussin), a été créé, en 1867,
par M. Targioni-Tozzetti, l'une des autorités scientifiques actuelles en
fait de *Coccides*. L'auteur italien a fait cette coupe générique pour les
espèces de *Lecanides* qui reposent sur un *coussin* de matière cireuse blanche, ne sont fixées au végétal que par la partie antérieure, et à un moment
donné sont soulevées postérieurement par l'abondance de leur ponte. Le
cas est remarquable dans l'espèce qui nous occupe (Pl. IV, fig. 7). Ce nom
de *Pulvinaria* est encore discuté.

« Les caractères indiqués, dit M. Signoret, pour distinguer ces insectes
des *Lecanium* vrais, sont peu importants et varient dans les mêmes types.»
M. Comstock dit de son côté: « Le genre *Pulvinaria* est mal défini, *is
not well defined* ». Mais devant l'autorité incontestée de M. Targioni et
avec la plupart des entomologistes modernes, y compris même ceux que
nous venons de citer, nous adoptons cette dénomination. Nous sommes en
effet convaincu que lorsqu'un groupe est considérable, comme c'est le cas
des *Lecanium*, une nouvelle coupe générique, même mal délimitée, doit
être adoptée pour faciliter le groupement des espèces.

II. — DESCRIPTION ET BIOLOGIE.

Tous les propriétaires de vigne, surtout ceux qui possèdent de vieux
espaliers, mal exposés, connaissent ces paquets de substance blanche

PLANCHE IV.

Les Cochenilles de la vigne.

—

1. Cochenille blanche (*Dactylopius vitis*) jeune, fortement grossie.

2. Cochenille blanche adulte, fortement grossie, face dorsale, avec les expansious cireuses.

3. Cochenille blanche, face ventrale, sans expansions cireuses.

4. Fragment de feuille de vigne avec Cochenilles blanches, grossies, garnies de leur pulvérulence et de leurs expansions cireuses blanches.

5. Nymphe (mâle) de Cochenille b'anche, fortement grossie.

6. Mâle de Cochenille blanche, fortement grossi.

7. Morceau de sarment garni de Cochenilles rouges (*Pulvinaria vitis*) reposant sur leur ponte.

8. Cochenille rouge jeune, fortement grossie.

9. Cochenille rouge adulte avant la ponte, grossie.

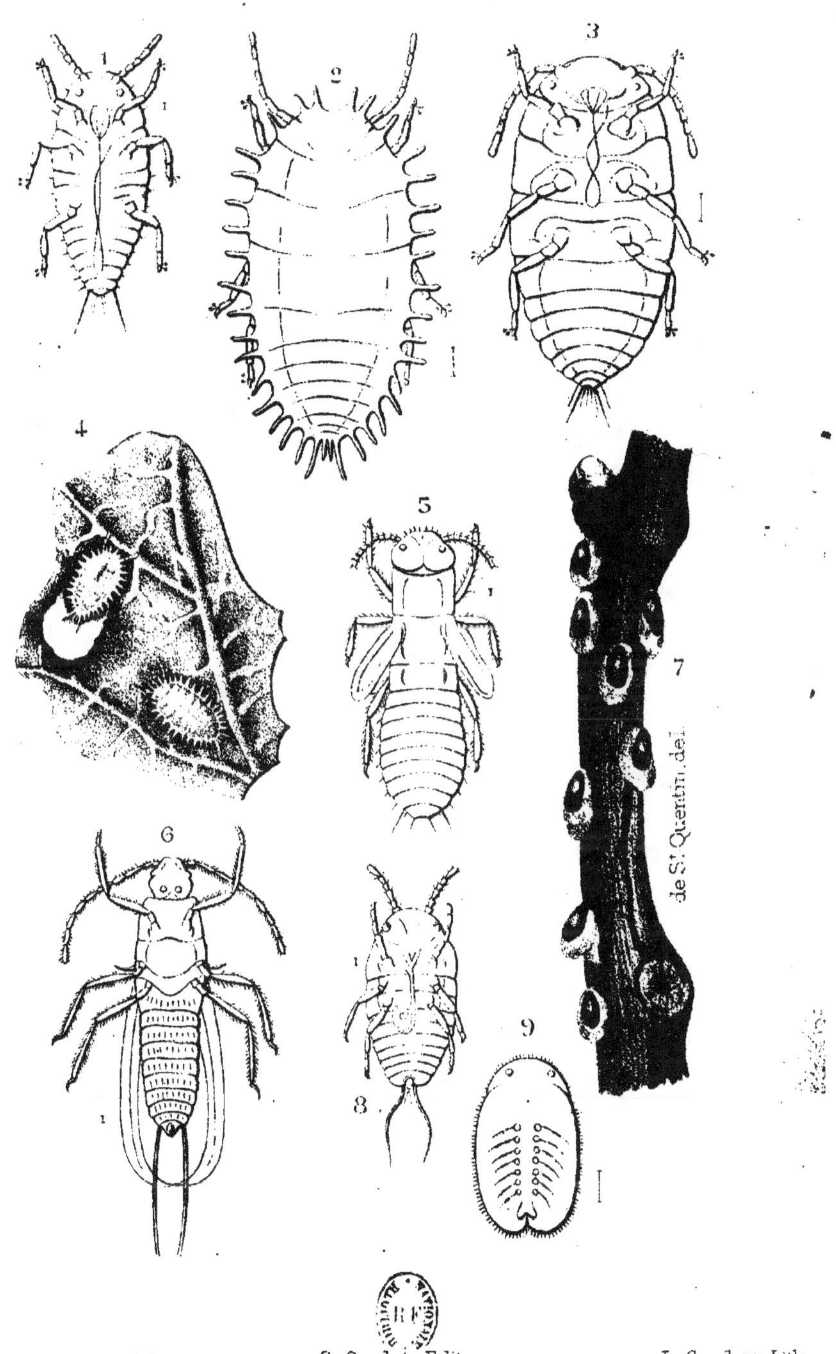

de St Quentin.del

cotonneuse filant comme de la glu, recouverts d'une écaille d'un brun roux, et qui certaines années, pendant l'été, infectent les ceps, surtout sur le jeune bois. Ce sont les pontes de la *Cochenille rouge* de la vigne mélangées à une abondante sécrétion cireuse semi-fluide et abritées par le corps desséché de la mère. Si nous examinons de son vivant l'animal qui les produit, si nous l'étudions au printemps avant qu'il ait commencé à pondre (fig. 9), nous voyons un insecte de 4 à 5 millim. de long, bombé en dessus, aplati au-dessous, de forme oblongue, un peu plus étroit en avant qu'en arrière et ayant une échancrure à la partie postérieure. La couleur est d'un fauve rouge, parfois foncée, parsemée de taches et de points noirâtres. Cette *Cochenille* femelle est née au mois de juin de l'année précédente et commencera à pondre dans le courant du mois de mai. De ses œufs très petits, un peu allongés, de teinte vineuse, sortiront, en juin, de jeunes larves hexapodes assez agiles, longues d'environ un tiers de millimètre, de couleur rougeâtre, ayant le dernier anneau de l'abdomen échancré, munie de deux antennes à six articles, d'un long bec replié le long du ventre et de deux grands poils à l'extrémité du corps. Par la forme et les allures, elles rappellent les jeunes *phylloxeras* (fig. 8). Ces petits insectes se répandront sur les sarments et le revers des feuilles et y planteront leur suçoir. Pendant l'été, ils grandiront, tirant de plus en plus sur le fauve, et, vers le mois de septembre, l'accroissement étant notable, on en remarquera d'aspect et de dimensions différents.

Les uns, beaucoup plus gros, auront gardé leur forme ovale et seront tous des individus femelles qui arrivés à leur taille définitive, et après l'accouplement, se fixeront pour passer l'hiver et pondre au mois de mai. Au moment de la ponte, ils seront déformés, les pattes et les antennes auront disparu, les segments indistincts feront ressembler le corps à une coque hémisphérique d'un brun roux bientôt soulevée par les œufs pondus en dessous d'elle (fig. 7). Les autres, beaucoup plus petits, groupés en grand nombre sur certains points du cep, d'une couleur jaune clair, auront, en septembre, une forme très allongée, 2 millim. et demi sur 1 et, selon le cycle normal des métamorphoses des insectes, représenteront des pupes renfermant des nymphes, d'où, vers les premiers jours d'octobre, sortiront des mâles ailés. A Montpellier, nous avons obtenu de ces éclosions de mâles à partir du 25 septembre; l'accouplement a lieu de suite.

A l'encontre des autres insectes éclosant d'une pupe et qui en sortent la tête la première, le délicat moucheron sort à reculons. On aperçoit d'abord les deux grands filets dont est muni son dernier segment; puis viennent les ailes et le reste du corps. Les pattes projetées en avant de la tête, il se pousse vivement en arrière, laissant fixée au sarment sa mince dépouille d'un blanc transparent.

3

Le mâle est long de 2 millim. environ. Le thorax est rembruni, l'abdomen d'un rouge de brique clair, les deux ailes aussi longues que le corps, blanches, ornées d'une ligne rouge le long du bord extérieur. La tête aplatie en avant est privée de bec ; l'insecte ne peut donc manger. Cette tête porte deux longues antennes de dix articles, deux grands yeux composés et quatre plus petits placés de côté.

L'abdomen, formé de sept anneaux, offre, sur le sixième, deux petits prolongements latéraux dirigés en arrière ; le septième est muni des deux longs filets dont nous avons parlé. Ces appendices, constitués à leur base par des poils épais, sont recouverts de la sécrétion cireuse blanche et démesurément allongés par elle. Entre les deux filets se voit le pénis, qui est long et recourbé. L'accouplement, fort bien décrit par Réaumur, a lieu en octobre et non au printemps, comme plusieurs auteurs l'ont répété par erreur, d'après M. Signoret ; aussitôt après, le mâle meurt et disparaît.

La *Pulvinaria vitis* est commune dans tous les pays viticoles de France, mais plutôt dans le Nord que dans le Midi. Elle nous a été signalée d'Allemagne par M. von Heyden, d'Autriche par M. Bollé, de Hongrie par M. Horvath, d'Italie par M. Targioni, de Grèce par M. Gennadius. Nous ne la voyons pas mentionnée dans les documents que M. de Graëls nous a transmis sur l'Espagne, pas plus que dans ceux que nous avons reçus d'Algérie.

Cette espèce a, heureusement pour le viticulteur, des ennemis naturels qui en détruisent beaucoup. Ces parasites ont été étudiés par le colonel Goureau, et une bonne partie des détails qui suivent lui sont empruntés. Le plus redoutable est un petit *Hyménoptère* (Mouche à quatre ailes) de la famille des Fouisseurs, de la tribu des Crabronites, le *Celia troglodytes* Schuck, dont voici la description :

Femelle. Long. 3 millim. Antennes noires à premier article brunâtre en dessous ; tête, thorax et abdomen d'un noir uniforme, ce dernier lisse, luisant, ovalaire, atténué en pointe aux deux extrémités, très brièvement pédiculé ; cuisses postérieures et intermédiaires noires, cuisses antérieures et tibias bruns ; tarses d'un testacé brun ; ailes hyalines, à stigma grand et noir ; deux cellules cubitales, la première plus longue que large, la seconde presque carrée.

Mâle. Semblable, différent seulement par les premier et deuxième articles des antennes jaunes en dessous, le chaperon et les mandibules jaunes, les cuisses et les tibias antérieurs d'un fauve testacé, les autres tibias un peu plus clairs.

La femelle établit son nid dans le bois mort un peu ramolli, comme celui des vieux piquets ; son trou ressemble à celui que ferait une très

petite vrille. Elle y entasse en été des jeunes *cochenilles* qu'elle a préalablement piquées de son aiguillon pour les paralyser sans leur ôter la vie ;
elle pond un œuf sur le tas et bouche le trou avec de petits débris de bois
mâché et imprégnés de salive. La larve sortie de l'œuf mange peu à peu
sa provision, qui pendant plusieurs mois se maintient fraîche, se change
en chrysalide au printemps , et vers les premiers jours de juillet sort à l'état
parfait, pour recommencer le cycle.

Plusieurs autres *Hyménoptères* de la famille des Chalcidides pondent
leurs œufs dans le corps même de la *cochenille* et y vivent à l'état de larve,
sans attaquer les organes essentiels, laissant vivre ainsi leur victime jusqu'au moment où elles se transforment en nymphes et en insectes parfaits;
elles percent alors la peau, qui est comme desséchée, y laissant un trou
rond de la grosseur de leur corps. Ce sont les espèces suivantes : *Encyrtus
Swederi* Dalm., *Encyrtus duplicatus* Nees, *Coccophagus scutellaris*
Wester, *Blastothrix Schœnheri* Westw., *Cephycus puncticeps* Dalm.,
Erycidnus ventralis Dalm., *Comys Schwederi* Dalm. D'après le colonel
Goureau, cette dernière espèce, très petite, pond trois œufs dans chaque
cochenille.

Un diptère contribue également à détruire beaucoup de ces *Pulvinaria :*
c'est le *Leucopis annulipes* Zett, qui paraît en juin et pond cinq à six œufs
dans la masse cotonneuse enveloppant la ponte. Les larves de cette mouche
mangent les œufs et se changent en pupes dans le même endroit. Les
insectes parfaits sortent en passant par-dessous la peau desséchée de leur
victime.

Le nombre de *cochenilles* détruites par ces divers ennemis est parfois
tel que certaines années remarquables par l'abondance des *Pulvinaria*
sont suivies d'autres où c'est à peine si l'on en voit quelques-unes. Leurs
parasites éclos en masse, ne trouvant pas les conditions voulues pour
pondre, meurent alors sans postérité. Les quelques *cochenilles* échappées
au carnage peuvent donc se multiplier en paix jusqu'à ce que leurs ennemis, redevenus eux-mêmes abondants, les détruisent de nouveau. Ce
mouvement de bascule entre les carnassiers et leurs victimes s'observe
dans toute la série animale, et maintes fois, pendant le cours de ce travail,
nous aurons l'occasion de retrouver cette grande loi du parasitisme ayant
pour corollaire l'équilibre des espèces.

III. — MOYENS DE DESTRUCTION.

Les espaliers taillés à long bois, placés dans les endroits mal exposés,
principalement au couchant et dans les quartiers humides, ont surtout à

souffrir de la *Pulvinaria vitis*. On la rencontre cependant parfois en grande culture avec la taille courte et dans les endroits secs, spécialement sur les vieilles vignes à écorces très crevassées ; mais dans ces conditions nous ne l'avons jamais vue devenir dangereuse. Chose curieuse, certains pieds sont toujours attaqués de préférence à d'autres, et Réaumur raconte qu'il a inutilement essayé d'infecter des pieds voisins.

D'après ce que nous avons dit des mœurs de l'insecte, qui vit de préférence sur le bois jeune, il est facile de comprendre que chaque année la taille fait périr le plus grand nombre de ces parasites et qu'il ne reste, pour perpétuer la race, que les rares individus demeurés sur le vieux bois. Il est alors aisé, au printemps, d'écraser les quelques femelles pondeuses qui peuvent avoir échappé.

En cas d'attaque sérieuse sur des espaliers ou des vignes en cordon, outre cet écrasage des femelles au mois de mai, en somme facile à faire, on fera bien d'écorcer en hiver au moyen du gant de cote de maille usité à Bordeaux et connu en viticulture sous le nom de *gant Sabaté*, du nom de son inventeur. En cas de crevasses profondes, l'opération devra être complétée non pas avec un couteau, toujours dangereux pour la plante, mais au moyen d'un instrument très simple qui ne coûte à peu près rien et dure indéfiniment : c'est un morceau de fer de six pouces de long, coupé dans un cercle de barrique et recourbé à l'extrémité en forme de râclette ; sur le rebord qui doit pénétrer dans les crevasses et râcler, on donne quelques coups de lime qui forment dentelure et qui, sans endommager la souche, permettent d'y faire mordre l'outil.

«L'ouvrier, nous écrit M. Bellot des Minières, l'inventeur du procédé, ayant avec le gant de fer enlevé le plus gros, laisse la place à une femme qui, munie de mon râcloir, fouille dans tous les creux qu'a respectés le gant et va ensuite, sans danger pour les yeux du bois de retour, nettoyer les rameaux sur lesquels repose la taille de l'année.»

L'écorcage du vieux bois opéré, les débris enlevés et brûlés, il sera bon de brosser le bois jeune avec une brosse de chiendent : les cochenilles arrachées et plus ou moins blessées meurent sans pouvoir remonter sur le cep.

LA COCHENILLE GRISE [1]

(*Aspidiotus vitis*, SIGNORET.)

SYNONYMIE. — *Diaspis Blanckenhornei* Targioni, 1877.

Les *Aspidiotus* sont des cochenilles plus ou moins arrondies, ressemblant à de petites écailles d'huitres plaquées contre les tiges et les feuilles de certains arbres. Leur corps, entièrement déformé, est couvert d'un bouclier protecteur constitué par les dépouilles provenant des mues et une couche de sécrétion cireuse mince, aplatie en lamelle, solide, plus ou moins adhérente à la plante. Le type le plus répandu et le mieux étudié du groupe est l'*Aspidiotus Nerii* [2], une des cochenilles du laurier rose qui bien souvent fait périr cet arbuste cultivé en vase et même en pleine terre.

Ces insectes sont voisins du *Chionaspis* (*Diaspis*) *Evonymi* de Comstock, ou cochenille du fusain, qui exerce de si grands ravages sur les fusains cultivés, et dans le livre de M. Signoret ils sont rangés dans la sous-famille ou tribu des *Diaspides*.

L'espèce qui attaque la vigne a été décrite en 1876 par M. le Dr Signoret. Elle a été de nouveau décrite récemment par M. Targioni-Tozzetti (de Florence) sous le nom de *Diaspis Blankenhornei*. Elle n'a donc ni synonymie embrouillée ni histoire, et paraît jusqu'à présent peu nuisible. Nous en donnerons la description suivante :

Le bouclier à de 1 à 2 millim. de diamètre. Chez la femelle, il est plus ou moins arrondi ; chez le mâle, en ovale allongé. Chez l'un et l'autre, il est

---

[1] BIBLIOGRAPHIE. — **Signoret** ; *Essai sur les Cochenilles* (Ann. Soc. ent. de France, pag. 601, 1876). — **Targioni-Tozzetti** ; *Bull. Soc. ent. Ital.*, pag. 17, 1879. — **Id** ; *Relazionne della R. stazione di Entom. agr.*, pag. 152, 1881 ; et même Recueil, pag. 386, 1884. — **Maskell** ; *Trans. and proc. of the N.-Zeland. Inst.* tom. II, pag. 199. — **Comstock** ; *U. S. Depart. of the Agr. entom.* (Rep. of the Commission of Agr., ann. 1880, tom. III, pag. 29. — **Gennadius** ; *Sur une nouvelle espèce de Cochenille* (*Aspidiotus coccineus*) *d'Athènes* (Ann. Soc. ent. de France, pag. 189, 1881).

[2] Voir, pour la description et l'anatomie des *Aspidiotus*, une bonne étude de M. le Dr Lemoine sur l'*Aspidiotus Nerii*, travail annoncé en 1880 dans le *Congrès des Sociétés savantes* à la Sorbonne et communiqué en août de la même année au *Congrès pour l'avancement des Sciences* tenu à Reims.

d'un gris foncé, et, lorsqu'il a été frotté, la dépouille des mucs, le plus souvent centrale, est d'un noir brillant. Si ce bouclier, abritant le corps de la mère, véritable sac rempli d'œufs, vient à se détacher, il laisse sur l'écorce une place blanche. Sa couleur est tellement identique avec celle de l'écorce que c'est surtout cette place blanche laissée par le bouclier tombé qui révèle la présence de l'insecte. Celui-ci se tient sur le bois vieux ou nouveau, sur ce dernier de préférence. Ayant perdu, aussitôt après la première mue, ses pattes et ses antennes, il est surtout fixé par son suçoir. Les larves, au sortir de l'œuf, sont ovales, allongées, munies de leurs six pieds et de leurs deux antennes. A la mue, elles les perdent, mais conservent leurs filets rostraux très longs, qui, développés, dépassent du double la longueur du corps. Les antennes de six articles sont à peine pubescentes, un ou deux poils à chaque article, avec le quatrième article plus long que les autres. Les jambes sont grêles, le tibia plus court que le tarse, le crochet long, accompagné des digitules ordinaires. Après la première mue, le corps devient plus arrondi, avec un peu de parallélisme pour le mâle, dont les filets rostraux sont plus longs que ceux de la femelle. La coque mâle est facile à reconnaître ; elle ne porte qu'une seule dépouille de mue, tandis que celle de la femelle en porte deux.

La femelle à l'état parfait, arrondie, d'un brun grisâtre foncé, a l'extrémité abdominale jaune clair ; elle porte sur ses bords quelques filières avec un point central clair et un rebord épais. Le mâle est d'un jaune brun uniforme ; les yeux sont noirs, les ailes très longues, d'un gris hyalin dépassant l'extrémité du stylet, celui-ci un peu plus long que l'abdomen. Les antennes sont épaisses, pubescentes, de dix articles, le quatrième le plus long, le premier, le deuxième et le dixième très petits.

Cette espèce a été découverte aux environs de Nice, sur les coteaux de Bellet, par M. Signoret, qui l'a reçue également d'Algérie. Nous l'avons personnellement rencontrée à Cannes. M. Targioni l'a décrite d'Italie, il l'a reçue de Novare et de Vicenze. M. Von Heyden nous l'a signalée dans la vallée du Rhin et M. Gennadius de Sicile et des environs d'Athènes. Il est probable qu'elle est beaucoup plus répandue qu'on ne le pense, mais qu'elle échappe aux recherches par suite de sa couleur, qui se confond avec celle du bois.

M. Gennadius a décrit en 1881, sous le nom de *Aspidiotus coccineus*, une *Cochenille* qui, dans l'Archipel grec, attaque l'oranger, le citronnier, le néflier du Japon et aussi la *vigne*. D'après M. Targioni, un maître dans cette difficile étude des *Cochenilles*, l'espèce du savant d'Athènes n'est autre chose que celle qui a été décrite en Nouvelle-Zélande, aux États-Unis et en Europe, sous les noms ci-après : *Aonidia aurantii* Maskel, *Aspidiotus citri*

Comstock, *Aonidia Gennadii* Targioni, *Aspidiotus coccineus* Gennadius. C'est par conséquent le nom de *Aonidia aurantii* que cet insecte doit porter. Son aire géographique est très étendue. Décrit de la Nouvelle-Zélande, il s'est trouvé en Australie, en Californie et en Grèce. Dans ce dernier pays, il semble d'introduction récente, et on peut s'attendre à le voir envahir toutes les côtes de la Méditerranée. Cette *cochenille* est comprise dans la liste d'Insectes ampélophages que nous a adressée M. Gennadius ; elle n'est, selon lui, cependant que rarement nuisible à la vigne et seulement dans le voisinage des orangers. Nous nous contentons donc de la signaler et d'en donner la synonymie.

LA COCHENILLE BLANCHE[1]

(*Dactylopius vitis*, NIEDELSKY.)

SYNONYMIE. — *Dactylopius longispinus* Targioni.

Le genre *Dactylopius*, composé de *Coccides* relativement agiles, jamais fixés, renferme des espèces assez voisines de l'insecte produisant le carmin (*Coccus cacti*), et qui peuvent avec lui être appelées les *Cochenilles* vraies.

[1] BIBLIOGRAPHIE. — **Strabon** ; *Texte grec.* liv. VII, chap. V, et *Traduction latine*, pag. 263 (édit. C. Muller et F. Dubn. Paris, Firmin Didot, 1853). — **A. Bouscaren** ; *La Maladie noire de la Vigne* (Bull. Soc. d'Agr. de l'Hérault, pag. 216, 1860). — **Fréd. Cazalis** ; *Messager Agr. du Midi*, pag. 328, 1863. **Gasparini** ; *Sulla Malattia del Uva* (Atti del R. Inst. di Napoli, sec. ser., vol. II, 1865). — **Targioni-Tozzetti** ; *Atti dei Georgofili de Florence*, nuov. ser., tom. XIII. — **Id.**; *Études sur les Cochenilles*, 1867. — **Niedelsky** ; *Gazette Agr. russe*, n° 2, 1869. — **Woelkel** ; Traduction du *Mémoire de Niedelski* (Bull. Soc. des Agricult. de France, 15 février 1870 ; et Revue horticole, 16 mars et 16 juin 1870). — **Ph. Koressios** ; *L'Éclectique* (Journal d'Athènes, 20 janvier et 24 juin 1870). — **Planchon** ; *La Phtiriose de la Vigne chez les anciens et les modernes* (Bull. Soc. des Agricult. de France, 15 juillet 1870). — **Lichtenstein** ; *Les Coccides de la Vigne* (Bull. Soc. entom. de France, 25 mai 1870). — **Duffour et Vinas** ; *La Fumagine de la Vigne* (Compte rendu du Congrès scientifique de France, 35ᵉ cession tenue à Montpellier, pag. 447, 1872. — **Signoret**; *Essai sur les Cochenilles* (Ann. Soc. entom., pag. 324, 1875). — **Gennadius** ; *Journal d'Athènes*, 24 février 1880. — **Leclère** ; *Compt. rendus Acad. des Sciences*, 13 mars 1882. — **André** ; *Les Parasites de la Vigne*. Beaune, 1882. — **Lichtenstein** ; *Tableau synoptique des Maladies de la Vigne*. Montpellier, 1884.

Deux d'entre elles ont été signalées sur la vigne : le *Dactylopius adonidum*
et le *D. vitis*. Du premier, nous ne dirons que quelques mots, le considérant comme peu important : c'est le *Coccus adonidum* de Linné, bien connu
des horticulteurs sous le nom de *pou blanc des serres*, long de 3 millim.
environ sur 1 et demi de large, et qui vit sur une foule de plantes. La vigne
sous verre est attaquée par cet insecte, comme tant d'autres végétaux ; nous
l'avons nous-même observé dans ces conditions-là comme assez nuisible
aux environs du Mans. Walckenaer le dit originaire du Sénégal, parle de lui
comme parfois dangereux pour la vigne, et cite à son sujet un travail anglais
signé Major, publié dès 1829. Comme l'espèce est frileuse, il n'est pas à
craindre de la voir se multiplier en dehors des serres. Nous n'insisterons
donc pas sur cet ennemi, avec lequel il faut peut-être compter dans les *gra-
peries* anglaises, belges ou allemandes, mais qui est indifférent aux vrais
viticulteurs.

Le *Dactylopius vitis* a une tout autre importance ; non pas qu'il fasse
des ravages considérables dans l'Europe occidentale, mais il n'en est pas
de même en Orient. Il parait avoir été connu dès l'antiquité, et de nos jours
encore il arrive à faire périr la vigne.

I. — HISTORIQUE.

Au début de l'invasion phylloxérique, alors que certains auteurs sou-
tenaient que l'insecte avait de tout temps existé en Europe, l'attention fut
attirée sur un texte de Strabon (ıᵉʳ siècle avant J.-C.) où il est parlé d'un
parasite tuant la vigne, vivant en été sur les bourgeons, descendant en
hiver aux racines, et contre lequel on luttait par l'emploi de terre bitumineuse mélangée d'huile. L'insecte est appelé par le géographe grec
Phtheir (φθείρ pou) et la maladie *Phtheiriosis* (φθειρίωσις), que l'on peut traduire en français par phtiriose. Les auteurs susdits ont voulu voir là le
phylloxera.

Ce fut M. Koressios qui le premier, en 1870, soutint cette thèse dans un
journal d'Athènes, l'*Éclectique*. Défendue par un homme qui ne connaissait
pas le puceron de la vigne, cette idée aurait dû être abandonnée dès le début,
vu seulement la petitesse du *Phylloxera* qui, exigeant l'usage d'une loupe,
ne pouvait être connu des anciens. Elle n'en fut pas moins adoptée par certains naturalistes, tels que M. le Dʳ Signoret (*Essai sur les Cochenilles*,
pag. 326). Plus tard, M. de Lafitte, au Congrès viticole de 1879 tenu à
Nimes, à propos d'un insecte qui au moyen âge attaquait la vigne en
Palestine et dont parle un vieux manuscrit de la Bibliothèque nationale,
dit que l'existence du *Phylloxera* au xɪɪᵉ siècle n'a rien d'inconciliable

avec les données actuelles de la science. Nous ne discuterons pas la valeur des textes sur lesquels s'appuie M. de Lafitte, nous les citons simplement en note[1], renvoyant pour la réfutation à ce qu'a répondu M. Planchon dans le même Congrès de Nimes et que M. de Lafitte résume lui-même en deux mots : « C'est une jolie légende » (*Journ. d'Agr.*, novembre-décembre 1879).

Quant à M. Koressios, il semble avoir ignoré la publication d'un travail de M. Niedelsky paru en 1869 dans la *Gazette agricole russe*, concernant une *cochenille* découverte en Crimée, attaquant la vigne aux feuilles et *aux racines* et que le naturaliste russe nomme *Coccus vitis*. Ce nom pouvant s'appliquer aux trois espèces de *cochenilles* de la vigne, l'espèce a été étudiée depuis par M. Targioni, et ramenée par lui dans le genre *Dactylopius* de Costa, son vrai genre.

C'est notre *Dactylopius vitis*, et très certainement aussi l'insecte de Strabon, celui du moyen âge, celui que la tradition orientale nous rapporte être connu depuis des siècles en Asie-Mineure et dans les iles de l'Archipel. Tel est l'avis de M. Planchon, qui a trouvé l'insecte aux racines de la vigne à Montpellier et qui, à propos de la Note de M. Koressios, a publié un article très remarquable (*Bull. Soc. des agr. de Fr.*, 15 juillet 1870).

Nous pensons comme M. Planchon, et notre opinion est fondée non seulement sur les textes cités par lui et la description de M. Niedelsky, mais sur l'article de M. Koressios lui-même. Il y est dit en effet que les habitants de l'ile de Syra, l'une des Cyclades, emploient encore aujourd'hui des frictions de terre bitumineuse contre la *phtiriose* de leurs vignes. Or le *Phylloxera* n'est pas dans les iles grecques et le *Dactylopius* s'y trouve, comme du temps de Strabon. L'ile de Rhodes, toute voisine des Cyclades,

---

[1] Dans un manuscrit latin, inscrit à la Bibliothèque Nationale sous le n° 5129, il est dit qu'au couvent de Saint-Saba, au bord de la mer Morte, dans la région appelée Engadi, entre Segor et Jéricho, les moines recueillaient une huile bitumineuse *Catraneum* destinée à frotter les chameaux pour leur ôter la gale, *ainsi que les Vignes* pour enlever les *vers* qui les épuisaient (*Ad unguendum camelos propter delendam scabiem et ad fricandum vites pro expeliendis vermibus consumptoribus earum*). M. de Lafitte incline à voir là le Phylloxera, et, pour appuyer son dire, il cite un autre texte tiré d'un Journal de voyage du comte de Bertou (1839), où, d'après l'évêque de Tyr, il est dit qu'au moyen âge, dans les vignobles d'Engadi., on eut raison d'un insecte pernicieux qui s'en prenait aux racines, au moyen d'huile extraite de l'asphalte de la mer Morte. M. de Lafitte a du reste défendu sa thèse en citant tous les textes à l'appui, dans son livre *Quatre ans de lutte pour nos vignes*, pag. 17 à 45 (Paris, Masson, 1883).

est en effet citée par l'auteur ancien comme un des pays où le traitement à l'huile bitumineuse était appliqué. Nous avons fait plus que de recourir à l'article de M. Koressios ; nous avons consulté M. Gennadius (d'Athènes), et voici sa réponse, en date du 12 juillet 1887 : « Aujourd'hui le *Dactylopius vitis*, qui est bien certainement l'insecte dont parle Strabon (livre VII, chap. V), est combattu victorieusement par le soufre appliqué tout d'abord contre l'*oïdium* ; mais, il n'y a pas plus de trente ans, les vignerons grecs de l'Asie-Mineure appliquaient un remède qu'ils appelaient *Spartzoma*, et qui consistait en ceci : Avec une substance préparée en faisant bouillir de l'asphalte avec du marc d'huile, on peignait un anneau vers la base et tout autour de chaque sarment de la vigne pour empêcher l'insecte de monter et de détruire les bourgeons. Ce traitement se répétait de deux à trois fois pendant le printemps. » Ce que dit M. Gennadius est du reste conforme au procédé indiqué dès le x⁰ siècle par l'auteur arabe Ibn el Beithar dit Temini el Mocadessi, dans son *Traité des simples*, concernant l'emploi du bitume de Judée pour le traitement des vignes aux environs de Jérusalem (Leclère ; *Comptes rendus*, 20 mars 1882).

Nous n'avons pas, croyons-nous, besoin d'insister. L'insecte qui nous occupe est donc bien celui de Strabon, celui de l'auteur arabe Temini et du manuscrit de Saint-Saba, celui de M. Koressios et de M. Gennadius. Depuis l'antiquité jusqu'à nos jours, il a été en Orient combattu toujours de la même façon.

Ce n'est qu'en 1869 qu'il a été étudié scientifiquement par M. Niedelsky sur des exemplaires trouvés en Crimée ; mais son introduction dans le nord de l'Afrique et l'Europe occidentale doit dater déjà d'une trentaine d'années. Nous l'avons observé en effet aux environs de Montpellier il y a plus de vingt-cinq ans ; mais, le prenant pour le *Dactylopius adonidum* des serres, nous ne l'avions pas examiné attentivement et distingué de ce dernier.

II. — DESCRIPTION ET BIOLOGIE.

Le *Dactylopius vitis* doit être, nous l'avons dit, rangé dans les *Cochenilles vraies*, c'est-à-dire celles dont le corps allongé avec les segments distincts est recouvert d'une abondante sécrétion cireuse blanche et pulvérulente. Ces insectes ne perdent ni leurs pieds ni leurs antennes, comme les *Pulvinaria* et les *Aspidiotus*, ne se fixent jamais et pondent leurs œufs en un ou plusieurs amas séparés recouverts de la même sécrétion blanche.

Le genre *Dactylopius* est caractérisé par des antennes de huit articles chez la femelle et de six dans la larve de celle-ci ; le mâ'e a dix articles aux antennes et sa larve en a sept, les tarses sont munis de quatre digitules ou poils dilatés au bout ; l'anneau génito-anal est entouré de six poils.

Chez le *D. vitis* (Pl. IV), les caractères spécifiques sont les suivants : *Corps* de la femelle long d'environ 4 millim. sur 2 de large, d'un ovale allongé plus ou moins convexe, de couleur jaune rougeâtre, entièrement saupoudré de la matière cireuse blanche sécrétée par des filières répandues sur toute sa surface, filières arrondies ou en forme de tubes tronqués. En outre, chaque segment sur ses bords présente de très nombreuses filières produisant une sécrétion cireuse intense qui forme tout autour du corps des bâtonnets fragiles de grandeur variable, ceux de l'extrémité abdominale beaucoup plus longs, soutenus par des poils (fig. 2).

Quand l'insecte est plongé dans un liquide dissolvant la cire, tel que l'alcool ou l'éther, ces bâtonnets disparaissent et le corps devient instantanément comme le représente la fig. 3. Les *antennes* de huit articles, le troisième le plus long, sont d'un brun clair un peu orange ; les *pattes*, assez fortes, sont de même couleur ; le crochet, très arqué, a les quatre digitules peu développés. Les lobes latéraux de l'extrémité abdominale, outre de très nombreuses filières, portent chacun un long poil avec trois autres plus petits.

La larve, au sortir de l'œuf, a le corps plus allongé que l'insecte (fig. 1) ; ses antennes n'ont que six articles, dont le dernier est le plus long, les autres presque égaux ; la pubescence du corps est plus longue, les digitules des pattes beaucoup plus visibles, les filières très peu nombreuses et l'extrémité de l'abdomen échancrée. Comme la jeune larve de la *Pulvinaria vitis*, elle rappelle les jeunes *phylloxeras*, mais le nombre des articles des antennes et l'échancrure abdominale l'en distingueront facilement.

Le *mâle* (fig. 6) est très petit, d'autant plus microscopique que le *corps*, ayant à peine 1 millim. de long, est très étroit en proportion. La couleur est d'un jaune brun sur la tête et la partie postérieure du *thorax*. Celui-ci est jaune en avant, ainsi que la totalité de l'*abdomen* qui est allongé et tronqué à l'extrémité. Les segments de celui-ci sont garnis de deux à quatre filières sur les côtés et portent une rangée de poils espacés. Les lobes de l'extrémité sont munis de filières plus nombreuses et de quatre poils dont les deux plus grands, d'ordinaire garnis de matière cireuse blanche, constituent deux longs filets assez fragiles. Les deux *ailes*, très longues, dépassant de beaucoup l'abdomen, sont blanches avec les nervures très peu marquées, les ailes inférieures sont réduites à deux très petits balanciers terminés par un crochet. Les *pieds* sont longs, assez densement couverts de poils, les digitules à peine visibles. La *tête* est arrondie, un peu avancée entre les antennes, avec quelques poils rares. Comme chez tous les mâles de *cochenilles*, le suçoir et les organes digestifs manquent. Les antennes, filiformes, sont de dix articles.

Les *larves* qui doivent produire des mâles restent très petites, très allongées et ont des antennes de sept articles seulement, la pubescence est plus faible que chez les larves femelles et les filières encore moins nombreuses. Elles se changent en nymphes d'un blanc sale, remarquables par leurs moignons d'ailes (fig. 5) et qui, avant de se transformer en mâles ailés, restent enfermés environ huit jours dans une loge formée d'un amas de filaments blancs entre deux nervures de la feuille. Cet insecte, spécial aux parties chaudes de l'Europe, se trouve dans toute la zone connue sous le nom de Région de l'olivier. Il vit sur le tronc, les bras, les sarments, le revers des feuilles et les fruits de la vigne, surtout dans les terrains un peu humides. Abondant parfois en automne, on le remarque souvent sur les rafles des raisins de table fraîchement cueillis, et pour l'aspect général nous ne pouvons mieux le comparer qu'à un petit *cloporte* enfariné. Il passe l'hiver sous les écorces de la souche et aussi enterré, fixé sur les grosses racines.

D'après M. Signoret, l'espèce n'aurait qu'une seule génération par an. Nous pouvons affirmer qu'en Languedoc elle en a au moins deux[1]. A l'École d'Agriculture de Montpellier, aidé de M. Ravaz, préparateur de Viticulture, nous avons élevé, sur une vigne en pots, de jeunes *Dactylopius* trouvés au mois de mai sous les écorces d'un pied d'Aramon, et fin juin nous avions des femelles pondant sous les feuilles entre les nervures. De leurs œufs, qui ont mis une dizaine de jours à éclore, est sortie une nouvelle génération, adulte les premiers jours d'août et qui pondait à la fin du même mois. Les nymphes et les mâles n'ont pu être observés qu'alors, mais il est bien probable qu'ils nous avaient échappé à la première génération ; nous n'avons pas de raison pour croire à la parthénogénèse chez cet insecte.

Fumagine. — Les attaques de la *Cochenille* de la vigne sont d'ordinaire suivies de la *maladie du noir* ou *morphée*, appelée le plus souvent *fumagine*, qui a été justement comparée à une couche de noir de fumée répandue sur les feuilles, les fruits et le bois. Elle attaque de nombreux arbres, tels que l'olivier, l'oranger, la vigne, etc., et d'habitude est la conséquence de la présence des *cochenilles* sur le végétal.

Cette maladie se manifeste par le développement d'une cryptogame de couleur noire connue sous le nom de *Fumago*[2], et qui végète spécialement à la surface des matières sucrées. « Le champignon, dit M. Prillieux[3],

---

[1] Nous voyons cette seconde génération déjà observée à Béziers, en 1872, par M. Vinas (Voir la Note bibliographique). L'insecte, inconnu à l'auteur, est suffisamment bien décrit pour qu'on puisse reconnaître le *Dactylopius vitis*

[2] Les Fumago appartiennent à différentes espèces de champignons dont l'évolution est mal connue.

[3] *Bulletin du ministère de l'Agriculture*, 1886.

est toujours absolument superficiel ; non pas à la façon de l'oïdium de la vigne, qui, tout en s'étendant à la surface des feuilles et des raisins, plonge des suçoirs dans les cellules de l'épiderme aux dépens desquelles il vit et qu'il tue, mais comme le lierre ou comme les Orchidées, qui poussent sur les arbres sans jamais y enfoncer leurs racines. Le *Fumago* rampe sur l'épiderme et ne le perce pas ; il recouvre les feuilles d'une couche opaque et continue qui met obstacle à l'accomplissement de leurs fonctions, mais il n'y puise rien. Vivant des substances qui sont déposées à la surface des feuilles, il peut végéter même sur des matières inertes, comme on le voit à Cognac, où les murs des chais et même les édifices de la ville en sont parfois noircis. On peut cultiver dans des jus de fruits sucrés, comme l'a montré M. Zolf, le *Fumago* pris sur des feuilles vivantes couvertes de miellat, et il prend dans ces conditions un très puissant développement. » La miellée, qui par le fait d'une évaporation rapide se produit en été sur les feuilles de certains arbres, de même que les déjections sucrées lancées sous forme de brouillard par beaucoup de *cochenilles* sur tous les objets environnants, sont des milieux très favorables au développement du *Fumago*, et d'ordinaire il est occasionné par cette dernière cause. La vigne atteinte depuis longtemps du *Dactylopius* présente donc les conditions voulues pour la végétation du champignon, et bien souvent la présence de l'insecte est ainsi révélée au loin.

III. — MOYENS PRÉVENTIFS.

Cette *cochenille*, commune en Orient, sa patrie d'origine, ne paraît pas s'être beaucoup multipliée dans nos contrées. Nous avons dit, d'après M. Gennadius, que l'emploi du soufre contre l'oïdium paraissait avoir enrayé le mal d'une façon sérieuse en Orient. Il est probable que sa faible extension chez nous est due à la même cause. Le principal remède est donc le soufre. A défaut de cette matière, M. Gennadius s'est servi avec succès de la cendre de bois.

Nous pouvons ajouter qu'en cas d'invasion, l'insecte hivernant en très grand nombre sous les écorces, l'enlèvement de celles-ci pendant l'hiver sera très utile. Nous avons suffisamment décrit l'opération de l'écorçage à propos de la *Pulvinaria* pour qu'il soit nécessaire d'y revenir.

L'enlèvement des vieilles écorces a un double avantage : 1° celui de détruire les insectes, *Cochenilles*, *Altises*, *Cochylis* ou *Pyrales*, hivernant sous leur abri ; 2° celui de débarrasser la souche des mousses et des lichens nuisant à sa végétation.

CHAPITRE IV.

LES APHIDES OU PUCERONS DE LA VIGNE

Les *Aphides*, connus généralement sous le nom de *Pucerons*, sont de petits insectes de 1 à 6 millim. de long, généralement verts, jaunes ou bruns, perdant entièrement leurs couleurs par la dessiccation, et tellement mous que la moindre pression les écrase. Ils portent d'ordinaire leurs ailes à la façon des *cigales*, c'est-à-dire en forme de toit à deux versants. La plupart sécrètent une matière sucrée dont les *fourmis* sont friandes et qui s'échappe par deux petits tubes appelés cornicules placés à la partie postérieure de l'abdomen. Certaines espèces, telle que le *Puceron lanigère* du pommier, sécrètent par des glandes cutanées analogues à celles des *cochenilles* la matière cireuse blanche, filamenteuse, dont nous avons parlé à propos de ces dernières. Leurs antennes, assez longues, ont de trois à six articles, leurs tarses un ou deux articles.

Une des espèces les plus communes, le *Puceron du plantain*, a servi dès le siècle dernier au naturaliste Bonnet pour les premières observations faites sur la parthénogénèse. La plupart de ces insectes sont habituellement vivipares, pondant des petits éclos ; quelques-uns cependant pondent toujours des œufs. Ils sont polymorphes, certains d'entre eux ailés, les autres aptères ; les uns ayant un bec, les autres n'en ayant pas. Plusieurs de leurs formes successives dites *agames*, dont la première est sortie au printemps d'un œuf fécondé appelé œuf d'hiver, pondent sans accouplement des petits tous femelles, se multipliant eux-mêmes par parthénogénèse. A un moment donné, une forme dite *sexuée*, ayant des mâles et des femelles, apparaît et vient fermer le cycle par la ponte d'un œuf fécondé analogue à celui qui a servi de point de départ.

La vigne, dans l'ancien Monde, nourrit deux espèces d'*Aphides*, le *Phylloxera vastatrix* et l'*Aphis vitis*.

Beaucoup d'auteurs ont fait du genre *Phylloxera*, sous le nom de *Phylloxériens*, une petite famille à part, entre les *Coccides* et les *Aphides*. Les caractères invoqués étaient les ailes placées à plat, l'absence de corni-

cules des digitules aux tarses et la reproduction toujours ovipare, quatre
caractères de *Coccides* ; mais il y a des *Pucerons* vrais, les *Aploneura*, les
Vacuna et les *Glyphina*, qui portent les ailes à plat ; plusieurs genres n'ont
pas de cornicules, et d'autres, les *Adelges*, pondent toujours des œufs. Avec
les derniers auteurs, Lichtenstein entre autres, nous réunissons donc les
Phylloxera aux *Aphides*, les considérant comme des formes inférieures
ayant certains caractères des *Coccides*, mais se rapprochant tellement des
Pucerons par la forme, les caractères généraux, l'évolution biologique et
les mœurs qu'ils ne peuvent en être séparés.

Le genre *Phylloxera* est caractérisé par une taille ne dépassant guère
1 millim. et demi, des ailes aplaties, trois articles aux antennes, un ou
deux articles aux tarses, ceux-ci munis de digitules, et l'absence de cornicules sur l'abdomen. Il est riche en espèces ; vingt-sept, à l'heure qu'il
est, sont décrites. Sur ce nombre, une vingtaine sont américaines, les autres
habitent l'ancien Monde. Quinze vivent sur les noyers d'Amérique, neuf
sont propres aux diverses espèces de chênes, une s'attaque au châtaignier,
une au saule, une enfin, celle dont nous avons à parler en détail, à plusieurs espèces de vignes.

LE PHYLLOXERA DE LA VIGNE[1]

(*Phylloxera vastatrix* PLANCHON)

SYNONYMIE. — *Pemphigus vitifolii* Asa Fitch, 1854 ; *Dactylosphæra
vitifolii* Schimer, 1867 ; *Peritymbia vitisana* Westwood, 1867 ; *Rhizaphis vastatrix* Planchon, 1868.

Parler d'un sujet après tant d'autres auteurs, résumer des montagnes
de livres, d'opuscules, de mémoires, de notes, de pamphlets même, offre
quelques difficultés. Tel est le cas cependant de quiconque aujourd'hui doit
écrire sur le *Phylloxera*. D'ordinaire, quand on veut traiter un sujet, il
faut remonter aux origines, à grand'peine parfois rechercher les travaux
antérieurs, et, le jour de la publication venu, trop tard souvent, arrivent
des documents qu'on eût été bien aise d'utiliser.

Pour l'insecte qui nous occupe, au contraire, l'abondance des documents

---

[1] Voir la Bibliographie après les chapitres traitant du Phylloxera.

est l'obstacle. Pas de recherches à faire dans les siècles passés, il est vrai, la question date de vingt ans ; mais pendant cette courte période, quels flots d'encre, quels débordements d'inepties, quelles courses folles à la conquête du prix de 300,000 fr. ! « Pour une idée juste à pêcher, dit M. Planchon [1], dans ce torrent d'élucubrations fantaisistes, il faudrait s'imposer la tâche de remuer des flots d'ignorance. Il faudrait parler du crapaud vivant enterré sous la souche pour attirer à lui le venin dont la vigne phylloxérée est atteinte ; on aurait à rappeler l'arrosage des ceps malades avec du vin blanc ou bien avec une tisane émolliente dont la mauve est l'ingrédient principal. Dans le déluge de procédés, la part la plus large est à ceux qui confondent le phylloxera et l'oïdium ou qui n'ont jamais vu l'un ou l'autre de ces parasites. Le dépouillement de ce dossier de sottises jette un triste jour sur l'état d'esprit du grand public en fait d'instruction scientifique. Les rêveries creuses nous arrivent de tous les rangs sociaux et de tous les coins de l'Europe. Les mieux recommandés au ministère de l'Agriculture sont en général les plus ignorants ; les plus tenaces sont les illuminés de tout ordre qui tiennent leur idée ou plutôt que leur idée obsède et mène aux confins de la folie. Heureusement, à mesure que l'observation et l'expérience serrent de plus près le problème, les rêveurs passent à l'arrière-plan, les discussions oiseuses font place à l'étude des faits, la recherche utile se concentre sur les points encore obscurs, laissant en pleine lumière ceux que la science admet comme suffisamment élucidés. »

C'est ce que nous tâcherons de faire nous-même : laissant donc de côté, autant que possible, les naturalistes d'occasion, les empiriques, les chercheurs de théories ou de panacées, les partisans du phylloxera-effet, nous puiserons nos documents dans les écrits de ceux dont la science et l'expérience ont consacré les travaux. L'historique, par lequel nous commençons, sera en grande partie retracé d'après les *Comptes rendus* de l'Académie des Sciences, mine précieuse où abondent les documents.

I. — HISTORIQUE.

Le genre *Phylloxera* a été créé en 1834 par Boyer de Fonscolombe [2] pour la première espèce observée à cette époque aux environs d'Aix (Bouches-du-Rhône), le *Phylloxera quercús* vivant sur le chêne. Cet insecte,

---

[1] J.-E. Planchon ; *La question phylloxérique* (*Revue des Deux-Mondes*, 15 janvier 1887).

[2] Boyer de Fonscolombe ; *Description du genre Phylloxera* (*Ann. Soc. entom. de France*, 1834).

fixé sous les feuilles de l'arbre, provoque par sa piqûre le dessèchement partiel du parenchyme, et, quand il se multiplie beaucoup, la feuille entière arrive à se dessécher. De là, l'étymologie φύλλον feuille, ξηραιν dessécher. Très exacte en ce qui concerne la plupart des espèces décrites vivant sur des chênes ou des noyers, cette étymologie ne l'est plus s'il s'agit de celle qui attaque la vigne ; elle forme par sa manière de vivre une exception dans le genre.

C'est en 1854 que pour la première fois il a été parlé du *Phylloxera* de la vigne ; l'espèce découverte aux États-Unis, dans des galles, sur des feuilles, par Asa Fitch [1], entomologiste officiel de l'État de New-York, fut décrite par ce naturaliste sous le nom de *Pemphigus* [2] *vitifolii*. Le Dr Henri Shimer, de Philadelphie, retrouvait en 1867 les mêmes galles et le même insecte, mais cette fois sous deux formes différentes, l'*Aptère gallicole* et l'*Ailé*. Les séparant avec raison des *Pemphigus*, à cause des digitules ou poils de l'extrémité des tarses terminés par une ventouse qu'il prit pour un bouton, le naturaliste américain en fit le *Dactylosphæra vitifolii* (*Ann. des Sciences naturelles de Philadelphie*). Dès 1863, cependant, l'espèce d'Asa Fitch avait passé l'Atlantique et était trouvée en Angleterre par Westwood dans les serres à raisins (grapperies ou vineries) de Hammersmith, près Londres. Le célèbre professeur d'Oxford avait, lui aussi, tout d'abord rencontré des *Gallicoles*; mais, ayant eu l'idée de rechercher sur les racines, il avait découvert une nouvelle forme, le *Radicicole*. Quelques années après (1867-1868), l'insecte était signalé dans plusieurs localités d'Angleterre et d'Irlande. Le savant anglais le décrivit alors sous le nom de *Peritymbia vitisana* et le présenta le 21 novembre 1867 à l'*Ashmolean Society* d'Oxford.

Tandis que le parasite était ainsi constaté sur plusieurs points de l'Angleterre, le dépérissement de la vigne occasionné par sa présence était en même temps sig.alé en France de divers côtés, mais sans que la cause en fût connue. Nous trouvons en effet dans la *Revue agricole et forestière de Provence* (5 mars 1868) une lettre écrite par M. Delorme, vétérinaire à Arles, à la date du 8 novembre 1867 et adressée au Président du Comice agricole d'Aix, lettre où le mal est signalé comme s'étant manifesté dans la Crau d'Arles dès le mois de juillet 1867. M. Delorme est le premier qui ait parlé dans une publication française de ce qu'on appelait alors la nouvelle maladie de la vigne; mais dans le département du Gard elle avait, paraît-il,

---

[1] Asa Fitch ; *Patent office Report*, 1854, pag. 79 ; et *Soc. d'Agr. de New-York*, 1854, pag. 862.

[2] Les *Pemphigus* sont des pucerons sans digitules aux pattes, habitant dans des galles dont le type, le *Pemphigus bursarius* de Linné, vit sur le peuplier.

été constatée dès 1863 [1] dans la commune de Pujault. C'est ce que nous apprend une Note de M. de Penaurun, de Villeneuve-les-Avignon, publiée le 7 juillet 1868 dans le *Bulletin de la Société d'Agriculture de Vaucluse.* Bref, les agriculteurs provençaux s'inquiétaient du dépérissement inexpliqué de la vigne, et plusieurs d'entre eux, ayant trouvé sur les racines mortes des traces de mycélium, comme il y en a sur presque tous les tissus ligneux privés de vie et enfouis dans le sol, l'attribuaient au *Pourridié* ou *Blanquet*, maladie crytogamique de la vigne qui se produit dans les endroits à sous-sol imperméable. Ce Pourridié semblait toutefois, contre toutes les règles, se produire sur les vignes de coteau les plus jeunes, les plus vigoureuses et les mieux drainées. Ce fut alors que la Société d'Agriculture de Vaucluse et M. Gauthier, maire de Saint-Rémy (Bouches-du-Rhône), sollicitèrent le concours de la Société centrale d'Agriculture de l'Hérault.

Une commission composée de MM. G. Bazille, J.-E. Planchon et F. Sahut fut de suite nommée, et dans la journée du 15 juillet 1868 les délégués étaient réunis sur les terres du château de Lagoy, près Saint-Rémy. Les recherches, opérées avec soin sur les racines des vignes malades, aboutissaient bientôt à la découverte, par M. Sahut, d'une masse confuse de petits insectes jaunes que M. Planchon reconnut tout d'abord à la loupe comme voisins des *Cochenilles* et des *Pucerons*. Rentré à Montpellier et aidé de M. Donnadieu, préparateur de Zoologie à la Faculté des Sciences, M. Planchon examina l'insecte au microscope, le rapporta décidément au groupe des *Aphidiens* (Pucerons) et le nomma provisoirement *Rhizaphis vastatrix.* Une Note était peu de temps après rédigée et envoyée à l'Institut [2]. La première publication faite fut toutefois le rapport présenté à la Société d'Agriculture de l'Hérault, rapport publié par le *Messager du Midi* dès le 22 juillet 1868 et signé des trois délégués.

La cause du mal était donc reconnue. « Deux jours de recherches, dit

[1] « C'est à peu près entre 1858 et 1862 que, par une singulière coïncidence, les importations de cépages américains racinés se sont faites à la fois sur divers points de l'Europe (Bordeaux, Roquemaure, Angleterre, Irlande, Alsace, Allemagne, Portugal). C'est à partir de 1863 que les premiers signes du mal se déclarent, d'abord dans les serres du Royaume Uni, puis, d'une manière vague, aux environs de Pujault, près de Roquemaure (Gard); plus clairement, en 1866, dans le Vaucluse, les Bouches-du-Rhône et Bordeaux; plus tard encore, en Allemagne et en Autriche (Klotternenburg), où l'importation américaine remonte à des époques variées » (Planchon ; *La question phylloxérique en 1876. Revue des Deux-Mondes,* 15 janvier 1877).

[2] J.-E. Planchon, G. Bazille et F. Sahut ; *Comptes rendus Acad. des Sc.,* séance du 3 août 1868, pag. 333.

M. Planchon [1], nous firent voir les insectes en cent endroits, partout où la vigne souffrait. Dès ce moment, un fait capital était établi : c'est qu'un insecte presque invisible, se dérobant sous terre, s'y multipliant par myriades d'individus, amenait l'épuisement des ceps les plus vigoureux. Mais cet insecte, d'où venait-il ? Était-il décrit ? Quels étaient en tout cas ses alliés les plus proches ? Ces questions n'étaient pas faciles à résoudre du premier coup ; elles ne pouvaient même l'être qu'à la condition de trouver l'insecte sous tous ses états.

»N'ayant vu d'abord que des insectes souterrains dépourvus d'ailes, je cherchai obstinément la forme ailée, que je supposais devoir exister. Cette forme existait en effet, et, l'ayant découverte à l'état de nymphe avec ses ailes encore enfermées dans leurs fourreaux, je la vis éclore le 28 août 1868 comme un élégant petit moucheron, ou plutôt comme une cigale en miniature, portant étalée à plat ses quatre ailes transparentes.» L'insecte, soumis par MM. Planchon et Lichtenstein au savant hémiptériste de Paris, M. Signoret, fut ramené par lui au genre *Phylloxera* [2], créé par Boyer de Fonscolombe pour le *Ph.quercûs*. « Voilà donc, continue M. Planchon, mon *Rhizaphis* rapporté à son vrai genre. Restait à le reconnaître pour identique à l'insecte américain. Le premier pas dans ce sens fut le résultat d'un heureux hasard. Le 11 juillet 1869, voyageant avec une commission de la Société des Agriculteurs de France, je découvris à Sorgues (Vaucluse), sur deux ceps d'une variété de vigne appelée *Tinto*, de nombreuses galles pareilles à celles du *Pemphigus* américain.»

D'après le Dr Plumeau [3], ce serait M. Laliman qui aurait trouvé le premier, en France, des feuilles avec des galles phylloxériques sur des plants américains. Nous mentionnons la chose en historien fidèle ; mais, au fond, peu importe à la science et à la viticulture que la forme gallicole ait été trouvée à Bordeaux ou à Sorgues ; elle l'a été, en tout cas, on peut le dire, à peu près simultanément. Au printemps de 1869, J. Lichtenstein, le premier, avait avancé que l'insecte des racines était la forme souterraine du *Pemphigus vitifolii* d'Asa Fitch ; simple hypothèse qui devait bientôt devenir un fait acquis et dont Planchon lui-même ne tardait pas à accepter la responsabilité (*Mess. agr. du Midi*, 5 septembre 1869).

Pendant que ces études se poursuivaient chez nous, Westwood avait

---

[1] J.-E. Planchon ; *Le Phylloxera en Europe et en Amérique* (*Revue des Deux-Mondes*, 1er février 1874).

[2] Signoret ; *Bulletin Soc. entom. de France*, 23 septembre 1868.

[3] Dr Plumeau ; *Association française pour l'avancement des Sciences*, 1872, session de Bordeaux, pag. 636.

continué ses observations en Angleterre, avait reçu des insectes de France
et des États-Unis, et, dans une Note insérée dans les *Proceedings of the
London entomol. Society* du 1er février 1869, il reconnaît dans son
Peritymbia vitisana de 1867 l'insecte nommé *Pemphigus vitifolii* par
Asa Fitch, *Dactylosphæra vitifolii* par Shimer, *Phylloxera vastatrix* par
Planchon.

Malgré quelques protestations venant des partisans absolus de la priorité
en fait de nomenclature, c'est ce dernier nom qui a été adopté par la science,
pour trois raisons: d'abord, au nom même de la priorité, le genre *Phylloxera*,
datant de 1834, ne pouvait être débaptisé; ensuite le qualificatif de *vastatrix*
dévastateur, bien mieux que celui de *vitifolii* ou de *vitisana*, répond à
l'idée d'un insecte destructeur par excellence; l'usage enfin, ce grand maître,
avait de suite consacré une épithète répétée par la presse du monde entier.

« De son côté, en 1870, le professeur Riley, qui habitait alors Saint-
Louis (Missouri), établit : 1° l'identité de l'insecte à galles d'Europe et
de celui d'Amérique ; 2° l'identité des types *Gallicoles* et *Radicicoles*[1]. »
Ces observations, confirmées en 1871 lors d'un voyage du savant américain en France, ne devaient plus être discutées.

Tel était le degré des connaissances en 1870, tel il était encore en 1873.
Pendant ces trois années, malgré les recherches attentives d'un grand
nombre de naturalistes, le cycle des métamorphoses n'avait pu être fermé.
La forme sexuée, qui existe chez tous les *Aphidiens* et pond l'œuf d'hiver,
ne pouvait manquer chez les *Phylloxeras*. Tout d'abord on avait pris les
Ailés pour cette forme sexuée[2]. L'erreur était permise, les mâles étant
d'ordinaire munis d'ailes chez les pucerons et même chez certains *Phylloxeras* (*Phylloxera quercûs*); puis on s'aperçut que, chez l'espèce de la
vigne, tous les individus ailés pondaient, et pondaient sans accouplement.
C'était donc encore une forme agame aussi bien que celles des feuilles et
des racines. La forme sexuée, si remarquable en ce qu'elle n'a pas de
suçoir, a été découverte d'abord chez le *Phylloxera* du chêne par M. Balbiani[3], ensuite chez celui de la vigne par M. Max Cornu[4], qui n'observa
toutefois que deux femelles. Cette étude ayant été reprise en 1874 à Mont-

---

[1] *Les Vignes américaines*, par Bush et Meissner, traduit de l'anglais par
L. Bazille, revu et annoté par J.-E. Planchon, 1876 ; et 2e éd., 1885.

[2] Dr Schimer ; *Proceedings of the Acad. of nat. Sc. of Philadelphia*, n° 1, 1867,
pag. 2 à 11. — Signoret; *Le Phylloxera vastatrix* (*Ann. Soc. entom. de Fr.*,
1869, pag. 549).

[3] Balbiani ; *Comptes rendus de l'Acad. des Sc.*, 20 octobre 1873, pag. 881.

[4] Max. Cornu; *Comptes rendus*, 3 novembre 1873, pag. 1015.

pellier par M. Balbiani [1], le mâle et la femelle étaient entrevus à travers la coque des œufs pondus en captivité par des *Ailés*. Au mois d'août 1875, M. Boiteau découvrait le lieu de ponte de ces *Ailés* [2].

Restait à étudier les *Sexués* sur un certain nombre d'individus normalement éclos, à observer leur accouplement ainsi que leur ponte, à trouver enfin l'œuf d'hiver en plein air. Selon les observations faites sur l'espèce du chêne, il devait être caché sous les écorces de la souche. C'est ce que réussit à découvrir M. Balbiani au mois de septembre de la même année. Commodément installé à Libourne chez M. Boiteau, dans un cabinet de travail muni de bons microscopes, cabinet que nous connaissons bien pour y avoir personnellement recherché l'œuf d'hiver en 1878, M. Balbiani put mener à bonne fin ces délicates observations et fermer ainsi le cycle des métamorphoses du *Phylloxera vastatrix* [3].

En même temps étaient publiées par M. Balbiani ses belles observations sur la dégénérescence graduelle des ovaires chez les *Phylloxeras*, dégénérescence qui, s'accentuant de génération en génération, peut aboutir à la stérilité des aptères agames, mais se termine d'ordinaire par la production de l'*Ailé* et du *Sexué* pondant son œuf unique. La fécondation de cet œuf par l'accouplement des *Sexués* étant, selon l'auteur, le point de départ d'une fécondité nouvelle, il put conclure à l'extinction complète d'une colonie dont chaque année les œufs d'hiver seraient détruits par un traitement insecticide.

De 1875 à 1881, les études avaient continué. Dans une série de Notes à l'Institut envoyées par M. Boiteau [4], le lieu de ponte des *Sexués* était précisé, les *Phylloxeras* issus de l'œuf d'hiver observés, leur fixation d'abord aux feuilles puis aux racines constatée par l'expérience. Aucun fait saillant n'était venu infirmer les travaux de M. Balbiani; des œufs d'hiver avaient été trouvés en nombre à Libourne par M. Boiteau ; mais, quelque confiance qu'on eût dans les observations du savant professeur au Collège de France, la science n'avait pas adopté complètement ses conclusions. M. Lichtenstein et nous-même avions bien observé en Languedoc la ponte des *Ailés* et l'éclosion des *Sexués*; l'œuf d'hiver avait bien été obtenu par nous en plusieurs exemplaires dans notre laboratoire de l'École d'Agriculture de

---

[1] Balbiani ; *Comptes rendus*, 31 août et 14 décembre 1874.

[2] Boiteau ; *Intérêt public de Libourne*, n⁰ˢ des 2, 9 et 16 septembre 1875. Voir également à ce sujet Balbiani ; *Comptes rendus*, 4 octobre 1875.

[3] Balbiani ; *Comptes rendus*, 4 octobre 1875 et 17 juillet 1876.

[4] Boiteau ; *Comptes rendus de l'Académie des Sciences*, 10 mai, 5 juin, 8 juillet, 5 août et 6 novembre 1876.

Montpellier [1]; mais l'observation sur les vignes, en plein air, de cette ponte du *Sexué* manquait encore en dehors de la Gironde. Malgré les recherches attentives de MM. Planchon, Lichtenstein et Marès, malgré celles que depuis 1877 nous avions entreprises nous-même à Montpellier, après avoir été à plusieurs reprises étudier la question à Bordeaux et à Libourne, ayant M. Boiteau pour guide; malgré une mission spéciale dans l'Hérault confiée en 1878 à M. Boiteau par M. le Ministre de l'Agriculture, l'œuf fécondé continuait à se dérober à toutes les recherches. Se comportait-il dans les pays secs comme sous les climats humides? N'éclosait-il pas avant l'hiver? La question se posait dans la plupart des écrits sur le *Phylloxera* [2]; et quand M. Graëlls, professeur d'anatomie comparée à l'Université de Madrid, eut annoncé en septembre 1878, au Congrès viticole de Montpellier, qu'il avait vu éclore le 8 août, à Malaga, des œufs pondus en juillet [3]; quand il eut surtout confirmé ses observations en 1879 et 1880 [4], cette question parut résolue par l'affirmative. « M. Graëlls, dit M. Planchon, est un savant dont le coup d'œil et le jugement ne sauraient être mis en suspicion lorsqu'il s'agit d'un fait qu'il affirme avoir vu [5] ».

Personne ne pouvait douter de la bonne foi de M. Graëlls, nos relations personnelles et amicales avec le savant espagnol nous permettent de l'affirmer hautement; mais dans des observations aussi délicates, où il faut procéder d'abord par des recherches générales longues et minutieuses à la loupe, puis isolément par un examen au microscope de tous les corpuscules invisibles à l'œil nu ressemblant à un œuf, avait il observé avec toute la rigueur voulue ?

«Pour faire mes recherches, dit M. Graëlls [6], j'emportai de Malaga à Madrid des morceaux de ceps de vignes phylloxerées. Perdant l'espoir de trouver l'œuf d'hiver à la loupe, à la façon de M. Boiteau, il me vint à l'idée d'imprimer de fortes secousses aux morceaux desséchés des vignes sur un papier blanc placé sur une table. En examinant à la loupe attentivement les détritus recueillis, j'ai fini par découvrir quelques œufs des *Sexués*

---

[1] Valéry Mayet ; *Comptes rendus*, 2 novembre 1880.

[2] Planchon ; *La question phylloxérique en 1876* (*Revue des Deux-Mondes*, 15 janvier 1877), et page 30 du tirage à part.

[3] *Compte rendu du Congrès de Montpellier*, 1878, pag. 102.

[4] Voir à ce sujet : Lichtenstein ; *Le Phylloxera en Espagne* (Journal *La Vigne américaine*, 1879, pag. 208).— Graëlls ; *L'œuf d'hiver du Phylloxera* (*Journal de l'Agriculture*, 1880, pag. 27 et pag. 102). — Planchon ; *Vigne américaine*, 1880, pag. 70.

[5] Planchon ; *Vigne américaine*, 1880, pag. 120.

[6] *Journal de l'Agriculture*, 1880, pag. 106.

bien reconnaissables par leurs singuliers caractères. Placés dans un tube d'observation, il éclorent, les uns au bout de trois ou quatre jours, les autres un peu plus tard.»

Les recherches en Languedoc furent dès lors considérées comme inutiles par certains naturalistes. Lichtenstein, pour ne citer qu'un des plus connus, les abandonna complètement, et, mieux que personne cependant, il était apte à les mener à bonne fin.«Vous perdez votre temps», nous disait-il;«Cherchez et vous trouverez», nous écrivait au contraire M. Balbiani. Confiant dans la manière de voir du savant qui le premier avait su trouver l'œuf fécondé dans la Gironde ; convaincu nous-même que, pour la France du moins, l'expérience de Madrid n'était pas concluante, nous avons continué à chercher, et le 16 mars 1881 nous trouvions l'œuf d'hiver à Montpellier[1], au domaine de Viviers, chez M. Pagezy, ancien sénateur. Nous le trouvions en quantité telle que tous les observateurs, Lichtenstein le premier, en ont eu à leur disposition et l'ont trouvé eux-mêmes sur nos indications.

A cette occasion, nous reçûmes la visite de M. Henneguy, délégué de l'Académie des Sciences, préparateur de M. Balbiani au Collège de France, et c'est à partir de ce moment que purent être organisées par lui à Montpellier, au domaine de la Paille, chez M. Marès, correspondant de l'Institut, les expériences si concluantes sur la destruction complète de l'œuf fécondé par les badigeonnages insecticides [2]. Le point de repère qui nous avait guidé d'une façon si sûre dans la recherche de l'œuf d'hiver, c'est-à-dire les galles observées *annuellement* sur un même point, a permis à MM. Balbiani et Henneguy d'opérer à coup sûr, et tout le monde, par la disparition complète de ces galles couvrant depuis longtemps chaque année tout un quartier de vignes, a pu constater l'efficacité du procédé. Fin 1886, le badigeonnage n'a pas été fait : les galles ont reparu en 1887 ; fin 1887, il a été renouvelé : il n'y avait de galles en 1888 que sur les ceps témoins.

M. Graëlls toutefois ne s'est pas encore rendu, et dans son dernier travail sur les Aphidiens (*Cuestiones biologico-ontogenicas y fisiologicas de los Afidios*. Madrid, 1887) il persiste à regarder ses expériences comme définitives. Nous considérons, de notre côté, notre observation comme concluante, du moins en ce qui concerne la France et la plus grande partie de l'Europe; la thèse de l'éclosion estivale n'est du reste plus soutenue d'une façon absolue qu'en Espagne [3].

---

[1] Valéry Mayet ; *Comptes rendus Académie des Sciences*, 28 mars 1881.

[2] Balbiani ; *Comptes rendus*, 10 avril 1882 et 20 octobre 1884.

[3] En France, il s'est produit récemment une théorie que nous appellerons mixte, théorie qui jusqu'à présent n'a été admise que par son auteur. M. Donna-

De l'Andalousie nous ne pouvons rien dire, des pays tropicaux encore moins. Il est certain cependant qu'à Panama, par exemple, où M. Collot, professeur à la Faculté des Sciences de Dijon, a constaté le *Phylloxera* sur les feuilles du *Vitis caribæa*, feuilles qui ont été envoyées à M. Planchon, l'œuf fécondé peut et doit ne pas se comporter comme en Europe. Le *Bombyx* du mûrier nous offre un phénomène venant à l'appui de cette hypothèse. Ses œufs, suivant les belles expériences de M. Duclaux, n'éclosent normalement dans les pays tempérés que *lorsqu'ils ont subi l'influence du froid*, c'est-à-dire après l'hiver ou un séjour d'un ou deux mois dans une glacière. A côté de cela, il y a dans les pays chauds, l'Inde par exemple, les races dites *bivoltines* et *trivoltines*, dont les œufs éclosent *sans avoir subi l'action du froid*, et qui produissent ainsi plusieurs générations dans l'année. Les *Bombyx* du mûrier à générations multiples, rares en France, plus fréquents en Italie et en Espagne, sont communs et même constituent la règle dans les pays tropicaux. Les *trivoltins* de l'Inde éclosent en février, en juin et en octobre.

Marche du fléau.

Originaire d'Amérique, ou, pour mieux préciser, de la partie des États-Unis située à l'est des Montagnes-Rocheuses, le *Phylloxera* se trouvait fortement établi vers 1869 dans le sud-est et le sud-ouest de la France. Les deux points d'introduction, deux collections de vignes américaines situées à Roquemaure (Gard) et à Floirac aux portes mêmes de Bordeaux, avaient été précisés et formaient deux larges taches rayonnant rapidement et tendant à converger l'une vers l'autre. En 1870, le Gard, le Vaucluse, les Bouches-du-Rhône, le Var, étaient complètement envahis, l'Hérault atteint dans l'un de ses plus riches vignobles, la plaine de Lunel. De 1871 à 1876, tout l'arrondissement de Montpellier était en grande partie détruit et celui de Béziers entamé. A la même époque, vers le Nord, l'ennemi, après avoir ruiné les célèbres vignobles des côtes du Rhône, entourait Lyon de nombreux points d'attaque, poussant des pointes hardies jusqu'en Beaujolais.

dieu, dont nous avons cité dans nos premières pages le bon travail sur le *Phytoptus vitis*, et qui le premier a étudié le Phylloxera au microscope avec M. Planchon, parle, dans une Note à l'Institut (*Compt. rend.*, 9 mai 1887) d'œufs fécondés qui passeraient l'hiver et d'œufs fécondés qui écloraient à l'automne. Ces deux sortes d'œufs seraient pondus par deux formes différentes de Phylloxera. Nous attendons un travail ultérieur annoncé par l'auteur, travail qui éclaircira sans doute certains points de son observation, dont nous ne pouvons parvenir à bien saisir la précision.

En 1878, l'invasion atteignait les Alpes-Maritimes, la Corse, l'Aude, les Pyrénées-Orientales, l'Aveyron, le Puy-de-Dôme, l'Ain, la Saône-et-Loire et la Côte-d'Or.

Dans l'Ouest, la marche, assez lente au début, était très rapide à partir de 1872. Le Médoc et le Sauternois, aux terres de *graves* mélangées de sable, offraient une certaine résistance à l'invasion ; mais les *palus*, l'Entre-deux-mers, le Lot-et-Garonne et la Dordogne aux terres plus argileuses, les Charentes surtout, au sol crayeux, peu profond, se fendillant en été, étaient gravement atteints, et, vers 1879, complètement ruinés. En 1880, sur la carte officielle publiée chaque année par le ministère de l'Agriculture, les deux grandes taches du Sud-Est et du Sud-Ouest, teintées de gris ou de brun suivant l'intensité de l'invasion, étaient soudées à travers le Lot, le Gers, le Tarn-et-Garonne, la Haute-Garonne et le Tarn. Au Nord, la teinte atteignait la Loire par l'Indre, le Loir-et-Cher et le Loiret. Dans les dernières cartes publiées, le département de Seine-et-Marne est teinté; et voilà qu'au grand effroi des viticulteurs des environs immédiats de Paris, le *Phylloxera* vient d'être découvert sur les vignes en espalier de l'École nationale d'Agriculture de Grignon (Seine-et-Oise). Dans le bassin du Rhône, tous les départements viticoles sont teintés. En Corse, le mal a envahi les arrondissements d'Ajaccio, de Corte et de Bastia. A l'heure qu'il est, plus d'un million d'hectares sont atteints en France, et, parmi nos grands vignobles, la Champagne seule est indemne, bien que fortement menacée par les points d'attaque de Seine-et-Marne.

En Algérie, malgré la loi de 1881 ordonnant, comme en Suisse, l'extinction complète des foyers, plusieurs points d'attaque, apparus successivement à Sidi-bel-Abbès, Tlemcen, Oran, Philippeville, La Calle, Souk-Arras, ont été reconnus et détruits depuis 1885.

A l'étranger, aussi bien qu'en France, ce sont les plants américains qui, au début, ont introduit le *Phylloxera*. En Portugal, dans la vallée du Douro, les vignes mouraient bien avant que l'insecte eût été découvert. Sa présence, constatée en 1870, parait remonter à une importation américaine de 1863. Dans les vignobles espagnols, les deux grandes taches, de Malaga au Sud, signalée depuis 1877, et de Girone au Nord, semblent cependant avoir pour origine l'introduction de plants français. Le premier point d'attaque reconnu en Suisse en 1874, chez M. de Rothschild, à Pregny, provenait de plants reçus de serres anglaises infestées, et celui de Neuchâtel d'un envoi de la pépinière allemande d'Annaberg ; aujourd'hui, malgré les énergiques traitements d'extinction ordonnés par la loi, le mal a gagné les vignobles du canton de Vaud et sur un point ceux du canton de Zurich.

En Allemagne, les nombreuses taches constatées dans la vallée du Rhin ont eu pour point de départ les pépinières et collections de vigne d'Annaberg, d'Erfurt, de Bolweiller, de Plantières, etc.

L'Autriche et la Hongrie doivent à des apports de cépages du Nouveau-Monde faits en 1868, d'avoir été envahies aux environs de Klosternenburg, de Pantchowa et de Fünfkirchen. La découverte du *Phylloxera* en Italie, à Valmadrera (province de Côme) et à Agrate (province de Milan), date de 1879. En 1880, de nouvelles taches étaient constatées à Port-Maurice, Riesi, Messine, et, en 1882, aux environs de Girgenti et de Catanina. La Crimée et le Caucase, les deux principaux pays à vignes de la Russie, sont atteints depuis 1880, et la Bessarabie depuis 1886, par suite d'introduction de plants racinés venant d'Erfurt (Allemagne). Dans les provinces danubiennes, en Roumanie, de nombreux points d'attaque sont signalés depuis 1883 aux environs de Jassy et de Galatz (Moldavie). En Turquie d'Europe et en Turquie d'Asie, le mal ne date que de 1885 ; mais il s'étend déjà sur des espaces considérables. La Grèce seule paraît indemne jusqu'à présent ; mais elle ne tardera pas, sans doute, à être envahie.

En dehors de l'Europe, les vignes de Madère sont détruites, celles du cap de Bonne-Espérance fortement entamées. L'Australie, en relations fréquentes avec les États-Unis, est contaminée depuis 1875. La Californie, enfin, la seule région des États-Unis où prospérât la vigne d'Europe, le *Phylloxera* n'ayant franchi les Montagnes-Rocheuses que depuis quelques années, est gravement atteinte. Le vignoble séculaire de la Mission est détruit, et l'on commence à le reconstituer sur racines américaines.

Pertes occasionnées en France par le Phylloxera.

Avant de décrire l'insecte, nous placerons ici quelques détails sur les pertes qu'a causées son introduction dans notre pays. Concernant l'étranger, nous n'avons pas de documents à consulter ; mais, en France, une Note publiée en 1888 par M. Lalande, député de la Gironde, paraît présenter la situation sous son vrai jour, et nous jugeons utile de la reproduire ici.

« Peu de personnes, dit M. Lalande, se font une idée suffisamment exacte des pertes éprouvées par la France comme conséquence des ravages du *Phylloxera*. Les chiffres suivants, basés sur le Rapport de M. le Directeur de l'Agriculture, présenté à la Commission supérieure du Phylloxera pour l'année 1884, peuvent fournir quelques éléments d'appréciation.

» D'après ce Rapport, la surface des vignobles détruits en France jusqu'à la fin de 1884 s'élevait à 1,000,000 d'hectares, dépassait même un peu ce chiffre. Mais ce n'est pas tout. Indépendamment des vignes détruites, il y avait des vignes malades, mais encore existantes. Le chiffre en était de 664,511 hectares.

»C'est très probablement rester au-dessous de la vérité que d'apprécier ce chiffre de vignes malades comme équivalant à 200,000 hectares de vignes détruites.

»La perte réelle est donc de 1,200,000 hectares de vignes détruites, c'est-à-dire la moitié de tout le vignoble français.

»A quel chiffre faut-il évaluer la perte en argent de ces 1,200,000 hectares ? Ici il faut faire une observation qui nous paraît avoir une très grande importance. La valeur des vignes détruites est généralement appréciée selon *leur valeur vénale*; mais, au point de vue national, ce mode d'appréciation est bien au-dessous de la vérité.

»En effet, la valeur vénale d'une propriété est calculée sur son revenu net, mais sa valeur au point de vue national est très supérieure. Elle doit être basée sur le revenu brut, qui se décompose en deux parties : 1° celle qui est nécessaire pour payer les salaires et les divers travaux de culture ; 2° l'excédent qui constitue le revenu net.

»Il est évident qu'au point de vue de l'intérêt général du pays, ces deux productions se confondent, et le produit brut peut être considéré en presque totalité comme constituant un des éléments du revenu national. Or la valeur vénale des vignes détruites pouvait être, nous le croyons, considérée en France comme représentant un chiffre moyen de 6,000 fr. l'hectare.

Si, d'après les considérations ci-dessus exposées, on voulait prendre pour base d'appréciation le revenu brut, on devrait évaluer les vignes détruites à un chiffre très supérieur à 6,000 fr.

»A la vérité, après la perte des vignobles, il reste la valeur du sol nu ; mais cette valeur est généralement très minime, car la plupart des vignobles sont plantés dans des terres peu propres à d'autres cultures.

»Tout considéré et pour ne rien exagérer,, j'adopterai comme base d'évaluation le chiffre de 6,000 fr. mentionné plus haut, et nous arrivons à la somme de 7,200,000,000 de francs comme représentant la perte éprouvée par la France comme résultat des vignes détruites par le *Phylloxera*.

»Ce n'est pas tout encore. A cette perte du capital sont venues s'ajouter les pertes de revenus ou de salaires occasionnées par la destruction des vignobles. Il est difficile de les apprécier exactement. Mais nous croyons rester au-dessous de la vérité en prenant pour base de calcul la valeur des vins que la France a importés, et des raisins secs, qui n'ont été en réalité importés que pour être transformés en vins depuis la destruction de nos vignobles. Ces importations se sont élevées, suivant l'état ci-dessous, à plus de trois milliards de francs.

Importation, en France, de vins ordinaires et de raisins secs de 1875 à 1886.

Commerce spécial.	Vins ordinaires.	Raisins secs.
1875..........	8.351.741 fr.	5.755.614 fr.
1876..........	18.468.811	5.447.207
1877..........	22.593.989	8.649.482
1878..........	50.204.145	14.829.096
1879..........	107.479.899	40.807.043
1880..........	297.917.248	62.631.970
1881..........	346.516.425	37.364.289
1882..........	295.207.947	31.903.088
1883..........	360.000.000	39.000.000
1884..........	319.664.326	49.644.909
1885..........	361.476.079	95.350.824
1886..........	489.985.194	88.422.465
1887..........	545.000.000	98.000.000
	3.222.866.504 fr.	577.805.984 fr.

RÉSUMÉ.

Vins ordinaires............	3.222.866.504 fr.
Raisins secs................	577.805.984
	3.800.672.488 fr.

»Nous arrivons ainsi, comme perte totale, à une somme de plus de 10 milliards de francs. Telle est approximativement la perte éprouvée par la France par suite du *Phylloxera*.»

Il n'est question, il est vrai, dans cette Note que des pertes éprouvées, du *passif*, si je puis m'exprimer ainsi, en citant les chiffres donnés par un des premiers négociants de Bordeaux ; mais, quel que soit l'*actif* qui peut être représenté par le travail de reconstitution opéré à mesure que la destruction s'accomplissait, cette compensation est peu de chose en face du désastre qui pèse et pèsera longtemps sur notre situation économique.

Si nous consultons en effet la statistique publiée en 1888 par M. le Directeur général de l'Agriculture, nous trouvons que les vignes défendues victorieusement ou reconstituées ne s'élèvent qu'au chiffre de 268,207 hectares ; mettons 300,000, les créations de vignobles dans les sables ne figurant pas et n'ayant pas à figurer dans cette statistique. Qu'est-ce que ce chiffre opposé aux 1,200,000 hectares détruits ! Un quart à peine, d'où il faut déduire encore les dépenses faites pour la reconstitution.

Nous dirons donc, avec M. Lalande, que, «bien loin de s'étonner de la gravité des souffrances éprouvées par le pays, on a presque lieu d'être surpris qu'elles n'aient pas été plus grandes encore à la suite de pareils désastres.»

II. — DESCRIPTION ET BIOLOGIE.

La description du *Phylloxera vastatrix* et celle de ses mœurs se trouvent dans de nombreux ouvrages, bons ou mauvais, sur le détail desquels nous n'avons pas à entrer ici ; nous dirons seulement qu'en dehors de certains documents puisés dans les *Comptes rendus* de l'Institut et quelques autres publications, ces différents livres ont tous été plus ou moins tirés de deux ouvrages importants, celui de M. Max. Cornu et celui de M. Balbiani. Le premier, paru en 1878 (Paris, Imprimerie nationale), intitulé *Étude sur le Phylloxera vastatrix*, renferme principalement l'histoire détaillée des trois premières formes connues de l'insecte. Le second, publié en 1884 (Paris, Imprimerie nationale), sous le titre de *Le Phylloxera du chêne et le Phylloxera de la vigne*, parle surtout avec détail de la forme sexuée et de son œuf unique, *l'œuf d'hiver*. Ces deux ouvrages se complètent mutuellement et forment une œuvre d'ensemble, une œuvre de maitres, que nous appellerons classique. Tous les auteurs y ont puisé ; les remarquables dessins de M. Cornu, par exemple, ont été reproduits partout en France et à l'étranger ; nous y puiserons nous-même souvent, renvoyant toutefois le lecteur à ces deux sources autorisées pour les nombreux détails qui ne peuvent entrer dans un travail nécessairement condensé comme celui-ci.

Le *Phylloxera* apparait normalement sous quatre formes différentes, se succédant l'une à l'autre, toujours dans le même ordre, ayant un nombre plus ou moins grand de générations et pondant des œufs en quantité toujours décroissante [1].

---

[1] Cette diminution de fécondité s'observe non seulement dans le cycle évolutif, mais dans les générations nombreuses qui se succèdent chez les formes gallicoles et radicicoles, de sorte que la race finirait par s'éteindre au bout de quelques années si la puissance génératrice n'était régénérée dans l'œuf fécondé. Telle est la théorie, appuyée sur l'observation, qui a été développée longuement par M. Balbiani dans les *Comptes rendus* (4 octobre et 17 juillet 1876), ainsi que dans son livre, pag. 3. De là, on le conçoit, l'importance de la destruction de l'œuf d'hiver. Certains naturalistes, Lichtenstein entre autres, ont combattu ces idées ; mais, un

Ces quatre formes sont :

Le *Gallicole* ou forme multiplicatrice,

Le *Radicicole* ou forme dévastatrice,

L'*Ailé* ou forme colonisatrice,

Le *Sexué* ou forme régénératrice.

La ponte du *Gallicole*, dans les premières générations, du moins, est de cinq à six cents œufs : c'est le grand multiplicateur de la race; le *Radicicole* pond de un à cent œufs seulement, mais c'est la forme dévastatrice par excellence, la seule qui tue la vigne ; l'*Ailé*, qui ne pond que quelques œufs, de un à huit, s'en va au loin fonder les colonies ; quant au *Sexué*, la race entière est régénérée dans son œuf unique fécondé par l'accouplement.

Les trois premières formes ne renferment que des femelles agames, c'est-à-dire se reproduisant sans accouplement et par parthénogénèse ; la forme sexuée comprend des mâles et des femelles. L'œuf unique qu'elle produit a été appelé *œuf d'hiver* par celui qui l'a découvert, M. Balbiani. Il constitue le point de départ et le point d'arrivée du cycle évolutif du *Phylloxera*; c'est donc par sa description que nous commencerons.

A. — Œuf d'hiver.

Cet œuf fécondé est pondu par la femelle sexuée sous les écorces de la vigne les plus adhérentes, principalement celles du bois de deux ans, et, comme l'a indiqué M. Boiteau, de préférence à l'endroit où cette écorce est un peu déhiscente par suite de la section de la dernière taille. C'est là que nous l'avons tout d'abord trouvé à Montpellier[1]. Nous l'avons rencontré également sur le bois de trois ans. M. Balbiani et M. Henneguy l'ont vu depuis, mais en petit nombre, sur des bois plus âgés. L'*œuf d'hiver*, parfois fixé par un petit pédicelle, est placé entre deux fibres saillantes, tantôt collé sur le bois, tantôt sur l'écorce elle-même. Ce pédicelle, qui a été donné comme le caractère principal, n'est pas souvent visible; on reconnaîtra, à coup sûr, l'œuf fécondé au petit point d'un rouge brun situé au pôle opposé au pédicelle, et qui n'est que le micropyle ou petite ouverture par laquelle les spermatozoïdes ont pénétré pour opérer la

peu entraînés, croyons-nous, par l'ardeur de la polémique, leurs expériences ont peut-être manqué de toute la rigueur voulue. Plus sérieuses seraient les dernières observations de M. Boiteau (*Comptes rendus*, 18 juillet 1887), qui depuis six ans élève des *Phylloxeras* radicicoles, est arrivé à la vingt-cinquième génération et a encore des individus très prolifiques.

[1] *Comptes rendus* de l'Institut, 28 mars 1881.

fécondation [1]. Les œufs d'agames, ne devant pas être fécondés, n'ont pas de micropyle. L'œuf d'hiver est long de 27 à 30 centièmes de millimètre et large de 10 à 12, c'est-à-dire à peu près invisible à l'œil nu ; il est allongé, à côtés parallèles, cylindrique et non ellipsoïde comme les œufs des formes agames (Pl. I, fig. 3). Quand il vient d'être pondu, il est d'un jaune pâle très brillant; les jours suivants, la couleur se fonce, des taches brunes assez rapprochées l'une de l'autre apparaissent ainsi qu'un dessin réticulé en relief et qui n'est, suivant M. Balbiani, que l'empreinte des cellules épithéliales tapissant l'ovaire de la mère ; puis il passe bientôt au vert olive foncé, moins brillant, couleur qu'il garde tout l'hiver et qui rend alors sa recherche très difficile. Fin février ou premiers jours de mars, il redevient jaune ambré, lisse, très brillant, et à cette époque il est beaucoup plus facile à apercevoir. Par suite du développement de l'embryon, les dimensions de l'œuf d'hiver sont alors un peu plus grandes, 35 à 37 centièmes de millimètre en longueur et 16 en largeur.

Dans le Bordelais, selon M. Boiteau, l'éclosion se fait dans la seconde quinzaine d'avril. A Paris, M. Balbiani (sans doute dans son cabinet) a vu sortir des jeunes, à partir du 9, sur des bois envoyés de Libourne par M. Boiteau. A Montpellier, les premières éclosions observées par nous ont eu lieu du 25 au 30 mars à l'air libre, ou du moins dans des tubes d'expériences placés sur une fenêtre, et tous les œufs paraissaient éclos le 15 avril. Ces dates bien certainement peuvent être modifiées suivant la précocité ou le retard de la chaleur.

Quelques jours avant l'éclosion, à travers les diverses enveloppes qui constituent la coque de l'œuf, on aperçoit les yeux de l'embryon sous forme de deux taches rouges situées au pôle antérieur, et l'on voit à ce même pôle, à égale distance des deux yeux, une ligne noire semi-circulaire, qui n'est autre chose que l'organe spécial qui se trouve aussi dans l'œuf agame et qui a été comparé par M. Cornu [3] à une crête dentelée. Cet organe fait partie de la première enveloppe de l'embryon et est destiné à fendre la coque de l'œuf au moment de l'éclosion. Cette coque, après la sortie de l'insecte, reste ouverte à sa partie antérieure en deux valves nettement séparées.

L'œuf d'hiver peut-il se trouver sur les racines ? M. Balbiani (*Comptes*

[1] Voir à ce sujet le livre de M. Balbiani, Pl. V, fig. 5 et 17. Bien que ces deux figures concernent le *Phylloxera* du chêne et non celui de la vigne, le phénomène est le même dans les deux espèces. Voir également le même travail pour tout ce qui concerne les détails anatomiques de l'œuf d'hiver et ceux du développement embryonnaire.

[3] Cornu ; pag. 196, Pl. XVII, fig. 5, 6 et 8.

rendus, 2 novembre 1874) dit y avoir vu une fois des *Sexués* femelles. De son côté, M. le Dr Fatio, de Genève, croit avoir trouvé un œuf fécondé sur les racines d'une vigne cultivée en vase. Cette dernière observation nous semble manquer de toute la rigueur désirable. Outre que M. Fatio, dans la description de cet œuf, n'a pas mentionné le petit point rouge du micropyle, *seul caractère infaillible*, on peut dire que le *Phylloxera* sur une vigne en pot ne se trouve pas dans des conditions normales. Quant aux femelles de M. Balbiani, le cas est isolé, et, selon l'auteur lui-même, « tout indique que cette génération n'apparaît qu'à titre tout à fait exceptionnel ».

Queis sont les moyens pratiques pour trouver l'œuf fécondé? Nous dirons tout d'abord que, pour réussir, il faut avoir l'habitude des recherches minutieuses à la loupe. Étant donnée cette habitude de la loupe qui s'acquiert vite, nous ajouterons qu'il faut soulever les écorces du bois de deux ans et de trois ans, les premières de préférence, regarder sur le bois et contre l'écorce soulevée, et opérer les recherches *là où chaque année des galles sont observées sur les feuilles:* Les *Ailés*, d'habitude, se réunissent par essaims sur certains points, véritables lieux d'élection, toujours les mêmes chaque année [1], où ils opèrent leur ponte. Les *Sexués*, leurs descendants, pondent l'œuf d'hiver sur les mêmes souches et les *Gallicoles* qui en sortent sont nécessairement nombreux au printemps, dans ces localités encore mal déterminées, mais qui pour le Languedoc nous paraissent être des endroits un peu humides, bas-fonds bien exposés ou coteaux exposés au Nord[2]. Le *Gallicole* provenant toujours de l'œuf fécondé, la présence de celui-ci en hiver est en effet connexe avec la présence habituelle des galles sur les feuilles pendant l'été.

C'est cette théorie fort simple qui nous a conduit, du premier coup, sur le premier bois de deux ans examiné dans ces conditions-là, à la découverte de l'œuf d'hiver à Montpellier. On est aussi guidé bien souvent par la présence de la femelle sexuée morte à côté de l'œuf qu'elle a pondu.

Sur les plants français, où les galles se produisent difficilement, comme nous le verrons plus loin, la recherche est moins facile. Il faut, dans ce cas, choisir les souches sur lesquelles de nombreux *Ailés* ont été vus l'été précédent. Nous n'avons personnellement jamais pu trouver d'œufs d'hiver sur les plants français. On peut ajouter que le mois de mars est l'époque la plus favorable pour les recherches, l'œuf fécondé, à cette époque, étant de teinte beaucoup plus claire que pendant l'hiver.

---

[1] V. Mayet ; *Comptes rendus*, 25 juin 1881.

[2] Quatre localités réunissant ces conditions nous ont donné des œufs d'hiver à Montpellier. Ce sont : les domaines de Viviers, de Fontfroide-le-bas et de la Paille, enfin la terre de la Condamine sur le domaine de l'École d'Agriculture.

PLANCHE I.

Le Phylloxera de la vigne.

(Phylloxera vastatrix Planchon.)

---

1. Bourgeon de vigne avec galles.

    A. Ouverture des galles en dessus des feuilles.

2. Radicelles avec nodosités et Phylloxeras.

3. Œuf d'hiver.

    A. Pédicule qui le fixe au bois.

    B. Micropyle.

4. Œuf d'aptère agame.

5. Jeune Phylloxera gallicole.

6. Phylloxera gallicole adulte.

7.   —   radicicole adulte, face dorsale.

8.   —   —   face ventrale.

9.   —   radicicole destiné à devenir nymphe.

10. Nymphe.

11. Phylloxera ailé.

12.   —   sexué mâle.

13.   —   —   femelle.

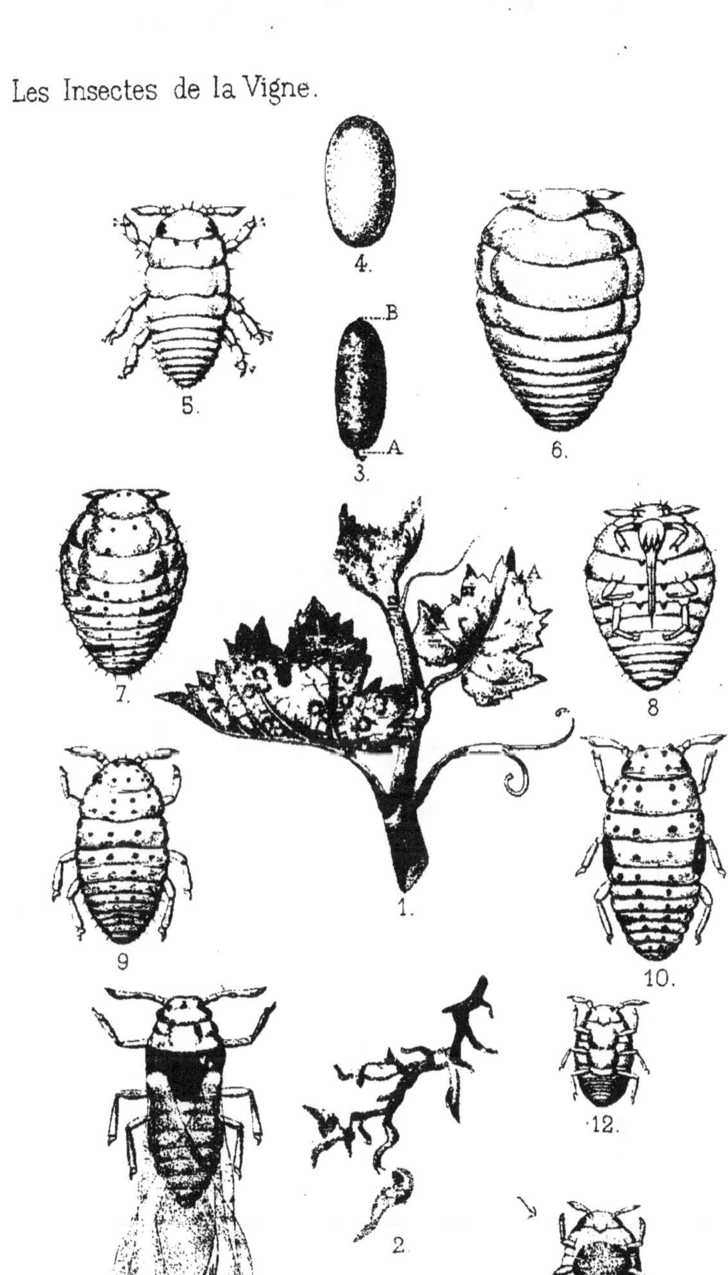

B. — Gallicole.

De l'œuf d'hiver sort le *Phylloxera Gallicole.* C'est ce que l'expérience a toujours montré jusqu'à présent, et nous renverrons à ce sujet aux remarquables observations de M. Boiteau [1]. Inutilement on a tenté de faire fixer sur les racines l'insecte directement sorti de l'œuf fécondé ; il monte toujours vers les feuilles et s'y fixe. Ce jeune *Phylloxera* choisit la feuille la plus tendre, la dernière éclose ; parfois même il plonge dans le bourgeon à peine entr'ouvert [2] et plante son suçoir sur la face supérieure du limbe. Au bout de vingt-quatre heures, une dépression s'est formée au-dessous de lui et la galle commence à apparaître à la face opposée (Pl. I, fig. 1).

La galle.—La dépression de la face supérieure devient de plus en plus profonde, l'insecte qui en occupe le fond descend à mesure, et la galle intérieurement se dilate en une cellule arrondie. L'orifice supérieur de cette cavité est en forme de fente (Pl. I, fig. 1 A) garnie de poils raides, entre-croisés et disposés de telle façon que le passage, fermé pour l'entrée, est ouvert pour la sortie. A l'intérieur, cette cellule est arrondie et lisse; l'insecte qui y est enfermé absorbe tranquillement les sucs du parenchyme sur lequel il repose. Extérieurement, c'est-à-dire en dessous de la feuille, l'excroissance est inégale, verruqueuse, couverte de poils plus longs et plus irréguliers que ceux de la feuille elle-même. Le tissu de la galle, épais parfois de plusieurs millimètres, est dû à une hypertrophie des cellules du limbe; il est peu riche en chlorophylle et souvent se colore en rouge. «On peut se demander (Cornu, *loc. cit.*, pag. 30) à quelle partie de l'épaisseur de la feuille normale est due cette nouvelle formation. Est-ce une production de la couche supérieure, couche composée de cellules prismatiques perpendiculaires au plan de la feuille ? La galle est-elle due, au contraire, à l'hypertrophie du parenchyme lacuneux de la face foliaire inférieure ? La disposition des faisceaux vasculaires dans les nervures des feuilles permet de résoudre la question. Situés entre les deux couches, ils parcourent en différents sens le parenchyme de la feuille. Dans le tissu hypertrophié, on le retrouve occupant une position moyenne. Cette place montre que la portion située au-dessous s'est hypertrophiée, de même que celle qui est placée en dessus. »

Les galles se forment dans les tissus *en voie de développement.* La feuille, constituée quand le *Phylloxera* y arrive, mais n'ayant pas plus d'un centimètre de diamètre, se trouve donc dans les meilleures conditions pour

[1] Boiteau ; *Comptes rendus,* 27 avril, 10 mai, 3 juin et 8 juillet 1876.
[2] Balbiani ; *loc. cit.*, pag. 29.

que ces excroissances s'y produisent. L'insecte ne se fixe jamais sur des feuilles développées. A l'endroit où il plante son suçoir, les cellules, par suite de l'absorption constante des sucs, sont frappées d'un arrêt de développement ; il en résulte des tensions énergiques qui modifient les autres cellules non frappées d'arrêt et situées sur l'autre face de la feuille. Ces cellules prennent des allongements divers, se multiplient en se cloisonnant, et c'est par ce mécanisme très simple que l'insecte finit par être enfermé dans une cavité. Les galles se forment surtout sur les feuilles, mais parfois aussi sur les pétioles, les vrilles et même les tiges vertes *en voie d'allongement* de l'extrémité du sarment.

Dans ce cas,« les galles affectent (Cornu, pag. 32) la forme d'une verrue creusée à son sommet et présentant une ouverture allongée. C'est parfois encore une sorte de fente dont les bords parallèles sont renflés et surélevés. Cette fente est, suivant les cas, plus ou moins béante ; elle est toujours garnie de poils nombreux. On aperçoit, dans l'intérieur de la cavité, le *Phylloxera* entouré d'œufs. Le nombre des œufs est parfois supérieur à la quantité que peut contenir la logette ; les nouveaux venus chassent alors les anciens vers l'extérieur, jusque par-dessus le bord. » Les galles ont des dimensions d'autant plus grandes que la feuille est plus développée ; elles atteignent 4 à 5 millim. de hauteur et autant de largeur, et la cavité intérieure a parfois 3 millim. de diamètre.

Souvent, surtout à l'arrière-saison, certaines de ces galles, plus développées que les autres, renferment deux, trois et même quatre *Gallicoles*. Ce sont généralement des pondeuses sœurs qui, au lieu d'émigrer, se sont fixées là où elles étaient nées, utilisant en commun et agrandissant par leur piqûre la galle formée par leur mère. Le cadavre noirci de celle-ci s'y trouve généralement entouré des dépouilles brunes de ses œufs. Quand le corps de la mère n'y est pas, c'est que plusieurs jeunes se sont établis côte à côte sur la feuille et qu'ils ont grandi dans la cavité unique formée par leurs galles respectives, qui se sont soudées.

Si la feuille n'est plus en accroissement, les galles sont abandonnées. Ne subissant plus l'action de la piqûre de l'insecte, l'excroissance prend alors une forme spéciale, elle s'allonge sur une sorte de pétiole qui tend à l'éloigner du limbe.

Description du Gallicole. — Le *Phylloxera* directement issu de l'œuf d'hiver a un aspect particulier et réunit au plus haut degré les caractères propres au *Gallicole*. Les générations qui lui succéderont, même sur les feuilles, différeront beaucoup moins de la forme des racines. C'est donc sur lui que doit être faite la description de la forme gallicole.

« Il ressemble, dit M. Balbiani (*loc. cit.*, pag. 44), à sa mère dioïque ; mais il en diffère, quand il est jeune, par sa taille moindre et surtout par la présence d'un long suçoir et d'organes digestifs bien développés ; à l'âge adulte, par son ovaire formé d'un grand nombre de graines ovifères (quarante-cinq à cinquante). Il est toujours facile de le distinguer des jeunes larves ordinaires des galles ou des racines par le dernier article de ses antennes, qui est fusiforme. Une autre particularité de son organisation est d'avoir son suçoir logé dans une dépression profonde de la face ventrale du corps, dépression en forme de gouttière, d'où il résulte qu'il ne fait presque pas saillie au-dessus de cette surface. Sa taille moyenne, quand il n'a pas encore mangé, est de 40 centièmes de millim. sur 16 de large. Les deux poils latéraux du troisième article des antennes, qui est fusiforme, comme nous l'avons dit, sont placés à une certaine distance, l'un en arrière de l'autre ; les poils terminaux sont un peu plus longs que chez la femelle dioïque et la fossette olfactive est petite et ovale. Dans la première génération (fille de la mère fondatrice), le troisième article est encore fusiforme, mais les deux poils latéraux se sont un peu rapprochés l'un de l'autre, les poils terminaux se sont encore un peu allongés et la fossette olfactive s'est agrandie surtout dans la direction longitudinale. Dans la génération suivante (petites-filles de la mère fondatrice), le troisième article tend à se renfler dans la partie moyenne par la projection de sa face externe en dehors, le poil latéral postérieur est remonté presqu'au même niveau que le poil antérieur, la fossette olfactive s'est encore un peu agrandie. Enfin, dans toutes les générations suivantes, le troisième article a pris les caractères ordinaires qu'on lui voit chez les jeunes larves radicicoles : il est très renflé dans sa partie moyenne et taillé en bec de sifflet aux dépens de sa face externe, les poils latéraux sont rapprochés et presque au même niveau, les poils terminaux sont longs et robustes et la fossette olfactive est arrivée au maximum de sa longueur. »

Nous ajouterons que le *Gallicole* adulte (fig. 8, et Pl. I, fig. 5 et 6) est aptère, toujours agame, que le corps est arrondi, un peu atténué en arrière, d'un jaune tirant sur le verdâtre, et qu'il est sur le dos dépourvu des tubercules caractéristiques, si visibles chez le *Radicicole*. Il est d'une taille plus grande que ce dernier, un millimètre et quart de long et plus d'un millimètre de large, le *Radicicole* ne dépassant pas un millimètre. Par suite du grand développement de ses ovaires, le *Gallicole* est surtout plus épais et plus globuleux. Les *yeux* sont rudimentaires, formés de trois ocelles

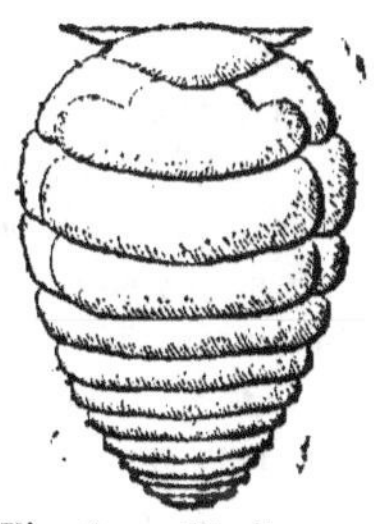

Fig. 8. — Phylloxera gallicole.

renflés, de couleur rouge, réunis en triangle en arrière des antennes.

Les pattes, les antennes et le rostre sont relativement courts. Les *pattes* en dehors des deux parties basilaires peu visibles, la hanche et le trochanter, sont composées de trois parties bien apparentes, la cuisse, le tibia et le tarse; ce dernier, avant la deuxième mue, est formé d'un seul article terminé par un double crochet; après la deuxième mue, une séparation oblique, souvent peu visible, figure un second article. Les *antennes*, organes du tact et de l'odorat, sont formées de trois articles, les deux premiers courts et épais, le troisième long, plus ou moins fusiforme ou taillé en bec de sifflet, suivant que la génération de l'insecte est plus ou moins rapprochée de l'œuf d'hiver, et portant à l'extrémité externe de la partie entaillée le stigmate olfactif ou chaton. Le *rostre* ou suçoir est composé des quatre stylets solides dont nous avons parlé, les deux internes, représentant les mâchoires, soudés, ce qui réduit apparemment à trois ces appendices, logés au repos dans une gaine articulée s'allongeant ou se raccourcissant comme une lunette d'approche et qui n'est que la lèvre inférieure transformée en étui fendu dans sa longueur. Quand l'insecte veut sucer la feuille, les stylets sortent de l'étui, se dressent perpendiculairement au ventre pour percer le parenchyme, et les sucs de celui-ci, montant par capillarité entre les trois stylets, arrivent dans l'œsophage.

Les *stigmates* ou orifices des trachées respiratoires, très difficiles à voir, sont au nombre de six paires placées latéralement sur la partie ventrale : une sur le prosternum, une sur le métasternum et quatre plus petites sur les quatre premiers segments abdominaux.

Avant d'être à l'état parfait, ce qui demande environ quinze jours, l'insecte subit trois mues dont les deux dernières peuvent être considérées comme représentant les métamorphoses de larve en nymphe et de nymphe en insecte parfait[1]. On retrouve toujours les trois dépouilles dans l'intérieur de la galle.

---

[1] Certains auteurs considèrent toutes les formes agames, même l'*Ailé*, comme des larves et ne donnent le nom d'insecte parfait qu'à la forme sexuée, la seule qui produise un œuf normalement fécondé. Nous n'adoptons pas cette manière de concevoir le cycle phylloxérien ; non pas que la pensée de larves pondeuses nous arrête : il y en a des exemples, nous en avons cité un à propos des *Cécidomies* ; mais nous hésiterons toujours à appeler larve un insecte ailé. Lichtenstein a admis cette théorie et a été plus loin encore. Il a comparé les produits des formes agames aux bulbilles et aux rhizomes de certains végétaux, établissant un parallèle absolu entre les *Aphides* et une plante. Pour lui, la parthénogénèse des formes agames, qu'il appelle pseudogynes (fausses femelles), n'est qu'un simple bourgeonnement et l'œuf fécondé représente la graine.

Une fois fixé, le *Gallicole* ne bouge plus, il est immobile au fond de sa loge, et aussitôt la troisième mue opérée, gonflé comme une outre, il commence sa ponte. Dans l'espace de trois semaines environ, cinq ou six cents œufs sont pondus dans la galle et s'accumulent au-dessus de la pondeuse ; mais on n'en trouve jamais ce tte quantité à la fois, car au bout de huit jours les éclosions ont commencé et les jeunes émigrent, alors que la ponte est à peine à moitié faite. Leur agilité est grande: «Ils font, dit M. Boiteau, (*Comptes rendus*, 5 juin 1876), 13 à 14 millim. à la minute, soit 80 centim. à l'heure. Ils se dirigent vers l'extrémité des pampres, traversant, sans s'y arrêter, toutes les feuilles situées entre la première ou la seconde du bas, où sont les premières galles et les plus tendres de l'extrémité. Ces feuilles intermédiaires n'ont jamais de galles. Il n'en est pas de même de celles qui sont portées par les rameaux adventices naissant à l'aisselle du pétiole. A peine développées, ces feuilles-là portent beaucoup de galles.» Dans les générations qui suivent la première (jusqu'en octobre, on en compte parfois sept), la faculté reproductive diminue progressivement. Si, dans la galle initiale, on peut compter cinq ou six cents œufs, dans celle de la dernière génération on en compte cent ou deux cents seulement, et le chiffre est en proportion décroissante dans les générations intermédiaires. Ceci est conforme à la théorie de la dégénérescence des ovaires dont nous avons parlé. Au mois d'octobre, au plus tard en novembre, c'est-à-dire aux premiers froids, les mères pondeuses meurent avec la feuille et tous les jeunes sortant des galles vont aux racines, où ils hivernent sans manger ; puis, au réveil de la végétation, ils plantent leur suçoir dans les radicelles et deviennent de véritables *Radicicoles*. Ajoutons que très souvent, à partir de la troisième génération, un grand nombre de jeunes vont aux racines et s'y fixent, devenant ainsi *Radicicoles* dès la première année du cycle phylloxérien[1]. L'insecte, pour

---

[1] Le cycle complet, qui demande généralement deux ans et plus, peut à la rigueur s'accomplir en une année. Plusieurs expériences le prouvent. M. Balbiani (pag. 20) cite un élevage en bocal où des *Ailés* ont apparu au mois d'août sur des racines où de jeunes *Gallicoles* s'étaient fixés deux mois auparavant. M. Boiteau, de son côté (*Comptes rendus*, 6 novembre 1876), dit que des *Gallicoles* mis en tubes d'expérience se sont fixés sur une racine, et leurs descendants ont donné des *Ailés* dans le commencement de septembre. Quelques observateurs, tels que Shimer et Knyassef, ayant trouvé des *Nymphes* et des *Ailés* dans les galles, en ont conclu que le cycle complet du *Phylloxera* pouvait non seulement s'accomplir en un an, mais s'opérer entièrement à l'extérieur du sol ; autrement dit, que la forme *Radicicole* pouvait parfois être sautée. Cette théorie n'est pas suffisamment appuyée. M. Champin, dans la Drôme, a de son côté observé des *Ailés* dans les galles. Pour nous, qui avons vu si souvent des *Nymphes* monter le matin aux

opérer sa descente, suit le sarment et la souche ; parfois aussi il se laisse tomber.

Les œufs sont ellipsoïdes, longs de 30 centièmes de millim., d'abord d'un jaune vif ; puis ils tournent au rouge brun et au brun à mesure que l'embryon se développe[1]. Comme nous l'avons vu pour l'œuf d'hiver, il est facile, peu avant l'éclosion, d'apercevoir les deux yeux ainsi que la ligne noire dentelée que M. Cornu a appelée la crête, et qui est destinée à fendre les diverses enveloppes de l'œuf[2]. Cette crête fait partie de la membrane enveloppant directement l'embryon. «Si après l'éclosion, dit M. Cornu, on recueille cette membrane, on peut remarquer qu'elle est brune, qu'elle s'est fendue par la partie antérieure, et exactement suivant l'un des côtés de cette crête qui demeure intégralement sur l'un des bords de ligne de rupture. »

Le Gallicole rare sur la vigne d'Europe. — Les galles, les *Gallicoles* et leurs œufs, que nous venons de décrire, s'observent surtout sur certains plants américains, tels que les Riparia sauvages, les Clinton, les Solonis, les Taylor, c'est-à-dire sur les diverses variétés de l'espèce botanique *Vitis riparia*. On peut même dire que telle est probablement la plante d'origine du *Phylloxera*, celle qui, du moins, semble la plus anciennement et la mieux adaptée à ce parasite. Plus volontiers que sur toute autre, il y évolue sous ses quatre formes, sans que le végétal paraisse en souffrir. Les dérivés du *Vitis æstivalis* : Jacquez, Herbemont, Cunningham, etc., ont beaucoup moins de galles apparentes sur les feuilles ; leurs racines, souvent infestées de *Radicicoles* quand ils sont jeunes, semblent, à l'âge de 4 ou 5 ans, se débarrasser en grande partie de l'insecte. Ici ce serait le parasite qui serait mal adapté à la plante ; celle-ci, du reste, n'ayant pas à se défendre aussi vigoureusement que le *Vitis riparia*, ne produit pas autant de radicelles de remplacement. Chez le *Vitis labrusca* et ses dérivés : Concord, Isabelle, etc., fort peu de galles sur les feuilles et résistance très faible des

souches pour se métamorphoser en *Ailés*, nous supposons sans peine que quelques-unes peuvent très bien arriver aux sarments et même aux feuilles, pénétrer accidentellement dans les galles et s'y transformer. Nous disons donc, avec M. Balbiani (pag. 22), que la métamorphose des *Gallicoles* en *Ailés* n'est rien moins que démontrée.

[1] Voir, pour l'évolution de l'œuf, Cornu, pag. 195.

[2] Le chorion ou enveloppe de l'œuf est formé de trois membranes : la pellicule superficielle, l'exchorion et le chorion proprement dit. Il y a de plus l'enveloppe vitelline, celle qui porte la crête dentelée et qui, sous la pression de l'embryon développé, se rompra et coupera les trois premières.

racines qui, même en Amérique, finissent par succomber aux attaques du puceron; l'adaptation au parasite est donc très mauvaise, et le *Vitis labrusca*, à coup sûr, n'est pas la plante d'origine de l'insecte. Enfin le *Vitis vinifera*, souche indo-européenne de tous nos plants d'Europe, est, des quatre espèces botaniques cultivées en grand, la plus mal adaptée au *Phylloxera*, dont les racines résistent le moins bien et dont les feuilles sont les plus réfractaires à la formation des galles.

C'est cette rareté des galles sur nos cépages qui a amené plusieurs auteurs à dire que, sur les plants d'Europe, la forme gallicole pouvait être sautée et que, d'ordinaire, le *Phylloxera* issu de l'œuf d'hiver descendait aux racines. Cette hypothèse n'a jamais été appuyée par l'observation. Malgré cela, le doute existe dans beaucoup d'esprits, et même dans le livre de M. Balbiani, que nous avons appelé une œuvre de maître, certain passage cité en note[1] montre que son auteur n'était pas, au moment où il l'a écrit, éloigné d'admettre cette théorie. Nous nous empressons d'ajouter que dans un travail postérieur il y a nettement renoncé[2].

M. Henneguy[3], délégué de l'Académie des Sciences, paraît pencher au contraire vers l'hypothèse de la descente habituelle aux racines. Il s'appuie sur une expérience intéressante faite par M. Savre, professeur départemental d'agriculture du Lot, au moyen des badigeonnages contre l'œuf d'hiver, expérience qui mérite d'être citée : « Des vignes françaises, dit M. Henneguy, Malbec, Cot-rouge, etc., ont été badigeonnées au mois de février et de mars 1886 ; mais le mélange a été appliqué sur toute la hauteur du cep, *sauf sur le bois de deux ans*. Ces vignes ont présenté un assez

---

[1] M. Balbiani, pag. 28, dit : « L'issu de l'œuf d'hiver monte-t-il toujours sur les feuilles, ou descend-il directement dans le sol après son éclosion ? C'est ce qu'on ne sait pas encore d'une manière précise ; il paraît avéré toutefois que la nature du cépage n'est pas sans influence sur la direction qu'il prend ». M. le Dr Fatio (*Le Phylloxera dans le canton de Genève en* 1876, pag. 20) dit de son côté : « Les grosses ponleuses vertes des racines que je nomme ici *Nodicole* (de *nodus*, nœud, nodosité), paraissent être, fort probablement, le produit direct de l'œuf d'hiver, soit que cet œuf ait hiverné sur les racines, soit qu'éclos sur le bois aérien, le jeune *Gallicole* soit rentré prématurément sous terre, faute d'avoir pu former sa galle». Plus loin, pag. 27, M. Fatio est plus affirmatif encore : «Les issus de l'œuf d'hiver rentrent jusqu'ici, à Genève, en très grande majorité et très promptement dans le sol, au printemps.

[2] Balbiani ; Rapport au Ministre sur le traitement contre l'œuf d'hiver en 1884 (*Compte rendu* des Travaux du service du Phylloxera, 1885, pag. 158).

[3] Henneguy ; Rapport sur la destruction de l'œuf d'hiver (*Compte rendu* des Travaux du service du Phylloxera, 1887).

grand nombre de galles. Ce résultat est tout naturel, puisque le bois de deux ans est le lieu d'élection des œufs d'hiver ; mais l'intérêt de l'observation de M. Savre consiste dans la présence de galles sur des cépages indigènes qui n'en ont qu'exceptionnellement. M. Savre pense que les insectes issus des œufs d'hiver n'ont pu descendre sur les racines, et qu'arrêtés par les vapeurs toxiques émises par le mélange qui recouvrait la souche, ils se sont répandus sur les feuilles pour y former des galles. Pour la même raison, les jeunes *Phylloxeras* de seconde génération sont restés sur les feuilles et y ont multiplié les galles. Les jeunes insectes sortis des œufs d'hiver descendent donc sur les racines pour y fonder les colonies souterraines. Que l'on empêche cette descente de s'effectuer, comme dans l'expérience de M. Savre, et les galles apparaîtront nombreuses sur nos cépages. »

Plusieurs expérimentateurs et nous-même ayant tenté, sans succès, de faire vivre sur des racines des *Phylloxeras* directement issus de l'œuf d'hiver, ayant au contraire réussi à les faire fixer sur les feuilles, nous n'avons personnellement jamais pensé qu'à l'état de nature l'insecte allât aux racines. Depuis longtemps nous avons, à ce sujet, échangé nos idées avec M. Boiteau, de tous les expérimentateurs celui qui a le mieux étudié cette question, et nous dirons que, jusqu'à nouvelle preuve du contraire, l'observation de M. Savre restant isolée, nous nous en tenons aux résultats des expériences faites par M. Boiteau en 1876, expériences demeurées classiques. Renvoyant pour les détails aux Notes publiées dans les *Comptes rendus* de l'Institut (séances des 20 et 27 avril, 10 mai, 3 juin, 8 juillet, 5 août et 3 novembre 1876), ainsi qu'à la brochure intitulée *l'Œuf d'hiver et son produit* (Libourne, Maleville, édit., 1876), empruntant aussi des détails aux lettres reçues directement de M. Boiteau, nous résumerons ainsi la question :

Il est vrai que le parenchyme des feuilles du *Vitis vinifera* est peu favorable à la production des galles, que beaucoup de celles qui s'y forment sont incomplètes et vite abandonnées. Il est vrai aussi que ces galles, mal développées ou en forme de cupules ouvertes, renferment moins d'œufs (200 au plus) et les laissent parfois échapper au dehors ; très vrai également que sur les vignes d'Europe à la troisième génération, parfois à la deuxième, les jeunes commencent à descendre aux racines, de sorte que le nombre des galles se réduit souvent à quelques-unes, celles du début, les *galles initiales* placées sur les première, deuxième et troisième feuilles de la base du sarment et difficiles à voir.

De là à dire que, sur les vignes d'Europe, la forme gallicole peut être sautée, il y a loin ! Il ne faut pas oublier que c'est sur une vigne française, le *Tinto*, que les galles ont été observées pour la première fois en France, par M. Planchon, en 1869, alors qu'il n'était pas question de plants américains et que, bien avant la diffusion de ces derniers, de nombreux observateurs, tels que MM. Planchon, Lichtenstein, Cornu, de Laffite, Henneguy, Lejourdan, Faucon, Boiteau et nous-même, en avaient vues sans les chercher. Pendant l'été de 1888, les galles ont été communes sur divers plants français dans la collection de vignes de l'École d'Agriculture de Montpellier. «Certaines années, dit M. Boiteau (pag. 21 de sa brochure), les galles sont très abondantes sur les vignes sauvages, dans les haies, à portée des vignobles phylloxérés. » Les *Gallicoles* rencontreraient là, parait-il, des conditions plus favorables de développement que sur les plants cultivés.

Pour nous, quand il y a des *Vitis riparia* dans le voisinage, les essaims d'*Ailés* ne s'abattent pas sur le *Vitis vinifera*, ils vont à leur végétal préféré, à leur plante d'origine. Étant donnée cette théorie, qui nous semble appuyée par l'expérience ; étant donnés surtout les lieux de ponte spéciaux que nous avons signalés, on pourrait réserver dans les vignes ces lieux d'élection *en ne les greffant pas*, et y détruire facilement chaque année tous les œufs d'hiver par les badigeonnages Balbiani.

Le *Gallicole* existe donc sur les plants d'Europe *quand un œuf d'hiver y a été pondu* ; il y existe très fréquemment aussi lorsqu'un pampre a été en contact avec un autre pampre infecté, il y est seulement à générations moins nombreuses, moins prolifiques et d'habitude mieux cachées ; de là, certaine difficulté à constater sa présence.

En résumé, on peut dire que, pour trouver le *Gallicole* sur les plants d'Europe, on peut être servi par le hasard ; mais que, pour le trouver à coup sûr, on n'est d'ordinaire pas guidé, comme sur les *Riparia*, par la présence de milliers de galles faciles à constater, et qu'il faut : 1° avoir eu le soin l'été précédent, comme le dit M. Boiteau, de remarquer les points où se sont abattus des essaims d'*Ailés*, qui ont produit les *Sexués*, lesquels par la ponte de l'œuf d'hiver doivent avoir produit les *Gallicoles* ; 2° à défaut des galles de l'extrémité des rameaux, savoir chercher les *galles initiales*.

Ces conditions d'observation ne sont pas à la portée de tous les observateurs.

C. — Radicicole.

On nomme ainsi la forme agame succédant au *Gallicole*, vivant uniquement sur les racines, provenant, soit des jeunes descendus des feuilles, soit des générations précédemment fixées aux racines et qui, à l'origine, provenaient elles-mêmes des *Gallicoles*. Cette forme est la plus répandue, la plus connue, la première découverte en France, la seule qui fasse périr la vigne, et c'est pour cette dernière raison que nous l'avons appelée également *forme dévastatrice*.

Bien que la plus connue et la plus nombreuse en individus, elle n'en est pas moins la plus extraordinaire au point de vue des mœurs souterraines. Le genre *Phylloxera* est, en effet, presque uniquement composé d'espèces *épigées*, c'est-à-dire ayant un cycle évolutif entièrement en dehors du sol. Remontant par la pensée aux temps géologiques, à l'époque tertiaire, ou tout au moins à la période glacière, M. Balbiani (pag. 21) voit dans la défoliation de la vigne devenue périodique, forçant l'insecte à chercher un refuge aux racines, l'origine de cette forme *hypogée*. C'est bien possible ; mais nous dirons que plus de vingt autres espèces de *Phylloxera* vivent sur des chênes, des châtaigniers et des noyers à feuilles caduques, sans avoir pour cela de forme radicicole. Nous nous contenterons ici de l'observation des faits biologiques actuels, mais nous n'en considérons pas moins celui-ci comme assez extraordinaire pour avoir jugé utile d'attirer sur lui l'attention du lecteur.

La présence du *Radicicole* dans un vignoble se manifeste par des points où la végétation est nulle et languissante, et que M. Gaston Bazille a comparés à des *taches d'huile*. Le commencement d'une de ces taches est un point faible s'élargissant peu à peu, ayant dès la troisième ou quatrième année, parfois dès la deuxième, des souches mortes dans son milieu. Tout autour de ces pieds morts, rayonnant régulièrement, se voient des souches aux pampres rabougris, dépourvues de vrilles, aux feuilles petites, souvent jaunes, et chez lesquelles, à mesure que l'on s'éloigne du centre, ces caractères s'atténuent graduellement jusqu'à disparaître.

Tous les points faibles affectant la forme de la *tache d'huile* ne sont pas produits par le *Phylloxera*. Sans parler d'une maladie cryptogamique, le *Pourridié*, qui produit souvent cet effet, nous aurons l'occasion de voir les mêmes phénomènes se produire sous les attaques d'insectes rongeurs de racines, tels que la larve du *Gribouri*, celle du *Vesperus*, etc. Ce n'est que par l'examen de la racine elle-même que l'on peut reconnaître exactement la cause du mal.

Nodosités. — Sous l'influence de la piqûre de l'insecte, des *nodosités* se forment. On nomme ainsi des renflements caractéristiques observés dès la découverte du *Radicicole*. Ce sont des excroissances du parenchyme cortical de la racine, de couleur jaune vif, et qui ont des formes très diverses. Tantôt elles affectent celle d'un renflement vésiculaire occupant une partie ou la totalité de la radicelle (fig. 9 *b*) ; tantôt, et c'est le plus souvent, elles n'en

occupent que l'extrémité. Elles ont généralement dans ce cas l'apparence
d'un crochet renflé dans sa partie courbée, rappelant parfois la tête d'un

oiseau à long bec ou une cornue de chimie;
l'insecte est alors placé dans l'endroit le
plus profond de la courbure. (fig. 9 *a*).

Faut-il attribuer cette hypertrophie des
tissus à un liquide venimeux, de la salive
par exemple, injecté par le rostre du puceron? Tel n'est pas l'avis de M. Cornu,
qui cite, avec raison, les différents *Phylloxeras* du chêne s'attaquant à des feuilles
développées et ne produisant que des taches
brunes arrondies, formées par la dessiccation partielle de la feuille tout autour
d'eux. L'action produite par le *Radicicole*
sur la jeune radicelle de la vigne *en voie
d'accroissement* semble due aux mêmes
causes mécaniques que la galle des feuilles
résultant de la piqûre du *Gallicole*, l'organe lésé est seulement différent. N'ayant
pas la même constitution, il s'hypertrophie d'une tout autre façon. L'insecte, par
son suçoir, épuise les cellules placées au-
dessous de lui; la pression du cylindre
ligneux central, plus ou moins développé,
empêche une trop grande dépression de
se produire, et jamais il ne se forme de
cavité comparable à celle d'une galle. De
cet épuisement local des cellules il résulte
d'ordinaire deux choses: la déviation de
l'organe et son hypertrophie. La première
est causée par l'arrêt de développement

Fig. 9.— Renflement produit par
la piqûre du Phylloxera: *a*. renflements sur des racines jeunes,
b. renflements sur des racines
plus âgées.

d'un côté et sa continuation de l'autre, la seconde provient de la multiplication des cellules en une masse d'autant plus arrondie et volumineuse
que le développement est plus entravé du côté opposé. Dans les feuilles,
rien de semblable, pas de cylindre central; le développement se faisant
librement sur une surface mince et aplatie, la galle se constitue sans dé-
former sensiblement la feuille, et la déviation ne se produit que sur les
tiges grêles ou les vrilles offrant certains rapports de constitution avec les
radicelles, etc.

Au point de vue de la composition des tissus de la nodosité, nous devons signaler de nombreux grains d'amidon faciles à observer au moyen du réactif ordinaire, la teinture d'iode, qui les colore en bleu. Il a été dit par certains partisans du *Phylloxera-effet* que la présence de l'amidon était la *cause* de la maladie. « Ce dépôt, dit M. Delamotte [1], est dû vraisemblablement à l'absence de vitalité des cellules ; dans une coupe microscopique, il ne s'observe en effet que dans celles qui correspondent à la dépression produite par la piqûre de l'insecte, et qui ne prolifèrent plus. Il fait défaut, en général, dans les cellules de la périphérie du renflement, qui toutes se segmentent activement. »

Le plus souvent, même sur les plants dits résistants, les nodosités se décomposent au moment des fortes chaleurs et entraînent la mort des radicelles ; mais le remplacement rapide de celles-ci peut permettre à la plante de vivre. Chez les vignes d'Europe, il n'en est pas ainsi : les racines entièrement lignifiées succombent elles-mêmes, tandis que chez les vignes résistantes, pour peu que le cylindre central soit bien constitué, l'hypertrophie des tissus et leur décomposition subséquente sont limitées, la cicatrisation se produit et le mal est réparé. Dans le chapitre où nous traiterons de la lutte contre le *Phylloxera*, nous aurons à approfondir ces causes de résistance des cépages d'outre-mer.

Description du Radicicole. —Cette forme (fig. 10, 11 et 12) a, comme caractère, les plus grands rapports avec les aptères composant les dernières générations des *Gallicoles* ; il y a même certains individus qui, sortis de leur milieu, ne pourraient être sûrement attribués à l'une plus qu'à l'autre des deux formes. Chez certains *Gallicoles*, en effet, insectes des dernières générations, les tubercules apparaissent très visiblement et le dernier article des antennes est nettement entaillé en bec de sifflet. Sans parler des expériences multiples qui ont consisté à faire fixer les insectes des feuilles sur les racines, on se demande comment encore, à l'heure qu'il est, il y a des naturalistes qui peuvent voir là deux espèces.

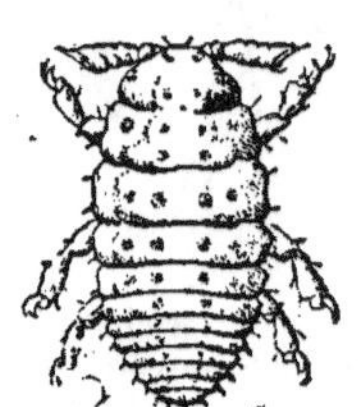

Fig. 10.--Phylloxera radicicole jeune.

Ayant décrit le *Gallicole* avec suffisamment de détails, nous ne ferons du *Phylloxera* des racines qu'une description comparative. Il diffère de celui des galles par sa taille moindre chez l'adulte, 1 millim. au plus de long au lieu de 1 millim. et quart, la présence des tubercules bruns

---

[1] Delamotte ; *Monographie du Phylloxera vastatrix.* Alger, Adolphe Jourdan, 1885.

saillants sur le dos, les antennes toujours fortement entaillées extérieurement en bec de sifflet, et la ponte qui ne dépasse guère cent œufs. Comme le
Gallicole, il subit trois mues; les tubercules, disposés en lignes longitudinales et transversales, sont au nombre de soixante et dix, douze sur la tête,
douze sur le prothorax, huit sur le mésothorax, huit sur le métathorax, six
sur le premier anneau de l'abdomen et quatre sur les six anneaux suivants.
Le dernier anneau abdominal n'en possède pas. Ces parties saillantes de la
cuticule sont, au premier abord, une différence importante entre les deux
formes; mais, quand le *Radicicole* vient de muer, ces disques formés par les
rides de la peau, relevés en verrue, colorés en brun et ayant un poil épineux au centre, ont à peu près disparu. Il faut un ou deux jours pour
qu'ils soient de nouveau bien visibles. De plus, quand on examine avec
soin au microscope la peau dorsale d'un *Gallicole* traité par la potasse
caustique, on retrouve les traces de ces disques saillants. Le poil épineux
y est; parfois même, autour de ce poil, la peau est un peu épaissie et ridée.
C'est donc surtout par suite de l'absence du pigment foncé que les tubercules semblent toujours manquer au *Gallicole*.

Au double point de vue morphologique et physiologique, quelles sont la
nature et la fonction de ces tubercules? Aucun auteur traitant du *Phylloxera* n'en parle, pas même M. Cornu, qui a pourtant longuement décrit
l'organe (pag. 205 et suivantes). M. Balbiani, parlant du *Phylloxera quercûs* [1], dit incidemment que dans cette espèce les tubercules sont d'*apparence glandulaire*. Il suffit, selon nous, de mettre sous un microscope
quelques types de pucerons voisins des *Phylloxeras*, comme les *Pemphigus*
ou les *Schizoneura* à tubercules sécrétant de la cire [2], pour voir que chez
le *Phylloxera vastatrix* ces même organes sont des glandes cirières atrophiées. Elles sont nulles dans l'*Ailé*, réduites à des poils dans le *Sexué*,

---

[1] Afin de ne pas faire entrer le lecteur dans le dédale synonymique de deux
espèces de *Phylloxera* du chêne qui ont été confondues par plusieurs auteurs,
entre autres M. Balbiani, nous nous servons, avec cet auteur, du nom de *Ph. quercûs* pour désigner l'insecte dont il a si bien étudié les mœurs comparativement
avec celles du *Ph. vastatrix*. Ce n'est pourtant pas le véritable *Ph. quercûs*; c'est
une espèce du nord de l'Europe connue dans la science sous le nom de *Ph. coccinea*
Heiden. Le véritable *Ph. quercûs*, celui de Boyer de Fonscolombe, est une espèce
du midi de l'Europe très différente de celle du nord. Voir à ce sujet les Notes à
l'Institut échangées en 1874 entre M. Balbiani et le Dr Signoret; celle du 7 décembre de M. Signoret élucide très bien la question.

[2] Consulter au sujet des glandes à cire des *Schizoneura* l'excellent travail sur
le *Puceron* lanigère de M. le professeur Mühlberg d'Aarau (Berne, K.-J., édit.;
Paris, Librairie Agr. de la Maison Rustique, 1885).

un peu apparentes chez le *Gallicole*, enfin tout à fait saillantes et rembrunies, bien que ne fonctionnant pas, chez le *Radicicole* et la *Nymphe*. Ce sont des glandes cirières réduites au rôle mécanique de tampons contre les chocs, ou de coussinets contre les frottements, dans les formes vivant sous terre. N'ayant plus de raison d'être chez celles qui vivent dans l'air, elles tendent à disparaître.

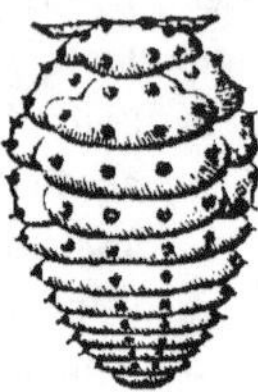

Fig. 11. — Phylloxera radicicole
vu de dos.

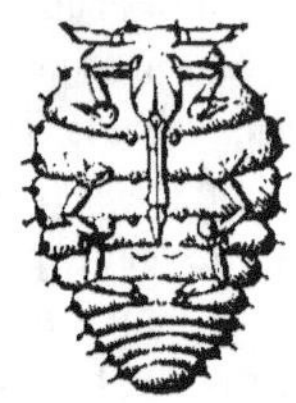

Fig. 12. — Phylloxera radicicole
vu de face.

Qui sait si, chez certains *Phylloxeras*, on ne découvrira pas un peu de sécrétion cireuse produite par les tubercules « d'apparence glandulaire », c'est-à-dire comme chez l'aptère agame du *Phylloxera quercûs*, composés de cinq lobes entourant un disque central surmonté d'un poil ras coupé en forme de filière.

Comme le *Gallicole*, le *Radicicole* subit trois mues. Elles ont été trop bien décrites par M. Cornu (pag. 211) pour que nous ne citions pas, en partie du moins, cet auteur : « Quand ils sont sur le point de changer de peau, les insectes arrachent leur suçoir enfoncé dans le tissu de la racine ; on les voit s'allonger et porter à droite ou à gauche la partie postérieure de leur corps ; celle-ci prend parfois un mouvement giratoire : la peau se fend à la partie antérieure dans un plan médian vertical. La fente s'arrête, sur la face abdominale vers l'insertion des soies du suçoir et à une distance égale sur la partie dorsale. On peut se demander par quel moyen l'insecte peut quitter cette enveloppe qui l'enserre de toute part. En effet, chaque organe est moulé dans un organe identique, chaque poil dans l'intérieur d'un autre poil; les trois nouveaux stylets du suçoir sont contenus dans chacun des anciens. Il lui faut vaincre une résistance de frottement qui doit être considérable, car les organes nouveaux sont comprimés, étant plus grands que ceux qui les contiennent. La mue est, en effet, un moyen de se débarrasser de l'ancienne peau qui gêne l'accroissement de l'animal. Chez le *Phylloxera*, comme, du reste, chez beaucoup d'autres insectes, un artifice spécial facilite le dénouement de la crise. Sur toute la longueur du corps sont disposés des petits poils dont l'extrémité est tournée vers la partie postérieure de l'animal.

Ce sont ces poils qui permettent à l'insecte de cheminer dans son ancienne peau et de s'en débarrasser. Le mécanisme rappelle celui qui fait monter constamment un épi d'orge placé dans la manche.»

Le *Radicicole*, avons-nous dit, ne pond guère que cent œufs. Déjà, chez le *Gallicole*, certaines pondeuses des générations d'automne ne dépassent pas ce nombre ; mais, chez le *Radicicole*, c'est le maximum, et la théorie de la dégénérescence progressive des ovaires trouve ici sa confirmation. Chez le *Gallicole* issu de l'œuf d'hiver, on trouve parfois cinquante tubes ovigènes à l'ovaire. Au printemps qui suit la descente aux racines, c'est-à-dire au moment de l'année où l'activité génératrice est la plus grande, l'ovaire du *Radicicole* n'a pas plus de douze à vingt tubes et, à l'automne, on n'en comptera que six, quatre et même deux (Balbiani, *Comptes rendus*, 15 janvier 1883). Dans l'automne de 1880, il nous est même arrivé de trouver à Montpellier un *Radicicole* n'ayant qu'un tube ovigène et un seul œuf dedans. L'insecte étant relativement petit, mal développé et son œuf de taille normale, nous l'avons pris tout d'abord pour une des femelles sexuées signalées sur les racines par M. Balbiani (*Comptes rendus*, 2 novembre 1874) ; mais, l'examen nous ayant montré le suçoir, nous sommes vite revenu à l'idée d'un agame *Radicicole* devenu presque stérile.

Au printemps toutefois, des générations relativement prolifiques succèdent à celles de l'automne, qui l'étaient peu ; mais ce regain de fécondité est expliqué ainsi (pag. 34) par M. Balbiani : «Avec la reprise de la végétation et le retour de la chaleur, le nombre des tubes ovariques ne se relève pas chez les descendants des dernières pondeuses de l'automne. L'activité seule des pontes augmente sous ces influences et suffit pour donner lieu, encore pendant longtemps, à une nombreuse population d'insectes. » M. Balbiani développe longuement cette thèse dans sa réponse à une Note de M. Targioni-Tozzetti (*Comptes rendus*, 15 janvier 1883). Cette fécondité, selon lui, peut être soutenue pendant trois ans, sans intervention des *Sexués*, et même pendant quatre ans, d'après une Note de M. Marès (*Comptes rendus*, 17 septembre 1877). Kyber, dès 1812, avait, pendant quatre ans, maintenu en serre les générations agames des pucerons de l'œillet. Dans sa *Monographie des Aphidiens* (pag. 153), J. Lichtenstein va plus loin : « Si nous sommes témoins, dit-il, de cette reproduction agame pendant quatre, cinq ans, pourquoi ne durerait-elle pas davantage? Pourquoi ne durerait-elle pas éternellement ? Réaumur a déjà posé la question.» Ici nous quittons l'observation rigoureuse des faits, c'est-à-dire le terrain solide. Nous y rentrerons le plus vite possible en citant la Note de M. Boiteau (*Comptes rendus*, 18 juillet 1887). Nous y verrons que l'expérience a été poussée jusqu'à la vingt-cinquième génération et jusqu'au mois de juillet de la sixième année.

A cette époque, il y avait encore des insectes «bien portants et très prolifiques». Jusqu'où sera poussée l'expérience ? C'est ce que nous apprendrons
avec un médiocre intérêt, car il nous semble bien difficile d'éviter absolument un des facteurs qui peuvent la fausser, celui de l'apparition de *Sexués*
sur les racines. La Note de M. Balbiani dont nous avons parlé plus haut
cite en effet le fait observé par lui en octobre 1874 à Montpellier. Il n'a vu
que des femelles ; mais elles n'offraient aucune différence avec les femelles
aériennes.

Nous n'en croyons pas moins que, *dans le plus grand nombre des cas*, et à
l'état de nature, les colonies agames non régénérées par des *Sexués* aériens
sont destinées à s'éteindre. Elles s'affaiblissent, du reste, en grande partie
par le nombre considérable de jeunes *Radicicoles* devenant nymphes et
quittant le sol pour se transformer en *Ailés*.

Parfois la colonie tout entière semble subir cette transformation dès la
seconde année ; le fait a été signalé par M. Marion et plusieurs autres
observateurs. Peut-être même est-ce ainsi que le plus souvent, d'une
façon normale, la colonie souterraine prend fin, quand il n'y a pas, bien
entendu, de nouvelles invasions. Cette présomption, selon M. Balbiani,
est appuyée sur ce qui se passe chez le *Phylloxera coccinea*, où il arrive
souvent qu'aucune des larves composant la dernière génération de l'année
n'échappe à la transformation en nymphe, puis en *Ailé*, ce qui amène la
dispersion complète de la colonie [1].

Les *Radicicoles* peuvent-ils aller aux feuilles et produire des galles ?
Telle est la question que plusieurs naturalistes se sont posée, et M. Marion
s'est même demandé si les galles apparaissant parfois en été à l'extrémité
des sarments *qui n'en portaient pas au printemps* ne seraient pas for-

---

[1] Nos observations personnelles nous permettent d'affirmer que lorsque la vigne
est jeune, vigoureuse, et pas encore en plein rapport, c'est toujours ainsi que
finit la colonie non régénérée par le *Sexué*. Quand, pendant des années, les générations agames se prolongent sans s'épuiser par le départ des *Ailés*, c'est que la
souche est moins vigoureuse. C'est le cas des vignes françaises attaquées depuis
plusieurs années, le cas de toutes les éducations en laboratoire, le cas aussi de
beaucoup de vignes américaines résistantes, mais qui n'ont plus la fougue des
premières années et qui, s'étant mises pleinement à fruit, ne s'emportent plus en
sarments de cinq ou six mètres. Quand, pour nos études, nous voulons des *Ailés*,
nous allons chercher des nymphes aux racines des souches de 2 à 6 ans, et de
juillet à septembre nous les y trouvons en masse. Passé 5 ou 6 ans, les vignes,
même les *Riparia* et leurs dérivés, produisent moins d'*Ailés*, quand bien même
les nodosités des radicelles sont très développées ; les racines fortement lignifiées
en produisent encore moins.

mées par des jeunes nés dans le sol et montés aux feuilles. Jusqu'à présent on n'a pas d'observations à ce sujet en dehors d'expériences de laboratoire. Dès 1870, M. Riley a réussi à transformer des *Radicicoles* en *Gallicoles* dans des flacons d'élevage. M. Marion en a obtenu facilement, nous écrit-il. M. Balbiani (*Comptes rendus*, 2 novembre 1874) en a fait fixer aussi sur des feuilles en tubes d'expérience ; mais, ayant planté leur suçoir sur la face inférieure, ils n'y ont pas produit de galles. M. Cornu, de son côté, a réussi, *dans une serre très humide,* à faire produire *une* galle par de jeunes *Phylloxeras* provenant d'œufs développés sur des racines adventives qui avaient poussé en raison de l'humidité du milieu. Pour nous, ces éducations sous cloche n'infirment en rien la règle ordinaire, qui est que le jeune *Radicicole,* même quand il sort de terre pour émigrer, va toujours aux racines. Quant aux galles apparues en plein air, en été, sur des plants qui n'en portaient pas au printemps, nous en avons observé nous-même et nous les avons attribuées à des jeunes apportés par le vent d'une souche gallifère voisine ou même éloignée. Le vent est un agent puissant de dissémination. Nous aurons l'occasion de revenir sur ce sujet quand nous parlerons des migrations de l'insecte sous ses différentes formes.

Les Hibernants. — Il nous reste à dire quelques mots de ce qu'on appelle les *Hibernants.*

On nomme ainsi les *Phylloxeras* passant l'hiver sur les grosses racines, réfugiés entre les fentes de l'écorce ou sous les plaques subéreuses exfoliées. Ils sont là, à l'abri d'une trop grande humidité et du contact immédiat du sol. Quand on soulève ces plaques, qui ont la forme de manchons ouverts d'un côté et n'adhérant plus à l'écorce, on aperçoit, groupés ou isolés, de nombreux insectes bruns, aplatis, que leur forme non atténuée en arrière a fait comparer à de petites tortues. Ces légions de parasites sont composées de jeunes *Gallicoles* descendus des feuilles et surtout de *Radicicoles* nés en automne.

Ils passent l'hiver immobiles, le bec planté dans l'écorce, les antennes et les pattes repliées contre le corps, attendant les beaux jours pour retourner aux radicelles et achever leur croissance. Ils sont généralement très petits, n'ayant pas subi la première mue ou n'ayant pas dépassé la seconde ; mais çà et là se trouvent quelques adultes ayant commencé leur ponte avant les froids et continuant lentement à l'accomplir. La plupart des œufs ainsi pondus périssent ; mais ceux qui, par une température moyenne au-dessus de 10°, ont pu évoluer, éclosent, et les jeunes vont grossir les groupes d'*Hibernants.* Cette température de 10° paraît être le minimum

6

au-dessous duquel ces insectes s'engourdissent, et au-dessus duquel ils sortent de leur torpeur.

Le froid ne tue pas les *Hibernants*, l'hiver 1879-80 l'a prouvé. Dans des régions comme les environs d'Orléans, où, en décembre 1879, le thermomètre est descendu à — 25 et 30° centigrades, beaucoup de vignes ont été gelées, mais l'insecte n'a pas disparu du pays. Les expériences de M. Maurice Girard, faites au moyen de mélanges réfrigérants, ont du reste établi que le *Phylloxera* pouvait supporter sans périr des froids de — 8 et 10° centigrades; M. le D' Horvath (de Budapesth) a poussé plus loin encore l'expérience [1]. Au champ d'essais de Farkasd, il a exposé hors du sol, *pendant dix-huit jours*, à des minimas nocturnes variant de — 1 à — 12° centigrades, des racines phylloxérées, et ce délai écoulé, malgré la sécheresse inévitable des racines, un *Phylloxera* a été trouvé vivant. Or, dans les températures observées à la Station météorologique de l'École d'Agriculture de Montpellier, même pendant les hivers les plus froids, donnant au niveau du sol — 12 à 13°, le thermomètre, à 25 centimètres de profondeur dans la terre, ne descend jamais au-dessous de — 1 ou 2° centigrades. Pour l'Hérault, c'est vers le milieu d'avril qu'a lieu le réveil des *Hibernants*. Il y a, à cette époque, suffisamment de nouvelles radicelles pour que les jeunes pucerons puissent quitter leur retraite et recommencer leurs ravages.

D. — Ailé.

A partir de la seconde quinzaine de juin, dans la région de l'olivier du moins, on aperçoit sur les racines des jeunes souches, principalement sur les nodosités, des *Phylloxeras* de forme plus allongée que les autres, aux pattes et aux antennes relativement longues, munis de tubercules très apparents (fig. 13 et Pl. I, fig. 9), de couleur jaune orange, surtout dans les parties antérieures et postérieures du corps, et chez lesquels les ovaires, peu développés, ne renferment pas d'œufs. Ces individus spéciaux, qui dans leur jeune âge étaient en tout semblables aux autres, sont les *larves* d'où sortiront les *nymphes* d'où proviendront les *Ailés*. Ils subissent trois mues avant de se transformer, de sorte que l'*Ailé* en aura subi cinq à partir de son éclosion. Si l'on examine une de ces *larves* avant que la quatrième mue en ait fait une *nymphe*, on verra qu'elle présente sur les côtés un renflement indiquant la

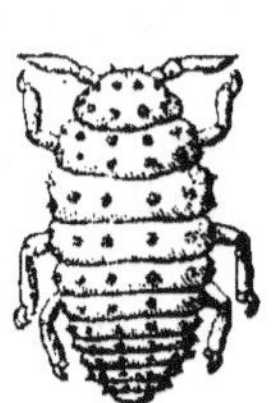

Fig. 13.— Phylloxera destiné à se transformer en nymphe.

----

[1] Acad. des Sc. de Hongrie. Séance du 23 avril 1883.

place où seront les moignons d'ailes. La métamorphose a lieu dans le sol, et c'est à partir du 20 juin environ que nous l'avons observée dans la région de l'olivier.

La Nymphe et sa métamorphose en Ailé. — La *nymphe* (fig. 14 et Pl. I, fig. 10) est remarquable par la longueur du corps, des pattes et des antennes, rappelant ceux de l'*Ailé*, et surtout par ses moignons d'ailes placés latéralement sur les méso et métathorax. Ces ailes rudimentaires, étant noires, tranchent sur la couleur de l'insecte, qui est d'un jaune d'or ou orangé et le font paraître comme étranglé vers son milieu. La longueur du corps varie de moins d'un millim. à plus d'un millim. et quart ; la largeur en proportion, c'est-à-dire du simple au double. Comme chez le *Radicicole*, soixante et dix tubercules se voient sur la partie dorsale et leur disposition est la même. Les antennes, beaucoup plus longues que celles des deux aptères agames, par suite du développement du troisième article, n'ont cependant qu'un seul stigmate olfactif, comme chez ces derniers. Les yeux, également au nombre de trois, de couleur rouge, réunis en triangle derrière les antennes, sont plus gros, plus globuleux, plus rapprochés les uns des autres. Quand l'insecte approche de sa dernière transformation, le gros œil en forme de framboise de l'*Ailé* est visible

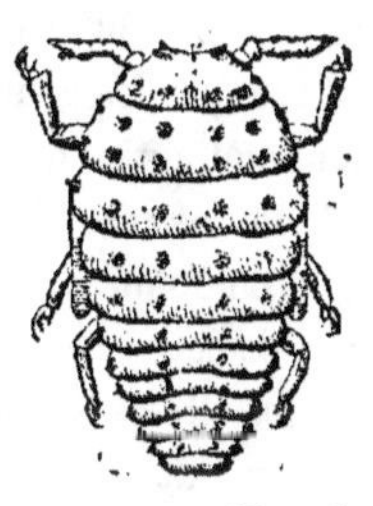

Fig. 14. — Nymphe du Phylloxera.

par transparence sous la peau. A ce moment, on voit également des œufs en formation dans les tubes ovigères ; mais la *nymphe* ne pond jamais, comme l'a supposé à tort M. Gerstäcker (de Berlin). Le *Phylloxera* sous cet état de *nymphe* se nourrit. On le trouve, en effet, le bec planté dans les nodosités. Sa vie est d'environ six à huit jours ; mais ce délai peut se prolonger si le temps n'est pas propice à la dernière métamorphose.

C'est le matin généralement que les *nymphes* quittent les racines pour se transformer en *Ailés* sur la souche ou le premier objet venu, ou simplement contre les parois des fissures du sol ; quelques-unes pourtant sortent le soir. Elles sont à ce moment dans une grande agitation, déployant une agilité relative. Elles suivent les racines et le collet de la souche ou sortent par les fissures du sol crevassé, et l'on comprend sans peine que les terrains compacts, fendillés par la sécheresse, soient beaucoup plus favorables à leur sortie que les terrains sablonneux, ne se fissurant pas et s'éboulant sous les pieds de l'insecte. Dans les bocaux d'éducation, il suit souvent le verre, qui lui offre un point d'appui solide.

Une *nymphe* qui aura quitté le sol à 6 ou 7 heures du matin opérera sa métamorphose vers 9 ou 10 heures. Elle est alors d'une couleur plus sombre, effet de la cuticule prête à se détacher. La mue, qui, par suite de la régularité de l'heure, est une des plus faciles à observer à la loupe, est très intéressante ; mais, ayant décrit celles du *Radicicole*, nous n'entrerons pas dans de grands détails à son sujet. Disons seulement que les mouvements constants de la *nymphe*, la sécheresse relative de l'air comparé au sol, facilitent plus que sur les racines la rupture de la peau et la sortie de l'insecte. Les ailes sont pour celui-ci une grande complication : si la pluie survient avant qu'elles soient complètement développées, le délicat moucheron, collé à l'objet qui le supporte par ces longues membranes pendantes, ne peut se dégager et meurt sur place en un ou deux jours. Dans les éducations, si l'on n'a pas eu le soin d'essuyer les parois du local au moment de la montée des *nymphes*, un grand nombre d'*Ailés* sont ainsi tués par les gouttelettes d'eau condensée contre le verre.

Aussitôt après la mue, l'*Ailé* est entièrement d'un jaune d'or, très pâle sur le thorax ; les ailes sont blanches, repliées transversalement et en long, encore chiffonnées et molles. La tête tournée vers le haut, l'insecte les écarte de son mieux pour les étendre par leur propre poids. En observant alors les ailes au microscope, on voit que peu à peu l'air pénètre dans l'intérieur des trachées, qui apparaissent alors sous forme de lignes noires. Autour d'elles se dessinent des bandes plus sombres qui sont les nervures. C'est le sang pénétrant dans les ailes [1] et surtout l'air entrant dans les trachées, munies intérieurement, comme on sait, d'une membrane *spiralée*, qui font redresser les trachées et les nervures, ainsi que les larges membranes qui les réunissent. Le mécanisme est comparable à celui qui déroule le tube *spiral* du manomètre de Bourdon. Après un délai de deux heures environ, c'est-à-dire vers midi, les téguments de l'insecte ont pris suffisamment de consistance pour qu'il puisse satisfaire ses instincts d'émigration ; mais, avant de lui laisser prendre son vol, nous en donnerons la description suivante.

Description de l'Ailé. — Le *corps* (fig. 15 et Pl. I, fig. 11), très allongé, rappelle celui d'une cigale en miniature. Comme nous l'avons vu chez la *nymphe*, il est de deux tailles bien distinctes, 1 millim. et 1 millim. 1/4 de longueur, non compris les ailes. Il est entièrement dépourvu de tubercules, d'un jaune rougeâtre et orangé, sauf le mésothorax qui est noir.

Les *ailes*, très longues, posées à plat sur la partie dorsale, sont de couleur claire, transparentes, un peu irisées ; leur surface est finement cha-

---

[1] Ce fait a été mis en lumière par M. Künckel d'Herculais (*Recherches sur l'organisation et le développement des Volucelles.* Paris, Masson, 1875).

grinée; leurs granulations microscopiques, aplaties, semblent dirigées en
arrière et imbriquées l'une sur l'autre. Les grandes ailes dépassent le corps
de près de 1 millim , elles sont remarquables par deux fortes nervures
longitudinales, une externe et une interne partant de la base, cette dernière
se trifurquant du côté interne, par leur bord extérieur teinté de jaune un
peu avant l'extrémité et par un repli inférieur en forme de gouttière destiné à recevoir les appendices des ailes postérieures. Celles-ci ne dépassent
le corps que d'un tiers de millimètre ; elles n'ont qu'une nervure chitineuse,
mais sont soutenues par les deux appendices ci-dessus en forme de crochet
placés sur leur bord supérieur, libres à l'état de repos, et pendant le vol
s'accrochant dans la gouttière de l'aile supérieure.

La *tête*, saillante, est remarquable par les *yeux* et les *antennes*. Celles-
ci atteignent un tiers environ de la longueur du corps ; le dernier article
surtout est très long ; au lieu d'un stigmate olfactif,
il en porte deux, l'un près de la base, l'autre à sa
place ordinaire. Les *yeux*, de couleur rouge, sont
multiples, de quatre sortes : 1° les deux groupes
ordinaires de trois ocelles placés très en arrière ;
2° deux grands yeux en forme de framboises formés par la réunion d'un grand nombre de cristal-
lins hémisphériques placés latéralement au-dessus
des trois yeux primitifs ; 3° une paire d'ocelles
situés sur le front entre les deux gros yeux ; 4° un
ocelle isolé au sommet de la tête, entre les deux
antennes. La forme ailée, appelée à aller au loin
fonder les colonies, a besoin d'organes des sens
plus développés que les trois autres formes. Le
suçoir, moins long que chez les aptères agames,
ne dépasse pas le sternum. Le *thorax*, un peu plus

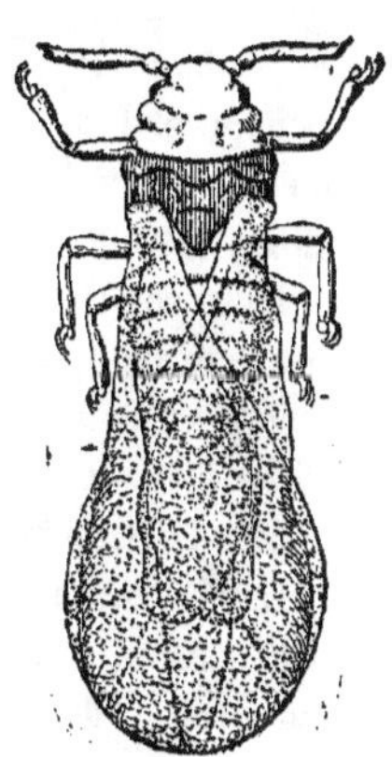

Fig. 15. — Phylloxera
ailé.

long que large, a les segments antérieurs et postérieurs jaunes, celui du
milieu (mésothorax) noir, les ailes fixées sur le bord dorsal des deux derniers ; les six pattes, solidement attachées au-dessous des trois segments,
sont longues, épineuses, fortement chitinisées, d'un jaune plus foncé que le
corps. L'*abdomen*, composé de huit segments, atténué en arrière, séparé
du thorax, ressemble à une toupie par suite de l'étranglement de la base du
premier segment. Les *stigmates*, au nombre de six paires, sont disposés
comme chez les autres formes. Les *ovaires*, faciles à observer par transparence au microscope, n'ont généralement que deux tubes ovigères, sept
fois sur dix selon M. Balbiani ; mais, d'après le même auteur, le nombre
de ces tubes peut aller jusqu'à sept. Nous en avons personnellement

observé une fois huit[1], et nous avons vu desovaires qui n'en avaient qu'un seul. Chaque tube ovigère renferme deux ovules, mais n'en mûrit qu'un seul, de sorte que l'*Ailé* pond de un à huit œufs, mais le plus souvent deux seulement.

Entre midi et 2 heures, si le temps est beau, le *Phylloxera ailé* prend son vol. Malgré la longueur des ailes, celui-ci est lourd, tourbillonnant au départ, et ce n'est qu'après avoir relevé un instant les ailes dans un plan perpendiculaire à son corps que l'insecte peut s'enlever. Si l'air est calme, il franchit quelques dizaines, quelques centaines de mètres au plus ; mais, si le vent souffle, il peut être transporté à de nombreux kilomètres, et c'est ainsi que les colonies lointaines sont normalement fondées. Arrivé sur une vigne jeune et vigoureuse, toujours choisie de préférence à une vigne vieille ou malade, l'insecte se pose sur les feuilles tendres de l'extrémité des sarments, et gagne bien vite le dessous de la feuille. Là, il plante son rostre, et pendant vingt-quatre heures environ il se nourrit. Il est alors apte à pondre, et c'est la nécessité de satisfaire tout d'abord à deux instincts, celui d'émigrer et celui de se nourrir, qui rend les pontes de l'*Ailé* en tube difficiles à obtenir. Il meurt sans avoir pondu, ou ses œufs sont stériles.

Nous sommes arrivé cependant à une proportion sérieuse de réussite, trois sur dix à peu près, en établissant un va-et-vient entre notre table et la fenêtre de notre laboratoire, au-dessous de laquelle nous avions placé un papier blanc collé au bois et relevé horizontalement.

Les *Ailés*, posés sur de jeunes pampres ou laissés libres au bord des bocaux d'éducation, prenaient leur vol vers la fenêtre, tombaient sur le papier blanc, et au moyen d'un pinceau très fin, un peu humide, passé entre leurs pattes, du côté de la tête, étaient reportés à leur point de départ. Le soir, les insectes étaient mis sur les feuilles de l'extrémité d'un sarment, enfermées dans un tube à essai; beaucoup s'y fixaient, et un certain nombre pondaient des œufs féconds ; c'est ainsi que nous nous sommes toujours procuré les *Sexués* à Montpellier.

Les œufs pondus sont de deux sortes : de plus gros qui produisent des femelles, et de plus petits, moins nombreux, d'où sortent des mâles. Les gros ont environ 40 centièmes de millim. de long sur 20 de large ; et les petits, 26 centièmes de millim. de long sur 13 de large. Leur couleur est d'un blanc jaunâtre, plus translucide que celle des œufs des autres agames.

M. Balbiani a vu souvent, dit-il, les deux sortes d'œufs pondus par le même insecte. Le cas est rare, d'après ce que nous avons observé à Montpellier. Généralement, les œufs qui donneront des mâles sont produits par

---

[1] L'*Ailé* en question a été préparé et les huit œufs se voient distinctement dans l'abdomen.

des *Ailés* de petite taille, et ceux d'où sortiront les femelles par des *Ailés* d'un millim. et quart de longueur. Ces deux types de la *forme colonisatrice*, types bien tranchés, ont donc leur raison d'être. Ils ont été remarqués, dès 1871, par M. Planchon, qui leur avait donné le nom de *Androphore* et de *Gynéphore* (porte-mâle et porte-femelle) ; et dès le début des observations, étant donnée la différence de taille ordinaire chez les insectes entre les deux sexes, il n'est pas étonnant que les *Ailés* aient été pris pour la forme sexuée.

A l'état de nature, les œufs sont pondus par groupes de deux à quatre, soit entre les nervures des feuilles, soit sous les écorces de la vigne. Le nombre de petits œufs d'où sortiront les mâles est de deux sur dix, d'après M. Balbiani. En 1888, nous avons obtenu une plus grande proportion, trois sur dix environ.

D'ordinaire, les *Ailés* sont abondants, surtout dans les régions où les vignes sont jeunes ; certaines années cependant on en rencontre peu. Ils commencent à apparaître fin juin ; en juillet, il n'y en a pas encore beaucoup. Août et surtout septembre sont les mois de grande éclosion.

Vers le milieu d'octobre, il n'y en a généralement plus dans les vignes. Il nous est arrivé cependant en 1888, année où l'automne a été relativement chaude en Languedoc, d'avoir beaucoup d'*Ailés* de racines recueillis en octobre, de trouver même des nymphes les premiers jours de novembre et d'en obtenir des *Ailés*. Lichtenstein avait fait la même observation en 1880, et, ayant transporté des racines dans une des serres chaudes du Jardin botanique de Montpellier, il avait obtenu des *Ailés* jusqu'en mars 1881. C'est donc le froid seul qui arrête leur apparition dans le midi de la France. Il est permis de supposer que dans les pays chauds, Panama par exemple, dont nous avons parlé à la fin de notre Historique, cette production d'*Ailés* dure la plus grande partie de l'année, et qu'alors l'œuf fécondé produit par le *Sexué* n'est plus un œuf d'hiver. L'*Ailé* se trouve au vol, de 1 heure à 5 heures du soir, autour des souches, principalement dans les lieux d'élection décrits à propos de l'*œuf d'hiver*, ou plus facilement dans les toiles d'araignées tendues entre les pampres ou à l'extrémité des sarments, sous le revers des jeunes feuilles dont il se nourrit.

E. — Sexués.

Les deux sortes d'œufs pondus par l'*Ailé* produisent donc les *Sexués*.

Comme il y a, nous l'avons dit, deux ou trois petits œufs d'*Ailés* pour sept ou huit gros, les mâles produits par les premiers seront dans la même proportion vis-à-vis des femelles et chacun d'eux devra en féconder plusieurs.

Les *Sexués*, étant très petits, sont difficiles à observer à l'état de nature, et l'on peut dire que cette forme, si importante dans le cycle biologique du *Phylloxera*, appelée à régénérer la race, a été vue sur les souches par un très petit nombre de naturalistes. Il faut donc, pour l'observer à volonté, faire pondre des *Ailés* en tubes, da ns les conditions que nous avons indiquées, et faire éclore leurs œufs, ce qui demande environ huit jours.

En dehors de M. Cornu et de M. Balbiani, personne n'a étudié les *Sexués* avec détails ; c'est donc dans leurs travaux que tous les auteurs qui en parlent ont dû puiser. Bien que les premiers *Sexués* du *Phylloxera* de la vigne aient été vus par M. Cornu (*Comptes rend.*, 3 novembre 1873), on doit dire que cette découverte a été amenée par celle des *Sexués* du *Phylloxera* du chêne observés par M. Balbiani (*Comptes rendus*, 20 octobre 1873). Citons tout d'abord à ce sujet M. Cornu, qui rend du reste (pag. 266) pleine justice à son collaborateur. « M. Balbiani observa que l'*Ailé* du *Phylloxera* du chêne pond des œufs de couleur et de taille différentes, les uns rouges plus petits, les autres jaunes plus grands ; il vit sortir de ces œufs, par éclosion, des insectes aptères dénués de suçoir et d'appareil digestif, c'est-à-dire ne pouvant se nourrir, et dont les uns, les petits, étaient des mâles, les autres des femelles. Après l'accouplement, la femelle pond un œuf unique et meurt. Cet œuf, au lieu de se développer rapidement comme les œufs ordinaires, ne présente que très tard et après l'hiver les premiers phénomènes précédant l'éclosion ; il ne donne naissance à un jeune qu'au printemps, juste à l'instant où le chêne émet ses premières feuilles. Cet œuf, qui passe l'hiver sans éclore et est destiné à former de nouvelles colonies, a été nommé par M. Balbiani *œuf d'hiver*. L'éclosion de l'*œuf d'hiver* a été annoncée dans les *Comptes rendus* de l'Académie (13 avril 1874). La découverte des *sexués* sans suçoir fut publiée le 20 octobre 1873. Aussitôt après la lecture de ces deux Notes, j'essayai de retrouver sur le *Phylloxera vastatrix* les curieux individus issus des *Ailés*. Quoique l'époque (octobre) fût peu favorable, les *Ailés* étant devenus très rares, je fus assez heureux pour trouver un individu sans suçoir et en train d'éclore. Cet individu, ainsi qu'un autre trouvé ensuite, furent soumis à M. Balbiani ; il reconnut deux femelles contenant chacune un œuf volumineux dans leur abdomen.

Nous n'insisterons pas sur cette découverte des femelles sexuées, confirmée par celle des deux sexes réunis et de l'œuf d'hiver faite deux ans plus tard par M. Balbiani (*Comptes rendus*, 4 octobre 1875), ce serait répéter ce que nous avons dit dans notre Historique. Il nous reste à décrire ces *Sexués*, leurs mœurs et leur ponte. Remontant encore à la source, nous ne pouvons mieux faire que de citer M. Balbiani :

« Les *Sexués*, qui composent la génération dioïque du *Phylloxera* de la vigne, présentent la plus grande ressemblance avec leurs congénères du chêne. Ils représentent, comme ceux-ci, la forme la plus dégradée de l'espèce [1]. Ils sont incapables d'engendrer solitairement comme les autres formes du *Phylloxera*, et constituent par conséquent, pris individuellement, des êtres absolument stériles. Sous ce rapport, ils sont placés à l'autre extrémité de l'échelle dont le *Phylloxera* printanier ou mère fondatrice occupe l'échelon supérieur; ils n'ont cependant d'autre destinée que la procréation, pour laquelle

Fig. 16.—Phylloxera sexué mâle.

ils sont obligés de s'unir dans l'acte d'accouplement, en vue duquel tout le reste a été sacrifié. Ils n'ont point de rostre, point d'organes de la digestion, ne prennent par conséquent aucune nourriture pendant les quelques jours que dure leur existence, et ne se soutiennent que par la petite quantité de jaune ou substance vitelline qu'ils ont emportée de l'œuf, et que renferme la cavité de leur corps.

» Ne se nourrissant pas, leur taille grossit à peine et reste à peu près jusqu'à leur mort ce qu'elle était au moment de la naissance, savoir : pour le mâle (fig. 16 et Pl. I, fig. 12), 26 à 28 centièmes de millim. de long sur 12 à 14 de large ; pour la femelle (fig. 17 et Pl. I, fig. 13), 45 à 50 de long sur 20 à 22 de large ; celle-ci est donc un peu moins de moitié plus grande que le mâle. Les deux sexes diffèrent encore : 1° par la coloration, qui est d'un jaune plus vif chez le mâle, d'un jaune plus clair chez la femelle ; 2° par la forme des poils des quatre rangées du dos et des deux rangées latérales, poils courts, raides et cylindriques chez le mâle, souples, déliés et effilés au bout chez la femelle ; 3° par la forme des antennes, dont l'article terminal est plus aminci à la base et comme pédonculé chez la femelle. Ce dernier article n'a qu'un seul stigmate olfactif. »

Nous compléterons cette description par quelques détails d'anatomie intérieure.

La plus grande différence entre la femelle et le mâle, celle qui en dehors de la taille saute aux yeux au premier examen, est le gros œuf occupant presque toute la cavité générale de la femelle (fig. 17), remontant parfois jusque près de la tête. L'insecte sur le point de pondre est en quelque sorte un œuf monté sur six pieds et muni de deux antennes. L'ovaire n'est représenté que par une seule gaîne ovifère, composée de la chambre germinative,

Fig. 17.—Phylloxera sexué femelle.

---

[1] Nous ne pouvons, avec M. Balbiani, considérer la forme sexuée comme la plus dégradée La sexualité distincte est toujours un signe de supériorité, chez les animaux comme chez les végétaux.

de la loge contenant l'œuf et de l'oviducte, qui se confond ici avec la partie postérieure de la gaine. La poche copulatrice, d'après M. Balbiani, reste toujours vide par suite de l'étroitesse du canal fécondateur et les spermatozoïdes sont déposés dans l'oviducte. Il y a deux glandes sébifiques destinées à enduire l'œuf au moment de la ponte ; l'oviducte est muni de fibres musculaires transversales striées, destinées à faciliter l'expulsion de l'œuf. Chez le mâle, on peut voir par transparence, avec un fort éclairage à la lampe, les deux testicules et les deux glandes accessoires placées au-dessous. L'avant-dernier segment de l'abdomen forme par son prolongement un étui bivalve, par lequel passe le canal éjaculateur et qui fonctionne comme un pénis.

Presque aussitôt après l'éclosion, qui a lieu là où les *Ailés* ont pondu leurs œufs, c'est-à-dire sous les feuilles et sous les écorces exfoliées, les insectes s'accouplent. Nous avons vu qu'un mâle devait féconder plusieurs femelles ; mais, comme il n'y a qu'un œuf dans chaque ovaire, la fécondité de ce mâle ne doit pas être considérée comme extraordinaire. Malgré cela, un certain nombre de femelles écloses loin du voisinage d'un mâle meurent sans s'accoupler, n'ayant pas pondu ou ayant mis au monde un œuf stérile bientôt desséché. « Au moment de l'accouplement, dit M. Balbiani, l'œuf n'a encore que la moitié environ (12 à 15 centièmes de millim.) de sa taille définitive (27 à 30 centièmes de millim.). L'accroissement qu'il subit jusqu'à la ponte a lieu tout entier — la femelle ne prenant aucun aliment extérieur — aux dépens de la provision de jaune que renferme son corps, d'où cette conséquence curieuse que le vitellus de l'œuf d'où est issue la mère sert aussi bien à nourrir celle-ci qu'à former le vitellus de son propre œuf, et se partage ainsi entre la mère et son produit. »

Après la fécondation, les femelles quittent toutes les feuilles ou le bois pour se diriger vers les écorces faiblement soulevées, c'est-à-dire vers celles du bois de deux ans ou celles plus âgées, qui offrent suffisamment d'adhérence pour assurer jusqu'au printemps la sécurité de leur ponte. Arrivées là, elles font pénétrer l'extrémité de leur abdomen entre deux fibres saillantes de l'écorce et y déposent péniblement leur œuf unique, l'*œuf d'hiver*, auprès duquel, leur mandat accompli, épuisées par de violentes contractions, elles ne tardent pas à mourir. Dans la recherche de l'œuf fécondé, la dépouille de la femelle sexuée sert très souvent de point de repère pour arriver à l'œuf, qui n'est pas loin.

C'est par la description de l'œuf d'hiver que ce résumé biologique a été commencé ; c'est par celle de sa ponte sous les écorces que nous le terminons.

F. — **Modes de diffusion de l'espèce.**

Diffusion par la forme ailée. — Nous avons vu qu'une forme spéciale, l'*Ailé*, était destinée à fonder les colonies. Nous ne reviendrons sur son rôle que pour dire qu'il consiste surtout à *répandre l'espèce au loin*. Ne pouvant normalement déposer ses œufs qu'après avoir satisfait à l'instinct d'émigration, l'insecte ne s'abat dans le voisinage immédiat que lorsque le temps pluvieux et froid s'oppose à son départ. Quand le temps est beau et calme, il ne va guère au delà de quelques centaines de mètres ; mais pour peu que le vent souffle, malgré son vol naturellement lourd, il est transporté à plusieurs milliers de mètres, et par les forts coups de vents c'est par dizaines de kilomètres qu'il faut compter. C'est ainsi qu'on voit des points d'attaque se produire à 40 ou 50 kilomètres des vignobles atteints. La propagation rapide se fait ainsi d'habitude dans le sens du vent dominant.

Bien souvent aussi l'homme se fait le transporteur inconscient de l'insecte. L'imperceptible moucheron se pose sur ses vêtements ou les objets de son commerce et s'abat jusque dans les wagons, même pendant la marche des trains. En 1877, par une chaude journée de septembre, allant de Montpellier à Béziers, il nous est arrivé, en effet, de voir non loin de cette dernière ville un *Ailé* se poser sur un livre ouvert que nous tenions à la main. Les abords immédiats de Béziers n'étaient cependant pas encore envahis à cette époque, et le fait fut jugé assez important pour être signalé dans une Note [1]. Combien d'autres individus ailés ont pu être ainsi transportés au loin au milieu des vignobles indemnes !

Diffusion par les formes aptères. — Autour d'un point d'attaque qui rayonne régulièrement et constitue ce que l'on a appelé la *tache d'huile*, la diffusion ne se fait pas d'ordinaire par l'*Ailé*. De proche en proche, elle s'opère par de jeunes *Radicicoles* n'ayant pas encore mangé, très légers, très agiles, et qui, lorsque le temps est chaud, sortent de terre par les fissures du sol et gagnent de même les racines des souches voisines. Ces exodes souvent considérables, vus pour la première fois par M. Faucon et fort bien décrits par lui [2], ont été observés depuis par de nombreux naturalistes, et l'on ne peut avoir élevé des *Phylloxeras* en captivité sans avoir vu en été, de midi à 5 heures, le bord des bocaux se couvrir de la masse de ces jeunes émigrants. Selon M. Faucon, c'est de 2 heures à 3 heures et dans la seconde quinzaine d'août que les plus grandes migrations ont lieu.

---

[1] *Messager agricole du Midi*, septembre 1887, pag. 312.

[2] Faucon ; *Modes de propagation du Phylloxera* (*De la Subm.*, 1874, pag. 42).

Les jeunes aptères quittent ainsi les souches affaiblies pour aller à de plus vigoureuses, et l'on conçoit sans peine que, plus la terre est argileuse et fendillée par la sécheresse, plus les migrations sont faciles. Dans les terrains sablonneux, sans fissures, s'éboulant sans cesse sous les pieds de l'insecte, elles sont au contraire impossibles, et, à supposer qu'une colonie ait réussi à s'y fonder, elle ne tarde pas à disparaître.

Le jeune *Radicicole* ne passe jamais souterrainement d'une souche à l'autre, à moins que deux racines ne se trouvent en contact, ce qui est rare. Ses pieds inermes sont en effet impropres à creuser le sol et ses téguments trop mous pour ne pas être écrasés par la moindre pression; de là, l'instinct d'émigrer à la surface du sol [1]. Tels sont les deux modes réguliers de diffusion de l'espèce, au loin et dans le voisinage.

Il en est un troisième que nous appellerons extraordinaire, que certains auteurs ont nié et qui cependant, dans les pays de vent, est pour beaucoup dans la propagation du mal.

Le *Phylloxera* est un puceron ayant de nombreuses affinités avec les *Cochenilles* ; les jeunes surtout se ressemblent tellement que maintes fois on nous a présenté les uns pour les autres. Or ceux qui nient, chez le *Phylloxera*, ce mode de transport des aptères par le vent, ignorent que chez les *Cochenilles* c'est le mode de diffusion *normal*. Le mâle seul, en effet, est pourvu d'ailes ; les femelles adultes, *toujours aptères*, ne peuvent pas émigrer, et, à défaut de forme agame ailée, ce sont les jeunes qui, transportés par le vent, vont fonder les colonies. On sait avec quelle facilité ces insectes se propagent, gagnent rapidement tout un pays, arrivant même en peu de temps à en faire disparaître certaines espèces végétales.

En ce qui concerne le *Chionaspis Evonymi*, actuellement en train de détruire en Europe le fusain du Japon, nous avons trouvé des jeunes de cette *Cochenille* jusque sur des pieds de fusains isolés sur des balcons, au milieu des villes. Il en est de même pour le *Phylloxera*. Que de fois, examinant à la loupe de jeunes aptères gallicoles émigrant sur les feuilles, nous les avons vus, sous nos yeux, disparaître, emportés par le vent. L'expé-

---

[1] Comme l'a déjà fait observer M. Fabre (*Comptes rendus Ac. des Sc.*, 1880, 2e sem., pag. 800), le développement assez considérable des yeux chez cette forme radicicole montre que, bien qu'hypogée, elle est appelée à circuler à l'extérieur, et la remarque ne viendrait-elle pas de l'homme, appelé par Darwin le meilleur observateur du siècle, qu'elle se présente à l'esprit de tout zoologiste. Les formes souterraines de *Pucerons*, dit Lichtenstein (*Les Pucerons*, pag. 144), ont des yeux très petits, et nous ajouterons pour certains de nos lecteurs que les insectes *toujours hypogés* sont pour la plupart aveugles.

rience de M. Faucon concernant le transport aérien de l'aptère est connue :
Par un fort vent du Nord-Est, sur le bord d'une vigne où circulaient beaucoup de jeunes *Radicicoles*, il a fixé au sommet d'un piquet de 2 mèt. une
planchette de 25 centim. sur 20 centim. recouverte d'une feuille de papier
huilé. Au bout de quelques heures, dix-neuf jeunes aptères étaient fixés
sur le papier, qui fut envoyé à l'Académie des Sciences [1]. M. Faucon explique ainsi les réinversions estivales de ses terres submergées.

Ainsi donc, les jeunes aptères, aussi bien chez les *Phylloxeras* que chez
les *Cochenilles*, peuvent être transportés par le vent et, comme une poussière vivante, aller tomber sur les végétaux indemnes, qui ne tardent pas à
être envahis.

Nous avons vu la diffusion accidentelle des *Ailés* se faire par l'homme et
ses moyens de transport. Celle des aptères, occasionnée par les relations
commerciales, est naturellement beaucoup plus fréquente encore et, personne
ne doute aujourd'hui que l'introduction du terrible puceron dans l'ancien
Monde ne se soit faite par des *Radicicoles* apportés d'Amérique sur des
plants racinés. On croit généralement que les boutures avec racines sont
seules dangereuses ; c'est une erreur. Non seulement les simples morceaux
de sarments peuvent porter l'œuf d'hiver sous l'écorce de la crossette (bois
de deux ans) qui y est souvent attachée ; mais, à plusieurs reprises, nous
avons constaté la présence de jeunes aptères sur le bois de l'année.

Quand l'automne est suffisamment doux pour permettre à la vigne, dans
les endroits abrités, de végéter jusqu'aux premiers jours de décembre, ce
qui est fréquent dans le midi de la France pour les cépages américains, les
générations de *Phylloxeras* continuent non seulement sur les racines, mais
sur les feuilles, et l'on trouve, jusqu'à la chute de celles-ci, des jeunes *Gallicoles* circulant sur les sarments. A supposer qu'alors on opère la taille
(en Languedoc elle commence en octobre), les boutures ainsi peuplées sont
mises en stratification, parfois expédiées de suite, et leur introduction dans
un pays indemne peut être la cause de l'infection.

Dans le journal *la Vigne américaine* (décembre 1882[2]), nous avons cité
un cas certain, authentique, de *Phylloxeras* ainsi envoyés de France en
Hongrie. Il s'agissait d'un lot de sarments américains non racinés et *sans
crossettes*, expédiés de la gare d'Arles à M. Horvath, le naturaliste officiel
bien connu de Buda-Pesth. Les colis, embarqués à Marseille à destination
de Fiumes, ont été, par un fâcheux malentendu, redirigés sur Marseille,

---

[1] *Comptes rendus de l'Acad. des Sc.*, 27 octobre 1879.
[2] V. Mayet ; *Diffusion des Phylloxeras par les Boutures américaines* (Journal *la Vigne américaine*, décembre 1882).

et, par suite de quelques nouvelles aventures éprouvées sur les chemins de fer Austro-Hongrois, ne sont arrivés à destination qu'en juin, après une odyssée de plus de trois mois.

« En ouvrant les caisses, dit M. Horvath dans son Rapport officiel au gouvernement Hongrois, nous avons vu que les boutures étaient entrées en végétation, des radicelles s'étaient produites, et l'on y voyait de nombreux renflements couverts de *Phylloxeras*. »

Une bonne précaution à prendre est donc de désinfecter les boutures. Dans la Note de *la Vigne américaine*, nous avons conseillé de les passer sous une cloche, au contact de l'acide sulfureux (fumée de soufre), employé si heureusement à Montpellier contre la Pyrale ; mais le succès des expériences de désinfection à l'eau chaude de M. Balbiani, suivies de celles de MM. Henneguy, Couanon et Salomon, nous fait donner la préférence à ce procédé, à la fois simple et efficace.

M. Balbiani a prouvé[1] qu'une immersion d'une minute dans l'eau à 50° suffisait pour tuer non seulement les *Phylloxeras* éclos, mais tous leurs œufs. Au-dessous de 45°, pendant une immersion de cinq minutes, le nombre des œufs résistants va crescendo jusqu'à 42°, température au-dessous de laquelle tous survivent. Ces 45° représentent du reste, d'après les plus récents travaux des physiologistes, la moyenne de température supérieure au-dessus de laquelle les propriétés vitales sont anéanties dans les tissus animaux ou végétaux. Dans l'étude de M. Balbiani, la question botanique est entièrement réservée, et c'est ce côté intéressant, nettement viticole, qui a fait l'objet des Notes de MM. Henneguy, Couanon et Salomon[2]. Les expériences pour la reprise des boutures, faites d'abord en serre, puis en plein air, ont montré que, trempées pendant *dix minutes* dans une une eau portée à 50°, les boutures, poussent dans la proportion de 89 %, à la condition que l'opération soit faite *avant* la stratification dans le sable. Dans les expériences faites *après* la stratification, la reprise des boutures n'a été que de 20 à 50 %. Les viticulteurs ont donc à leur disposition un moyen sûr et pratique de désinfecter leurs bois. « Que faut-il pour opérer ? dit M. Couanon[3] : un thermomètre, de l'eau et un peu de feu ! »

---

[1] *Recherches sur la vitalité des Œufs des Phylloxeras* (*Comptes rendus de l'Acad. des Sc.*, 1876, pag. 1160).

[2] *Comptes rendus*, 7 février et 21 novembre 1887.

[3] Couanon : *Rapport sur la désinfection des Plants de vigne* (*Bull. du Ministère de l'Agr.*, mars 1887).

G. — **Ennemis naturels.**

Presque tous les insectes vivant aux dépens des végétaux ont des ennemis dont le rôle est de restreindre leur trop grande multiplication et de maintenir ainsi ce que nous avons appelé l'équilibre des espèces.

Les *Pucerons* ne font pas exception à la règle. Ils sont décimés par des *Insectes* de divers ordres, des *Arachnides* du groupe des *Acariens* et même un petit *Myriapode* (millepieds). Parmi les premiers, sont des *Diptères* du genre *Syrphus*, mouches à la robe voyante rayée de jaune sur un fond noir et dont la larve, vivant au milieu des colonies de *Pucerons*, fait de ces derniers sa nourriture exclusive. Certains *Névroptères* du genre *Hemerobius*, jolis insectes verts aux yeux d'or et aux ailes de gaze, fort bien nommés par Réaumur *Lions des Pucerons*, en font aussi un grand carnage. Les *Coléoptères* nous offrent des *Coccinelles*, appelées vulgairement *Gallinettes* ou *bêtes à bon Dieu*, dont la larve ne vit que de *Pucerons*. Certains *Hyménoptères* enfin sont d'utiles auxiliaires. Tels sont les *Aphidius*, qui posent dans le corps d'un puceron un œuf d'où sortira une larve qui tuera sa victime ; tels sont encore les *Cemonius*, remplissant de *Pucerons* leur nid cloisonné pratiqué dans une branche à moelle ou la cavité d'un roseau. Le groupe des *Acariens*, appelés vulgairement *mites* et dont la mite du fromage ou ciron est le type bien connu, renferme aussi quelques espèces qui, se nourrissant d'ordinaire de substances organiques en décomposition, mangent parfois des proies vivantes à corps mou telles que les *Pucerons*.

Le *Phylloxera* n'échappe pas complètement à ces divers ennemis, mais il est bien mieux protégé que la plupart de ses congénères qui vivent en plein air, exposés à toutes les attaques. Blotti au fond d'une loge dont l'ouverture est fermée par des poils permettant la sortie et défendant l'entrée, le *Gallicole* est garanti de toute intrusion du dehors, et le *Radicicole*, dans sa demeure souterraine, est non moins protégé. Ce sont donc surtout les jeunes courant sur les feuilles, les sarments ou la surface du sol qui peuvent être atteints. Sans doute, comme nous l'avons observé nous-même, un certain nombre succombent sous les mandibules des *Coccinelles* (*Halysia 12 guttata*) et des *Hemérobes* (*Hemerobius perla*); d'autres, même parmi ceux qui n'ont pas quitté les racines, tombent sous le suçoir des *Acariens* vagabonds (*Trombidium, Gamasus, Tyroglyphus, Hoplophora*) en quête d'une proie quelconque. Le petit *Myriapode* (*Polyxenus lagurus*, de Geer) en mange aussi quelques-uns ; mais estimer à plus de deux centièmes le nombre des *Phylloxeras* dévorés par ces divers ennemis, c'est aller au delà de la vérité. Qu'est-ce que cela en face d'un insecte pondant jusqu'à 600 œufs et dont tous les individus sont femelles?

En ce qui concerne l'Europe, un savant naturaliste d'outre-Rhin, notre ami M. le Dr Blankenhorn, de Karlsruhe, a, selon nous, accordé à ces ennemis une importance qu'ils ne méritent réellement pas. Nous pouvons en dire autant du Dr Haller, de Berne [1].

Aux États-Unis, pays d'origine du *Phylloxera*, on aurait pu penser qu'un rôle plus sérieux devait être attribué à ces auxiliaires. Il n'en est rien, et M. Riley qui les a fort bien étudiés [2], qui a même décrit sous le nom de *Phylloxeræ* (du phylloxera), un *Thrips* et un *Acarien*, dit qu'il ne faut pas compter sur eux. Il n'a pas plus de confiance dans le rôle d'un carnassier qui, au premier abord, avait paru sérieux aux États-Unis, une mouche de la famille des *Syrphides* (groupe dont presque toutes les espèces sont ennemies des *Pucerons*), le *Pipiza radicum* Riley. La larve souterraine et aveugle de cette espèce se glisse cependant sur les racines à la poursuite du *Phylloxera*.

Autour du *Thrips Phylloxeræ*, de l'*Hoplophora arctata*, du *Tyroglyphus Phylloxeræ*, du *Pipiza radicum* décrits par Riley, du *Gamasus Blankenkorni*, Haller, etc., il a donc été fait trop de bruit dans la presse agricole d'Europe, et nous n'insisterons pas sur leur compte. Nous laisserons de même de côté les hauts faits du *Trombidium holosericeum*, chantés par un de ces illuminés « qui tiennent leur idée ou plutôt que leur idée obsède », et nous dirons, avec la majorité des naturalistes, qu'il n'y a malheureusement rien de sérieux à attendre de ce côté.

---

[1] Dr Haller ; *Die kleinen Feinde der Phylloxera (Des petits ennemis du Phylloxera)*. Heidelberg, 1878.

[2] Riley ; *The American entomologist.* Saint-Louis, Missouri, 1868, pag. 248 ; et surtout, *Annalen der OEnologie.* Heidelberg, 1878, pag. 19 à 93.

CHAPITRE V.

LUTTE CONTRE LE PHYLLOXERA

Nous ne pouvons entrer dans le détail de tout ce qui a été fait pour combattre le *Phylloxera*. Tant soit peu développée et même réduite aux traitements vraiment scientifiques, l'histoire de cette lutte de vingt ans formerait un volume. Les questions de submersion et de cépages américains, à elles seules, ont pris ces temps derniers une telle importance que les traiter tant soit peu longuement serait sortir du cadre spécialement entomologique que nous nous sommes tracé et empiéter sur les domaines du génie rural et de la viticulture. Nous devrons donc sur ces matières nous en tenir aux généralités et renvoyer pour les détails aux livres spéciaux, tels que l'excellent *Traité de Viticulture* [1] de M. Foëx, ouvrage où le *Phylloxera* est étudié spécialement au point de vue de la lutte entreprise contre lui.

Avant d'attaquer un ennemi, il faut étudier ses positions ; nous parlerons donc tout d'abord des moyens de reconnaître la présence du parasite. Les traitements préventifs n'étant pas à la portée de toutes les bourses, ce côté de la question a une importance qui ne peut échapper à personne.

Quand on a des surfaces plus ou moins grandes de vignes mortes ou mourantes dans le voisinage de quartiers reconnus phylloxérés, il n'y a guère de doute à avoir. On n'a qu'à examiner, à la limite des parties malades, des racines de souches encore vigoureuses. Mais en pays jusque-là indemne, une tache phylloxérique, comparée plus haut à une *tache d'huile*, n'est pas toujours, à son début, facile à découvrir. Nous avons dit que le *Pourridié* [2], maladie cryptogamique des racines, et les attaques d'autres insectes pouvaient avoir des effets semblables.

Pour constater rapidement si l'on a affaire au *Phylloxera*, il faut exa-

---

[1] Foëx ; *Cours complet de Viticulture*, Montpellier, Coulet ; Paris, Delahaye et Lecrosnier, 1888.

[2] Foëx ; *loc. cit.*, pag. 502.— P. Viala ; *Les Maladies de la Vigne*. Montpellier, Coulet ; Paris, Delahaye et Lecrosnier, 1887.

7

miner les radicelles, *au bord des points d'attaque*, sur les souches ayant encore beaucoup de vigueur. Né suceur de sève, l'insecte quitte en effet la vigne dès qu'elle est affaiblie [1], et l'on n'aurait aucune chance de le rencontrer sur les pieds morts ou mourants. Il faut surtout opérer les recherches du 15 juin au 31 juillet. A ce moment de pleine végétation, les radicelles se forment, se renouvellent sans cesse et portent presque toutes les nodosités jaune clair si caractéristiques. Sur ces renflements, souvent visibles au premier coup de pioche, sont de nombreux insectes jaunes ou bruns; ces derniers, entourés d'œufs, ressemblent à des traînées de poussière de soufre. Les radicelles, qui presque toujours en juillet poussent au collet de la souche, permettent parfois de constater la présence de l'insecte avec un simple couteau de poche.

[1] Ce fait seul du parasite n'attaquant que les pieds vigoureux, détruisant les vignes les mieux cultivées, les mieux fumées, venues de boutures ou de semis, dans des terrains nouvellement défrichés, étant en un mot *cause* évidente du mal, aurait dû, dès le début, couper court à la théorie du *Phylloxera-effet*. Il n'en a rien été, et bon nombre d'esprits, même éclairés, se sont laissé égarer sur ce point. Encore actuellement, certains hommes, plus théoriciens que praticiens, ne sont pas convaincus par les innombrables expériences qui toutes ont abouti au renversement de leur système. Oui, dans certains cas, les insectes ne sont qu'une cause seconde, un *effet*, si l'on veut, d'une maladie antérieure du végétal. Tel est le cas d'un grand nombre d'espèces lignivores qui n'attaquent les arbres que lorsque ceux-ci sont malades, ne pouvant s'en prendre ni aux arbres morts dont les tissus seraient trop durs, ni aux arbres bien portants dont la sève envahirait leurs galeries. Mais tous les brouteurs de feuilles, les coupeurs de racines, les suceurs de sève, vont aux végétaux vigoureux, qui leur offrent abondante pâture. A-t-on jamais dit que le chêne dépouillé de ses feuilles par les hannetons ou les chenilles était malade avant l'arrivée de ces insectes ? Autant vaudrait parler de maladie pour le buisson brouté par la chèvre, l'herbe mangée par le mouton ! Comme nous l'avons longuement expliqué à propos de la vigne dans notre Introduction, les végétaux cultivés *bien portants* ont leurs parasites multipliés par les procédés de culture, la taille, le binage, les variétés obtenues par la sélection des semis, l'hybridation, etc., procédés de culture indispensables, mais qui éloignent ces plantes des conditions de végétation et de résistance constitutionnelle rencontrées chez les types sauvages *non hybridés*. Nous pouvons ajouter comme cause d'affaiblissement la culture dans un pays qui n'est pas celui de la plante ; les végétaux exotiques, par exemple, succombent en effet souvent sous les attaques des *Cochenilles*.

Si, comme M. André (*Les Parasites de la Vigne*, pag. 16), on appelle *maladie* l'état produit par ces modifications opérées par l'homme sur les espèces végétales dans un sens déterminé, en un mot leur domestication, nous concédons que de ce côté il y a de grandes causes de faiblesse.

C'est sur ce terrain, croyons-nous, que l'on devra finir par s'entendre.

En toute autre saison, soit qu'au printemps les nodosités ne se soient pas encore produites, ou que, pourries avant l'automne, elles ne se produisent plus; soit qu'en hiver, l'insecte, sous forme d'*hibernant* microscopique et de couleur brune, se dissimule aisément, la recherche est beaucoup plus difficile. C'est donc bien en été qu'il faut, autant que possible, l'opérer. Une fois le mal constaté, on doit agir sans retard.

Nous avons dit que des remèdes de tout genre, même les plus absurdes, avaient été proposés contre le *Phylloxera*. Le nombre des moyens curatifs présentés aux diverses Commissions du Phylloxera et Société d'Agriculture dépasse 5,000, et ceux qui ont été scientifiquement et consciencieusement expérimentés au champ d'expériences de Las Sorres et à l'École d'Agriculture de Montpellier sont au nombre de plusieurs centaines[1]. Tout l'arsenal de la chimie a été épuisé ; mais, de cette longue liste de procédés, bien peu ont résisté à l'épreuve de l'expérience. Ce sont surtout des insecticides qui ont été préconisés, et sans peine, on le comprend. L'insecticide, c'est la lutte directe, la voie tout indiquée ; mais ici la difficulté est grande : l'ennemi se dérobe, il est souterrain, enfoncé parfois à près de 2 mèt. dans le sol et il devient presque impossible de l'atteindre.

Les différents moyens proposés et qui ont reçu des praticiens la consécration nécessaire sont en très petit nombre. Ils peuvent être groupés comme suit : 1º comme insecticides : le sulfure de carbone, les sulfocarbonates, les badigeonnages contre l'œuf d'hiver et la submersion ; 2º comme procédés permettant à la vigne de vivre sans aucun secours : la plantation dans les sables et les plants américains. Tel sera l'ordre que nous suivrons.

---

[1] En 1877, la Commission départementale de l'Hérault, présidée par M. H. Marès, correspondant de l'Institut, avait, depuis sa création (1872), reçu communication de 696 procédés concourant presque tous pour le prix de 300,000 fr. Dans l'espace de cinq ans, 317 ont été essayés au champ d'expériences du mas de Las Sorres, près Montpellier, et les résultats, relevés par les soins de MM. Durand et Jeannenot, professeurs à l'École d'Agriculture de Montpellier, ont été publiés en un fort volume (Montpellier, Grollier, 1877). Ce livre sera consulté avec fruit par tous ceux qui parlent encore de cultures intercalaires, de plantes à *odeur forte* enfouies au pied des souches, de produits pharmaceutiques introduits dans le bois au moyen d'une vrille, etc. Ils y verront qu'on a tout essayé, qu'on a même été trop complaisamment de l'euphorbe à la térébenthine, de l'ail pilé à l'onguent gris, de la lavande au vinaigre, de la rue au camphre, de l'assa fœtida à la cire à cacheter appliquée sur les tailles, et ils pourront se faire une idée sur la valeur des 379 procédés qu'on n'a pas cru devoir essayer.

A. — Sulfure de Carbone.

Ce liquide, connu depuis longtemps, est un insecticide puissant, se volatilisant rapidement et émettant des vapeurs d'une densité plus grande que celle de l'air ; autrement dit, des vapeurs lourdes tendant à pénétrer dans le sol et non à en sortir. Son emploi contre le *Phylloxera* a été proposé pour

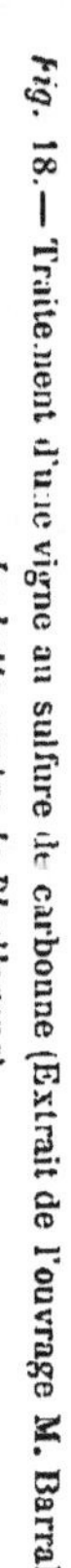

Fig. 18.— Traitement d'une vigne au sulfure de carbonne (Extrait de l'ouvrage M. Barral ; *La lutte contre le Phylloxera*).

la première fois en 1869 par le baron Thénard ; mais l'expérience, faite aux environs de Bordeaux, ne fut pas heureuse. Traités avec une dose trop forte, les ceps succombèrent, et pendant plusieurs années on ne pensa plus au remède qui, disait-on, guérissait la maladie en tuant le malade. L'idée cependant était reprise à Montpellier, en 1873, par M. Monestier, qui, employant des doses beaucoup plus faibles, eut tout d'abord une telle réussite que le problème sembla résolu ; mais des expériences nouvelles entreprises dans des sols de nature différente faisaient bientôt voir que des conditions physiques spéciales du terrain sont nécessaires pour que la diffusion des vapeurs soit suffisante pour tuer la plus grande partie des insectes.

Dans les terres argileuses compactes, l'échec est d'ordinaire complet.

Les terrains pierreux, peu profonds, secs, situés en coteaux, tels que ceux des *garrigues* du Languedoc, sont également rebelles au sulfure de carbone. On ne peut guère citer comme ayant réussi dans ces conditions-là que M. Thiollière de l'Isle, qui sur le coteau de l'Hermitage a obtenu un succès incontestable dans des terres défoncées, il est vrai, à 1 mèt. de profondeur. Dans les sols légers, sablonneux, les vapeurs toxiques peuvent s'échapper, et en cas de réussite on peut se demander si ce n'est pas le milieu lui-même qui s'oppose à la multiplication de l'insecte. Les terres de consistance moyenne sont donc celles où l'action insecticide du sulfure est la plus évidente, et sous ce rapport les résultats obtenus par M. Jaussan (de Béziers) et MM. Alliès et Marion (de Marseille), ce dernier opérant pour le compte de la Cie P.-L.-M., sont connus de tous.

Cette consistance moyenne est plus difficile qu'on ne pense à apprécier. Il faut aussi que la terre ne soit ni trop humide ni trop sèche ; il est en effet facile de comprendre que l'eau en plus ou moins grande quantité dans le sol augmente ou diminue sa densité.

«Les traitements, dit M. Foëx (pag. 565), doivent être commencés dans les vignes dès que les premières traces du *Phylloxera* y ont été constatées. Lorsqu'on attend que les effets du mal soient tout à fait manifestes, ce qui correspond à la destruction d'une grande partie du système radiculaire, il faut quelquefois plusieurs années pour que la vigne débarrassée d'insectes ait reconstitué ses racines, et on n'arrive pas toujours à des résultats suffisants. Quand on s'y prend au contraire dès le début, on conserve la plus grande partie de ses organes, et le vignoble ne subit pas de dépression sensible. Enfin les vignes dont les racines sont déjà gravement altérées sont très sensibles à l'action du sulfure de carbone [1] et ne permettent pas l'emploi de doses assez fortes pour se débarrasser promptement de l'insecte.

»En ce qui concerne la saison à laquelle l'opération doit être effectuée, on a reconnu qu'il était possible, dans certaines conditions, de traiter avec des chances de succès à peu près égales dans les diverses saisons de l'année.

---

[1] Cie des Chemins de fer de P.-L.-M. ; *Résumé des Travaux effectués pour combattre le Phylloxera*, par A.-F. Marion. Paris, Paul Dupont, 1878.

On doit seulement éviter les moments où il y a excès d'humidité, parce qu'alors le sulfure ne s'évapore que lentement et qu'à l'état liquide il peut altérer les racines. Il faut également ne pas opérer en temps de sécheresse trop intense, surtout dans les terrains qui se fendent et laissent dégager les vapeurs sulfocarboniques. Il est enfin préférable de ne pas effectuer d'application lors de la floraison et du moment de la véraison à celui de la vendange, parce qu'il résulte presque toujours de ce fait la cessation provisoire du fonctionnement d'un certain nombre de radicelles et un léger arrêt de végétation. Cet effet de *stupéfaction*, ainsi qu'on l'a appelé, peut entraîner de la coulure et nuire à la maturition du fruit.»

M. Monestier opérait avec du sulfure de carbone versé au fond de trous pratiqués avec un pal. La terre jetée dans les trous était tassée avec un vigoureux coup de talon. Tel est le point de départ de l'emploi réellement pratique du sulfure de carbone. Depuis lors, de nombreux procédés se sont succédé, tels que les flacons enterrés de Fouque, qui laissaient échapper par leur bouchon er. taillé les vapeurs sulfocarboniques ; les *cubes Rohart*, où le sulfure, emprisonné dans du bois poreux au moyen d'un vernis spécial, était mis en liberté au moment voulu, par la rupture de cet enduit; l'*aspirateur et insufflateur* de MM. Crolas et Jobart, appareil ingénieux qui produisait une meilleure diffusion de l'insecticide, etc. Aujourd'hui, on se sert uniquement de *pals injecteurs* et de *charrues sulfureuses*, reconnus comme faisant un travail meilleur et à plus bas prix

Pals injecteurs. — « Les premiers de ces instruments en usage, dit M. Foëx (pag. 567), sont les *pals;* les *charrues sulfureuses* sont d'invention plus récente. Elles tendent à se répandre beaucoup aujourd'hui, à cause de la grande économie qui résulte de leur emploi.

»Les premiers *pals* usités pour l'introduction du sulfure de carbone dans le sol étaient de simples tubes ouverts à la partie inférieure. Ces tubes étaient enfoncés après y avoir passé une tige de fer pointue que l'on enlevait quand on avait atteint la profondeur voulue; on faisait couler par ce conduit une certaine quantité de liquide mesurée préalablement (pal David et Delbez). On construisit ensuite des appareils jaugeant eux-mêmes d'une manière approximative le sulfure et le laissant ensuite écouler (pal Gayraud, pal Rousselier) ; enfin le principe des pals *injecteurs* fut introduit par M. Gastine et définitivement adopté par la pratique. Nous donnons ci-dessous la description des pals actuellement fabriqués par ce constructeur[1], d'après lui-même :

[1] Le Brevet Gastine est actuellement exploité par la Société l'Avenir Viticole, 73, rue de Brueys, à Marseille, et par M. Vermorel, à Villefranche (Rhône), qui a un peu modifié l'instrument.

» Comme on peut le voir (fig. 19 et 20), c'est un instrument portatif qui se compose d'un réservoir cylindrique terminé par un tube perforateur. Au-dessus du réservoir, deux manettes permettent de saisir le pal pour l'enfoncer dans le sol. Une pompe hydraulique placée à l'intérieur du réservoir,

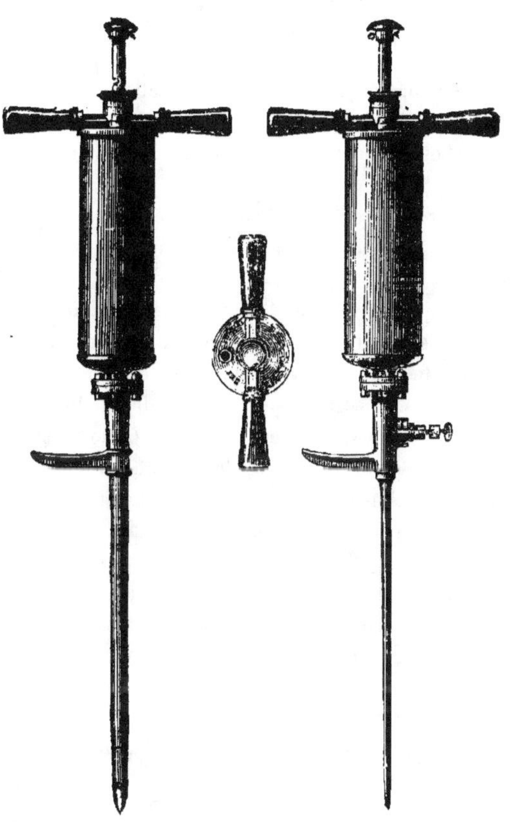

Fig. 19.   Fig. 20.

Fig. 19. — Pal injecteur Gastine à clapet inférieur. — Fig. 20. — Pal injecteur Gastine à clapet latéral et à tige en forme de lame.

et dont la tige du piston dépasse le haut du récipient entre les manettes, sert à projeter dans le sol avec force par l'extrémité du tube perforateur les quantités choisies et exactement dosées.

» Pour opérer, on saisit l'appareil par les manettes, on enfonce le tube perforateur dans la terre. Si l'action exercée par les mains sur les manettes est insuffisante, on y ajoute celle du pied en forçant sur une pédale placée au-dessous du réservoir. Dès que le tube perforateur a pénétré dans la couche arable à la profondeur voulue, on pousse rapidement de haut en bas la tige du piston, et l'injection se produit au fond du trou. On abandonne alors cette tige du piston, qui remonte d'elle-même par l'action d'un ressort intérieur, de telle sorte que l'instrument est immédiatement amorcé pour une seconde injection semblable à la première.

» Le travail de l'opérateur est donc réduit à cette manœuvre : 1° enfoncer le pal dans le sol ; 2° appuyer vivement sur la tige du piston ; 3° retirer le pal du sol ; 4° boucher immédiatement avec force le trou fait par l'instrument.

» Pour changer les doses [1], il suffit de réduire ou d'augmenter la longueur de la course du piston au moyen de bagues que l'on enfile sur la tige de cette pièce. »

Les trous d'injection doivent être pratiqués verticalement à $0^m,30$ ou $0^m,40$ de profondeur, sauf lorsqu'ils tombent près du pied d'une souche, auquel cas on évite de les faire pénétrer au delà de $0^m,08$ à $0^m,10$. Il faut les répartir à des écartements réguliers ($0^m,60$ au minimum, $0^m,88$ au maximum) et les distribuer en quinconce. Cette répartition doit être établie dans les plantations régulières, de manière à ce que les lignes de trous soient parallèles à celles des vignes. Dans les vignobles irréguliers, on doit éviter d'enfoncer le pal à moins de $0^m,25$ de distance du pied du cep, parce qu'on s'exposerait sans cela à rencontrer dans le voisinage quelques grosses racines qui souffriraient beaucoup de l'action du sulfure.

Les terres légères sont celles dans lesquelles on peut le plus se rapprocher sans inconvénient des ceps; mais les trous doivent y être plus profonds que dans les sols compacts, à cause de la facilité avec laquelle s'y produit l'évaporation des gaz sulfocarboniques.

En résumé, le nombre des trous d'injection à pratiquer par mètre carré varie suivant diverses circonstances. On peut établir d'une manière générale que, plus la quantité de sulfure à appliquer est répartie en un grand nombre de petites doses, meilleure est la diffusion des vapeurs. Mais la trop grande multiplication des trous augmente d'une manière exagérée les frais de main-d'œuvre; aussi se borne-t-on habituellement à une moyenne de deux à trois trous par mètre carré, qui donne des effets suffisants dans des sols de consistance moyenne. Dans les terres plus compactes, il est préférable d'atteindre le chiffre de quatre trous par mètre.

[1] Gastine et Couanon ; *Emploi du Sulfure de carbone contre le Phylloxera.* Bordeaux, Feret et fils, 1884, pag. 121.

Charrues sulfureuses. — Les *charrues sulfureuses* ou *injecteurs à traction* sont des appareils qui permettent de faire pénétrer au fond d'une fente continue pratiquée dans le sol une quantité déterminée de sulfure de

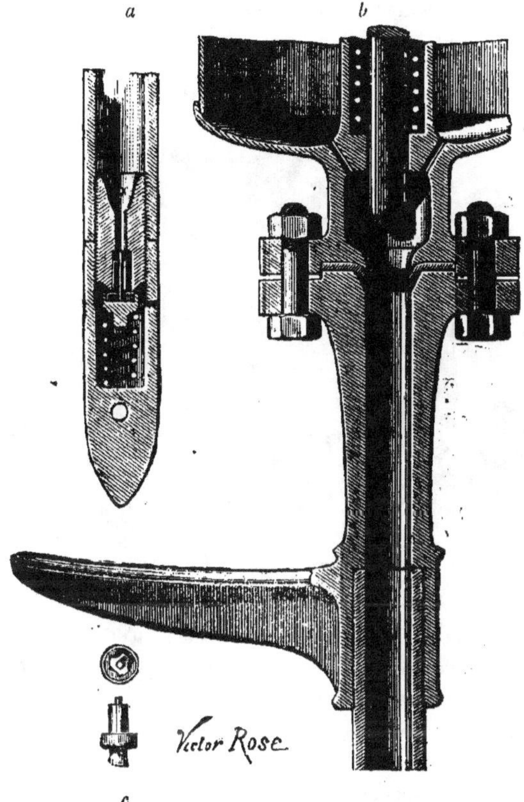

Fig. 21. — *a.* Coupe du pal injecteur Gastine à clapet inférieur. *b.* Pointe du pal et clapet de retenue ; *c.* Clapet [1].

carbone. Ces instruments, d'invention récente, tendent néanmoins à se répandre rapidement : ils offrent en effet l'avantage de permettre, dans les vignes plantées en lignes régulières, un travail rapide et économique ; aussi des types assez nombreux ont-ils été imaginés. On peut citer comme les plus employés ceux de M. Gastine, de M. Vernette et de M. Saturnin.

[1] Extrait de l'ouvrage de MM. G. Gastine et Couanon ; *Emploi du Sulfure de carbone*, etc.

La charrue sulfureuse de M. Vernette (fig. 22), une des plus en usage en Languedoc, est formée essentiellement d'un soc 2 qui ouvre la fente ; d'un récipient 8 qui renferme le sulfure ; d'un appareil doseur 9 qui jauge le sulfure et le laisse écouler par un tube au fond de la raie ; d'une roue 10

Fig. 22. — Charrue sulfureuse de M. E. Vernette, de Béziers.

qui referme la raie et communique le mouvement au doseur ; enfin de deux mancherons dont l'un 4 sert à maintenir l'appareil pendant le travail, l'autre 5 à le soulever quand on est arrivé au bout de la raie.

Lorsqu'on fait usage des injecteurs à traction pour appliquer le sulfure de carbone, on distribue les choses de manière à ce que les lignes d'injection soient écartées d'un mètre au maximum.

D'après MM. Gastine et Couanon, on ne devrait tracer qu'une seule fente d'injection pour les rangs de vignes placés à 1 mèt. ou à 1^m,20 d'écartement. De 1^m,20 à 2 mèt. il faudrait en tracer deux. Au-dessus de 2 mèt. et jusqu'à 3 on porterait les lignes d'injection à trois.

Les appareils doivent être réglés de manière à ce que leur débit soit proportionnel à l'écartement des lignes. Des tables construites spécialement pour chaque type fournissent les indications nécessaires à cet objet.

L'emploi des charrues sulfureuses implique, plus encore que celui du pal, la nécessité d'un sol bien raffermi à la surface, à cause de la faible profondeur à laquelle on est obligé de déposer le sulfure (20 centim. au maximum). Il est par conséquent toujours mauvais de labourer avant le traitement, comme le croient utile certains viticulteurs : l'ameublissement qui résulte de cette façon offre aux vapeurs une issue trop facile vers l'atmosphère.

Les doses de sulfure de carbone employées pour les traitements ont été d'abord exagérées ; on ne songeait qu'à l'effet insecticide, sans se préoccuper de ménager la vigne. C'est ainsi que M. le baron Thénard prescrivait d'abord la dose de 100 gram. par souche traitée. Plus tard, M. Alliès, dont les expériences heureuses servirent de base aux études de la Commission de la Cie P.-L.-M., employait 30 gram. par cep. Cette Commission proposa d'abord l'emploi de deux traitements réitérés. Chacun de ces traitements employant 30 gram. de sulfure par mètre carré, soit 300 kil. à l'hectare, les deux traitements entraînaient une consommation de 600 kil. d'insecticide par hectare. Les membres de l'ancienne Commission de P.-L.-M. reconnaissent aujourd'hui que l'on peut arriver à d'excellents résultats avec des quantités beaucoup moindres.

L'Association viticole de Libourne, opérant dans un milieu où la multiplication du *Phylloxera* est plus faible et où par suite de l'humidité du sol les pertes de sulfure par évaporation dans l'air sont moindres, conclut à une application de 250 kil. par hectare. Aujourd'hui, dans certaines contrées où la lutte contre le *Phylloxera* est relativement facile, on n'emploie que 15 gram. par mètre carré, soit 150 kil. à l'hectare. On descend même quelquefois jusqu'à un minimum de 120 kil.

En résumé, on peut dire qu'on ne pratique plus guère aujourd'hui qu'un traitement annuel unique, à la dose de 150 à 250 kil. à l'hectare. »

Traitement d'extinction. — Concernant le sulfure de carbone employé en nature, il nous reste à parler des traitements d'extinction, qui, conformément à des lois spéciales, ont été appliqués en Suisse d'abord et plus récemment en Algérie, en Allemagne et en Russie. Ces traitements, excellents dans les pays peu envahis, ont pour but, par l'application d'une très forte dose de l'insecticide, au moyen d'un pal, de tuer non seulement l'insecte, mais la vigne, afin d'éteindre autant que possible, dès leur apparition, des foyers qui sans cela pourraient infester toute la contrée.

La loi suisse est de 1878. Chargé personnellement en 1882, par l'Académie des Sciences, d'une mission ayant pour but d'étudier l'efficacité de ces traitements d'extinction, nous n'avons qu'à reproduire ici une partie de ce que nous disions alors dans une lettre à M. Dumas. Nous renverrons, pour les détails, aux *Comptes rendus* de l'Académie des Sciences [1].

---

[1] Valéry Mayet ; *Comptes rendus*, 20 novembre 1882.

« Dans les deux cantons attaqués, Genève et Neufchâtel, le sulfure de carbone est appliqué à la dose de 300 gram. par souche, en deux traitements de 150 gram. chacun, à douze jours d'intervalle. La souche est tuée quatre-vingt-dix-neuf fois sur cent et les ceps qui repoussent sont toujours sur la lisière du point traité, c'est-à-dire indemnes du *Phylloxera*.

»A ce traitement énergique, tous les êtres organisés succombent : escargots, lombrics, arachnides, insectes de tous genres, mauvaises herbes, vignes, tout est mort. Les taches reconnues reçoivent un traitement d'extinction qui s'étend à cinq rangées de souches autour du point contaminé. On traite, non pas en rond, mais en carré, pour que le nombre de pieds soit facile à calculer. Autour de la partie détruite, on examine plusieurs fois l'an, souche à souche, un carré de vigne de 50 mèt. de côté, ce qui amène parfois à visiter les racines de 25 à 30,000 souches pour un seul point d'attaque. Ces visites ainsi que les traitements sont confiés à des commissaires cantonaux.

»Les dépenses du traitement extinctif, de visites, de surveillance et d'indemnités aux propriétaires sont payées : un tiers par la Confédération, un tiers par le canton et un tiers par le produit d'un impôt voté par le conseil cantonal. Cet impôt, qui frappe exclusivement les propriétaires de vignes, est proportionné à la valeur des vignobles. Il varie entre 5 fr. et 15 fr. l'hectare. La vigne contaminée devient momentanément propriété de l'État, on l'entoure d'un cordon soutenu par des échalas, on plante au milieu un drapeau rouge et un écriteau sur lequel il y a ces mots : *Vigne séquestrée*.

»Pendant cinq ans, la vigne ne peut être replantée. L'indemnité est payée pendant deux ans. Pour la première année, elle consiste dans la valeur de la récolte sur pied, dans celle des souches et des échalas qui sont brûlés sur place. Pour la seconde année, elle équivaut à la moitié de la récolte.

»Les recherches actives se font à la bonne époque, c'est-à-dire en juillet, moment de la grande émission des racines superficielles de la vigne si infaillibles pour la constatation du mal, moment aussi où les émigrations d'*Ailés* et d'*Aptères* vont commencer. Le traitement d'extinction, appliqué à cette époque de l'année, fait d'une pierre deux coups : il tue le foyer et empêche le départ des colons. »

Est-ce à dire, d'après les détails ci-dessus, qu'on soit complètement maître du fléau chez nos voisins ? Certainement non ! Les points d'attaque récents du canton de Vaud et l'extension de ceux de Neufchâtel prouvent que, malgré toute l'énergie déployée, le mal s'étend, et s'étendra peut-être un jour sur les milliers d'hectares de vigne qui couvrent les rives nord des lacs de Genève, de Neufchâtel et de Bienne. Il n'en est pas moins vrai que la Suisse est atteinte depuis bientôt vingt ans et qu'au moyen d'une dépense annuelle de 50 à 60,000 francs, c'est-à-dire l'intérêt d'un peu plus d'un million, on a défendu et on défendra longtemps encore un capital dépassant un milliard.

La loi française concernant l'Algérie est postérieure à notre mission. Elle est du 21 mars 1883, la loi allemande du 3 juillet de la même année, et l'ordonnance impériale russe date du 5 février 1885.

Elles rappellent par leur teneur celle de la loi suisse, sauf que dans la loi française l'art. 8 fait supporter par les communes les frais de recherches annuels. « Cette disposition, dit M. Couanon, inspecteur des services du Phylloxera [1], blessait l'équité, car elle faisait supporter à tous une dépense faite dans l'intérêt d'un certain nombre seulement. Les ressources communales étaient souvent insuffisantes; aussi la majorité des viticulteurs algériens a-t-elle réclamé l'établissement d'une taxe spéciale portant sur les vignes en rapport. Cette proposition a été consacrée par la nouvelle loi du 28 juillet 1886.

»Au terme de cette loi, le montant de la taxe, dont le maximum est fixé à 5 fr. par hectare, est déterminé chaque année par arrêté du gouverneur général, les conseils généraux consultés. Le taux à percevoir a été fixé à 3 fr. par hectare en 1887, et pour les trois départements algériens la somme des étendues imposables, en 1887, étant de 50,489 hectares, les ressources disponibles ont été cette année-là de 151,467 fr. »

C'est un chiffre bien plus que suffisant pour les recherches annuelles ; mais en Algérie les traitements d'extinction ont-ils donné d'aussi bons résultats qu'en Suisse et en Allemagne ? Dans son Rapport sur la campagne de 1886, M. Couanon paraît plein de confiance dans l'avenir viticole de notre colonie ; mais tel n'est pas l'avis de M. le directeur général de l'Agriculture. M. Tisserand, en effet, adressant, comme chaque année, à la Commission supérieure du Phylloxera son Rapport sur la situation phylloxérique en 1887-88, considère celle des environs de Philippeville comme très grave. « Les taches, dit-il, sont disséminées un peu partout dans le massif vignoble, et l'on peut craindre que, malgré l'énergie déployée, l'insecte n'étende sensiblement ses ravages. Le foyer de La Calle est encore plus important, l'œuvre de contagion semble malheureusement bien avancée en cette région. »

En résumé, on peut dire que l'emploi du sulfure de carbone paraît beaucoup plus efficace dans les terres meubles que dans les terres compactes, dans le Nord que dans le Midi, et l'on peut ajouter qu'il est l'agent insecticide à conseiller partout au début des invasions. Dans le Nord, où les

---

[1] Rapport de M. Couanon, inspecteur des services du Phylloxera (Camp. 1886).

terres argileuses, trop froides, ne sont jamais plantées en vignes, où la multiplication du *Phylloxera* est lente, au point de permettre à des souches attaquées de vivre parfois dix ans avec leur ennemi, on peut espérer maintenir la vigne par le moyen de cet insecticide. On ne peut en dire autant des vignobles du Midi, où la souche est tuée parfois dès la seconde année de l'invasion. A part quelques exemples qui sont cités, le viticulteur, même le plus soigneux, finit par être débordé, et on ne peut compter sur le sulfure de carbone que pour les traitements destinés à ralentir l'invasion; encore faut-il déployer la plus grande vigilance dans la recherche des points d'attaque. Pour les traitements d'extinction où la vigne est sacrifiée, ce puissant exterminateur de tous les organismes reste le meilleur agent à employer.

Sulfure de carbone dissous dans l'eau. — A la suite de nombreux accidents survenus, vignes tuées ou fortement compromises par l'emploi du sulfure de carbone en nature, l'idée de dissoudre dans de l'eau le puissant insecticide est venue à l'esprit de plusieurs inventeurs. Une répartition plus régulière dans le sol est en effet ainsi obtenue. Dès le début, les résultats du traitement ont été fortement discutés; mais, son emploi tendant à se répandre, il faut en conclure qu'il a reçu l'approbation d'un certain nombre de praticiens. C'est à ce titre que nous donnons quelques détails sur le procédé, et nous ne pouvons mieux faire que de les emprunter au livre de M. Foëx :

« Ce fut M. Cauvy, professeur de physique à l'École de pharmacie de Montpellier, qui proposa le premier, en 1875, de dissoudre le sulfure de carbone dans l'eau pour le traitement des vignes phylloxérées; mais il ne fut pas donné suite à cette idée. En 1882, M. Rommier, délégué par l'Académie des Sciences pour l'étude du *Phylloxera*, fit la même proposition. Il étudia en premier lieu la solubilité du sulfure et établit qu'elle était d'un peu moins de 2 gram. par litre à la température ordinaire. Il recommanda cependant, pour éviter tout accident, de n'employer qu'une dissolution de $0^{gr},40$ à $0^{gr},50$ de sulfure par litre.

» Pratiquement, dit-il (*Journal de l'Agriculture*, 26 août 1882), on devrait se procurer un réservoir muni d'ailettes (une espèce de baratte) où l'on pulvériserait le mélange des deux liquides, mélange qui serait dilué après l'écoulement suivant la quantité d'eau nécessaire à l'irrigation.

L'imperfection des appareils proposés en premier lieu pour opérer la dissolution du sulfure empêcha pendant un certain temps l'emploi de ce procédé, et ce n'est guère que depuis quatre ans que, grâce à l'outillage fort ingénieux de MM. Fafeur frères, des surfaces considérables ont pu être traitées par ce moyen.

MM. Fafeur frères donnent de leur appareil la description suivante :

« La fig. 23 va nous servir à expliquer le principe de la marche de l'appareil.

Un tuyau de conduite A B rétréci en O est traversé par un courant d'eau dirigé suivant la flèche F.

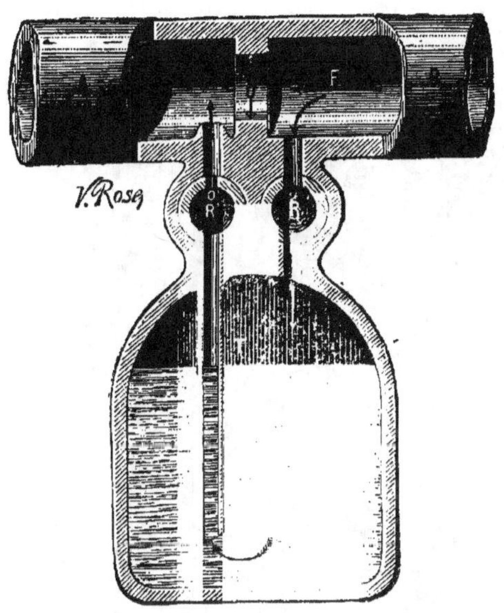

Fig. 23. — Coupe de l'appareil Fafeur pour la dissolution du sulfure de carbone dans l'eau (d'après M. G. Foëx).

La pression produite par ce rétrécissement et par la vitesse du courant vient s'exercer à la partie supérieure d'un récipient plein d'eau et de sulfure, lequel, en vertu de sa densité, occupe toujours la partie inférieure de ce récipient.

Cette pression est transmise par l'eau du courant au sulfure, qui dès lors monte dans le tube plongeant T, traverse le robinet R' et l'orifice O' et vient déboucher dans la partie du tuyau A à la rencontre du jet d'eau.

La proportion entre les orifices O et O' détermine les proportions du mélange que l'on fait varier par le plus ou moins d'ouverture du robinet R'. Le robinet R sert à interrompre la communication du courant avec le sulfure, lorsqu'on veut recharger l'appareil.

Par cette description, on voit que la dissolution est produite sans pression et à l'abri de l'air par la rencontre dans un tuyau de conduite de deux jets de sulfure et d'eau. Le jet de sulfure étant créé par le courant d'eau lui-même, le dosage sera toujours constant, quelle que soit la quantité

Fig. 24. — Dispositif adopté pour l'appareil Fafeur lorsqu'il est actionné par une pompe à bras (d'après M. G. Foëx).

d'eau écoulée, en admettant toutefois que la vitesse de ce courant ne descende pas au-dessous de certaines limites.

Il est facile de concevoir qu'avec des organes aussi simples on puisse adopter cet appareil de dissolution dans les conditions les plus diverses, à toute conduite d'eau sous pression fournie par un réservoir, une pompe à bras ou à vapeur. La pompe à bras (fig. 24) est suffisante pour les petites exploitations.

Le traitement consiste à verser dans chaque cuvette préalablement pratiquée autour de chaque pied de vigne, une quantité de solution d'environ 15 à 18 lit. par mètre carré de surface, c'est-à-dire que, s'il y a 8,000 cuvettes à l'hectare, il suffit de mettre 20 lit. dans chacune, soit 16 lit. par mètre carré. S'il y a 3,000 cuvettes, on doit employer au moins 50 lit., et s'il y en a 2,500, 60 lit. Dans les plantations très serrées, on est obligé de mettre deux pieds dans une même cuvette et même trois dans une plantation de 30,000 pieds à l'hectare.

S'il s'agit de traiter une très petite surface et que l'eau soit à proximité, la pompe à bras suffira. Le tuyau de refoulement en caoutchouc va directement à la partie de vigne à traiter. Un homme ou un enfant reçoit le liquide apporté par ce tuyau, alternativement dans deux baquets, ce qui permet de verser l'un pendant que l'autre se remplit.

Pour la grande et la moyenne culture, on se sert d'une petite machine à vapeur ou d'un manège puissant pour actionner une pompe qu'on place au bord d'un ruisseau ou d'un puits à débit suffisant. Cette pompe refoule l'eau dans une conduite formée par des tuyaux en tôle galvanisée et allant directement à la vigne (fig. 25); à une petite distance de la pompe, se trouve placé sur cette même conduite l'appareil à dissolution.

A son arrivée dans la vigne, cette conduite se divise en plusieurs autres sur lesquelles se trouvent placés des robinets d'une forme spéciale où viennent se visser de petits tuyaux en caoutchouc servant à amener la solution dans les baquets au pied même de la souche.

Comme on le voit dans les fig. 24 et 25, la solution est portée sur le pied même; les baquets placés sur le bord de la cuvette sont remplis et versés sur place. Ils sont ainsi toujours vides dans leur déplacement d'un pied à l'autre.

Les doses de sulfure employées pour les dissolutions sont de 6 à 8 décigr. par litre en hiver et de 4 à 6 décigr. en été. Les traitements peuvent se faire, en dehors du temps des vendanges, pendant presque toute l'année. »

Comme on le voit par les détails ci-dessus, il faut à chaque traitement une certaine quantité d'eau, environ 1,600 hectolitres par hectare. Il faut de plus que le terrain soit peu accidenté. Ce n'est donc guère que dans les plaines à proximité d'un cours d'eau ou d'une source abondante que le procédé peut être employé. Malgré cela, dans la vallée ou plutôt la vaste plaine de l'Aude, il tend à se répandre et à se substituer, d'une part à

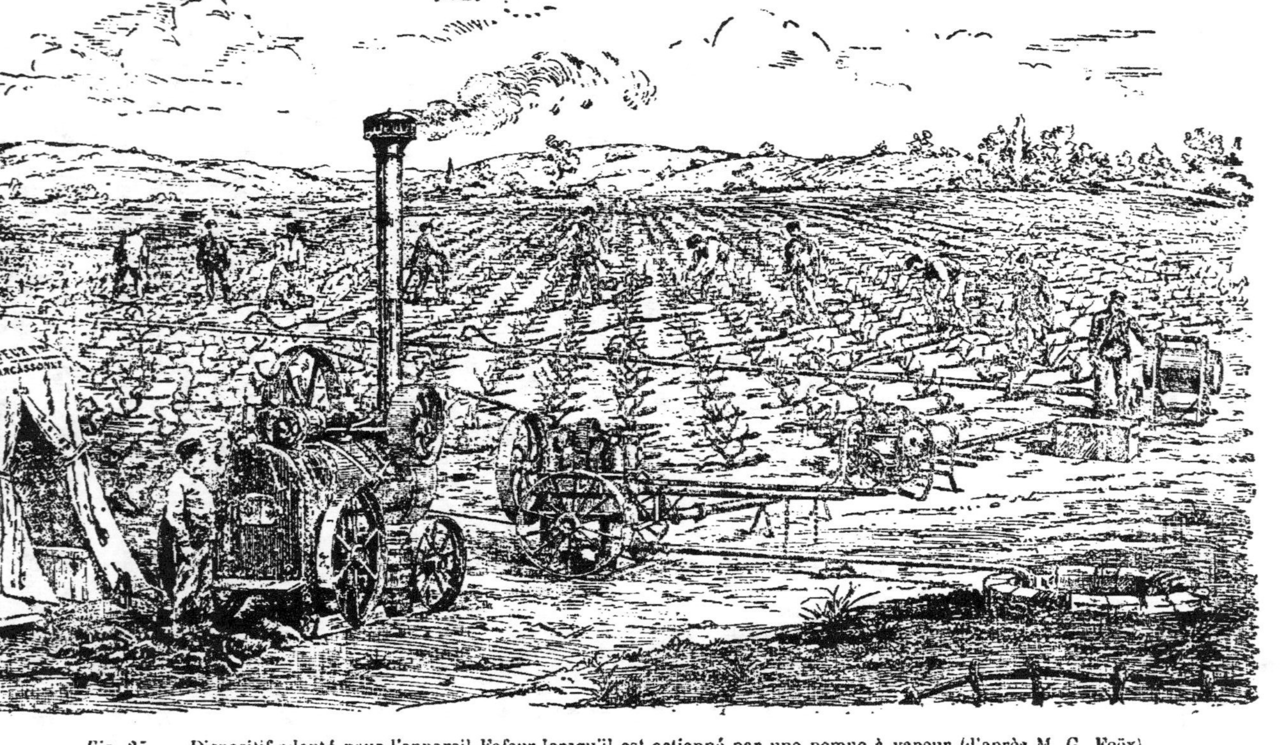

Fig. 25. — Dispositif adopté pour l'appareil Fafeur lorsqu'il est actionné par une pompe à vapeur (d'après M. G. Foëx).

l'emploi du sulfure de carbone en nature, d'autre part à celui des sulfo-carbonates alcalins.

Ce qui reste, dans cette région, de vignes à racines françaises sera-t-il sauvé par ce traitement? Nous ne le croyons pas ; mais le plein rendement de ces vignes pourra être ainsi obtenu pendant plusieurs années au delà du terme fatal assigné par le *Phylloxera*.

B. — Sulfocarbonates.

La découverte d'un agent à la fois fertilisant et insecticide devait, dès le début de l'invasion phylloxérique, préoccuper les chimistes. De nombreuses recherches ont été faites dans ce sens; mais l'idée que les sulfocarbonates de potassium et de sodium pouvaient réunir ces deux conditions est due à M. Dumas. En 1874, le célèbre secrétaire perpétuel de l'Académie des Sciences avait observé que, soumis à l'influence de l'acide carbonique de l'air et de l'humidité, ces sels se décomposaient lentement en carbonates fertilisants et en sulfure de carbone insecticide, et que, de plus, la lenteur de la réaction permettait aux vapeurs toxiques une action prolongée et d'autant plus efficace.

Des expériences furent aussitôt organisées à Cognac sous la direction de deux délégués de l'Académie des Sciences. De celles qui furent confiées à M. Max. Cornu, ainsi que des applications sur le terrain confiées à M. Mouillefert, il résulta que l'action sur la reproduction des radicelles était remarquable, l'effet insecticide également, et que le sulfocarbonate de potassium, malgré son prix supérieur à celui du sel de sodium, devait être préféré à ce dernier. L'action fertilisante des sels de potasse étant connue de tous, le sulfure de carbone ayant déjà fait ses preuves, on crut un instant que le remède définitif était trouvé et que son emploi serait par-tout substitué à celui du sulfure de carbone.

Il n'en a rien été. Malgré l'ingéniosité du procédé, malgré le prestige qui s'attachait au nom de son inventeur, la pratique est venue juger en der-nier ressort. Les chiffres donnés, en 1888, par M. le Directeur général de l'Agriculture, dans son Rapport sur la situation phylloxérique, prouvent que le sulfure de carbone reste l'agent chimique préféré par les viticulteurs.

En 1886, le nombre d'hectares traités en France par le sulfure de car-bone était de 47,215, et celui des hectares traités au sulfocarbonate de potas-sium de 4,459. Les chiffres pour l'année 1887 étaient 66,205 pour le sulfure de carbone et 8,820 pour le sulfocarbonate. A n'examiner que ces deux années, on pourrait croire à une confiance croissante dans l'efficacité du sulfocarbonate ; mais l'année 1884 avait donné 33,446 hectares pour le sulfure de carbone contre 6,286 traités par le sel alcalin, l'année 1885, 40,585 pour le sulfure et 5,227 pour le sulfocarbonate.

On peut donc dire que l'emploi du sulfure de carbone en nature va toujours progressant, doublant même en trois ans, tandis que celui du sel alcalin oscille entre deux chiffres relativement bas, 4,000 et 9,000 hectares traités.

D'où vient cet abandon relatif du sulfocarbonate ? C'est ce que nous allons expliquer en faisant de nombreux emprunts à l'auteur déjà bien souvent cité.

« Le sulfocarbonate de potassium, dit M. Foëx, est employé à l'état liquide et dilué dans une quantité d'eau suffisante pour permettre de saturer le cube de terre dans lequel vivent les racines. De grandes quantités d'eau sont donc nécessaires, et c'est là une des objections les plus sérieuses qui aient été faites à ce mode de traitement. Celui-ci doit être appliqué en hiver. C'est l'époque en effet où, par suite du repos de la végétation, le sulfocarbonate peut le moins nuire à la vigne, celle où, la taille étant effectuée, la circulation dans les vignobles est plus facile. De plus, par suite de la fréquence plus ou moins grande des pluies, les terres peuvent se saturer avec une plus faible quantité d'eau et le débit des sources est à son maximum. M. Mouillefert recommande cependant une seconde opération au mois de juillet, pour les vignes fortement atteintes, à cause de la grande multiplication de l'insecte à cette époque.

» Les terres argileuses sont peu favorables aux traitements par le sulfocarbonate : elles se laissent pénétrer lentement par le liquide insecticide lorsqu'elles sont déjà mouillées, et ce dernier, qui reste un certain temps exposé à l'air, se décompose et perd son efficacité. De plus, la potasse, qui, comme nous l'avons vu, se trouve abandonnée à l'état de carbonate de potasse, se diffuse difficilement sous cette forme à travers l'argile et devient par suite moins profitable comme engrais qu'elle ne l'est dans d'autres sols. Enfin la lenteur avec laquelle ces terres s'échauffent les rend peu favorables à la production des radicelles de remplacement, tandis que la facilité avec laquelle elles se crevassent en été permet à l'insecte de faciles réinvasions. »

Application du sulfocarbonate.— « Le sulfocarbonate étendu d'une certaine quantité d'eau est versé dans de petits bassins carrés formés au pied des souches par de petits bourrelets en terre. Une fois le liquide absorbé, les récipients sont recouverts avec la terre qui a servi à faire les séparations. Les bourrelets doivent être peu épais, afin que la terre qui se trouve au-dessous puisse s'imprégner facilement. Les dimensions des bassins varient suivant le mode de plantation ou la déclivité du terrain. Dans certains cas, on en fait un par cep (Gironde, Charente, Languedoc). Dans d'autres contrées où les plantations sont plus serrées, on enferme plusieurs pieds dans un même récipient. Les bourrelets de terre se font ordinairement à bras ; mais on peut dans certains cas s'aider de la charrue en édifiant, par son moyen, des billons parallèles qu'il suffit de relier entre eux par des traverses élevées à la houe. Le mieux est d'exécuter ce travail peu de temps avant l'application du traitement, la terre fraîchement remuée absorbant mieux la solution.

» Le travail préparatoire terminé, on met dans chaque récipient l'équivalent de 40 à 50 gram. de sulfocarbonate par mètre carré, mélangés avec 10 à 15 litres d'eau suivant la perméabilité du sol, ce qui représente une dépense totale par hectare de 400 à 500 kilogr. de sulfocarbonate et de 100 à 150 mèt. cubes d'eau.

» Le transport économique de cette grande quantité d'eau a été l'objet d'études très sérieuses de la part de MM. Mouillefert et Hembert. Ces Messieurs ont imaginé un ensemble d'appareils qui permet de l'effectuer dans des conditions remarquables de bon marché et de commodité. Leur système se compose : 1° d'un moteur quelconque; 2° d'une pompe aspirante élévatoire actionnée par le moteur ci-dessus et de ses accumulateurs ou réservoirs à air ; 3° d'une canalisation métallique spéciale très légère, d'un montage et démontage très rapides, permettant d'envoyer l'eau ou la solution sulfocarbonatée à de grandes distances et à des hauteurs assez considérables ; 4° d'un système spécial de prises d'eau greffées sur la canalisation d'amenée et permettant au moyen d'une canalisation secondaire de distribuer le liquide dans toutes les parties du vignoble ; 5° d'un certain nombre d'accumulateurs ou réservoirs de pression placés sur différents points de la canalisation pour régler la distribution de l'eau suivant des pressions variables ; 6° de vases spéciaux pour recevoir l'eau de la canalisation de distribution et où l'on prépare la solution lorsqu'on ne veut pas l'envoyer directement ; 7° enfin d'appareil de distribution de la solution sulfocarbonatée. »

Cet outillage fonctionne, d'après M. Mouillefert, de la manière suivante[1] : « La pompe et son moteur étant placés près de l'eau, celle-ci est envoyée dans la canalisation principale, puis dans la canalisation secondaire, qui forme un réseau plus ou moins complet dans la vigne à traiter. Tous les 20 mèt. environ, cette canalisation secondaire porte des robinets où s'adapte une troisième canalisation de distribution composée de bouts de tuyaux de

---

[1] Mouillefert ; *Traitement des Vignes phylloxérées par le Sulfocarbonate de potassium*. Paris, Librairie agricole, 1879.

caoutchouc de 10 mèt. pouvant, en s'ajoutant les uns les autres, former un nouveau réseau entre les ramifications de la canalisation précédente.

» À l'extrémité de chacune des canalisations de troisième ordre se trouvent deux récipients mobiles, simples cuviers ou baquets de 350 à 400 litres, facilement déplaçables par un homme, dans lesquels on reçoit l'eau qui

Fig. 26. — Traitement d'une vigne au sulfocarbonate de potassium suivant le procédé de MM. Mouillefert et Humbert (Extrait de l'ouvr. de M. Barral ; *La lutte contre le Phylloxera*).

s'écoule des tubes de caoutchouc. Quand l'un de ces vases est plein, on y ajoute la quantité de sulfocarbonate nécessaire pour traiter un nombre donné de ceps ; on mélange cette substance avec l'eau, en agitant avec un bâton jusqu'à ce qu'on ait une solution homogène ; l'ouvrier n'a plus ensuite qu'à puiser cette solution avec deux arrosoirs et à la porter au pied des ceps que l'on veut traiter.

» Des accumulateurs ou récipients à pression, placés sur différents points de la canalisation d'amenée ou de la canalisation secondaire (généralement sur les points les plus élevés), servent à accumuler l'eau qui n'est momentanément pas débitée et qui, en comprimant un certain volume d'air, régularise et active la distribution.

» Dans une bonne organisation, les ouvriers ne doivent pas porter l'eau plus de 10 mèt. Dans ces conditions, un homme muni de deux arrosoirs peut vider au pied des ceps, sans se presser, en moyenne, de 1,500 à 1,800 lit. d'eau par heure (fig. 26).

»Malgré le dispositif ingénieux que nous venons de décrire et l'économie considérable qui en résulte pour les traitements, l'emploi du sulfocarbonate est encore plus coûteux que celui du sulfure de carbone. Ce n'est que dans les vignes à riche production, jouissant, par suite de la nature du sol ou de leur situation, d'une certaine résistance aux attaques de l'insecte, et pour lesquelles on pourrait redouter l'action trop énergique du sulfure, que l'on devra préférer le sulfocarbonate. Mais, dans ces circonstances, il présentera toujours l'avantage de laisser dans le sol un engrais bien approprié à la vigne et dont la valeur devra être déduite du prix de revient du traitement. »

C. — Badigeonnages contre l'œuf d'hiver.

Nous avons exposé plus haut la théorie de M. Balbiani sur la diminution graduelle de la fécondité dans les générations successives du *Phylloxera* et l'extinction complète, inévitable, de cette fécondité par la diminution de nombre et la disparition finale des tubes de l'ovaire, si la forme sexuée produisant l'œuf fécondé ne vient, à un moment donné, régénérer la race.

Cette manière de concevoir le cycle phylloxérique est basée déjà sur de nombreux faits d'observation, et, jusqu'à preuve du contraire, nous la considérons comme bonne. Elle est, dans tous les cas, conforme à la logique, qui ne peut admettre la parthénogénèse indéfinie chez les Insectes, et jusqu'à présent aucune expérience rigoureuse n'est venue l'infirmer [1].

De là à entreprendre une lutte directe contre l'œuf fécondé, point de départ et point d'arrivée du cycle phylloxérique, il n'y avait pas loin.

---

[1] Nous avons dit ce que nous pensions de l'observation de M. Boiteau (*Comptes rendus*, 18 juillet 1887), qui a élevé des *Aptères* radicicoles pendant six ans jusqu'à la vingt-cinquième génération, expérience de cabinet bien difficile à rendre rigoureuse. Nous avons dit également ce que nous pensions, pour nos climats, de l'éclosion avant l'hiver de l'œuf fécondé, soutenue par M. Graëlls et M. Donnadieu.

A partir de notre découverte de l'œuf d'hiver à Montpellier, en mars 1881, qui refoulait bien loin la théorie de l'éclosion automnale de cet œuf et délimitait les lieux de ponte. M. Balbiani en a eu l'idée. A plusieurs reprises il en a parlé au sein de la *Commission supérieure du Phylloxera*, dont il fait partie, et, dans sa séance du 13 janvier 1882, cette Commission supérieure émettait le vœu suivant :

« Considérant l'importance du rôle que joue l'œuf d'hiver dans l'évolution du *Phylloxera* puisqu'il entretient sans cesse la vitalité des colonies souterraines, et que tout foyer phylloxérique a pour origine un œuf d'hiver; que dès lors sa destruction est d'un intérêt pratique évident, la Commission supérieure émet le vœu que des expériences méthodiques soient instituées non seulement dans le laboratoire, mais en grande culture pour déterminer quels sont les moyens à employer pour arriver à la destruction certaine de l'œuf d'hiver. »

Ce vœu, adressé à M. le Ministre de l'Agriculture, était pris de suite en considération et les expériences furent confiées à M. Balbiani. Mais les préparatifs qu'elles nécessitaient et surtout la recherche d'un champ d'études propice demandèrent un temps assez long. Pendant l'hiver de 1882-83, une première expérience fut tentée, au moyen d'un badigeonnage insecticide ; expérience peu concluante, suivie d'autres exécutées les années suivantes et couronnées celles-là d'un plein succès. Mais laissons la parole à M. Balbiani [1] : « L'expérience consistait à choisir une vigne *portant habituellement des galles*, à badigeonner un certain nombre de ceps et à laisser les autres intacts, comme témoins. Une vigne de *Riparia* au domaine de *la Paille*, près Montpellier, se trouvait dans les conditions voulues. Cette vigne, formée de jeunes plants de quatre ans, se couvrait chaque année de nombreuses galles phylloxériques. Au mois de février 1883, une moitié de la vigne fut badigeonnée avec un mélange de coaltar et d'huile lourde, l'autre moitié fut laissée sans traitement. Malheureusement ce premier essai échoua. On s'attendait au printemps à voir apparaître des galles dans la partie non traitée, tandis que la partie traitée n'en présenterait point. Or, il n'y eut de galles dans aucune des deux parties : l'année 1883 n'était pas favorable à la production des galles phylloxériques. Là où d'habitude on en voyait apparaître en plus ou moins grand nombre, comme dans notre champ d'expériences, par exemple, il n'y en eut pas ou presque pas. C'est ce qu'on remarqua notamment sur les vignes de M. Laliman, à Bordeaux, vignes renommées par l'abondance des galles dont elles se couvrent chaque année. L'expérience, reprise dans les mêmes

---

[1] Balbiani ; *Compte rendu* des Travaux du service du Phyll., 1885, pag. 157.

conditions dans l'hiver 1883-84, fut cette fois couronnée d'un succès complet. M. Henneguy, qui visita la vigne dès le 10 avril, constata dans le lot non traité des galles nombreuses ; au contraire, dans le lot traité, pas une galle ne put être découverte malgré des recherches assidues. Cette vigne fut visitée, le 4 mai, par MM. Couanon et Mouillefert, qui furent également frappés de la netteté du résultat. Le 1er juin, je m'y rendis moi-même, accompagné de MM. H. Marès, Henneguy et Couanon. A cette époque, la différence des deux lots était plus tranchée que jamais. Dans le lot non badigeonné, les galles s'étaient multipliées en quantités énormes, au point de laisser à peine une place libre sur beaucoup de feuilles, tandis que dans le lot traité les feuilles se montraient encore indemnes de ces excroissances. »

Nous ajouterons que plusieurs visites faites par nous-même au champ d'expériences nous ont convaincu de l'efficacité du traitement. Celui-ci, très efficace contre l'insecte, n'était cependant pas sans inconvénient pour la vigne. Certains pieds avaient eu à en souffrir, et le mélange de coaltar et d'huile lourde fut remplacé par une nouvelle mixture renfermant de la naphtaline, de l'huile lourde de houille, de la chaux et de l'eau. Les expériences de la Paille ont été continuées jusqu'en 1886, sous la direction de M. Henneguy, et sauf qu'en 1885, comme en 1883, ni les ceps badigeonnés, ni les ceps témoins n'ont eu de galles, l'effet du traitement au printemps de 1886 était complet. Fait intéressant à signaler, l'action du badigeonnage insecticide paraîtrait même agir pendant deux ans.«A la Paille, dit M. Henneguy, la vigne de *Riparia* n'a reçu aucun traitement pendant l'hiver 1886-87; et cependant, le 20 avril 1887, je constatai que les pieds de vigne qui avaient été badigeonnés l'année précédente ne portaient que de très rares galles initiales, tandis que les pieds témoins en avaient de nombreuses. »

Après plusieurs modifications dans les proportions du mélange, M. Balbiani s'est arrêté, pour la quantité en poids d'environ 500 kilogr., aux proportions suivantes :

Huile lourde de houille	20 kilogr.
Naphtaline brute	60 —
Chaux vive......................	120 —
Eau............................	400 —

Pour opérer le mélange, on prend un récipient d'environ 500 lit., une futaille défoncée par exemple. Dans un récipient plus petit, on dissout la naphtaline (la plus sèche possible) dans l'huile lourde, en prenant une spatule de bois. Après avoir fait fuser un peu la chaux (la plus grasse possible) dans la futaille, on verse sur cette chaux fumante, en la remuant, le mélange d'huile lourde et de naphtaline et, ceci fait, on ajoute de l'eau en remuant toujours. On peut n'employer immédiatement que la moitié de l'eau, soit 200 lit. Au moment de l'emploi, on ajoute 100 lit., et les autres 100 lit. pourront n'être ajoutés que lorsque le mélange sera devenu trop épais. Le transport au milieu des vignes se fait au moyen de comportes, l'application sur la souche (préalablement decortiquée) au moyen d'un pinceau rond en poils de porc. On badigeonne tout le bois, y compris les surfaces de tailles, dont les bords, on le sait, recèlent souvent l'œuf d'hiver sous leur écorce.

Les différents Rapports adressés au Ministre par MM. Balbiani et Henneguy renferment trop de détails sur les expériences exécutées à Montpellier et ailleurs, sur le mode d'application du traitement, etc., pour qu'il soit possible de les résumer suffisamment ici. Nous devons donc renvoyer le lecteur aux *Comptes rendus des Travaux du service du Phylloxera*[1], publiés par le ministère de l'Agriculture, années 1885-1886 et 1887-1888, qui renferment les susdits Rapports. Qu'il nous suffise de dire que le succès des expériences de *la Paille* a attiré l'attention d'un certain nombre de viticulteurs qui ont employé le traitement ; que celui-ci a été, dans la plupart des cas, combiné avec des applications de sulfure de carbone aux racines, et que l'administration l'emploie en Algérie tout autour des points d'attaque sur lesquels sont appliqués les traitements d'extinction.

D'après le Rapport de M. Henneguy (1887), 750 hectares environ, répartis dans dix-huit départements, et 100 hectares en Algérie, ensemble 850 hectares, sont actuellement traités. Les départements où ces badigeonnages Balbiani ont été appliqués sont les suivants : Aude, Aveyron, Bouches-du-Rhône, Côte-d'Or, Haute-Garonne, Hautes-Pyrénées, Hérault, Indre, Indre-et-Loire, Loir-et-Cher, Lot, Lot-et-Garonne, Rhône, Pyrénées-Orientales, Saône-et-Loire, Tarn, Tarn-et-Garonne et Var.

Nous ne pouvons, nous l'avons dit, entrer dans beaucoup de détails ; disons cependant que l'Hérault, n'ayant à peu près plus de vignes françaises non submergées, sur lesquelles par conséquent les badigeonnages puissent être tentés en grande culture, les expériences sérieuses ont été faites ailleurs. Sur les dix-huit départements ci-dessus, le Lot-et-Garonne (150 hectares traités) est certainement celui où les applications les plus intéressantes ont été opérées.

Dans cette région du Lot-et-Garonne, où M. de Lafitte de Lajoannenque s'est fait l'infatigable propagateur des traitements Balbiani, les badigeon-

---

[1] Henneguy ; *Compte rendu* des Travaux du service du Phylloxera, 1887.

nages comptent de nombreux adhérents. M. de Lafitte personnellement applique le procédé chez lui depuis cinq ans, sur deux hectares, à l'exclusion du traitement des racines au sulfure de carbone. Ces deux hectares sont isolés, à l'abri autant que possible, par conséquent, des invasions par les formes aptères ; la terre est argilo-calcaire, très compacte. En 1886, d'après M. Henneguy, l'inspection des racines dans ce champ d'expériences, en présence de M. Balbiani, avait montré, chez les insectes examinés, les gaines de l'ovaire réduites à un petit nombre, indice d'une dégénérescence marquée ; les *Phylloxeras* étaient peu nombreux ; la vigne, à chevelu abondant, se maintenait bien. Dans les autres champs d'expériences les résultats, bien que moins marqués, permettaient d'espérer le succès. Mais en 1887, d'après M. de Lafitte lui-même [1], l'étude sur l'ensemble des expériences faites *avec les badigeonnages insecticides seuls*, malgré la situation relativement bonne de la vigne de Lajoannenque, « la confiance en un succès décisif des badigeonnages *employés seuls comme traitement curatif*, était sensiblement moindre qu'en 1886, bien qu'il ne fallût pas désespérer encore».

A notre avis, la preuve contre le badigeonnage est faite, loyalement faite, et nous devons être reconnaissants de son impartialité envers le principal exécuteur des expériences.

Malgré l'excellence théorique du procédé, malgré les expériences de *la Paille* si claires dans leurs résultats, malgré même quelques succès en grande culture, il est évident que si les badigeonnages insecticides ne sont pas associés aux traitements souterrains par le sulfure de carbone, ils sont généralement peu efficaces par suite des causes qui viennent les contrebalancer.

Au premier rang de ces causes sont des invasions par les jeunes *aptères* venant sur leurs jambes du voisinage ou apportés par le vent, on ne sait d'où. Dans les vignobles où le *Phylloxera* peut arriver des quatre points cardinaux, dans ceux où les cépages américains résistants sont partout, il n'y a pas à songer aux badigeonnages Balbiani. Ce n'est que dans les pays peu attaqués qu'ils pourront être appliqués ; encore conseillerons-nous toujours de les accompagner d'un traitement souterrain au sulfure de carbone.

D. — Submersion.

Vitis amat colles, disait Virgile. C'est là une licence poétique que le viticulteur devra traduire ainsi : Si tu veux du bon vin, plante ta vigne sur

---

[1] De Lafitte ; *Compte rendu* des Travaux du service du Phylloxera, 1888.

les coteaux. La science et l'expérience ajouteront: Mais tu n'en auras guère,
et, si tu veux ta vigne vigoureuse et féconde, plante-la dans la plaine et
tâche de lui donner de l'eau. A l'état de nature, la vigne d'Europe pousse
en effet de préférence dans les endroits frais et humides, le plus souvent
au bord des rivières, où elle ne souffre nullement des inondations fréquentes. Les vignerons de tous les pays le savent, et si, dans le Nord, Virgile
semble avoir raison, c'est que le raisin ne mûrit pas dans la plaine.

De temps immémorial, dans le sud de la Russie, on inonde volontaire-
ment les vignes plantées dans les terres basses, afin de les débarrasser de
leurs ennemis, escargots ou insectes. Il en est de même en Grèce. « Les
vignerons de l'éparchie d'Élie, dit M. Gennadius (*Comptes rendus Acad.
des Sc.*, 6 décembre 1880), submergent leurs vignobles pendant l'hiver
pour tuer les coupe-bourgeons (*Otiorhynchus*), et cela depuis des siècles. »

Dans la lutte entreprise contre le *Phylloxera*, lutte qui doit varier avec
chaque milieu, on devait songer de suite à la submersion des vignes en
plaine, et dès le début de l'invasion on y a en effet recouru.

« Aussitôt, dit M. Chauzit[1], que la maladie des vignes fut connue, un
viticulteur plein d'initiative, M. le Dr Seigle (de Nimes), se basant sur cette
donnée physiologique que le puceron était organisé pour vivre dans l'air et
non dans l'eau, fit inonder son vignoble de Forbarot, situé dans le Vaucluse.
C'est donc incontestablement M. le Dr Seigle qui a eu le premier l'idée
d'asphyxier le *Phylloxera* au moyen de l'eau. Ce fait ressort d'une Note
reproduite dans le Rapport de M. Barral sur le concours d'irrigation dans
le département de Vaucluse en 1876, Note dans laquelle M. Seigle
s'exprime ainsi : « Dès le 26 juillet 1868, c'est-à-dire quatre jours après la
publication dans le *Messager du Midi* du Rapport de la Commission qui
avait découvert à Saint-Rémy le *Phylloxera*, profitant de l'eau de la Du-
rance amenée par un canal qui entoure ma propriété, j'inondai tout mon
vignoble pendant douze jours consécutifs, en maintenant constamment l'eau
à 0^m,15 environ au-dessus du sol. En octobre de la même année, je sub-
mergeai encore mon vignoble pendant vingt jours. En 1869, je fis trois
submersions : une de douze jours en mai, une de huit jours en juillet et une
de vingt-huit jours en octobre. Ainsi donc, depuis le 26 juillet 1868 jusqu'au 16 février 1876, j'ai pratiqué vingt fois la submersion, et je suis
parvenu de la sorte à reconstituer mon vignoble, qui est en ce moment aussi
prospère qu'avant l'apparition de la maladie.

»M. Louis Faucon ne commença à submerger son domaine du mas de
Fabre (Bouches-du-Rhône), qu'après M. Seigle, en 1870 seulement, comme

---

[1] Chauzit et Trouchaud-Verdier ; *La Submersion des Vignes*.

il le dit d'ailleurs lui-même dans un Mémoire remis au jury du concours d'irrigation de 1876. Mais si l'on peut dire que M. Seigle est le promoteur de la submersion des vignes en France, on doit affirmer bien haut que M. Faucon a été l'inventeur et le propagateur de la méthode. Dans des Notes nombreuses parues dans les journaux agricoles, il a tracé la voie que devaient suivre les submersionnistes ; il a fixé les règles principales de la submersion et a contribué ainsi pour une large part à la rapide extension du procédé, non seulement dans le Midi, mais aussi dans l'Ouest. »

Les chiffres de la production chez M. Faucon avant l'invasion, pendant celle-ci et après la submersion, ont leur éloquence. Ils sont en quelque sorte devenus classiques et méritent d'être cités. Le mas de Fabre, près Tarascon (Bouches-du-Rhône), terre de 23 hectares appartenant à M. Faucon, produisait :

En 1867.	Avant l'invasion apparente du phylloxera..........		925	hectol.
1868.	Année de la découverte de l'insecte (fumier)........		40	—
1869.	2ᵉ année de l'invasion apparente (fumier)...........		35	—
1870.	1ʳᵉ année de la submersion (pas d'engrais).........		120	—
1871.	2ᵉ — — —		450	—
1872.	3ᵉ — — (tourteaux de colza)....		849	—
1873.	4ᵉ — — (gelée, tourteaux)......		736	—
1874.	5ᵉ — — (tourteaux)...........		1.135	—
1875.	6ᵉ — — —		2.680	—
1876.	7ᵉ — — (gelée, tourteaux)......		507	—
1877.	8ᵉ — — (tourteaux)...........		2.235	—
1878.	9ᵉ — — (gelée, tourteaux)......		1.135	—
1879.	10ᵉ — — (tourteaux)...........		2.200	—

De ces chiffres, il ressort trois choses : 1° la destruction du *Phylloxera* ; 2° la production moyenne plus que doublée ; 3° la fréquence des gelées printanières.

Par la production moyenne doublée, bien que la qualité y perde forcément, malgré aussi les gelées plus fréquentes et les frais d'installation souvent coûteux, le propriétaire gagne, et beaucoup. Aussi l'exemple donné par M. Faucon a-t-il été vite suivi, et aujourd'hui des surfaces considérables, plus de 25,000 hectares en France seulement, sont soumises à la submersion. Le chiffre officiel donné par M. Tisserand, directeur général de l'Agriculture, dans son Rapport de 1888 à la Commission supérieure du *Phylloxera*, est 26,665 hectares.

On peut même affirmer que si la moitié au moins de cette surface ne devait pas être inondée coûteusement au moyen de machines élévatrices puisant l'eau dans les rivières, et que si les grands canaux d'irrigation réclamés par les populations étaient créés, le nombre d'hectares submergés

Fig. 27. — Submersion d'une vigne au bord d'une rivière au moyen d'une pompe Dumont (d'après M. G. Foëx).

serait bien vite quintuplé. Le canal du Rhône seul, d'après M. l'ingénieur

Dumont, l'auteur bien connu de l'un des projets, permettrait d'inonder en hiver 80,000 hectares de vignes [1].

Pas plus au sujet de la submersion qu'en ce qui concerne les autres moyens de lutte contre le *Phylloxera*, nous ne pouvons nous étendre suffisamment. Nous renvoyons donc le lecteur aux travaux spéciaux énumérés dans la Bibliographie, et principalement à ceux de MM. Faucon, Foëx et Chauzit, auxquels nous faisons du reste de nombreux emprunts. Quelques renseignements sur les *conditions de réussite* de la submersion et les *moyens de l'exécuter* seront seuls donnés ici, et aussi brièvement que possible résumés dans les lignes suivantes.

Conditions de réussite. — « La submersion, dit M. Foëx (*loc. cit.*, pag. 625), est forcément limitée aux vignobles méridionaux situés en plaine. Dès qu'on arrive à la région où la vigne ne peut réussir qu'en coteaux, l'application en devient nécessairement impossible. De plus, les hivers froids risquent d'entraîner des accidents graves pendant l'opération. La surface inondée se congèle quelquefois sur une assez grande épaisseur, et il suffit d'un changement du niveau de l'eau qui supporte la glace pour que des souches soient arrachées ou écrasées suivant que des glaçons s'élèvent ou s'abaissent.

»Jusqu'ici, en France, la submersion ne s'est pas étendue dans le Sud-Ouest au delà de la Gironde et des départements voisins, et dans le Sud-Est elle est pratiquée dans le Var, les Bouches-du-Rhône, le Gard, l'Hérault, l'Aude, les Pyrénées-Orientales, le Vaucluse, les Basses-Alpes et la partie méridionale de la Drôme. Dans ce dernier département, elle ne dépasse pas Livron, localité située à l'embouchure de la Drôme et qui peut être considérée comme la limite septentrionale probable de l'application du procédé.

»Théoriquement, pour recouvrir un sol absolument horizontal d'une épaisseur de 0^m,25, il serait nécessaire d'y amener 2,200 mètres cubes par hectare ; mais comme, on le comprend, la terre absorbe une grande partie de ce volume, une autre portion se perd par évaporation ou s'échappe par les fissures des bourrelets; aussi doit-on employer de beaucoup plus grandes quantités d'eau. Il faut compter ordinairement de 10,000 à 15,000 mètres cubes par hectare et quelquefois jusqu'à 30,000 sur la même surface. Une partie de cette eau doit arriver d'une manière à peu près continue pour parer aux pertes par imbibition ou par évaporation.

»Au point de vue insecticide, les eaux chargées d'air, telles que celles qui sont élevés par les machines ou qui ont passé récemment par des chutes,

____

[1] Faucon ; *Instructions pratiques sur la Submersion*, pag. 149.

sont moins efficaces parce que les moindres bulles suffisent au *Phylloxera*
pour prolonger son existence. Celles qui sont complètement privées de sub-
tances fertilisantes risquent d'épuiser plus ou moins les terres un peu per-
méables, qu'elles lessivent.

»Mais cette infériorité n'a qu'une importance secondaire au point de vue
pratique, tout au moins en ce qui concerne les eaux chargées d'air. Sous le
rapport de l'épuisement des matières solubles renfermées dans le sol, ce
reproche est fondé dans une certaine mesure pour les terres sensiblement
perméabbles. Dans ce cas, on fera bien de restituer à la vigne des engrais
renfermant sous une forme facilement assimilable les matériaux qui lui sont
nécessaires pour une année seulement et d'en renouveler chaque hiver
l'application. La formule suivante, employée par M. Faucon, répond très
bien à cet ordre d'idées :

Tourteau de colza............. ....   90 %

Sulfate de potasse épuré de Strassfurt à 38 %

      de potasse........................   10 %

                               100

»Ces matières, bien mélangées, sont appliquées à la dose de 250 gram.
par pied de vigne.»

Bien que la submersion faite en été soit plus efficace contre l'insecte, alors
en pleine activité, on ne peut songer à l'appliquer à cette époque : la vigne
aurait trop à en souffrir. En hiver, l'arrêt de la végétation permet au contraire de submerger sans inconvénient. Tous les insectes à l'état *d'hibernants* ne succombent pas, il est vrai ; mais ils succombent en nombre tel
que le peu qui persiste peut être considéré comme quantité négligeable.

La durée de la submersion ne doit pas être la même dans tous les climats et dans tous les sols. L'expérience a démontré (Foëx, *loc. cit.*) que
dans la partie la plus septentrionale de notre région, la Drôme, la durée
peut être réduite à vingt-cinq ou trente jours, tandis qu'elle doit être de
trente ou quarante jours dans l'Hérault, le Gard et les Bouches-du-Rhône.
La multiplication du *Phylloxera*, plus grande dans les climats chauds,
explique suffisamment le fait.

«Au point de vue de l'efficacité de la submersion (Chauzit et Trouchaud-
Verdier, *loc. cit.*), il faut que le terrain ne soit ni trop compact ni trop
meuble.On se trouvera dans de bonnes conditions lorsque le niveau de l'eau,
par suite de la perméabilité du sol, baissera par vingt-quatre heures de 1 à
5 centim. Si les pertes journalières sont de 8 centim. d'épaisseur, par
exemple, la submersion non seulement consommera beaucoup d'eau et
exigera une plus longue durée, mais encore sera peu efficace ; enfin elle

serait très dispendieuse et absolument inefficace si le niveau baissait de 10 centim. ou plus par jour. Cette propriété physique, qu'on nomme *perméabilité*, résulte des proportions suivant lesquelles les trois éléments mécaniques essentiels des terres, l'argile, le sable siliceux et le calcaire, sont mélangés. Plus la quantité d'argile sera grande par rapport aux autres principes, moins le sol sera perméable, plus grande sera la proportion de sable, plus le sol sera facilement pénétré. »

Nous avons personnellement développé cette théorie dès 1879 [1], la basant sur le nombre de bulles d'air emprisonnées croissant avec la compacité des sols mis en expérience. Ajoutons que pendant toute la durée de la submersion le sol doit être submergé à une épaisseur d'environ 25 centim., et cela sans interruption. «L'eau, dit M. Faucon, qui ne peut arriver aux racines inférieures d'une vigne si elle est appliquée à petites doses, pénétrera jusqu'aux racines les plus profondes si elle est aidée par une puissante pression. »

Le choix des cépages à submerger, dit M. Chauzit, n'est pas indifférent. Tous les plants ne supportent pas également bien la submersion. L'Aramon et le Petit-Bouschet ont fait leurs preuves dans la région de l'olivier et doivent être préférés ; mais, leur maturité n'étant pas simultanée, il faut les cultiver dans des planches séparées. Quant aux autres cépages de la région, la Carignane, le Grenache, le Terret, le Chasselas, l'Œillade, le Morrastel, l'Espar, etc., ils redoutent trop les maladies cryptogamiques, telles que l'*Anthracnose* et surtout le *Mildew*, pour être cultivés à la submersion. On doit les réserver pour les porte-greffes américains.

Moyens d'exécuter la submersion. — Étant donné un terrain suffisamment horizontal pour que des planches ou carrés de submersion d'une certaine étendue puissent être établis ; étant donné un sol réunissant les conditions de perméabilité citées plus haut, on divisera ce terrain en compartiments ou planches rectangulaires.

«Cette disposition, dit M. Foëx, est celle qui est la plus commode pour les labours, celle qui correspond le mieux aux systèmes de plantations usités. Dans un terrain horizontal, où l'on peut donner à ces planches une grande étendue en tous sens, on a intérêt à les faire carrées ; cette forme facilite les labours croisés, dont l'efficacité est généralement reconnue. Dans les terrains offrant une pente sensible, on est amené à faire des planches rectangulaires, afin de ne pas exagérer la hauteur des bourrelets ou levées. Au point de vue de la destruction des insectes, les plus grandes planches sont les meilleures; l'étendue des bourrelets y est en effet moins considé-

---

[1] V. Mayet : *Expériences sur l'efficacité de la Submersion des Vignes (Journ. de l'Agric.* de Barral. Paris, 7 août 1879).

rable ; or les racines qui pénètrent sous ces bourrelets sont rarement bien purgées d'insectes, et elles constituent en été un foyer d'infection dont il importe de diminuer le plus possible le développement. Mais, dans la pratique, il est généralement impossible de pousser l'application de ce principe

Fig. 28. — Pompe centrifuge Dumont, vue de face.

jusqu'à ses dernières limites, qui est de ne faire qu'une seule planche de toute la vigne à submerger. Les quatre raisons qui s'y opposent le plus souvent sont : 1° le manque d'horizontalité du sol ; 2° l'impossibilité de disposer à la fois d'un volume d'eau suffisant ; 3° le danger qu'offre le

Fig. 29. — Pompe centrifuge Dumont, vue de côté.

choc sur les berges des vagues soulevées par le vent ; 4° enfin les conséquences qui résulteraient, pour toute la submersion, d'une brèche produite dans l'unique enceinte des levées. En définitive, les dimensions qui paraissent les meilleures sont celles qui renferment de 3 à 20 hectares.»

«L'établissement des bourrelets encadrant les planches, dit M. Chauzit, doit obéir à certaines règles. Ainsi, ils auront une forme prismatique, à section trapézoïdale, et leurs talus seront inclinés à 45°. La largeur variera avec la dimension des planches. Si elles ont une grande étendue, on donnera aux bourrelets une largeur suffisante pour qu'une charrette puisse circuler à leur sommet ; on aura alors de véritables *digues-chemins*. Si au contraire on a été obligé de multiplier les bourrelets, on donnera à leur sommet une largeur de 0^m,50 à 1 mèt. La hauteur sera au minimum de 0^m,65. Dans la pratique, il convient d'atteindre 0^m,80 à 1 mèt. Les bourrelets seront établis avec la terre provenant des travaux de nivellement ou bien avec celle qui aura été prise dans les emprunts faits aux parties hautes ou dans des endroits spéciaux.»

Pour protéger les bourrelets contre les érosions, on gazonnera leurs pentes avec des plantes fourragères : M. Foëx conseille le trèfle rampant

Fig. 30. — Pompe centrifuge J. et H. Gwynne.

(*Trifolium repens*), qui peut passer sans inconvénient de l'humidité à la sécheresse; mais, avant que les plantes aient suffisamment poussé, tout au moins la première année, on devra protéger les berges exposées aux vagues par des fascines, des sarments ou des roseaux.

Les planches de submersion une fois établies, il s'agit d'y amener les eaux avec le moins de frais possible.

«Les eaux destinées à la submersion, dit M. Foëx, proviennent des cours d'eau, de canaux, d'étangs, de barrages, de sources, de puits artésiens, etc. On peut les amener dans les vignes par dérivation ou au moyen de machines élévatoires.»

Le premier moyen, le plus simple, doit être employé toutes les fois que l'eau peut être prise à un niveau supérieur; il n'entraine d'autre dépense que celle de la création d'un canal d'adduction. On ne peut malheureusement pas songer à appliquer dans tous les cas la dérivation et l'on est forcé d'employer le second système. Les machines élévatoires les plus répandues sont les pompes rotatives.

Les plus employées dans les submersions en France sont celles de L. Dumont[1] (fig.. 28 et 29) et de J. et H. Gwynne (fig. 30). Ces derniers

Fig. 31. — Pompe centrifuge Gwynne, fixée sur une locomobile.

constructeurs ont imaginé une disposition commode pour le transport, dans laquelle la pompe, étant fixée sur le bâti de la locomobile motrice, est prête à fonctionner dès l'arrivée (fig. 31).

On a également fait usage, pour élever les eaux, de la *noria* et du *tympan* ; mais ces machines n'ont donné que des résultats inférieurs à ceux des précédentes.

Les divers appareils mentionnés ici sont généralement mus par des machines à vapeur. Ces moteurs, souvent les seuls possibles, sont toujours les plus commodes. Le coût de l'opération, par leur moyen, varie entre 60 et 80 fr. par hectare lorsqu'on ne dépasse pas 5 mèt., hauteur au delà de laquelle on ne semble guère devoir aller en pratique. Ce prix est celui qu'exigent la plupart des syndicats ou sociétés de canaux d'irrigation.

Les machines sont quelquefois installées à demeure sur un point culminant, de manière à dominer par un système de canalisation convenable toute l'étendue à submerger. D'autres fois elles sout locomobiles et peuvent être transportées successivement à portée des pièces que l'on veut

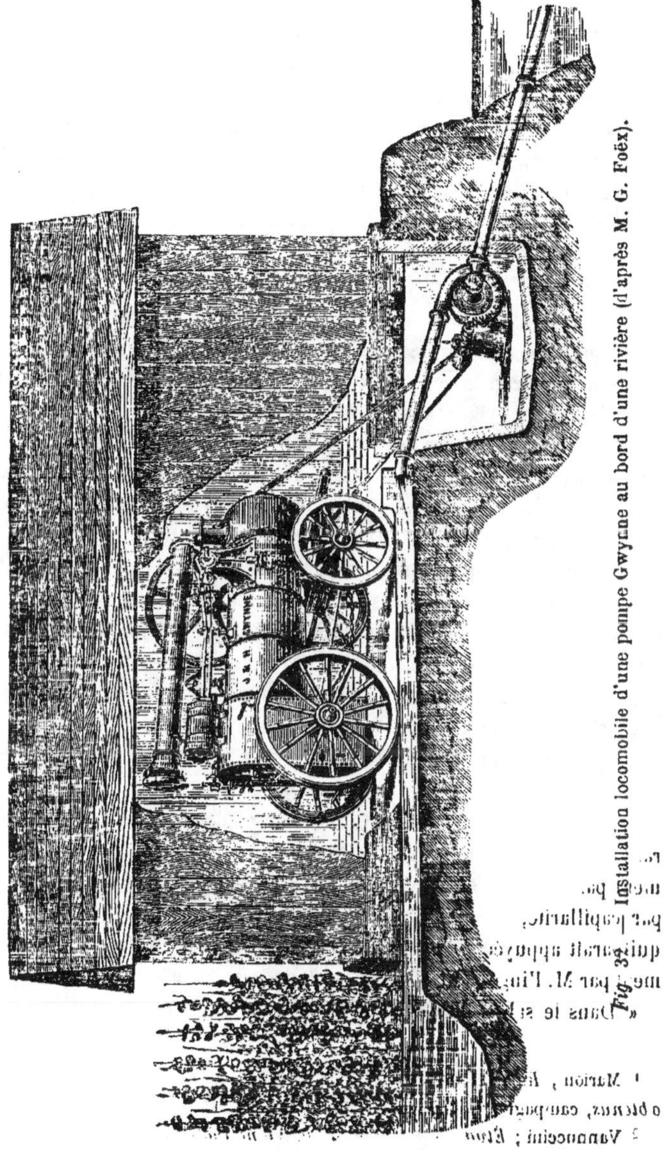

Fig. 32. — Installation locomobile d'une pompe Gwynne au bord d'une rivière (d'après M. G. Foëx).

traiter (fig. 32). Le premier système doit être préféré toutes les fois qu'il est possible de l'appliquer : les machines fixes à générateur indépendant font en effet le travail à meilleur marché, plus rapidement aussi et durent davantage que les locomobiles.

Il est possible dans certaines circonstances de substituer à la vapeur la force fournie par les cours d'eau où l'on puise l'eau nécessaire au traitement des vignes. On emploie dans ce cas des *turbines* ou des *roues hydrauliques*. Le travail s'effectue alors dans des conditions très économiques.

En résumé, la submersion est le seul procédé insecticide infaillible, absolu, contre le *Phylloxera*; elle devra être employée, dans la région de l'olivier, toutes les fois qu'il sera possible de le faire.

E. — **Plantations dans les Sables.**

Il nous reste à parler des conditions permettant à la vigne de vivre sans le secours d'aucun insecticide, c'est-à-dire des plantations dans les sables et de l'emploi des vignes américaines.

Le fait de la résistance des vignes dans le sable a, dès le début de l'invasion phylloxérique, attiré l'attention des viticulteurs. On n'est pas d'accord sur les causes de cette immunité des terrains sablonneux et plusieurs théories sont en présence. Nous n'en citerons que trois :

1° Une action mécanique des particules sableuses, comblant par leur chute les fissures du sol à mesure qu'elles tentent de se produire, s'éboulant sous les pieds de l'insecte et opposant ainsi une barrière infranchissable aux migrations de celui-ci et même à sa circulation sur les racines. Cette théorie, la première mise en avant, a encore beaucoup de partisans.

2° Une action insecticide mal définie, qu'on ne peut appeler chimique, mais qui d'après M. le professeur Marion [1] est incontestable, quelle qu'en soit l'explication.

3° Une disposition physique du sol permettant à celui-ci de se débarrasser complètement de l'air qu'il renferme, de se laisser pénétrer entièrement par l'eau, qu'elle provienne des pluies ou qu'elle monte du sous-sol par capillarité, et de tuer ainsi le *Phylloxera* par asphyxie. Cette théorie, qui paraît appuyée sur des expériences sérieuses, a été développée longuement par M. l'ingénieur Vannuccini [2], dans un Mémoire publié en 1888.

« Dans le sable, dit M. Vannuccini, l'air en présence de l'eau trouve

[1] Marion ; *Rapport sur les expériences contre le Phylloxera et les résultats obtenus*, campagne de 1878. Paris, Paul Dupont, 1879.

[2] Vannuccini ; *Étude des terres où la Vigne indigène résiste au Phylloxera* (*Mess. agric. du Midi*, 10 septembre 1881).

mille issues, à travers les innombrables interstices que ses grains laissent entre eux, et si par hasard une bulle d'air se trouvait environnée d'eau de toutes parts, elle ne tarderait pas à se frayer un passage et viendrait crever à la surface. L'expérience suivante est concluante à cet égard : Qu'on verse de l'eau dans un vase contenant du sable et dans un autre contenant de l'argile. Dans l'eau, qui peu à peu pénètre le sable, on voit barboter de nombreuses bulles d'air, tandis que pour l'argile l'air reste emprisonné, et c'est à peine si l'on voit monter quelques bulles. Entre ces deux extrêmes, le sable et l'argile, il y a les terres peu argileuses, se laissant fortement pénétrer par l'eau et ne gardant que quelques bulles d'air emprisonnées.

»C'est ainsi que l'on peut expliquer cette gradation de résistance des différentes terres. On voit en effet les vignes parfaitement résister quand le sable est pur et, à mesure que des proportions croissantes d'argile y sont mélangées, diminuer de résistance jusqu'à périr rapidement dans les terres fortement argileuses. »

L'auteur compare le phénomène à une *submersion naturelle* se produisant chaque année à certaines époques et débarrassant périodiquement la vigne de son parasite. *Submersion par capillarité*, devrait-il dire, car là où l'espace entre les particules sableuses n'est pas *capillaire*, quelle que soit l'humidité du sable, il n'y a pas d'eau et il y a de l'air. Telles sont les galeries pratiquées par les nombreux insectes qui vivent dans le sable, rongeurs de racines ou autres, parmi lesquels dominent en nombre les larves ou vers blancs de l'*Anomala vitis* (Hanneton vert de la vigne). Mais ces réservoirs à air, ne se trouvant qu'exceptionnellement contre les racines, changeant de p'ace avec l'insecte, qui les comble derrière lui, ne peuvent permettre au *Phylloxera* de vivre.

Cette théorie de M. Vannuccini n'a été jusqu'à présent réfutée par personne. Elle ne contredit ni les idées de M. Marion ni celles de M. Barral, qui dans une Note à l'Académie[1] a attribué un rôle important à l'eau du sous-sol montant par capillarité dans les sables d'Aiguesmortes.

Le sable est d'autant plus contraire au *Phylloxera* qu'il est plus siliceux. Si les proportions de calcaire dominent, il l'est moins, les particules calcaires tendant à s'agglomérer. Tels sont les terrains appelés en géologie *sables de Montpellier*, anciennes dunes tertiaires dans lesquelles une proportion notable de marne et de débris coquilliers se trouve mélangée. Le sable est nuisible à la vigne s'il est salé[2]. Il faut donc faire ses plantations

---

[1] J.-A. Barral ; *Influence de l'humidité souterraine et de la capillarité du sol sur la végétation des Vignes (Comptes rendus*, 12 février 1883).

[2] Le sel marin (chlorure de sodium), si utile à petite dose comme engrais chi-

dans des sables suffisamment siliceux et suffisamment élevés au-dessus de la mer pour qu'ils soient et restent dessalés.

« Sauf dans les endroits bas et salés, dit M. Foëx, la vigne paraît prospérer à peu près dans tous les sables où la proportion de silice dépasse 60 °/₀. Elle réussit dans les dunes des landes de Gascogne, dans celles du cordon littoral qui borde le golfe de Lion, notamment à Aiguesmortes, dans les sables marins du littoral de la Tunisie et de l'Algérie ; enfin elle prospère dans les sables d'alluvion de la vallée du Rhône et d'un certain nombre d'autres cours d'eau.

»De tous les sols sableux où la vigne a été plantée dans les environs d'Aiguesmortes, ce sont ceux anciennement cultivés en garance, c'est-à-dire les plus riches et les plus anciennement soumis à l'action des labours, qui ont donné les meilleurs résultats. On y obtient jusqu'à 250 hectolitres de vin à l'hectare.

»On doit donc labourer profondément le sol au moyen d'une charrue que l'on fait suivre d'une défonceuse.

»L'Aramon, le Petit-Bouschet, le Cinsaut, le Chasselas et surtout le Piquepoule sont les plants qui réussissent le mieux dans les sables, à condition qu'on leur fournisse les matières fertilisantes nécessaires. L'emploi des fumiers de ferme paraît être demeuré sans inconvénient jusqu'ici ; mais on peut se demander si, en modifiant les propriétés physiques du sol, l'accumulation prolongée de leurs débris ne risque pas de devenir dangereuse. Les engrais chimiques et les tourteaux sont mieux appropriés à ces conditions. »

Nous venons de parler des avantages du sable contre le *Phylloxera;* il a aussi ses inconvénients, il est facilement déplacé par le vent. Certaines souches sont déchaussées, d'autres enterrées par de véritables petites dunes qui se forment au milieu des vignes. On pare à cet inconvénient par l'*enjoncage*.

« L'opération, dit M. Foëx, consiste à répandre en légère couverture sur le sol des joncs ou autres plantes palustres, que l'on enfonce un peu

mique dans les terres qui en sont privées, stérilise le sol quand il est en excès. A ce point de vue seul, la submersion et même les simples irrigations sont très utiles, mais à la condition d'être continuées, car, pendant les sécheresses, l'eau salée des couches profondes remonte par capillarité dans les couches supérieures et le travail de dessalage est à recommencer. Dans les plantations du littoral du Gard et de l'Hérault, des vignes faites ainsi dans des sables superficiellement dessalés, mais qui n'étaient ni irrigables ni suffisamment élevées au-dessus de la mer, ont dû être abandonnées à cause du *salant ;* c'est le nom donné dans le midi de la France au phénomène que nous venons de décrire.

au moyen d'une pelle ou d'un appareil portant une série de disques tranchants en fer (fig. 33). La faible quantité d'herbes qui se développe dans les sables, ne rendant pas utiles de nombreux binages, permet cette opéra-

Fig. 33. — Appareil de M. Vernette, de Béziers, pour exécuter l'enjoncage.

tion de l'*enjoncage*, qui est suffisante pour fixer le sable jusqu'aux pluies d'automne. Pour enjoncer un hectare, il faut environ mille gerbes de joncs. »

F. — Emploi des cépages Américains.

La question si vaste et si complexe des vignes américaines (résistance, adaptation, greffage, etc.), qui a donné lieu à tant de controverses et a fait noircir presque autant de papier que celle des insecticides, est aujourd'hui non pas complètement élucidée, mais entrée dans une période de calme et d'études à la fois théoriques et pratiques.

Historique. — « Les vignes américaines [1] ont été plus anciennement connues par les Européens qu'on ne le pense généralement. Elles avaient déjà, au x° siècle, fixé l'attention des hardis navigateurs qui précédèrent Christophe Colomb dans la découverte du continent américain.

[1] G. Foëx et P. Viala ; *Ampélogr. Américaine.* Montpellier, Coulet, pag. 1.

»Christian Rafn, archéologue danois qui a recueilli un grand nombre de documents sur les voyages que firent les Scandinaves, du xe au xive siècle, sur la côte orientale de l'Amérique, raconte que, en l'an 1000, Leif, fils d'Éric le rouge, partit du Groënland avec 35 hommes pour aller explorer plus complètement les terres visitées par Biarne en 986. Ils s'arrêtèrent dans le Massachussets, et un Allemand nommé Tyrker y découvrit des raisins dont ils remplirent leur chaloupe. Depuis lors, plusieurs voyages furent entrepris pour venir en chercher, et Leif appela le pays *Vinland*.

»Adam de Brème (xiie siècle) affirme également que la vigne croît en Amérique; il le sait, dit-il, non par des conjectures, mais par le récit authentique des Danois. Il cite comme autorité le roi danois Svein Etridson, neveu de Canut le grand. »

Les premiers essais de culture de vignes américaines par des colons européens furent faits, d'après MM. Bush et Meissner[1], en 1564 dans la Floride. D'après les mêmes auteurs, « les colons français établis dans l'Illinois, près de Kaskakia, firent en 1769, avec des raisins de vigne sauvage, cent dix barriques de vin corsé; mais la qualité, jugée mauvaise, fit considérer la vigne d'Europe comme la seule véritable vigne à vin. Une Cie de Londres envoya en 1630 des vignerons français en Virginie pour y planter des vignes importées à cet effet; mais les échecs éprouvés alors et ceux qu'eurent à subir depuis, Willam Penn en 1633, les colons suisses du Kentucky en 1690, et à la fin du siècle dernier le conventionnel Lakanal dans le Kentucky, l'Ohio et l'Alabama, firent renoncer les colons européens à la culture de la vigne d'Europe. Au dix-neuvième siècle, on cite des milliers d'échecs, et pas un succès durable ; et Downing était parfaitement fondé à dire (*Horticulturist*, janvier 1851) : L'introduction de vignes étrangères en Amérique pour la culture en grand est *impossible* ; une saison ou deux de promesses, puis un échec complet. Il faut toujours excepter la Californie, qui est aujourd'hui l'État le plus grand producteur de vin des États-Unis, et toutes les remarques qui viennent d'être faites sur la culture de la vigne se rapportent seulement aux États situés à l'est des Montagnes Rocheuses[2]. Tandis que ces faits ne pouvaient être niés, la cause

---

[1] Bush et Meissner ; *Les Vignes américaines, Catalogue illustré et descriptif.* Traduit de l'anglais par L. Bazille, revu et annoté par J.-É. Planchon. Montpellier, Coulet, 1876, et 2e édition, 1885.

[2] L'échec constant de la vigne d'Europe en Amérique est un des meilleurs arguments en faveur de l'origine américaine du *Phylloxera*, si longtemps combattue. Si la Californie, depuis le xvie siècle (Vignoble de la Mission), pouvait seule conserver la vigne d'Europe, c'est que les Montagnes Rocheuses avaient opposé une barrière infranchissable au *Phylloxera*, originaire du versant de l'Atlantique. Au-

en restait un mystère », mystère que la découverte du *Phylloxera* est venu expliquer. Les Américains ont donc été forcés de revenir à leurs cépages indigènes.

« Ce fut le *Vitis labrusca* (G. Foëx et P. Viala, *loc. cit.*), qui donnait les fruits les plus volumineux, sur lesquels se portèrent les premiers efforts. Des semeurs habiles et persévérants créèrent un grand nombre de variétés de cette espèce. On essaya bientôt après de tirer également parti du *V. riparia* et du *V. æstivalis*, et dans le Sud du *V. rotundifolia*. Enfin on chercha à obtenir par voie d'hybridation, entre ces diverses espèces ou entre l'une d'elles et des vignes d'Europe, des produits intermédiaires qui jouent un rôle important aujourd'hui dans la viticulture américaine. C'est M. Longworth, de l'Ohio, que l'on peut considérer comme l'initiateur dans la mise en culture des espèces sauvages dont il s'est occupé dès 1823 environ. Il a été suivi depuis par des viticulteurs bien connus aux États-Unis, tels que MM. Underhill, Roger, Arnold, Adlum, Bull, Rickett, etc.

»Les divers cépages américains sont restés longtemps peu connus en Europe, à cause de leur infériorité comme raisins de table et comme producteurs de vin. A peine y trouvait-on quelques types tels que l'*York-Madeira* et l'*Isabelle* que ses qualités ornementales avaient fait adopter pour couvrir les tonnelles des jardins. Ce n'est qu'en 1861 que M. le marquis de Ridolfi entreprit, afin d'échapper aux ravages de l'oïdium, de cultiver l'*Isabelle* sur une assez grande échelle, dans ses propriétés près de Florence. »

D'après M. Planchon (*Revue des Deux-Mondes*, 1877), le Catawba et l'Isabelle ont été introduits vers 1825, et les premiers plants racinés de 1858 à 1862. « Par une singulière coïncidence, dit-il, ces introductions se sont faites à la fois sur divers points de l'Europe (Bordeaux, Roquemaure, Angleterre, Irlande, Alsace, Allemagne, Portugal) ».

M. Laliman, de Bordeaux, est le premier qui ait remarqué et signalé en 1869 (Congrès de Beaune) la résistance de ces plants du nouveau Monde. M. Riley l'affirmait de son côté en 1870, signalant surtout le *Summer grap* (raisin d'été), nom vulgaire donné aux États-Unis au *Vitis æstivalis*.

L'idée première de la greffe revient à M. Gaston Bazille, président de la Société d'Agriculture de l'Hérault. Dès 1869, il avait inutilement tenté

jourd'hui, l'obstacle franchi par l'insecte grâce à la facilité des communications, la vigne d'Europe succombe en Californie aussi bien que dans les autres États. La preuve de l'origine américaine du *Phylloxera* n'est plus à faire, croyons-nous ; c'est pour cela que nous n'en avons rien dit dans la biologie de l'insecte et qu'ici nous n'en parlons qu'incidemment.

de greffer nos vignes françaises sur une plante botaniquement voisine, la vigne vierge. En 1871, ayant reçu quelques sarments américains de M. Laliman, il réussissait à les faire prendre sur des plants français [1], et l'année suivante à greffer ceux-ci sur pied américain. A la même époque, MM. Planchon et Lichtenstein entraient de leur côté avec succès dans la voie des essais.

En 1872, M. Victor Lefranc, Ministre de l'Agriculture, faisait venir par l'intermédiaire de M. le consul de France à New-York une certaine quantité de vignes américaines choisies par M. Riley et qui furent distribuées dans l'Hérault par les soins du président de la Société d'Agriculture. Enfin, en 1873, la résistance de ces cépages s'affirmant de plus en plus, M. Planchon était envoyé par le gouvernement français en Amérique pour aller les étudier dans leur pays d'origine.

A partir du retour du savant professeur, le mouvement s'accentuait rapidement, à Montpellier surtout, où le zèle intelligent de beaucoup de savants et de praticiens multipliait les expériences. Deux champs d'essai importants, les collections de vignes de l'École nationale d'Agriculture et de la Commission départementale contre le *Phylloxera*, présidée par M. Henri Marès, permettaient d'observer une variété infinie de cépages. La collection de l'École d'Agriculture, organisée par son directeur M. Foëx, renferme, à elle seule, environ 230 variétés différentes de cépages américains. Il n'est que juste d'associer aux noms des actifs initiateurs cités plus haut celui du Directeur de cette École, qui par ses remarquables travaux a pris rang parmi les premiers ampélographes de l'époque.

De leur côté, les viticulteurs et les savants de la Gironde entraient dans le mouvement. L'exemple de M. Laliman était suivi par un grand nombre de propriétaires, et M. Millardet, professeur de botanique à la Faculté des Sciences, entreprenait ses expériences sur l'hybridation des cépages américains avec les vignes d'Europe [2].

Aujourd'hui, après bien des efforts, bien des luttes, bien des déboires aussi, toutes choses inévitables quand on se lance dans une culture absolument nouvelle, avec des plants venus de latitudes extrêmes, les partisans des cépages américains triomphent presque partout dans les pays fortement ravagés.

---

[1] G. Bazille ; *Messager agr. du Midi*, juillet 1871.

[2] Ces expériences tendent, on le sait, à doter le pays de producteurs directs résistant au *Phylloxera* permettant de supprimer la greffe, pour les vins communs tout au moins. A la suite de M. Millardet, elles ont été entreprises un peu partout. Les plants déjà bien connus de l'Herbemont d'Aurelle de Paladine et du Saint-Sauveur Gaston Bazille sont un pas en avant dans cette voie.

Des trois grosses questions, la résistance, le greffage et l'adaptation, les deux premières sont entièrement résolues. Quelques vignes de plus de vingt ans, greffées ou franches de pied, des milliers d'hectares ayant dix ou quinze ans, sont là pour l'attester. Le nombre total d'hectares reconstitués atteignait, fin 1887[1], le chiffre de 166,517. La vigne américaine, malgré ses détracteurs, « a prouvé le mouvement en marchant ».

Parmi les nombreuses espèces botaniques américaines appartenant au genre *Vitis*, les quatre suivantes ont été utilisées en Europe sur une assez grande échelle : VITIS ÆSTIVALIS, V. RIPARIA, V. RUPESTRIS et V. LABRUSCA.

Comme cépages les plus employés ou les plus connus pouvant être rapportés au VITIS ÆSTIVALIS, on peut citer les suivants : *Jacquez*, *Herbemont*, *Black-July*, *Cunningham* ; au VITIS RIPARIA : *Riparia sauvage*, *Solonis*, *Clinton*, *Taylor*, *Vialla* et *Franklin* ; au VITIS RUPESTRIS : les divers types de *Rupestris sauvages* ; au VITIS LABRUSCA : *Concord*, *York-Madeira* et *Isabelle*. On utilise de plus, depuis peu, trois types sauvages : VITIS CORDIFOLIA, V. BERLANDIERI et V. CINEREA.

S'il y a des points noirs à l'horizon des *américanistes*, c'est du côté de *l'adaptation au sol*. La récente mission en Amérique, confiée par le gouvernement français à M. P. Viala, professeur de viticulture à l'École de Montpellier, mission à la fois géologique et botanique, contribuera, pensons-nous, à résoudre le problème ; mais, avant d'aborder ce sujet, disons quelques mots sur la *résistance* et ses causes connues.

De la *greffe*, nous ne dirons rien, renvoyant sur ce vaste sujet aux nombreux livres publiés sur la matière. Nous ne dirons rien, si ce n'est que de longue date la greffe était pratiquée en France par tous les viticulteurs sérieux, et que dans le pays du monde où se remue le plus d'idées, il devait rapidement se trouver un homme d'initiative pour l'appliquer aux vignes américaines.

La résistance. — A considérer la question dans son ensemble, en simple observateur des faits biologiques, nous dirons qu'il y avait quatre-vingt-dix-neuf chances sur cent pour que les racines américaines, résistantes de tout temps dans leur pays d'origine, soient également résistantes en Europe. A-t-on jamais vu une espèce animale ou végétale, transportée sous un autre ciel, succomber aux parasites naturels emportés avec elle, parasites auxquels sa constitution était adaptée ? Quand une espèce exotique succombe chez nous, c'est qu'elle rencontre des conditions de climat ou de sol qui ne

---

[1] *La situation phylloxérique en* 1887-88, par M. Tisserand, Directeur général au ministère de l'Agriculture.

lui conviennent pas, ou bien encore qu'elle trouve des *parasites nouveaux.*
Les vignes américaines venant de latitudes équivalentes à celles d'Europe,
placées dans des sols comparables aux nôtres, résistant chez elles au *Phylloxera*, n'ayant pas trouvé de parasistes nouveaux comparables au leur,
avaient toutes les chances pour prospérer en Europe.

Quelles sont maintenant les causes physiologiques de la résistance? C'est
ce que va nous apprendre l'auteur auquel nous avons déjà fait de si nombreux emprunts. «On a d'abord pensé, dit M. Foëx, que la résistance des
vignes américaines était due à leur vigueur, à la facilité qu'elles auraient
de refaire leurs racines plus promptement que l'insecte ne pouvait se multiplier pour les détruire. C'est une erreur ; une preuve décisive à cet égard
peut être déduite de l'examen comparatif de certains types américains et
français. Le *York-Madeira*, par exemple, hybride américain, bien que d'une
végétation médiocre, résiste bien au *Phylloxera*, tandis que l'*Aramon* du
Languedoc, dont la végétation est remarquablement vigoureuse, succombe
à ses attaques. Une autre hypothèse a été formulée, en 1876, par M. Boutin.
Ce chimiste pense que la résistance est due à la présence, dans la racine des
vignes américaines, de substances plastiques auxquelles il donne le nom de
matière résinoïde, matière qui s'opposerait à l'extravasion de la sève résultant de la piqûre du *Phylloxera*. Cette théorie repose sur une conception
inexacte des phénomènes déterminés par l'attaque de l'insecte.

»Il n'y a pas en effet de perte de liquide, sur les racines françaises, par la
petite piqûre qu'il fait avec son rostre. Au reste, les analyses faites à l'École
d'Agriculture de Montpellier n'ont pas confirmé la proportionnalité des matières résinoïdes avec le degré de résistance. C'est autre part, pensons-nous,
qu'il faut en chercher la raison !

»Les lésions produites par le *Phylloxera* acquièrent une importance variable suivant les circonstances. Lorsque les racines jeunes ne renferment
pas encore un corps ligneux bien organisé, les renflements prennent un
volume considérable, et en définitive s'altèrent complètement, ce qui détermine la mort de la racine attaquée, quel que soit le type auquel elle appar-
tienne. Lorsque le cylindre central et les faisceaux libéro-ligneux sont constitués, le renflement prend un volume plus ou moins considérable suivant
l'épaisseur des tissus cellulaires de l'écorce et suivant leur densité. Une
différence très sensible se montre en outre dans l'étendue des altérations
suivant qu'on se trouve en présence d'une racine de *Vitis vinifera* ou bien
de certaines espèces américaines telles que *V. riparia*, *V. æstivalis*, *V. rupestris*, etc.

»En effet, tandis que dans le premier cas les altérations intéressent les
diverses natures de tissus cellulaires de la racine (tissu cellulaire de l'écorce,

couche génératrice, rayon médullaire), dans le second au contraire la couche corticale seule est atteinte.

»Les conséquences de la pénétration des rayons médullaires chez le *Vitis*

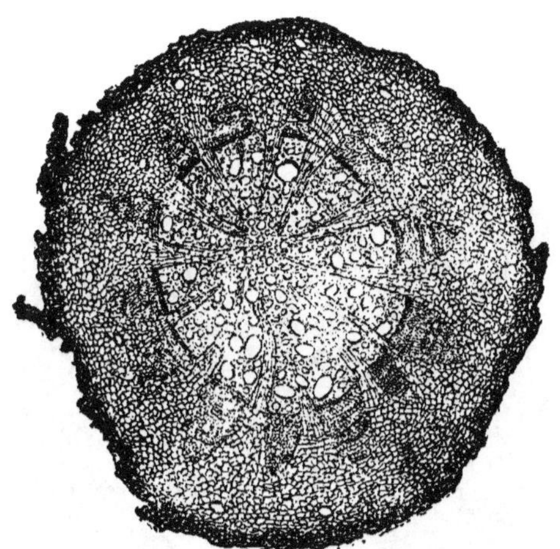

Fig. 34. — Coupe de racine d'Aramon (Vitis vinifera) non résistante ; grosseur
20/1 diamètre (d'après M. G. Foëx).

vinifera sont, au bout d'un certain nombre d'attaques, l'altération consécutive des faisceaux fibro-vasculaires, dont les éléments anatomiques se pénètrent des liquides chargés des matériaux en décomposition provenant des tissus cellulaires, et finalement la destruction de la racine. Chez les espèces américaines résistantes, tout se borne à une altération superficielle qui se termine par la cicatrisation des tissus et la formation d'une sorte d'eschare qui ne tarde pas à se détacher. La majeure partie des racines encore vivantes et susceptibles d'émettre facilement des radicelles est détruite dans le premier cas et est conservée dans le second.

»Les divers cépages du *V. labrusca* semblent, en général, intermédiaires, au point de vue de l'importance des lésions et de la conservation des racines, entre les deux catégories que nous venons d'établir [1].

---

[1] D'après M. Millardet (*Les Vignes américaines résistant au Phylloxera*), la propriété de résistance est à son maximum (qui peut aller jusqu'à l'immunité phylloxérique) dans les espèces suivantes : *Vitis rotundifolia, rubra, cordifolia, rupestris, riparia, cinerea, æstivalis.* Elle est plus ou moins faible chez les *Vitis candicans, californica, labrusca.* Elle est nulle dans les *Vitis vinifera* et *amurensis,* ainsi que chez toutes les espèces de vignes asiatiques observées jusqu'ici.

»Les différences qui viennent d'être indiquées trouvent une explication rationnelle dans une différence correspondante que l'on observe entre la structure des tissus des racines de vigne de ces diverses origines. En effet, si l'on considère des racines de même âge et de développement équivalent

Fig. 35. — Coupe de racine de Jacquez (Vitis æstivalis) résistante ; grosseur 20/1 diamètre (d'après M. G. Foëx).

chez les diverses espèces, on constate que celles des vignes américaines sont dans un état de lignification plus parfait. L'écorce en est plus mince et plus dense ; les rayons médullaires en sont plus étroits, plus nombreux, formés de cellules plus petites, à parois plus épaisses et d'un diamètre plus petit que chez les vignes d'Europe (fig. 34, 35 et 36).

»La constatation de ces faits présente une importance considérable au point de vue des garanties que peuvent nous offrir pour l'avenir les vignes américaines.»

L'adaptation au sol.— Nous avons dit que, dans la question des vignes américaines, les seuls points noirs étaient du côté de l'adaptation au sol.

En effet, nous demandons à la vigne de pousser dans des terrains qui lui sont contraires autant par les éléments chimiques qui les composent, que par leur constitution physique, dans des sols blancs, qui ne peuvent s'échauffer, et il y a eu, cela se conçoit, de nombreux échecs dans ces terrains-là. C'est comme si nous voulions faire pousser dans le calcaire des arbres aimant la silice, tels que les châtaigniers ou le chêne liège.

De la mission qui lui a été confiée en Amérique, M. le professeur Viala

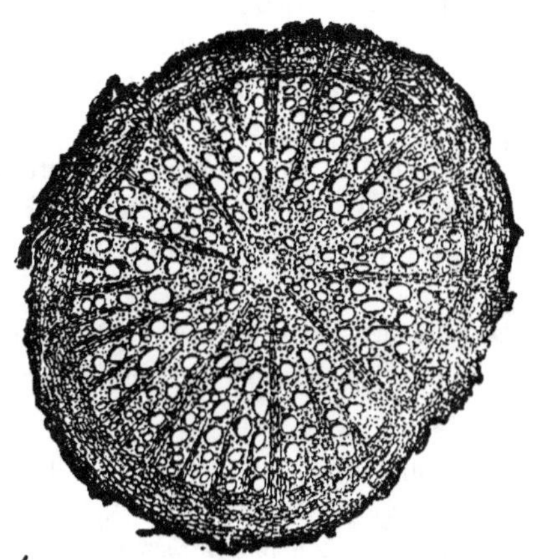

Fig. 36. — Coupe de racine de Solonis (Vitis riparia) résistante ; grosseur 20/1 diamètre (d'après M. G. Foëx).

a rapporté de nombreux échantillons de vignes et de terrains et surtout une foule de renseignements précieux. Il a vu et bien vu. Des vignes telles que le *Vitis Berlandieri*, le *V. cinerea*, le *V. cordifolia* ont été observées végétant vigoureusement dans des terres aussi marneuses, aussi crayeuses, aussi blanches que celles des Charentes, de la Champagne et de certaines régions du midi de la France. Il n'y a pas de raison pour croire que ce qui réussit en Amérique ne réussira pas en Europe. Des expériences qui se poursuivent sortira donc fort probablement la solution.

En ce qui concerne l'adaptation suivant les divers terrains, «on peut, dit M. Foëx, grouper à l'heure qu'il est, comme suit, les principales indications recueillies dans la région méridionale:

1° Terres profondes, fertiles et fraîches : *Riparia sauvage, Jacquez, Solonis, Vialla, Taylor.*

2° Terres profondes, un peu fortes, non humides : *Riparia sauvage, Solonis, Vialla, Taylor, Othello, Jacquez.*

3° Terres profondes de moyenne consistance, fraîches en été : *Riparia sauvage, Jacquez, Solonis, Vialla, Taylor, Black-July, Othello.*

4° Terres légères, caillouteuses, profondes, bien égouttées, ne se dessé-

10

chant pas trop en été : *Jacquez, Vialla, Riparia sauvage, Taylor, Rupestris.*

5· Terres calcaires blanches, crayeuses, marneuses ou tuffeuses (travertins) : *Vitis Berlandieri, V. cinerea, V. cordifolia.*

6° Terres argileuses grisâtres : *Jacquez.*

7° Terres argileuses profondes et très humides : *Vitis cinerea, Solonis.*

8° Terres sableuses profondes suffisamment fertiles : *Solonis, Jacquez, Black-July, Rupestris.*

9° Terres caillouteuses sèches et arides, à sous-sol fissuré, dites de garrigues : *Rupestris, Riparia sauvage, Gloire de Montpellier, Grand Glabre,* etc.

10° Terres profondes avec fond de tuf (travertins) et terres un peu salées : *Solonis.*

11° Terres colorées en rouge par le fer peroxydé, à cailloux siliceux (diluvium Alpin), profondes et un peu fortes : tous les cépages indiqués ci-dessus.»

«Les plants américains qui conviennent le mieux à la région de l'olivier sont les suivants : *Riparia sauvage, Solonis, Taylor, Rupestris, Jacquez, Cunningham, York-Madeira,* quelquefois *Herbemont* et *Vialla.*

Dans le Sud-Ouest, les types préférés sont : *Vialla, York-Madeira, Solonis, Riparia sauvage, Rupestris, Herbemont, Othello, Canada* et *Noah.*

Dans la Savoie, l'Isère, le Beaujolais et la Bourgogne, on a obtenu de bons résultats avec : *Vialla, York-Madeira, Riparia sauvage, Noah, Canada, Othello, Senasqua, Eumelan* et *Cynthiana.*

Les principaux producteurs directs sont : parmi les *Vitis æstivalis,* le *Jacquez,* le *Saint-Sauveur,* l'*Herbemont,* l'*Herbemont d'Aurelles,* le *Black-July,* l'*Eumelan* et le *Cynthiana* ; et parmi les Hybrides, le *Canada,* le *Brant,* le *Cornucopia,* l'*Othello* et le *Black defiance.*

Les porte-greffes les plus employés sont : le *Riparia sauvage,* le *Jacquez,* le *Vialla,* le *Taylor,* l'*York-Madeira* et le *Rupestris.*»

Tels sont, décrits aussi brièvement que possible, les divers moyens de lutte employés contre le *Phylloxera.* Mettant de suite de côté la submersion et la culture dans les sables, qui, détruisant la cause, coupent court à l'effet, nous résumerons comme suit la marche à suivre en cas d'invasion dans les terres qui ne sont ni sablonneuses ni submersibles, c'est-à-dire dans le plus grand nombre des cas :

1° Si les points d'attaque sont peu nombreux dans le pays, détruire de suite ces points d'attaque par les traitements d'extinction au sulfure de carbone ; 2° une fois le pays notoirement atteint, mais les vignes encore productives, cesser les traitements d'extinction qui tuent la vigne et appli-

quer les traitements souterrains au sulfure de carbone, auxquels, en cas
d'isolement suffisant du vignoble, on pourra ajouter les badigeonnages Balbiani ; 3° les vignes ne donnant plus une récolte suffisante pour couvrir
les frais des traitements, arracher et remplacer de suite par des plants
américains appropriés au terrain.

En procédant de la sorte, bon nombre de propriétaires dans l'Hérault,
et surtout dans l'Aude, ont pu maintenir leur rendement au chiffre d'hectolitres produits avant l'invasion du *Phylloxera*.

CHAPITRE VI.

BIBLIOGRAPHIE DU PHYLLOXERA

Il n'a pas été publié jusqu'à présent de travail bibliographique complet sur le *Phylloxera*. L'œuvre a été entreprise, il y a dix-sept ans, par MM. Planchon et Lichtenstein. Sous le titre de *Faits acquis sur le Phylloxera et Revue bibliographique* (35ᵉ session du Congrès scientifique de France tenu à Montpellier en 1872), ces auteurs ont en effet publié un premier article qui devait être suivi de plusieurs autres ; mais, bien qu'on ne fût à cette époque qu'au début de l'invasion, ce travail approchait de 120 pages et n'a pas été continué.

Songer à reprendre l'œuvre aujourd'hui serait vouloir entreprendre un énorme volume d'une utilité contestable, étant donnée la grande quantité de productions insensées, tout au moins sans aucune valeur, parmi lesquelles sont noyées les bonnes.

Il est suffisant, croyons-nous, de signaler en quelques pages les principales Notes ou Travaux publiés, ceux dans lesquels du moins ont pu être puisés quelques renseignements utiles. Pour établir ce chapitre bibliographique, autant que possible en séparant le bon grain de l'ivraie, nous avons puisé à cinq sources principales : 1° *Comptes rendus Acad. des Sc. de Paris*; 2° *Faits acquis et Revue bibliographique* (1872), par J.-É. Planchon et J. Lichtenstein ; 3° *Littérature générale œnologique*, par E. Wagenmann (Annal. der Œnologie. Heidelberg, 1880) ; 4° *Monographie du Phylloxera*, par E. Delamotte (Alger, 1885), travail dans lequel 40 pages environ sont consacrées à la bibliographie ; 5° *Notes bibliographiques sur le Phylloxera* du Cours complet de Viticulture, par G. Foëx (1888).

A ce dernier travail, outre de très nombreux documents concernant les vignes américaines, nous empruntons le plan, c'est-à-dire la division en travaux généraux et biologiques, lutte par les insecticides, les vignes américaines, etc.

Travaux généraux et biologiques.

Boyer de Fonscolombe ; Création du genre *Phylloxera* et description du *Phylloxera quercûs* (Ann. Soc. ent. de France, 1834), tom. III, pag. 222, pl. I, fig. 4, 5 et 6, et même recueil (1841), pag. 196. — Asa Fitch ; Description du *Pemphigus vitifolii* (Transactions of New-York Agricult. Society, 1854, pag. 862). — Riley ; Le *Pemphigus vitifolii* (Prairie Farmer, 3 novembre et 8 décembre 1866). — Dr Shimer ; *Sur un nouveau genre d'Hémiptères, le Dactylosphæra vitifolii* (Proceedings of the Acad. of nat. Sc. of Philadelphia, janvier 1867). — Westwood ; *Notice avec pl. sur le Peritymbia vitisina* (Asmolean Society, séance du 21 novembre 1867 et Gardener Chronicle, 30 janvier 1869, pag. 109). — Delorme ; *Lettre au président du Comice agricole d'Aix sur une nouvelle maladie de la vigne* (Revue Agr. et Forestière de Provence, 5 mars 1868). Ce document a été reproduit dans Bull. Soc. d'Agr. de l'Hérault, 1868, et Messager Agr. de Montpellier, 5 août 1868. — Comte de Gasparin ; *La nouvelle maladie de la vigne* (Bulletin hebdomadaire de l'Agriculture, 23 mai et 11 juillet 1868, et Journal de l'Agr., 5 et 20 août, 2 octobre et 20 novembre 1868). — J.-É. Planchon, G. Bazille et F. Sahut ; *Rapport à la Soc. d'Agr. de l'Hérault sur la nouvelle maladie de la vigne.* (Messager du Midi, 22 juillet 1868, et Bull. Soc. d'Agr. de l'Hérault, 1868, pag. 416). C'est là que, pour la première fois, le *Phylloxera*, reconnu comme un Aphide, mais non déterminé, est signalé en France comme l'auteur de la maladie nouvelle. — Id., *Sur une maladie de la vigne actuellement régnante en Provence* (Comptes rendus de l'Acad. des Sciences de Paris, séance du 3 août 1868, pag. 333). C'est dans cette Note que l'insecte ravageur est décrit par M. Planchon sous le nom de *Rhizaphis vastatrix.* — F. Sahut ; *Lettre à M. Barral sur la nouvelle maladie de la vigne,* 23 juillet 1868. Journal de l'Agriculture, 5 août 1868, et Bull. Soc. d'Agr. de l'Hérault, 1868, pag. 639).— Signoret ; *Le Rhizaphis vastatrix Planchon doit être placé dans le genre Phylloxera Boyer de Fonscolombe* (Bull. Soc. ent. de France, 12 août et 23 septembre 1868. — J.-É. Planchon ; *Nouvelles observations sur le Phylloxera, découverte de la forme ailée* (Comptes rendus de l'Académie des Sciences 14 septembre 1868). — Id., *Nouvelles observations sur le puceron de la vigne (Phylloxera vastatrix).* Montpellier, P. Grollier, 1868. — Ch. Riley ; *Grape vine leaf gall* (The American entomologist, Saint-Louis (Missouri), vol. I, 1868, pag. 248). — J. Lichtenstein ; *Identité spécifique probable du Phylloxera vastatrix* Planchon *et du Pemphigus vitifolii* Fitch (Journal d'Insectologie agricole, 1er semestre 1869, pag. 65). — L. LALIMAN ; *Nouvelle phase du Phylloxera, découverte, fin juillet 1869, de la forme vivant dans les galles des feuilles* (Bull. Soc. d'Agriculture et d'Horticulture de Vaucluse, 1869, pag. 254). — L. VIALLA ; *Rapport de la Commission des Agriculteurs de France sur la nouvelle maladie de la vigne* (Bull. de la Soc. des Agr. de Fr., 1869, pag. 293-349). Ce Rapport a été reproduit par le *Messager agricole du Midi*, pag. 355, le *Journal d'Agr. pratique* et le *Journal de l'Agriculture*, 1869. — SIGNORET ; *Le Phylloxera vastatrix* (Ann. Soc. ent. de France, 1869, pag. 549-596). — Ch. RILEY ; *The grape leaf gall louse Phylloxera vitifolii* Fitch (The American Entomologist and Botanist, vol. II, n° 12, déc. 1870, pag. 354-359).—J.-É. PLANCHON et J. LICHTENSTEIN ; *Première invasion du Phylloxera dans l'Hérault, à Lunel-Viel* (Messager du Midi, 7 juillet 18i70). — ID., *Identité des Phylloxeras Gallicole et Radicicole appuyée sur l'expérience* (Comptes rendus Acad. des Sc., 1er août 1870, pag. 298). Dans une note au bas de la page il est dit par les auteurs que les premiers *Gallicoles* ont été trouvés par eux à Sorgues (Vaucluse), le 11 juillet 1869. — ID., *Des modes d'invasion des vignobles par le Phylloxera* (Messager agricole de Montpellier, 1870). — ID., *Le Phylloxera; Instructions pratiques.* Montpellier, 1870. — ID., *Le Phylloxera de la vigne en Angleterre et en Irlande.* Montpellier, 1871.— ID., *Découverte en Amérique du Phylloxera radicicole par M. Riley* (Messager agricole de Montpellier, 5 février 1871).— ID., *Le Phylloxera; Faits acquis et Revue bibliographique* (Congrès scientifique de France, session de Montpellier, 1872). — L. FAUCON ; *Passage du Phylloxera d'un cep à l'autre au-dessus du sol* (Comptes rendus, 1872, pag. 639 et 683). — ID., *Notes sur la nouvelle maladie de la vigne, par L. Faucon.* Montpellier, Gras, 1872. — C. SAINTPIERRE ; *Recherches du Phylloxera sur les racines de la vigne sauvage dite lambrusque* (Comptes rendus de l'Acad. des Sc., 1872, pag. 1258). — L. FAUCON ; *Étude sur les moyens de guérir le Phylloxera.* Avignon, A. Chaillot, 1872. — Max. CORNU et MOUILLEFERT ; *Expériences faites à la station viticole de Cognac pour combattre le Phylloxera.* Paris, imprimerie nationale, 1873. — L. FAUCON ; *Le Phylloxera vastatrix, ce qu'il devient pendant l'hiver* (Comptes rendus de l'Acad. des Sc., 1873, pag. 766, et Montpellier, Hamelin, 1873). — E. BLANCHARD ; *Le Phylloxera de la vigne* (Revue des Deux-Mondes, 1er novembre 1873). — BALBIANI ; *Découverte de la forme sexuée chez le Phylloxera du chêne* (Comptes rendus Acad. des Sc., 20 octobre 1873, pag. 884). — Max. CORNU ; *Découverte de la femelle sexuée du Phyl-*

loxera de la vigne (Comptes rendus Acad. des Sc., 3 novembre 1873,
pag. 1013) et nombreuses autres Notes à l'Académie sur le Phylloxera,
pag. 190, 710, 766, 825, 879, 930, 1009, 1015, 1088, 1168, 1276, 1330,
1423, 1478 et 1534. — J.-É. PLANCHON ; *Rapport à M. le Ministre de
l'Agriculture sur une Mission aux États-Unis et Rapport à la Société
d'Agriculture de l'Hérault sur la même Mission.* Montpellier, Grollier,
1873. — J.-É. PLANCHON et J. LICHTENSTEIN ; *Le Phylloxera de 1854
à 1873, résumé pratique et scientifique.* Montpellier, 1874. — J.-É.
PLANCHON ; *Le Phylloxera en Europe et en Amérique* (Revue des Deux-
Mondes, 1ᵉʳ et 15 février 1874) et tirage à part. Paris, Claye, 1874. —
DUCLAUX ; *Études sur la nouvelle maladie de la vigne dans le Sud-Est
de la France* (Mémoires présentés par divers savants à l'Acad. des Sc. de
Paris, 1874). — BALBIANI ; *Note sur les Phylloxeras ailés et les premiers sexués observés à Montpellier* (Comptes rendus de l'Acad. des Sc.,
1874, pag. 562). — SIGNORET ; *Points acquis à la science concernant le
Phylloxera.* L'auteur veut, malgré l'usage, revenir au nom de *Phylloxera
vitifolii* (Comptes rendus, 1874, pag. 778).— BALBIANI; *Génération sexuée
hypogée du Phylloxera vastatrix* (Compt. rendus, 1874, pag. 991 et 1371).
— RÖSSLER ; *Die Phylloxera vastatrix* Œsterreichisches landwirthschtli-
ches Vochenblatt, 1875. — ACADÉMIE DES SCIENCES DE PARIS ; *Instructions relatives au traitement des vignes phylloxérées,* 1875. — P.
MOUILLEFERT ; *Le Phylloxera, moyens proposés pour le combattre.* Paris,
Masson, 1875. — F. ROHART ; *État de la question phylloxérique.* Paris,
Masson, 1875. — Dr BLANKENHORN ET D. J. MORITZ ; *Die Wurzel-
laus des Weinstockes* Heidelberg, 1875. — FATIO et DEMOLE-ADOR ;
Le Phylloxera dans le canton de Genève ; deux fascicules. Genève,
1875 et 1876. — E. RISLER ; *Rapport au Conseil d'État de Genève sur
l'arrachage et le traitement des vignes de Pregny* (Genève, Benoit et Cⁱᵉ,
1875).— BALBIANI ; *Les Phylloxeras ailes et séxués. Ponte des premiers
observée à Libourne par M. Boiteau, les seconds observés en grand nombre. Découverte de l'œuf d'hiver à Libourne* (Comptes rendus Acad. des
Sciences, 1875, 2ᵉ semestre, pag. 581).— Max. CORNU et MOUILLEFERT ;
Le Phylloxera (Mémoires présentés à l'Académie des Sciences, par
divers savants, 1876). — Henri MARÈS ; *Des moyens de reconstituer
les vignes détruites par le Phylloxera et sur le Phylloxera de la vigne.*
Montpellier, Grollier, 1876. — Th. PETIT ; *État de la question du Phylloxera.* Paris, Librairie agricole, 1876. — J. LICHTENSTEIN ; *Tableau
biologique du Phylloxera.* Bordeaux, Feret et fils, 1876. — BOITEAU ;
L'œuf d'hiver du Phylloxera et son produit (Comptes rendus Académie
des Sciences, 1ᵉʳ semestre, pag. 155, 984, 1043, 1143, 1316, et 2ᵉ se-

mestre, pag. 131, 430, 848) et tirage à part. Libourne, 1876. — Id., *Le Phylloxera ailé et sa descendance; traitement.* Libourne, 1876. — Balbiani ; *Éclosion de l'œuf d'hiver du Phylloxera* (Comptes rendus, 1er semestre 1876, pag. 833). — Id. ,*Structure et vitalité des œufs de Phylloxera, leur évolution et leur éclosion sous l'eau, leur résistance à divers insecticides et à de hautes températures* (Comptes rendus, 2e semestre 1876, pag. 954, 1020 et 1160). — G. Foex ; *Lésions produites sur les racines de la vigne par le Phylloxera* (Comptes rendus, 2e semestre 1876, pag. 1218). — J.-É. Planchon ; *Les mœurs du Phylloxera de la vigne.* Montpellier, Grollier, 1877. — Id., *La question phylloxérique en 1876* (Extrait de la Revue des Deux-Mondes, 15 janvier 1877). — A. Certes ; *Le Phylloxera et le budget* (Extrait du Correspondant, 1877). — D. Bellenaud ; *Le Phylloxera en France et en Suisse.* Chalon-sur-Saône, 1er septembre 1877. — A. Baudrimont ; *Invasion du Phylloxera dans le Médoc.* Bordeaux, Feret et fils, 1877. — Antonio Batalha Reis ; *Estado da questoa do Phylloxera.* Lisboa, imprinsa nacional, 1877. — J. Lichtenstein ; *Notes pour servir à l'histoire des Insectes du genre Phylloxera* (Ann. soc. ent. de Belgique, 1877, et Annales agronomiques. Paris, 1877). — Dr Blankenhorn ; *Les ennemis naturels du Phylloxera en Europe et en Amérique* (Comptes rendus Acad. des Sc., 1877, 2e semestre, pag. 1147). — Commission départementale de l'Hérault ; *Expériences faites à Las Sorres contre le Phylloxera.* Montpellier, Grollier, 1877. — P. Oliver ; *Le Phylloxera, mœurs et caractères* (Commission de défense contre le Phylloxera. Perpignan, 1878) et tirage à part. Perpignan, Latrobe, 1878. — C. Ladrey ; *Rapport au Ministre de l'Agriculture sur l'invasion du Phylloxera dans la Côte-d'Or.* Paris, Masson, 1878. — P. de Laffite ; *Discours sur le Phylloxera.* Agen, V. Lenthéric, 1878. — Max. Cornu ; *Le Phylloxera vastatrix.* Paris, imprimerie nationale, 1878. — J. Lichtenstein ; *Histoire du Phylloxera, précédée de considérations générales sur les Pucerons.* Montpellier, O. Coulet, 1878. — D. José Muroz del Castillo ; *La Plaga filoxerica, primera parte* : El Insecto y la vid (Conférencia publica doda el 9 de octubre 1878 en el Ateneo de Logroro). — D. Monnier et E. Covelle ; *Le Phylloxera dans le canton de Genève.* Genève, H. Georg, 1878. — D^r Ph. Haller ; *Des petits ennemis du Phylloxera.* Studie zu e Ehren, des Congresses deutscher Œnologen in Freiburg i/Brg (Annalen der Œnologie. Heidelberg, 1878).— C.-V. Riley ; *Die Rebenphylloxera* (Annalen der Œnol. Heidelberg, 1878). — Dr A. Blankenhorn ; *Uber die Phylloxera vastatrix* (Vortrag gehalten, am 7 Febr. 1878, im polytechnischen Verein in Karlsruhe). Carl. Winter ; Heidelberg, 1878. — Dr Fatio ;

État de la question phylloxérique en Europe. Genève, II. Georg, 1878.
— SABATÉ ; *Destruction des œufs d'hiver du Phylloxera par l'écorçage* (Comptes rendus Acad., 1878, 1er sem., pag. 105).— Dr GRAELLS; *Éclosion de l'œuf fécondé avant l'hiver* (Compte rendu du Congrès viticole, réuni à Montpellier en septembre 1878). — CHAMPIN ; *Phylloxeras ailés dans les galles* (Comptes rendus Acad., 2e semestre 1878, pag. 552). — A. BERNARD ; *Étude sur le Phylloxera*. Chaumont, Cavaniol, 1879. — Dr D.-M.-P. GRAELLS ; *Pontuario filoxerico dedicado a los viticultores españoles y delegados officiales*. Madrid, de segunda Martiney, 1879.—CATTA ; *Instructions pour déterminer l'état phylloxérique*. Albi, Nouguiès, 1879. — G. VIMONT ; *Le Phylloxera en 1879*. Paris, Paul Dupont, 1879. — P. DE LAFFITE ; *L'œuf d'hiver au Congrès viticole de Nimes*. Paris, Masson, 1879. — P. OLIVER ; *Le pyrophore insecticide contre le Phylloxera*. Perpignan, Ch. Latrobe, 1879. — Dr V. FATIO ; *Le Phylloxera en Suisse en 1878*. Rapport officiel de la Commission du *Phylloxera*, avec 1 carte. Genève et Berne, 1879. — ID., *Instructions sommaires à l'usage des experts cantonaux et fédéraux en Suisse*. Genève, Ramboz et Schuchardt, 1879. — P. COLLOT; *Le Phylloxera à Panama sur Vitis caribæa* (Comptes rendus Acad. des Sc., 1879, 1er semestre, pag. 72). — MARION ; *Sur les réinvasions estivales du Phylloxera* (Comptes rendus Acad. des Sc., 1879, 1er semestre, pag. 1308). — BOITEAU ; *Ponte accidentelle des Phylloxeras sexués dans le sol* (Comptes rendus, 2e semestre, pag. 135. — G. FOEX ; *Les réinvasions estivales du Phylloxera* (Comptes rendus Acad. des Sc., 1879, 2e semestre, pag. 291. — P. DE LAFFITE ; *Les réinvasions estivales* (Comptes rendus, 2e semestre, pag. 502 et 847). — FAUCON ; *Les réinvasions d'été et le transport des Phylloxeras par le vent* (Comptes rendus, 1879, 2e semestre, pag. 693, 738 et 983.—V. MAYET ; *Ponte des Phylloxeras ailés en Languedoc* (Comptes rendus, 2e semestre, pag. 894). — BOUCHARDAT ; *Les vignes phylloxérées* (Revue scientifique de la France et de l'Étranger, 1er février 1879).— ID., *Destruction des œufs d'hiver pour combattre le Phylloxera* (Annuaire de Thérapeutique, 1879).— P. DE LAFFITE ; *Essai sur la destruction de l'œuf d'hiver du Phylloxera* (Agen, V. Lenthéric, 1879). — ID., *L'œuf d'hiver du Phylloxera au Congrès de Nimes* (Journal de l'Agricul., pag. 20, 3 janvier 1880). — Dr GRAELLS ; *Sur l'œuf d'hiver du Phylloxera* (Journal de l'Agriculture, 1880, pag. 27). J.-É. PLANCHON; *A propos de l'œuf d'hiver* (la Vigne américaine, mars 1880).— Dr GRAELLS ; *Sur l'œuf d'hiver du Phylloxera* (la Vigne américaine, avril 1880). — J.-É. PLANCHON ; *A propos de l'observation de M. Graëlls* (la Vigne américaine, avril 1880, pag. 119). — DE LAFFITE ; *A propos de l'observation de M. Graëlls sur l'œuf d'hiver* (Journal de

l'Agriculture, 26 juin 1880). — Dr GRAELLS ; *A proposito del huevo de invierno* (Las vides americanas y Filoxera en Espana, 1880, pag. 249).—
— M^{ce} GIRARD : *Le Phylloxera de la vigne*, 3e édition populaire. Paris, Hachette, 1880. — P. DE LAFFITE ; *Le lieu d'origine du Phylloxera* (Paris, 1880, Extrait du Journal de l'Agriculture). — LE MINISTRE DE L'AGRICULTURE ET DU COMMERCE D'AUTRICHE-HONGRIE ; *Rapport sur le Phylloxera en Hongrie*, 1880.— M^{ce} GIRARD ; *Expériences sur la résistance du Phylloxera aux basses températures* (Comptes rendus, 1er semestre 1889, pag. 173). — DUMAS, PASTEUR, E. BLANCHARD, Ch. BRONGNIART, Max. CORNU et GIARD ; *Sur les Entomophtora, champignons parasites des insectes à essayer contre le Phylloxera* (Comptes rendus de l'Acad., 1er semestre 1889, pag. 249, 504 et 514). — G. VIMONT ; *Manuel et Calendrier phylloxériques à l'usage des vignerons de Champagne*. Épernay, 1880.
—V. MAYET ; *Sur l'œuf d'hiver du Phylloxera obtenu dans un tube à essai à Montpellier* (Comptes rendus, 2e semestre 1880, pag. 715). — FABRE, délégué de l'Académie ; *Études sur les mœurs du Phylloxera* (Comptes rendus, 1880, pag. 800). — COSTE ; *Les ennemis naturels du Phylloxera* (Compt. rend., 1880, séance du 2 juillet).— J. LICHTENSTEIN ; *Ennemis naturels du Phylloxera* (Comptes rendus, 1880, pag. 1045). — DEHERAIN ; *Ravages causés par le Phylloxera sur les vignes françaises* (Revue scientifique du 16 avril 1881).—LE MINISTRE DE L'AGRICULTURE ET DU COMMERCE D'AUTRICHE-HONGRIE ; *Rapport sur le Phylloxera en Hongrie*, 1881. — A. MILLARDET ; *Pourridié et Phylloxera*. Bordeaux, Feret et fils, 1881.—DE SAVIGNON; *Le Phylloxera en Californie* (Comptes rendus Ac. des Sc., 1881, 1er semestre, pag. 66).— TARGIONI-TOZZETTI ; *Notizie sulla Fillossera delle viti* (Bull. de la Société ent. italienne). Florence, 1881.—V. MAYET ; *De l'œuf d'hiver du Phylloxera, sa découverte à Montpellier* (Compt. rend. Acad. des Sc., 1er semestre 1888, pag. 783 et pag. 1000).—P. DE LAFFITE; *Sur l'œuf d'hiver du Phylloxera* (Comptes rendus, pag. 828).— J. LICHTENSTEIN : *Sur l'œuf d'hiver du Phylloxera* (Comptes rendus, pag. 849). — GAYON ; *Recherches en vue de découvrir des organismes parasites du Phylloxera* (Compt. rend., 1881, pag. 997). — Dr HORVATH ; *Rapport sur la station phylloxérique hongroise*. Budapesth, 1882.— KARL SUMAC ; *Note sur le Phylloxera*. Épernay. Bonnedame et fils, 1882.— BALBIANI ; *De la nécessité de détruire l'œuf d'hiver et des expériences à entreprendre dans ce but* (Comptes rendus Acad. des Sc. 1er semestre 1882, pag. 710 et 1027).— E. COVELLE ; *Le Phylloxera dans le canton de Genève en 1881*. Genève, Pfeffer, 1882.—ED. ANDRÉ ; *Les parasites et les maladies de la vigne*. Beaune, 1882. — V. MAYET ; *Sur l'œuf d'hiver du Phylloxera* (Comptes rendus, 1882, 1er semestre,

pag. 1028). — Henneguy ; *Sur l'œuf d'hiver du Phylloxera* (Comptes rendus, 1er semestre 1882, pag. 1288).— Lichtenstein ; *Les Phylloxeras tenus en serre chaude en hiver.—*Id., *Observations sur divers Phylloxeras* (Comptes rendus Acad. Sc., pag. 1500, 1er semestre, et pag. 373, 2e semestre).
— Henneguy ; *Sur le Phylloxera gallicolle trouvé sur des vignes françaises* (Comptes rendus Acad. Sc., 1882, 2e semestre, pag. 1136). — E. André ; *Les parasites et les maladies de la vigne.* Beaune, 1882. — J. Lichtenstein; *De l'évolution biologique des Pucerons et du Phylloxera en particulier.* Bordeaux, librairie viticole, 1883. — Targioni-Tozzetti ; *Sur les badigeonnages Balbiani et sur l'œuf d'hiver du Phylloxera* (Comptes rendus Acad. des Sc., 1er semestre 1883, pag. 164).—Balbiani; *Réponse à M. Targioni sur les mêmes sujets* (Comptes rendus, pag. 167, 1883, 2e semestre).— F. de Almeida e Brito ; *Le Phylloxera et autres Épiphytes de la vigne en Portugal.* Lisbonne, imprimerie nationale, 1884. —Balbiani ; *Le Phylloxera du chêne et le Phylloxera de la vigne.* Paris, imprimerie nationale 1884. — Id., *Effet du badigeonnage goudronneux contre l'œuf d'hiver* (Comptes rendus Acad. des Sc., 1884, 2e semestre, pag. 634). — J. Lichtenstein ; *Les Pucerons* (première partie). Montpellier, Coulet; Paris, Baillière et fils, 1885.—A. Peragallo; *Les insectes nuisibles à l'Agriculture* (2e partie, la Vigne) Nice, 1885.—Delamotte ; *Monogr. du Phylloxera vastatrix.* Alger, A. Jourdan, 1885.— Boiteau ; *Étude sur la reproduction du Phylloxera in tubes* (Comptes rendus, 1885, 1er semestre, pag. 31).— Balbiani ; *Utilité de la destruction de l'œuf d'hiver* (Comptes rendus, 1885, 1er semestre, pag. 159). — Dr V. Lemoine ; *Développement des œufs du Phylloxera* (Comptes rendus, 1885, 1er semestre, pag. 222.— Id., *Système nerveux du Phylloxera* (Comptes rendus, 2e semestre, pag. 961).—Boiteau ; *Sur les générations parthénogénésiques du Phylloxera, 19e génération* (Comptes rendus, 1886, 1er semestre, pag. 195).
— De Laffite ; Défense de la vigne par la destruction de l'œuf d'hiver (Comptes rendus, 1886, 1er semestre, pag. 347).—Dr Lemoine ; *Sur l'appareil digestif de divers Phylloxeras* (Comptes rendus, 1886, 1er semestre, pag. 220).— Couanon et Salomon ; *Désinfection antiphylloxérique des plants de vigne* (Comptes rendus, 1887, 1er semestre, pag. 340).— Donnadieu; *De la ponte du Phylloxera du chêne pendant l'hiver* (Comptes rendus, 1887, 1er semestre, pag. 483). — Balbiani ; *Réponse à la note précédente* (Ibid., pag. 667). — Donnadieu; *Sur quelques points controversés de l'histoire du Phylloxera* (Comptes rendus, 1er semestre, pag. 836). — De Laffite; *L'œuf d'hiver du Phylloxera.* — Id., *Le badigeonnage des vignes phylloxérées* (Comptes rendus, 1887, 1er semestre, pag. 1044 et 1153). — Donnadieu; *Sur les deux espèces ou formes du Phylloxera de*

la vigne (Comptes rendus, 1887, 1ᵉʳ semestre, pag. 1246).— DE LAFFITE ; Réponse à la note précédente (Comptes rendus, pag. 1419). — BOITEAU ; *Sur les générations parthénogénésiques du Phylloxera, observation de la 25ᵉ génération* (Comptes rendus, 1887, 2ᵉ semestre, pag. 157). — COUANON, HENNEGUY ET SALOMON ; *Nouvelles expériences de désinfection antiphylloxérique des boutures de vigne* (Comptes rendus, 1887, 2ᵉ semestre, pag. 1029). — DONNADIEU ; *Les véritables origines de la question phylloxérique.* Paris, Baillière et fils, 1887. — DE LAFFITE ; *Les badigeonnages contre l'œuf d'hiver* (Comité d'étude et de vigilance, Rapport à M. le Ministre. Agen, Lenthéric, 1887). — KRASSILSESCHIK ; *Le Phylloxera en Russie* (Extrait du Compte rendu de la Commission du Phylloxera d'Odessa, édition française. Marseille, J. Cayer, 1888, et Journal la Vigne française, 31 octobre 1888).

Sulfure de Carbone.

Baron P. THÉNARD ; *Essai de traitement de la vigne par le sulfure de carbone* (Bull. soc. des Agr. de Fr., 1870, pag. 391). — DUMAS ; *Les expériences au sulfure de carbone de M. Monestier* (Comptes rendus de l'Acad. des Sc., 1873, 2ᵉ semestre, pag. 251). — ID., *Sur les moyens de combattre le Phylloxera* (Comptes rendus, 1874, pag. 1609). — Ch. MONESTIER ; *Sur l'emploi du sulfure de carbone mélangé au goudron et aux alcalis* (Comptes rendus, 1874, pag. 1828). — D. CROLAS et A. AUDOYNAUD ; *Phénomènes accompagnant l'introduction et la diffusion des vapeurs de sulfate de carbone dans le sol.* Montpellier, Boehm et fils, 1876. — CROLAS et FALLIÈRES ; *Des moyens pratiques et sûrs de combattre le Phylloxera*, chap. IV : *Sulfure de carbone.* Paris, Masson, 1878.— COMPAGNIE DES CHEMINS DE FER P.-L.-M. ; *Instructions pour le traitement des vignes par le sulfure de carbone.* Paris, Paul Dupont, 1878. — COMMISSION DÉPART. DE LA CHARENTE-INFÉRIEURE *pour l'étude du Phylloxera* (Comptes rendus, 1878).—L. JAUSSAN ; *De l'emploi rationnel du sulfure de carbone.* Béziers, Granier et Malinas, 1878.—N..., *Traitement des vignes phylloxérées au coteau de l'Hermitage.* Lyon, Pitrat aîné, 1879. — Manoel Paulino d'OLIVEIRA ; *Le Phylloxera et le sulfure de carbone en Portugal.* Paris, Masson, 1879. — ROHART ; *Action sur la vigne du dégagement lent du sulfure de carbone* (Comptes rendus, 2ᵉ semestre 1879, pag. 575). — JOURNAL D'AGRICULTURE PRATIQUE, 1879 ; *Le Phylloxera et le sulfure de carbone.* — Alph. ROMMIER ; *Limite de la résistance de la vigne aux traitements sulfocarboniques.* Paris, 1879. — Aimé CHAMPIN ; *Le sulfure de carbone et les viticulteurs*, 1879. — ID., *Le sulfure de carbone et les paysans ; lettre de la Vigne américaine au principal des insecticides* (Extrait du Journal d'Agriculture pratique). Paris, Masson, 1879. — MARION; *Application du sulfure de carbone au traitement des vignes phylloxérées ; Rapport sur les résultats obtenus en* 1878. Paris, P. Dupont, 1879. — Paul OLIVER ; *Le sulfure de carbone.* Perpignan, Latrobe, 1880. — CATTA; *Action de l'eau dans les applications de sulfure de carbone* (Comptes rendus Acad. des Sciences, 1880, 2e semestre, pag. 906). — Dr CROLAS; Rapport à M. le Ministre de l'Agriculture sur *les traitements au sulfure de carbone appliqués en* 1881 *au champ d'expérience de Saint-Germain au Mont-d'Or* (Lyon, Gazette agricole et viticole, 1881). — MARION ; *Application du sulfure de carbone au traitement des vignes phylloxérées* Marseille, 1882.— P. DE LAFFITE ; *Essai sur une bonne conduite des traitements au sulfure de carbone* (Conférence au Congrès phyllox. de Bordeaux). Bordeaux, Feret et fils, 1882.— Dr CROLAS et VERMOREL ; *Manuel pratique des sulfurages.* Paris, Maison rustique, 1884. — G. GASTINE ; *Emploi du sulfure de carbone contre le Phylloxera.* Paris, Masson, 1884. — G. GASTINE et G. COUANON; *Emploi du sulfure de carbone contre le Phylloxera.* Bordeaux, Feret et fils, 1884. — CHANCEL et PARMENTIER ; *Solubilité du sulfure de carbone dans l'eau* (Comptes rendus Acad. des Sc., 1884, 2e semestre, pag. 892). — Dr CROLAS et VERMOREL ; *Guide du vigneron pour l'emploi du sulfure de carbone contre le Phylloxera.* Paris, Maison .rustique , 1884. — Dr CROLAS et M.-P. VINCEY ; *Rapport à M. le Ministre de l'Agriculture sur les travaux du Comité et des Syndicats.* Lyon, Waltemer et Cie, 1885. — JAUSSAN ; *Après sept ans de lutte, observations sur les effets du sulfure de carbone.* Béziers, P. Rivière, 1885. — Dr CROLAS et F. JOBART; *Traitement des vignes phylloxérées à l'aide des vapeurs du sulfure de carbone introduites et diffusées dans le sol au moyen de l'aspiration.* — Étienne BASTIDE; *Le Phylloxera et le sulfure de carbone.* — VERNIÈRE ; *Le sulfure de carbone, remède curatif et préventif contre le Phylloxera.* Montpellier, Coulet, 1874. — J. PASTRE ; *Les accidents attribués au sulfure de carbone.* Béziers.

Traitements d'extinction par le sulfure de Carbone.

E. RISLER ; *Rapport sur l'arrachage et le traitement des vignes phylloxérées de Pregny.* Genève, J. Benoît, 1875. — Dr FATIO et DEMOLE-ADOR ; *Le Phylloxera dans le canton de Genève de mai à août* 1875. Genève, Ramboz et Schuchardt, 1875. — D. MONNIER et E. COVELLE; *Le Phylloxera dans le canton de Genève en* 1877. Genève, H. Georg, 1878. — D. MONNIER ; *Rapport sur le traitement des vignes phylloxérées en Suisse*

par les procédés de D. Monnier. (Journal d'Agriculture pratique, 1878).—
E. COVELLE; *Le Phylloxera dans le canton de Genève en 1879 et en 1880.
Rapports au département de l'intérieur.* Genève, Ch. Schuchardt, 1880
et 1881. — MINISTERIO DI AGRICULTURA, INDUSTRIA E COMMERCIO
D'ITALIA; *Instruzioni per i delegati incaricati della ricerca e della dis-
truzione della fillossera.* Roma, 1881. — COMMISSION FÉDÉRALE SUISSE;
Circulaire du 7 juillet 1881 (Comptes rendus des Travaux du service du
Phylloxera, 1882). — LE DÉPARTEMENT FÉDÉRAL DU COMMERCE ET DE
L'AGRICULTURE; *Rapport sur le Phylloxera en Suisse,* en 1881. Berne et
Neufchâtel, 1882. — E. COVELLE; *Le Phylloxera dans le canton de Ge-
nève en 1882 et en 1883.* Genève, Ch. Pfeffer, 1883. — V. MAYET; *Le
Phylloxera en Suisse* (Comptes rendus Acad. des Sc., 1882, 2e semestre,
pag. 969). — L'ALGÉRIE AGRICOLE, nos des 15 juillet, 15 septembre,
1er octobre, 15 octobre, 1er décembre 1885. Alger.—E. PETIT; *La lutte
contre le Phylloxera en France, en Suisse et en Algérie.* Oran, Chazeau-
Mouchot, 1886.

Sulfocarbonate de Potassium.

DUMAS; *Sur les moyens de combattre le Phylloxera (sulfocarbonates
alcalins)* (Comptes rendus Acad. des Sc., 1874, pag. 1609). — MOUILLE-
FERT; *Expériences sur l'emploi des sulfocarbonates alcalins* (Comptes
rendus, 1874, 2e semestre, pag. 645 et 1184). — AUBERGIER; *Les sulfocarbonates en Auvergne* (Comptes rendus de l'Acad. des Sc., 1875,
pag. 785).—DUMAS; *Observations* concernant la Note précédente (Comptes
rendus, pag. 788). — DUCLAUX; *Les sulfocarbonates en Beaujolais*
(Comptes rendus, 1875, pag. 829). — MOUILLEFERT; *Le Phylloxera,
moyens proposés pour le combattre,* chap. XII et suivants. Masson, 1875.
— ID., *Le Phylloxera, Comité de Cognac, résumé des résultats obtenus de
1874 à 1877 avec les sulfocarbonates alcalins.* Paris, Maison rustique,
1877. — ID., *Conservation des vignes françaises, application des sulfocarbonates à la guérison des vignes.* Paris, librairie Agricole, 1878. —
DUMAS; *Études sur le Phylloxera et les sulfocarbonates,* Paris, 1876. —
MARION; *Les expériences de la Cie P.-L.-M. pour combattre le Phylloxera
par le sulfure de carbone et les sulfocarbonates* (Comptes rendus Acad.
des Sc., 1876, 2e semestre, pag. 1087). — DE LA VERGNE; *Résultats
obtenus par le sulfocarbonate de potassium* (Comptes rendus Acad. des
Sc., 1er septembre 1878, pag. 1531). — CROLAS et FALLIÈRES; *Des
moyens pratiques et sûrs de combattre le Phylloxera par le sulfocarbonate.* Paris, Masson, 1878. — P. MOUILLEFERT; *Traitement des vignes*

phylloxérées par le sulfocarbonate de potassium. Paris, librairie Agricole, 1879. — Id., *Application du sulfocarbonate de potassium aux vignes phylloxérées.* Paris, 1880.— Mouillefert et F. Hembert ; *Emploi du sulfocarbonate de potassium contre le Phylloxera* (Bull. Soc. des Agriculteurs de France, 1er mars 1880). — E. Morlot ; *Des sulfures et sulfocarbonates divers de M. Dumas.* Épinal, Fricotel, 1880. — H. Marès ; *Traitement des vignes phylloxérées par le sulfocarbonate* (Comptes rendus, 1er semestre 1880, pag. 28 et 74). — Id., *Résultats obtenus par le sulfocarbonate de potassium.* Ibid., pag. 1530. — Id., *Rapports du Président de la Commission départementale de l'Hérault* (Compte rendu des Travaux du service du Phylloxera, années 1881, 1882, 1883 et 1884).

Submersion et Arrosages d'été.

L. Faucon ; *Nouvelle maladie de la vigne* (Messager agricole du Midi, nos des 5 août, 5 septembre, 5 octobre, 20 octobre, 5 décembre 1869 et 5 janvier 1870). L'auteur insiste sur les bons effets des submersions des vignes, et distingue entre les irrigations impuissantes et les submersions efficaces. — Id., *Nouvelle maladie de la vigne* (Journal d'Agriculture pratique, 14 avril et 28 juillet 1870). — Id., Note sur la maladie de la vigne dite *Phylloxera* (Messager agricole du Midi, 10 août 1871. — Id., Lettre à M. le Ministre de l'Agriculture sur la submersion des vignes (Journal d'Agriculture pratique, 12 octobre 1871).— Id., Submersion des vignes comme moyen de destruction du *Phylloxera* (Comptes rendus Acad. des Sc., 1871, pag. 784). — Id , *De la submersion.* Montpellier, Coulet, 1874. — Crolas et Fallières ; *Des moyens pratiques et sûrs de combattre le Phylloxera (Submersion).* Paris, Masson, 1878. — L. Faucon ; *Nouvelles et importantes observations sur la submersion des vignes.* Avignon, Lagrange, 1879. — J.-A Barral ; *Les irrigations dans le département des Bouches-du-Rhône.*— Id., *Les irrigations dans le département de Vaucluse.* Paris, Impr. nat,, 1876. — V. Mayet ; *Expériences sur l'efficacité de la submersion* (Journ. de l'Agr., 7 août 1879). — F. Convert ; *La reconstitution des vignobles, les submersions et les plantations dans les sables* (Extrait du Journal d'Agriculture pratique). Paris, libr. agr. de la Maison rustique, 1882. — T. Ambroy ; *La submersion des vignes.* Montpellier, Coulet, 1883. — J.-A. Barral ; *La lutte contre le Phylloxera.* Marpon et Flammarion, 1883. — Monclar ; *L'eau et la vigne* (Journal d'Agriculture pratique, avril 1882). — J. Maistre ; *La vigne et la sécheresse, l'irrigation des vignes* (Journal de l'Agriculture, 1883 et 1884). — H. Marès ; *Rapport de M. le Président de la Commis-*

sion *départementale de l'Hérault,* 1882, 1883 et 1884 (Comptes rendus des Travaux du service du *Phylloxera.* Paris, imprimerie nationale). — A. Duponchel; *Les irrigations insecticides* Paris, Hachette, 1883.— F. Convert, L. Degrully, F. Bernard, P. Viala ; *Congrès viticole de Montpellier* 1884. Montpellier, Coulet. — G. Foex ; *Manuel pratique de Viticulture.* Montpellier, Coulet, 1884. — Vannuccio Vannuccini ; *L'irrigation comme moyen de combattre le Phylloxera* (Messager agricole, 10 juillet et 10 août 1885). — B. Chauzit et Trouchaud-Verdier ; *La submersion des vignes* (Progrès agricole et viticole, juillet et août 1887). — G. Foex ; *Cours complet de Viticulture,* 2ᵉ édition. Montpellier, Coulet, 1888.

Plantations dans les Sables.

Espitalier; *Ensablement des vignes phylloxérées,* Instructions pratiques. Montpellier, Coulet, 1874.— Lichtenstein ; *Emploi du sable dans les vignes phylloxérées* (Comptes rendus, 1874, pag. 1641). — Marion ; *Action insecticide des sables* (Application du sulfure de carbone au traitement des vignes phylloxérées, 1878). — Boyer ; *Végétation de la vigne dans les sols sableux du département du Gard* (Communication faite au Congrès phylloxérique de Nimes, 24 septembre 1879). Nimes, Clavel-Ballivet, 1880. — Vannuccio Vannuccini ; *Étude des terres où la vigne indigène résiste au Phylloxera* (Messager agricole, 10 septembre 1881).— J.-A. Barral; *Influence de l'humidité souterraine et de la capillarité du sol sur la végétation des vignes* (Comptes rendus Acad. des Sc., 12 février 1883). — Saint-André ; *Recherches sur les causes de la résistance des vignes au Phylloxera dans les sols sableux.* Montpellier, Grollier, 1881. — Id., *La viticulture dans les landes de Gascogne* (Extrait du Journal d'Agriculture, mars 1882). Paris, Masson, 1882. — Le Dr G. Horvath; *Rapport annuel de la Station phylloxérique Hongroise.* Budapesth, 1882. — F. Convert ; *Les submersions et les plantations dans les sables* (Journal d'Agriculture pratique, 1882).— J.-A, Barral ; *La lutte contre le Phylloxera.* Paris, Marpon et Flammarion, 1883. — A. Audoynaud; *Sur la résistance des vignes dans les terres sableuses* (Annales agronomiques. Paris, 1883).— G. Foex ; *Manuel pratique de Viticulture.* Montpellier, C. Coulet, 1887. — Id., *Cours complet de Viticulture.* Montpellier, Coulet, 1888.

Emploi des Vignes américaines.

LALIMAN ; *Lettre sur l'immunité de certains cépages américains dérivant du Vitis æstivalis* (Messager du Midi, 13 novembre 1869, 27 juin 1870, et Bulletin Soc. d'Agriculture de l'Hérault, séance du 17 avril 1871). — G. BAZILLE ; *Des plantes sur lesquelles on pourrait greffer la vigne* (Bull. soc. d'Agr. de l'Hérault, séance du 2 août 1869).— ID., *Immunité des vignes dérivant du type Æstivalis* (Messager agric. du Midi, 10 juillet 1870).— RILEY ; *Observations sur l'indemnité de certains cépages américains* (The american Entomologist and Botanist, vol. II, décembre 1870, pag. 354, et traduction partielle par J. Lichtenstein dans le Messager agricole du Midi, tom. XII, pag. 84). — PASTEUR ; *Notes sur les vins des vignes américaines* (Comptes rendus de l'Acad. des Sc., 1874). — J.-É. PLANCHON ; *Immunité durant depuis dix ans des vignes américaines de Roquemaure (Gard)* (Comptes rendus Acad. des Sc., 1874, pag. 1093).— ID., *Les vignes américaines, leur culture,* etc Montpellier, Coulet, 1875. —L. VIALLA et J.-É. PLANCHON; *Les cépages américains dans l'Hérault en 1875-1876.* Rapport à la Soc. d'Agr. de l'Hérault, années 1875-1876.— A. MILLARDET ; *Études sur les vignes américaines qui résistent au Phylloxera* (Mémoires présentés par divers savants à l'Acad. des Sciences). Paris, imprimerie nationale, 1876.—G. FOEX ; *Notes relatives aux effets produits par le Phylloxera sur les racines de divers cépages américains et indigènes* (Comptes rendus Acad. des Sc , 18 décembre 1876 et 15 janvier 1877). — L. CAUSSE ; *Rapport à la Société d'Agr. du Gard sur les vignes américaines, séance du 26 novembre* 1876. Nimes, Clavel-Ballivet. —J.-É. PLANCHON, V. PULLIAT et J.-É. ROBIN; *Les vignes américaines résistantes, choix et culture des cépages* (Journ. la Vigne américaine, 15 décembre 1877). — U. COSTE ; *Phytotomie pathologique* (Montpellier, imprimerie centrale du Midi, 1877.— NORDLINGER ; *Indemnité des vignes américaines en Wurtemberg* (Landwirthschaftliche, 19 août 1876). — A. MILLARDET ; *La question des vignes américaines.* Bordeaux, Feret et fils, 1877. — ID., *Études sur quelques espèces de vignes sauvages de l'Amérique du Nord.* Bordeaux, 1879. — L. VIALLA ; *Observations sur la plantation des cépages américains.* Montpellier, Grollier, 1877. — Aimé CHAMPIN; *Culture théorique et pratique des cépages résistants.* Montpellier, Coulet, 1878.— G. FOEX; *Note relative aux vignes américaines* (la Vigne américaine, avril 1878).— G.-E. MEISSNER ; *Les vignes américaines en France et aux États-Unis* (la Vigne américaine, janvier, mars

11

et avril 1878).—L. CAUSSE; *Rapport à la Société d'Agriculture du Gard, séance du 28 avril 1878.* Nimes, Clavel-Ballivet. — GUÉNANT et COUPRIE; *Compte rendu de la conférence faite par M. G. Foëx, professeur à l'École d'Agriculture de Montpellier, en séance extraordinaire de la Société d'Agriculture de la Gironde, 19 mars 1878.* Bordeaux, E. Crugy. — Dr G. DAVIN ; *Reconstitution de nos vignobles à l'aide des vignes américaines résistantes.* Draguignan, Latil, 1878.— G. BOURGADE; *Adaptation parfaite des vignes américaines du Sud au climat et au sol de la France méridionale.* Montpellier, Coulet, 1878. — G. BAZILLE ; *Exposé de la question phylloxérique.* Vienne, Savigné, 1878. — SOCIÉTÉ CENTRALE D'AGRICULTURE DE L'HÉRAULT : *Congrès viticole réuni à Montpellier les 4, 5 et 6 septembre 1878 pour l'étude des vignes américaines.* Montpellier, Grollier, 1878.—G. FOEX ; *La question du Phylloxera. Les vignes américaines* (Journal des Connaissances utiles, 1er mars 1879). Paris, Tolmer et Cie.—ID., *Résistance des Vignes américaines,* communication faite à la séance du 1er mars 1879 (Association française pour l'avancement des Sciences. Montpellier, 1879).— G. DAVIN ; *État actuel de la viticulture américaine.* Draguignan, Latil, 1879. — J. COMY; *Culture des cépages américains dits porte-greffes.* Nimes, Clavel-Ballivet, 1879. — G. FOEX ; *Causes de la résistance des vignes contre les attaques du Phylloxera.* Montpellier, Boehm, 1879.— *Compte rendu analytique des séances du Congrès viticole tenu à Nimes les 21, 22 et 23 septembre 1879.* Nimes, Clavel-Ballivet, 1880. — ID., *Rapport à M. le Directeur de l'École d'Agriculture de Montpellier sur les expériences de viticulture.* Montpellier, Coulet, 1870. — J.-É. PLANCHON ; *Le Vitis Berlandieri, nouvelle espèce de vigne américaine* (Comptes rendus Acad. des Sc., 2e sem., 1880, pag. 425). — Dott; DOMIZIO CAVAZZA ; *La quistione del Giorno.* Bologna, 1880. — STATE VITICULTURAL COMMISSION OF CALIFORNIA. San Francisco, 1881, pag. 11 et suivantes. — COMISION ORGANIZADORA DEL CONGRESO INTERNACIONAL DE ZARAGOZA, *Seziones celebradas desde el 1° al 11 de octubre 1880.* Zaragoza, imprenta del Hospicio provincial.—G. FOEX ; *Exposé sommaire des travaux exécutés à l'École d'Agriculture de Montpellier* (Compte rendu des Travaux du service du Phylloxera, 1881). Paris, imprimerie nationale. — SOCIÉTÉ CENTRALE D'AGRICULTURE DE L'HÉRAULT ; *Réunions publiques organisées pour le greffage des vignes américaines les 14 et 15 mars 1881.* Montpellier, Grollier, 1881. — Dr FREDERICO TRÉMOLS Y BORRELL; *Informe a cerca de las cepas de los Estados-Unidos de America.* Barcelona, 1881. — VISCONDE DE VILLAR D'ALLEN; *Commissão central dos servicos phylloxericos. Relatorio annual.* Porto, 1881.— - Dr DESPETIS ; *Observations pratiques sur la reconstitution des vignobles*

par les vignes américaines (Messager agricole du Midi, 1881, pag. 373).
— Justin ALLIEN; *Les plants américains à Saint-Georges*. Montpellier,
Boehm, 1882. — Maurice LESPIAULT; *Notes et observations sur les
vignes américaines*. Nérac, L. Durey, 1882. — SOCIÉTÉ D'AGRICULTURE
DE COMMERCE ET D'INDUSTRIE DU VAR; *Congrès viticole tenu à Draguignan les 27 et 28 mai 1882*. Draguignan, Latil. — MINISTERIO DAS OBRAS
PUBLICAS, COMMERCIO ET INDUSTRIA; *Relatorio do inspetor general dos
servicos phylloxericos do sul do reino*, 1882, pag. 22 et suiv.; et ID., 1883.
Lisboa, imprensa nacional. — G. FOEX; *Conseils aux viticulteurs sur
la reconstitution des vignobles par les vignes américaines*. Montpellier,
1883. — VANNUCCIO VANNUCCINI; *Guida pratica per la ricostituzione
dei vigneti Italiani in previsione di una prossima invasione fillosserica*.
Firenze, 1883. — SOCIÉTÉ CENTRALE D'AGRICULTURE DE L'HÉRAULT;
*Réunions publiques organisées, etc., les 5, 6 et 7 mars 1883 à l'École
d'Agriculture de Montpellier*. Montpellier, Grollier. — G. FOEX; *Rapport sur les expériences de viticulture faites à l'École nationale d'Agriculture de Montpellier en 1883* (Compte rendu des Travaux du service du
Phylloxera. — J.-B. FEYEUX ET C.-J. SYLVESTRE; *Compte rendu des
réunions organisées par la Soc. de viticult. de Lyon les 6, 7 et 8 avril
1884 à Villefranche-sur-Saône* (Bibliothèque du Progrès agr. et vit. de
Montpellier). — F. CONVERT, L. DEGRULLY, F. BERNARD ET P. VIALA;
*Compte rendu des réunions organisées par la Société d'Agriculture de
l'Hérault à l'École d'Agriculture de Montpellier les 10, 11 et 12 mars 1884*
(Bibl. du Progrès agr. et vitic. de Montpellier).—Ad. TARGIONI-TOZZETI;
*Relazione intorno di lavori delia R. Stazione di Entomologia agraria di
Firenze*. Firenze, Roma, tipogr. dei Fratelli Bencini, 1884. — L. DE-
GRULLY ET P. VIALLA; *Les vignes américaines à l'École nationale d'A-
griculture de Montpellier*. Montpellier, Coulet, 1884. — Mme LA DU-
CHESSE DE FITZ-JAMES; *Grande culture de la vigne américaine*. Montpellier, Coulet, 1884). - G. FOEX; *Rapport sur les expériences de viticulture faites à l'École d'Agriculture de Montpellier en 1884* (Comptes rendus
des Travaux du service du Phylloxera). Paris, imprimerie nationale, 1885.
— ID., *Manuel pratique de Viticulture*. Montpellier, Coulet, 1884.— G.
FOEX et P. VIALA; *Ampélographie américaine*. Montpellier (Bibliothèque
du Progrès agric. et vitic., 1885).— BUSH et FILS et MEISSNER; *Catalogue
illustré et descriptif des vignes américaines*, traduit par MM. L. Bazille
et J.-É. Planchon. Montpellier, Coulet, 1885. — F. SAHUT; *Les vignes
américaines, leur greffage et leur taille*. Montpellier, Coulet, 1885. —
Dr DESPETIS; *Emploi pratique des vignes américaines*. Béziers, 1883.
— P. TOCHON; *Conférence sur les cépages américains producteurs*

directs. Chambéry, Ménard, 1885. — BOYER, FALLOT, HOUDAILLE et RAVAZ ; *Compte rendu des réunions viticoles organisées par la Société centrale d'Agriculture de l'Hérault à l'École d'Agriculture de Montpellier, 8 et 9 mai 1885*. Montpellier, Grollier, 1885. — MINISTERO DI AGRICOLTURA, INDUSTRIA E COMMERCIO ; *Atti del Congresso fillosserico internazionale di Torino*. Roma, 1885. — Dott, Edoardo OTTAVI ; *Escursioni viticole nel mezziogiorno della Francia*. Casale, 1885. — P. TOCHON ; *Étude pratique de la reconstitution des vignobles détruits par le Phylloxera*. Chambéry, Ménard, 1886. — CONGRÈS DE BORDEAUX ; Compte rendu. Feret et fils, 1886.— Mme la Duchesse DE FITZ-JAMES ; *La vigne américaine en 1885* (Messager agricole du Midi, 1886, pag. 93). — ID., *Lettre sur les vignes américaines en terrains compacts* (Messager agricole, 1886, pag. 472). — ID., Nombreux articles dans le Messager agricole du Midi de 1887 et 1888.— G. FOEX ; *Les vignes américaines et les maladies de la vigne*. Conférences faites à l'Athénée de Genève, 1887. — P. VIALA ; *Mission viticole en Amérique*. Rapport à M. le Ministre d'Agriculture. Montpellier, Coulet, 1888. — G. FOEX ; *Manuel pratique de Viticulture*, 4e édit. Montpellier, Coulet, 1887.— ID., *Cours complet de Viticulture*, 2e édit. Montpellier, Coulet, 1888.—Dr DESPETIS ; *Traité pratique de la culture des Vignes américaines*, 2e édit. Montpellier, Coulet, 1889.— Mme la DUCHESSE DE FITZ-JAMES ; *La Viticulture Franco-Américaine*. Montpellier, Coulet, 1889. — P. VIALA ; *Une Mission viticole en Amérique*. Montpellier, Coulet ; Paris, Masson, 1889.

CHAPITRE VII.

LE PUCERON VRAI DE LA VIGNE

(*Aphis vitis* Scopoli.)

Bien que l'importance de cet insecte soit nulle dans les cultures d'Europe, où il ne se rencontre qu'accidentellement et fait à peine recoquiller quelques feuilles, nous devons en parler comme d'une espèce exclusivement ampélophage.

Elle a été signalée dès le siècle dernier. Scopoli, l'auteur de l'*Entomologia Carniolica*, parue en 1763, l'a décrite le premier et l'a citée comme attaquant les vignes en Autriche.

Depuis, plusieurs naturalistes l'ont mentionnée : Fabricius, en 1775, en parle en ces termes : *habitat in vine vinifera ;* Gmelin, naturaliste russe qui a publié en 1788 la treizième et dernière édition du *Systema naturæ* de Linné, la cite également, et cet auteur passe même, à tort, pour le créateur de l'espèce.

Depuis cette époque, on semblait ne plus avoir retrouvé l'insecte. Dunal ne le cite que d'après Gmelin, Vallot d'après Scopoli, ainsi que Kaltenbach, qui l'a vainement cherché dans la vallée du Rhin. Dans sa *Flora degli afidi*, le professeur Passerini (de Palerme) dit de son côté ne l'avoir jamais vu.

En 1882, Lichtenstein l'a rencontré, par hasard, aux environs de Montpellier, au domaine de Viviers chez M. Pagezy, et il vint nous le montrer comme une rare et intéressante trouvaille. Une Note fut envoyée à l'Académie des Sciences (1882, pag. 1500). Avec les quelques lignes de description reproduites, d'après Scopoli, par Vallot (*Les ennemis de la vigne*, pag. 311), ce sont les seuls travaux français où il soit fait mention de cet insecte. Il paraît rare en dehors de la région où il a été découvert (les environs de Trieste); il se trouve cependant çà et là et jusqu'en Amérique. Asa Fitch le mentionne en effet dans une de ses Notes sur les Insectes de la vigne aux États-Unis, publiées de 1854 à 1859 (*Annual Report of agricultural Society of New-York*, 1859), et dont un extrait a été donné par

M. le D^rSignoret (*Ann. Soc. entomol. de France*, 1869, pag. 555). Serait-ce encore une espèce américaine introduite en Europe ? Lichtenstein le pensait, l'ayant trouvée sur le *Jacquez*. L'introduction daterait alors du siècle dernier !

DESCRIPTION ET BIOLOGIE.

N'ayant à ma disposition ni l'*Entomologia Corniolica* ni la Note d'Asa Fitch, n'ayant fait que *voir* l'insecte en 1882, je ne puis qu'en donner une brève description d'après Lichtenstein et Vallot.

L'*Aphis vitis* est un puceron vrai, c'est-à-dire un *Aphide* ayant les ailes inclinées en forme de toit et portant en dessus, à l'extrémité de l'abdomen, deux cornicules ou petits tubes servant d'écoulement à un liquide sucré sécrété par deux glandes appelées nectaires. La couleur du corps est vert foncé; les yeux, la queue et les cornicules sont noirs, celles-ci presque aussi longues que la queue. La forme larvaire est ovale, légèrement velue, et a également les yeux bruns.

D'après Scopoli, ce puceron se tient sous les feuilles de la vigne dans l'Europe méridionale. Lichtenstein l'a trouvé à plusieurs reprises, sur les vrilles d'abord, puis sous les feuilles d'un Jacquez, ensuite sur l'Aramon ; sa présence lui a toujours été révélée par les allées et venues de nombreuses fourmis. Ces *Hyménoptères*, on le sait, sont très friands du liquide sécrété par les nectaires des pucerons.

FAMILLE DES CICADELLIDES.

Ces insectes, appelés en français *Cicadelles* ou *petites cigales*, sont des *Hémiptères Homoptères* ressemblant beaucoup aux *Cigales* par la forme, les ailes en toit, les tarses à trois articles, etc., mais plus petits, ne produisant pas de bruit et n'ayant pas les élytres transparentes. Celles-ci ont généralement les mêmes teintes que le corps, qui est vert, jaune, rouge, parfois aussi gris et même noir suivant les espèces. Les pieds postérieurs sont organisés pour le saut, et l'insecte est difficile à saisir autrement que par un procédé bien connu des entomologistes, le procédé du doigt mouillé. Le vol est prompt, rapide, et généralement succède au saut. Les antennes, de trois articles, sont terminées par une soie très fine; le bec naît tout à fait à la partie inférieure de la tête.

L'état larvaire ressemble à la forme parfaite; ce n'est guère que par l'absence d'ailes qu'il s'en distingue, et c'est là encore un caractère qui sépare ces insectes des *Cigales* vraies, aux larves souterraines si différentes de l'insecte ailé.

LES CICADELLES DE LA VIGNE

Plusieurs *Cicadelles* paraissent causer des dommages sensibles à la vigne, non pas en France où le cas est l'exception, mais à l'étranger. Riley mentionne comme telles aux États-Unis plusieurs espèces, et surtout l'*Erythroneura vitis*, qui, se multipliant en masse certaines années, arrive à faire dessécher un grand nombre de feuilles et à nuire beaucoup à la plante. Les dégâts en France ne sont jamais considérables; mais il n'en n'est pas de même, paraît-il, en Algérie et surtout en Tunisie. On a signalé dans l'ancien Monde un certain nombre de *Cicadelles* comme ampélophages ; il y a eu sans doute des confusions, car le nombre de celles qui se trouvent sûrement sur la vigne se réduit à trois :

> *Typhlocyba flavescens* Fabricius ;
> —   *viticola* Targioni ;
> *Penthimia atra* Fabricius.

A part ces trois espèces, on a cité souvent comme ampélophages deux *Cicadelles* qui ne se rencontrent pas sur la vigne, à notre connaissance : le *Typhlocyba (Chlorita) viridula* Fallermann et le *Typhlocyba (Kybos) smaragdula* Fallermann ou *Typhlocyba viridipes* Curtis. Le *T. viridula* vit sur les graminées de nos prairies et le *T. smaragdula* sur le saule.

Il faut être spécialiste pour ne pas confondre entre elles ces petites *Cicadelles vertes*, identiques au premier abord. Toutes celles qui nous sont venues de divers côtés ont été soumises à M. Puton, toutes, sauf le *Typhlocyba viticola* de M. Targioni, que nous n'avons pas vu. Mais en disant que l'auteur italien est, lui aussi, une autorité en *Hémiptères*, nous validons par le fait cette espèce.

I. — **Typhlocyba flavescens** Fabricius. ·

Synonymie.— *Chlorita flavescens* Fabricius (Catal. Puton) ; *Chlorita vitis* Gothe, 1875.

Cette petite *Cicadelle verte* fait partie, d'après M. Targioni, de la tribu des *Typhlocybides*, du genre *Typhlocyba*, et, dans ce genre, de la coupe ou série des *Neurososti*, c'est-à-dire dès *Typhlocyba* ayant une nervure courant parallèlement au bord extérieur des élytres, nervures sur laquelle se rencontrent les nervures longitudinales, formant ainsi des cellules apicales fermées.

D'après M. Puton, dont nous avons jusqu'à présent suivi la nomenclature, cette coupe correspond au genre *Chlorita* de Fieber et notre insecte devrait être appelé *Chlorita flavescens*; mais le nom de *Typhlocyba*, adopté par M. Targioni, est celui sous lequel les petites *Cicadelles vertes* de la vigne ont été jusqu'à présent désignées en viticulture. Avec M. Targioni, nous faisons donc sur ce point infidélité au Catalogue Puton, et nous nommons notre *Cicadelle Typhlocyba flavescens*.

A part les caractères génériques susnommés, on reconnaîtra le *T. flavescens* aux caractères suivants : Corps très allongé, 2^{mm},50 à 3^{mm},50 de long sur 0^{mm},75 environ de large, d'un vert clair ou jaunâtre luisant, les yeux noirs, les élytres parfois striées de bandes claires, les pattes de même couleur, parfois d'un vert bleuâtre avec les ongles noirs.

L'insecte parfait, autrement dit ailé, ne paraît guère que fin juin. Jusquelà, on ne trouve sur les vignes que des individus *Aptères* (larves) et d'autres ayant des moignons d'ailes (nymphes).

Cette espèce est abondante dans toute l'Europe tempérée et sur la côte barbaresque, sur le poirier, le tilleul et la vigne. M. le Dr Populus (Catal. des *Hémiptères* de l'Yonne) la dit commune sur la pomme de terre et le sapin, M. Von Heyden sur le pin; elle est donc très répandue. Lichtenstein et Signoret, maintes fois consultés à son sujet par les viticulteurs, l'avaient à tort rapportée au *Typhlocyba viridipes* de Curtis [1], le *Kybos smaragdulus* du Catalogue Puton, insecte de taille double et vivant spécialement sur le saule. De là l'erreur commise par la plupart de ceux qui en ont parlé, entre autres M. Gastine, délégué officiel pour l'étude du *Phylloxera* en Tunisie. Il le nomme ainsi dans son dernier Rapport (*Bulletin du Ministère de l'Agriculture*, 1887), et parle de ravages sérieux exercés par cet insecte dans diverses localités de la Régence, entre autres à l'Enfida. Étant personnellement en relations avec le directeur du célèbre domaine, M. Manjiavacchi, nous n'avons pas eu de peine à nous procurer le ravageur, qui nous a été obligeamment envoyé courrier par courrier. Les *Cicadelles* de l'Enfida, comme celles que nous avons reçues de Sétif et de Blidah, comme celles de Montpellier, soumises à M. Puton, se sont trouvées être des *Typhlocyba flavescens* ; les individus provenant de Barbarie semblent être toutefois un peu plus petits.

En Tunisie, d'après le Rapport de M. Gastine, «certaines souches ont

---

[1] Bush et Meissner; *Catal. illustré et descr. des Vignes améric.*, pag. 51.

un aspect très fâcheux : les feuilles piquées au revers par ce petit insecte subissent des déformations considérables, elles sont boursouflées, roulées, sans perdre cependant leur couleur verte, et ces altérations occasionnent un véritable état de souffrance pour la plante, dont le développement s'arrête». Le Directeur de l'Enfida nous a confirmé ces détails, et des renseignements analogues nous sont venus de M. Chapelle, stagiaire agricole à Schuiggui, propriété de M. Leroy-Beaulieu, dans la vallée de Medjerdah. En France, et on peut dire en Europe, les dégâts sont insignifiants.

Comme moyen de destruction contre les *Cicadelles*, beaucoup plus dangereuses en Amérique que chez nous, M. Riley parle du pulvérisateur avec des dissolutions de tabac ou de savon noir. Nous considérons ces moyens comme impraticables en grande culture. Nous serions plutôt d'avis d'employer l'entonnoir à *Altises* terminé par un sac (fig. 37), en faisant, comme pour ces petits *Coléoptères sauteurs*, dont nous parlerons avec détails, l'opération le matin, avant que l'ennemi ait été réchauffé par le soleil.

Fig. 37. — Entonnoir à Altises.

Après avoir fait pénétrer le pied de la souche dans l'échancrure de l'entonnoir, on frappe les bras de la vigne avec un baton, et les insectes tombent dans le sac qui termine l'entonnoir.

II. — **Typhlocyba viticola** Targioni.

Comme nous l'avons dit, nous n'avons pas vu cette *Cicadelle* et nous ne ferons que reproduire la description de M. Targioni[1].

« Cette espèce appartient aux *Typhlocyba* du groupe des *Tetraneuri*, c'est-à-dire des espèces qui ont quatre nervures terminales aux élytres, les nervures longitudinales libres, unies entre elles par des nervures transversales. La cellule apicale est triangulaire, une fois et demie plus longue que large. Les nervures terminales sont parallèles. La troisième cellule terminale, à peine plus large que la seconde à sa base, et là encore plus étroite que la quatrième, qui, par suite de la convergence de la troisième nervure avec le bord interne-postérieur, est resserrée vers le sommet. Le corps est entièrement d'un jaune verdâtre clair, ainsi que les membres.

»Autant qu'on puisse comparer cette espèce, à cause de sa couleur, au *Typhlocyba rosæ* ou aux *T. Coryli* et *T. candidula*, qui lui sont plus voisins,

[1] Targioni-Tozzetti ; *Relazione della Stazione di Entom. agraria di Firenze*, pag. 402 (*Annali di Agricoltura*, 1888).

elle en diffère par la forme de la première cellule des élytres, qui n'est pas plus grande que la deuxième et la quatrième. Elle diffère également des *T. Hyperici* H. S. et *T. blandula* Rossi par la troisième cellule, qui n'est pas plus étroite d'un tiers ou de la moitié que la quatrième, mais qui en diffère à peine.

»La nymphe, moins jaune, d'un vert plus tranché que l'insecte parfait, a les spinules sétiformes des jambes postérieures à peine indiquées. L'abdomen est en triangle allongé, nettement segmenté, et chacun de ses segments porte deux longues soies spiniformes inclinées vers l'arrière.

»Cette forme a été trouvée assez fréquemment dans les vignes de l'île de Pianosa et par nous-même près de Porto San Stefano, au mois de juillet. On n'a pas signalé de dommages occasionnés par elle.»

III. — **Penthimia atra** FABRICIUS.

SYNONYMIE. — *Cercopis nigra* Goëze 1778; *C. æthiops* Schrank 1781; *Cercopis atra* Fabricius; *C. sanguinicollis* (var.) Fabricius, 1794; *Cicada hæmorrhoa* Panzer; *C. Thoracica* Panzer, 1794; *Cercopis castanea* Gmelin; *C. biguttata* Gmelin, 1788; *Penthimia atra* German, 1830; *Penthimia atra* Audouin, 1842.

Cette *Cicadelle*, signalée depuis le siècle dernier sur la vigne, a été, comme l'indique la longueur de sa synonymie, étudiée par beaucoup d'auteurs. La disposition des couleurs varie et même la teinte générale du corps, qui d'habitude est noire, et c'est ce qui fait que le même auteur a décrit comme espèces distinctes de simples variétés ; Audouin, qui ne connaissait pas d'autre cicadelle sur la vigne, en a donné une bonne description ainsi qu'une bonne figure.

Le genre *Penthimia* ne comprend en Europe que cette seule espèce. Comparée aux deux cicadelles précédentes, elle s'en distingue par sa forme courte et élargie, ce qui la fait placer de suite dans une autre tribu que les Typhlocybides, celle des Tettigonides (fig. 38).

Fig. 38. — Penthimia atra.

Le *corps*, long d'environ de cinq millim. et large de trois, est en général d'un noir brillant ; la *tête* noire, large, avec un chaperon saillant, est fortement recourbée latéralement en arrière, ce qui lui donne la forme d'un croissant ; les *antennes* sont insérées dans une fossette sous le bord proéminent du chaperon. Le *prothorax* rouge, avec le bord antérieur noir, est souvent traversé longitudinalement par une large bande noire qui s'élargit parfois à tel point que tout le prothorax est noir. Les *élytres*, plus larges à l'extrémité qu'à la base, sont tantôt noires, tantôt rouges, tantôt jaspées de rouge et de noir. Le *dessous du corps* est d'ordinaire entièrement noir, parfois cependant l'abdomen est rouge. Les *pattes* sont longues, surtout les postérieures, servant au saut ; les tibias postérieurs, très arqués, offrent une double rangée d'épines aiguës.

La forme larvaire, plus aplatie que l'insecte parfait, est généralement de couleur rousse.

Audouin a observé cet insecte dans les vignes du Mâconnais ; nous l'avons trouvé à Lyon, à Valence, et nous l'avons reçu de Toulouse et d'Avignon. Nous ne l'avons rencontré qu'une fois sur la vigne dans l'Hérault, à Valflaunès (canton de Claret) ; mais çà et là nous l'avons vu sur le chêne. Il est généralement plus commun dans le Nord que dans le Midi. Nulle part nous ne l'avons vu exercer des dégâts sérieux. Il est polyphage et vit souvent dans une région sur divers buissons, tels que les jeunes taillis de chêne, sans attaquer la vigne. S'il se multipliait outre mesure, on pourrait le chasser le matin comme les autres espèces au moyen de l'entonnoir à altise et avec un succès plus certain, l'insecte étant plus gros, plus lourd, partant moins agile.

FAMILLE DES FULGORIDES.

Hysteropterum grylloides FABRICIUS.

Synonymie : *Hysteropterum flavescens* Olivier.

La famille des Fulgorides, dont les *Hysteropterum* font partie, renferme les insectes, aux formes bizarres, bien connus sous le nom de Fulgores porte-lanternes, porte-chandelles, etc., espèces presque toutes exotiques. Les Fulgorides, intermédiaires entre les *Cicadelles* et les *Cigales*, ayant, comme ces deux groupes, les tarses à trois articles, peuvent se distinguer de suite par la tête souvent pourvue de grands appendices, en tout cas garnie de crêtes saillantes ; l'abdomen est parfois couvert d'une poussière cireuse analogue à la sécrétion dont nous avons parlé à propos des *Cochenilles* et des *Pucerons*. Nous n'avons guère en Europe que les représentants dégradés de ce groupe.

Le genre *Hysteropterum*, le seul dont nous ayons à parler, est un des plus nombreux dans la zone tempérée ; il se compose d'une trentaine d'espèces environ. Ce sont des insectes assez petits, sautant comme les *Cicadelles* et souvent confondus avec celles-ci.

L'espèce qui nous occupe doit être citée parmi les ampélophages, non pas à cause des dommages qu'elle occasionne, dommages insignifiants, mais à cause de tout le bruit qui a été fait sur son compte ces années dernières.

MM. Blanchard, membre de l'Institut, professeur au Muséum et à l'Institut agronomique ; Perez, professeur à la Faculté des Sciences de Bordeaux, et Lichtenstein, ont été en effet consultés à plusieurs reprises, ainsi que nous-même, concernant des petites coques à aspect terreux remplies d'œufs, ayant de 3 à 5 millim. de long sur 2 à 3 de large, et qui se trouvent fréquemment en hiver sur le tronc et les bras de la vigne, ainsi que sur les troncs d'arbres voisins.

Divers viticulteurs avaient cru trouver là un *nouvel ennemi de la vigne*, d'autres y avaient vu des *œufs d'hiver du Phylloxera*, d'autres enfin en avaient vu sortir des *Phylloxeras ailés*.

D'après les diverses Notes publiées à ce sujet (*Comptes rendus de l'Institut, Messager agricole de Montpellier*, etc.), ces petites coques terreuses seraient construites par l'espèce qui nous occupe.

« Elles contiennent chacune, dit Lichtenstein [1], huit à dix petites loges rangées symétriquement sur deux lignes parallèles, dans lesquelles sont enchâssés de petits œufs d'un rose pâle placés bouts à bouts sur deux rangs.

»Ces œufs ont $0^{mm},60$ de long sur $0^{mm},20$ de large. Après avoir passé l'hiver sans changement, ces œufs éclosent fin mars et donnent naissance à de petites larves de *Cicadelles* d'un gris jaunâtre avec les yeux rouges.

»Cet insecte pique les feuilles de la vigne et d'une foule d'autres arbres, mais sans faire beaucoup de mal. En tout cas, il n'y a pas le moindre rapport entre cet insecte même jeune et le *Phylloxera*. Ces coques ont existé de tout temps et sont très communes sur tous les arbres.

»Ce qui peut avoir fait croire encore à ceux qui ne sont pas entomologistes que le *Phylloxera* naissait de ces œufs, et *même tout ailé*, c'est que, malgré leur petitesse, ces œufs ne sont pas à l'abri des parasites. En effet, dans ces coques de $0^{mm},60$ vit et se développe un minuscule *Hyménoptère* qui est peut-être le pygmée de tout l'ordre.

»Il est noir, à pieds jaunes en partie, et ne mesure guère que $0^{mm},44$ à 55 ; il est donc plus petit de beaucoup que le *Phylloxera* ailé.»

Lichtenstein range à tort l'insecte dans les *Cicadelles*, et lui donne à tort aussi le nom d'*Hysteropterum apterum*. M. Blanchard est tombé dans la même erreur. Nous répétons, avec tous les auteurs, qu'il doit être rangé auprès des *Fulgores*, mais nous dirons de plus que s'il se trouve souvent sur la vigne, ce qui est vrai, il n'est pas absolument certain qu'il soit l'auteur

---

[1] Lichtenstein ; *Messager agricole du Midi*, 1880, pag. 205.

des coques terreuses dont nous avons parlé. On ne l'a jamais observé les construisant, et les jeunes obtenus n'ont pas été élevés.

« La matière granuleuse qui les compose, dit M. Blanchard [1], est sans doute une sécrétion et non de la terre. » Nous pouvons affirmer que cette matière est positivement terreuse. En présence d'un acide, la réaction est nulle sur les coques reçues des pays siliceux, tels que le Médoc, énergique au contraire sur les coques provenant du territoire calcaire de Montpellier. Comment un insecte muni d'un rostre suceur peut-il confectionner un nid terreux? C'est ce qu'il est difficile d'expliquer. Nous faisons donc nos réserves en ce qui concerne l'auteur de ces coques.

Il y a toutefois une présomption en faveur de l'hypothèse de Lichtenstein, qui le premier a attribué les nids terreux à notre *Fulgoride*: c'est que la fréquence de ces nids coïncide généralement avec celle de l'insecte. Celui-ci, très commun dans le Sud-Ouest, est moins répandu en Languedoc; il en est de même des coques terreuses. Que l'*Hysteropterum* soit ou non l'auteur de ces nids, il vit souvent sur la vigne; nous en donnerons donc la description suivante :

Corps court, épais, 5 millim. environ de long sur 3 de large, de couleur rousse ou feuille morte; la *tête* large et saillante, surtout à cause du développement hémisphérique des yeux et du vertex qui est carré, séparé du front et des joues par une carène élevée; le *prothorax* très court avançant en pointe obtuse sur le vertex, le *mésothorax* fortement prolongé en pointe en arrière; les *élytres* très inclinées en forme de toit, plus larges à leur sommet qu'à leur base, recouvrant des *ailes inférieures* à demi avortées, donnent au corps, vu de profil, une hauteur considérable, 2^{mm},50 à 3 millim. L'insecte, ne pouvant pas voler, saute, et les pieds postérieurs sont organisés pour cela; les tibias, très développés, en triangle allongé, sont garnis de nombreuses épines à l'extrémité.

Cet insecte a été souvent confondu[2] avec l'*Hysteropterum apterum* aux ailes inférieures entièrement avortées, espèce du sud extrême de l'Europe et de la Barbarie, et qui d'après M. Puton n'a jamais été trouvé en France.

---

[1] Émile Blanchard; *Sur les pontes de l'Hysteropterum apterum* (*Comptes rendus Acad. des Sciences,* 1er semestre 1880, pag. 1103).

[2] Spinola; *Ann. Soc. entom. de France,* 1839, pag. 362.

FAMILLE DES CICADIDES[1].

Le caractère principal de ces *Hémiptères Homoptères* consiste dans un appareil stridulant placé en dessous du corps, appareil compliqué [2] manquant souvent chez les femelles. Leur taille est généralement grande. On en connaît environ 400 espèces répandues dans les régions chaudes et tempérées des deux hémisphères. La faune circaméditerranéenne en compte environ une vingtaine d'espèces que l'on pourrait, à la rigueur, comprendre dans le genre *Cicada*.

LES CIGALES NUISIBLES A LA VIGNE

Les *Cigales*, peu nuisibles dans nos régions, occasionnent, paraît-il, en Orient de sérieux dommages à la vigne. A plusieurs reprises, on a signalé

[1] BIBLIOGRAPHIE. — **Mentzel** ; *De Cicadis et aliis insectis canoris et primo de Cicada Bononiensi* (Eph. Acad. nat. curios., 1688.— **Pontedera** ; *De Cicada in epistola ad Sherardum* (Compend. tabular. Botanicum Patavii, 1718. — **De Réaumur** ; *Mémoires*, tom. V, 1740. — **Westwood** ; *An Introduction to the modern classification of Insects*, tom. II, 1840, pag. 421.— **Amyot** et **Audinet Serville** ; *Hist. natur. des Insectes hémiptères*, 1843, pag. 477. — **E. Blanchard** ; *Métamorphoses, mœurs et instincts des Insectes*, 1868, pag. 620. — **Willam Harris** ; *A treatise on some of the Insects of New-England, wich are injurious to vegetation.* Cambridge, 1842, pag. 172. — **Mis Morris** ; *Remarks on the larva of the Cicada septemdecim* (Proceed. Acad. nat. Sc. of Philadelphia, tom. III, 1846-47, pag. 132. — **Asa Fitch** ; *First an second Report on the noxious, beneficial and other Insects of the State New-York.* Albany, 1856, pag. 144. — **Lepori** ; *Nuove ricerche anat. et fisiolog. sopra l'organo sonoro delle Cicale* (Bull. Soc. ent. ital., 1869, pag. 221. — **Ch. Riley** ; *First annual Report on the noxious, beneficial and other Insects of the State of Missouri, Jefferson city*, 1869, pag. 22. — **Id.** ; *The Periodical Cicada* (Missouri entomol. Reports. Report I, 1869, pag. 18; Report IV, 1872, pag. 30, et Départ. of Agricult., Bulletin 8. Washington 1885. — **Packard** ; *Third annual Report on the injurious and beneficial Insects of Massachusetts.* Salem, 1873, pag. 119. — **Carlet** ; *Mémoire sur l'appareil musical de la Cigale* (Ann. Sc. natur., 1877. — **Kunckel d'Herculais** ; *Dispositions particulières des pattes chez les nymphes des Cicada* (Ann. Soc. ent. de France, 1880, pag. 358).

[2] G. Carlet ; *Mémoire sur l'appareil musical de la Cigale* (*Ann. Sc. nat.* Zool., 6e série, tom. V, 1877).

leurs dégâts en Perse, en Asie-Mineure, et plus récemment M. Gennadius, d'Athènes, a parlé de ceux qu'elles exercent dans l'Archipel grec, spécialement dans les îles de Paros et de Naxos. C'est à ce titre que nous les comprenons dans les ampélophages d'Europe; Riley et d'autres entomologistes américains les ont, de leur côté, signalées comme nuisibles aux arbres fruitiers aux États-Unis.

Ces insectes sont bien connus de toutes les populations méridionales, et nous n'aurions pas à décrire avec détails ces gros *Hémiptères*, si bruyants pendant les mois d'été, si aux environs de Paris, où ils n'existent pas, ils n'étaient confondus avec la grande sauterelle verte (*Locusta viridissima*).

Celle-ci est un *Orthoptère* au corps allongé, de couleur vert clair, y compris les ailes, à la bouche broyeuse, généralement carnassier, aux longues antennes filiformes, à l'oviscapte en forme de sabre, et qui n'a, en un mot, aucun rapport avec les *Cigales*.

On reconnaîtra ces dernières à leurs corps épais, à leur tête large et courte portant deux gros yeux composés et trois ocelles, à leur bouche suceuse, à leurs antennes courtes, de sept articles, à leurs ailes membraneuses, du moins dans les espèces d'Europe; enfin à l'appareil musical bruyant placé sous l'abdomen du mâle.

Les femelles sont munies d'un oviscapte ou tarière[1] à l'aide de laquelle elles percent les bois tendres, surtout ceux qui ont de la moelle, pour y déposer leurs œufs qui écloront avant l'automne.

La *larve* qui en sort, longue de 1 et demi à 2 millim., au corps blanc allongé et garni de quelques longs poils, ne tarde pas à s'enfoncer dans le sol pour s'y nourrir de racines. Au bout de quelque temps de séjour dans ce nouveau milieu, sans doute après une ou plusieurs mues, ces larves ont changé de forme, elles sont devenues trapues, à *corps* glabre, de couleur rousse ou testacée. La *tête*, triangulaire, aveugle, la place des yeux seulement indiquée, porte des antennes de huit articles. Le *thorax*, bien distinct de l'abdomen dans sa partie prothoracique, l'est moins dans le mésothorax et presque pas dans le métathorax. L'*abdomen*, court, gros, comme ballonné, est composé de neuf segments. Les *pattes* de devant sont remarquablement organisées pour le travail souterrain qu'elles ont à accomplir. La cuisse et le tibia aux bords tranchants, armés, la première surtout, de fortes dents ou épines, fonctionnent l'un contre l'autre comme des tenailles, ce qui permet à l'insecte d'entailler les sols les plus compacts. *Il n'y a pas de*

---

[1] Pour la description de la tarière des *Cigales*, appareil perforant compliqué, voir Maurice Girard : *Traité élémentaire d'Entomologie*, vol. III, pag. 851.

tarse [1], et cependant on trouve cette partie de la patte chez la nymphe et chez l'insecte parfait.

Ces larves, parfois très abondantes dans les vignes, n'y produisent pas, nous l'avons dit, de dommages appréciables chez nous. « En Bourgogne, dit M. André, leur action malfaisante n'est pas absolument démontrée. » Il en est de même dans le midi de la France, et d'après M. Targioni en Italie; il faut aller en Grèce pour les trouver nuisibles. Cette innocuité presque générale peut s'expliquer, soit par la préférence marquée qu'elles ont pour les racines de graminées croissant dans les vignes, soit par leur peu de voracité.

Le rostre, assez court, ne pénètre que superficiellement dans le parenchyme cortical, et, d'après M. Riley, l'insecte ne ferait que sucer la légère exsudation de sucs produite par sa piqûre. La lenteur dans le développement est une preuve à l'appui de cette théorie. Les cigales d'Europe apparaissant chaque année en nombre à peu près égal, n'étant pas, en un mot, périodiques comme celles d'Amérique, on ne sait pas au juste combien elles mettent d'années pour atteindre l'état parfait, mais à coup sûr elles en mettent plusieurs. Aux États-Unis, l'apparition de certaines espèces étant périodique, il y a les années à cigales, et le temps qui s'écoule entre deux apparitions est celui que l'insecte passe à l'état de larve. Dans notre Introduction, nous avons cité, d'après Riley, la *Cicada trydecim* et la *Cicada septemdecim*, qui passent, l'une treize ans, l'autre dix-sept ans à l'état de larves. Cette lenteur de croissance vraiment extraordinaire prouve bien que, sous sa forme larvaire, l'insecte se nourrit peu.

La *nymphe*, comme forme, tient le milieu entre la larve et l'insecte parfait. Les yeux, très gros, font saillie latéralement; le *thorax*, dans ses segments antérieurs et médians du moins, a pris un grand accroissement, et latéralement, partant des méso et métathorax, on voit les quatre moignons d'ailes appliqués contre l'*abdomen* ; celui-ci est beaucoup moins volumineux en proportion que chez la larve. Comme chez celle-ci, nous trouvons les pieds

---

[1] Nous ne voyons relaté par aucun auteur ce manque de tarse au pied antérieur de la larve. Dans un article cité dans notre note bibliographique, M. Kunckel d'Herculais, parlant du tarse de la *nymphe* logé dans un sillon, en dessous du tibia, dit que telle est aussi la disposition du tarse chez la *larve*. Dans la série de larves de *Cicada atra* que nous avons sous les yeux, aucune n'a de tarse ; le sillon du tibia, si remarquable chez la *nymphe*, est remplacé chez ces larves par une saillie allongée. On dirait que le tarse est en réalité présent dans son sillon, mais à l'état d'ébauche sous la cuticule épaisse qui recouvre le membre. Pour nous, au moment de la transformation en *nymphe*, le tarse dégagé de ses langes apparaît brusquement à la place où le tibia de la larve présentait sa saillie allongée.

antérieurs organisés pour creuser les sols les plus durs, avec les mêmes
formes de la cuisse et du tibia; mais par une disposition curieuse, observée
par M. Kunckel d'Herculais, le tibia est muni en dessous d'un tarse replié
dans un sillon qui l'abrite pendant que le membre fouille le sol. Ce tarse ne
sort définitivement de cette sorte d'étui que lorsque la *nymphe* quitte le
sol pour se transformer en insecte ailé.

L'état de nymphe dure un temps plus ou moins long, deux ou trois mois,
suivant l'avance ou le retard des chaleurs. Sous cette forme, l'insecte se
nourrit comme la larve et prend même un certain accroissement. La sortie
du sol, qui se fait généralement fin juin dans la région de l'olivier, est
provoquée par une continuité de jours chauds suffisante pour échauffer le
sol à une certaine profondeur et l'apparition de tous les individus d'une
même espèce est presque simultanée. Les *nymphes* quittent le sol au lever
du soleil, montent à un arbre ou à un objet quelconque, de préférence en bois,
s'y fixent solidement au moyen des épines dont leurs pieds sont armés, et,
la partie dorsale de leur cuticule s'étant fendue sur la tête et le thorax,
l'insecte parfait en sort. Il est alors d'une couleur verdâtre qui peu à peu
tourne au brun. Les quatre ailes, tout d'abord chiffonnées, dirigées vers le
bas, s'étendent assez rapidement par un mécanisme analogue à celui que
nous avons décrit à propos du *Phylloxera ailé*, et avant le milieu du jour
l'insecte a pris son vol. La dépouille très solide de la nymphe reste fixée à
l'arbre, parfois jusqu'à l'année suivante.

Sous leur forme parfaite, les cigales ne vivent guère que quelques
semaines, le temps de s'accoupler et de pondre. Elles mangent moins encore
que sous leurs premiers états. Les mâles même, d'après M. Carlet, vivent le
plus souvent sur leurs réserves graisseuses, sans plonger, comme les
femelles, leur rostre dans les pousses vertes des arbres.

Du matin au soir pendant les journées de grand soleil, et même la nuit
tombée si le temps est chaud et la lune pleine, ils font vibrer leur organe
sonore pour attirer les femelles.

L'accouplement opéré, les mâles meurent et les femelles déposent leurs
œufs dans les bois à moelle, comme nous l'avons dit. Réaumur est le premier qui ait observé et figuré ces pontes de cigales. Les sarments de vigne
morts ou malades, surtout les extrémités sèches des plantiers de l'année,
sont souvent ainsi piqués de trous semblant faits avec une pointe mal effilée
qui aurait grossièrement déchiré et traversé l'écorce. Maintes fois on nous
a envoyé de ces bouts de sarments comme attaqués par un *nouvel ennemi de la vigne*.

Si avant l'éclosion, qui se fait à la fin de l'été, on fend le bois, on trouve
au fond de chacun de ces trous, pratiqués jusque dans la moelle, un œuf

blanchâtre, long de 2 millim. environ, très allongé, qui donnera naissance à la jeune larve.

Les cigales se trouvent principalement dans les terres de consistance moyenne, profondes et pas trop humides ; les sols pierreux et sans épaisseur, ainsi que les terrains très compacts, ceux qui sont sablonneux ou irrigués, en ont peu. Les quatre espèces suivantes se rencontrent abondamment dans les vignes du midi de l'Europe :

Cicada atra, *C. hœmatodes*, *C. plebeja*, et *C. orni*.

I. — Cicada (Cicadatra) atra OLIVIER.

Cette petite espèce entièrement noire, sauf quelques taches jaunes sur le thorax, appelée en français la petite cigale noire ou le cigalon, ne dépasse pas, les ailes comprises, 22 à 25 millim. Elle est propre à la région de l'olivier. Bien que ce soit une des cigales les moins faciles à observer, à cause de sa petite taille et de son vol rapide, elle paraît assez répandue. C'est une de celles qui placent le plus souvent leurs œufs dans les bouts de sarments de vigne. Nous les avons également trouvés dans le mûrier.

II. — Cicada (Tibicena) hœmatodes SCOPOLI.

C'est l'espèce dont l'aire géographique est la plus étendue, celle qui monte le plus au Nord, la cigale des vignes de Bourgogne (André, pag. 172). Elle est de toute la région de l'Ouest, au sud de la Loire, où elle est plus abondante que dans le Midi ; à l'Est, elle ne dépasse guère le plateau de Langres. On la rencontre cependant dans quelques localités plus au Nord, dans la vallée de l'Yonne par exemple, et même dans la Seine-et-Marne, à Fontainebleau. On la reconnaît sans peine aux taches de son prothorax, aux nervures de ses ailes et à ses pieds rouges, ainsi qu'au liséré de même couleur qui borde postérieurement chaque anneau de l'abdomen. Sa taille est d'environ 4 centim. de long. Son nom français est la cigale sanglante ou la cigale à anneaux rouges.

III. — Cicada plebeja SCOPOLI.

La cigale plébéienne, répandue dans tout le sud de l'Europe, ne remonte pas en France aussi haut que la précédente. Dans la vallée du Rhône, elle ne dépasse pas Lyon et Grenoble, où déjà elle est moins commune que dans la région de l'olivier. Elle appartient au genre *Cicada* proprement dit, c'est-à-dire au groupe dont les timbales sont entièrement recouvertes. C'est

la plus grande et la plus commune des quatre espèces, et elle a jusqu'à
5 centim. de long sur 1 et demi de large; le corps est noir en dessus et en
partie jaune en dessous, avec le prothorax bordé de jaune en arrière ainsi
que le bord externe des ailes supérieures.

IV. — Cicada (Tettigia) orni LINNÉ.

Espèce de moyenne taille, 3 à 4 centim., et propre à la région de l'olivier. Elle est caractérisée par son corps brun tacheté de jaune et revêtu
de poils blancs et par les onze points bruns que porte chacune des deux
ailes antérieures. Son nom français est cigale du frêne.

Ces deux dernières espèces sont celles qui en Orient et surtout dans
l'Archipel grec nuisent à la vigne. D'après M. Gennadius, qui nous a
transmis quelques détails à ce sujet, les dommages seraient assez importants, sans doute à cause de la plus grande sécheresse du pays, qui, supprimant toute végétation herbacée entre les souches pendant l'été, force les
larves de cigales à se nourrir exclusivement des racines de la vigne[1].
Comme remède, les vignerons du pays sèment à l'automne de l'orge entre
les rangées de souches ; les larves de cigales se rendent en grand nombre
aux racines de cette graminée, ce qui permet d'en détruire beaucoup sur
un même point par un labour. Ce serait le cas d'employer les poulaillers
roulants, usités dans le nord de la France contre les vers blancs du hanneton, et dont nous parlerons à propos de cet insecte.

[1] Dans une Note publiée par M. Leprieur (*Bull. Soc. ent. de France*, 1877,
pag. 83), il est dit qu'en Perse les *Cigales* sont également très nuisibles à la
vigne, et qu'aux environs de Téhéran on est obligé parfois d'arracher la vigne,
dont les racines sont complètement détruites par les larves de ces insectes.

CHAPITRE VIII.

SOUS-ORDRE DES HÉTÉROPTÈRES.

Dans nos généralités sur l'ordre des Hémiptères, nous avons dit que les Hétéroptères (ἕτερος dissemblable, πτερόν aile) appelés vulgairement punaises étaient caractérisés par les ailes supérieures à demi transparentes et que la plupart des espèces citées par beaucoup d'auteurs comme nuisibles aux vignes ne se trouvent qu'accidentellement sur cette plante, occasionnant çà et là quelques dégâts, dans des circonstances particulières. La liste complète des punaises signalées sur la vigne peut se dresser comme suit : *Lopus sulcatus* Fieber, *Pyrrhocoris apterus* Linné, *Camptotelus minutus* Jakowleff, *Nysius senecionis* Schiller, *Eurydema oleraceum* Linné et *Sehirus bicolor* Linné.

De ces six espèces, nous n'en voyons qu'une, le *Lopus sulcatus* Fieber, qui soit connue des vignerons, qui puisse occasionner de sérieux dommages, et sur celle-là seule nous nous étendrons longuement. Les autres seront simplement citées avec quelques mots explicatifs.

LA GRISETTE DE LA VIGNE [1]

(*Lopus sulcatus* FIEBER).

Cette petite punaise grise et jaune, bien connue des vignerons de l'Yonne sous le nom de *Grisette* et de ceux du bord du Cher sous celui de

[1] BIBLIOGRAPHIE. — **Hahn** ; *Die Wanzenartigen Insecten*. Band I. Nürnberg, 1831. — **Fieber** ; *Die Europaischen Hemiptera*. Wien, 1861. — Dr **Populus** ; *Bull. Soc. des Sciences de l'Yonne*, 1867. — **Id.** ; *Catalogue des Hémiptères de l'Yonne*, 1873. — **Id.** ; *Petites nouv. Entomol.*, 1er juillet 1875. — Dr **Puton** ; *Catalogue des Hémiptères d'Europe*, 1875, 1re édit. ; 1886, 2e édit. — **Lesne** ;

Margotte, a été ces années dernières, dans les journaux agricoles et même politiques, l'objet d'un grand nombre d'articles où la confusion la plus complète règne sur le nom scientifique qui doit lui être attribué.

L'insecte appartient à la famille des Capsides, qui renferme de nombreuses petites punaises des champs au corps allongé, ne manquant pas d'élégance dans les formes et la disposition des couleurs. Ces Hémiptères sont abondants pendant l'été sur nos haies et dans nos prairies, vivant du suc des pousses tendres, souvent même du nectar des fleurs. Comment se fait-il qu'une espèce de ce groupe devienne, dans certaines régions et dans des circonstances particulières, un ampélophage assez sérieux pour être connu et redouté de tous les vignerons ? Nous avons suffisamment expliqué dans notre Introduction les causes qui font de la vigne cultivée un végétal attirant les insectes omnivores, pour qu'il soit nécessaire d'y revenir.

I. — HISTORIQUE.

Le genre *Lopus* a été créé par Hahn en 1831 et le *L. sulcatus* décrit par Fieber en 1861.

L'insecte a commencé à faire parler de lui comme ampélophage en 1860. Sans que l'espèce fût encore bien déterminée, M. le Dr Populus (d'Auxerre) l'avait observée sur la vigne à cette époque et il la signalait sous son vrai nom, en 1867, dans le *Bulletin de la Société des Sciences de l'Yonne*. De nouveau il la citait, en 1873, comme attaquant la vigne, dans son *Catalogue des Hémiptères de l'Yonne*, et, en 1875, dans une Note publiée par les *Petites nouvelles entomologiques de Paris* (aujourd'hui *le Naturaliste*). Dans ce dernier document, les dégâts sont indiqués comme « assez sérieux dans les vignobles de Coulange la Vineuse (Yonne) ».

En 1884 et 1885 paraissaient, dans le *Journal d'Agriculture pratique*, une série d'articles signés Lesne et Dr Patrigeon, où sont relatées de très bonnes observations sur les mœurs de l'insecte, mais où le nom scientifique, mal établi, se trouve ballotté entre trois déterminations dont aucune n'est la bonne. L'espèce a été en effet présentée d'abord par M. Lesne sous le nom de *Calocaris*, puis par le Dr Patrigeon sous celui de *Phytocoris gothicus* et définitivement sous le nom encore erroné de *Lopus albomarginatus*. Cette

Journal d'Agriculture pratique, 1884.— **Zoilo Espejo** ; *Bull. de l'Association des Agricult. d'Espagne*, 1884. — **Dr Patrigeon** ; *Journal d'Agric. pratique*, 1881 et 1885, et Librairie de la Maison rustique. — **Id.**; *Comptes rendus Acad. des Sciences*, 23 juin 1884 et 27 avril 1885.— **Fabien Rapin** ; *Journal d'Agr. pratique*, 1885, tom. , pag. 486.

dernière espèce [1] existant réellement dans le Catalogue des Hémiptères d'Europe et étant répandue dans toute la France, on s'était demandé un moment si l'on n'avait pas affaire à un autre ennemi que celui signalé dès 1860 par le Dr Populus.

Cette réserve faite, réserve nécessaire pour éclairer la question, nous dirons que les articles de M. le Dr Patrigeon sont excellents et que, n'ayant pu observer nous-même l'insecte sur la vigne en Languedoc, nous aurons à y puiser largement.

Pour ramener l'espèce à son vrai nom, nous n'avons eu qu'à remonter aux notes du Dr Populus et à consulter, comme pour les autres Hémiptères litigieux, M. le Dr Puton, *possesseur des types* sur lesquels Fieber a créé son espèce. En 1884, du reste, M. Zoïlo d'Espejo, professeur à l'Institut agricole de Madrid, a de son côté rapporté l'espèce ampélophage, commune en Espagne, paraît-il, au *Lopus sulcatus* de Fieber.

II. — DESCRIPTION ET BIOLOGIE.

La famille des Capsides et en particulier le genre *Lopus* se composent d'insectes élégants, au *corps* allongé, aux téguments mous, aux pieds et aux antennes longs et fragiles. La couleur est généralement claire, jaune, verte, rouge ou grise, parfois brune, mais bariolée des teintes précédentes. Les *pieds* portent trois articles aux tarses ; les *antennes* sétiformes, avec le second article plus long et parfois plus épais, peuvent atteindre et même dépasser la longueur du corps. Les yeux simples ou *ocelles* font défaut. Le *rostre* appliqué contre le thorax n'en dépasse pas l'extrémité. Les *élytres* présentent un pli parallèle au bord qui regarde l'écusson ; ce pli isole une aire spéciale en forme de trapèze allongé qui constitue la pièce appelée *clavus;* l'autre portion coriace, la plus grande, forme un triangle (*corium*). Le prolongement transparent de l'élytre constitue la *membrane*. On remarque sur celle-ci une nervure arquée, elliptique, qui part du bord du *corium* et qui y retourne. Parfois chez les femelles les *ailes inférieures* manquent; dans ce cas, la membrane manque également.

Comme chez tous les Hémiptères Hétéroptères, les métamorphoses de

---

[1] Le *Lopus albomarginatus* Kahn, bien différent du *L. sulcatus*, est très commun en France, en Espagne et en Algérie. Il n'a jamais, à notre connaissance, été signalé sur la vigne. En Languedoc, il abonde dans toutes les prairies, sur diverses plantes et également sur les coteaux secs, principalement sur l'Asphodèle. Même remarque a été faite en Espagne par M. Puton, qui dans les Vosges le trouve surtout sur les Chrysanthèmes.

notre espèce se réduisent à peu près à des changements de peau. Entre les divers états, la différence la plus grande est dans l'absence d'ailes chez la larve, la présence d'ailes rudimentaires chez la *nymphe* et le développement complet de celles-ci chez la forme parfaite.

Œufs.— D'après le Dr Patrigeon, l'œuf, long d'un peu moins de 2 mill. et large d'un tiers de millimètre, affecte la forme d'un ovoïde allongé, légèrement recourbé à ses extrémités ; il est d'un blanc nacré au moment de la ponte. Celle-ci se fait vers la fin de juin, surtout dans les fissures des échalas, et les œufs n'éclosent que neuf mois après, c'est-à-dire fin mars ou première quinzaine d'avril.

D'après le Dr Populus, qui dans l'Yonne a également observé la ponte dans les échalas, celle-ci se fait aussi dans la moelle des *Arcelots*, bouts de sarment qui se dessèchent entre la section de la taille et le bourgeon, autrement dit le bois de deux ans ou crossette dont nous avons parlé à propos de l'œuf d'hiver du *Phylloxera*.

Blanc d'abord, l'œuf avant l'éclosion passe au rose puis au rouge, teintes dues à l'embryon vu par transparence. Après la sortie de l'insecte, l'enveloppe de l'œuf desséchée prend la forme d'une lamelle blanchâtre qui peut subsister plus d'un an, témoignant ainsi du passage de la *Grisette*.

Larve.—Aussitôt éclose, la *larve* du *Lopus* manifeste une grande activité et se fixe sur les tiges et les feuilles des nombreuses plantes croissant dans les vignes, telles que le laiteron, le pissenlit, le chiendent, le seneçon, etc. Cette dernière plante, d'après MM. Populus et Patrigeon, est généralement préférée. En avril, dans des pays relativement froids, la vigne, manifestant à peine quelques signes de végétation, ne pourrait en effet offrir à l'insecte une subsistance quelconque. Ne vivant que sur les raisins non fleuris, ne puisant jamais sa nourriture sur les tiges et les feuilles, la *Grisette* n'habite réellement la vigne qu'à l'époque qui précède la floraison, c'est-à-dire à partir de fin mai ou des premiers jours de juin.

La *larve*, au sortir de l'œuf, mesure 1 mill. 1/3 de long tout au plus, sa largeur est égale au tiers de sa longueur, le bec est relativement très long, 1 millim. environ. Le *corps*, où la limite de la tête, du thorax et de l'abdomen sont encore peu distincts, est rouge clair. La *tête*, très volumineuse, porte deux yeux latéraux d'un rouge foncé.

Fig. 39.— Larve du Lopus sulcatus.

Dix jours après sa naissance, l'insecte a notablement changé de forme et de coloration. Sa longueur mesure 2 millim. environ sur 1 de large ; l'*abdomen* a plus de largeur que le *thorax*, dont les trois anneaux sont distincts ; la tête a relativement diminué, ainsi que le rostre, qui ne dépasse pas le bord inférieur du thorax. La couleur rouge du corps s'est assombrie et de petites bandes longitudinales d'un blanc sale se dessinent sur le milieu du corps et sur les bords du thorax. Entre le vingtième et le trentième jour, la *larve* a atteint sa taille définitive, environ 3 millim. de long. Sa couleur est alors d'un rouge très sombre un peu grisâtre, ses antennes composées de quatre articles bien visibles et les angles postérieurs saillants des deux derniers segments du thorax indiquent déjà les rudiments des ailes.

Nymphe. — Avant le trentième jour généralement, une mue a fait de la *larve* une *nymphe*. Celle-ci mesure environ $3^{mm},50$ de long. Les ailes, très petites encore, s'accusent distinctement, les supérieures ne dépassant pas la base du métathorax ; la couleur générale est le brun sépia foncé, les taches et les bandes comme chez la larve adulte. Entre le quarantième et le cinquantième jour, la taille de la *nymphe* atteint 5 millim. à $5^{mm},50$ de long sur une largeur de 2 millim.; la couleur est brunâtre ; la *tête*, le *prothorax* et les *ailes* plus foncés que l'*abdomen*. Le bord externe des fourreaux des ailes est marqué d'une bande blanc jaunâtre, ainsi que le milieu et les côtés du *prothorax* et de l'*abdomen*. Les *cuisses* sont fortes, les *jambes* et les *tarses* grêles ; les *antennes*, aussi longues que le corps, sont à pointes effilées.

La *nymphe* mange avidement, et c'est le plus souvent sous cette forme que l'insecte, quittant les seneçons et autres plantes indifférentes à l'homme, commence à exercer ses ravages. Il monte sur les souches dans le courant de mai, alors que le raisin déjà grand n'a pas encore fleuri.

Insecte parfait. — Entre le cinquantième et le soixantième jour à partir de l'éclosion, c'est-à-dire fin mai, apparaît enfin l'insecte ailé, apte à se reproduire ; autrement dit, parfait.

Notre insecte, sous cette forme définitive, répond à la description suivante :

Corps long de 6 à 7 millim., large de 2, un peu plus développé chez la femelle que chez le mâle. Teinte générale brune un peu fumeuse avec des taches et des bandes jaunes. *Tête* triangulaire, sans ocelles, avec les *yeux* composés saillants, d'un brun fumeux parfois un peu rougeâtre avec quatre taches jaunes, deux entourant les yeux, deux à la base du *rostre*. Celui-ci atteignant la naissance des pieds postérieurs, *antennes* presque aussi longues que le corps, composées de quatre articles, dont le second presque aussi long que les trois autres.

Thorax d'un brun rougeâtre fumeux en dessus, moins foncé que la tête.
Le premier segment (prothorax) bombé, trapézoïdal, portant en dessus

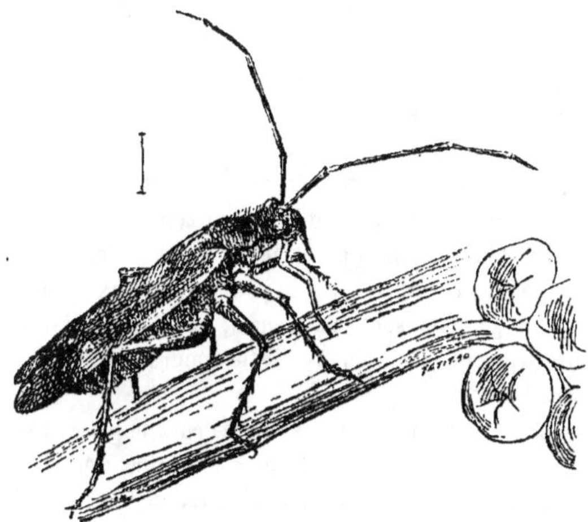

Fig. 40. — Lopus sulcatus mâle suçant le pédoncule d'une grappe (d'après les dessins du Dr Patrigeon).

plusieurs dépressions ou sillons transversaux, plus accentués chez la femelle,
marqué au milieu et sur les bords de bandes longitudinales jaunes teintées
d'orange, ces bandes plus larges, surtout plus diffuses chez la femelle,
jaunes en dessous avec la base des pattes rembrunie. Le deuxième segment
(mésothorax), moins développé que le premier, mais plus grand que le troisième, présentant en dessus un écusson triangulaire marqué d'une bande
ou tache jaune clair élargie dans son milieu, teintée d'orange vers sa partie
antérieure, brun teinté de jaune en dessous. Le troisième segment (métathorax), le plus petit des trois, brun en dessus, brun teinté de jaune en
dessous. Les *pattes* longues brunes, teintées de jaune. Les *élytres* ou
ailes supérieures, *chez le mâle*, dépassant l'abdomen de 1 millim. environ,
insérées sur le bord externe du mésothorax ; le *corium* de consistance faible,
occupant les deux tiers basilaires ; le *clavus* bombé, en forme de triangle
très allongé ; la *membrane* occupant le tiers inférieur de l'élytre, de consistance mince, transparente, enfumée, présentant une nervure elliptique
destinée à la renforcer et partant du *corium*. La couleur des élytres est le
gris noirâtre enfumé, avec une bande jaune clair sur le bord externe et deux
points triangulaires d'une jaune orangé à l'extrémité inférieure du *corium*.
Les *ailes inférieures* insérées sur le bord externe du métathorax sont

membraneuses, enfumées, avec des reflets irisés, à peine moins longues que les élytres. Elles offrent sur le bord interne une nervure elliptique et quatre nervures longitudinales peu résistantes n'atteignant pas d'ordinaire le bord extérieur. *Chez la femelle*, qui ne vole pas, les ailes sont beaucoup moins développées, ne dépassant pas le sixième anneau abdominal; la *membrane* est réduite à la huitième partie de la longueur de l'élytre et les ailes inférieures rudimentaires dépassent à peine la moitié.

Abdomen de 8 anneaux, brun clair, teinté de jaune sur les bords et portant en dessous une rangée latérale de taches jaunes beaucoup plus larges chez la femelle, long de 2 millim. et demi chez le mâle, de plus de 3 chez la femelle et de forme renflée avant la ponte. Les deux derniers anneaux portant l'armure génitale sont relativement très développés, plus coriaces que les autres segments abdominaux. Cette armure génitale est ainsi décrite par le Dr Patrigeon:

«Le dernier anneau est surtout développé chez le *mâle* et porte seul en réalité les organes génitaux. Il est bombé, proéminent et présente au dessous de l'anus une sorte de plaque dont l'extrémité libre regarde en haut et en arrière. Sous cette plaque se dissimule le pénis. A droite et à gauche, servant sans doute d'appareil fixateur pendant l'accouplement, se voient deux petites éminences molles portant deux crochets chitineux repliés en dedans.

»Chez la *femelle*, les deux derniers anneaux de l'abdomen, c'est-à-dire le septième et le huitième, participent à la formation des organes reproducteurs externes. Ces organes sont représentés par une longue fente vulvaire allant de la pointe de l'abdomen au-dessous de l'anus jusqu'au sixième anneau. Très dilatable dans le sens de la largeur, cette fente mesure un peu plus de 1 millim. et demi de longueur.

Fig. 41. — Lopus sulcatus femelle (d'après les dessins du Dr Patrigeon).

»Elle cache entre ses bords un appareil particulier (oviscapte) : c'est une lame cornée, double, de couleur brune, aiguë et tranchante, comparable à des lancettes recourbées, articulée sur le sixième anneau abdominal et que l'insecte mobilise à son gré. Ce très curieux appareil remplit un triple but : organe de tact, il permet à la femelle de reconnaître les fentes, les fissures, la consistance, etc.; organe de perforation, il sert à creuser dans les parties plus ou moins tendres du bois ou ailleurs les cavités nécessaires au dépôt des œufs ; organe de propulsion de l'œuf, il prend celui-ci entre ses deux lames et le porte dans les points que la femelle a choisis pour y accomplir sa ponte. »

III. — DÉGATS ET MOYENS DE DESTRUCTION.

Dégâts.—Dans sa forme parfaite, l'insecte établi sur la vigne vit exclusivement aux dépens du jeune raisin encore en bouton, plantant son rostre dans le pédoncule ou sur le grain qui doit devenir la fleur (fig. 40). Au bout de trois à quatre semaines, l'acte reproducteur accompli, il disparaît complètement. «A partir de fin juin, la fleur de la vigne passée, dit M. Patrigeon, on trouve des *Lopus* morts sur les feuilles, sur le sol, au pied des ceps, un peu partout. Le peu qui survit quitte la vigne pour retourner aux seneçons et autres plantes croissant entre les souches ou dans les champs voisins. Les grains sucés prennent une couleur brune à l'endroit piqué, et, pour peu que les piqûres soient confluentes, le grain entier devient noir. Parfois une portion seulement de l'enveloppe florale est mortifiée, s'amincit et se perfore. Dans tous les cas, la fleur se désorganise entièrement : l'ovaire se fane, le style et le stigmate sont jaunes et atrophiés, le grain demeure stérile.

»Si le raisin n'est attaqué que partiellement, les grains maltraités, ou la grappe secondaire dont ils font partie, peuvent succomber seulement. Si beaucoup de grains ont souffert, on voit bientôt le raisin tout entier dépérir; il se fane et tombe peu après par une section qui se produit à quelque distance de l'attache du pédicule sur la tige.»

En 1884, d'après M. Fabien Rapin, vice-président de la Société d'Agriculture de l'Yonne, les dégâts occasionnés dans le seul canton de Coulange la Vineuse ont été évalués à plus d'un million.

«Tout raisin touché, dit de son côté le D\` Populus, est un raisin perdu ; or c'est par milliers que les grisettes se trouvent dans certains vignobles. On peut juger du ravage qu'elles peuvent faire. Il y a des vignes où il ne reste plus un seul raisin.»

Ce parasite est heureusement assez peu répandu jusqu'à présent, du moins comme espèce nuisible ; dans le département de l'Yonne, il n'y a de sérieusement atteint que le canton de Coulange la Vineuse. Dans le Centre, ce n'est guère que les deux rives du Cher qui sont maltraitées, de Chabris (Indre) à Thézée, sur un parcours d'environ 40 kilom. On a également signalé l'insecte à Ouveillan (Aude), mais la nouvelle mérite confirmation. Il est même étonnant qu'une espèce décrite de Malaga et observée à Auxerre ne soit nuisible que sur quelques points isolés. C'est, dit le D\` Patrigeon, surtout dans les terrains argileux et sur le plant appelé *Côt* ou

Teinturier que s'exercent les ravages. Or les terres argileuses abondent et le *Côt* est un des cépages les plus répandus en France; «il est, dit M. Foëx, cultivé depuis l'Yonne jusqu'à l'Océan et aux Pyrénées». Il y a évidemment dans cette invasion, heureusement restreinte, des causes mal connues qui la maintiennent dans de certaines limites, causes sur l'observation desquelles nous appelons l'attention des viticulteurs.

Moyens de destruction.—Dans son travail de 1885, réuni sous forme d'une petite brochure publiée par la *Librairie agricole de la Maison rustique*, M. Patrigeon consacre un long chapitre aux moyens de combattre la Grisette à l'état d'œuf, à l'état de larve et à celui d'insecte parfait. Nous ne voulons pas entrer dans le détail de tous les remèdes proposés par l'auteur contre l'insecte éclos, convaincu que la destruction des œufs, dont les abris d'hiver sont connus, est possible et que le remède est là. Comme le dit du reste M. Patrigeon, «le liquide proposé par M. Balbiani contre l'œuf d'hiver du *Phylloxera* se trouve absolument indiqué. Des expériences faites en grand ont démontré sa complète innocuité pour le bois de la vigne et pour les bourgeons. Destructif pour l'œuf d'hiver du *Phylloxera*, on peut affirmer *à priori* qu'il ne le serait pas moins pour l'œuf du *Lopus*. La dépense occasionnée par le traitement serait d'autant moins forte qu'il s'agirait de badigeonner, à la rigueur, non la souche entière, mais seulement les vieux trous médullaires.

»Il importerait aussi de recommander aux vignerons de tailler avant le mois de mars et d'enlever rigoureusement toutes leurs javelles aussitôt après la taille des vignes atteintes.

»Quant aux œufs qui ont été observés dans la moelle des osiers, rien n'est plus simple que de supprimer ceux-ci en les remplaçant par de la paille, ou, si l'on en fait usage, de les ramasser soigneusement au moment du dépiquage des échalas et de les brûler. Pour les échalas, ils devront être transportés en lieu clos pendant l'hiver ou à la fin de l'hiver, et n'être reconduits dans leurs vignes respectives que vers la fin de mai, c'est-à-dire après l'éclosion certaine de tous les œufs. Ce qui se passera est facile à prévoir. Faute de nourriture, les *Lopus* périront bientôt après leur naissance; au besoin même, quelques fumigations d'acide sulfureux, pratiquées en brûlant dans le local un peu de fleur de soufre, assureraient leur complète destruction.»

Nous passerons sous silence, avons-nous dit, les procédés de destruction indiqués par l'auteur contre l'insecte éclos, larve, nymphe ou adulte, procédés qui reposent surtout sur l'idée d'un liquide insecticide projeté par un pulvérisateur. Nous tenons cependant à dire combien l'entonnoir à altises

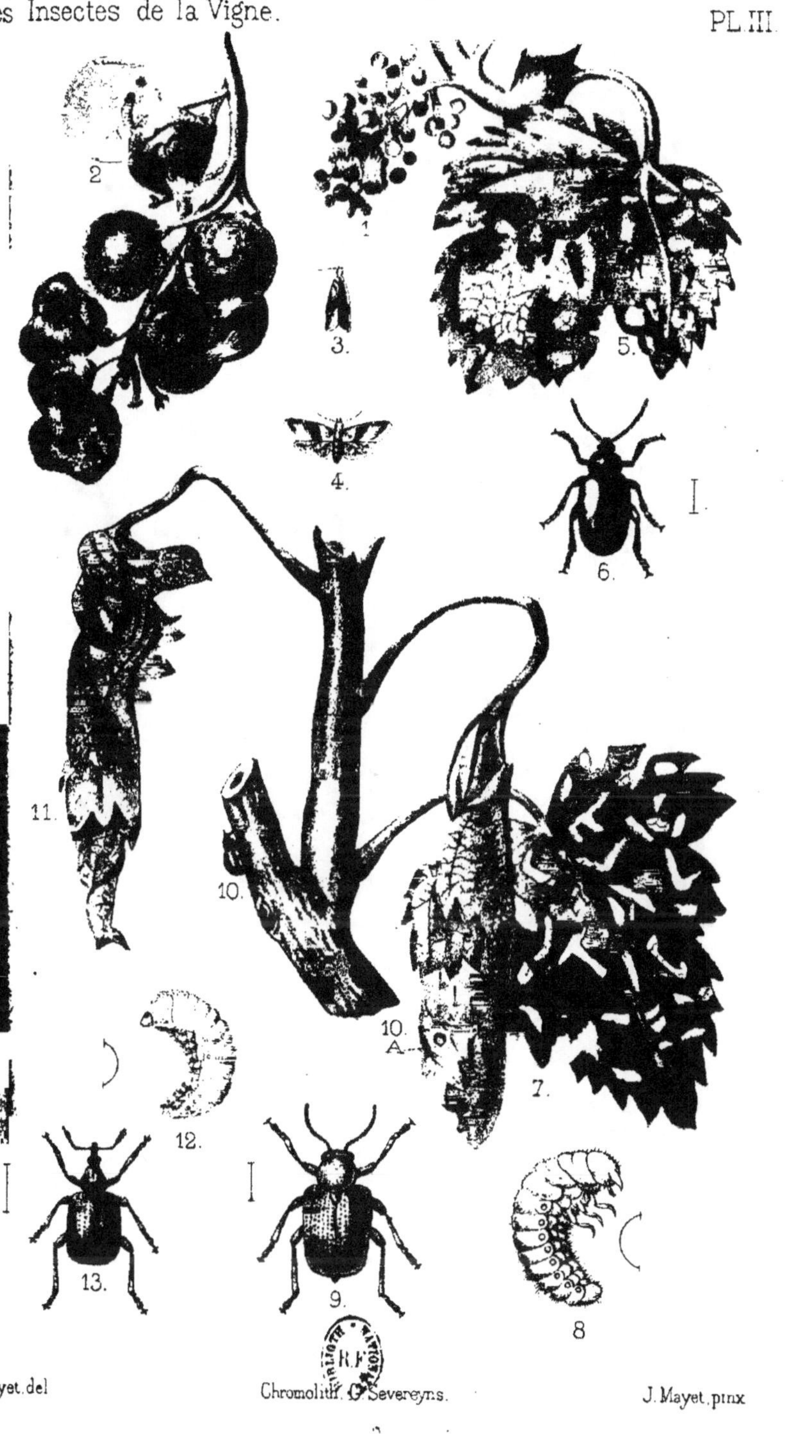
2
1.
3.
4.
5.
6.
I
11.
10.
10.
A
7.
12.
13.
I
9.
8.

(fig. 42) nous paraît devoir être conseillé. « Larves et adultes, dit M. le Dr Patrigeon, possèdent un instinct de conservation très développé ; tout occupées qu'elles sont à sucer les herbes qu'elles habitent, il suffit de remuer légèrement ces herbes avec la main pour voir les larves tomber à terre et fuir dans toutes les directions. L'insecte adulte établi sur la vigne, continuant la tactique, se laisse choir sur le sol ou parfois aussi se réfugie vivement dans une partie moins accessible et plus cachée du cep. Les mâles souvent prennent leur vol dès qu'on cherche à les saisir. » L'instrument languedocien, inconnu dans le centre et la basse Bourgogne,

Fig. 42. — Entonnoir à Altises.

nous semble aussi indiqué ici. Les badigeonnages insecticides ayant détruit la plus grande partie des œufs, le peu de larves et d'adultes qui se trouveront sur les ceps pourront être ainsi facilement capturés, puisqu'ils tombent à la moindre secousse.

AUTRES PUNAISES DES CHAMPS ATTAQUANT ACCIDENTELLEMENT LA VIGNE.

Il nous reste à parler des quelques espèces d'Hétéroptères qui, ne se trouvant que rarement en nombre sur la vigne, ne sont signalés comme nuisibles que de loin en loin et dans des circonstances particulières.

Cette petite liste peut être dressée comme suit : *Pyrrhocoris apterus* Linné, *Camptotelus minutus* Jakowleff, *Nyzius senecionis* Schiller, *Eurydema oleraceum* Linné et *Sehirus bicolor* Linné.

Les trois premières espèces appartiennent à la famille des Lygœides, les deux dernières à celles des Pentatomides[1].

Les Lygœides sont caractérisées par un corps allongé, les antennes de quatre articles, l'écusson petit ou médiocre. Les Pentatomides, appelés vulgairement punaises des bois, se reconnaissent à leur corps large, à leurs

---

[1] On trouve encore, spécialement sur la vigne, une espèce de punaise d'un bleu métallique (*Zicroma cœrulea* Linné), qui a été présentée par certains auteurs (Maurice Girard : *Insectes nuisibles,* 1878, pag. 162) comme *très nuisible* aux vignes. C'est une erreur que nous devons rectifier. Ce *Pentatomide* est au contraire utile, puisqu'il est carnassier et se nourrit principalement des larves de l'*Altise* de la vigne (*Altica ampelophaga*). En parlant de cette dernière, nous parlerons aussi de cet utile auxiliaire du vigneron. Nous nous empressons d'ajouter que dans son *Traité élémentaire d'Entomologie* (Paris, Baillière et fils, 1885), Maurice Girard a rectifié son erreur.

antennes de trois à cinq articles, à leur écusson grand, recouvrant parfois entièrement l'abdomen.

Pyrrhocoris apterus (Linné). — Cette punaise rouge et noire si commune dans nos jardins, sur les tilleuls surtout, est appelée vulgairement le suisse, le cherche-midi, la punaise tête de mort, etc. Elle se reconnaît à son *corps* long de 1 centim. environ, large de 4 millim., de couleur rouge écarlate variée de noir, la *tête*, le milieu du *prothorax*, l'*écusson*, le *clavus* et la *membrane*, quand elle existe, noire, deux taches rondes et noires sur la *corie*, l'une grande sur le milieu, l'autre petite près de la base, entre le *clavus* et le bord externe. L'*abdomen*, les *pattes* et les *antennes* sont également noirs, les bords de l'abdomen, un collier, une bande étroite à chaque segment du sternum, les hanches et l'extrémité du dernier segment ventral rouge. D'ordinaire, les ailes inférieures manquent et les supérieures sont réduites à la corie et au clavus. Les individus ailés se voient surtout dans le midi de l'Europe et en Algérie. L'espèce se trouve jusqu'en Suède, dans les endroits abrités, et aux États-Unis.

L'insecte est omnivore, suce les jeunes pousses des arbres et les fruits ; il se nourrit aussi de proies vivantes, voire même des jeunes individus de son espèce, si on le prive d'une autre nourriture. Plusieurs auteurs l'ont signalé sur les vignes en espalier suçant les grains de raisin. Nous doutons fort que le dommage puisse être jamais bien grave.

Camptotelus minutus (Jakowleff). — En 1882, nous avons reçu de M. Fabries, pharmacien en chef des hôpitaux à Oran (Algérie), une grande quantité de petites punaises grises, signalées comme attaquant la vigne en masses énormes, au point de faire périr un certain nombre de pieds. Soumise à M. Puton, l'espèce a été reconnue être le *C. minutus* de Jakowleff décrit des bords de la Caspienne, et dont l'aire géographique s'étend, paraît-il, jusqu'à l'Algérie. Le type de l'auteur russe étant entre les mains de M. Puton, il n'y a pas de doute sur l'exacte détermination de l'insecte.

C'est un petit Lygœide long de 2^{mm},50 à 3 millim. et large de 0^{mm},75 à 1 millim., de couleur gris clair un peu jaunâtre, avec la *tête* et surtout les yeux rembrunis. Le *prothorax* porte à sa partie antérieure deux larges taches diffluentes qui sont de même teinte, ainsi que la bordure antérieure du *mésothorax*, le *clavus* et la pointe postérieure de la *corie* de l'*élytre* ; la *membrane* de celle-ci est aussi développée que la corie.

Comme ampélophage, cette espèce n'a encore été signalée que d'Oran.

Nysius senecionis (Schiller). — Cet insecte, appelé par certains auteurs *N. cymoides* (Spinola), a été depuis quelques années signalé en Algérie et même en France comme nuisible à la vigne, et a fait l'objet de plusieurs Notes un peu trop alarmistes, selon nous.

La première mention qui en ait été faite, et la plus importante aussi, se trouve dans une longue communication du général de Valdan, lue à la Soc. entom. de France par M. Signoret (22 mai 1887). D'après ce document, où se trouvent de nombreux détails sur l'insecte, sa grande multiplication et sa manière d'attaquer le bourgeon, les ravages peuvent devenir graves, et certaines vignes au sud de Constantine ont été sérieusement atteintes en 1887. « L'insecte, y est-il dit, attaque le bourgeon à la base, et la sève, s'échappant par la piqûre qui est marquée par une tache rouge, la partie supérieure encore herbacée, se fane et meurt ». Lichtenstein, de son côté (*Bull. Soc. entom. de France,* 11 août 1869), parle de l'espèce comme trouvée en grand nombre dans les vignes de Sorgues (Vaucluse).

Il se demande si, au lieu de voir en elle un ennemi des souches, on ne doit pas la considérer comme carnassière et vivant aux dépens du *Phylloxera.* M. le Dr Signoret (même Recueil 1869, pag. 559) combat cette opinion. Ayant personnellement fait vivre l'insecte en captivité sur des bourgeons de vignes portant des galles, l'ayant vu sucer les tiges et ne jamais s'en prendre au *Phylloxera,* nous sommes de l'avis de M. Signoret.

M. le Dr Desmartis, enfin, a mentionné l'espèce comme causant des ravages sérieux sur la vigne dans le département de l'Aude (*Revue de l'Aquitaine et du Languedoc.* Bordeaux, 1870).

De ces diverses Notes, il ressort pour nous que le *Nysius senecionis,* qui est partout dans nos cultures, n'attaque la vigne qu'accidentellement. « L'hiver avait été sec, dit le général de Valdan ; la vigne n'ayant reçu aucun binage depuis plusieurs mois, des herbes nombreuses, surtout des crucifères, l'avaient envahie. Aussitôt après le binage, l'invasion a eu lieu. » Ne doit-on pas supposer que les *Nysius* étaient en grand nombre sur les crucifères et que, brusquement privés de leur nourriture habituelle, ils ont été forcés de s'attaquer aux vignes? Tel est notre avis concernant cet insecte, que l'on pourra reconnaître aux caractères suivants :

Longueur 4 millim. à 4^mm,50 ; largeur 1^mm,50 environ; *corps* de couleur gris clair un peu jaunâtre rembruni sur la *tête,* la partie antérieure du *prothorax* moins la bordure, et l'*écusson* moins la pointe terminale. La *tête* parfois teintée de rouge avec trois bandes longitudinales de cette teinte, deux auprès des yeux et une médiane se prolongeant parfois sur le *prothorax,* celui-ci ainsi que l'*écusson* criblé de gros points enfoncés, les *antennes* rousses, les *pieds* de couleur fauve avec les *cuisses* piquetées de points bruns et les articles des tarses rembrunis au bout. Les élytres, d'un gris clair, parfois tirant sur le verdâtre et piquetées de brun avec une bordure brune au bord postéro-interne de la *corie*, la *membrane* terminale, aussi développée que la *corie*, d'un gris blanc un peu irisé. *Dessous du corps* brun avec le bord et la partie postérieure de l'abdomen jaunes.

Eurydema oleraceum (Linné). — Cette espèce, appelée par beaucoup d'auteurs *Pentatoma oleraceum*, vit d'ordinaire dans nos jardins aux dépens de diverses crucifères cultivées, telles que les choux, les navets, les raves, les giroflées, etc. Nous ne l'avons vue nulle part mentionnée comme ampélophage ; mais nous la trouvons personnellement en si grande quantité chaque année dans les vignobles créés dans les sables du littoral de l'Hérault, principalement au domaine de Maguelone, et vivant sur la vigne, que nous la mentionnons au même titre que les précédentes.

Cette punaise se montre de mai en août. Dans les dunes non défrichées, elle se trouve sur une crucifère abondante sur le littoral, le *Nathiola sinuata*, et, dans les parties défrichées, exclusivement sur la vigne, qu'elle attaque au point de l'affaiblir sur certains points. Elle enfonce son bec dans le parenchyme des feuilles tendres, qu'elle crible de petites surfaces desséchées, à la manière des divers *Phylloxeras* vivant sur les feuilles du chêne.

Le *corps* est long d'environ 7 millim., large de 4, d'un vert bronzé ou d'un bleu métallique en dessus, marqué de plusieurs bandes et taches d'ordinaire jaunes, mais tirant parfois sur le rouge ou sur le blanc. La *tête* est finement bordée de même couleur en avant ; le *prothorax*, entièrement bordé, porte une large tache ou bande dans sa partie médiane ; l'*écusson* porte trois taches, deux marginales en forme de bandes étroites partant des angles de la base et une à son extrémité. La *corie* de l'élytre, bordée extérieurement, porte aussi une tache vers son extrémité. Le *dessus du corps* est jaune avec de points métalliques verts ou bleus au bord de chaque segment.

L'insecte, assez gros, très visible par suite de ses couleurs bigarrées, peut être ramassé à la main.

Sehirus bicolor (Linné). Ce Pentatomide, appelé aussi *Cydnus bicolor* et *Canthophorus bicolor*, long de 7 millim. environ, d'un noir luisant, finement ponctué, avec des taches blanches, une au bord antérieur du prothorax, une autre en forme de croissant à la base des élytres, une plus petite à l'extrémité de la corie, est commun dans nos haies et dans nos jardins. C'est la *Punaise à quatre taches blanches* de Geoffroy, qui vit sur différentes plantes potagères et divers arbres fruitiers. Elle a été vue assez souvent sur la vigne, suçant les jeunes pousses ou les raisins, et signalée par plusieurs auteurs.

Elle ne se multiplie jamais en nombre tel que la plante ait à en souffrir sérieusement.

CHAPITRE IX.

ORDRE DES LÉPIDOPTÈRES

En mettant à part le *Phylloxera*, qui est de beaucoup l'ampélophage le plus dangereux, on peut dire que l'ordre des Lépidoptères est celui qui renferme les espèces les plus nuisibles à la vigne.

Les insectes qui composent ce groupe, appelés vulgairement papillons, ont pour caractère principal d'avoir quatre ailes recouvertes d'écailles brillantes et colorées, imbriquées comme les tuiles d'un toit. De là, leur nom (λεπίς écaille, πτερόν aile). L'appareil buccal est suceur, c'est-à-dire formé d'une trompe constituée par les deux mâchoires qui se sont accolées, démesurément allongées et sont à l'état de repos enroulées en spirale. Les métamorphoses sont complètes.

Les larves, connues sous le nom de *Chenilles*, ont les six pieds articulés ordinaires des insectes, plus des pieds membraneux en nombre variable placés par paires sous l'abdomen et appelés fausses pattes. Les nymphes ou *chrysalides* ayant tous les appendices visibles, mais d'ordinaire soudés au corps, sont immobiles, tantôt suspendues par quelques fils de soie, tantôt renfermées dans un cocon soyeux ou terreux entièrement clos. L'insecte parfait est, nous l'avons dit, connu sous le nom de papillon. On a divisé les Lépidoptères en un certain nombre de groupes, primitivement des genres, ensuite des familles, aujourd'hui des sous-ordres. Leurs dénominations ont changé de valeur à mesure que le nombre des espèces décrites s'est accru ; tant il est vrai que les différentes coupes de la classification n'ont rien d'absolu ! Linné admettait trois grands genres, les Papillons, les Sphinx et les Phalènes. Latreille en fit trois familles, les Diurnes, les Crépusculaires et les Nocturnes. D'autres naturalistes, et c'est le plus grand nombre aujourd'hui, adoptant la classification de Boisduval, réduisent ces groupes à deux, qu'ils appellent des sous-ordres, et qui sont les *Hétérocères* (ἕτερος différent, κέρας corne), comprenant les Nocturnes et les Crépusculaires, et les *Rhopalocères* (ῥόπαλον massue, κέρας corne), correspondant aux Diurnes. M. Blanchard a proposé une autre base de classification, et plusieurs entomologistes disent avec lui, les *Chalinoptères* et les *Achalinoptères*, c'est-à-dire les Lépidoptères qui ont et ceux qui n'ont pas un frein (χαλινος) retenant les ailes inférieures fixées aux supérieures. D'autres enfin, surtout en Allemagne, ont porté à six le nombre de ces coupes principales, en dessous desquelles viennent les familles.

Nous croyons préférable d'adopter la classification de Latreille, comprise par tous ; des familles nous ferons seulement des sous-ordres, et nous dirons : *Nocturnes*, *Crépusculaires* et *Diurnes*.

Aucune espèce de papillons de jour n'étant nuisible à la vigne, nous mettrons d'ores et déjà de côté les *Diurnes*. Nous n'aurons donc à parler que des *Nocturnes* et des *Crépusculaires*.

La nomenclature des Lépidoptères est embrouillée. Aidé des lumières d'un spécialiste distingué de Paris, M. Ragonot, nous avons fait de notre mieux pour la rendre claire.

Renvoyant pour la synonymie à la description de chaque espèce, nous adopterons la plupart des noms du Catalogue le plus généralement employé, celui des *Lépidoptères de la faune européenne* de Staudinger et Wocke, et, commençant par les petites espèces, nous grouperons comme suit les Lépidoptères ampélophages :

Sous-ordre des Nocturnes : *Antispila Rivillei* Stainton.

  —   — *Tortrix (Œnophtira) Pilleriana*[1] Schiffermuller et Denis.

  —   —   — *(Cochylis) Ambiguella*[2] Hubner.

  —   —   — *(Eudemis) botrana* Schiffermuller.

  —   — *Ephestia gnidiella* Millière.

---

[1] Walckenaër et Audouin citent une autre espèce de Tordeuse viticole, *Tortrix heperana* (Schiffermuller). Malgré toutes nos recherches, nulle part nous n'avons pu trouver de renseignements nous permettant de comprendre ce *Lépidoptère* dans notre liste d'ampélophages. Nous en dirons autant de l'*Ilythia vinetella* de Fabricius, citée également par Audouin, et que, malgré son nom viticole, personne ne signale positivement sur la vigne. Ce sont sans doute des espèces trouvées accidentellement sur cette plante et qui, à tort, ont été considérées comme vivant à ses dépens.

[2] Dans son livre sur les Insectes nuisibles (*Degl' Insetti che attacano l'Albero ed il frutto*. Napoli, 1877), M. Achille Costa décrit sous le nom de Tordeuse de la grappe (*Tortrice d'ell uva*) une espèce observée par lui attaquant le raisin, à la façon de la *Cochylis*, dans les vignes du Vésuve. Il la rapporte à la *Tortrix Romaniana*, décrite par O. Costa comme atteignant l'olive. Nous pensons qu'il s'agit là d'une de ces espèces polyphages pouvant de loin en loin, dans des circonstances exceptionnelles, s'en prendre à la vigne, et qui ne doivent pas être pour cela comprises parmi les insectes ampélophages.

Sous-ordre des Nocturnes : *Agrotis, Tritici* Linné.

   —   —   — *Aquilina* Treitschke.

   —   —   — *Obelisca* Hubner.

   —   —   — *Obesa* Boisduval.

   —   —   — *Crassa* Hubner.

   —   —   — *Segetum* Schiffermuller et Denis.

   —   —   — *Exclamationis* Linné.

   —   —   — *Pronuba* Linné.

   —   — *Chelonia Caja* Linné.

   —   —   — *Villica* Linné.

   —   —   — *Mendica* Clerk.

   —   —   — *Lubricipeda* Linné.

Sous-ordre des Crépusculaires : *Ino ampelophaga* Bayle.

   —   — *Sphinx* (*Deilephila*) *lineata* Linné.

   —   —   — *Celerio* Linné.

   —   —   — *Porcellus* Linné.

   —   —   — *Elpenor* Linné.

De ces vingt-deux espèces, cinq à six peuvent être considérées comme toujours dangereuses ; parmi les autres, certaines le deviennent de temps en temps, d'autres enfin ne sont qu'exceptionnellement nuisibles.

Ici, comme dans tous les ordres d'insectes, nous pourrions dire dans toute la série animale, c'est parmi les petits que se trouvent les grands ravageurs. Nous aurons donc à parler surtout des *Microlépidoptères* (μιχρος petit), comme on appelle généralement les lilliputiens du groupe des Nocturnes.

SOUS-ORDRE DES NOCTURNES.

On nomme ainsi des *Lépidoptères* volant presque tous la nuit, aux ailes en forme de toit, munies d'un frein recouvrant l'abdomen au repos, au corps généralement épais, aux chenilles tantôt nues, tantôt velues, se filant pour la plupart un cocon soyeux pour abriter l'état de chrysalide.

Antispila Rivillei STAINTON.

SYNONYMIE. — *Chenille mineuse des feuilles de vigne* Godehen de Riville ; *Alucita uvella* Vallot ; *Antispila Rivillella* Rondani.

Cette petite et mignonne espèce, le plus petit des *Lépidoptères* que nous avons à décrire, appartient à la famille des *Tinéides*, composée des petits

Lépidoptères bien connus appelés vulgairement teignes, hartes, papillons de laine, etc.

La famille des *Tinéides* peut être ainsi caractérisée :

Les plus petits parmi les *Lépidoptères* ; antennes très minces, en forme de soies ; palpes labiaux développés, dépassant la tête de toute sa longueur, recouverts de longues écailles en faisceaux, le dernier article parfois redressé verticalement ; palpes maxillaires épais et saillants ; trompe courte, souvent avortée ; ailes longues, étroites, frangées, parfois étendues, mais le plus souvent repliées autour du corps. Outre les six pattes articulées, les *chenilles* ont huit ou dix fausses pattes. Les unes vivent dans des fourreaux, par exemple celles des espèces qui attaquent les lainages, les crins de nos meubles, les grains, etc. D'autres creusent les tissus végétaux vivants, bourgeons, boutons de fleurs, parenchyme des feuilles. Tel est le cas de notre *Antispila* vivant exclusivement dans la feuille de la vigne, qu'elle mine en y traçant des galeries sinueuses.

Selon M. Wocke (in Heinemann ; *Schmetterl. Deutschl.*, 1877, tom. II, pag. 314), le genre *Antispila*, créé par Hubner, renferme sept espèces, trois européennes et quatre américaines. Les trois espèces d'Europe sont : *Antispila Pfeifferella* Hubner, *A. Treitschkiella* Herr. Schœff., vivant l'une et l'autre sur le cornouiller, et *A. Rivillei* Stainton, vivant sur la vigne. Deux des espèces américaines vivent également sur la vigne.

Le genre est ainsi caractérisé : Très petits papillons ayant la tête dénudée ou parsemée de quelques poils seulement, les antennes courtes, les palpes gros et pendants, les ailes antérieures ornées postérieurement d'une frange assez large, brillantes, ayant une bande et deux taches pâles ou métalliques correspondantes.

La *chenille* a six pieds articulés et dix fausses pattes. La chrysalide est enfermée dans une enveloppe aplatie formée d'un cocon recouvert des deux épidermes opposés de la feuille dans le parenchyme de laquelle la *chenille* a vécu. Ces épidermes sont coupés comme à l'emporte-pièce en forme d'ellipse un peu pointue des deux bouts et collés l'un à l'autre. D'une pointe à l'autre, court une espèce de carène assez saillante. Cette espèce de coque est suspendue par un fil de soie.

I. — HISTORIQUE.

L'*Antispila Rivillei* est une espèce italienne, et, bien qu'ayant été signalée et décrite tout d'abord par des auteurs français, elle n'a jamais été rencontrée dans notre pays. En dehors de la péninsule, elle n'a été observée que dans les îles de Malte et de Corfou.

Le premier travail concernant cette espèce, découverte à Malte, date du siècle dernier. Il est de Godehen de Riville et a été publié en 1750 (*Acta extranea Parisiana*, tom. I, pag. 177 à 190, Pl. X), sous le nom de *Histoire d'une chenille mineuse des feuilles de vigne*. Bonnet, dans son livre *Contemplation de la nature* (1764), l'a reproduit ; Latreille également (*Histoire naturelle des insectes*, tom. I, pag. 202). M. Vallot (de Dijon) est le premier qui ait nommé l'insecte et l'ait décrit sous le nom de *Alucita uvella* (*Histoire des Ins. ennemis de la vigne*, Mémoires de l'Académie de Dijon, 1839-40, pag. 31).

En 1855, Stainton, ignorant sans doute le travail français, l'a décrit de nouveau sous le nom de *Antispila Rivillei* en la comparant à une espèce déjà connue, l'*A. Treitschkiella* du cornouiller (*Trans. entom. Soc. Lond.*, série 2, tom. III, pag. 87 ; et *Ann. Soc. ent. de Fr.*, 1855, pag. 211, et 1857, pag. 24). C'est ce nom de *A. Rivillei* qui est généralement adopté ; mais, si comme nom de genre nous admettons celui d'*Antispila*, créé par Hübner, nous ne pouvons, sans protester, en faire autant pour le nom d'espèce, la priorité de celui d'*uvella* donné par Vallot étant incontestable. Les auteurs allemands dont nous suivons le catalogue ne peuvent avoir ignoré cette priorité. L'insecte est décrit et sa manière de vivre racontée par l'auteur français, pag. 315 de son travail sur les Insectes de la vigne, de façon à ce qu'il n'y ait pas d'équivoque sur l'identité de l'espèce.

Nous devons toutefois rejeter le nom générique d'*Alucita*[1], employé par Vallot, parce qu'il appartient à un groupe de *Lépidoptères* qui ne fait même pas partie de la famille des *Tinéides*.

En 1876, l'espèce a été de nouveau étudiée à Parme par M. Roudani. Son travail, paru en 1877 (*Ann. de la Soc. ent. italienne*), est très intéressant en ce qu'il donne la description de trois parasites de l'insecte ; malheureusement, sous prétexte d'adapter la désinence de l'épithète à celle d'un grand nombre de noms de *Tinéides*, il appelle l'insecte *Antispila Rivillella*. En 1878 et 1879, nouvelles observations de M. Pellegrini (de Vérone) ; mais un Mémoire italien plus récent est celui de M. Targioni Tozzetti (*Annali di agricoltura, Relazione della R. Stazione di entomologia agraria di Firenze*, 1884). A part la description de Vallot, qu'il paraît avoir également ignorée, ce qui lui fait adopter sans observation le nom de

---

[1] Le genre *Alucita* est caractérisé par des ailes entaillées d'incisions profondes, ce qui fait qu'elles sont divisées en lobes distincts s'ouvrant comme les plis d'un éventail, caractère qui ne se rencontre chez aucune *Tinéide*. Le nom d'*Alucite* a donc été improprement appliqué à plusieurs *teignes*, par exemple à l'espèce qui nous occupe et à l'une de celles qui attaquent les céréales, la *Sitotroga cerealella*, appelée vulgairement *Alucite* du blé.

Stainton, l'auteur résume les autres travaux et figure l'insecte qui depuis quelques années a été observé dans presque toutes les régions viticoles de l'Italie.

C'est de M. Targioni que proviennent les exemplaires en notre possession ; c'est en partie dans son travail que nous avons puisé les détails qui précèdent, et c'est à la même source que nous emprunterons la description de l'insecte.

II. — DESCRIPTION ET BIOLOGIE.

Corps d'un rouge brun, avec le thorax argenté en dessus, de couleur blanche en dessous.

Tête brillante et argentée ; *trompe* courte ; *antennes* du mâle à peine pubescentes, blanches à la base, métalliques au sommet ; *palpes* maxillaires nulles, palpes labiaux de trois articles épais, le dernier de ceux-ci en forme de cône aigu, tous couverts de poils assez longs.

Ailes antérieures d'un noir verdâtre avec quatre taches dorées allongées, deux au bord antérieur, deux au bord postérieur, ces dernières se réunissant postérieurement d'une aile à l'autre en forme de bande transversale oblique, les premières confluentes ou séparées l'une de l'autre par un intervalle brun sinueux, les poils de la partie terminale longs et blanchâtres. Les ailes postérieures brunes, les poils formant frange plus clairs.

Pattes blanchâtres, argentées; les cuisses et les tibias antérieurs obscurs; les tibias intermédiaires et postérieurs armés de quatre éperons blancs.

Longueur 1ᵐᵐ,50, envergure des ailes ouvertes 2ᵐᵐ,53.

La chenille est de couleur jaunâtre translucide, avec la tête marron et une ligne brune sur le dos. Elle creuse dans le parenchyme de la feuille une galerie sinueuse et une chambre de métamorphose plus large dans laquelle elle file son cocon.

M. Gennadius, d'Athènes, qui a bien voulu nous envoyer des feuilles attaquées provenant de Corfou, avec de nombreux cocons, nous a mis à même d'en faire *de visu* la description suivante :

Ce cocon en soie blanche est recouvert des deux épidermes de la feuille, qui, coupés comme à l'emporte-pièce, constituent une seconde enveloppe protectrice. Il est de forme elliptique, aplatie, un peu pointue des deux bouts, avec une légère carène allant d'une pointe à l'autre, et reste suspendu à la feuille par un ligament soyeux.

M. Targioni a obtenu dans son laboratoire deux générations de l'insecte, une de printemps et une d'automne. Les trois parasites *Hyménoptères* obtenus et décrits par le professeur Rondani ont été appelés par cet auteur:

Entedon viticola, E. antispillæ, E. Rivilellæ. Ils appartiennent à la famille des *Chalcidides*, petits *Hyménoptères* aux couleurs métalliques qui sous leurs premiers états vivent tous dans le corps de diverses larves. Vallot parle d'un parasite qu'il appelle *Ichneumon vitellæ*, mais dont il donne une description trop sommaire pour qu'on puisse reconnaître l'insecte ainsi désigné. Il est, dit-il, reconnaissable à son corps d'un très beau rouge tacheté de jaune. Nous signalons cette espèce à l'attention des observateurs italiens. Ce n'est pas un *Chalcidide*; mais est-ce bien un *Ichneumon*?

III. — MOYENS DE DESTRUCTION.

Cet insecte, intéressant en ce qu'il est spécialement ampélophage, n'a pas jusqu'à présent causé de grands dommages. Ce n'est pas toute la feuille, en effet, qui est compromise, et les fonctions de celle-ci ne sont pas gravement entravées. L'espèce semble toutefois se répandre de plus en plus. Après avoir été au début signalée à Malte, en Sicile, à Corfou, M. Targioni la mentionne de Venise, de Pavie, d'Ancône, de Pesaro, d'Urbino et d'Ascoli Piceno. Il est possible aussi qu'on observe avec plus de soin aujourd'hui qu'autrefois !

Si le parasite menaçait de se multiplier outre mesure, on pourrait, soit enlever les feuilles atteintes, soit au moyen d'une forte épingle extraire la petite chenille de sa galerie sinueuse, toujours très apparente sur la feuille. Ce travail minutieux, mais en somme exécutable, devra être opéré au printemps, afin que la génération d'automne, toujours plus considérable, ne puisse pas se produire.

LA PYRALE DE LA VIGNE[1]

(*Tortrix Pilleriana* SCHIFFERMULLER, 1776.)

(Avec une planche en chromolithographie.)

SYNONYMIE. — *Pyrale de la vigne* Bosc (1786) ; *Phalène de la vigne* Roberjot (1787); *Pyralis vitina* Fabricius (1794); *Pyralis Pilleriana* Fabricius (1794) ; *Tortrix luteolana* Hubner (1796); *Chape de la vigne et Pyrale de Florensac* Faure Biguet et Sionest (1802) ; *Pyralis vitis* Latreille (1805); *Tortrix Danticana* Walckenaër (1835); *Pyralis vitana* Audouin (1842) ; *Œnophtira Pilleriana* Duponchel (1844) ; *Œnectra Pilleriana* Guénée (1845).

Dans les divers départements, la *Pyrale* est connue des vignerons sous le nom de *Ver de la vigne* (Rhône et Saône-et-Loire), *Ver à tête noire*

---

[1] BIBLIOGRAPHIE. — **Schiffermuller** et **Denis** ; *Catalogue systématique des papillons de Vienne*, 1776.— **Bosc d'Antic** ; *Mémoire pour servir à l'histoire de la Chenille qui a ravagé les vignes d'Argenteuil en 1786* (Mémoires de la Soc. royale d'Agr. de Paris).— **Roberjot** ; *Mémoire sur un moyen de détruire les Chenilles qui ravagent la vigne* (Mémoires de la Soc. royale d'Agr. de Paris, 1787). — **Faure Biguet** et **Sionest** ; *Mémoire sur quelques Insectes nuisibles à la vigne* (Soc. d'Agr. de Lyon, 1809). — **Bertrand d'Acetis** ; *Mémoire sur la Pyrale de la vigne* (Soc. d'Agr. de Lyon, 1810).— **Artaud de la Ferrière** ; *Mémoire sur la Pyrale de la vigne* (Soc. d'Agr. de Lyon, 1811). — **Bosc** ; *Notice sur la Pyrale et autres Insectes qui nuisent aux vignobles* (Ann. de l'Agr. de France, 1813).— **Foudras** ; *Rapport sur un Concours ouvert sur la destruction de la Pyrale* (Mémoires de la Soc. d'Agr. de Lyon, 1825). — **Alexis Forel** ; *Mémoire sur le Ver destructeur de la vigne* (Feuille du canton de Vaud, février 1825). — **Juric** ; *Rapport sur les moyens de répression de la Pyrale de la vigne* (Soc. d'Agr. de Lyon, 1833). — **Walckenaër** ; *Recherches sur les Insectes nuisibles à la vigne* (Ann. Soc. entom. de France, 1835-1836). — **Audouin** ; Diverses Notes publiées dans les *Comptes rendus de l'Acad. des Sciences*, les *Annales de la Soc. d'Agr. de Lyon*, les *Ann. des Sciences nat.* et le *Bull. d'Œnologie de France*, années 1837 et 1838. — **Sauzey** ; *Instructions pour la destruction du ver de la vigne*. Lyon, 1837. — **Duméril** ; *Rapport sur les dégâts de la Pyrale dans les vignobles d'Argenteuil* (Comptes rendus de l'Acad. des Sciences, 1837). — **Dunal** ; *Des Insectes qui attaquent la vigne* (Bull. Soc.

(Côte-d'Or), *Ver de l'été* (Marne), *Couque* (Pyrénées-Orientales), *Babote* (Hérault).

Comme on le voit, la synonymie de ce Lépidoptère est embrouillée.

Le point de départ de la confusion date de Fabricius. Non content de rejeter sans raison le nom générique de *Tortrix* et d'adopter celui de *Pyralis*, l'entomologiste danois a donné de l'espèce deux descriptions sous deux noms différents. Audouin, qui a consacré à l'insecte qui nous occupe un beau et important travail classique, a adopté le nom de *Pyralis*. « Ce nom, dit-il page 22, est déjà reçu en France »; mais il convient, page 21, qu'il vaudrait mieux dire *Tortrix*, « l'insecte ayant beaucoup plus les caractères des *Tortrix* que des *Pyralis* ».

d'Agr. de l'Hérault. 1834 à 1838). — **Desvignes**; *Manuel pour la cueillette des pontes de la Pyrale*, 1838. — **Recappé**; *Conseils aux cultivateurs d'Argenteuil sur les moyens de détruire la Pyrale*, 1838.— **Dr Companyo**; *Notice sur les Insectes qui ravagent les vignes des Pyrén.-Orient.* Perpignan, 1838.— **Vallot**; *Mémoire pour servir à l'histoire des Insectes ennemis de la vigne* (Mémoires de l'Acad. de Dijon, 1841 ; Ann. Soc. Agr. de Lyon, 1841 ; Revue et Magasin de Zool., 1840).— **Guérin-Meneville**; *Notice sur les Pyrales* (Extrait du Dictionn. pittoresque d'Hist. nat., 1839).— **Bourgeois**; *Étude sur la Pyrale* (Soc. d'Agr. de Lyon, 1841). — **Bugnon**; *Sur quelques Insectes qui nuisent à la vigne* (Neue Denkschrift Allgem. Schweiz. Geselsch., 1841). — **Audouin**; *Histoire des Insectes nuisibles à la vigne et en particulier de la Pyrale de la vigne* (Paris, Fortin Masson et Cie, 1842). — **Sauzey**; *Rapport sur la destruction de la Pyrale* (Ann. Soc. d'Agr. de Lyon, 1842). — **Westwood**; *The Pyralis of the Vine* (Gardeners-Chronicle, avec fig., 1847). — **Kollar**; *Neue Beobachtung über Tortrix vitisana ein dem Weinstocke, in Œsterreich sehr schædliche Inseckte* (Verhandl. Zool. Bot. Verein, in Wien, 1852). — **De Laharpe**; *Rapport à la Société Vaudoise sur la destruction du Ver de la vigne* (Bull. Soc. de Vaud, 1855). — **Vautrin de Lamotte**; *Réflexions pratiques pour arriver à la destruction de la Pyrale*. Épernay, 1858. — **Daunassans**; *De la Pyrale et des moyens de la combattre* (Journal de l'Aigle. Toulouse, avril 1859). — **Vramant**; *De la Pyrale et des moyens sûrs et faciles de la détruire*. Épernay, 1360. — **Paris**; *Note sur la Pyrale* (Bull. Soc. ent. de France, 1862, pag. 19). — **De Peyerimhoff**; *Le Ver de la vigne* (Bull. Soc. d'Hist. nat. de Colmar, 1869. — **Nordlinger**; *Die kleinen Feinde der Landwirthschaft.* Stuttgart, 1869.— **Kaltenbach**; *Die Pflanzenfeinde aus der Klasse der Insekten*, 1872. — **Ladrey**; *La Pyrale de la vigne.* Dijon, 1876. — **Montoy**; *Échaudage de la vigne et des échalas* (Bull. du Comice agr. de Beaune). — **Heuzé**; *La Pyrale et l'œuf d'hiver du Phylloxera* (La Vigne française, 1880). — **André**; *Les Parasites et les Maladies de la vigne.* Beaune, 1882. — **Jaussan**; *De la Pyrale et des moyens de la combattre.* Béziers, 1882.

Voulant rester sur un terrain à la fois scientifique et pratique, nous conservons le nom français de *Pyrale* et adoptons comme nom latin, non pas celui d'*Œnophtira Pilleriana* de Duponchel, admis par plusieurs livres récents, mais celui de *Tortrix Pilleriana* des premiers descripteurs.

Le nom de *Tortrix*, en français *Tordeuse*, a été donné par Linné à un groupe de petits Lépidoptères nocturnes plus grands que les *Teignes*, aux ailes en forme de toit, n'ayant, dans la position du vol, jamais moins de 7 millim. et jamais plus de 27 millim. d'envergure [1]. Les antennes sont en forme de fil ou de soie, jamais pectinées comme chez les *Pyralis*, et au repos toujours couchées sur le dos. Les palpes sont droits, jamais redressés à l'extrémité, comme chez les *Teignes* et les *Pyrales*. Les ailes inférieures sont toujours dépourvues de dessins, tandis que chez les *Pyrales* elles sont souvent ornées de lignes ou de taches concordant avec celles des ailes supérieures.

On voit, par cette courte description du groupe, que l'insecte qui nous occupe doit bien être rangé parmi les *Tortrix*.

Avant l'introduction en Europe du *Phylloxera*, aucun insecte n'avait fait parler de lui autant que la *Pyrale*. Connue peut-être dès l'antiquité, en tout cas depuis le xvie siècle, elle n'avait cessé d'être considérée comme l'ampélophage le plus dangereux. A certaines époques, surtout de 1830 à 1840, ses ravages ont été si considérables que l'existence même de la vigne a été mise en question. Dans certains vignobles, tels que le Beaujolais et les Charentes, on ne parlait rien moins que de l'arracher.

C'est à ce moment qu'Audouin, membre de l'Institut, professeur au Muséum d'histoire naturelle, fut chargé par le Gouvernement français d'aller étudier sur place l'étendue du mal, et c'est après de nombreuses observations et plusieurs voyages exécutés de 1837 à 1840 qu'a été publié le grand ouvrage que nous avons appelé une œuvre classique. Tous ceux qui ont écrit sur la *Pyrale*, depuis 1842, ont puisé largement dans ce gros volume, et, tout en ayant observé nous-même l'insecte sous ses différentes formes, nous ne pouvons mieux faire que d'imiter nos devanciers. En ce qui concerne spécialement la *Pyrale*, un bon résumé de l'œuvre a été publié, en 1860, par M. Brullé, professeur à la Faculté des Sciences de Dijon, ancien aide-naturaliste d'Audouin (*La Bourgogne, Revue œnologique et viticole*, par Ladrey, professeur de chimie à la Faculté des Sciences de Dijon), et c'est surtout à ce dernier travail que nous ferons des emprunts.

---

[1] De Peyerimoff; *Étude sur les Tordeuses* (*Ann. Soc. entom. de Fr.*, 1876).

I. — HISTORIQUE.

D'après les savantes recherches de Walckenaër, il est possible que la *Pyrale* ait été connue des anciens. « *Convolvulus in vinea ne siet amurcam condito*, le *Convolvulus* ne se trouve pas sur la vigne badigeonnée avec du marc d'huile, dit le traité *De re rustica* de Marcus Porcius Cato ». Ce passage semble s'appliquer à la *Pyrale* plutôt qu'au *Rhynchite* ou *Attelabe*. Ce dernier, très commun en Italie, paraît en effet désigné par Pline sous le nom de *volvox* (le rouleur) ou *cantharis* (le scarabée brillant). Pline distingue le *volvox* du *convolvulus* et répète, au sujet de ce dernier, ce que dit Marcus Porcius Cato. Gesner (xvie siècle), parlant des insectes qui attaquent la vigne, ne fait guère que citer Pline.

Il y a, en somme, peu de documents utiles à retirer de mentions aussi vagues, et les premières observations un peu sûres remontent à l'abbé Lebœuf. Dans son *Histoire du diocèse de Paris* (1755), cet auteur dit, en effet, qu'en 1562 « les habitants d'Argenteuil regardèrent comme un fléau de Dieu les insectes qui gâtaient leurs vignes dans le printemps. L'évêque de Paris ordonna des prières publiques pour la diminution du fléau. » Comme Argenteuil a toujours été et est encore un des cantons préférés par la *Pyrale*, il est plus que probable que les insectes désignés par Lebœuf se rapportent à cette espèce [1].

Un demi-siècle plus tard, on retrouve la *Pyrale* dans ces mêmes vignobles. Selon un vieux manuscrit, dit Audouin, un ver destructeur vint, en 1629, établir son séjour dans les vignes de Colombe, près Argenteuil, et y commit d'affreux ravages. La *Pyrale* est mentionnée de nouveau au bout de cent ans sur le territoire d'Ay, en Champagne. Une délibération du Conseil de cette commune, datée du 19 avril 1733, mentionne ce qui suit: « Depuis quelques jours, les vignes du territoire d'Ay sont mangées dans leurs bourgeons par des vers qu'on y voit en quantité considérable. Les soins qu'on pourrait y donner par la main de l'homme seraient inutiles,

---

[1] On pourrait s'étonner, dit Audouin, de l'importance attachée alors à la conservation des vignobles d'Argenteuil au xvie siècle, si l'on ne se rappelait que les vins de ce canton, si peu recherchés actuellement, jouissaient à cette époque d'une haute réputation. Les dîmes du vin formaient alors la partie la plus importante des revenus de l'Abbaye de Saint-Denis, et, dans une thèse publique des Écoles de Médecine de Paris, il fut même soutenu que les vins de ce terrain devaient avoir la préférence sur ceux de Bourgogne et de Champagne.

ainsi qu'on l'a éprouvé l'année dernière, en sorte qu'il ne reste d'autre
ressource que d'implorer la miséricorde de Dieu, etc. » L'année suivante,
une seconde délibération nous apprend que « les habitants ont donné pouvoir aux maire et syndics de se transporter en la ville de Reims pour demander la permission à M*r l'Archevêque de prier Dieu et faire des pro-
cessions pour les *vermissiaux* ». Enfin, d'après le journal tenu par un
propriétaire du canton d'Ay, le *ver de l'été* dévasta les vignes de ce canton
depuis 1779 jusqu'à 1785. Nous ne croyons pas, dit Audouin, que jusqu'en
1820 la *Pyrale* ait occasionné dans ce pays de nouveaux dommages.

Dans le Beaujolais et le Mâconnais, il paraît que, dès 1746, Romanèche
et ses environs formaient déjà le foyer principal des dégâts de l'insecte
destructeur, et un passage des registres de la paroisse nous apprend qu'à
cette époque, pour obtenir du ciel la cessation du fléau, une procession en
l'honneur de la Sainte-Vierge fut établie; et elle a encore lieu à Romanèche,
dit Audouin, sous le nom de procession de *Notre-Dame des vers*.

Vingt ans plus tard, l'abbé Roberjot, curé de la petite commune de
Saint-Vérand, consignait dans un Mémoire lu à la Société d'Agriculture
de Paris, en 1787, ses observations sur la *Pyrale* et les moyens qu'il avait
tentés pour la détruire. Il parle de l'insecte comme l'ayant observé depuis
huit ans et signale surtout l'année 1785.

En voyant Roberjot citer spécialement l'année 1785 comme une des
plus désastreuses pour le Mâconnais, nous devons nous rappeler, dit Audouin, que cette même année les vignes d'Ay ont été violemment ravagées,
et que ce fut aussi en 1785 que des dégâts semblables causés par le même
insecte aux vignes d'Argenteuil fixèrent l'attention de Bosc.

C'est à Bosc, en effet, que revient l'honneur d'avoir fait connaître le
premier en France, d'une manière scientifique, la *Pyrale* de la vigne. Il
en a donné, en 1786, une description assez exacte dans son *Mémoire pour
servir à l'histoire de la chenille qui a ravagé les vignes d'Argenteuil*.
Cependant dix années avant lui, en 1776, Schiffermuller et Denis enre-
gistraient dans leur *Catalogue systématique des papillons de Vienne*, sous
le nom de *Tortrix Pilleriana*, une espèce que tous les entomologistes reconnaissent aujourd'hui être la *Pyrale de la vigne* de Bosc et désignent
sous le nom du Catalogue de Vienne.

Pendant cette longue période, de 1746 à 1786, où la *Pyrale* semblait
établie dans les vignobles d'Argenteuil, d'Ay et de Romanèche, le fléau se
faisait aussi sentir ailleurs.

Le P. Arcère, de l'Oratoire, dans son *Histoire de la ville de la Rochelle*,
publiée en 1786, parle de cet insecte comme ravageant déjà les vignobles
de la province de l'Aulnis, et en 1780, comme à Romanèche, une proces-

sion de *los roucos* (les vers) fut établie aux environs de Toulouse, dans la commune de Saint-Simon.

La fin du siècle dernier ne nous fournit plus de nouvelles indications relatives à la *Pyrale*, soit que le fléau ait perdu de son intensité, soit plutôt que les événements politiques en aient détourné l'attention ; mais il n'en est pas de même de ce siècle.

En 1808, les mêmes vignes qui en 1786 avaient fait l'objet des recherches de Roberjot, étaient de nouveau ravagées, et c'était toujours Romanèche qui était le centre du territoire attaqué. On trouve dans un manuscrit de Bertrand d'Acétis (*Archives de l'Académie de Mâcon*) le tableau suivant de l'état des vignobles à cette époque : « La propagation du fléau est effrayante ; il couvre de grandes surfaces, sans abandonner celles qu'il occupait anciennement. Les cantons envahis ne pourront bientôt plus nourrir leurs habitants ; dans plusieurs communes, les vendanges n'ont pas même eu lieu cette année, et si l'on n'applique à ce mal un remède efficace, des milliers de cultivateurs seront dans la misère, le sol du pays ne convenant en général qu'à la culture de la vigne. » Cependant cette triste période touchait à sa fin, car après avoir éveillé l'attention de l'autorité, qui en 1810 prescrivait l'échenillage, et après une gelée printanière (les *Pyrales* mortes de faim sans doute), les vignes reprirent leur riche aspect, et une récolte peu abondante, il est vrai, mais de qualité supérieure, vint dédommager les propriétaires. Cette récolte fut suivie de celle si renommée de 1811.

Quatorze années s'écoulèrent sans ramener le fléau, puis en 1825 il reparut. Faible d'abord, le mal fut chaque année en augmentant, et en 1837 et 1838 il était parvenu à une intensité effrayante.

D'après des calculs restés à dessein au-dessous de la vérité, les pertes éprouvées durant cette période de dix ans environ, dans vingt-trois communes du Rhône et de Saône-et-Loire, se sont élevées annuellement, sur 3,000 hectares envahis, à 75,000 hectolitres de vin, soit, en calculant à 20 fr. l'hect., prix minimum, à 1,500,000 fr. En ajoutant tous les travaux accessoires supprimés par le fait, fournitures, frais de circulation, de transport, ainsi que les dégrèvements d'impôts qui se sont élevés à plus de 100,000 fr., on a, pour ces deux départements seulement, une perte annuelle de 3 à 4 millions de francs, soit au bout de dix ans une perte de 30 à 40 millions.

Par suite de circonstances inconnues, le département de la Côte-d'Or semble avoir été, à cette époque, préservé, ou à peu près, des ravages de la *Pyrale*. Ce n'est qu'en 1837 et 1838 qu'ils attirèrent l'attention des propriétaires par l'envahissement de quelques centaines d'hectares dont la perte de récolte ne dépassa pas toutefois un quinzième. Nous verrons plus loin qu'il n'en a pas toujours été ainsi malheureusement.

Dans le département de la Marne, après avoir disparu à la fin du siècle dernier et au commencement de celui-ci, le mal se réveillait en 1820, et, après avoir sévi pendant dix ans environ, il disparaissait presque complètement, pour ne plus reparaître que çà et là à l'état de points isolés; en 1862 toutefois, M. Paris (Soc. ent. de France) signalait de nouveau le mal comme grave dans le canton d'Ay, près Reims.

Le département de Seine-et-Oise, dont le canton d'Argenteuil avait été l'objet des observations de Bosc en 1783, fut depuis cette époque dévasté par la *Pyrale* à deux reprises différentes. Les années qui suivirent 1807 furent surtout marquées par de grands dégâts. Puis, pendant quinze années, de 1816 à 1831, le fléau cessa, pour reparaître ensuite avec une vigueur nouvelle. En 1837, le maire d'Argenteuil écrivait à l'Académie des Sciences que les dégâts pouvaient être, cette année-là, évalués de 5 à 600,000 francs, sans parler de l'influence funeste se faisant toujours sentir durant les années suivantes.

La *Pyrale*, déjà mentionnée à la fin du siècle dernier dans la Haute-Garonne, y reparut en 1808, cessa tout à coup en 1814, pour reparaître avec une intensité nouvelle et croissante de 1829 à 1838, au point d'enlever les quatre cinquièmes de la récolte.

Le département de la Charente-Inférieure, où l'insecte avait exercé ses ravages vers le milieu du siècle dernier, le vit reparaître en 1801, puis vers 1837, à des degrés divers; presque toutes les communes viticoles du département étaient atteintes, et l'île de Ré, qui depuis longtemps avait quelques points d'attaque, voyait l'insecte se répandre sur tout son territoire. En 1838, aucun département viticole n'était envahi d'une façon aussi générale et sur certains points plus grave. Une supplique adressée à cette époque au préfet par la municipalité de Saint-Sauveur de Nuaille, près La Rochelle, indique la durée et l'intensité d'un fléau : « Depuis dix-huit ans, les vignes de nos administrés sont atteintes de vers qui les dévorent. Jamais calamité n'a été plus destructive. Les hommes n'ayant que cette ressource, la terre n'étant propre à aucune autre culture, ils ont persévéré longtemps à entretenir leurs propriétés; mais actuellement leur épuisement est tel que les uns arrachent leurs vignes, les autres cessent de les cultiver.»

Les Pyrénées-Orientales, au dire des vignerons, ont de tout temps été ravagées par la *Pyrale*, appelée *couque* dans le pays; mais vers 1838, comme dans les autres départements, le mal avait acquis la plus grande intensité dans les deux cantons de Perpignan et de Rivesaltes; on évaluait la perte annuelle à 14,000 hectolitres de vin.

Enfin le département de l'Hérault est atteint, dit-on, depuis plus d'un siècle; mais ce n'est qu'en 1801 que les dégâts occasionnés par la *Pyrale* dans les localités exactement désignées, les environs de Marseillan et de Florensac (arrondissement de Béziers), furent l'objet d'une communication de Draparnaud à la Société d'Agriculture de l'Hérault. Ce travail fut imprimé et répandu dans le département, par ordre du préfet. Vers 1818, l'insecte se montrait de nouveau sur le même territoire, et en 1820 le mal avait pris assez d'accroissement pour que le Conseil municipal de Marseillan sollicitât du ministre une indemnité aux deux communes atteintes par le fléau et une prime d'encouragement à qui trouverait un remède efficace. La *Pyrale* gagna encore du terrain les années suivantes, envahissant toutes les communes voisines de Florensac et de Marseillan, surtout celles situées dans la direction de la mer, sur la rive gauche de l'Hérault ; puis, vers 1823, disparut, pour atteindre les environs de Montpellier, où elle paraissait confinée en 1838, au moment où Audouin, chargé de sa mission officielle, y arriva.

Il résulte de ces documents historiques, longuement développés dans le livre d'Audouin et résumés autant que possible dans les pages qui précèdent, que pendant une période d'environ vingt ans, se terminant en 1838, le fléau a été à peu près permanent dans six départements viticoles, et qu'à part l'Hérault il a toujours augmenté en étendue et intensité.

Depuis cette époque, avec des alternatives que nous tâcherons d'expliquer, quittant brusquement un canton pour en attaquer un autre, malgré des moyens vraiment efficaces trouvés pour la combattre, la *Pyrale* a peu à peu étendu son empire, et jusqu'à la Bourgogne, qui du temps d'Audouin était à peu près indemne, bien des vignobles épargnés jusque-là ont été atteints. « Les dégâts de la *Pyrale*, dit M. André (*Les Parasites et les Maladies de la vigne*, pag. 33) se calculent en Bourgogne par des sommes considérables. Je ne veux en citer qu'un chiffre rapporté tout récemment et qui résulte de calculs et d'expériences consciencieusement faits par un de nos intelligents viticulteurs. M. Montoy, dans le *Bulletin du Comité d'Agriculture de Beaune*, nous montre qu'en écartant toutes les causes d'exagération, la *Pyrale* enlève certaines années, dans les vignobles du seul arrondissement de Beaune, environ un tiers de la récolte, représentant plus d'un million de francs, et cela en ne considérant que les vignes à vins fins et sans tenir compte des grandes étendues de terrains plantés en vignes ordinaires. »

En Champagne, d'après M. Paris (*Ann. Soc. ent.*, 1862), le mal s'est beaucoup étendu depuis Audouin. D'après M. Vimont, président du Comice agricole d'Épernay (1er juin 1888), « les coteaux d'Ay et d'une manière

PLANCHE II.

Métamorphoses et Ravages de la Pyrale de la Vigne.

1. Sarment de vigne attaqué par la Pyrale.
2 et 3. Feuilles rongées.
4. Feuille et grappe réunies en fourreau encore en végétation.
5. Feuille roulée en fourreau à demi desséchée.
6. Feuille roulée en fourreau et sèche.
7 et 8. Chenilles adultes.
9. Chrysalide à demi sortie d'un fourreau.
10. Papillon au vol.

Mayet.del   Chromolith. G Severeyns.   J Mayet.pinx

générale les environs de Reims sont toujours la terre de prédilection de la *Pyrale* ; mais, les grandes invasions ne se produisant que de loin en loin, on recourt trop souvent au remède quand le mal est fait ».

Dans l'Ouest et le Sud-Est, le mal tend beaucoup à se propager. Là, comme dans bien d'autres contrées, depuis trente ans, la culture de la vigne ayant envahi les plaines, l'insecte, comme nous le verrons plus loin, se trouve ainsi dans des conditions exceptionnelles de réussite. A l'étranger, si nous parlons de la Suisse, le mal, observé sur les bords du Leman, dès 1825, par Alexis Forel, n'a fait que s'étendre, et il nous a été signalé en Argovie par M. Wullschleger, de Lentzburg. En Allemagne, M. Von Heyden nous cite l'insecte comme se trouvant partout dans la vallée du Rhin. Il a été, comme on sait, décrit pour la première fois en Autriche. M. Horvath, de Buda-Pesth, le range parmi les ampélophages les plus répandus en Hongrie, et de son côté M. J. Weny (Rovartani Lapok, 1886) le signale comme un fléau constant. M. Gennadius en dit autant pour la Grèce, M. Graëlls pour l'Espagne. En Italie, l'espèce paraît moins fréquente que la *Cochylis*, et nous aurons l'occasion de dire que rarement les deux insectes attaquent simultanément le même vignoble.

II. — DESCRIPTION ET BIOLOGIE.

La *Pyrale* à l'état parfait est un petit papillon aux ailes d'ordinaire repliées sur l'abdomen et en forme de chape.

Le *corps* est long de 11 à 15 millim., de l'extrémité antérieure des palpes à l'extrémité postérieure des ailes ; la couleur est jaunâtre plus ou moins dorée. L'envergure des ailes déployées est d'environ 20 à 24 millim (fig. 43).

La *tête*, d'un jaune fauve, est surtout remarquable par ses deux palpes labiaux renflés au milieu, formant en avant comme deux pointes parallèles, longues d'environ 2 à 3 millim.; les *antennes*, filiformes, sont jaunes, garnies de poils blonds et à petites écailles noirâtres, composées de 50 à 60 articles. L'insecte ne mangeant pas, la trompe est courte et, déroulée, ne dépasse pas 1 millim. et demi. Les *yeux*, grands, hémisphériques, composés, comme

Fig. 43. — Papillon de la Pyrale.

chez les autres Lépidoptères, de nombreuses facettes hexagonales, sont verts quand l'insecte est en vie, noirs après la mort.

Le *thorax*, d'un jaune doré, est convexe, couvert d'une épaisse fourrure d'écailles terminées par deux pointes allongées en forme de poils, cachant complètement les sutures des trois segments thoraciques.

Les *ailes* antérieures sont jaunes, rougeâtres, souvent avec des reflets

14

dorés, parfois verdâtres ou couleur paille, avec une tache à la suture, près de leur base, et trois bandes transversales brunes à reflets dorés ou ferrugineux : les deux premières fortement obliques ; les deux secondes moins obliques, très larges sur les bords; la troisième, celle de l'extrémité, presque droite. Cette tache et ces bandes sont plus accentuées chez les mâles que chez les femelles. Chez ces dernières, elles disparaissent souvent; les ailes sont alors d'une même teinte. Les ailes postérieures sont d'un gris uniforme plus ou moins doré. A la base de ces ailes, se trouve le frein, dont nous avons parlé à propos des caractères généraux des *Lépidoptères*. C'est, chez la *Pyrale*, un fort crin inséré à la base de la première nervure et venant s'engager dans un petit tube fixé à la base de l'aile supérieure.

Les *pattes*, longues, velues, sont d'un jaune gris.

L'*abdomen*, caché sous les ailes, de même teinte que le thorax, est composé de sept anneaux distincts.

Ce papillon commence à éclore les premiers jours de juillet, un peu plus tôt, un peu plus tard, suivant les régions ; au bout de vingt à vingt-cinq jours, toutes les éclosions sont terminées, et c'est dans les vignes les plus hâtives que se voient les papillons les plus précoces. L'insecte, ne mangeant pas, ne vit guère au delà de quinze jours, et, s'il trouve à s'accoupler de suite, il meurt aussitôt l'accouplement et la ponte accomplis. Le vol est court, dix mètres au plus ; l'insecte part d'un cep pour aller se poser sur un autre. C'est au coucher du soleil que les papillons volent en plus grand nombre, et ils ne reprennent leur immobilité que lorsque la nuit est close. Le matin, au crépuscule, le vol recommence et cesse peu après le lever du soleil. Il va sans dire que par un temps couvert il n'est pas rare de voir des papillons voler en plein jour, surtout lorsqu'ils sont dérangés, mais jamais au soleil. En cas de vent, l'insecte reste jour et nuit dans une immobilité complète, cramponné aux feuilles et aux tiges, et c'est à peine si dans cette circonstance on peut en apercevoir quelques-uns, même à l'époque de la plus forte éclosion.

L'accouplement, qui a lieu sur les feuilles de la vigne, dure parfois vingt-quatre heures. Les deux insectes se tiennent bout à bout, la tête dirigée à l'opposé l'un de l'autre, les ailes du mâle recouvrant en partie celles de la femelle; parfois cependant celles de la femelle s'appliquent sur celles du mâle.

Ponte et éclosion des œufs. — C'est toujours à la face supérieure des feuilles que les femelles déposent leurs œufs. Ceux-ci sont pondus en une seule masse en forme de plaque, et l'insecte les dépose non pas en avançant, mais en reculant, les protégeant ainsi de son corps pendant les premiers instants. Un liquide agglutinant fixe les œufs sur la feuille ; ils sont disposés par rangée, se recouvrant un peu les uns les autres comme les tuiles d'un toit. Lorsque la dernière rangée est déposée, la femelle emploie plusieurs secondes à les recouvrir de la matière agglutinante, puis elle reste sur les œufs deux ou trois minutes avant de s'envoler. Dix minutes environ s'écoulent entre le dépôt du premier œuf et le départ de l'insecte. Ce délai, du reste, dépend du nombre d'œufs pondus. Audouin a compté dans les plaques, depuis une douzaine d'œufs seulement jusqu'à 150 ou 200 ; mais la moyenne en renferme de 50 à 60. Ces plaques sont rondes ou ovales, parfois irrégulières.

Les œufs sont d'une forme ovalaire un peu comprimée, d'une longueur de 1 millim. ou un peu moins, et leur couleur se modifie de la ponte à l'éclosion. Ils sont d'abord d'un vert pomme tendre, puis passant insensiblement au vert jaunâtre et de là au jaune, pour devenir ensuite bruns, enfin d'un gris noirâtre ; alors l'éclosion approche, et après celle-ci les œufs deviennent blancs.

L'éclosion se fait en général au bout d'une dizaine de jours, quelquefois un peu moins, mais souvent davantage ; Audouin a constaté jusqu'à seize jours. L'abbé Roberjot (1787), qui le premier a observé que les œufs ne passaient pas l'hiver, a parlé d'une vingtaine de jours. Ce délai doit dépendre de la température et de l'état hygrométrique de l'air. Audouin dit avoir hâté l'éclosion en soumettant les pontes à une température de 36° dans une serre humide où les feuilles étaient entassées. On peut du reste, quand on aperçoit par transparence la tête de la petite *chenille*, en hâter la sortie en soufflant sur les œufs. A peine, dit Audouin, le souffle chaud et humide s'est-il fait sentir, que bientôt on distingue à la loupe, dans l'intérieur de l'œuf, la petite *chenille* qui se meut lentement ; on voit alors la tête se dresser et les mandibules ratisser l'enveloppe jusqu'à ce qu'elle se rompe.

Cette facilité apportée à l'éclosion par la chaleur humide contribue à expliquer la plus grande abondance de la *Pyrale* dans les bas-fonds que sur les hauteurs. L'air, plus calme le soir dans les mêmes endroits, facilite aussi beaucoup les allées et venues des papillons. Ceux-ci paraissant en juillet, l'éclosion des œufs a donc lieu en août.

Le nombre des plaques d'œufs sur une même feuille est plus ou moins grand : quelquefois il n'y en a qu'une ou deux, parfois aussi quatre, cinq et jusqu'à dix ou douze. En 1837, à Saint-Lager, dans le Beaujolais, Audouin a calculé que certains ceps portaient plus de 3,000 œufs.

La *Pyrale* préfère la vigne à tous les autres végétaux, mais elle est polyphage. Audouin a donné aux *chenilles* des feuilles de frêne, de ronce, d'althéa, de fraisier, de luzerne, qu'elles mangeaient fort bien. M. Paris

(*Bull. Soc. ent. de France,* 1862, pag. 19) dit avoir trouvé l'espèce en Champagne, mangeant les divers chardons qui poussent dans les vignes. Les pontes sont parfois déposées sur toutes les plantes à la portée de l'insecte : aubépine, églantier, liseron, etc., et, d'après Audouin, des pontes trouvées par Schiffermuller sur le *Stachys Germanica* ont sans doute contribué à faire considérer pendant longtemps les deux noms de *vitana* et *Pilleriana* comme s'appliquant à deux espèces différentes.

La chenille. —Au sortir de l'œuf, les *chenilles de Pyrale* ont de 1 millim. et demi à 2 millim. de longueur. La tête et le premier anneau sont d'un noir brillant; tout le reste du corps est d'un jaune verdâtre et couvert de poils de même couleur. Les *chenilles* adultes (fig. 44) atteignent de 2 centim. et demi à 3 centim. de longueur. Elles sont alors verdâtres en dessus, d'un vert jaunâtre sur les côtés et quelquefois même d'un jaune assez vif; mais il y a des variations. Ainsi, le dessous du corps, souvent entièrement vert clair, est quelquefois orné de bandes longitudinales d'un jaune verdâtre ou grisâtre. Sur le dos se voient de très petites taches punctiformes blanches et verdâtres donnant naissance à un poil d'un vert sale ou roussâtre. La tête est toujours plus ou moins noire, mais le premier segment thoracique est parfois roux avec le bord antérieur plus clair. Les côtés du corps, généralement verts, sont tantôt de nuance claire, tantôt grisâtre, tantôt jaunâtre ; le dessous est souvent nuancé de gris, de vert et de jaune, toujours d'un ton moins foncé que le dessus.

Fig. 44.—Chenille de la Pyrale.

Les *chenilles*, aussitôt écloses, se dispersent sur les feuilles et cherchent immédiatement un abri. Ce n'est qu'au printemps que, sortant de leur retraite, elles commenceront leurs ravages. Leur taille, qui ne varie pas jusqu'au mois d'avril suivant, prouve qu'elles ne prennent aucune nourriture en automne. Après s'être placées sur le bord d'une feuille, elles se laissent tomber, soutenues par un long fil soyeux, et, balancées par le vent, atteignent bientôt le bois de la vigne, sous les écorces de laquelle elles se réfugient. Les bras de la souche sont choisis de préférence au tronc, surtout les parties coudées et par cela même abritées. Dans les pays où l'on emploie des échalas ou des piquets pour soutenir les cordons, les fissures de ces supports servent aussi de refuge à beaucoup de *chenilles*.

Une fois abritée, la petite larve se file un cocon de soie blanche, long de 3 à 4 millim., en ellipse allongée. C'est dans cet étroit fourreau qu'elle restera blottie pendant tout l'automne et tout l'hiver, vivant ainsi pendant neuf mois sur ses réserves physiologiques, jusqu'à ce que, le soleil d'avril ayant fait épanouir les bourgeons, elle sorte de son sommeil léthargique et monte vers les feuilles.

L'insecte ne mangeant pas à l'état de jeune *chenille*, ne mangeant pas non plus sous forme de *chrysalide* et de *papillon*, on conçoit qu'il faut qu'en moins de deux mois, sous forme de grosse *chenille*, il absorbe assez de feuilles pour les dix autres mois de son existence. De là sa voracité, et, étant donnée sa fécondité, les ravages rapides qui en sont la conséquence.

Les *chenilles* de la *Pyrale* quittent les écorces ou les fentes d'échalas dans la seconde quinzaine d'avril ou la première de mai, suivant les climats, suivant aussi la précocité ou le retard de la chaleur. Dès qu'elles ont gagné les extrémités des pousses, leur premier soin est de tendre des fils et de rapprocher autant que possible les feuilles et les petites grappes qui constituent le bourgeon. Jamais, dit Audouin, pendant toute la durée de leur vie, les *chenilles* ne commencent à manger sans s'être mises ainsi à l'abri dans l'espèce de fourreau qu'elles se filent. C'est en vain qu'on essaye de leur faire prendre leur nourriture hors de ce fourreau, et lorsqu'elles sont obligées de le quitter, soit parce qu'elles ont été inquiétées, soit parce qu'il ne leur offre plus de nourriture, leur premier soin est de se construire un nouvel abri.

Lorsque les feuilles commencent à se développer et que les petites *chenilles* ont atteint une longueur d'environ 1 centim., elles quittent l'extrémité des pousses et descendent au milieu des grandes feuilles et des grappes. Là, elles recommencent à travailler, et, le champ étant plus vaste, l'ouvrage devient aussi plus compliqué. Se plaçant sur une feuille qui doit faire partie de son nid, englobant dans sa nouvelle demeure, soit une autre feuille, soit une grappe voisine (Pl. II, fig. 4 et 5), la *chenille* jette des deux côtés de son corps des fils étroitement bridés et entre-croisés de manière à former au-dessus d'elle une espèce de plafond surbaissé ; puis elle grimpe sur cette toile pour aller construire un second étage à sa demeure. Lorsque la nouvelle trame est assez épaisse, elle détruit avec ses mandibules les premières brides devenues inutiles et rend ainsi sa demeure spacieuse. Enfin elle tapisse de fils la portion de la surface de la feuille qui constitue le plancher de sa loge.

Ce travail exige quelques heures, et il est bien rare que la *chenille* l'abandonne avant qu'il soit complètement terminé.

Le dommage causé à la vigne peut être attribué autant à la construction des fourreaux qu'à la voracité des *chenilles*. Les innombrables fils jetés dans toutes les directions entravent en effet la végétation, arrêtent la floraison et la fructification des grappes qui se trouvent englobées. Ces enchevêtrements de grappes, de feuilles et de vrilles offrent l'aspect de désolation si particulier aux vignobles envahis par la *Pyrale* (Pl. II).

Les *chenilles* préfèrent les feuilles aux grappes ; mais elles mangent souvent ces dernières, les attaquant d'abord par le pédoncule. Les grappes alors se fanent, comme du reste les feuilles, attaquées souvent aussi par le pétiole ; pour peu qu'il pleuve, la fermentation se produit dans le fourreau et l'insecte le quitte pour aller en former un autre, ce qui augmente d'autant les dégâts. C'est surtout le matin et le soir que le ravageur est dans toute son activité, et l'on assure, dit Audouin, que le soir, par un temps calme, comme dans les magnaneries au moment des repas, on peut entendre le bruit que les *chenilles* font en mangeant.

Chaque larve se construit un fourreau pour son propre compte ; mais il arrive qu'une même feuille est utilisée par plusieurs *chenilles;* de sorte qu'on a pu dire que les *Pyrales* vivaient en société dans la même loge. Le cas se présente lorsque les larves sont nombreuses sur une même souche ; encore chacune d'elles a-t-elle son petit fourreau séparé (Pl. II, fig. 4) pour y opérer tranquillement ses mues. La *Pyrale* à l'état de *chenille*, comme le *Bombyx* du mûrier, comme du reste toutes les larves d'insectes, est soumise en effet à des changements de peau qui, au nombre de quatre chez notre espèce, se succèdent pendant les quarante-cinq à cinquante jours d'existence larvaire. La période d'une mue à l'autre est de dix à douze jours, y compris le temps de crise qui précède chacune de ces mues. Une fois celles-ci opérées, revêtue d'une livrée plus belle que la précédente, la *chenille* recommence ses ravages jusqu'à ce que, huit jours environ après le quatrième changement de peau, elle cesse de manger pour se transformer bientôt en nymphe.

La chrysalide. — Quand le moment de la métamorphose est arrivé, c'est-à-dire seconde quinzaine de juin environ, les *chenilles* vont chercher un abri dans les feuilles desséchées et entrelacées de fils qui ont constitué les fourreaux d'habitation. Si les vignes n'ont pas été fortement ravagées et que les *chenilles* n'y trouvent pas de nids convenables, elles s'en font de nouveaux en incisant avec leurs mandibules les pétioles de quelques feuilles qui ne tardent pas à se faner et qui, desséchées et réunies par des fils à d'autres feuilles ou à des grappes (fig. 5 et 6), leur permettent de s'y mettre à l'abri.

La *chenille* adulte, blottie dans son réduit, ne prend plus aucune nourriture et sa transformation a lieu au bout de deux ou trois jours. De suite après cette métamorphose, la *chrysalide* est d'un vert jaunâtre, qui ne tarde pas à devenir de plus en plus foncé, et au bout de quelques heures l'insecte est entièrement rembruni.

Renfermée dans l'intérieur du dernier étui de soie que la *chenille* a filé avant sa transformation, libre quelquefois au milieu des nombreux fils tendus dans le fourreau, la *chrysalide*, dépouillée de la peau de larve par ses mouvements, s'y trouve soutenue par les épines recourbées qui garnissent l'extrémité postérieure de son corps. Ces crochets, au nombre de huit, quatre à l'extrémité du dernier segment et deux de chaque côté, s'accrochent dans les fils qui entourent l'insecte, et le maintiennent en place malgré les secousses occasionnées par le vent.

A part cet appareil fixateur, la *chrysalide* est remarquable par la double rangée d'épines qui garnissent la partie dorsale de ses anneaux abdominaux. Sa longueur est d'environ 12 à 14 millim. sur une largeur maximum de 3 millim.; sa forme est donc relativement allongée. Sa couleur définitive est d'un brun rouge, plus foncé sur l'abdomen.

La transformation en insecte parfait a lieu environ quinze jours après la métamorphose en *chrysalide*. Audouin a observé des éclosions au bout de douze jours, d'autres au bout de dix-huit jours seulement. Au moment de l'éclosion, la peau de la *chrysalide* se fend sur les parties latérales, aux sutures formées par les éminences des ailes et des antennes. Le papillon dégage d'abord ses pattes, ensuite sa tête, et finit par sortir entièrement de la dépouille de la *chrysalide*. Celle-ci, souvent entraînée hors du fourreau par les efforts que fait le papillon pour s'en dégager, reste parfois suspendue extérieurement par son extrémité (Pl. II ,fig. 9).

L'éclosion se faisant le matin, l'insecte, suffisamment raffermi par une journée de repos, prend son vol dès le premier soir, cherche de suite à s'accoupler, et, la ponte opérée, le cycle recommence.

III. — CONDITIONS FAVORABLES OU DÉFAVORABLES A LA PYRALE

Certaines localités, telles qu'Argenteuil ou Romanèche, ont été, peut-être dès le début de la culture de la vigne, exposées aux attaques de la *Pyrale*; d'autres alternativement atteintes ou préservées ; d'autres, indemnes pendant de longues années, ont été de nouveau brusquement envahies; certaines enfin, à côté même des quartiers atteints, ont toujours été garanties. Audouin s'est demandé si la nature du terrain était pour quelque chose dans l'extension du mal. D'après ses observations, il n'en est rien. La vigne, dans les différents vignobles, est plantée dans les terrains les plus divers. L'insecte se montre dans le granit, le porphyre, les cailloux, le sable , l'argile, aussi bien que dans la marne, les calcaires compacts, la craie friable, le gypse ou les sols d'alluvions, si variés de composition.

L'exposition ou la disposition des lieux semblent seuls influer sur la présence de la *Pyrale*. Presque toujours elle choisit les endroits à l'abri du vent du nord, les coteaux exposés au Midi ou à l'Est et surtout les plaines.

Sur la rive droite de la Saône, aux environs de Montpellier ou de La Rochelle, les dégâts ne sont plus aussi graves, cessent même souvent, aussitôt que le terrain commence à s'élever. Si dans la plaine il y a des bas-fonds, ces parties-là sont spécialement infestées. Ce fait, observé de tout temps, est en rapport surtout avec les habitudes du papillon, qui recherche les parties basses, tranquilles et un peu humides.

L'étendue des dégâts dépend aussi de la nature des cépages. En Bourgogne et dans le Beaujolais, le *Pinot* est attaqué de préférence au *Gamay*, plant plus commun. En Roussillon et dans le Bas-Languedoc, on a fait les mêmes remarques au sujet du *Grenache* et de l'*Aramon*, aux tissus plus tendres que ceux de la *Carignane*. Celle-ci est d'ordinaire respectée, au détriment des deux autres. Généralement les cépages à raisins noirs sont plus attaqués que les cépages à raisins blancs. Les vignes vieilles sont aussi plus exposées que les jeunes : il est en effet prouvé que le papillon a l'instinct de confier de préférence ses œufs aux souches dont l'écorce soulevée et crevassée assurera aux jeunes larves un abri pendant l'hiver.

Reste à expliquer pourquoi le fléau disparaît souvent complètement d'un pays, tout au moins diminue beaucoup d'importance, pour reparaitre ensuite, parfois terrible, à de nombreuses années d'intervalle.

A ce sujet, on est loin de tout savoir. Certains faits paraissent même inexplicables ; mais on peut dire que les intempéries et surtout les insectes parasites viennent jouer bien souvent le rôle de pondérateurs.

Intempéries. — Nous ne devons pas entendre par intempéries les froids de l'hiver ou les pluies. Ils n'ont aucune action sur les *chenilles* de *Pyrales*. « L'hiver de 1879-1880, dit M. André, nous a fait passer en Bourgogne par des froids de moins 25 à 30°, tout à fait anormaux dans nos régions, et il y avait lieu de croire que les jeunes *chenilles* en souffriraient. Il n'en a rien été, car jamais les *Pyrales* n'ont été aussi abondantes que dans l'été qui a suivi. D'autre part, les pluies, même persistantes, ne peuvent avoir que peu d'influence sur des *chenilles* qui savent si bien s'abriter dans des fourreaux de feuilles et se filer des rideaux de soie qui les garantissent. »

Les gelées printanières paraissent avoir une tout autre importance, et l'expérience prouve qu'elles peuvent être pour le vigneron un puissant auxiliaire. A cette époque, dit Audouin, les *chenilles*, sorties de leur retraite d'hiver, deviennent aussi sensibles au froid qu'elles l'étaient peu auparavant. Ayant commencé à prendre de la nourriture, elles ne peuvent plus s'en passer, de telle sorte que les gelées tardives leur sont fatales de deux façons, action directe sur elles-mêmes et destruction des feuilles qui les nourrissent. C'est ainsi que dans le Mâconnais on explique la brusque disparition de la

Pyrale en 1811, en 1831 et en 1838. Les *chenilles*, au printemps de ces années-là, avaient commencé à se montrer en grand nombre dans les nouveaux bourgeons, et disparurent complètement pour plusieurs années, à la suite de gelées survenues fin avril. En 1838, les *chenilles*, qui avaient supporté sans périr 17 degrés de froid pendant l'hiver, succombèrent au printemps à une gelée de quelques degrés. Le phénomène était sensible surtout dans les parties basses, où le fléau, comme nous l'avons dit, a toujours plus d'intensité. Cette année-là, ces quartiers à *Pyrales* n'en avaient pas, et les coteaux non exposés à la gelée, souvent indemnes, en avaient seuls conservé. A une époque où aucun remède efficace n'était connu, une gelée, même enlevant les trois quarts de la récolte, pouvait donc être considérée comme un véritable bienfait par ceux, bien entendu, qui savent voir au delà du moment présent. L'année 1811, notamment, fut suivie d'une longue période sans *Pyrales*, et fut aussi l'année des vins de la comète.

La pluie est, nous l'avons dit, sans influence sur les *chenilles* ; mais elle est parfois d'un secours sérieux en juillet contre le papillon ; il n'est pas rare alors de voir après les orages, sous les ceps de vigne, le sol jonché de papillons qui auparavant voltigeaient à l'entour.

Pendant l'hiver, l'inondation des vignes basses à la suite de grandes pluies a toujours été suivie de la disparition complète du fléau. On voit de suite quel parti on peut tirer, contre la *Pyrale*, de la submersion appliquée sur une grande échelle dans le midi de l'Europe contre le *Phylloxera* [1].

Insectes parasites. — Comme la plupart des Lépidoptères, la *Pyrale* est attaquée par des insectes parasites, et, soit, que son histoire ait été mieux faite que celle de beaucoup d'autres mangeurs de vigne, soit qu'en réalité elle soit exposée à plus d'ennemis, le nombre connu de ces utiles auxiliaires du vigneron est considérable. L'excellent livre d'Audouin nous fournit encore à ce sujet des renseignements importants.

Quiconque, étudiant la *Pyrale*, a suivi ses transformations dans les vignes ou mieux encore dans son cabinet, a certainement, au lieu du papillon attendu, vu sortir de la chrysalide des insectes qui sous leurs premiers états avaient vécu à l'intérieur du corps de la chenille.

Nous avons eu déjà l'occasion de parler, en général, de ces parasites qui, jouant dans la nature le rôle de pondérateurs, établissent un mouvement de bascule entre l'espèce qu'ils sont appelés à détruire et la leur.

En ce qui concerne la *Pyrale*, sa grande abondance, certaines années, est la condition favorable, la cause toute naturelle de la multiplication

---

[1] M. Jaussan (*De la Pyrale et des moyens de la combattre*. Béziers, 1882) n'est pas de cet avis. Les observations d'Audouin à ce sujet sont pourtant positives.

extrême de ses ennemis. Progressivement, d'année en année, ceux-ci finissent par apparaître en nombre tel qu'à un moment donné presque toutes les chenilles des *Pyrales* se trouvent infestées de leurs larves et que bien peu arrivent à l'état de papillon. L'espèce disparait ainsi, tout au moins comme fléau, parfois pour plusieurs années. Les parasites, éclos en nombre proportionnel à celui des victimes détruites, se trouvant alors dans l'impossibilité de pondre, disparaissent à leur tour jusqu'à ce que, les *Pyrales* étant redevenues nombreuses, de nouvelles conditions favorables à leur multiplication se présentent pour eux. Avant que des traitements véritablement efficaces aient été connus, la *Pyrale* a donc bien certainement disparu souvent d'un pays par des causes naturelles, gelées printanières détruisant tous les bourgeons, pluies d'été ou attaques des parasites.

Les ennemis de la *Pyrale* sont nombreux. Audouin en décrit et figure vingt-quatre espèces. Nous jugeons inutile de parler de tous. Les insectes carnassiers vagabonds, comme les Carabes, les Malachies, les Hémérobes, les Forficules, etc., qui ne sont qu'accidentellement utiles, seront donc éliminés, et notre liste sera bornée aux vrais parasites vivant dans le corps de l'insecte et qui sont de sérieux auxiliaires du viticulteur.

Ainsi réduit, le nombre s'élèvera encore à dix-huit espèces, dont deux seulement appartiennent à l'ordre des *Diptères*, ou mouches à deux ailes, et les seize autres à l'ordre des *Hyménoptères*, ou mouches à quatre ailes. Pour les premiers, nous suivrons l'ordre du Catalogue de M. Gobert[1]; pour les seconds, celui du Catalogue de M. Dours[2] :

DIPTÈRES.......	*Tachina hortorum*.............	Meigen.
	Syrphus (Melanostoma) hyalinatus.	Macquart.
HYMÉNOPTÈRES :	*Ichneumon melanogonus*.........	Gravenhorst.
Famille des Ichneumonides...	*Agrypon flaveolatum*............	—
	Limneria majalis..............	—
	Pimpla alternans..............	—
	— *instigator*..............	Panzer.
	Chalcis minuta................	Linné.
	Monodontomerus cupræus........	Spinola.
	— *nitidus*........	Smith.
	Pteromalus deplanatus...........	Walker.
Famille des Chalcidides......	— *communis*..........	Nées.
	— *cupræus*...........	—
	— *ovatus*...........	—
	— *larvarum*..........	—
	Eulophus pyralidium.............	Audouin.

[1] Dr Gobert ; *Catalogue des Diptères de France.* Caen, 1857.

[2] Dr Dours ; *Catalogue des Hyménoptères de France.* Amiens, 1874.

Famille des Sphégides.. *Methoca formicaria* .... Jurine.
Famille des Diploptères. *Eumenes (Discælius) zonatus*.. Panzer.

Donner ici une description complète de ces dix-huit espèces serait sortir de notre cadre. Nous renverrons donc pour les détails au texte et aux belles planches du livre d'Audouin, et nous donnerons seulement sur chacune ce que les naturalistes appellent une diagnose, c'est-à-dire une description sommaire, suffisante cependant pour faire reconnaître l'insecte.

Tachina hortorum. — Parmi les Diptères, la famille des Muscides ou mouches vraies se compose d'ordinaire d'insectes vivant à l'état de larve aux dépens de matières azotées, fumiers, viandes, etc., en décomposition ; beaucoup d'espèces cependant de la tribu des Tachinaires vivent dans le corps d'autres insectes. Telle est la *Tachina hortorum*, observée par Audouin. Ayant vu sa larve sortir du corps d'une chenille de *Pyrale* et l'ayant laissée se transformer en nymphe, il a obtenu, douze jours après, l'insecte parfait. C'est une mouche longue de 7 à 8 millim., d'un noir brillant, velue, la tête garnie sur les parties latérales de la face de poils argentés ; le thorax est noir tirant sur le bleuâtre, l'abdomen noir avec trois lignes transversales plus ou moins apparentes, d'un gris cendré argentin. La pupe ou enveloppe de la nymphe formée de la peau de la larve est, comme celle de tous les Muscides, en forme de barillet.

Syrphus hyalinatus. — Le genre *Syrphus*, qui a donné son nom à la famille des Syrphides, se compose de mouches d'ordinaire jaunes et noires, au vol tour à tour planant ou rapide, dont le rôle dans la nature est généralement d'entraver la multiplication des pucerons. Il est facile, au milieu des colonies de ces insectes, d'observer leurs larves allongées en forme de sangsues, sécrétant autour d'elles une matière gluante, sans cesse occupées à dévorer leurs victimes. L'espèce observée par Audouin fait exception et se nourrit spécialement de chenilles de *Pyrales*. C'est une mouche longue de 12 millim. environ, d'un vert bronzé, à l'abdomen aplati, présentant sur le premier segment deux taches jaunes et sur les deux suivants une large bande échancrée vers le bas chez le mâle, complètement interrompue et formant deux taches chez la femelle. La tête et le thorax, sans aucunes taches, sont légèrement pubescents.

La larve, de couleur vert clair, pénètre dans le fourreau de la *Pyrale*, et après avoir enveloppé sa victime de sa matière gluante, malgré ses mouvements désordonnés, elle plonge dans son corps sa tête effilée. Écartant alors ses mandibules, elle paraît ratisser tout le tissu sous-cutané avec ses crochets cornés qu'on aperçoit par transparence.

La nymphe ou pupe, comme toutes celles du genre *Syrphus*, a la forme d'une larme, renflée d'un côté et terminée de l'autre par un prolongement formant comme une queue; sa couleur est verdâtre. La nymphose dure environ quinze jours.

Ichneumon melanogonus. — La famille des Ichneumonides, si riche en espèces parasites des Lépidoptères, ne pouvait manquer d'être représentée parmi les ennemis de la *Pyrale*. C'est à elle, à la multiplication considérable de ses individus, qu'est due souvent, en grande partie, la disparition subite du fléau. L'insecte, qui à l'état parfait vit du nectar des fleurs, est carnassier sous sa forme larvaire. Un œuf est déposé par la pondeuse sous la peau de la chenille; la larve qui en sort grandit dans la cavité générale de sa victime, vivant de son sang et de son tissu graisseux, sans jamais attaquer aucun organe important. La chenille ainsi dévorée vive ne paraît pas cependant souffrir beaucoup. Elle continue à se nourrir, grandit, peut même se métamorphoser en chrysalide, mais n'arrive jamais à l'état parfait. Son ennemi au contraire se développe et subit ses dernières métamorphoses dans l'intérieur du corps même de la chenille ou de la chrysalide qu'elle a fait mourir. La larve est allongée, souvent terminée en pointe, apode et de consistance molle.

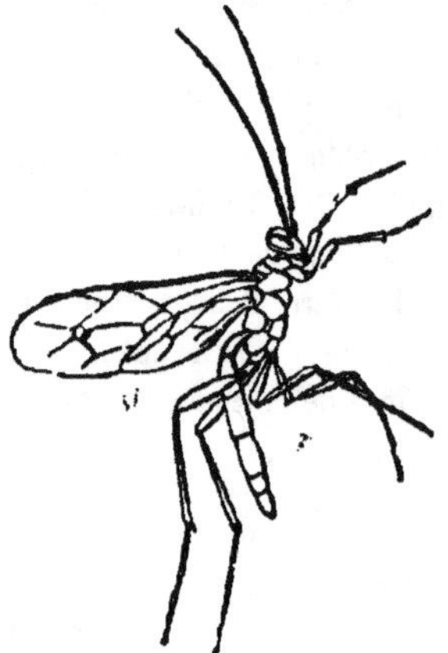

Fig. 45. — Ichneumon.

Tel est le mode de développement des Ichneumonides. Comme forme à l'état parfait (fig. 45), ce sont des insectes au corps étroit, linéaire; les antennes grêles, filiformes, atteignant de la moitié à la totalité de la longueur du corps, sont toujours animées d'un mouvement vibratile; l'abdomen, long, souvent pédonculé, est attaché au thorax entre les deux pattes postérieures. Les femelles possèdent un oviscapte composé de trois filets qui, réunis, constituent l'appareil perforant ou tarière destinée à l'introduction des œufs dans le corps de la victime.

L'I. melanogonus est long de 4 à 5 millim. La tête et le thorax sont noirs, les mandibules fauves à pointe noire; les antennes, dépassant à peine la moitié du corps, ont les premiers articles ferrugineux, ceux de l'extrémité blancs et les intermédiaires noirâtres; les pattes sont fauves avec l'extrémité des cuisses et des tibias noirs. L'abdomen a la longueur de la tête et du thorax réunis, le premier segment fauve à pétiole noir, les deuxième, troisième et quatrième fauves, les autres noirs.

Agrypon foveolatum. — Longueur de 7 à 12 millim. Face jaune ainsi que tout ou partie des yeux. Antennes brunes à premier article jaune. Thorax noir ; souvent, chez la femelle surtout, l'extrémité du mésothorax est ferrugineuse, ainsi qu'une tache latérale du prothorax et les sutures latérales de la poitrine ; parfois une tache de même couleur devant les ailes. Abdomen roux, à pédoncule très grêle et très mince avec l'extrémité et le dos du deuxième segment noirs. Pattes entièrement fauves. Ailes assez courtes, hyalines, lavées de jaune surtout vers la base, à stigma ou tache du milieu de la côte externe jaune. Tarière courte ne dépassant pas 2 millim.

Limneria majalis. — Longueur 4 1/2 à 6 millim. ; corps entièrement noir ; mandibules jaunâtres au milieu. Antennes noires, de la moitié de la longueur du corps. Abdomen de la longueur de la tête et du thorax réunis, comprimé à l'extrémité chez les femelles, d'ordinaire rond chez les mâles, à premier segment renflé à l'extrémité. Pattes fauves avec les hanches noires. Ailes médiocres, hyalines, à stigma brun. Tarière de la moitié de la longueur de l'abdomen.

Pimpla alternans. — Longueur 5 à 8 millim. Noir, tête noire, palpes jaunes, antennes plus courtes que le corps, brunes en dessus, testacées en dessous avec les deux premiers articles jaunes. Thorax noir, souvent un point jaune à la racine des ailes. Abdomen deux fois aussi longs que le thorax, noir, linéaire, cylindrique avec le bord des segments fauves chez le mâle, ferrugineux chez la femelle. Pattes fauves, hanches tachées de noir, tibias postérieurs bruns avec un anneau d'un jaune pâle aux deux tiers antérieurs, tarses bruns avec la moitié basilaire des articles blanche. Ailes hyalines à stigma brun. Tarière du quart de la longueur de l'abdomen.

Cette espèce est celle que nous avons obtenue le plus souvent à Montpellier dans nos éducations de *Pyrales*.

Pimpla instigator. — Longueur 7 à 15 millim. Corps entièrement noir. Antennes noires plus courtes que le corps. Abdomen sessile, cylindrique, plus long que la tête et le thorax réunis. Pattes roussâtres, hanches et trochanters noirs ainsi que les tarses postérieurs. Ailes enfumées. Tarière de la moitié de la longueur de l'abdomen.

Cet Ichneumonide, d'après le colonel Goureau (*Insectes nuisibles*. Paris, Masson, 1861), attaque aussi un des Lépidoptères les plus nuisibles aux arbres fruitiers, le *Bombyx chrysorræa*.

Chalcis minuta. — Les Chalcidides parasites de la *Pyrale* sont plus nombreux en espèces que les Ichneumonides. Ces insectes, le plus souvent de très petite taille, ont pour caractères généraux des couleurs d'ordinaire métalliques, des antennes coudées et une tarière assez longue, partant de la face ventrale de l'abdomem. A l'état de larve, ils vivent aussi dans le corps de leurs victimes ; seulement le nombre des œufs pondus dans la même chenille est parfois très considérable. Les larves, nombreuses en proportion, sont beaucoup plus courtes que celle des Ichneumonides ; comme celles-ci, elles subissent leur métamorphose en nymphe dans le corps de la chenille ou de la chrysalide dont elles ont dévoré la substance.

Fig. 46. — Chalcis minuta, parasite de la Pyrale, fortement grossi.

L'espèce qui nous occupe (fig. 46) a les caractères suivants : Longueur 3 à 4 millim. Corps entièrement noir. Tête et thorax très fortement ponctués, antennes noires. Abdomen d'un noir plus brillant que la tête et le thorax, à pédicule très court. Pattes antérieures et intermédiaires noires avec l'extrémité des cuisses, la base des jambes, leur extrémité et les tarses jaunes. Cuisses postérieures renflées pour le saut, noires avec l'extrémité jaune ; les tibias noirs, à base et à extrémité testacées ; tarses d'un testacé pâle.

Monodontomerus cupræus. — Longueur 4 millim. Corps entièrement bronzé ou cuivreux. Antennes noires à premier article vert. Thorax pubescent. Abdomen lisse, luisant, comprimé latéralement. Pattes de la couleur du corps. Cuisses postérieures renflées pour le saut, armées d'une dent à l'extrémité en dessous ; hanches postérieures dentées. Ailes irisées avec le stigma rembruni sur ses bords. Tarière de la longueur de l'abdomen.

Monodontomerus nitidus. — Nous citons cette espèce d'après M. André, mais elle nous est inconnue.

Pteromalus deplanatus. — Longueur 2 millim. à 2 millim. et demi. Tête transverse, de la longueur du thorax, finement ponctuée, d'un bronzé noir. Antennes noirâtres à premier article fauve ; mandibules fauves. Thorax large, déprimé, finement ponctué, à pubescence légère, d'un bronzé noir ; métathorax court, étroit, subconique. Abdomen à pédicule très court, de la longueur du thorax, mais un peu plus large, presque rond, un peu déprimé pourtant, d'un brun doré, légèrement caréné en dessous, à premier segment d'un bronzé brillant, dernier segment arrondi chez le mâle, en pointe chez la femelle. Pattes d'un fauve testacé avec les hanches et souvent les cuisses bronzées. Ailes irisées.

Pteromalus communis. — Longueur 3 millim. Tête, thorax, abdomen bronzés ou verdâtres ; antennes grêles, d'un brun noir, à premier article testacé. Abdomen un peu plus long que le thorax, ovalaire, finissant en pointe, très lisse. Pattes d'un fauve testacé à ongles noirs ; hanches de la couleur du corps. Ailes hyalines.

Pteromalus cupreus. — Longueur 4 millim. Cuivreux. Tête de la largeur du thorax, ponctuée ; antennes noires à premier article testacé. Abdomen de la longueur de la tête et du thorax réunis, conique, d'un cuivreux violacé. Extrémité et base des tibias testacés ainsi que les tarses. Ailes hyalines.

Pteromalus ovatus. — Longueur 2 millim. 1/2. Bronzé; antennes noires, à premier article testacé. Tête et thorax très finement ponctués. Abdomen ovalaire, court, cuivreux, à base d'un vert brillant. Pattes testacées, à cuisses rousses avec le milieu brun. Ailes hyalines.

Pteromalus larvarum. — Longueur 2 à 3 millim. Corps vert brillant. Antennes de la femelle brunes à premier article jaune. Tête verte, bouche jaune. Thorax vert, glabre, brillant, finement ponctué. Abdomen de la longueur de la tête et du thorax réunis, oblong, lancéolé, plan, aigu, très lisse, d'un bronzé brun, avec une tache d'un bronzé noir au milieu. Pattes jaunes, ailes hyalines. Chez le mâle, les antennes sont plus longues, de teinte plus claire, le milieu des deuxième et troisième segments abdominaux testacé et translucide; la base des cuisses, surtout des dernières, d'un bronzé noir en dessus.

Eulophus pyralidium. — Cette petite espèce, créée par Audouin, n'a pas même 2 millim. de longueur. Son corps est d'un bronzé obscur ; les antennes noirâtres ; la tête et le thorax sont couverts d'une ponctuation serrée et d'une légère pubescence. On remarque en outre un poil raide de chaque côté du prothorax. L'abdomen, oblong, terminé en pointe, est très luisant. Les pattes sont de la couleur du corps avec les tarses d'un fauve testacé.

Methoca formicaria. — Nous désignons sous ce nom, d'après les Catalogues récents, un petit hyménoptère rangé par Audouin dans la famille des Proctotrupides et dans le genre *Bethylus.* Tous les entomologistes actuels l'ont sorti de ce groupe, composé d'espèces lilliputiennes, dont un grand nombre vit à l'état de larve, non pas dans les chenilles, mais dans les œufs des *Lépidoptères.* Dès 1861, le colonel Goureau avait rapproché cet insecte des *Sphex,* qui emmagasinent des chenilles pour nourrir leurs larves, et c'est en effet dans la famille des Sphégides qu'il est rangé aujourd'hui.

Audouin a admirablement étudié, décrit et figuré ses métamorphoses, et, comme nous ne les avons jamais observées nous-même, nous n'aurons qu'à citer brièvement ce qu'il dit.

Comme le nom d'espèce l'indique, l'insecte ressemble un peu à une fourmi ailée. Le corps est allongé, étroit, noir, lisse. Les antennes d'un jaune testacé avec le premier article noir et les derniers rembrunis. Les ailes irisées, légèrement enfumées avec les nervures brunes, n'atteignent pas le bout de l'abdomen. Les pattes testacées avec les hanches et les cuisses noires. L'abdomen, noir brillant, est terminé en pointe, ce qui, dès le premier abord, distingue l'insecte des fourmis.

Le *Methoca* femelle saisit une chenille par la partie antérieure du corps et la paralyse d'un coup d'aiguillon[1] appliqué sans doute dans les ganglions nerveux du thorax. Plusieurs œufs sont ensuite pondus sur la peau, et bientôt de petites larves arrondies réniformes, d'un vert tendre, sortent de ces œufs, et, plongeant aussitôt leur tête entre les anneaux de la chenille, elles se nourrissent de sa substance. Bientôt toute la partie antérieure du corps a pénétré dans celui de la victime ; de réniforme, le parasite devient oblong et de couleur jaune ; puis enfin, s'allongeant de plus en plus, bien que toujours courbé en forme de croissant, la couleur tourne au brun clair vineux, avec une tache foncée à l'extrémité du corps. La larve adulte, longue d'environ 6 millim., quitte sa victime pour se filer à côté d'elle, sur les feuilles, un petit cocon d'un blanc sale, dans lequel on aperçoit bientôt la nymphe de couleur jaunâtre qui, par sa forme, rappelle entièrement l'insecte parfait. Les cocons de toutes les larves, c'est-à-dire cinq à six, qui ont dévoré une chenille, sont filés côte à côte sous une coque commune qui les laisse voir par transparence. De cocons filés le 2 août, dit Audouin, sont sortis, le 15 du même mois, des insectes ailés.

Ceux-ci passent l'hiver. Au printemps, ils sont communs sur les ceps infestés de *Pyrales*, où on les voit courir avec agilité.

Eumenes zonatus. — Il nous reste à parler d'un *Hyménoptère* de la famille des Diploptères, voisin des guêpes, qui construit, contre un arbre ou contre un mur, un nid en terre gâchée, à cellule arrondie à l'intérieur, y emmagasine des chenilles de *Pyrales* paralysées d'un coup d'aiguillon et dépose sur le tas un œuf d'où sortira sa larve. Celle-ci, à sa naissance, trouve à sa portée une proie sans défense et qui, n'étant que paralysée,

---

[1] Audouin dit : *la tue* ; mais les belles études entomologiques de M. Fabre sur la manière dont les *Sphegides* conservent fraîche la proie destinée à leurs larves nous autorisent à dire que le *Methoca* paralyse la sienne d'un coup d'aiguillon.

reste vivante et fraîche jusqu'à ce que, la provision épuisée, le parasite se transforme en nymphe.

L'insecte parfait ressemble, comme taille et comme forme, à notre petite guêpe commune (*Polistes gallicus*), mais sa robe a beaucoup moins de jaune. Il est long d'environ 2 centim., noir, la tête et le thorax rugueux et couverts d'une pubescence grise. L'extrémité du labre ou lèvre supérieure est jaune, ainsi qu'une tache à la base des mandibules. Les antennes et les pattes sont noires, les ailes enfumées. Le premier segment abdominal est en forme d'entonnoir, avec le bord de la partie élargie jaune, la partie étroite forme le pédoncule de l'abdomen. Les deuxième et troisième segments, c'est-à-dire les plus larges, portent à leur partie postérieure deux bandes transversales jaunes.

Tels sont les principaux ennemis de la *Pyrale*, ceux qui, à un moment donné, peuvent arriver à faire rentrer l'insecte-fléau dans le rang des espèces indifférentes. Nous devions les étudier pour avoir une idée des moyens puissants que la nature emploie pour maintenir l'équilibre des espèces. Mais le viticulteur ne pouvait se contenter de ces moyens curatifs, dont l'action ne se fait parfois sentir qu'au bout de plusieurs années et qu'il ne peut diriger. Il en a cherché de plus efficaces, lui permettant d'obtenir chaque année une récolte malgré la *Pyrale*, et il les a trouvés.

IV. — LUTTE CONTRE LA PYRALE.

De temps immémorial[1], on a combattu les ravages de la *Pyrale* par l'échenillage ; mais le remède se montrait toujours peu efficace. Ce n'est guère qu'en 1842, époque de la publication du livre d'Audouin, que la lutte contre l'insecte a été entreprise d'une façon rationnelle par la plupart des viticulteurs atteints. Non pas que les procédés conseillés par le savant professeur du Muséum aient été reconnus parfaits ; mais c'est à partir de ses études, effectuées, comme nous l'avons dit, au milieu même des populations éprouvées par le fléau, que l'attention de tous s'est portée vers cette lutte, considérée, alors seulement, comme possible. C'est à cette époque qu'un procédé vraiment efficace et peu coûteux, l'échaudage, pratiqué depuis 1828, mais soigneusement tenu secret, fut étudié et conseillé par la Société académique de Mâcon. Audouin parle de plusieurs procédés qu'il a fait expérimenter, tous avec le plus grand soin, en comparant les résultats obtenus et le prix de revient des opérations. Nous pouvons citer

---

[1] Dr Companyo ; *Notice sur les Insectes qui ravagent les vignes des Pyrénées-Orientales.* Perpignan, 1839.

l'échenillage, l'ébourgeonnage, l'écimage, le recepage, l'enlèvement des chrysalides, les badigeonnages insecticides, l'écorçage, les feux crépusculaires, l'enfouissement des souches, le soufrage des échalas et la cueillette des pontes.

De ces divers moyens, les trois derniers seuls ont donné des résultats sérieux et méritent d'être mentionnés avec quelques détails.

L'enfouissement des souches en hiver reposait sur ce principe rationnel, qu'une chenille craignant l'humidité, ayant grand soin de se réfugier sous les écorces élevées du cep, doit être tuée par un séjour prolongé dans le sol ; mais si, dans la Charente-Inférieure, l'opération s'est montrée efficace sur certains points, la taille spéciale exigée et le peu de produits des vignes ainsi traitées firent renoncer au procédé.

Dans les pays où la vigne est soutenue par des échalas, le traitement de ceux-ci par l'acide sulfureux (fumée de soufre) dans un cylindre de tôle galvanisée détruisait toutes les petites chenilles réfugiées dans les fissures du bois, c'est-à-dire environ un tiers de la totalité, et Audouin a constaté que, jointe à l'échenillage pratiqué de tout temps, l'opération avait des résultats heureux souvent très appréciables.

De tous les moyens expérimentés par le professeur du Muséum, la cueillette des pontes s'est toujours montrée le meilleur. Ce sont MM. Desvignes et Delahante, de Romanèche, qui les premiers, en 1837, ont appliqué le procédé sur une grande échelle. C'est chez eux qu'Audouin a fait ses expériences, répétées à Perpignan par le Dr Companyo ; mais l'idée première est due à un vigneron de Lancié, nommé Claude Tardy, qui dès 1836 l'avait appliqué dans ses vignes [1]. Les œufs, comme nous l'avons dit, déposés par plaques, fin juillet, sur la face supérieure des feuilles, étaient facilement aperçus par l'ouvrier qui, visitant les souches à trois reprises différentes pendant la première semaine d'août, arrivait à n'en oublier que fort peu. Un ouvrier exercé récoltait ainsi en moyenne de 2 à 3,000 pontes dans sa journée, ce qui, d'après les calculs d'Audouin, produisait la destruction de 150,000 œufs par ouvrier et par jour. Le prix de revient par hectare, qui était, vers 1840, de 60 à 70 fr., s'élèverait environ au double aujourd'hui ; mais l'efficacité reconnue du procédé l'eût certainement fait adopter par tout le monde si des moyens plus économiques et encore plus énergiques, tels que l'échaudage et la sulfurisation, n'étaient entrés dans la pratique viticole.

---

1 Le Comice agricole de Beaujeu, appelé à constater les heureux résultats de ce travail, a décidé, dans sa séance du 8 janvier 1838, qu'il serait accordé à ce cultivateur une prime d'encouragement de 200 fr.

ÉCHAUDAGE. — C'est en 1840 seulement, qu'un propriétaire de Romanèche, nommé Raclet, s'est décidé à faire connaître le procédé de l'échaudage, qu'il avait appliqué avec succès dès 1828 et qu'il avait tenu secret jusqu'alors [1].

La Société académique de Mâcon, dont plusieurs membres avaient de

Fig. 47. — Appareil pour détruire la Pyrale : *A* chaudière portative ; *B* entonnoir pour la remplir ; *C* soupape de sûreté avec sifflet avertisseur ; *D* robinets ; *E E* crochets pour le transport ; *F* foyer ;

G cafetière pour ébouillanter ;

H tonneau à pétrole coupé pour la sulfurisation.

suite apprécié la réelle valeur de l'eau bouillante comme insecticide, nomma, dans sa séance du 10 février 1842, une commission pour étudier la méthode, et les conclusions de son Rapport furent les suivantes : « La Commission n'hésite pas à déclarer que le procédé de M. Raclet lui paraît un moyen sinon infaillible de détruire la *Pyrale*, du moins le plus avanta-

[1] Ladrey : *La Bourgogne* (*Revue viticole*, 1861, pag. 35).

geux, le plus simple et le plus économique de tous ceux employés jusqu'à ce jour ; qu'il est susceptible d'être appliqué en grand dans tous nos vignobles, et qu'il ne saurait nuire en rien à la végétation. »

Depuis lors, l'usage d'ébouillanter les ceps n'a cessé de se répandre, et si le procédé de la cloche avec mèche soufrée, dont nous parlerons, est employé dans certaines contrées, on peut dire que l'échaudage est préféré dans la plupart des régions viticoles de la France.

Pour décrire l'appareil et le traitement, nous emprunterons de nombreux détails à deux sources autorisées : l'Instruction spéciale concernant la *Pyrale*, dont M. Heuzé, inspecteur général de l'Agriculture, est l'auteur, et le travail sur la *Pyrale*, bien connu en Languedoc, de M. Jaussan, vice-président du Comice agricole de Béziers[1].

L'eau est portée à l'ébullition dans une petite chaudière verticale (fig. 47) munie par côté de deux crochets servant à passer deux barres de bois pour son transport facile dans les vignes. En dessus, se trouvent un entonnoir d'alimentation et une petite soupape de sûreté surmontée d'un sifflet d'alarme ; en bas, un ou deux robinets, suivant les dimensions de la chaudière. A l'intérieur, un serpentin traversant le foyer amène un échauffement rapide de l'eau, et la cheminée qui donne issue à la fumée traverse dans certains instruments un petit réservoir supérieur où l'eau d'alimentation commence à s'échauffer.

Dès que le sifflet d'alarme se fait entendre, ce qui arrive toujours peu de temps après le premier moment d'ébullition, un des ouvriers remplit d'eau bouillante une cafetière en fer-blanc, d'environ un litre (fig. 47 G), munie d'un bec effilé et enveloppée au besoin de lisières de drap pour la conservation de la chaleur. Il la verse promptement sur le tronc et successivement sur chaque bras de la souche, en opérant de bas en haut et en évitant de mouiller les yeux des coursons. Sur un cep de dimension moyenne, le contenu entier de la cafetière doit être employé. Il doit être dépassé si la souche est forte.

L'eau doit être bouillante, tout au moins à 80° quand elle arrive à sa destination, afin qu'elle puisse dissoudre rapidement la gomme des coques soyeuses logées dans les écorces fissurées des ceps et tuer les petites *chenilles*. On opère par un temps beau et doux, de janvier à mars de préférence, et toujours après la taille. De peur que l'eau n'arrive pas assez chaude sur l'insecte, il faut éviter d'opérer pendant les temps de gelée et de pluie.

En Bourgogne, deux ouvriers suffisent pour faire fonctionner l'appareil.

---

[1] L. Jaussan ; *De la Pyrale et des moyens de la combattre*. Béziers, 1882.

L'un, le *chauffeur*, alimente d'eau la chaudière et entretient le feu; l'autre, l'*arroseur*, verse l'eau bouillante sur le cep. Deux ouvriers habitués à ce travail peuvent traiter par jour de 1,500 à 2,000 ceps.

Quand le vignoble est éloigné de l'eau, on apporte celle-ci à l'aide d'une barrique qu'on place le plus près possible de l'endroit où l'on opère. L'échaudage bien exécuté ne nuit jamais à la vigne et la débarrasse de toutes ses *chenilles* de *Pyrale*. Les échalas sont ébouillantés comme les ceps.

En Languedoc, selon M. Jaussan, pour servir une chaudière, il faut un homme et cinq femmes pour distribuer l'eau ; une d'elles aide l'homme à changer l'appareil de place. Il faut de plus, si l'on a deux chaudières, deux hommes transportant l'eau du réservoir à pied d'œuvre. En admettant une distance de 2 kilom. de la vigne à l'endroit où l'eau est puisée, il faut, pour deux chaudières, une charrette à un cheval et son conducteur pour amener les barriques pleines.

Pour arriver à un résultat satisfaisant, on doit placer la chaudière au centre d'un carré de quatorze souches, de façon à avoir sept souches devant, autant derrière et de chaque côté. La distance la plus grande à parcourir sur les perpendiculaires, quand la vigne est plantée à 1^m,50, est alors de 9^m,75, et dans les diagonales de 15^m,75.

Cette chaudière est munie de deux robinets par lesquels s'écoule l'eau. Aussitôt qu'une cafetière est remplie, le chauffeur doit verser une quantité égale d'eau froide dans la chaudière. Cela est très important, car ainsi l'ébullition ne s'arrête pas, tandis que, si l'on enlevait plusieurs litres et qu'on remit en une seule fois la même quantité d'eau froide, il y aurait du temps perdu pour attendre l'ébullition.

Quand on a terminé le carré formé par les quatorze souches de côté, on transporte la chaudière quatorze rangées en avant. En partant, le chauffeur doit mettre sa chaudière au plein et ajouter un peu de charbon : l'ébullition ainsi ne s'arrête pas, ou a repris quand la nouvelle installation est terminée ; on recommence de la même façon, et ainsi de suite. La journée terminée, le chauffeur doit abattre son feu et, si la gelée est à craindre pendant la nuit, vider sa chaudière. Il doit même la renverser en cas de bourrasque de vent, ou tout au moins enlever le tuyau.

Certains propriétaires ont modifié le système de distribution d'eau bouillante d'une manière très avantageuse. Trouvant de la difficulté à se procurer le nombre de femmes voulu pour l'opération, ils suppriment les cafetières et ébouillantent directement la souche au moyen de tuyaux en caoutchouc placés à chacun des robinets. Avec cette organisation, l'équipe se compose du chauffeur et de trois femmes seulement. Une des femmes aide à transporter la chaudière, met à pied d'œuvre l'eau et le charbon répartis dans les vignes par les ouvriers chargés de ce soin, et les deux autres manient chacune un des tuyaux en caoutchouc, qui sont munis à leur extrémité d'une petite lance en fer-blanc de 40 à 50 centim. de long et terminés par un bec recourbé.

Il faut changer plus souvent la chaudière de place qu'avec le système des cafetières. Si en effet on maintenait la disposition des 14 souches en carré, il faudrait, pour atteindre la dernière souche de la diagonale, un tuyau de 16 mèt., qui serait gênant. On réduit le carré à 8 souches de côté, et un tuyau de 6^m,50 est suffisant pour atteindre l'extrémité de la diagonale.

Pour opérer, le chauffeur ouvre les deux robinets, et l'eau s'écoule par les tuyaux ; son passage est très rapide, étant donnée la tension de la vapeur dans la chaudière; il est facile du reste d'augmenter encore cette pression en chargeant la petite soupape de sûreté. La femme procède à l'ébouillantage et va d'une souche à l'autre sans discontinuer, sans perte de temps. Une fois le carré terminé, le chauffeur, prenant les mêmes précautions, porte la chaudière huit rangées en avant. Les femmes chargées des tuyaux les tiennent ramassés dans la main, en ayant soin de tenir la lance un peu élevée.

Pour remplacer l'eau chaude employée, le chauffeur n'a pas, comme avec la cafetière, une base bien exacte, mais il y supplée bien vite par un peu d'observation.

Les avantages de cette méthode sont sensibles : d'abord on a toujours de l'eau à une température très élevée, 96° environ à la sortie des tuyaux ; ensuite la force avec laquelle elle jaillit permet d'atteindre aisément les parties horizonlales des ceps, sur lesquelles l'eau des cafetières ne peut arriver qu'en glissant, et, ce qui est surtout avantageux, on a un personnel moins nombreux.

Le moment le plus propice en Languedoc est du commencement de février à la fin de mars, jusqu'au moment où la vigne débourre. A cette époque, la température, plus douce, refroidit moins rapidement l'eau et augmente les chances de succès.

«J'ai voulu me rendre compte, dit M. Jaussan, de la perte occasionnée par l'absence de traitement dans un quartier habituellement envahi. J'y suis parvenu de la façon la plus sûre. Dans une vigne, je pris un lot de 24 rangées, que je subdivisai en trois lots de 640 souches chacun. La première année, le lot n° 1 fut traité, les n°s 2 et 3 ne le furent pas. La seconde année, les n°s 1 et 2 furent traitées, le n° 3 ne le fut pas.

Ainsi, j'avais le lot n° 1 traité deux fois.
—   n° 2 —   une fois.
—   n° 3 non traité.

Les raisins provenant de chacun de ces lots furent pesés séparément, et il fut trouvé :

       Lot n° 1...................... 1.964 kilogr.
        — n° 2...................... 1.745   —
        — n° 3...................... 1.426   —

Il y eut donc perte de 219 kilogr. sur le lot n° 2 resté un an sans traitement, et de 538 kilogr. sur le lot n° 3 non traité pendant deux ans.

Le prix de revient de l'opération en Languedoc, étant donné le nombre de 4,000 souches à l'hectare, est au maximum de 60 fr. l'hectare si les souches sont très fortes, très crevassées, et de 38 fr. si les souches sont jeunes, soit une moyenne de 49 fr. l'hectare. Nous ne pouvons mieux faire, du reste, que de citer un des calculs de prix de revient de M. Jaussan.

«Cette année (1882), dit-il, j'ai traité 256,915 souches, dont 152,600 très fortes et 104,315 moyennes ; le détail de ma dépense a été :

13.720 kilogr. charbon......................	466 fr.	50
Transport	52	50
546 journées de femmes à 1 fr. 90...........	1.037	40
401 — d'hommes à 3 25.............	1.303	25
46 — surveillant à 2 75...........	126	50
36 — de mule à 3 »...........	105	»
Amortissement de 4 chaudières et réparations ...	200	»
Tuyaux caoutchouc (durée 2 ans).............	72	»
	3.363 fr.	15

»Chaque chaudière a fait par jour 1,412 souches ; le prix de revient par 1,000 souches a été de 13 fr. 09, et par hect. de 52 fr. 36.»

En résumé, la dépense est minime en comparaison de la perte qui résulterait du non-traitement.

Nous devons dire toutefois que ce prix de 52 fr. 36 doit être augmenté pour les vignobles renfermant plus de 4,000 ceps à l'hectare (jusqu'à 50,000), et c'est le cas de tous ceux qui sont en dehors de la région de l'olivier.

En Bourgogne, d'après M. André, on a calculé qu'il revient de 115 à 120 fr. l'hectare, y compris l'échaudage des échalas. A ce prix, on a encore, d'après les calculs de M. Jaussan, grand bénéfice à échauder ; car si le bénéfice de l'opération est d'environ 175 fr. l'hectare, tous frais déduits, pour le Languedoc, il doit être au moins d'autant en Bourgogne, vu la plus-value du vin.

Nous avons dit que dans les pays où l'on échalasse la vigne, on ébouillantait les échalas aussi bien que les ceps. On peut aussi les échauder à la vapeur; c'est même, dit M. André, le moyen le plus employé aujourd'hui en Bourgogne. Pour cela, on se sert d'une chaudière légèrement modifiée, dans laquelle le tuyau de fumée, à sa sortie, est un peu élargi de façon à recevoir un petit serpentin dans l'intérieur duquel circule la vapeur puisée dans la chaudière. On amène cette vapeur, qui est à une température moyenne de 120°, dans une vaste caisse de bois où se trouvent emmagasinées plusieurs centaines d'échalas. Ceux-ci atteignent bientôt 80 ou 90°, et tous les insectes qu'ils peuvent contenir dans leurs fissures sont tués.

SULFURISATION. — Ce procédé, appelé aussi *clochage*, consiste à mettre la souche dans un milieu irrespirable pendant un temps assez long pour tuer l'insecte, assez court pour ne pas nuire aux bourgeons. C'est l'acide sulfureux (fumée de soufre) qui a été reconnu l'agent le plus économique et le plus commode à employer.

L'idée n'est pas nouvelle : dès 1837, Audouin, nous l'avons vu, l'avait appliquée à la désinfection des échalas, et il est étonnant qu'étant ainsi sur la voie d'un moyen économique et très efficace pour débarrasser la souche elle-même, il n'ait pas eu l'idée d'en faire l'essai.

Pour opérer, on couvre le cep avec une cloche de zinc ou un demi-baril de pétrole muni de deux anses (fig. 47 II) sous lesquels on fait brûler du soufre, en ayant soin de ramener la terre tout autour pour ne pas laisser perdre le gaz sulfureux.

Le grand avantage de la sulfurisation, dit M. Jaussan, est de n'exiger qu'un personnel très peu nombreux, et de pouvoir être employée à une époque où les autres travaux agricoles ne doivent pas être exécutés à jour fixe.

Un ouvrier peut aisément manœuvrer vingt cloches. Chacune de celles-ci restant dix minutes sur la souche, il en fait six à l'heure et quarante-huit par journée de travail de huit heures. Les vingt cloches feront donc 960 souches par journée; 900 tout au moins.

Si l'on fonctionne pendant trois mois, admettant seulement vingt jours de travail par mois, soit 60 jours, un seul ouvrier avec ses vingt cloches traitera 54,000 souches, soit 13 hectares 50 (nous parlons de l'Hérault, bien entendu).

Les cloches doivent être en métal peu oxydable, en zinc par exemple, et munies de deux poignées pour en faciliter la manœuvre. Leur dimension doit être en rapport avec le développement des souches. Le prix de chaque cloche est de 10 à 12 francs.

On emploie indifféremment des mèches soufrées ou du soufre en canon concassé. Ce dernier est beaucoup moins cher et doit être préféré. L'ouvrier, après avoir mis ses vingt cloches en ligne, pose sur chacune d'elles un petit vase en métal ou en poterie très bon marché, dans lequel il a mis quelques morceaux de soufre de la grosseur d'une noix, ou mieux d'une noisette, 25 grammes environ. La forme de ce récipient n'est pas indifférente. Il doit être cylindrique, de $0^m,10$ sur $0^m,10$; lorsqu'il est plat et peu profond, une partie du soufre se liquéfie sans fournir tout l'acide sulfureux voulu.

L'ouvrier allume tous ses vases renfermant du soufre ; lorsque la combustion se fait bien, il constate l'heure à sa montre, et, prenant le premier vase, il le pose au pied de la première souche de la ligne, qu'il recouvre aussitôt avec la première cloche ; il fait de même pour la deuxième, et ainsi de suite. Le changement des vingt cloches ne dure pas plus de quatre minutes. Une fois la vingtième cloche en place, l'ouvrier remonte vers la première, et dans son trajet, si quelqu'une laisse échapper de la fumée, il ramène un peu de terre avec le pied pour boucher la fuite.

Arrivé à son point de départ, il allume un des réchauds en sus des vingt qui servent à la manœuvre, et, dès que dix minutes se sont écoulées, il le dépose au pied de la première souche de la seconde rangée et la couvre avec la première cloche. Il ramasse le réchaud laissé à découvert, y ajoute un peu de soufre, 20 à 25 grammes, le met au pied de la seconde souche de la deuxième rangée, la recouvre aussitôt, et ainsi de suite. Le changement de la vingtième cloche fait, il lui reste un des réchauds qu'il garnit pour la première souche de la troisième rangée. Cette opération, on le voit, est extrêmement simple ; quelques précautions seulement doivent être prises.

Quand on quitte le travail, soit à l'heure des repas, soit à la fin de la journée, il faut bien se garder de laisser les cloches sur les souches ; on doit les enlever et les déposer dans les intervalles des rangées. Le séjour trop prolongé des souches dans l'acide sulfureux produirait sur elles le même effet que sur les *Pyrales*, elles seraient asphyxiées. On a constaté bien souvent que des lignes entières ne poussaient pas : c'étaient celles que l'on se rappelait avoir laissées couvertes pendant la durée des repas.

Il faut s'abstenir de traiter immédiatement après les pluies ; l'eau ayant la propriété d'absorber une très grande quantité d'acide sulfureux, le traitement ne serait que peu efficace. Il faut laisser la terre se ressuyer à la surface, et, si elle était encore mouillée, augmenter un peu la quantité de soufre.

Il est bon que la vigne soit déchaussée, ou bien qu'on y ait fait passer la gratteuse. La terre étant ameublie, les fuites sont moins considérables, et si l'ouvrier a le soin, quand la cloche est posée, de lui donner un petit mouvement circulaire en appuyant dessus, l'obturation est aussi complète que possible.

Par un temps calme et beau, on est dans les meilleures conditions; un vent violent est préjudiciable.

Le prix de revient, amortissement du matériel compris, est moins élevé quand on emploie le soufre en canon que lorsqu'on se sert de mèches soufrées. On peut l'établir ainsi par hectare :

Avec le soufre en canon.

104 kil. soufre à 23 fr. (25 gram. par souche)....	23 fr.	90
Main-d'œuvre................................	15	50
Amortissement...............................	4	60
	44 fr.	»

Avec les mèches soufrées.

4,000 mèches à 0 fr. 0127 (37 fr. les °/₀ kil. port compris et 29 mèches au kil.)	50 fr.	80
Main-d'œuvre................................	15	50
Amortissement...............................	4	60
	70 fr.	90

En 1882, 113,600 souches ont été ainsi traitées par M. Jaussan, et chaque équipe a fait par jour 904 souches.

L'amortissement des cloches est calculé sur une durée de quatre années.

Telle est, en résumé, cette opération du clochage, si bien décrite par M. Jaussan. Elle est en usage un peu aux environs de Béziers et beaucoup dans ceux de Montpellier, surtout dans le quartier-général de la *Pyrale*, qui, comme du temps d'Audouin, continue à être les communes de Mireval, de Vic et de Villeneuve-les-Maguelone. Malgré ses avantages réels, cette méthode ne remplacera jamais, croyons-nous, l'échaudage dans les pays où la vigne est plantée beaucoup plus serrée que dans l'Hérault, encore moins dans ceux où on la plante en cordon.

En Bourgogne, par exemple, où la plantation est faite à raison de 12,500 à 50,000 ceps à l'hectare (Foëx; *Cours complet de Viticulture*, pag. 733), la manœuvre des cloches, vu le rapprochement des souches, serait difficile, et un ouvrier ne ferait guère plus d'un hectare, en travaillant pendant 60 jours. 50,000 souches, on s'en souvient, font environ treize hectares en Languedoc. L'échaudage continuera donc probablement à être préféré partout où la vigne est plantée serrée, autrement dit dans les vignobles à vins fins.

CHAPITRE X.

LA COCHYLIS DE LA VIGNE [1]

(*Tortrix (Cochylis) ambiguella* Hubner.)

SYNONYMIE. — *Teigne de la vigne* Rozier (1771) ; *Tinea ambiguella* Hubner (1796) ; *Tinea omphaciella* Faure Biguet et Sionest (1802) ; *Tinea uvæ* Menning (1811) ; *Pyralis ambiguella* A. Forel (1825) ; *Tortrix Roserana* Frœlich (1829) ; *Cochylis Roserana* Treitzchke (1830) ; *Teigne de la vigne* Dagonet (1837) ; *Tinea uvella* Vallot (1837) ; *Cochylis omphaciella* Audouin (1842) ; *Cochylis Roserana* Duponchel (1844).

Noms vulgaires : *Ver rouge* (Bourgogne), *Ver coquin* (vallées du Rhône et de la Saône), *Ver de la vendange* (Champagne), *Teigne des grains* ou *de*

[1] BIBLIOGRAPHIE. — **Bonnet ;** *Œuvres complètes*, tom. I, pag. 367, 1740. — **Rozier ;** *Des Insectes essentiellement nuisibles à la vigne* (Journal de Physique, 1771). — **Hubner ;** *Recueil des Papillons d'Europe*, 1796. — **Faure Biguet** et **Sionest ;** *Mémoire sur les Insectes nuisibles à la vigne*. Lyon, 1802. — **Von Menning ;** *Mémoire sur un Insecte très nuisible qui s'est naturalisé dans l'île de Reichenau, lac de Constance*, 1811, et 2e édit., 1840. — **Bosc ;** *Rapport sur une Teigne vivant aux dépens des bourgeons de la vigne et des grains de raisins* (Annales de l'Agr. française, 1812). — **Alexis Forel ;** *Mémoire sur le Ver destructeur de la vigne, avec planche* (Feuille du canton de Vaud, 1825). — **Frœlich ;** *Enumeratio Tortricum in regno Wurtembergico*. 1829. — **Vallot ;** *Mémoire pour servir à l'histoire des Insectes ennemis de la vigne* (Acad. de Dijon, 1841 ; Soc. d'Agr. de Lyon, 1841 ; Revue et Magasin de Zool., 1840).— **Bugnion, Blanchet** et **Forel ;** *Mémoire sur quelques Insectes nuisibles à la vigne dans le Canton de Vaud* (Neue Denkschrift Allgem. Schweiz Gesellsch., 1841).— **Audouin ;** *Histoire des Insectes nuisibles à la vigne*, 1842. — **Sauzey ;** *Mémoire sur la Cochylis omphaciella et moyens de la détruire* (Ann. Soc. Agr. de Lyon, 1847). — **Kollar ;** *Ueber Weinbeschadigung durch einen kleinen Nachtfalter, Tortrix Roserana, in den Weingærten von Brum nœchst Mœdling* (Stizungsber. Akad. Wissensch. Wien, 1850).— **Laboulbène ;** *La Cochylis Roserana à Villefranche* (Bull. Soc. entom. de France, pag. 90,

la grappe (environs de Paris. Dans le midi de a France, on dit généralement *Cochylis.*

Sans être aussi longue que celle de la *Pyrale*, la synonymie de la *Cochylis* est, on le voit, assez compliquée. Nous avons adopté le nom admis par la plupart des entomologistes modernes, celui qui est porté sur le *Catalogue des Lépidoptères de la Faune européenne* de MM. Staudinger et Wocke.

Le sous-genre *Cochylis* a été créé par Treitzchke pour les *Tortrix* qui ont la nervure costale 7 (à partir du bord interne) soudée avec la nervure 8, sur une tige commune, comme bifurquée. L'aile inférieure est un peu lancéolée, par suite de l'apex très arrondi et de l'angle interne fortement déprimé (De Peyerimhoff, *Soc. ent. de Fr.*, 1876, pag. 561 et 575).

Les ravages de la *Cochylis* sont moins célèbres et en réalité moins graves que ceux de la *Pyrale*. Rarement l'insecte s'établit pour toujours dans une contrée ; il change facilement de localité, et tel quartier qui aura été éprouvé une ou plusieurs années de suite pourra rester un demi-siècle sans revoir le fléau.

Lorsque l'insecte reparaît, le souvenir même en est parfois perdu, de sorte que bien souvent ce petit *Lépidoptère* nous est envoyé comme nouveau de pays où jadis il avait déjà exercé ses ravages.

Si l'on consulte les annales agricoles de toutes les contrées viticoles, on constate que l'aire géographique de cette espèce est plus étendue que celle de la *Pyrale*. Elle est toutefois moins localisée que cette dernière, et fort heureusement il est très rare qu'on ait à lutter contre les deux *chenilles* à la fois. Certaines régions cependant sont plus souvent attaquées que d'autres. En France actuellement, comme du temps de l'abbé Rozier, le *Ver coquin*, bien que se montrant souvent dans l'Ouest, fait surtout parler de lui chaque année sur quelques points de la Champagne, de la Bourgogne, du Beaujolais et du Dauphiné. Dans cette dernière région, d'après M. Rougier, professeur d'Agriculture de l'Ardèche, c'est la vallée de l'Isère, jusqu'en Savoie, qui est le plus souvent ravagée. Aux environs de Paris, le quartier le plus atteint paraît être le territoire de la commune de Puteaux, et dans les vignobles de la Lorraine les environs de Metz et de Bar-le-Duc. Dans la

1857). — **Bach** ; *Ueber Cochylis Roserana die Wienmotte* (Natur. und Offenbarung, tom. IV, pag. 254, 1858). — **Forel** ; *Société Linnéenne de Lyon*, 1860.— **Goureau** ; *Insectes nuisibles*, supplément (Bull. des Sc. hist. et nat. de l'Yonne, 1863). — **Boisduval** ; *Entomologie horticole*, 1867. — **Coret** ; *Bull. Soc. entom. de France*, 1868. — **De Peyerimhoff** ; *Organisation extérieure des Tordeuses* (Soc. ent. de France, 1876). — **André** ; *Les Parasites et les Maladies de la vigne*, 1882.— **Targioni-Tozzetti** ; *Relazione della Stazione di Entomologia agraria di Firenze*, 1884.

région de l'olivier, l'insecte se montre de temps en temps un peu partout ;
mais les plantations faites depuis une dizaine d'années dans les sables du
littoral méditerranéen semblent être actuellement ses quartiers préférés.

Si nous parlons de l'étranger, les parages les plus atteints de l'Allemagne sont, d'après M. Von Heyden, les vignobles de la vallée du Rhin ;
en Suisse, les bords des lacs de Constance et de Genève ; en Russie, la
Crimée. D'Autriche, le parasite nous a été signalé comme très nuisible par
M. Bollé ; de Hongrie, par M. Horvath. En Italie, d'après M. Targioni,
bien que l'insecte soit parfois signalé dans le Sud, la Toscane et l'ancien
Piémont restent les régions les plus attaquées. Pour l'Espagne, l'espèce
est comprise dans la liste d'ampélophages que M. Graëlls a bien voulu
dresser pour nous, mais elle n'est pas notée parmi les grands ravageurs.
Nous dirons enfin que nous ne la voyons pas figurer dans la liste envoyée
par M. Gennadius (d'Athènes). Elle est remplacée en Grèce par d'autres
espèces.

En résumé et quoi qu'en disent certains auteurs, l'insecte paraît se
montrer plus fréquent dans les vignobles du nord que dans ceux du midi de
l'Europe ; c'est du reste dans le grand-duché de Bade et en Suisse qu'il a
été tout d'abord observé d'une façon certaine.

I. — HISTORIQUE.

La *Cochylis* était-elle connue des anciens ? Il est permis de le croire,
mais on peut penser aussi que plusieurs insectes désignés sous les noms
d'*Involvulus*, de *Convolvulus* et de *Volucra* pouvaient être aussi bien la
Pyrale que la *Cochylis* ou d'autres espèces encore. Pline et Columelle,
cependant, en se servant indifféremment des mots *Volucra* et *Aranea* ou
Araneus pour un animal qui enveloppait de fils le grain de raisin et *le mangeait*, semblent avoir voulu parler de la *Cochylis*, le seul ampélophage qui
agisse ainsi. Au xvie siècle, Aldrovande[1] (*De Insectis*, pag. 600) cite un passage de Pline sous le titre de *Araneus vitium*. Les traducteurs, dit M. Vallot,
n'ayant aucune connaissance de la *Cochylis*, ont traduit le mot d'*Araneus*
par celui d'*Araignée ;* or aucune araignée ne détruit (*absumit*) ou ne ronge
(*prærodit*) les grains de raisins.

D'après le Dr Menning, qui fut chargé en 1811, par le gouvernement
du grand-duché de Bade, d'aller étudier la *Cochylis* dans l'île de Reichenau
(lac de Constance), et qui la redécrivit alors sous le nom de *Tinea uvæ*,

---

[1] Ou Aldrovandi.

l'insecte était connu dans cette localité depuis 1713, année où il exerça des ravages restés célèbres.

En 1740, les dégâts causés par la *Cochylis* sur les vignes des environs de Genève fixèrent l'attention de Bonnet, qui, sous le titre de : *Une petite chenille qui vit dans l'intérieur des grains de raisins*, la décrit suffisamment pour qu'elle puisse être reconnue.

Pazumot, en donnant à l'Académie de Dijon (7 juillet 1769) la description du *Ver*, qui au printemps de cette même année attaqua les raisins dans les vignes de l'Auxerrois, du Tonnerois, du Senonois, signalait, sans le savoir, la première génération de notre insecte.

Beguillet, dans son *Œnologie* (1770), parle ainsi du *Ver de la vigne :* «Si le vigneron remarque que le raisin à peine noué a de la peine à défleurir et surtout qu'il soit entortillé des soies de l'insecte connu en Bourgogne sous le nom de *Mazar*, il caresse le raisin pour en détacher les pétales desséchées, et les toiles des insectes, qui causent tant de préjudices aux vignes.»

D'après l'abbé Rozier (1771), l'insecte a reçu son premier nom latin d'Adanson, qui l'appelait *Phalæna scutella*. «C'est l'insecte, dit Rozier, dont la chenille est le *Ver coquin*; il se trouve principalement dans les provinces de Champagne, Bourgogne, Beaujolais, Lyonnais et Dauphiné. »

En 1796, Hubner, dans ses *Papillons d'Europe*, donna le premier une description détaillée de l'espèce, avec figures, sous le nom de *Tinea ambiguella*, et Pallas, en 1799 (*Voyage en Russie*), la signale comme exerçant des ravages dans les vignes de la Crimée.

En 1802, nouvelle description de l'insecte par Faure Biguet et Sionest sous le nom de *Tinea omphaciella*. Celui de *Tinea uvæ*, donné par Menning, date, nous l'avons dit, de 1811, et celui de *Tortrix Roserana*, donné par Frœlich, de 1829. Ce dernier auteur avait étudié l'insecte sur des exemplaires rapportés des environs de Stuttgard par Roser, naturaliste officiel du royaume de Wuttemberg, et il le lui dédia.

Plusieurs auteurs, tels que Treitzchke (1830), le créateur du genre *Cochylis*, et Duponchel (1844), l'auteur de l'*Histoire naturelle des papillons de France*, ont adopté ce nom spécifique de *Roserana* ; Vallot pourtant (1841), tout en mentionnant les descriptions précédentes, créa le nom nouveau de *Tinea uvella*, et Audouin (1842) est revenu à celui de *Cochylis omphaciella* de Faure Biguet, le croyant le plus ancien. La règle de la priorité nous fait un devoir d'admettre, avec les catalogues modernes, le nom de *Tortrix (Cochylis) ambiguella*, d'Hubner, le premier auteur qui ait donné de l'insecte une description complète et indiscutable.

II. — DESCRIPTION ET BIOLOGIE.

A l'état de papillon (fig. 48, et Pl. III, fig. 3 et 4), quand les ailes sont repliées sur l'abdomen, la longueur de l'insecte est de 7 à 8 millim. L'envergure des ailes déployées est d'environ 13 à 15 millim.

Le *corps* est d'un jaune pâle avec quelques reflets argentins sur la tête et le thorax, reflets remarquables surtout quand l'insecte est un peu défraîchi. Les *antennes*, filiformes, sont d'un gris clair. Le papillon, ne mangeant pas, a une trompe courte, n'atteignant pas, déroulée, la longueur de la tête.

Les *ailes antérieures*, de même couleur que le corps, parfois un peu plus foncées cependant, frangées à leur extrémité, présentent vers leur milieu une bande transversale brune qui se rétrécit notablement du bord extérieur au bord intérieur et sur laquelle on distingue quelques marbrures plus pâles et des espaces ferrugineux. De chaque côté de la bande brune se voit une ligne argentée et une série de petites taches de la même nuance situées à l'extrémité des ailes. La partie antérieure de cette

Fig. 48. — Papillon de la Cochylis.

extrémité est un peu rembrunie. Les *ailes postérieures* sont d'un gris brun uni, avec leur frange plus claire.

On ne peut confondre cette petite *Tortrix* avec la *Pyrale*. La taille est moitié moindre, la couleur toute différente ; il y a par an deux générations au lieu d'une. L'insecte hiverne sous forme de chenille adulte ou de chrysalide et non de petite chenille.

Le papillon au repos tient les ailes serrées l'une contre l'autre le long du corps, de sorte que leur extrémité, relevée du bout à la façon de celle des teignes, forme une espèce de crête et leur donne un aspect tout différent de celui de la *Pyrale.*

Les papillons de la première génération paraissent en avril et mai et ceux de la seconde fin juillet ; quelques-uns voltigent en plein jour, allant d'une souche à l'autre, mais le plus grand nombre reste appliqué sous les feuilles pendant le jour et ne circule qu'à l'aurore ou au crépuscule.

La ponte a lieu en mai. « A cette époque, dit M. Forel (*Ann. Soc. Linn.* de Lyon, 1860), si l'on observe attentivement les jeunes pousses de la vigne attaquée, on trouve sur les nouveaux sarments, sur les pétioles, mais surtout dans les grappes, sur l'axe et les pédoncules, de petits œufs blancs transparents collés au végétal et presque invisibles sans le secours d'une loupe. Peu à peu ces œufs deviennent d'une couleur moins pure et se couvrent de petites taches ordinairement rougeâtres. Vers le neuvième ou le dixième jour, on distingue la tête et le premier anneau de la jeune chenille.

Enfin le onzième, douzième ou treizième jour, on peut observer les mouvements de l'insecte replié dans l'œuf, ainsi que le jeu de ses mâchoires pour percer son enveloppe.»

La chenille (Pl. III, fig. 2) a une taille des deux tiers plus petite que celle de la *Pyrale*, c'est-à-dire qu'elle ne dépasse pas 8 à 10 millim. La tête et le prothorax sont d'un brun rouge foncé ; le reste du corps, qui est grisâtre lorsque l'insecte est jeune, est après la première mue d'un rose violacé tendre, mais bien tranché. Cette teinte est surtout marquée dans les chenilles de la seconde génération, qui se nourrissent de raisins mûrs ou presque mûrs. Celles de la première sont parfois verdâtres. Il y a là un cas de mimétisme animal intéressant à signaler.

Comme chez la chenille de la *Pyrale*, il y a sur tous les anneaux, sauf le troisième, deux rangées de plaques ou espaces lisses arrondis qui émettent chacun un poil de la nuance du corps. Le troisième anneau n'en porte qu'une rangée. A part la différence de taille et de couleur, les formes de cette chenille rappellent entièrement celles de la *Pyrale*. Outre les six pieds articulés, elle a, comme elle, cinq paires de fausses pattes placées sous les anneaux abdominaux.

Vers le douzième jour après la ponte, c'est-à-dire fin mai pour la région de l'olivier et première quinzaine de juin pour les vignobles du Nord, les jeunes chenilles percent la coque de l'œuf, gagnent de suite le milieu de la grappe et, entamant de leurs mandibules les grains qui ne sont encore que des boutons à fleurs, pénètrent dans leur intérieur et se mettent à ronger les étamines et les ovaires. Chaque bouton, dit M. André, ne contient qu'un habitant qui tout d'abord est d'une taille presque microscopique. Bientôt la chenille est obligée de quitter son premier grain, qui est épuisé, pour passer à un autre, et ainsi de suite, détruisant successivement tous les organes de la fructification. En même temps, préoccupée de se tenir toujours à l'abri, elle réunit tous les grains par un réseau de fils de soie, de façon à les mettre en paquet plus ou moins gros (Pl. III, fig. 1). Peu à peu les grains se fanent, deviennent jaunes, puis bruns, et la grappe ne tarde pas à être perdue. Celle-ci, d'après Vallot, est parfois tuée d'un coup par la chenille, qui pénètre dans le pédoncule même. Si la végétation marche rapidement et si la floraison s'achève dans un court intervalle de temps, le dommage est moins grand, parce que l'insecte, attaquant des grains déjà noués, en détruit un moins grand nombre et ne peut plus les réunir au moyen de ses fils. On peut donc dire, avec Vallot, que lorsque la vigne pousse rapidement, elle fournit plus que la larve ne peut manger, et que si au contraire la végétation marche lentement, la larve mange plus que la vigne ne peut pousser, et dans ce cas la perte est considérable.

La chenille est adulte au bout de cinq semaines environ, c'est-à-dire fin juin ou première quinzaine de juillet. Elle se retire alors au milieu des grappes, qu'elle enveloppe d'un tissu de soie plus serré, ou bien dans les fissures des échalas et sous les écorces, pour se filer un cocon blanc et s'y transformer en chrysalide. Parfois elle se contente de rouler le bord d'une feuille en le fixant avec des fils. Ce cas se présente souvent dans les éducations en captivité. Forel en a observé en liberté qui coupaient un petit morceau de feuille, le fixaient au cep et le roulaient autour d'elles en filant leur coque.

Il y a, à cette époque, comme un moment de répit dans les ravages, ce qui fait dire parfois au cultivateur que le *ver coquin* a disparu ; mais ce calme apparent est trompeur et le mois d'août viendra détruire l'espoir du vigneron.

L'état de chrysalide dure quinze jours environ, et dans la seconde quinzaine de juillet on retrouve de nouveau des papillons dans les vignes. L'accouplement a lieu de suite, et très peu de jours après, ses œufs ayant été déposés sur la rafle de la grappe ou sur le grain lui-même, le papillon ne tarde pas à mourir.

L'évolution chez les œufs d'été étant un peu plus rapide que chez ceux du printemps, la petite chenille perce le chorion de l'œuf au bout de huit à dix jours, c'est-à-dire première quinzaine d'août, et commence de suite à entamer de ses mandibules l'épiderme du grain. Elle y fait un trou rond dans lequel elle passe sa tête et dévore la pulpe du raisin. L'accroissement de l'insecte étant rapide, ses ravages grandissent en proportion de sa taille. Les grains sont perforés parfois jusqu'aux pépins, et souvent la chenille disparaît en entier dans l'intérieur ; on voit alors à l'entrée de la galerie une matière pulvérulente qui n'est formée que des déjections de l'insecte. Bien souvent celui-ci, n'achevant pas le grain attaqué la veille, en attaquant plusieurs par jour quelquefois, passe à d'autres le lendemain, ce qui fait qu'une seule chenille, en l'espace d'un mois, peut détruire plus d'une trentaine de grains. Ceux-ci, à moitié vides, se fanent, se dessèchent, si le temps est pluvieux pourrissent et communiquent l'infection au reste de la grappe.

On reconnaît facilement les raisins attaqués, non seulement aux grains vidés, mais aux nombreux fils tendus de l'un à l'autre (Pl. III, fig. 2). Ce sont toujours les grains de l'extrémité de la grappe qui sont atteints les premiers, et nos vignerons de l'Hérault savent très bien juger de l'étendue du mal en pressant dans leur main l'extrémité du raisin, devenue molle et spongieuse sous les attaques prolongées de l'insecte.

La chenille de cette seconde génération est, nous l'avons dit, d'une

16

teinte vineuse plus accentuée que celle de l'insecte printanier. Elle est adulte à peu près vers le milieu de septembre dans la région de l'olivier, et fin septembre ou commencement d'octobre dans le Nord. Elle quitte alors les grappes, pour se réfugier dans les fentes et sous les esquilles des échalas, dans les fissures et sous les écorces de la souche, surtout celle des bras, et là, sans doute en prévision des froids de l'hiver, elle se file un cocon un peu plus épais que celui de la génération du printemps.

Les métamorphoses en chrysalides commencent en décembre et achèvent de s'opérer en janvier. Il est très rare en Languedoc de trouver des chenilles non transformées en février.

Sous cette forme de nymphe, l'insecte a environ 6 millim. de long. Le corps est d'un brun clair uniforme, de teinte beaucoup plus pâle que celui de la chrysalide de la *Pyrale*. Il est aussi plus court en proportion et plus obtus à l'extrémité. Les anneaux de l'abdomen sont, comme chez la *Pyrale*, garnis sur le dos d'une double rangée d'épines, mais celles de la première rangée sont toujours plus grandes que celles de la seconde, qui disparaissent même entièrement sur les quatre derniers anneaux. Le dernier segment, élargi et court, présente deux pointes latérales et porte à son extrémité une douzaine de poils durs terminés par un petit crochet, servant, comme chez la *Pyrale*, d'appareil fixateur dans l'intérieur du cocon. Le papillon éclosant courant mai, comme nous l'avons dit, l'état de chrysalide de la seconde génération dure environ quatre mois.

III. — CONDITIONS FAVORABLES OU DÉFAVORABLES A LA COCHYLIS.

Rarement l'espèce qui nous occupe se rencontre simultanément avec la *Pyrale*. Celle-ci aime, nous l'avons dit, les plaines abritées et les coteaux ensoleillés ; la *Cochylis* ne craint ni les coteaux froids ni les plaines exposées au vent. Dans les vignobles septentrionaux, les expositions préférées sont celles du Nord et de l'Est ; dans le Midi, sont atteints surtout les coteaux exposés au Nord et les plaines peu abritées. L'habitat préféré confirme donc l'origine septentrionale de l'insecte.

Suivant Audouin, la *Cochylis* parait indifférente sur la nature du cépage; aux environs de Paris cependant, d'après MM. Coret et Fallou (*Bull. Soc. entom. de France*, 1868, pag. 99), le Gamay serait particulièrement attaqué. En Languedoc, le Terret est, de l'avis de tous, le plant le plus atteint. Nous dirons plus loin ce que nous pensons à ce sujet.

La *Cochylis*, comme la *Pyrale*, a des ennemis naturels appelés sans doute à refréner la trop grande multiplication de l'espèce, mais ils paraissent moins nombreux ; peut-être aussi sont-ils moins connus !

Une seule espèce d'Hyménoptère parasite, un Ichneumonide d'assez petite taille, a été obtenu par nous, à plusieurs reprises, de la chrysalide. C'est sans doute la *Limmeria difformis*, signalée dans le Catalogue des Hyménoptères de Dours. Ne la voyant mentionnée dans aucun travail sur les insectes ampélophages, nous en donnons la description suivante :

Corps très allongé, noir, long d'environ 5 millim. *Antennes* également noires avec le premier article plus clair, atteignant 4 à 5 millim., c'est-à-dire à peu près la longueur du corps. *Palpes* et *mandibules* jaunes, sauf la base de ces dernières, qui est brune. *Pattes* d'un jaune roux avec les trochanters rembrunis sur la moitié ou les deux tiers de leur longueur. *Ailes* fortement irisées avec les nervures fauves et le stigma rembruni. *Abdomen* grêle et allongé, comme coupé en forme de hache à son extrémité chez le mâle, progressivement rétréci chez la femelle. Cet abdomen est supporté par un pédoncule délié formé des deux premiers segments, le premier étroit et presque parallèle, le second renflé à son extrémité. *Oviscapte* noir, d'un brun roux à l'extrémité, long d'environ 2 millim.

IV. — MOYENS DE DESTRUCTION.

Si la *Cochylis* est moins dangereuse que la *Pyrale*, elle est par contre plus difficile à combattre. De tout temps on a extrait au moyen d'une pointe les *chenilles* de printemps du milieu des grappes en fleurs ; mais au moindre contact une grande partie de ces larves se laisse tomber en filant, et pour les détruire toutes il faudrait sacrifier la grappe. Pour la génération d'automne, de tout temps aussi on a coupé l'extrémité des grappes attaquées, mais ces moyens ont toujours été peu efficaces. Le clochage et l'échaudage en hiver, si utiles contre la *Pyrale*, ont été essayés sans résultats contre la *Cochylis*.

En ce qui concerne le clochage, ayant fait personnellement quelques expériences sur la résistance des Lépidoptères sous leurs diverses formes, nous nous expliquons sans peine le peu d'action que peuvent avoir sur ces insectes les gaz insecticides. En hiver, du moins à partir de janvier, la *Cochylis* est en chrysalide ; or sous cet état, et surtout quand il est enfermé dans un cocon, le lépidoptère est beaucoup plus résistant que sous les formes de *chenille* ou d'insecte parfait. Nos expériences ont été faites sur diverses espèces de Noctuelles et sur le Bombyx du mûrier au moyen de deux gaz insecticides, les vapeurs de sulfure de carbone et l'acide sulfureux.

Le récipient employé a été une boîte en partie vitrée en dessus, de forme aplatie, soigneusement jointée, d'une capacité d'environ un décimètre cube. Pour le sulfure de carbone, environ 2 gram. ont été versés sur de la sciure de bois grossière emmagasinant immédiatement le liquide tout en augmentant la surface d'évaporation. Pour l'acide sulfureux, 2 gram. environ de mèche soufrée ont été brûlés.

L'action asphyxiante des deux gaz est presque égale, un peu plus puissante pourtant chez l'acide sulfureux.

La *chenille* est tuée en six ou huit minutes; le papillon cesse presque instantanément de se mouvoir rapidement, ses ailes vibrent faiblement pendant deux ou trois minutes ; les derniers mouvements, ceux de l'extrémité abdominale, cessent au bout de quatre, et l'asphyxie est complète au bout de cinq à sept minutes; une chrysalide âgée de 8 jours, sortie du cocon, résiste de douze à quinze minutes, et, enfermée dans son cocon, environ trois heures. Bien que le tissu soyeux filé par la *Cochylis* ne soit pas aussi épais que celui du Bombyx du mûrier, étant donné que la souche ne peut supporter sans inconvénient l'action du gaz asphyxiant pendant plus de dix minutes, on voit de suite qu'il n'y a rien à faire au moyen de la cloche à soufre contre une chrysalide enfermée dans son cocon[1].

Le procédé le plus généralement employé est l'écorçage en hiver. Le remède n'est pas nouveau ; dès 1811, le Dr Menning l'avait expérimenté sur les vignes de l'île de Reicheneau (lac de Constance)[2] et disait s'en être bien trouvé ; mais l'écorçage avec un couteau, comme il le pratiquait, est dispendieux et souvent inefficace, parce qu'il est nécessairement mal fait. L'invention du gant de cotte de mailles de M. Sabaté, de Bordeaux, est venue récemment rendre l'opération moins dispendieuse et plus efficace. Il faut avoir soin d'entourer la souche d'un linge reposant sur le sol, pendant que, recouverte du gant de fer, la main fait tomber les écorces. Celles-ci sont soigneusement recueillies et brûlées. Nous avons suivi en février l'opération chez un propriétaire de Béziers, M. J. Coste, et la quantité de

---

1 M. Verson a signalé ce fait curieux que les cocons peuvent séjourner dix heures dans le vide pneumatique sans que les chrysalides périssent. M. Francezon a observé qu'elles résistent également bien à un séjour de dix heures dans l'oxyde de carbone pur, de dix-huit heures dans l'acide carbonique, l'hydrogène, le protoxyde d'azote, etc. (Maillot, *Leçons sur le Ver à soie.* Montpellier, 1885.)

2 En Suisse, d'après M. Forel, un certain nombre de chenilles de la seconde génération s'enfoncent en terre en septembre et se filent un cocon entouré de grains de terre agglomérés ; il a observé, dit-il, le fait en très grande proportion dans ses éducations de laboratoire. Nous n'avons rien vu de semblable en Languedoc, où nous avons donné à la fois à l'insecte des morceaux de vigne avec leur écorce et de la terre. Le cocon s'est toujours fait sous les écorces. Il est possible que dans les pays froids comme la Suisse, l'insecte ait l'instinct de se mieux protéger que chez nous. Dans ce cas-là, la destruction des individus enterrés est à peu près impossible.

chrysalides recueillies mélangées aux écorces était considérable. M. Coste nous a dit s'être souvent à peu près débarrassé de l'insecte de cette façon-là. Cette opération doit être complétée dans les pays où on échalasse la vigne par l'échaudage des échalas.

Un moyen radical consiste à vendanger avant que la *chenille* soit adulte. La chose est possible avec les plants à maturité précoce, tels que l'Aramon, plus difficile avec les cépages tardifs, tels que le Terret ; et, comme nous l'écrivait tout récemment M. Jaussan, le praticien observateur toujours bon à consulter, il est fort possible qu'en réalité le cépage soit indifférent à l'insecte. Si le Terret est plus attaqué, c'est qu'il mûrit plus tard que l'Aramon ou la Carignane. La *Cochylis*, sur ce plant-là, a près d'un mois de plus pour achever ses ravages et se métamorphoser tranquillement en chrysalide pour l'année suivante, tandis que lorsque l'Aramon, par exemple, est infesté, raisins et *chenilles* étant mis ensemble à la cuve, ces dernières sont toutes tuées par la fermentation. Il nous est souvent arrivé de voir, sur les parois et au bord des comportes de vendange ou des cuves, des milliers de *chenilles* ayant quitté les raisins foulés et cherchant à s'échapper. «Une année, nous écrit M. Jaussan, j'avais fait mes Terrets en blanc. La cuve fermentant tumultueusement, je fis enlever par-dessus un certain nombre de comportes de moût : toute la surface était couverte de *chenilles*. »

Si le moyen est bon pour détruire le plus grand nombre des *Cochylis*, il n'est pas toujours possible de vendanger hâtivement, et si l'on y gagne en quantité de vin, c'est, bien entendu, au détriment de la qualité. Même abandonné des chenilles, le raisin plus ou moins sec ou fermenté, rempli de déjections de l'insecte, fait un vin détestable, et, selon Vallot, si l'on veut connaître en Bourgogne les années où le *ver coquin* a donné mauvais goût aux vins, on n'a qu'à consulter la *Statistique de la vigne dans le départ. de la Côte-d'Or* par le Dr Morelet (Dijon, 1831, pag. 215-222).

Le remède *infaillible* contre la *Cochylis* est donc encore à trouver. Peut-être est-il dans l'échaudage direct des souches, sans cafetière, tel que nous l'avons décrit, à propos de la *Pyrale*. On se souvient que l'eau arrive sur le cep à environ 96°. Étant donnée la vitalité de la chenille, beaucoup moins grande que celle de la chrysalide, sa résistance à la chaleur moindre [1], si l'on a le soin de faire l'opération en novembre ou en décembre, c'est-à-dire *avant que les chenilles se soient transformées en chrysalides*, on les tuera, croyons-nous, presque toutes.

---

[1] Une chenille de ver à soie plongée dans l'eau à 60° meurt presque instantanément. Le degré nécessaire pour tuer instantanément les *Chrysalides* paraît être de 75 à 80° (Maillot, *Leçons sur le Ver à soie*, pag. 180).

CHAPITRE XI.

LA TORDEUSE DE LA GRAPPE

(Tortrix (Eudemis) botrana Schiffermuller, 1776.)

———

Synonymie: *Tortrix vitisana* Jacquin (1788); *Tinea premixtana* Hubner 1796); *Cochylis reliquana* Treitzchke (1830); *Cochylis vitisana* Audouin 1842); *Penthina vitivorana* Packard (1860).

Le sous-genre *Eudemis* a été créé par Hubner pour les *Tordeuses* qui à l'aile supérieure ont les nervures costales 7, 8 et 9 (à partir du bord interne) se réunissant sur une tige commune partant de la base de l'aile, une tige trifurquée, et qui ont l'aile inférieure presque triangulaire (De Peyerimoff, Soc. ent. de Fr., 1876, pag. 561 et 75). Ce sous-genre ne comprend que l'espèce qui nous occupe.

Cette petite *Tordeuse* ne se trouve en France que dans les Alpes-Maritimes, mais il est fort à craindre qu'elle ne se répande quelque jour dans toute la région du Midi. Décrite en effet, dès le siècle dernier, comme observée en Autriche, elle a été signalée depuis en Allemagne, en Italie, en Grèce, et Riley la cite parmi les Ampélophages des États-Unis comme récemment introduite en Amérique. En Italie, elle est signalée dans l'île d'Elbe, en vue de la Corse. Peut-être est-elle dans ce département.

Elle a les mœurs de la *Tortrix (Cochylis) ambiguella*, c'est-à-dire qu'elle passe l'hiver à l'état de chrysalide et qu'elle a deux générations par an, la première attaquant le raisin en fleur, la seconde s'en prenant au grain déjà gros, prêt à mûrir, et le perçant de trous qui provoquent sa dessiccation. Ce sont surtout les vignes en espaliers qui ont à souffrir de ce parasite. N'ayant pu l'observer nous-même, nous empruntons les détails qui suivent à trois auteurs étrangers qui ont eu l'occasion de l'étudier : Kollar, Riley et Targioni-Tozzetti [1].

[1] Kollar; *Naturgeschiste der scadlicher Insecten.* Wien, 1837.— Riley; *Report of the entomologist of state Missouri* (Voir traduction française de ce qui concerne cette espèce, dans *Catalogue illustré et descriptif des Vignes américaines,* par Bush et Meissner. Montpellier, Coulet, 1876 et 1885).— Targioni-Tozzetti; *Annali di Agricoltura, Relazione della R. stazione di Entomologia,* 1884, pag. 477.

I. — DESCRIPTION ET BIOLOGIE.

En avril et mai, on voit le petit papillon voltiger et se reposer sur les branches de la vigne. Les œufs sont déposés à la base des bourgeons. Les petites chenilles qui en sortent, les chenilles de printemps, rongent l'intérieur de ces bourgeons et, quand la fleur commence, s'établissent dans les grappes, relient les grains entre eux avec des fils et dévorent les diverses parties de la fleur. Il en résulte que celle-ci avorte.

Vers le milieu de juin, la *chenille* a acquis tout son développement. Elle a alors 8 à 10 millim. de longueur, sa couleur générale est d'un vert sale; la tête et l'anneau prothoracique sont d'un brun jaunâtre, tous les autres anneaux présentent des plaques piligères bordées de blanc; les pattes écailleuses sont noirâtres et les pattes membraneuses brunâtres.

La *chrysalide* de couleur brune est courte et obtuse comme celle de la *Cochylis ambiguella* et offre également des épines sur les anneaux de l'abdomen. La transformation en chrysalide a lieu fin juin, dit Kollar, et se fait dans une feuille roulée.

Riley décrit ainsi cette métamorphose: « La chenille découpe proprement dans la feuille une pièce ovale dont un côté laissé adhérent sert de charnière; elle replie la pièce sur la feuille, en assujettit le bord libre au moyen de fils et se forme ainsi une bonne petite maison dans laquelle elle se transforme en chrysalide ». Environ dix jours après, cette nymphe sort à moitié du cocon au moyen des mouvements de son abdomen, dont les segments armés d'épines permettent à l'insecte d'avancer, et le petit papillon éclos le matin prend son essor pour s'accoupler et pondre des œufs. Ceux-ci donnent bientôt naissance à la chenille d'été, qui attaque le grain lui-même. « Les grains attaqués, dit Riley, commencent à montrer un point décoloré là où la chenille est entrée. En ouvrant le grain, on en trouve l'habitant à l'extrémité d'un canal sinueux. Il continue à se nourrir de la pulpe, et, arrivant aux pépins, il en mange généralement l'intérieur. Dès qu'on touche le raisin, la chenille en sort et, se suspendant au fil de soie qui s'allonge de sa filière, se laisse couler sur le sol ». Pour se chrysalider, la chenille d'automne se retire sous les écorces de la vigne, où elle passera l'hiver.

Le *papillon* a 8 millim. de longueur et 12 à 13 d'envergure. Les *ailes antérieures* sont gris de perle marbré de jaune roussâtre et présentent deux bandes légèrement obliques d'un gris brunâtre. La première est placée un peu avant le milieu de l'aile et la seconde un peu au delà. Ces deux bande sont irrégulières et plus ou moins tachées de brun foncé. Le sommet des ailes est d'un jaune roussâtre pâle, si l'on en excepte l'angle supérieur, qui offre une petite tache blanche circonscrite par une autre d'un brun foncé ; la frange est de la même couleur que le sommet des ailes. Les *ailes postérieures*, triangulaires, sont d'un gris pâle, leur frange plus claire. La *tête*, les *antennes*, le *thorax* et les *pattes* sont d'un roux grisâtre ; mais le thorax offre des écailles brunes qui le font paraître nuancé. L'*abdomen* est entièrement d'un gris jaunâtre pâle.

II. — MOYENS DE DESTRUCTION.

L'*Eudemis botrana* devra être combattue de la même façon que la *Cochylis*, par l'écorçage en hiver, l'échenillage des grappes fleuries au printemps et la section de l'extrémité des grappes en automne ; mais on rencontrera une difficulté de plus. Nous avons dit en effet que c'était surtout les espaliers qui étaient attaqués. On devra établir autant que possible ces vignes à grand développement contre des murs recrépis, offrant en un mot le moins d'anfractuosités possible. Mieux encore que contre les *Cochylis*, l'eau bouillante de la chaudière à *Pyrales* devra être efficace. L'écorçage opéré, le jet sera dirigé non seulement sur le tronc du cep et l'enfourchure des bras, mais sur les supports, les liens d'osier et même les quelques anfractuosités de la muraille. L'opération pratiquée fin novembre atteindra la chenille non encore transformée en chrysalide, bien plus sensible par conséquent à l'action de l'eau bouillante.

LA PYRALE DU DAPHNE[1]

(*Ephestia gnidiella* MILLIÈRE.)

Ce petit Lépidoptère, décrit il y a une vingtaine d'années par Millière de Cannes comme vivant sur le *Daphne gnidium*, a été depuis signalé sur la vigne aux environs de Nice et en Italie.

[1] BIBLIOGRAPHIE.— **Guénée** ; *Europeorum Microlepidopterorum index methodicus*. Paris, Roret, 1845.— **Millière** ; *Iconographie et description des Chenilles* (Ann. Soc. Linnéenne de Lyon, 1867).— **Constant** ; *Chenilles nouvelles ou peu connues* (Ann. Soc. ent. de France, 1883, pag. 11). — **Professeur Penzig** ;

Il appartient au groupe des *Pyrales* vraies (les *Pyrales* de Linné), c'est-à-dire des Microlépidoptères qui ont les antennes filiformes, souvent pectinées chez le mâle, les palpes maxillaires distincts, de trois articles, les palpes labiaux grands et dirigés en avant, les ailes au repos étendues sur le plan, divergentes en arrière, les pattes longues, les postérieures dépassant les ailes et armées d'éperons.

Les caractères spécifiques de l'espèce sont les suivants :

Longueur du corps 5 à 6 millim. non compris les ailes. Celles-ci fermées atteignent 7 millim. et étendues environ 15, d'une pointe à l'autre. Le *corps* est allongé, la *tête*, le *thorax* et l'*abdomen* d'un gris métallique, les *antennes* plus longues que la moitié des ailes, sétacées, grises, couvertes de poils avec le 2e article très développé dans les deux sexes, le 3e petit, le 4e prolongé extérieurement chez le mâle en une pointe styliforme, un peu divergente et recourbée à l'extrémité, appliquée le long de l'antenne et atteignant la base du 8e article. Les *ailes antérieures* planes, étendues longitudinalement, forment un triangle étroit et allongé. Elles sont légèrement renflées latéralement et en avant avec le bord postérieur frangé et l'angle postéro-interne très arrondi, d'un gris obscur, brillant en dessus, avec deux bandes transversales blanchâtres, l'une basilaire, placée entre le tiers et la moitié de la longueur de l'aile, recourbée en arrière dans sa partie externe; l'autre à la partie postérieure également, recourbée, à convexité postéro-externe, légèrement sinueuse. La partie de l'aile avoisinant ces deux bandes est plus obscure. Elles sont d'ailleurs séparées de la région intermédiaire par une tache grisâtre plus claire entre laquelle et la bande basilaire reste un intervalle brun triangulaire ayant sa base sur le bord externe de l'aile. La frange marginale est d'un gris luisant. Les *ailes postérieures* sont larges, couleur grisâtre clair, luisantes, avec 12 nervures faciles à compter à l'extrémité, mais plus ou moins soudées entre elles et confondues à la base. Le bord antérieur et le sommet sont bruns, ainsi que les franges qui garnissent ce sommet et le bord interne, ces franges plus claires à la base. *Pattes antérieures* avec une petite pointe au milieu du tibia, *pattes intermédiaires et postérieures* avec deux éperons au sommet du tibia, les *tarses* de 5 articles décroissant de grandeur du premier au dernier[1].

Un nuovo flagello degli agrumi (Italia agricola, Milan, 1883). — **Targioni-Tozzetti**; *Relazione della R. stazione di Entomologia di Firenze*, 1884. — **Peragallo**; *Études sur les Insectes nuisibles à l'Agric.*, pag. 131. Nice, 1885.

[1] En Italie, M. le professeur Giovanni Briosi, directeur de la Station agricole de Palerme, a publié un travail, avec planche (1876), sur un autre *Lépidoptère*, voisin de notre *Ephestia gnidiella*, qu'il a décrit sous le nom de *Albinia Woc-*

La chenille, longue de 10 à 12 millim., a le *corps* atténué des deux bouts, de couleur brun sale en dessus, d'un grisâtre couleur de chair à la face sternale ; sur la partie dorsale, une bande d'un brun plus sombre ; sur les flancs, une bande stigmatique large et noire, quelques poils espacés et assez raides partant de petits espaces arrondis et lisses comme chez les chenilles de la *Pyrale* et de la *Cochylis.*

La *chrysalide* est enfermée dans un cocon sous les écorces, dans les feuilles sèches ou dans les fissures des échalas.

Cet insecte est extrêmement polyphage. M. Peragallo (de Nice) la cite comme attaquant spécialement les fleurs d'orangers et de citronniers. M. Constant (de Golfe Juan, près Antibes) le considère au contraire comme plus nuisible à la vigne. «Depuis que Millière, dit-il, l'a décrite comme vivant sur le *Daphne gnidium*, on l'a signalé sur le Tamarix, le *Chœnomoles Japonica*, le citronnier, l'oranger, la salicaire (*Lythrum salicaria*); mais sa nourriture de prédilection semble être le raisin. C'est en effet sur ce fruit que je la trouve en plus grande abondance de juillet à septembre, dans mon jardin, et j'évalue au moins à 10 % de la récolte le dégât qu'il cause parfois. La *chenille* circule entre les grains déjà gros, les réunissant par des fils pour s'abriter et les rongeant à la périphérie sans pénétrer toutefois à l'intérieur. On la trouve dans une grappe par petits groupes de deux à six individus de différentes tailles, qui paraissent vivre en famille. Ce n'est pas que la consommation qu'elles font soit bien considérable ; mais, comme elles attaquent les grains près de la maturité et qu'à ce point les lésions du fruit ne peuvent se cicatriser, il s'ensuit que tout grain entamé tombe en pourriture et que la contagion s'étend de proche en proche à toute la grappe, surtout si la saison est tant soit peu humide.»

M. Penzig[1] dit que sur l'oranger il y a deux générations par an. Il est possible qu'il y en ait davantage sur d'autres végétaux. Ainsi seraient

kiana et qui, d'après lui, exercerait des ravages dans les vignes de la Sicile. Malgré certaines différences entre ces deux insectes, M. le professeur Penzig (*Italia agricola*, 1882, pag. 229) est d'avis de les considérer comme deux types d'une même espèce, variété de Ligurie et variété de la Sicile. M. Targioni a de son côté étudié la question (*Relazione della R.stazione di Entom. di Firenze*, 1884, pag. 486). Le savant entomologiste de Florence donne parallèlement les caractères distinctifs, et, comme le professeur Penzig, conclut à deux formes d'une même espèce. N'ayant pas sous les yeux l'insecte de M. Briosi, nous n'avons pu comparer nous-même et, nous ralliant jusqu'à nouvel ordre aux idées des deux naturalistes ci-dessus, nous jugeons inutile de reproduire ici la description de M. Briosi ainsi que la dissertation assez étendue de M. Targioni.

[1] Penzig ; *Un nuovo flagello degli agrumi* (*Italia agric.* Milan, 6 févr. 1883).

expliquées les *chenilles hibernantes* de plusieurs grandeurs trouvées par M. Constant entre les feuilles sèches d'un pêcher, et les *chenilles* de diverses tailles que l'on trouve sur les raisins en automne.

MOYENS DE DESTRUCTION.

Étant donné un pays où le sol est entièrement occupé par la vigne, où celle-ci, comme dans une grande partie de l'Hérault et certaines régions de la Sicile, n'est pas même entourée de haies, où il n'y a pas un pouce de terrain qui ne soit biné plusieurs fois l'an, les traitements conseillés contre les autres ennemis de la grappe sont tout indiqués ici. Mais tel n'est pas malheureusement le cas de la côte ligurienne de l'Italie et des Alpes-Maritimes, où l'*Ephestia* est partout dans le pays, dans les bois, dans les haies, dans les champs et les jardins avoisinant les vignes. «Ce microlépidoptère, dit M. Constant, appartient à cette série d'ennemis agricoles qu'il est inutile de chercher à détruire, attendu qu'une quantité d'autres plantes voisines enverront à la saison suivante de nombreuses phalanges qui remplaceront au centuple la génération qu'on aura supprimée sur la vigne.» Pour ces pays-là, en dehors de la recherche directe du ravageur sur la grappe, nous devons donc avouer que le remède n'est pas connu et que fort probablement il ne sera jamais trouvé.

CHAPITRE XII.

LES NOCTUELLES NUISIBLES A LA VIGNE

Le grand genre *Noctua* de Linné, composé aujourd'hui d'environ deux mille espèces décrites, parfaitement distinctes, est devenu dans les classifications modernes la famille des *Noctuides*. Ce groupe a été divisé en un grand nombre de genres, dont l'un surtout (*Agrotis*) renferme des espèces polyphages, vivant de racines et de feuilles et devenant certaines années des ampélophages dangereux.

Les *Noctuelles* à l'état de papillon sont caractérisées par une taille moyenne, des formes courtes, une trompe bien développée enroulée sur elle-même entre deux palpes comprimés, des antennes en forme de soies ciliées ou pectinées chez les mâles, un corps couvert de longues écailles ressemblant à des poils, un thorax arrondi et un abdomen pointu offrant souvent des bouquets de poils en forme de crêtes. Les ailes repliées en forme de chape le long du corps ou plus ou moins aplaties, les supérieures toujours plus foncées que les inférieures portent d'ordinaire deux taches ou macules, la tache *orbiculaire* et la tache *réniforme*. Les ailes inférieures, d'habitude plus claires, sont parfois ornées de couleurs vives.

Les mouvements, nuls ou à peu près pendant le repos, sont très vifs le soir, une ou deux heures avant le coucher du soleil. On voit alors les *Noctuelles* voler avec rapidité, butinant sur les fleurs, sans jamais se poser.

Les *chenilles* (fig. 49), souvent nues, luisantes, de couleur grise, parfois ocreuse ou verdâtre, avec des lignes longitudinales plus claires, s'enroulent en rond et restent immobiles dès qu'on les touche ; parfois au contraire elles se détendent brusquement pour s'enrouler en sens contraire. Elles sont connues de nos vignerons sous le nom de *ver gris*.

Fig. 49. — Chenille de Noctuelle ou ver gris.

La plupart, nées à la fin de l'été et n'ayant pris que la moitié de leur accroissement à l'arrivée des froids, passent l'hiver enterrées à 10 ou 15 centim. dans le sol, demeurant engourdies si la température est basse, ou mangeant des racines si le temps est doux. Au printemps, elles sortent, se

nourrissent des plantes qui croissent entre les souches, surtout des composées dont elles mangent la racine et les feuilles, et, aussitôt le premier
binage opéré, faute d'autre nourriture, se rabattent sur la vigne. D'autres,
adultes en automne, passent l'hiver à l'état de nymphes, sont papillons en
avril, et des œufs que ceux-ci ont pondus sortent les *chenilles*, qui prennent tout leur accroissement avant l'hiver.

Ces *vers gris* sont nocturnes; le jour on n'en voit aucun, ils sont cachés à
une faible profondeur dans la terre d'habitude soigneusement binée dans les
vignes, et on ne s'aperçoit de leur présence qu'aux ravages opérés sur les
pousses. Les plus grands se constatent en avril et mai, et, comme il est
facile de le comprendre, mieux la vigne est tenue, plus ils sont considérables.

Première quinzaine de juin, l'ennemi disparaît. Il s'est enfoncé à 20 centim.
environ dans le sol, parfois moins profondément; si on le poursuit dans
sa retraite, on le trouve enfermé dans une coque terreuse unie à l'intérieur,
formée d'une couche de 1 millim. environ d'épaisseur de terre gâchée avec
de la salive, dans laquelle il se transforme en chrysalide. Dans les nombreux élevages faits par nous en Languedoc, nous n'avons jamais trouvé de
brins de soie mélangés à la terre, comme l'indiquent certains auteurs.

Toutes les Noctuelles attaquant sérieusement la vigne appartiennent à la
sous-famille ou tribu des *Agrotines* et peuvent être ramenées au genre *Agrotis*, reconnaissable aux caractères suivants : Une *tête* et un *thorax* revêtus de
poils serrés, sans crête longitudinale sur le thorax, des yeux nus et sans cils,
des *palpes* redressés et terminés par un dernier article infléchi, un *abdomen*
dépourvu de huppes, fréquemment large et aplati, des *cuisses* velues à la
partie inférieure, des *tibias* moyens et postérieurs armés d'éperons. Ajoutons
à cela des *ailes* placées l'une au-dessus de l'autre horizontalement pendant le
repos, et le mouvement de trémulation imprimé aux ailes quand l'insecte
est dérangé pendant le jour, ce qui le fait se déplacer comme s'il marchait
sur le sol.

Nous sommes persuadé que plus de la moitié des *Agrotis* peuvent à
l'occasion devenir ampélophages, et nommer toutes les espèces mentionnées
accidentellement comme telles, serait grossir inutilement la liste. Nous nous
bornons donc à citer les plus fréquemment signalées dans les diverses
régions viticoles de la France ; cette liste peut ainsi être réduite aux huit
espèces suivantes : *Agrotis tritici, aquilina, obelisca, obesa, crassa,
segetum, exclamationis* et *pronuba.*

Les quatre dernières sont de beaucoup les plus communes dans les vignes
et seules seront décrites avec détails.

I. — Noctuelle épaisse (*Agrotis crassa* LINNÉ).

Cette Noctuelle, moins abondante que les trois autres dans la région de l'olivier, est signalée spécialement par M. André comme répandue en Bourgogne. Audouin et Dunal la citent aussi parmi les plus nuisibles à la vigne. C'est une des grandes espèces du genre.

Le *papillon* a 25 millim. de long, les ailes fermées, et de 40 à 45 d'envergure ; les *ailes antérieures*, d'un gris roussâtre plus foncé chez la femelle que chez le mâle, sont traversées par trois lignes blanchâtres anguleuses, bordées de noir ; les deux premières renferment les taches ordinaires, qui sont brunes, entourées de noir, et une petite tache en chevron entièrement noire ; la troisième ligne, située près de l'extrémité des ailes, adhère à des traits noirs en forme de fer de flèche. Dans le mâle, les *ailes postérieures* sont blanches avec une ligne noire le long du bord frangé ; dans la femelle, elles sont grisâtres avec une large bordure obscure. La *tête* et le *thorax* sont de la même nuance que les ailes antérieures avec une ligne noire transversale en forme de collier. Les *antennes*, d'un jaune testacé, sont pectinées chez le mâle et simples chez la femelle. L'*abdomen* est d'un gris pâle avec les derniers segments bordés de brun.

La *chenille* adulte est longue de 4 à 5 centim. (fig. 49). Tout son corps est gris plus ou moins nuancé de brun ou de verdâtre, elle a une double raie longitudinale sur le dos et une ligne de chaque côté de couleur noire ; chaque anneau porte en outre une douzaine de points noirs groupés sur le dos et les parties latérales, la tête est fauve avec deux petites lignes noires. C'est surtout en mai qu'elle exerce ses ravages.

La *chrysalide*, ovoïde, terminée en pointe, est d'un brun foncé. La coque terreuse pratiquée dans le sol, dans laquelle on la trouve enfermée et que nous n'avons pas observée personnellement, est, d'après Audouin, tapissée de quelques fils de soie.

II. — Noctuelle des moissons (*Agrotis segetum* SCHIFFERMULLER).

Cette Noctuelle est une des plus répandues ; signalée dans toute l'Europe, on la trouve également dans l'Asie du Nord, Sibérie, Chine et Japon et jusqu'aux États-Unis. Sa *chenille* est une des plus nuisibles à l'agriculture en général ; elle attaque les céréales, comme son nom l'indique, les plantes potagères les plus diverses, compromet quelquefois la récolte des betteraves et bien souvent exerce de graves dégâts sur la vigne.

Le *papillon* (fig. 50) a environ 30 à 35 millim. d'envergure. Ses *ailes supérieures* sont d'un gris brunâtre sombre, enfumées de noirâtre avec trois

lignes ondulées transversales brunes plus ou moins fondues dans la teinte générale. La tache réniforme, dont nous avons parlé dans les caractères généraux des Noctuides, est d'un brun noirâtre ainsi que l'extrémité de la bordure. Les *ailes inférieures*, blanches dans le mâle, sont d'un blanc enfumé chez la femelle principalement sur les nervures.

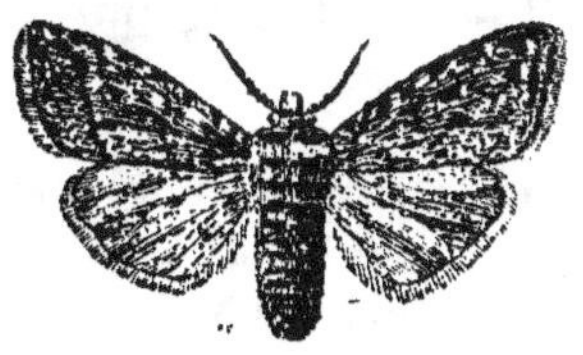

Fig. 50. — Noctuelle des moissons
grandeur naturelle.

La *chenille*, quand elle est jeune, est d'un gris plus ou moins pâle avec trois lignes blanchâtres parallèles, dont une dorsale. A l'âge adulte, ces lignes sont bien moins visibles ; l'insecte est d'un gris terreux ardoisé, avec les côtés plus pâles que le dos, sans que souvent la ligne de démarcation soit bien tranchée. La *tête* est noirâtre ainsi que les six pattes écailleuses. Les *pattes membraneuses*, ou fausses-pattes, au nombre de dix, qui, lorsque la *chenille* était jeune, étaient munies d'une demi-couronne de petits crochets, perdent une grande partie de ceux-ci à la dernière mue, de sorte que ce *ver gris*, assez mauvais grimpeur, attaque surtout les vignes basses, et ne les atteindrait presque pas si l'on avait soin de laisser de distance en distance, entre les souches, une bande de terrain garnie de ses mauvaises herbes. Comme toutes les *chenilles* d'*Agrotis*, celle-ci est enterrée pendant le jour et sort la nuit pour se nourrir. Née pendant l'été, elle arrive à l'hiver déjà grosse, s'abrite dans le sol pendant les froids, et, mangeant de nouveau au printemps, elle est adulte en mai.

La *chrysalide*, que l'on trouve dans le sol enfermée dans le cocon de terre dont nous avons parlé, est d'un brun ferrugineux brillant, les segments abdominaux sont dépourvus d'épines.

De juin à août paraît le *papillon*. Le jour, il reste caché dans lesherbes, sous les feuilles, les écorces fissurées des souches et un peu avant le coucher du soleil il va butiner sur les trèfles, les luzernes, etc.

Cette Noctuelle est en somme plus commune dans le nord que dans le midi de l'Europe ; mais dans la région de l'olivier elle abonde cependant dans les terres meubles, où sa *chenille* peut facilement s'enfoncer. Dans les sols argileux ou marneux, compacts, elle est remplacée par l'espèce suivante.

III. — **Noctuelle point d'exclamation** (*Agrotis exclamationis* Linné).

Cette espèce, qui tire son nom de la disposition des taches sur les ailes, est, d'après Boisduval (*Entomologie horticole*. Paris, 1867), commune dans l'Europe du Nord, en Angleterre et en Suède, où elle fait de grands ravages dans les champs des diverses crucifères cultivées, telles que les raves, les choux, les colzas, etc. C'est cependant celle qui dans la région de l'olivier est le plus souvent signalée sur la vigne. Huit fois sur dix sa *chenille* est le *ver gris* qui nous est soumis par les vignerons de l'Hérault de l'Aude et du Gard. Nous l'avons reçue également des environs d'Avignon. Dans les terres argileuses, compactes, c'est à peu près la seule que l'on rencontre en grande quantité dans toutes les cultures.

Le *papillon*, long de 20 à 22 millim., ayant environ 35 à 40 millim. d'envergure, a le *thorax* d'un gris pâle à reflets un peu violâtres ou rosés.

Les *ailes supérieures* sont de la couleur du thorax, marquées de taches pâles et brunes avec trois raies transversales sinueuses, très peu marquées parfois, dont celle du milieu offre sur son côté externe une tache noire en forme de coin que l'on a comparée à un point d'exclamation. La tache ronde est parfois brune, parfois blanchâtre avec un point brun au milieu, la tache réniforme brune ou grisâtre, parfois claire, mais toujours bien marquée ; le bout de l'aile est bordé par une petite bande brunâtre lisérée intérieurement par une petite raie sinuée, plus pâle que le fond. Les *ailes inférieures*, blanches chez le mâle, sont plus ou moins enfumées chez la femelle.

La *chenille* adulte a 40 millim. de long ; elle est de couleur lilas sombre avec un large espace sur le dos ocreux et brillant dont les bords sont limités par une double ligne brune. Les côtés sont d'un vert blanchâtre pâle, la *tête* est noirâtre ; les *mâchoires*, les *yeux*, deux lignes obliques à la base et un point entre elles, sont noirs ainsi que les neuf stigmates. Le premier segment thoracique est corné et taché de noirâtre en dessus, les autres segments ont quatre tubercules sur le dos et plusieurs autres sur les côtés, tous portant un poil. Les six *pattes articulées* sont couleur d'ocre avec les ongles noirs et les dix *pattes membraneuses* brunes à l'extrémité.

La *chrysalide*, que l'on trouve en juin dans la terre, est d'un brun roux, brillant. La coque, en forme d'ellipse, où elle est enfermée, semble faite de plusieurs morceaux ou manchons de terre très courts, ajoutés les uns aux autres, quatre à cinq par loge. Ces solutions de continuité, visibles parfois même à l'extérieur, semblent indiquer que la *chenille* s'est interrompue plusieurs fois dans son travail de crépissage. Pas plus que chez l'*Agrotis segetum,* nous n'avons observé de brins de soie dans les coques.·

Le papillon paraît en juillet, août et même en septembre, suivant que la *chenille* s'est chrysalidée plus ou moins tôt. On trouve encore en effet quelques *chenilles* pendant les mois de juin et de juillet. Les œufs de ces retardataires produisent les petites *chenilles* que l'on rencontre en hiver et au printemps mélangées à celles de taille moyenne.

La *Noctuelle point d'exclamation* est de beaucoup la plus ampélophage du genre, et les dommages graves, parfois désastreux, qui de temps en temps sont signalés comme causés par le *ver gris* dans les plaines de l'Hérault et de l'Aude sont toujours occasionnés par elle. Plus rarement que chez l'espèce précédente, la demi-couronne de crochets des fausses pattes disparaît à la dernière mue, de sorte qu'un seul de ces insectes resté bon grimpeur au moment de l'énorme consommation de feuilles qui précède la nymphose, fait, pour sa part, plus de dégâts nocturnes que dix chenilles de *Noctuelles des moissons,* qui, ne pouvant plus monter sur les souches au moment de la fringale, broutent les plantes basses ou les racines.

Les *chenilles* de *Noctuelles* sont difficiles à élever en captivité ; elles meurent de la *flacherie,* cette maladie des voies digestives qui fait tant de ravages dans les magnaneries. Malgré cela, en multipliant les petites éducations séparées, sous cloche de toile métallique et en plein air, on arrive à obtenir un certain nombre de coques et de chrysalides. Une fois dans cet état, l'insecte est sauvé et l'on a le papillon au bout d'un mois.

La *chenille* est, nous l'avons dit, omnivore. Nous l'avons nourrie avec des feuilles de laitue, de radis, de chou et de vigne. Elle se tient le jour enterrée à un pouce à peine de profondeur, juste ce qu'il faut pour qu'elle puisse être dans l'obscurité. Elle sort vers 9 heures du soir. Souvent elle se sert de son trou de sortie pour rentrer après le repas dans l'espèce de loge que peu à peu elle a formée par la pression de son corps et où elle se tient roulée en demi-cercle. Elle passe toujours de préférence par les ouvertures pratiquées, fissures entre les mottes de terre ou autres. Si le paquet de feuilles qu'on lui donne à manger est épais, elle se contente souvent de s'abriter dessous ; en un mot, elle n'aime pas à creuser, étant fort mal outillée pour cela. Au point de vue de la lutte à entreprendre contre ce ravageur nocturne, ces derniers détails ne sont pas indifférents.

En liberté, l'insecte monte sur les souches pendant la nuit, broute les feuilles les plus tendres et les grappes non fleuries, opérant ainsi un pincement désastreux, et, ce qui est encore plus grave, il entaille la tige verte du jeune pampre qui, se cassant au moindre vent, pend le matin à demi flétri

17

ou tombe même au pied de la souche. Que de fois nous avons vu au mois de mai, aux environs de Narbonne surtout, les ceps entièrement dépouillés de leur feuillage naissant, et cela sur des hectares ! Il y a jusqu'à dix, vingt, trente chenilles par souche, et le mal va *crescendo* jusqu'à ce qu'intervien-nent les espèces parasites, mouches à deux ou à quatre ailes, qui rétablis-sent l'équilibre.

IV. — Noctuelle fiancée (*Agrotis pronuba* Linné).

Cette *Noctuelle* est la plus grande de celles que nous avons observées sur la vigne. Le *papillon* atteint 50 à 60 millim. d'envergure ; ses ailes supérieures varient pour la couleur du fond qui permet de distinguer deux variétés bien caractérisées de l'insecte. L'une, qui a les *ailes antérieures* rougeâtres, couleur de cuir ou havane, de teinte presque uniforme ; l'autre, dont les marques sont plus nettes, a sur les ailes une teinte fondamentale brun rouge, brun grisâtre, tirant parfois jusqu'au noir, mais toujours mélangée de gris cendré. Dans les deux types, l'aire médiane est parcourue de raies transversales plus ou moins sombres ; la tache orbiculaire et la tache réniforme sont claires, entourées d'une teinte sombre ou sombres entourées d'une teinte claire, parfois très peu visibles sur la teinte claire du fond. Les *ailes postérieures* sont d'un jaune d'ocre vif, avec une bande noire presque marginale ; l'extrémité de la bordure et la frange sont d'un jaune d'ocre. L'*abdomen* est d'un gris jaunâtre.

Comme chez les espèces précédentes, la *chenille* est polyphage, nuisible surtout dans les jardins potagers. Nous l'avons souvent observée sur la vigne aux environs de Montpellier dans les terrains meubles, mélangée à celles de l'*Agrotis segetum* ; c'est une des plus abondantes dans les bonnes terres de l'École d'Agriculture. Elle varie pour la couleur : tantôt d'un gris terreux, tirant sur le verdâtre ou le jaunâtre, tantôt et le plus souvent d'un gris roussâtre pâle. Elle a sur le dos une ligne jaunâtre très étroite, un peu ombrée de brun sur les côtés. Au-dessous de cette ligne se voit une série longitudinale de taches brunes oblongues atterant à une ligne jaune plus ou moins apparente. Parfois ces taches sont nulles ou à peu près. Les flancs et le dessous du corps sont plus pâles, roussâtres ou jaunâtres. La *tête* est rousse, marquée de deux lignes noires ; les *stigmates*, blanchâtres, sont cerclés de noir.

Cette chenille, née en été, est, à la fin de l'automne, arrivée aux deux tiers de sa taille. Elle paraît ne pas craindre le froid. L'hiver, on la trouve sous les feuilles sèches, dans les baies ou au pied des souches, enterrée à une faible profondeur, mangeant, si le temps est doux, les plantes qui sont à sa portée. La métamorphose en chrysalide a lieu en avril ou mai dans une coque terreuse très peu solide, et c'est surtout les années où le printemps est précoce qu'elle peut être nuisible à la vigne. Ses dégâts, du reste, ne sont jamais comparables à ceux des trois autres espèces décrites ci-dessus.

On distinguera toujours facilement son papillon à la couleur jaune de ses ailes postérieures. Il vole peu, mais souvent pendant le jour s'abat promptement et se cache rapidement dans les herbes.

V. — Ennemis naturels et Moyens de destruction.

A. Ennemis naturels. — Comme la plupart des Lépidoptères, les Noctuelles ont des ennemis naturels qui, à un moment donné, arrêtent leur trop grande multiplication. Ce sont des Diptères de la famille des Muscides, appartenant à l'ancien genre *Tachina* de Meigen, devenu la tribu des Tachinaires et des Hyménoptères de la famille des Ichneumonides et de celle des Chalcidides.

Malgré d'excellents travaux sur ces divers groupes de parasites, on peut dire qu'en particulier ceux qui détruisent les Noctuelles sont assez mal connus.

Si nous laissons de côté les Hyménoptères, dont nous n'avons trouvé dans les Noctuelles ampélophages qu'une seule espèce, encore à l'étude, et dont nous parlerons plus tard, nous ne trouvons en effet que quelques Tachinaires connus comme attaquant les Noctuelles. Dans les rares travaux qui en parlent[1], nous voyons bien cités des espèces qui déciment la Noctuelle du chou (*Hadena Brassicæ* Dup.) et la Noctuelle gamma (*Plusia gamma* Dup.), mais pas un mot de celles qui attaquent nos Noctuelles ampélophages.

Maintes fois cependant, des chrysalides de l'*Agrotis exclamationis* nous avons vu sortir une grosse mouche grise, à abdomen roux, à corps épineux et que ses allures turbulentes nous ont fait ranger de suite parmi les *Mouches Tachines*.

C'est l'*Echinomyia prompta* Meigen, qui bien certainement, comme ses congénères, vit aux dépens de divers Lépidoptères. Elle est commune en Languedoc, et s'attaque si souvent aux chenilles de notre *Agrotis* que certaines années plus de la moitié de celles-ci en sont atteintes. Nous avons

---

[1] Robineau-Desvoidy ; *Essai sur les Myodaires* (Mémoires présentés par divers savants à l'Académie des Sciences, tom. II, 1830). — Dr Laboulbène ; *Métamorphoses d'une mouche parasite de la Noctua Brassicæ* Linné (*Ann. Soc. ent. de Fr.*, 1861, pag. 231). — Goureau ; *Les Insectes nuisibles.* Paris, V. Masson, 1861.

même fait des éducations où toutes les chrysalides obtenues renfermaient un de ces parasites, et c'est bien certainement à cette mouche que dans la région de l'Olivier nous devons de passer parfois plusieurs années sans qu'il soit parlé des ravages du *ver gris*.

La plupart des Tachinaires vivent en certain nombre dans le corps de leur victime et sortent de celle-ci quand elle est transformée en chrysalide, pour se changer immédiatement en pupe. Réaumur, dans sa description des *Vers de mouches à deux ailes*, avait déjà observé cet exode et cette métamorphose immédiate[1]. Chez les *Echinomyia*, comme du reste chez certains autres genres, il n'en est pas ainsi : la métamorphose en pupe a lieu dans l'intérieur de la chrysalide et, vu la grosseur du parasite, il n'y en a qu'un par victime.

Un seul œuf est déposé sur le dos de la chenille, et il y est si bien collé qu'on ne peut l'enlever sans l'écraser. De cet œuf sort une petite larve qui perce la peau de l'insecte et pénètre dans sa cavité générale. Là, vivant du tissu adipeux et respectant tous les viscères, elle grandit sans que la chenille paraisse incommodée. Celle-ci continue à manger, à grossir, et arrive même le plus souvent à faire sa coque et à se changer en chrysalide. De suite après cette métamorphose, c'est-à-dire en juin, les organes essentiels de l'insecte sont attaqués ; celui-ci meurt, et dans l'intérieur de son corps le parasite se transforme en pupe. Vers le mois d'août, a lieu la métamorphose de l'*Echinomyia* en insecte parfait. A ce moment, les chenilles des Noctuelles sont écloses, et en septembre un œuf est pondu sur leur dos par la grosse mouche, et le cycle recommence. Exceptionnellement, nous avons vu sortir le parasite de la peau racornie de la chenille.

L'*Echinomyia prompta* se reconnaîtra facilement à la description suivante : *Corps* long de 12 à 15 millim., large de 5 environ, couvert de poils rudes un peu recourbés en arrière, plus serrés sur la tête et le thorax que sur l'abdomen. *Tête* triangulaire, d'un blanc argenté, soyeux, avec les yeux d'un brun roux et une bande frontale rousse partant du sommet du vertex. *Palpes* allongés, filiformes ; *antennes* de trois articles, le troisième plus court que le deuxième et portant un appendice ou style très délié de trois articles. *Thorax* gris foncé avec quelques bandes longitudinales plus claires sur sa partie antérieure ; *écusson* rougeâtre, à base brune. *Pieds* noirs à dernier article bilobé très dilaté. *Abdomen* roux ou d'un jaune testacé avec des reflets argentés portant une bande dorsale noire, dilatée, en forme de triangle sur chaque segment. Les poils de l'abdomen, moins serrés que ceux de la tête et du thorax, sont plus longs, plus raides, surtout ceux du bord

---

[1] Réaumur ; *Mémoires pour servir à l'histoire des Insectes*, tom. II, pag. 441.

postérieur des segments et constituent vraisemblablement un appareil de protection contre les mouvements désordonnés de la *chenille* sur laquelle l'œuf sera déposé.

La *larve*, aveugle, blanche, en forme de quille, rentre dans le type bien connu des larves de mouches.

La *pupe*, ressemblant à un barillet, formée de la peau de la larve durcie et renfermant la véritable nymphe, est cylindrique, c'est-à-dire peu atténuée des deux bouts. Elle présente du côté antérieur une ligne transversale un peu en relief indiquant l'ouverture de sortie de l'insecte. Au-dessus de cette ligne, en contact avec elle, on distingue deux petits tubercules, et, au-dessous de ces proéminences, les vestiges de la bouche; du côté postérieur enfin, au-dessus d'une dépression qui correspond sans doute à l'ouverture anale, se voient deux saillies chitineuses qui sont les deux stigmates abdominaux en forme de bouton trilobé.

Cette grosse mouche, à l'allure vive, est plus commune dans le midi de la France que dans le Nord[1]. Elle vit du nectar des fleurs et on la voit fréquemment sur celles d'une des Ombellifères les plus répandues, le *Daucus carotta*. Elle pénètre même souvent dans nos habitations.

En dehors de l'action destructive de notre mouche parasite, le mal peut être enrayé naturellement par les intempéries. Nous avons remarqué en effet que les printemps secs succédant aux hivers également secs, s'ils coïncidaient surtout avec une faible proportion de *chenilles* attaquées par les *Echinomyia*, étaient ceux où les ravages étaient les plus grands. La *chenille*, dans sa retraite souterraine, est, paraît-il, tuée par un excès d'humidité, et c'est ce qui explique facilement les ravages plus grands exercés dans le midi que dans le nord de l'Europe.

L'hiver de 1888-89 en Languedoc a été remarquable sous ce rapport. Les *vers gris*, extrêmement abondants à l'automne de 1888, faisaient prévoir de grands dégâts pour le printemps suivant ; mais l'hiver ayant été exceptionnellement pluvieux (320 millim. d'eau pendant le seul mois de décembre), les *vers gris* ont été très rares au printemps de 1889.

Il n'est malheureusement pas donné à l'homme de pouvoir aider la nature dans cette œuvre de pondération. Pas plus qu'il ne peut régler ou même prévoir la quantité d'eau que donnera le pluviomètre en hiver, il ne peut en aucune façon aider à la multiplication de la mouche bienfaisante. Bien plus, il détruit forcément cette dernière en écrasant la *chenille* qui renferme sa larve.

[1] Macquart ; *Nouvelles observations sur les Tachinaires* (*Ann. Soc. ent. de Fr.*, 1845, pag. 262.

B. MOYENS DE DESTRUCTION.—Le cultivateur devra donc agir comme si ces auxiliaires naturels n'existaient pas. Pour que ses efforts soient féconds, il lui faut, comme toujours, bien connaître les mœurs de son ennemi.

Nous avons dit que celui-ci s'enterrait le jour à une faible profondeur. De tout temps, sans doute, la recherche du *ver gris* au moyen d'une petite pioche a été pratiquée. On détruit ainsi, en avril et mai, des quantités notables de ces brouteurs nocturnes ; des femmes ou des enfants peuvent faire ce travail, mais bien souvent nous avons vu les vignerons s'étonner de ce qu'une souche au pied de laquelle dix ou douze *vers gris* avaient été écrasés, en avait autant le lendemain. C'est que partout où la terre a été binée, il y a des *chenilles* enterrées et que, l'entre-deux des souches n'étant jamais fouillé, les mottes de terre, moins émiettées, y offrent aux ravageurs un refuge plus assuré et plus commode. Il y a donc en réalité, en dehors des premières recherches, plus de *chenilles* à une certaine distance qu'au pied même de la souche. Une première précaution qui devra être prise consistera, lors du binage de printemps, à laisser de distance en distance, tous les deux rangs à peu près, une bande de terrain non piochée ou non labourée, qui, le jour, rejettera toutes les *chenilles* dans la *raie* binée ; la nuit, en attirera le plus grand nombre sur ses mauvaises herbes. Une fois le grand danger passé, c'est-à-dire fin mai, le binage supplémentaire pourra se faire. Il ne faut pas oublier en effet que les *chenilles* de Noctuelles sont omnivores et paresseuses, et qu'entre une feuille de pissenlit ou de seneçon au ras du sol et une feuille de vigne à un demi-mètre d'élévation, la préférence sera donnée à la première.

Nous avons dit également que les *vers gris*, mal outillés pour creuser, rentraient toujours dans les mêmes trous ou se réunissaient sous les mêmes abris. Ces habitudes ont été observées aux environs de Narbonne par tous les viticulteurs, et un moyen de destruction très répandu dans cette région, si souvent ravagée, consiste à mettre au pied de la souche une poignée de luzerne ou d'herbe coupée que l'on soulève tous les matins et où l'on écrase les chenilles. On pratique encore dans la même région viticole le procédé que nous appellerons celui des trous de pal. Trois ou quatre trous sont pratiqués non loin de la souche avec un petit pal ou plantoir en bois. Les chenilles se contentent fort bien de ces trous béants aux parois tassées, pour s'abriter pendant le jour, et le matin on n'a plus qu'à les écraser au fond de leur retraite avec le même instrument.

En employant simultanément ces trois procédés, d'une application si simple, on arrivera certainement à sauver la plus grande partie de sa récolte.

Il nous reste à parler du sulfure de carbone, dont l'emploi semble indiqué contre tout insecte souterrain. Ses vapeurs tendent plutôt à descendre dans le sol qu'à remonter à sa surface ; or c'est précisément dans la couche superficielle que se tiennent les *vers gris* au printemps et à l'automne. Il serait donc à craindre qu'appliqué à ces époques-là, le traitement ne fût pas efficace ; mais il devra être essayé en hiver, après une forte gelée qui aura fait descendre la grande masse des chenilles entre 10 et 20 centim. de profondeur.

LES ÉCAILLES OU CHÉLONIES.

On nomme ainsi de beaux papillons de la tribu des Bombycides, aux couleurs vives, aux chenilles couvertes de longs poils, marchant rapidement, bien connues des maraîchers comme s'attaquant à une foule de plantes cultivées.

Plusieurs espèces ont été signalées sur la vigne et se sont, certaines années, tellement multipliées dans les départements de l'Hérault et du Gard, que dans plusieurs quartiers la récolte en a été sensiblement réduite.

Ces cas-là sont rares. La règle qui fait du gros insecte un ennemi peu redoutable en comparaison du petit, trouve ici son application, et les grands ravages ne sont qu'exceptionnels. Nous ne pouvons cependant moins faire que de donner quelques détails sur ces Lépidoptères omnivores, répandus dans la plus grande partie de l'Europe et cités par Walckenaer, Vallot, Dunal, Audouin, André, etc., tous ceux, en un mot, qui ont fait un travail d'ensemble sur les insectes de la vigne.

Ces divers auteurs citent une demi-douzaine de ces écailles ampélophages ; nous croyons suffisant d'en porter le nombre à quatre, et nous parlerons des *Chelonia caja, villica, mendica* et *lubricipeda*, qui sont les plus répandues.

I. — L'Écaille martre (*Chelonia caja* Linné).

Ce beau papillon (fig. 51), long de 4 centim. environ, en a ordinairement 6 d'envergure. Ses *ailes antérieures* sont d'un blanc roussâtre avec de grandes taches irrégulières d'un brun café au lait foncé qui occupent parfois la plus grande surface des ailes et peuvent être alors considérées comme en formant le fond. Les *ailes postérieures* sont d'un rouge vif avec plusieurs taches d'un bleu foncé métallique entourées de noir, plus ou moins grandes. La *tête* et le *thorax* en dessus sont d'un brun café au lait comme les ailes antérieures, avec un collier rouge; les *antennes*, pectinées, sont blanches ; l'*abdomen* est rouge avec trois rangées longitudinales de taches noires, celles-ci d'ordinaire réunies forment des taches transversales sur plusieurs segments. Le dessous du corps est revêtu de poils rouges.

La *chenille*, longue de plus de 5 centim., est noire avec des bouquets de poils très longs, de même couleur, implantés sur des tu-

Fig. 51. — Écaille martre, grandeur naturelle.

bercules également noirs. Les *trois anneaux thoraciques* sont garnis de poils d'un roux vif insérés sur des tubercules d'un blanc bleuâtre. La *tête* est d'un noir brillant ; les *pattes* brunes, ainsi que la partie ventrale. Les *stigmates* sont blancs.

La *chrysalide* est cylindro-conique, d'un noir luisant, avec l'extrémité abdominale bilobée et garnie de petites épines ferrugineuses. Le cocon dans lequel elle est enfermée, dans une feuille repliée, entre deux feuilles ou dans une fissure d'écorce, est fait de soie grossière formant un tissu peu serré et entremêlé des longs poils de la *chenille*.

«L'*Écaille caja* est surtout abondante, dit Dunal, dans le département du Gard. Certaines années, elle s'y trouve en si grande quantité sur la vigne qu'elle la ravage. Dans une vigne de 30 ares, à Saint-Gilles, on a tué dans une matinée 1,200 de ces larves. Elles mangent les bourgeons sans les couper à leur base.

»Il paraît que cet insecte s'est montré à toutes les expositions, principalement sur le cépage appelé *Grenache* et dans les terres argileuses. »

Aux environs de Montpellier, le printemps de 1889 a été remarquable par l'abondance extrême de ces grosses chenilles velues. Dans tous les terrains formés de cailloux et de débris siliceux (Diluvium alpin), surtout dans la commune de Saint Georges, célèbre par ses vins, on a pu évaluer le dégât entre un dixième et un cinquième de la récolte. L'insecte n'étant pas nocturne, ses dimensions étant grandes, sa recherche est assez facile. On le trouve broutant les feuilles pendant le jour ; jamais il ne coupe le bourgeon entier, comme le *ver gris* de la *Noctuelle*.

II. — L'Écaille fermière (*Chelonia villica* LINNÉ).

L'insecte parfait, long de 30 à 35 millim. les ailes fermées, en a 50 à 60 d'envergure. Les *ailes antérieures* sont d'un beau noir velouté avec des taches d'un jaune paille clair, de forme irrégulière. Les *ailes inférieures* sont d'un beau jaune orange avec quelques points noirs dans leur partie moyenne et une assez grande tache apicale plus ou moins déchiquetée renfermant aussi dans son intérieur deux ou trois espaces jaunes plus ou moins grands. La *tête*, les *antennes*, le *thorax* et les *pattes* sont d'un noir profond avec deux taches couleur paille sur les côtés antérieurs du thorax. En dessous, le *thorax* et les *cuisses* offrent des poils d'un rouge carminé. *L'abdomen* est jaune en dessus avec son tiers postérieur rouge et quelques points noirs ; en dessous, il est rouge avec deux lignes d'un brun noirâtre.

La *chenille* adulte, longue de plus de 5 centim., est entièrement noire, avec des tubercules plus pâles supportant des bouquets de poils d'un brun rouge. La *tête* est également rouge, ainsi que les pattes. Les stigmates sont blanchâtres cerclés de noir.

La *chrysalide*, d'un brun noirâtre, avec les entre-deux des segments plus clairs, ceux-ci garnis de petits faisceaux de poils roux, est aussi enfermée dans un cocon de soie grossière.

III. — L'Écaille mendiante (*Chelonia mendica* LINNÉ).

Cette espèce, plus petite que les précédentes, est remarquable par la différence de robe existant entre le mâle et la femelle. Le *corps*, gris chez le premier, blanc chez la seconde, est long de 20 à 22 millim., les *ailes* fermées, et de 25 millim. environ d'envergure. Dans le *mâle*, les quatre ailes sont d'un gris uniforme; dans la *femelle*, elles sont blanches, un peu transparentes. Chez les deux sexes, les antérieures seules présentent cinq à six points noirs épars et disposés parfois un peu différemment. Les *antennes*, noires chez la femelle, sont grises et pectinées chez le mâle ; enfin, dans les deux sexes, les *cuisses* offrent des poils d'un jaune fauve et l'*abdomen* cinq rangées longitudinales de points noirs.

La *chenille*, que l'on trouve en juin et juillet, est d'un blanc sale tirant sur le jaune ou le gris ; elle offre une large ligne dorsale d'un gris obscur, et sur les parties latérales quelques traits obliques qui paraissent formés par des replis de la peau ; sa tête est d'un roux clair brillant. Tout son corps est couvert de poils raides, blonds ou roussâtres, disposés par bouquets sur des tubercules peu saillants.

La *chrysalide* est ovoïde et d'un brun luisant. Le cocon soyeux qui la renferme est d'un tissu lâche entremêlé de poils. Le papillon n'éclôt qu'au printemps suivant.

IV. — **L'Écaille pied glissant** (*Chelonia lubricipeda* LINNÉ).

Cette espèce, dont le corps, les ailes fermées, est long de 2 centim. et demi, a, les ailes ouvertes, une envergure de 4 centim. Elle ressemble par la taille et un peu par la couleur à la femelle de l'*Écaille mendiante*. Les *ailes* sont d'un jaune terne pâle, presque blanc, en dessus et en dessous, avec des points noirs. Les points des ailes supérieures sont au nombre de 12 à 14, dont trois placés sur la côte ou bord d'en haut ; les autres, à l'exception des deux postérieurs, lorsqu'ils existent, forment une ligne oblique qui descend du sommet au bord interne. Les points des ailes inférieures varient de un à sept, mais il y en a toujours davantage chez la femelle. La *tête* et le *thorax* sont de même couleur que les ailes. L'*abdomen*, d'un jaune fauve, a cinq rangées longitudinales de points noirs. Les *pattes* sont d'un brun obscur avec des poils jaunes sur les cuisses. Les *antennes* sont grises avec la tige noire.

La *chenille* adulte est d'un brun noirâtre avec une ligne dorsale bleuâtre et des tubercules ferrugineux, sur lesquels sont des aigrettes de poils d'un brun jaunâtre ; mais quelquefois la teinte générale du corps est d'un gris roussâtre avec la ligne dorsale rembrunie. Elle court très vite, et c'est cette circonstance qui lui a fait donner par Linné le nom de *lubricipeda* (pied glissant). On la trouve depuis juillet jusqu'en octobre sur différentes plantes, y compris la vigne, sur laquelle, dit Dunal, elle occasionne parfois des ravages. Nous ne l'avons pas toutefois rencontrée sur la vigne en Languedoc.

La chrysalide est d'un brun rougeâtre, avec de petits crochets ferrugineux à la pointe postérieure. Le cocon ressemble à celui des autres espèces.

Les trois Écailles dont nous venons de parler se combattent, comme l'Écaille martre, en recherchant le jour la chenille sur les bourgeons. La présence de l'ennemi est vite décelée par les sarments dépouillés de feuilles ; mais en mai, certaines années, assez rares heureusement, la visite doit être journalière.

CHAPITRE XIII.

SOUS-ORDRE DES CRÉPUSCULAIRES

Ces *Lépidoptères*, dont les ailes inférieures, comme chez les Nocturnes, sont réunies par un frein aux ailes supérieures, sont remarquables par leur corps très développé par rapport aux ailes, leur abdomen fusiforme relié étroitement au thorax, et leurs antennes prismatiques terminées par une pointe recourbée. Leur trompe, très développée, dépasse parfois de beaucoup la longueur du corps, ce qui permet à ces insectes, qui ont pour la plupart un vol continu et rapide, de visiter, sans se poser, les corolles les plus profondes. La plupart volent au crépuscule, comme leur nom l'indique. Tels sont les *Sphinx*; d'autres, comme les *Zygènes* et les *Macroglosses*, volent en plein soleil.

LA ZYGÈNE DE LA VIGNE[1]

(*Ino Ampelophaga* BAYLE.)

SYNONYMIE : *Sphinx ampelophaga* Hübner. — *Sphinx vitis* Freyer. — *Procris vitis* Bonnelli, Boisduval. — *Zigæna ampelophaga* Bayle.

[1] BIBLIOGRAPHIE. — **V. Hübner**; *Eur. Schmett. Sphingidæ*, 1805. — **Bayle Barelle**; *Saggio intorno agli insetti nocivi*. Milano, 1824. — **Passerini**; *Mem. sopra due specie d'Insetti nocivi* (Atti della R. Acad. dei Georgofili di Firenze, 1829 et 1830. — **Walckenaer**; *Ins. nuisibles à la Vigne*, 1836. — **Vallot**; *Ins. nuisibles à la Vigne*, 1841. — **Audouin**; *Ins. nuisibles à la Vigne*, 1842. — **Dei**; *Insetti dannosi alle viti in Italia*. Milano, 1873. — **Ach. Costa**; *Insetti che attacano l'Albero ed il frutto*. Napoli, 1877. — **Millière**; *Iconographie des Lépidoptères*. Lyon, 1882. — **André**; *Les Parasites de la Vigne*. Beaune, 1882. — **Targioni-Tozzetti**; *Relazione della R. stazzione di Entomologia di Firenze*, pag. 443, 1884. — **Peragallo**; *Insectes nuisibles à l'Agric.* Nice, 1885. — **Ottavio Ottavi**; *Traité pratique de Vitic.*, 1885.

Procris ampelophaga Passerini, Duponchel, Audouin. — *Atychia ampelophaga* Treitschke. — *Ino ampelophaga* Leach, Curo, Targioni, Staudinger et Wocke. Noms français : Zygène de la vigne, Procris mange-vigne. Nom italien : Zygœna della vite.

L'espèce dont il est ici question, signalée depuis fort longtemps sur la vigne dans l'Europe méridionale, fait partie de la famille des Zygénides, groupe de Crépusculaires qui forme transition avec les Nocturnes. Leurs ailes, de même que chez ces derniers, sont tectiformes et dirigées vers le bas comme une chape ; mais leur corps, très développé par rapport aux ailes, et surtout leurs antennes, les rapprochent des Crépusculaires. Les Zygénides ont une particularité commune à toutes les espèces du groupe, celle de simuler la mort lorsqu'on les saisit. Le vol est diurne, assez lourd, toujours court ; l'accouplement se fait bout à bout. Le cocon, allongé, membraneux, jaune clair ou blanchâtre, est généralement mal dissimulé sur des tiges grêles ou des chaumes de graminées ; parfois cependant, comme celui de notre espèce, il est filé dans les feuilles sèches, les fissures de l'écorce, les creux de roseaux, etc.

I. — HISTORIQUE.

Bayle-Barelle, de Milan (1824), est le premier qui, au point de vue méthodique, ait suffisamment étudié l'espèce qui nous occupe, pour qu'on puisse lui attribuer le nom spécifique adopté par tous les entomologistes. Passerini, de Florence (1829 et 1830), a décrit dans deux Mémoires les mœurs de l'insecte. D'après Walckenaer (1836), qui a étudié ce dernier surtout au point de vue historique, l'espèce, très répandue en Italie, est peut-être celle ou une de celles connues des anciens sous les noms d'*Involvulus* ou *Convolvulus*. Pallas, ajoute Walckenaer, paraît avoir, dès le XVIIIe siècle, observé l'insecte dans les vignes de la Crimée (*Travels in Russie*, tom. II, pag. 241). Ce n'est en tout cas que depuis Bayle et Passerini que les observations sont positives, et c'est dans les travaux de ces deux auteurs qu'ont puisé Walckenaer, Audouin et la plupart de ceux qui ont écrit sur les insectes de la vigne. Le livre de M. Ach. Costa, de Naples (1877), pag. 203 à 213, est certainement, parmi les travaux récents, celui qui donne le plus de détails sur l'insecte, celui auquel sont empruntés une bonne partie de ceux que nous donnons nous-même. Millière (1882) a le premier signalé l'espèce en France dans le département des Alpes-Maritimes, et c'est à ce titre que, parmi plusieurs entomologistes qui ont récemment parlé de la Zygène de la vigne, nous citons spécialement l'auteur bien connu de l'*Iconographie des Lépidoptères*.

II. — DESCRIPTION ET BIOLOGIE.

Les derniers jours d'avril ou les premiers de mai, apparaît le papillon, et, aussitôt la femelle fécondée, les œufs sont déposés sur les branches de la vigne par groupes de deux à trente, accolés régulièrement sur un même plan.

Au bout de dix à douze jours, les petites chenilles éclosent et se mettent aussitôt à manger les jeunes bourgeons, passant successivement aux feuilles les plus tendres. Elles les attaquent, non pas sur le bord, mais au milieu du limbe, à la manière des escargots. Pendant le jour, elles se tiennent sur la face inférieure des feuilles, évitant soigneusement les rayons directs du soleil, se cachant même dans les fissures et jusque dans le sol quand la chaleur est trop forte. C'est à l'aurore et au crépuscule que les dégâts se commettent. L'insecte est à l'état de larve adulte au bout d'une trentaine de jours, c'est-à-dire fin mai ou commencement de juin. A ce moment, il se retire dans les crevasses de la souche ou dans celles des échalas et des arbres sur lesquels la vigne monte, suivant l'usage italien, ou, si la vigne tenue basse est supportée par une simple canne de roseau, c'est dans la cavité de celui-ci qu'il se réfugie. Là, il se sépare de l'air extérieur par une cloison de soie grossière, se file un cocon soyeux, plus finement tissé et, reste quelque temps encore sous forme de larve. Enfin a lieu la métamorphose en chrysalide, et cet état dure de douze à quinze jours, après lesquels, dans la seconde moitié du mois de juin, apparaît le nouveau papillon.

Les œufs sont pondus de la même façon qu'au printemps ; la chenille fait une nouvelle consommation de feuilles de vigne et construit un cocon pour s'y chrysalider. Des premiers cocons filés sortent, fin août ou premiers jours de septembre, quelques papillons généralement inféconds et que l'hiver tuera. Le reste, plus tardif, passe à l'état de chrysalide l'automne et l'hiver, pour apparaître au printemps et recommencer la propagation de l'espèce.

Œufs. — Ils sont presque sphériques, d'un diamètre d'environ 4 dixièmes de millim., d'une couleur blanchâtre tirant sur le jaune paille, à cuticule lisse et transparente.

Chenille. — Le corps est relativement court et gros, 12 millim. de long sur 3 de large à l'âge adulte. Quand la chenille est jeune, la couleur générale est le gris jaunâtre avec trois bandes longitudinales sur le dos et une autre sur chacun des flancs. Ces bandes sont formées par des séries de taches allongées de couleur sombre, placées sur chaque anneau, le ventre de couleur plus claire. Quand la chenille est adulte, dit Millière, le dos et les flancs sont d'un brun rougeâtre et le ventre jaune de Naples; la *tête*, très petite, est noire ; les 6 pattes écailleuses et les 10 fausses pattes sont jaune clair. Le corps est recouvert en dessus de gros points pilifères bleuâtres donnant naissance à de nombreux poils bruns médiocrement longs. La face ventrale est toujours plus claire et dénuée de poils.

Chrysalide. — L'insecte, sous cette forme, est d'un jaune grisâtre. Il est enfermé dans un cocon de soie assez lâche, de couleur blanc cendré un peu bleuâtre, long de 12 à 13 millim.

Le *papillon* (fig. 52), long de 12 millim. environ les ailes fermées, en a 22 à 25 d'envergure. Les *ailes* antérieures sont d'un brun verdâtre ou

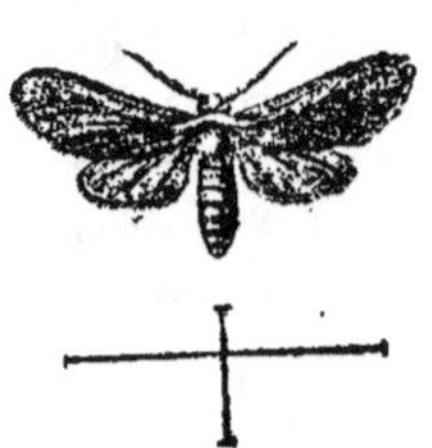

bleuâtre uniforme, légèrement bronzé, les postérieures entièrement d'un brun noirâtre. Le *corps* est d'un vert brillant avec des poils noirs. Les *antennes*, presque aussi longues que le corps, sont largement pectinées chez le mâle, plus brièvement chez la femelle.

Ce papillon, d'une grande vivacité, présente, d'après Millière, ainsi que toutes les Zygènes, cette particularité inexplicable de résister indéfiniment dans le flacon à cyanure de potassium

Fig. 52. — Zygène de la vigne.

dont se servent les entomologistes, milieu où succombent presque instantanément la plupart des Lépidoptères. Cette espèce se trouve dans une grande partie de l'Europe méridionale. Décrite d'abord en Italie, elle a été signalée en France dans les Alpes-Maritimes par Millière, en Hongrie par M. Horvath, en Autriche par M. Bollé, en Espagne par M. Graëlls. L'Italie paraît toutefois sa patrie préférée, son centre de rayonnement. Passerini et tous les auteurs italiens nommés plus haut citent le Tyrol, le Piémont, la Lombardie, la Toscane surtout, les environs de Rome, de Naples et la Sicile comme les régions les plus attaquées. C'est, on le voit, presque toute l'Italie.

III. — DÉGATS ET MOYENS DE LES COMBATTRE.

La Zygène de la vigne peut être fort nuisible. D'après Passerini, c'est la moitié de la récolte qui parfois est enlevée. Costa parle d'un quart ou d'un tiers, et cela est suffisant pour faire de cette chenille, exclusivement ampélophage, un ennemi redoutable.

Jusqu'à présent aucun moyen infaillible n'a été conseillé pour la détruire.

Pour atteindre les petits ennemis de ses récoltes, l'agriculteur, avons-nous dit, doit avant tout bien connaître leurs mœurs ; or les divers auteurs qui ont écrit sur notre Zygène ne sont pas d'accord sur le nombre de ses générations. Bayle-Barelle affirme que dans le Piémont il n'y en a qu'une ; Millière, de Cannes, dit qu'il en est de même dans les Alpes-Maritimes. Il a vu, dit-il, les chenilles descendre en juin pour faire leur cocon, et le papillon paraître en juillet. L'espèce passerait, selon lui, l'hiver à l'état d'œuf. M. Costa, de Naples, dont nous avons, dans la partie biologique, donné en quelque sorte une traduction abrégée, mais fidèle, parle, on l'a vu, de deux générations et cite même une troisième apparition, partielle il est vrai, de papillons en automne. Nous croyons à l'exactitude d'observation des trois naturalistes. L'insecte, qui dans le nord de son aire géographique n'a qu'une seule génération, en a deux dans le Midi.

Le mode de destruction, on le conçoit sans peine, doit donc varier avec les différences de mœurs ; autrement dit, avec les pays.

Dans ceux où il n'y a qu'une génération, nous dirons, avec Bayle-Barrelle, qu'une fois la taille faite et avant que la vigne soit attachée à ses supports ou échalas, on doit frotter énergiquement avec un chiffon rude les écorces et le bois qui portent les plaques d'œufs. Nous ajouterons que les badigeonnages Balbiani, dont il a été question à propos de l'œuf d'hiver du *Phylloxora* (pag. 119), ne pourraient être que fort utiles. Il est à propos de rappeler ici que, puisque nous avons affaire à une espèce spécialement italienne, elle était fort probablement connue des anciens, et que dans son livre *De re rustica*, Caton a bien pu vouloir parler des badigeonnages insecticides employés contre elle lorsqu'il dit que la vigne enduite avec du marc d'huile réduit à la consistance du miel n'est pas attaquée par les *Convolvulus*. Ce nom, nous l'avons déjà dit, pouvait du reste s'appliquer à plusieurs insectes.

Dans les régions où il y a deux générations dans l'année, où l'insecte passe l'hiver à l'état de chrysalide, il faut renoncer à l'idée d'écraser les pontes sur le bois de la vigne garnie de feuilles. On profitera de l'habitude qu'a la chenille de se laisser choir sur le sol quand on secoue le cep. Si la vigne est cultivée avec un grand développement, on fera tomber l'insecte, comme le dit M. Costa, au moyen d'un bâton, sur un linge étendu sur le sol. Si les ceps au contraire sont tenus bas, on

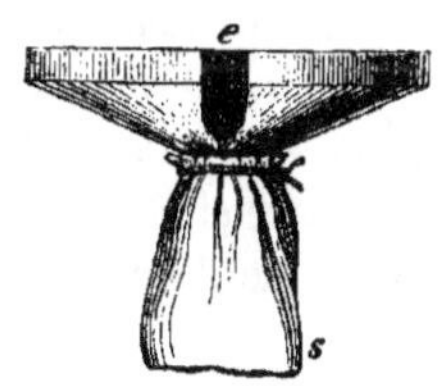

Fig. 53. — Entonnoir à Altises.

se servira de l'entonnoir à altises (fig. 53), déjà décrit à propos de la *Grisette*.

Les chenilles des Zygènes, mauvaises fileuses, ne se laissent pas couler au bout d'un fil, à la façon de celles des Tordeuses. Elles tombent pliées en demi-cercle, et bien certainement, mieux que les Altises ou les Grisettes, elles iront rouler jusqu'au fond du sac qui termine l'entonnoir.

LES SPHINX AMPÉLOPHAGES.

En fait de Lépidoptères nuisibles aux vignes, il nous reste à parler des Sphingides ou *Sphinx*, qui de temps en temps font parler d'eux. Les divers auteurs portent à trois ou quatre le nombre des espèces incriminées. Aucune d'elles n'arrive à occasionner des dommages bien graves ; mais comme leurs chenilles sont grosses, facilement remarquées, elles sont accusées de toutes les entailles faites aux feuilles des souches et nous sont fréquemment apportées par les viticulteurs. Le mal fait par l'espèce la plus ampélophage est, en somme, minime, et là encore, comme pour les *Chelonia*, nous pouvons constater que d'ordinaire le gros insecte est moins nuisible que le petit.

Les *Sphinx* se reconnaissent de suite à leur corps énorme par rapport au faible développement de leurs ailes toujours étendues, à leurs antennes fortes, courtes, prismatiques, à leur trompe très développée, à leurs ailes antérieures lancéolées et à leur abdomen conique. Leurs couleurs sont généralement belles, aussi bien chez la chenille que chez l'insecte parfait. Chez celui-ci, les sexes présentent peu de différences extérieures. La chenille porte toujours un éperon sur l'avant-dernier anneau. Le groupe, nombreux en espèces, soixante environ, est répandu dans les deux mondes, et en Amérique comme en Europe il y a des espèces qui peuvent, à l'occasion, nuire à la vigne.

Celles qui chez nous ont été signalées par tous les auteurs sont au nombre de trois : *Sphinx* (*Deilephila*) *lineata*, *Porcellus* et *Elpenor*.

Des deux premières, nous ne dirons que quelques mots. Certains auteurs, Dunal entre autres, leur ont accordé trop d'importance.

I. — Le Sphinx à bandes.

(*Sphinx* (*Deilephila*) *lineata* LINNÉ).

Le *Sphinx* (*Deilephila*) *lineata* a la couleur générale d'un brun olivâtre, nuancée de jaune, de rouge et de blanc. Le jaune consiste en une bande traversant l'aile supérieure d'un bout à l'autre, le rouge dans une bande de même forme traversant l'aile inférieure, le blanc dans des bandes et des taches diversement disposées sur le thorax, les ailes et l'abdomen. Les quatre raies blanches longitudinales dont le thorax est orné, les deux intermédiaires convergentes, permettent de distinguer cette espèce de toutes les autres.

La chenille est d'un jaune olivâtre, avec la tête et deux lignes dorsales parallèles roses ; le ventre est blanchâtre. Elle vit sur les plantes de la famille des Rubiacées telles que le caille-lait, sur certaines Composées comme la scorzonère et aussi sur la vigne. Nous l'avons trouvée sur cette dernière à Montpellier et nous l'avons reçue d'Algérie.

II. — Le Sphinx petit pourceau.

(*Sphinx* (*Deilephila*) *porcellus* Linné).

Le *Sphinx* (*Deilephila*) *porcellus*, appelé en français Sphinx petit pourceau ou petit Sphinx de la vigne, est le moins grand des trois, 4 à 5 centim. d'envergure. La couleur dominante sur le corps et les ailes de cette petite espèce est le rose. Le milieu des quatre ailes est d'un jaune verdâtre clair et le bord antérieur des deux ailes postérieures est teinté de brun.

La chenille est brune ou verte, généralement brune ; elle a de chaque côté, sur le devant du corps, trois taches oculaires noires à prunelle blanche et à iris roussâtre. La corne est courte, à peine saillante. Le caille-lait jaune, l'épilobe et la vigne sont ses trois plantes préférées.

III. — Le Sphinx de la vigne.

(*Sphinx* (*Deilephila*) *Elpenor* Linné).

Cette espèce, appelée par Geoffroy Sphinx de la vigne, ne doit pas être confondue avec le *Sphinx vitis* Linné, qui est d'Amérique, et dont nous n'avons pas à parler. C'est la plus ampélophage des trois espèces de Sphinx citées ici et c'est aussi la seule sur laquelle nous nous étendrons un peu longuement.

Le *papillon* (fig. 54) a 6 à 7 centim. d'envergure. Le *corps* est rose, avec deux bandes longitudinales d'un vert olive jaunâtre sur l'*abdomen* et cinq lignes divergentes de cette couleur sur le *thorax* ; celui-ci est bordé de blanc près de l'attache des ailes et la naissance de l'abdomen offre de chaque côté une tache noire arrondie. Les *ailes antérieures* sont, en dessus, d'un rose pourpre avec trois bandes d'un vert olive clair. La bande antérieure longe presque toute la côte et elle a le milieu marqué d'un petit point blanc. La bande intermédiaire est oblique et se confond à sa partie supérieure avec la bande précédente. La bande postérieure, également oblique, finit en pointe au sommet. Indépendamment de cela, il y a une petite tache

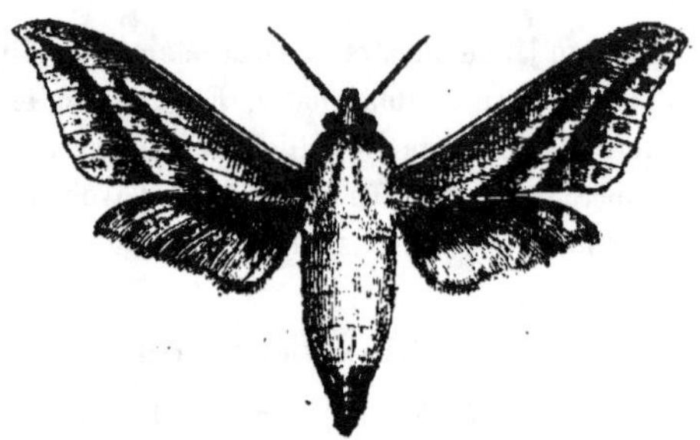

Fig. 54. — Sphinx de la vigne, grandeur naturelle.

brune contre la base de l'aile et le bord interne est garni de poils blancs depuis son origine jusqu'à la bande postérieure. Les *ailes postérieures* sont, en dessus, d'un rose pourpre avec la moitié basilaire d'un brun verdâtre, le bord supérieur est d'un blanc teinté de verdâtre et le bord postérieur est liséré de blanc pur. Le *dessous* des quatre ailes est rose, avec une ou plusieurs bandes à leur partie antérieure d'un jaune verdâtre variant de formes. Les *antennes*, roses en dedans, d'un verdâtre rosé en dehors, sont lisérées de blanc en dessus. Les *pattes* sont blanches, la *trompe* d'un jaune sombre un peu doré.

La *chenille* est verte quand elle est jeune, conservant parfois cette couleur dans un âge avancé ; mais alors les raies obliques qu'on observe sur ses côtés sont noirâtres au lieu d'être grisâtres. D'ordinaire, après la seconde mue, cette chenille est d'un brun plus ou moins obscur, finement veiné de noir, avec six raies longitudinales obliques grisâtres. Elle a sur le premier et le deuxième segment de l'abdomen deux taches noires orbiculaires et marquées chacune d'une lunule dont les bords sont d'un blanc violacé et le milieu d'un brun olivâtre. Elle a de plus, le long du dos, deux rangs de points de cette dernière couleur. Son *éperon* est recourbé, noir, avec l'extrémité blanchâtre. La *tête* est petite, ainsi que les deux premiers segments du *thorax*, dont le dernier segment (métathorax) est seul développé. Les *pattes articulées* sont d'un gris luisant, les *fausses pattes* brunes.

Cette chenille vit plus souvent sur la vigne que celle des deux espèces précédentes, mais on la trouve aussi sur le caille-lait jaune, l'épilobe et la salicaire. Elle mange beaucoup et grossit assez vite. Sortie de l'œuf courant juin, elle est adulte, c'est-à-dire longue de 6 à 7 centim., les premiers jours de septembre.

Elle se creuse alors dans le sol, comme du reste les *chenilles* des deux espèces précédentes, une loge ovale aux parois unies et garnie de quelques fils de soie où elle opère sa nymphose.

La *chrysalide*, qui passe l'hiver, est d'un brun roux rappelant la couleur vieux bois, avec la partie dorsale plus claire et celle qui correspond aux appendices du vol et de la marche plus foncée. L'extrémité de l'abdomen est en forme de pointe incurvée vers le bas, de couleur noire ; les stigmates et une rangée de petites épines entourant presque entièrement les 4e, 5e et 6e anneaux abdominaux sont également noirs.

Le papillon paraît fin mai de l'année suivante ; la femelle pond sur les feuilles de 20 à 25 œufs, qui sont éclos au bout de huit à dix jours ; ces œufs sont arrondis, luisants et de couleur verdâtre.

En dehors des vignes en espaliers, nous n'avons jamais vu le Sphinx de la vigne faire des dégâts sérieux. Il ne broute la vigne sous forme de *chenille* que de juin à fin août, étant à l'état de chrysalide ou de papillon inoffensif lorsque les pousses sont tendres. On peut donc ne pas s'en inquiéter en grande culture, où sa multiplication, du reste, semble entravée par les binages, qui déterrent la chrysalide. Que de fois nous avons vu cette dernière ramenée à la surface du sol par la charrue, et morte sans doute après quelques journées d'exposition au soleil !

Pour les espaliers, à part les dégâts occasionnés sur les pampres, la présence de la *chenille* est d'ordinaire décelée par ses grosses déjections cannelées et verdâtres qui tombent au pied des ceps. Il est, en somme, facile, avec ces points de repère, de trouver une *chenille* longue de 6 à 7 centim. et de la détruire sans avoir recours à l'arsenal de la chimie.

CHAPITRE XIV.

ORDRE DES NÉVROPTÈRES

Ce groupe se compose d'insectes ayant des formes, une structure anatomique et des métamorphoses assez différentes pour que certains naturalistes les aient divisés en deux groupes, les Névroptères vrais et les Pseudo-névroptères. Dans un travail d'ensemble comme celui-ci, nous ne pensons pas devoir même donner les caractères de ces deux coupes, et nous dirons avec Linné, le créateur de l'ordre, que les Névroptères sont les insectes réunissant les caractères suivants : *quatre ailes membraneuses égales parcourues par un réseau de nervures (νευρον) plus ou moins serré, un appareil buccal masticateur et un prothorax toujours distinct.*

Les Hémérobes, les Fourmis-Lions, les Phryganes, les Libellules, les Éphémères, les Termites, sont les types les plus connus de l'ordre des Névroptères. Ce sont des insectes en majeure partie carnassiers, c'est à-dire utiles à l'agriculture; mais tout un groupe, celui des Termites, est poly-phage, tout au moins lignivore, par conséquent nuisible à l'homme.

LES TERMITES NUISIBLES A LA VIGNE.

Les Termites, appelés fourmis blanches dans les pays chauds, sont des insectes aux mœurs sociales fort curieuses, vivant en colonies nombreuses appelées termitières et qui parfois occasionnent de très grands dégâts. On a beaucoup écrit sur ces Névroptères ; mais, ne pouvant entrer ici dans de grands détails, nous renverrons à leur sujet aux travaux des Konig. des Sméathman, des Hagen, des Lespès, des F. Müller, etc., qui les ont si bien étudiés. Disons cependant qu'une termitière se compose de très nombreux individus, parmi lesquels, comme chez les fourmis, on ren-

contre des individus de formes diverses, tels que des ailés sexués, *mâles*
et *femelles*, et des aptères asexués, *ouvriers* et *soldats*, les uns chargés
des soins domestiques, construction, élevages des jeunes, etc., les autres
chargés de la défense de la colonie et remarquables par leur énorme tête
carrée. Nous ajouterons qu'il y a des termites dont les habitations sont
souterraines, d'autres qui bâtissent en terre gâchée des constructions extérieures plus ou moins vastes ayant jusqu'à plusieurs mètres d'élévation,
d'autres enfin qui se contentent d'établir leurs colonies dans le bois mort,
qu'ils creusent à cet effet en galeries irrégulières et profondes.

C'est à ces derniers qu'appartiennent les deux espèces européennes
signalées par divers auteurs comme nuisibles aux vieilles souches de vignes:
le Termite lucifuge (*Termes lucifugus*) et le Termite à col jaune (*Termes
flavicollis*).

I. — Termite lucifuge.

(*Termes lucifugus* Rossi).

On nomme ainsi l'espèce européenne la plus connue, la plus répandue,
celle dont les mœurs et les dégâts ont été le mieux étudiés. Lespès [1] a
publié sur ce termite une étude restée classique, et dans ses colonies, établies
dans le bois, il a été observé par cet auteur des faits nouveaux et même
des formes d'insectes n'existant pas dans les autres termitières. Outre les
quatre formes citées plus haut, les *mâles*, les *femelles*, les *ouvriers* et les
soldats, Lespès a en effet constaté une seconde forme de sexués, les *petits
mâles* et les *petites femelles*, destinés à émigrer, à aller fonder des colonies. Les *petits rois* et les *petites reines*, comme les appelle l'auteur, faisant
allusion au rôle rempli par les sexués dans la termitière, paraissent vers le
mois de mai. Les *grands rois* et les *grands reines*, qui n'émigrent pas,
paraissent au contraire au mois d'août. Dans les deux formes, la femelle,
d'abord ailée, perd ses ailes, et, la fécondation opérée, l'abdomen de l'insecte, par suite de la grande production d'œufs, prend des dimensions
extraordinaires.

On reconnaîtra le Termite lucifuge aux caractères suivants :

Longueur du mâle, ailes non comprises, 5 millim. environ ; de la femelle non fécondée 6 millim., de la femelle fécondée et pleine d'œufs 8 à
9 millim. l'envergure est de 18 à 20 millim. Les insectes ailés perdent
leurs ailes avant l'accouplement ; celles-ci paraissent coupées irrégulière-

---

[1] Lespès : *Recherches sur l'organisation et les mœurs du Termite lucifuge*
(*Ann. des Sc. nat.*, 1856).

ment. La longueur de l'ouvrier est de 4 millim., celle du soldat de 5 à 6.

Le corps, ressemblant à celui d'une fourmi, couvert de poils courts et bruns, est de couleur brun clair chez l'ouvrier, tirant sur le roux chez le soldat, beaucoup plus foncée et même d'un noir brillant chez les sexués. Les femelles pleines d'œufs ont l'abdomen distendu, d'un blanc sale, sauf les plaques chitineuses de la partie dorsale et ventrale, qui restent brunes. Les appendices sont bruns, sauf l'extrémité jaunâtre des tibias, des tarses, des antennes et des palpes ; les quatre ailes, égales, sont membraneuses. Avant d'atteindre l'état de *nymphe*, remarquable par ses moignons d'ailes, la *larve*, qui est presque blanche, subit quatre mues dont les intervalles sont appelés *stades* par Lespès. Après la première mue, c'est-à-dire au premier stade, la larve a 10 articles aux antennes, 12 à 14 au deuxième stade et 16 au troisième.

Les caractères importants qui font placer le *Termes lucifugus* dans les *Termes* vrais sont les suivants : *Tête* sans saillie antérieure, *cellule marginale des ailes* dépourvue de nervures, *tarses* sans pelotes en forme de ventouses entre les griffes.

Cette espèce est répandue dans le sud et surtout le sud-ouest de l'Europe. Elle est signalée pour M. Horvath en Serbie et dans le sud de la Hongrie, dans les vignes de Berzaszka sur les bords du Danube, dans le sud de l'Italie, la Sicile, la Calabre, les environs de Naples par MM. Targioni et Aloi. Ses régions préférées paraissent être cependant le sud et l'ouest de l'Espagne, le Maroc, Madère, le Portugal et nos départements du Sud-Ouest. D'après Perris[1], elle abonde dans les forêts de toute la côte, jusque dans les Charentes, attaquant les souches des pins aussi bien que celles des chênes ; tous les bois morts, en un mot, jusqu'aux charpentes des maisons.

D'après Audouin, Milne-Edwards et M. Blanchard, c'est l'espèce qui depuis la fin du siècle dernier a envahi les villes de La Rochelle et de Rochefort et y a causé des ravages devenus célèbres ; mais, selon M. de Quatrefages[2], l'identité de ces termites citadins, différents par leurs mœurs de ceux des champs et des bois, émigrant en mars et non en mai, resterait encore à prouver.

Le Termite lucifuge attaque le bois mort de la vigne, comme il attaque tous les bois morts. Chez la vigne, on le sait, les blessures se cicatrisent mal. Les ceps soumis depuis longtemps à la taille ont donc beaucoup de fissures, de tares, de bois mort apparent. Ces parties mortes ou cariées sont attaquées par notre insecte, dont les excavations, surtout dans les parages

---

[1] Perris ; *Observation* n° 7183 (Manuscrits de l'École d'Agric. de Montpellier).

[2] Quatrefages ; *Souvenirs d'un Naturaliste*. Paris, 1854.

exposés au vent, finissent par provoquer la rupture des ceps. Ces accidents sont rares, en somme, et nous pensons que MM. Aloi et Grassi, en signalant les termites[1] comme sérieusement nuisibles à la vigne, ont un peu dépassé la mesure.

II. — Termite à col jaune.

(Termes (Calotermes) flavicollis FABRICIUS).

Cette espèce se trouve dans tout le sud de l'Europe. Elle attaque également les bois morts, mais préfère ceux qui sont un peu pourris, tout au moins ramollis par l'humidité. Vieux troncs d'arbres fruitiers ou de saules taillés en têtards, vieilles souches de vignes, pieux plantés dans le sol, tout lui est bon ; mais il ne pénètre jamais dans les bois de nos constructions, comme le Termite lucifuge.

Il est possible que, sous le rapport des mœurs et des différentes formes d'individus peuplant la termitière, cette espèce ressemble à la précédente, mais son histoire est encore mal connue. On n'a observé que les *larves*, les *ouvriers*, les *soldats* et les *mâles*, et un travail intéressant serait à faire sur cet insecte.

Les *larves* et les *ouvriers* sont blancs et, mieux encore que ceux du Termite lucifuge, méritent le nom vulgaire de fourmis blanches. Les *soldats*, plus grands, atteignent 7 à 9 millim. de long ; leur couleur est le blanc jaunâtre, avec une énorme tête quadrangulaire tirant sur le roux ; leurs mandibules, dentelées en dedans, anguleuses extérieurement au niveau de leurs racines, sont moitié aussi longues que la tête.

Les mâles sont d'un brun marron foncé ; la *bouche*, les *antennes*, les *pattes* et le *prothorax* sont jaunes. Les *ailes*, dont l'envergure atteint 20 millim., sont légèrement enfumées. Cette espèce se distingue en outre par une *tête* quadrangulaire assez grosse, un grand écusson cervical échancré en avant et une pelote faisant fonction de ventouse entre les griffes de chaque tarse. Ce dernier caractère fait ranger l'insecte dans le sous-genre *Calotermes*.

Il occasionne sur les vieux ceps de vigne les mêmes dégâts que le Termite lucifuge. Très répandu en Provence et en Languedoc, dans la zone de l'olivier du moins, où l'espèce précédente est inconnue, il ne se passe pas d'année qu'il ne nous soit envoyé comme ayant complètement évidé le tronc de quelque vieille souche et occasionné sa rupture. Par suite du renouvelle-

---

[1] Targioni-Tozzetti ; *Relazione della Stazione di Entom. di Firenze*, 1888, pag. 124 ; et Aloi e Grassi ; *Bulletino di Not. agr.*, 1885.

ment presque complet du vignoble méridional, le cas est cependant devenu plus rare qu'avant l'invasion phylloxérique. MM. Targioni-Tozzetti, Aloi et Grassi ont signalé l'insecte sur les vignes en Italie, où il habite toute la région de l'olivier, y compris l'île de Sardaigne.

Les dégâts, avons-nous dit, ne sont jamais graves. Quand un cep est assez vieux, assez évidé pour se briser, on n'a qu'à le remplacer. Mais si, pour des raisons particulières, la belle dimension d'un espalier par exemple, on voulait conserver un vieux cep malgré les termites qui s'y sont établis, on pourrait procéder ainsi : pratiquer, au moyen d'une grosse vrille, un trou aboutissant en pleine termitière et y injecter du sulfure de carbone en quantité suffisante pour remplir plusieurs galeries. L'ouverture étant bouchée avec soin, on peut être assuré que tous les termites seraient infailliblement tués.

CHAPITRE XV.

ORDRE DES ORTHOPTÈRES[1]

Les insectes composant ce groupe se reconnaissent d'ordinaire à leur grande taille. Ils ont les ailes droites (ὀρθός), les antérieures croisées l'une sur l'autre, les postérieures pliées en éventail, la bouche broyeuse et les métamorphoses incomplètes. Celles-ci se réduisent en effet à des mues qui ne modifient pas sensiblement la forme générale de l'insecte. L'état de *nymphe* ne diffère de celui de *larve* que par la présence des moignons d'ailes et de celui d'*insecte parfait* par des ailes complètement développées.

Si nous nommions ici tous les Orthoptères accusés par les divers auteurs de manger la vigne, nous atteindrions bien certainement la vingtaine. Dès 1833, Solier, de Marseille, dans une Note à la *Soc. ent. de France*, en nomme une dizaine d'espèces. Ce sont pour la plupart les mêmes qui sont observées aujourd'hui dans la région de l'olivier; mais plusieurs, très importantes cependant, confondues sans doute avec d'autres et décrites depuis, ne sont pas nommées. D'autres au contraire y figurent qui ne valent pas la peine de nous arrêter même quelques instants, ne devenant ravageuses que de très loin en très loin, les années de multiplication exceptionnelle.

[1] Bibliographie. — **Solier**; *Note sur l'Ephippiger vitium et autres Orthoptères ampélophages de Provence* (Ann. Soc. ent. de Fr., 1833). — **Dunal**; *Des Orthoptères ampélophages* (Soc. d'Agric. de l'Hérault 1883). — **Boisduval**; *Entomologie horticole*. Paris, Donnaud, 1867. — **Maurice Girard**; *Traité élémentaire d'Entomologie*. Paris, Baillière, 1876. — **Marquet**; *Notes sur les Orthoptères du Languedoc* (Bull. Soc. d'Hist. nat. de Toulouse, 1876-77). — **Brunner de Wattenwyl**; *Prodromus der europæischen Orthopteren*. Leipzig, Engelmann, 1882. — **Finot**; *Les Orthoptères de la France*. Paris, Deyrolle, 1883. — **Kunckel d'Herculais**; *Les Insectes*, tom. I (traduction française de Brehm, 1882. Paris, Baillière). — **Targioni-Tozzetti**; *Relazione della Stazione di Entomologia di Firenze*, 1884 et 1888. — **V. Mayet**; *Descr. d'une nouv. espèce de Barbitistes attaquant la vigne* (Bull. Soc. ent. de France, 25 juillet 1888). — **Journal La Nature**, 1888, **Le Cosmos**, 1888, etc.; *Les invasions de Criquets en Algérie*.

Les espèces maintenues de la liste de Solier, ajoutées à quelques-unes vivant dans d'autres régions ou décrites depuis 1833, nous permettent de porter à huit, pas davantage, le nombre des Orthoptères réellement nuisibles aux vignes, et encore plusieurs ne le sont-ils pas chaque année. Nous suivrons pour la nomenclature le *Catalogue des Orthoptères de France*, par M. Finot.

La liste peut se dresser comme suit :

Famille des Acridides (Criquets).. *Acridium* (*Pachytylus*) *migratorius* Linné.

—   —   — (*Caloptenus*) *Italicus* Burmeister.

—   —   — (*Stauronotus*) *Maroccanus* Thunberg.

Famille des Locustides (Sauterelles) *Ephippiger vitium* Serville,

—   —   — *Bitterensis* Marquet.

—   — *Barbitistes Berenguieri* Mayet.

—   — *Phaneroptera falcata* Serville.

Famille des Gryllides (Grillons).. *Œcanthus pellucens* Scopoli.

FAMILLE DES ACRIDIDES.

Tout le monde a remarqué, dans les lieux secs, des insectes qui, dès que l'on s'approche, s'envolent en montrant leurs ailes inférieures rouges, bleues, jaunes ou blanchâtres et vont se reposer un peu plus loin. Ce sont des Acridides ou Criquets, improprement appelés Sauterelles. Ils volent et sautent bien. Grâce au développement de leurs cuisses postérieures, ce sont même les meilleurs sauteurs de l'ordre des Orthoptères. A ce signalement seul on les reconnaîtrait ; mais ils réunissent toujours les caractères spéciaux suivants: des antennes courtes, des tarses de trois articles et un oviducte très court, ne dépassant pas l'extrémité de l'abdomen. Le mâle fait entendre un cri grêle et perçant qui provient du frottement du bord interne dentelé des cuisses de l'insecte contre les nervures saillantes de ses élytres.

De nombreux criquets sont sédentaires ; quelques-uns de ceux-ci, se multipliant beaucoup certaines années, peuvent nuire accidentellement à la vigne ; mais nous ne les comprenons pas pour cela dans les ampélophages.

D'autres, moins nombreux en espèces, mais innombrables comme individus et terribles parfois par leurs ravages, ont l'instinct d'émigration et

en font usage lorsque, par suite de leur énorme multiplication, les régions
qu'ils habitent, dévastées, ne leur offrent plus rien à brouter. Ils émigrent
généralement vers le Nord. Quand ils sont ailés, c'est-à-dire adultes, ils
prennent leur vol en masse si serrée que leurs bandes ont été comparées,
avec juste raison, à des nuages obscurcissant le soleil. A l'état de larve,
c'est-à-dire sans ailes, ils marchent à la suite les uns des autres. «La troupe
entière, dit Pallas, parlant spécialement du *Caloptenus Italicus*, observé
dans le sud de la Russie, se met en marche et forme une colonne rectiligne,
parfaitement unie. Ces convois, qui rappellent ceux des fourmis, suivent
tous, sans se toucher, la même route. Ces criquets se dirigent vers une
même région sans trève ni repos, avec toute la vitesse dont ils sont capables ; ils courent, mais ne sautent que si on les pourchasse. Ils marchent
du matin au soir sans s'arrêter, cheminant volontiers sur les routes frayées.
Lorsqu'ils rencontrent un obstacle, haie, buisson ou fossé, ils passent au-
dessus et au travers s'ils le peuvent. Vers le coucher du soleil, l'essaim
entier se divise en groupes qui cherchent leurs quartiers pour passer la
nuit.»

Arrivé au lieu de destination, la troupe, affamée, s'attaque à toutes les
plantes vertes, sauvages ou cultivées, et la vigne n'est pas plus épargnée
que le blé, le tabac ou les plantes fourragères. Feuilles, fruits, jusqu'aux
sarments encore tendres, tout y passe, et, le désastre consommé, la bande
vorace reprend sa course pour aller ravager d'autres quartiers.

LES CRIQUETS NUISIBLES A LA VIGNE.

Nous ne considérons comme réellement nuisibles à la vigne que les trois
criquets émigrants et ravageurs par excellence : l'*Acridium (Pachytylus)
migratorium*, l'*A. (Caloptenus) Italicum* et l'*A. (Stauronotus) Maroccanum*. Ces trois espèces ne sont que trop connues dans l'Europe du Sud,
la Russie, la Grèce, l'Italie, l'Espagne et même la France, et surtout dans
la Turquie d'Asie et l'Afrique du Nord. De temps en temps, trop souvent
pour la viticulture, nés sur les lieux ou arrivant du Sud par vols immenses,
ils enlèvent complètement la récolte.

I. — Le Criquet émigrant.

(Acridium (Pachytylus) migratorium Linné).

Synonymie : *Gryllus migratorius* Linné. — *Acridium migratorium* Latreille. — *Œdipoda migratoria* Serville.

C'est une des plus grandes espèces voyageuses, 60 millim. environ de long et 110 millim. d'envergure. Teinte générale du corps verdâtre ; *tête* verte avec la face jaunâtre ; *thorax* parallèle, sans rugosité, caréné seulement dans son milieu, d'un jaune verdâtre ; *prosternum* dépourvu de pointe ; *élytres* transparentes, d'un gris sale avec une grande quantité de petites taches brunes répandues sur leur surface ; *ailes inférieures* diaphanes, légèrement lavées de jaune ; *cuisses* légèrement tachetées de brun ; *tibias* roses.

Ce criquet se rencontre dans l'Afrique du Nord et dans l'Europe du Sud également, même en dehors des grandes migrations où l'insecte franchit la Méditerranée. On le trouve en Espagne, en Italie, en Grèce et même en France, suivant certains auteurs. Finot (*Les Orthoptères de France*) nie cependant qu'il soit indigène chez nous.

II. — Le Criquet Italien.

(Acridium (Caloptenus) Italicum Linné).

Synonymie : *Gryllus Italicus* Linné. — *Acrydium Italicum* Latreille. — *Acridium Italicum* Brullé. — *Calliptamus Italicus* Serville. — *Calliptamus Ictericus* Serville. — *Calliptamus marginellus* Serville. — *Calliptamus Cerisanus* Serville. — *Caloptenus Italicus* Burmeister. — *Caloptenus Cerasinus* Fischer.

Cette espèce est répandue dans toute l'Europe tempérée et méridionale, aussi bien que sur la côte barbaresque. C'est, d'après M. Targioni, la seule qui soit réellement dangereuse dans le nord de l'Italie les années où elle se multiplie beaucoup. Nous pouvons en dire autant pour le midi de la France. On la reconnaitra à sa taille moitié moindre que celle du criquet émigrant, 20 à 40 millim. Le corps ainsi que les élytres ont une teinte fondamentale jaune sale, assombrie parfois presque entièrement par des mouchetures brunes. La robe, du reste, est variable. La variété *marginellus* (Serville) présente sur le prothorax deux raies latérales blanches ou jaunes prolongées parfois sur la tête et les élytres. Le bord interne des ailes postérieures est coloré sur une grande largeur en rose rouge, ainsi que l'extrémité interne des cuisses et les tibias.

III. — Le Criquet Marocain.

(*Acridium* (*Stauronotus*) *Maroccanum* Thunberg).

Synonymie : *Gryllus Maroccanus* Thunberg. — *OEdipoda cruciata* Brullé. — *Stauronotus cruciatus* Fischer. — *Gryllus crucigerus* Rambur.

On reconnaîtra le Criquet marocain aux caractères suivants : Longueur variable, de 20 à 40 millim. Le *corps*, développé en hauteur, est resserré latéralement, ce qui, vu de dos, le fait paraître long et étroit. La teinte générale est le gris jaunâtre clair avec des taches brunes plus ou moins nombreuses. Pour peu que l'insecte soit mal préparé, cette teinte générale

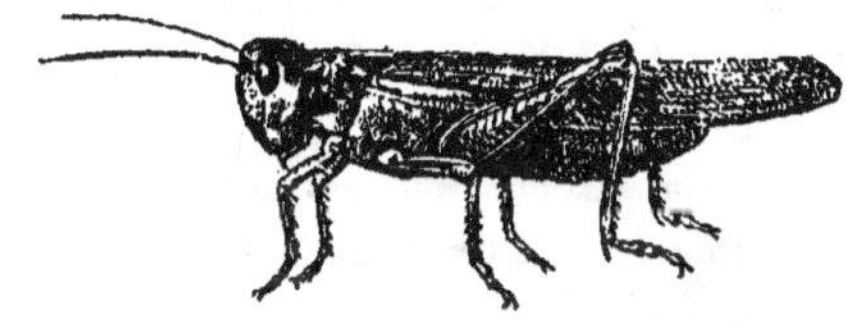

Fig. 55. — Le Criquet Marocain, grandeur naturelle

claire passe au brun après la mort. La *tête*, renflée en dessus, vue de profil, dépasse de beaucoup le thorax en hauteur ; les fovéoles du vertex, placées en avant des yeux, sont trapézoïdales. Le *prothorax*, fortement resserré au milieu par le sillon transversal, est orné de quatre taches ou bandes obliques jaunes, partant de la partie antérieure et postérieure, inclinées au-devant l'une de l'autre, ne se rejoignant jamais, mais assez prolongées parfois pour simuler deux bandes croisées qui traverseraient le pronotum en diagonale ; de là, le nom de *crucialus* ou *crucigerus* donné à ce criquet par certains auteurs. Les deux bandes partant de la partie postérieure qui suivent les carènes latérales vont toujours jusqu'au sillon transversal ; celles du bord antérieur sont plus ou moins courtes, parfois nulles. Les *ailes*, très développées, destinées à fournir un vol soutenu, dépassent l'abdomen de près d'un quart de leur longueur ; les pieds postérieurs portent une tache noire à l'extrémité des cuisses et ont les tibias rouges.

Cette espèce est tristement célèbre par les ravages qu'elle exerce dans l'Afrique du Nord et même en Europe. M. Targioni affirme (*Relazione*,

1884, pag 14) que c'est elle exclusivement qui occasionne les grands dégâts dans le sud de l'Italie. On l'a signalée également comme fléau à l'île de Chypre, en Asie-Mineure, en Grèce, en Turquie, en Hongrie et en Espagne. On la trouve jusqu'en France sur le cordon littoral de l'Hérault.

« Dans le nord de l'Afrique, dit M. Kunckel d'Herculais[1], chargé d'une mission spéciale du Ministre de l'Instruction publique, son habitat comprend toute la région qui s'étend de l'Atlantique au golfe de Gabès, en bordure du Sahara, à travers le Maroc, l'Algérie et la Tunisie, *région permanente*, les Hauts-Plateaux, *région subpermanente*, et le Tell, *région temporaire*. J'ai fait dresser par commune et par département la carte complète des pontes pour 1888. Les gisements d'œufs couvrent au moins 150,000 hectares.

»Les alouettes et les étourneaux sont de grands destructeurs d'œufs. La chasse des alouettes, que l'on expédiait par chargement sur Marseille, a été interdite. J'ai reconnu que le *Ver* qui dévore les œufs dans les coques ovigères est la larve d'un insecte diptère de la famille des Bombylides. Des gisements en renferment de 10 à 50 %. J'ai trouvé également dans les coques des larves de Cantharidiens, ce qui confirme les belles observations de M. Riley en Amérique.

»Les champignons jouent également un rôle destructeur des plus puissants, et je me suis assuré que dans certains gisements, 70 et même 100 % avaient été anéantis. J'ai vérifié ainsi l'exactitude des observations des naturalistes russes Metschnikoff et Krassiltschich, qui démontrent que l'arrêt subit des invasions des Acridiens est dû au développement des cryptogames parasites des œufs.

»Quels que soient les bons effets des causes naturelles de destruction, ils sont malheureusement insuffisants.

»Le ramassage des œufs a été pratiqué d'août jusqu'à la fin de septembre pour venir en aide aux Arabes menacés de la famine. Il a permis de récolter 10,666 mèt. cubes de coques ovigères. Le labourage produit d'excellents effets : par le bouleversement des gisements, on dérange la situation normale des coques. Les jeunes sont alors mis dans l'impossibilité de soulever l'opercule qui ferme leur demeure.

»Dans tous les pays qui ont à souffrir de l'invasion des Acridiens, on est unanime à concentrer tous les efforts en vue de la destruction des jeunes. J'ai mis en pratique les procédés de destruction qui ont permis aux Anglais de débarrasser l'île de Chypre de ces ennemis. 6,000 appareils cypriotes de 50 mèt. de longueur et de 0^m,85 de hauteur, en toile de cre-

---

[1] Kunckel d'Herculais ; *Comptes rendus de l'Acad. des Sciences*, 11 fév., 1889).

tonne avec bande cirée de 0^m,10, opposant aux Acridiens une surface glissante infranchissable, sont en cours de fabrication, soit 300 kilomèt. de barrages mobiles. »

FAMILLE DES LOCUSTIDES.

Les *Sauterelles* vraies ou *Locustides* sont remarquables, au premier abord, par leur oviscapte en forme de sabre et leurs antennes sétiformes, très fines, à articles peu distincts, généralement plus longues que le corps. La *tête* est verticale, la face aplatie ; le labre, grand, corné, composé de deux pièces, cache en partie des mandibules robustes. Le *pronotum* ou partie dorsale du *prothorax* a la forme d'une selle, plate chez certains genres, relevée en arrière chez d'autres. Les *ailes*, très développées et en forme de toit aplati chez les *Locusta*, par exemple, sont réduites à des moignons en forme de coquilles chez les *Ephippiger* et les *Barbitistes*. Le chant, plus aigu que celui des *Criquets*, est produit par le frottement de l'élytre gauche contre le bord d'une partie spécialement aplanie de l'élytre droite appelée *miroir*. Aucune *Sauterelle* n'a l'instinct d'émigration, ce qui n'empêche pas certains de ces insectes, précisément des espèces qui n'ont pas d'ailes, telles que les *Ephippiger*, d'être régulièrement plus dangereux pour la vigne que les *Criquets*.

L'ÉPHIPPIGER OU PORTE-SELLE DE LA VIGNE.

(*Ephippiger vitium* SERVILLE).

SYNONYMIE : *Locusta Ephippiger* Latreille. — *Ephippigera vitium* Fischer, Brunner. — *Barbitistes Ephippiger* Charpentier, Audouin. — *Ephippiger vitium* Bolivar, Finot.

Les *Éphippigères* (*Ephippium* selle, *gero* je porte), autrefois confondus avec les *Barbitistes*, portent le nom vulgaire de porte-selles, grils, gros grils, cousis, cousi-cousis, etc. Ils sont faciles à distinguer de toutes les autres sauterelles, à leur prothorax recouvert d'une plaque dorsale généralement relevée en arrière en forme de selle, à leur gros abdomen nu, à leurs ailes avortées, les inférieures complètement nulles, les supérieures, ou élytres, courtes, en forme de coquilles, abritées en partie par le bord postérieur de la selle, ne servant pas au vol et réduites au rôle d'organe phonateur. Le bruit qu'elles produisent, bien qu'assez faible, est très aigu et s'entend de loin ; on peut le comparer à un *Kzi* suraigu, ce qui par onomatopée a fait nommer l'insecte *cousi-cousi* par les vignerons languedociens. L'abdomen, nu, généralement très gros, est terminé chez les femelles par un oviscapte en forme de yatagan.

Les *Éphippigères* sont omnivores, toutes les plantes cultivées leur sont bonnes. A l'occasion carnassiers, ils vont jusqu'à se manger entre eux, et, dans le midi de la France, nombreux sont les exemples de dormeurs faisant la sieste dans les champs, qui ont été éveillés par leurs morsures.

L'*Ephippiger vitium*, dont la robe est variable, est d'ordinaire entièrement vert, avec le ventre jaune, dans les pays de bois et de prairies et même dans les vignes des pays un peu frais. Sur les coteaux secs et dans les plaines du Midi, la robe change. La tête, le thorax et les pieds sont d'un vert presque jaune, parfois testacé; l'abdomen, sur un fond d'un noir violet, a les segments abdominaux bordés de vert ou de jaune parfois très pâle ; le ventre est couleur jaune soufre. Jeune, c'est-à-dire à l'état de larve, fort semblable à l'insecte parfait moins les ailes, et à l'état de nymphe, avec des rudiments d'ailes, l'insecte est toujours entièrement vert.

On distinguera sans peine cette espèce de l'*E. Bitterensis*, moins par sa robe, qui est variable, que par sa taille moindre, ne dépassant pas 22 à 25 millim. chez le mâle et 25 à 30 millim. chez la femelle ; par son oviscapte plus court, 20 à 22 millim., par la plaque en forme de selle, unicolore, rugueuse, relevée et étroite en avant, fortement cintrée et élargie en arrière.

L'*E. vitium* est le plus anciennement décrit du genre, celui dont tous les auteurs ampélographes ont parlé. Il est répandu dans le centre de la France, remonte au Nord jusqu'aux environs de Paris, où il est commun certaines années, et descend dans le Midi jusqu'au bord de la Méditerranée. C'est le *Porte-selle* de l'Ouest, de la Bourgogne et de la vallée du Rhône. Il abonde dans les taillis, les haies et les prairies. Il s'attaque très souvent aux céréales, surtout quand il est jeune, et émigre dans les vignes aussitôt après la moisson. Si le pays est en entier vignoble, il passe toute son existence sur les ceps ; mais on doit considérer les cultures de céréales, où l'on ne pénètre qu'au moment de la moisson et dont la terre n'est labourée qu'une fois l'an, comme très favorables à la multiplication de cet insecte.

Il fait çà et là des dégâts sérieux sur la vigne dans les régions sus-indiquées; mais ses ravages ne sont jamais à comparer à ceux de l'espèce suivante. A propos de cette dernière, nous parlerons des moyens de détruire les Éphippigères.

L'ÉPHIPPIGÈRE DE BÉZIERS[1].

(*Ephippiger Bitterensis* Linné.)

I. — DESCRIPTION ET BIOLOGIE.

Ce porte-selle, décrit par M. Marquet, de Toulouse, longtemps confondu avec le précédent, en diffère par plusieurs caractères constants. La taille est toujours plus grande (fig. 56), 30 à 35 millim., parfois 40, non compris l'oviscapte en forme de sabre ; celui-ci atteint de 23 à 25 millim. La plaque dorsale du prothorax (*pronotum*) moins relevée, du milieu vers la tête, paraît aussi large antérieurement que postérieurement. Ce *pronotum* en forme de selle est lisse à sa partie antérieure, rugueux postérieurement et porte un peu en avant une tache dorsale noire irrégulière, estompée sur ses bords, parfois en forme de croix. Le *pronotum* de l'*E. vitium* est au contraire unicolore, rugueux sur toute sa surface et étroit en avant. La teinte générale du corps, variant, nous l'avons dit, suivant les milieux, est fréquemment la même chez les deux espèces. Le vert uniforme est cependant plus rare chez l'*E. Bitterensis*. Plus souvent l'insecte est vert jaunâtre ou jaune testacé très pâle, avec l'abdomen d'un noir profond, les segments bordés de jaune pâle. Le dessous du corps est toujours jaune, les pattes fréquemment violacées ou couleur de chair.

De juillet à septembre, l'*E. Bitterensis* dépose ses œufs dans la terre meuble, de préférence loin des bas-fonds, dans les endroits où le sol s'égoutte bien, à environ 2 ou 3 centim. de profondeur. Dans ce but, il recourbe l'extrémité de son abdomen de façon à faire pénétrer perpendiculairement dans le sol son long oviscapte en forme de sabre. La ponte ne se fait pas, comme chez les criquets, sur un seul point, dans une cavité préparée à l'avance. Les œufs, blancs, allongés, cylindriques, un peu fusiformes, plus atténués à un bout qu'à l'autre, longs de 5 millim environ sur 1 millim. à 1^{mm},25 de diamètre, sont déposés au nombre de 50 à 70, çà et

---

[1] M. Graëlls signale sur la vigne en Espagne l'*E. Perezi* Bolivar. Nous nous contentons de mentionner cette espèce en note, comme nous pourrions le faire pour d'autres observées en Italie, en Algérie, etc. Qu'il nous suffise de dire que la plupart des *Éphippigères* peuvent à l'occasion devenir ampélophages.

19

là dans le sol, séparés les uns des autres par une distance de un à plusieurs centimètres, parfois plus.

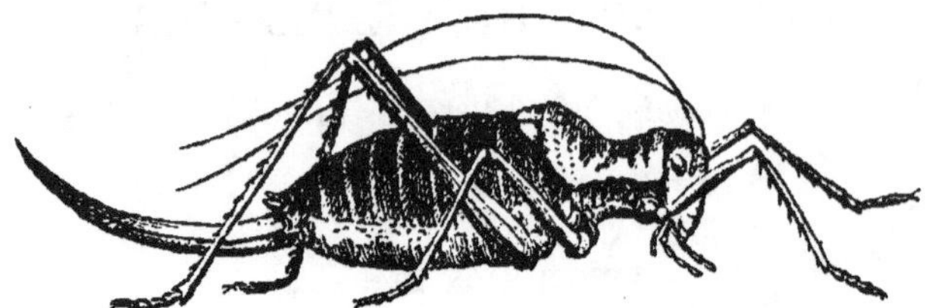

Fig. 53. — Éphippigère de Béziers, grandeur naturelle, d'après le dessin de
M. Marquet.

Ces œufs écloront au printemps suivant. La jeune larve, d'abord de couleur brune, puis verte, fort semblable à l'insecte parfait, montée seulement sur des pattes gigantesques par rapport à sa taille, subira plusieurs mues et sera nymphe, c'est-à-dire longue de plusieurs centimètres et munie de petits moignons d'ailes vers la fin de juin et insecte parfait en juillet. C'est sous cette dernière forme surtout que l'insecte envahit les vignes.

L'espèce créée par M. Marquet[1] est admise par les derniers auteurs qui ont écrit sur les Orthoptères: Bolivar, Finot, etc.; nous n'avons donc pas à la discuter. Elle est beaucoup plus dangereuse que l'*E. vitium*, et c'est bien certainement par suite de la confusion des deux types que les auteurs appelés par nous les *Classiques*, Dunal excepté, ont considéré ces insectes comme « n'étant jamais assez abondants dans les vignes pour y produire de grands ravages [2] ».

II. — DÉGATS.

L'*E. Bitterensis* est au contraire un des plus grands ravageurs de vignes du Bas-Languedoc. Il fait exception à la règle générale, qui dit le gros insecte moins dangereux que le petit, et les nombreux mémoires qui depuis Dunal [3] ont parlé, sous le nom de *E. vitium*, des porte-selles nuisibles aux vignes en Languedoc, ont certainement voulu désigner notre insecte. La bonne figure coloriée donnée par Dunal (1838) ne laisse aucun doute à cet égard.

[1] Marquet ; *Orthoptères nouveaux* (*Ann. Soc. d'Hist. nat. de Toulouse*, 1877).

[2] Walckenaer ; *Ins. nuisibles à la vigne* (*Ann. Soc. entom. de France*, 1835, pag. 238). Audouin ; *Ins. nuisible à la vigne*, 1842, pag. 320.

[3] Dunal ; *Des Orthoptères ampélophages* (*Bull. Soc. d'Agr. de l'Hérault*, 1838, pag. 435).

Les dégâts, sérieux avant l'invasion du Phylloxera, sont devenus progressivement beaucoup plus graves depuis vingt ans, par suite de l'extension de la culture des céréales, qui, nous l'avons dit, favorise la multiplication des Éphippigères. « C'est par plusieurs dizaines, dit M. Marquet, que les ravageurs se trouvent sur chaque souche dans beaucoup de communes des environs de Béziers. » Nous avons personnellement observé l'insecte en nombre énorme, commettant des ravages affreux, en août et septembre, dans toute la basse vallée de l'Hérault, de Ganges à Agde, principalement aux environs de Clermont-l'Hérault, de Pézenas et de Florensac.

Dans un petit opuscule publié récemment [1] par un homme des champs, travail plus humoristique que scientifique, où grande est la part à faire à l'imagination, mais où cependant les détails pris sur le vif abondent, nous lisons ce qui suit : « Cet audacieux insecte est, dans certains quartiers de la vallée de l'Hérault, *plus redoutable que le Phylloxera*, puisque aucun insecticide ne peut l'atteindre. Le grain de raisin entamé, c'est-à-dire perdu, n'est jamais achevé et le repas de l'insecte se continue sur des grains encore intacts, bientôt perdus à leur tour. Après le fruit, c'est la feuille qui y passe, puis l'écorce encore verte. Bien souvent le propriétaire allant à sa vigne pour admirer sa récolte se trouve en présence de souches ne portant que des bûches dont l'écorce et même l'aubier ont été grignotés. Des céréales, l'Éphippigère est venu sur la vigne ; celle-ci ravagée, il passe aux arbres fruitiers, aux mûriers, aux plantes fourragères et potagères. Lorsque table rase est faite de toutes les récoltes, il s'accommode des fruits de l'aubépine, de la ronce, de l'églantier, etc., s'attaque même au linge, aux vêtements, au cuir des sacs ou des chaussures, à l'homme lui-même. Nous pouvons citer en effet un enfant au maillot déposé endormi au pied d'un arbre, pendant que sa mère travaillait à la vigne, qui fut attaqué par une vingtaine de *cousi-cousis*. La mère, attirée par les cris, constata qu'une large plaie avait été en quelques instants pratiquée sur la joue de l'enfant. Il est même hors de doute qu'un homme à qui l'on voudrait infliger le pire supplice, livré pieds et poings liés à ces rapaces toujours affamés, deviendrait bien vite leur proie et en moins de vingt-quatre heures serait réduit à l'état de parfait squelette.

»Ce goût de la chair est tellement prononcé chez les *cousi-cousis* que certains vignerons se servent des têtes de mouton et autres déchets de boucherie pour les attirer et les détruire. On ne saurait croire combien ces insectes ont le flair subtil et avec quelle rapidité ils parcourent de grandes distances pour atteindre la nourriture qu'ils ont sentie de loin. »

[1] Pépin Pagès, instituteur ; *La chasse au Cousi-Cousi.* Montp., Hamelin, 1888.

Nous avons vu en effet nous-même, aux environs de Florensac, les vignerons se servir avec succès, comme appas, des débris de boucherie. Sans
aller aussi loin que l'auteur des lignes qui précèdent, sans voir dans l'*Ephippiger Bitterensis* un ennemi *plus redoutable que le Phylloxera*, capable
de faire d'un homme vivant *un parfait squelette en moins de vingt-quatre
heures*, nous n'en croyons pas moins que, vu le nombre et la voracité de
ces énormes Orthoptères, ils peuvent être rangés parmi les plus grands
ravageurs de notre vignoble languedocien.

III. — MOYENS DE DESTRUCTION.

On emploie depuis longtemps, en Languedoc, les volailles contre les
Éphippigères. Les années de grandes invasions, certains propriétaires
achètent spécialement des troupeaux de dindons qu'ils font conduire dans
les vignes. Au début, ces oiseaux font une grande consommation de ces
insectes ; mais d'ordinaire ils s'en dégoûtent bientôt et l'on est obligé de
revenir à la destruction à la main ou plutôt au bâton. Pour que le coup
mortel soit mieux assuré, ce bâton peut être terminé par une petite planchette solidement fixée, et avec une certaine habitude, en renouvelant
souvent l'opération, surtout au début de la grande invasion, qui a lieu fin
juin, on arrive à détruire la majeure partie de ces gros ravageurs. « C'est
alors, dit M. Pagès (*loc. cit.*) par trente, quarante, cinquante et plus qu'on
les rencontre parfois sur chaque cep, et, si l'on revient sur ses pas une
demi-heure après avoir exterminé tout ce qu'on a pu dénicher, on est tout
étonné d'en revoir presque autant ; de même le lendemain et les jours
suivants ». Il faut donc agir promptement, car la récolte peut être anéantie en quelques jours.

Pour donner une idée du nombre et de la quantité d'Éphippigères
répandus dans la vallée de l'Hérault; pour indiquer en même temps un bon
procédé à employer contre eux, nous emprunterons au même auteur des
détails sur la chasse qui leur est faite depuis plusieurs années dans la commune de Péret, près Clermont-l'Hérault, détails puisés dans les Archives
de ce village et envoyés à M. Pagès par M. Renouvier, propriétaire de la
localité.

«Le Conseil municipal de Péret, dit M. Pagès, commune qui compte
700 habitants au plus, voyant depuis plusieurs années les récoltes entièrement détruites par les *cousi-cousis*, fut saisi, dès 1886, d'une bien louable
idée. Au lieu de gaspiller les fonds du budget en de folles dépenses, il ré-
solut de faire ramasser les animaux dévastateurs dans tout le territoire et
de les payer à tout venant à raison de 20 centim. le kilo, puis de les enfouir

dans une fosse commune désinfectée quotidiennement avec de la chaux vive.

»Ce moyen, généralement approuvé par la population, fut mis immédiatement en pratique. Tout le peuple, petits et grands des deux sexes, se mit aussitôt à la besogne, et dès cette première année la dépense communale pour cet objet s'éleva à la somme de 400 fr., ce qui présentait 2,000 kilogram. de *cousi-cousis* détruits.

»L'opération se répéta en 1887, et l'on dépensa cette fois 600 fr., représentant 3,000 kilogram. d'insectes.

»En 1888, la destruction a atteint de bien plus grandes proportions. Si l'on fait entrer en ligne de compte environ 2,000 kilogram. de *cousi-cousis* recueillis par des particuliers qui n'ont pas voulu les porter en charge au budget communal, on peut estimer à 7,000 kilogram. la quantité détruite. Si l'on considère qu'il faut en moyenne 340 de ces Orthoptères pour équilibrer le poids d'un kilogramme, on atteindra le nombre de 2,380,000 Éphippigères tués à Péret en 1888 ; et il n'y a là qu'une minime partie de ceux qui peuplent la région des vignobles envahis.»

Ce n'est pas seulement dans l'Hérault qu'une prime en argent a été établie par certaines municipalités contre les porte-selles. Nous voyons en effet dans le journal *la Vigne américaine* (tom. VII, 1883, pag. 254), sous la signature de M. Valette, viticulteur, qu'une localité célèbre dans l'histoire du *Phylloxera*, la commune de Pujault (Gard), vote presque chaque année des fonds pour payer 20 cent. le kilogr. les Éphippigères ramassés dans les vignes. M. Valette ajoute qu'il s'est bien trouvé de saupoudrer le raisin avec une poudre 1/2 partie chaux vive, 1/2 partie soufre.

Ces insectes sont, on le voit, autrement redoutables que beaucoup d'autres qui passent pour des ampélophages très dangereux.

Le remède le plus pratique est donc dans le ramassage ou dans la destruction avec un bâton ; mais nous donnerons de plus le conseil de restreindre autant que possible la culture des céréales. Nous avons vu le mal grandir avec l'extension de cette dernière, et certainement, la vigne tendant à reprendre la place qu'elle occupait avant le *Phylloxera*, la multiplication de l'insecte se trouvera enrayée en proportion.

LE BARBITISTE DE BÉRENGUIER.

(*Barbitistes Berenguieri* MAYET.)

Les *Barbitistes* étaient autrefois réunis aux *Ephippiger*, à cause de leurs ailes avortées et réduites à des moignons conchiformes. Avec raison, ce caractère n'a plus, dans les classifications modernes, l'importance qu'on lui attribuait autrefois, et dans certaines tribus, les Phaneropteridæ par exemple, dont les *Barbitistes* et les *Phaneroptera* font partie, nous voyons les premiers avoir des ailes avortées et les seconds des ailes développées.

On distinguera sans peine les *Barbitistes* des *Ephippiger* aux caractères suivants : *Ailes* avortées comme chez ces derniers, mais beaucoup moins conchiformes ; *pronotum* jamais relevé en forme de selle arabe ; *cerques* des mâles longs, recourbés et croisés sous la plaque sous-génitale ; *tibias antérieurs* munis de trous auditifs.

Le *Barbitistes Berenguieri* a été compris par nous dans les Orthoptères les plus nuisibles aux vignes, à cause des ravages exceptionnels exercés par lui ces années dernières. En 1888 surtout, dans le département du Var, principalement dans la chaîne des Maures, entre Hyères et Fréjus, ils ont été terribles.

Ce que nous avons dit de l'*Ephippiger Bitterensis* pourrait se répéter au sujet de notre espèce. Les dégâts ont été tels que l'autorité préfectorale est intervenue et qu'une enquête suivie d'un Rapport a été faite dans le pays par M. Bérenguier, professeur départemental d'agriculture à Draguignan. Nous empruntons en grande partie à ce Rapport officiel les détails sur cette invasion désastreuse.

Plusieurs espèces de Locustides appartenant aux genres *Ephippiger*, *Thamnotrizon* et *Barbitistes* ont, paraît-il, contribué à détruire les récoltes, et en particulier la vigne ; mais ce sont surtout les *Barbitistes* qui, par leur nombre prodigieux, ont été les grands dévastateurs.

I. — DESCRIPTION ET BIOLOGIE.

C'est vers le mois de mars que ces insectes sortent des œufs qui ont été pondus l'été précédent, dans la terre meuble, comme ceux des Éphippigères. Les dégâts sérieux commencent en mai et juin et après la ponte, c'est-à-dire en juillet ; l'insecte parfait meurt et disparaît.

« En 1886, dit M. Bérenguier, une première invasion un peu importante eut lieu dans les communes de Sainte-Maxime, Ramatuelle et Bormes, et endommagea quelques récoltes; elle devint plus grande en 1887; enfin, dans le courant de 1888, elle a atteint des proportions qui inspirent de sérieuses inquiétudes aux populations du littoral. Le fléau s'étend actuellement sur tout le territoire compris entre Sainte-Maxime et Bormes.

» La marche de ces insectes n'est pas comparable à celle des criquets : tandis que ceux-ci vivent par bandes, les sauterelles du Var, appelées *boudragos* ou *boudrayos* par les cultivateurs, se trouvent disséminées d'une façon irrégulière sur toute l'étendue du territoire envahi. L'origine de ces Sauterelles est dans les bois. Elles n'apparaissent jamais au début des invasions dans les champs cultivés. Il s'ensuit que les champs les plus exposés à être ravagés sont ceux qui sont situés sur la lisière des bois.

»Ces insectes sont excessivement voraces, dit M. Bérenguier. Les premiers dégâts ont lieu dans les bois, dans les forêts de chênes lièges surtout ; on compte parfois sur le même arbre des centaines de ces insectes qui le dépouillent totalement de ses feuilles dans l'espace de quelques jours, couvrant littéralement le sol de leurs excréments. Tous les arbustes sont en même temps attaqués. Les bois envahis forment un contraste frappant au milieu des parties indemnes.

»Dans les cultures, toutes les récoltes sont atteintes, et en premier lieu la vigne et les arbres fruitiers. Les fleurs et les fruits sont d'abord dévorés, ce qui donne aux ravages un caractère de gravité exceptionnel; les parties vertes ensuite sont attaquées. La destruction continuelle des pousses entraîne parfois dans les jeunes vignes la mort des ceps.»

M. Bérenguier attribue les grands dégâts de 1888 surtout au *Barbitistes Fischeri*. Cette espèce, décrite par Yersin[1], peut bien, à l'occasion, devenir nuisible en Provence ; nous l'avons reçue de M. Abeille, d'Hyères, et dans une Note de M. Azam, de Draguignan, sur les *Locustides* nuisibles du Var[2], il est parlé d'un *Barbitistes* trouvé sur le territoire de la commune du Muy, plus petit que ceux de la chaîne des Maures et qui pourrait bien être le *B. Fischeri*. Ce qu'il y a de certain, c'est que la vingtaine de *Barbitistes* vivants ou plongés dans l'alcool, à nous envoyés par M. Bérenguier, nous a mis à même d'étudier le grand ravageur de 1888.

L'espèce ne peut être rapportée à la description du *Fischeri*, et bien certainement elle est nouvelle. Nous l'avons comparée à toutes les espèces dé-

---

[1] Yersin ; *Orthoptères nouveaux ou peu connus (Bull. de la Soc. Vaudoise des Sciences nat.*, 1854).

[2] Azam ; *Note sur l'invasion des Sauterelles de 1888 (Bull. de la Soc. d'Agr. du Var*, 1888, pag. 555).

crites dans le grand ouvrage de Brunner, et aucune d'elles ne s'en rapproche. Un spécialiste bien connu, le P. Pantel, de Toulouse, auquel nous l'avons soumise, a été du même avis; il nous a engagé à la publier, et c'est ainsi qu'au mois de juillet 1888[1], la dédiant à celui qui nous l'a envoyée, nous en avons donné la description suivante à la Société entomologique de France :

Longueur de 23 à 29 millim., le mâle généralement plus petit ; *pronotum* du mâle de 4 à 5 millim., de la femelle de 5 à 6,2 millim. ; *élytres* de 4 à 5 millim. chez le mâle, de 2 à 3 millim. chez la femelle ; *abdomen* de 15 à 20 millim., plus petit, bien entendu, chez le mâle ; *oviscapte* de 8 à 10,5 millim., mesure prise en dessous.

Corps d'un noir violacé tirant sur le vineux, orné en dessus de trois bandes longitudinales d'un jaune pâle presque blanc, les deux latérales plus larges que la dorsale, qui est très étroite, parfois peu visible sur la tête et le thorax. La *tête* médiocre, le *front* d'un vineux foncé, les *joues* plus claires, l'*épistome* et le *labre* plus clairs encore, l'*occiput* plus foncé ; la pointe du *vertex* placée entre les deux antennes, creusée en dessus chez le mâle, plane chez la femelle; les *antennes* presque noires, à premiers articles plus clairs, piquetées de petites macules jaunes en forme de fil très fin, atteignant une fois et 3/4 la longueur du corps chez le mâle, une fois et 1/2 chez la femelle.

Le *pronotum*, non resserré et non parallèle, comme chez le *Barbitistes Fischeri*, dilaté postérieurement, plus large en proportion chez le mâle que chez la femelle, portant en dessus les trois bandes jaunes dont il a été parlé, celle du dos très étroite et parfois en partie effacée chez le mâle. Les *élytres*, atteignant à peu près la longueur du premier segment abdominal chez le mâle et le milieu de ce segment chez la femelle, d'une couleur jaune avec deux bandes longitudinales vineuses et les bords externes d'un jaune blanc ; on voit de plus, en dessus des élytres, chez le mâle, deux fossettes réniformes rembrunies. Les *pieds*, violacés ou presque noirs, ont la base des cuisses plus claire en dessus et d'un jaune soufre en dessous.

L'*abdomen*, d'un noir vineux en dessus, porte les trois bandes déjà signalées; les deux latérales, plus développées que la dorsale, s'élargissent en forme de taches jaunâtres criblées de points bruns et le bord postérieur des segments est marqué de petites taches également jaunâtres ; les flancs sont violacés, le dessous pâle avec une tache médiane violacée sur chaque segment. Les *cerques*, d'un roux violacé à la base chez le mâle, noirs au sommet avec une tache plus claire à l'extrémité et une pointe au

---

[1] V. Mayet : *Description d'une nouvelle espèce de Barbitistes* (*Bull. de la Soc. ent. de France*, 25 juillet 1888).

bout, sont longs, sinueusement recourbés et croisés l'un sur l'autre ; la *lame sous-génitale* convexe, brillante, assez lisse, de couleur pâle avec la base bordée de brun, est munie dans son milieu d'une crête rugueuse en forme de lame rappelant le cimier d'un casque, avec le bord finement denticulé et rembruni ; chez la femelle, les *cerques* sont courts, non croisés, un peu recourbés au bout, de couleur rousse ; l'*oviscapte*, de couleur rousse violacée, composé de quatre lames, est aplati latéralement, légèrement recourbé vers le haut à son extrémité, qui est fortement épineuse sur les bords supérieurs et inférieurs.

Cette espèce diffère du *Barbitistes Fischeri* par sa taille, généralement plus grande, plus trapue, sa couleur brun violacé plus clair à l'état de larve et de nymphe il est vrai, mais ne tournant pas au vert, teinte habituelle du *Fischeri*, chez aucun des vingt individus sur lesquels notre description a été faite. Quand la robe est plus claire, le fond, d'un roux jaunâtre, est criblé de petites taches violacées, jamais vertes. Le *pronotum* du *B. Berenguieri* est notablement dilaté postérieurement, plus large en proportion chez le mâle que chez la femelle ; chez le *B. Fischeri*, il est parallèle et d'égale largeur chez les deux sexes. Les *élytres* sont plus larges en proportion chez notre espèce, comme du reste le sont généralement toutes les parties du corps.

II. — MOYENS DE DESTRUCTION.

Pour lutter contre ce nouvel ennemi, M. Bérenguier et M. Azam proposent de débroussailler les bois pendant l'hiver et de brûler au mois de mai les morts-bois ainsi arrachés, pour faire périr tous les jeunes insectes qui se trouvent à la surface du sol. Témoin, comme nous l'avons été en Algérie, d'incendies allumés dans des forêts de chêne liège par des morts-bois ainsi arrachés et brûlés sur place, nous ne pouvons approuver l'emploi du feu. Le procédé, du reste, est barbare, en ce qu'il empêche le repeuplement des bois. On fera mieux de se contenter du ramassage des insectes, comme on l'a partout pratiqué en 1887 et 1888, et au besoin les communes pourront recourir aux primes accordées aux destructeurs, comme nous l'avons vu pratiquer en Languedoc pour les *Éphippigères*. Il y a lieu aussi d'espérer, comme le dit M. Bérenguier, qu'après les années favorables au développement de ces ravageurs, des circonstances naturelles contraires mettront, à un moment donné, obstacle à leur multiplication[1].

[1] L'invasion en 1889, écrit M. Bérenguier, a été déjà beaucoup moins grave. Les *Barbitistes*, éclos en nombre effroyable de février à avril, ont été en grande partie détruits par les pluies et les gelées printanières.

LA PETITE SAUTERELLE VERTE[1].

(*Phaneroptera falcata* SERVILLE.)

SYNONYMIE : *Grillus falcatus* Scopoli. — *Locusta falcata* Blanchard. — *Phaneroptera liliifolia* Serville.

Cette *Sauterelle*, bien connue des jardiniers, rappelle un peu par sa forme la grande *Sauterelle* verte dont nous parlons en note [1]. Elle est longue de 2 à 2 centim. 1/2, non compris les ailes, très développées par rapport au corps, qui donnent à l'insecte une longueur totale d'environ 4 centim. La robe est d'un vert qui se confond avec celui des feuilles; l'oviscapte, relativement court, plus large au milieu qu'aux deux bouts, est aplati en hauteur et recourbé vers le haut.

Cette espèce, répandue dans toute la France, est, d'après le Dr Boisduval, très nuisible aux cultures de raisins en espalier de Fontainebleau, Thomery, etc. Elle attaque les grains avant la maturité, les rongeant sur la largeur d'une lentille à peu près. Ceux qui ont été entamés pourrissent et font pourrir les autres, ce qui occasionne de grandes pertes aux producteurs de raisin de table.

[1] Plusieurs auteurs, Solier entre autres, rangent dans les ampélophages la grande *Sauterelle* verte (*Locusta viridissima* Linné), espèce commune en Europe dans les taillis, les haies et les prairies, et qui est le type des *Locustides*. Nous n'en parlons qu'incidemment, regardant cet insecte comme rarement nuisible. Il est polyphage, aussi souvent carnassier qu'herbivore, et ne broute les raisins que de loin en loin.

Solier parle également de trois autres sauterelles : *Platycleis griseus* Fabricius, *Decticus verrucivorus* Fabricius et *Decticus albifrons* Fabricius, comme nuisibles aux vignes en Provence. De ces trois insectes, depuis près de vingt ans nous n'avons observé comme tel que le *Decticus albifrons*, et cela une seule année Cette grande Sauterelle grise, à grosse tête, à face blanche, aux pattes et antennes démesurées, à mœurs diurnes, commune dans la région de l'olivier, fait entendre partout en été son cri aigu, qui peut se rendre par le mot: *Declick* très rapidement répété ; de là son nom. L'espèce, en 1880, s'était tellement multipliée que toutes les récoltes d'automne, y compris la vigne, ont été sensiblement atteintes. Les *Decticus* entamaient les grains de raisin à la façon des Éphippigères. Le fait, pour nous, est trop exceptionnel pour que l'insecte aille grossir une liste déjà trop longue.

L'insecte est très rusé, vole peu, et pendant le jour se tient caché sous les feuilles. Il faut le chercher avec soin dans les environs des grains rongés, et avec un peu d'habitude on arrive à s'emparer du ravageur, qui, ayant des mœurs nocturnes, est facilement capturé pendant le jour.

FAMILLE DES GRYLLIDES.

La famille des *Gryllides*, dont le *Grillon* domestique et le *Grillon* des champs sont les types les plus connus, se compose d'insectes au corps cylindrique généralement court, terminé par un oviscapte droit et par deux cerques prolongés en filets ; les antennes sont longues, sétiformes ; les élytres, planes sur le dos, recouvrent les flancs par un repli à angle droit et sont dépassées par les ailes inférieures, d'ordinaire terminées en pointe.

La nourriture se compose surtout de proies vivantes. Il peut donc, au premier abord, paraître extraordinaire de voir rangé parmi les ennemis de la vigne un insecte appartenant à ce groupe.

LE GRILLON TRANSPARENT.

(*OEcanthus pellucens* SCOPOLI.)

SYNONYMIE : *Gryllus pellucens* Scopoli ; *Gryllus Italicus* Olivier, Latreille ; *OEcanthus pellucens* Serville ; *OEcanthus pellucens* Rambur.

L'*OEcanthus pellucens* est en réalité fort peu nuisible, et nous ne le faisons figurer ici que parce que maintes fois il a été parlé de sa ponte, qui s'effectue dans un certain nombre de tiges tendres, riches en moelle, telles que celles de la ronce, de divers chardons, de la centaurée, du panicaud, du mélilot, de la vigne, etc.

En Amérique, où le genre est représenté par plusieurs espèces, aussi bien qu'en Europe, où nous n'en avons qu'une, les *OEcanthus* sont accusés de nuire aux vignes. Chaque année ou à peu près, des sarments portant des œufs nous sont apportés comme attaqués par un ennemi inconnu.

Asa Fitch d'abord, puis Riley[1], ont parlé des espèces américaines. Riley

---

[1] Ch. Riley ; *General Index and Supplement to the nine Reports on the Insects of Missouri.* Washington, 1881, pag. 60.

cite l'*Œcanthus niveus* et l'*Œ. latipennis* comme plaçant leurs œufs dans les sarments des vignes aux États-Unis, et spécialement le dernier comme les plaçant souvent dans le pétiole du raisin, qu'il entame d'abord avec ses mandibules, ce qui le fait sécher. La ponte de l'*Œcanthus pellucens* d'Europe a été décrite et figurée dès le siècle dernier par L. Salvi[1], qui l'avait découverte dans les rameaux de la ronce. Elle a été, croyons-nous, signalée pour la première fois sur la vigne en 1869 par Perris[2]. En 1879 et 1883, Planchon[3] citait des sarments d'Amérique arrivés à Montpellier portant des œufs des espèces des États-Unis ; enfin, en 1884, M. Horvath signalait celle d'Europe en Hongrie[4] et publiait un bon travail avec planche sur les soi-disant dégâts occasionnés par cet insecte.

Le genre *Œcanthus* est caractérisé par un *corps* grêle, allongé, un *prothorax* plus étroit antérieurement que postérieurement ; des *élytres* enveloppant latéralement le corps; des *pattes* grêles, longues, très fragiles, les antérieures et les intermédiaires à trois articles, les postérieures en ayant quatre; des *antennes* très longues en forme de soies; des *cerques* ou filets abdominaux très développés.

Comme on le voit, ces insectes s'écartent beaucoup, par leur forme élancée, des grillons proprement dits, mais par leurs teintes pâles ils rappellent le grillon domestique.

Notre espèce a la teinte générale encore plus pâle, presque blanche, et son corps est transparent; de là son nom. La longueur, de l'extrémité de la tête à celle des ailes, est de 12 à 14 millim., non compris l'oviscapte, qui atteint 5 à 6 millim. Cette tarière, dont nous représentons l'extrémité (fig. 57, fig. 1), est l'instrument perforateur. Elle est formée de deux pièces chitineuses servant de protection à l'oviducte *a* et terminées chacune par trois dents crochues, elles-mêmes dentelées, dont l'intermédiaire est fort petite. L'ouverture pratiquée dans le sarment (fig. 3) est ronde, un peu saillante; les fibres de l'écorce sont déchiquetées et rappellent le trou que ferait un clou ou une grosse épingle épointée.

La coupe longitudinale de sarment que représente la fig. 2 montre le canal pratiqué par la tarière, et au fond de chaque cavité se voient deux œufs plantés dans la moelle. Il y en a jusqu'à trois. Nous représentons (fig. 4) fortement grossi un de ces œufs, qui ont été bien étudiés par M. Horvath. Ils sont longs de 3,25 millim. avec un diamètre de 1/2 millim.,

---

[1] Luigi Salvi ; *Memorie intorno le Locuste grillajole.* Verona, 1750.

[2] Perris ; *Notices entomologiques (Ann. de la Soc. ent. de Fr.*, 1869, pag. 461).

[3] Planchon ; *La Vigne américaine*, 1879, pag. 108, et 1883, pag. 159.

[4] Horvath ; *Rovartani Lapok.* Budapesth, janvier 1884, pag. 8.

d'un blanc légèrement ambré, lisses, un peu arqués, avec le bout antérieur *b* d'un brun jaunâtre et couvert de granulations perforées à leur

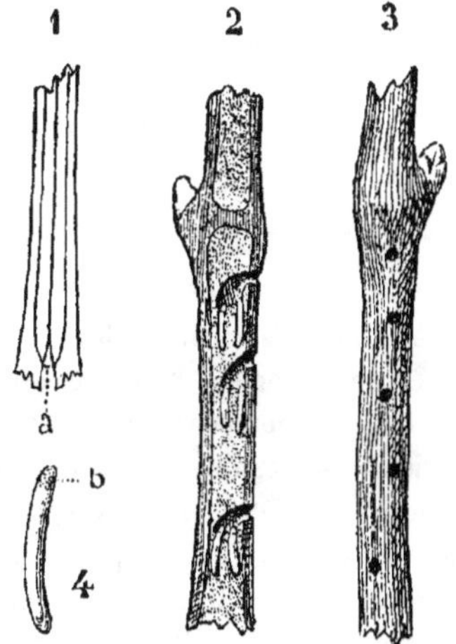

Fig. 57. — Ponte de l'Œcanthus pellucens dans un sarment de vigne.
1. Tarière de l'insecte avec l'oviducte *a*. — 2. Coupe d'un sarment renfermant
des œufs dans sa moelle. — 3. Sarment avec trous de ponte. — 4. Œuf avec
l'extrémité *b* où se voient les micropyles.

sommet. Ces perforations sont sans aucun doute des micropyles et le naturaliste hongrois appelle cette partie de l'œuf la région micropylienne.

Ces œufs éclosent vers le milieu de juin. En août, l'insecte est à l'état
parfait et fait sa ponte dans les sarments encore verts. Les incisions sont
toujours pratiquées du côté du Nord, dit Perris, sans doute pour que les
œufs soient mieux abrités des ardeurs du soleil. Ces œufs n'écloront qu'au
mois de juin suivant; il n'y a donc qu'une seule génération par an.

Les sarments portant les pontes se trouvent surtout dans le voisinage des
bois : l'*Œcanthus* vit en effet de préférence dans les broussailles et les
taillis. Comme il est plus carnassier qu'herbivore et qu'il ne touche ni aux
raisins ni aux feuilles, nous n'avons pas à conseiller de le détruire.

CHAPITRE XVI.

ORDRE DES COLÉOPTÈRES

Les Coléoptères, appelés vulgairement Scarabées, sont les insectes dont les ailes antérieures ou élytres fortement chitinisées servent d'étuis (χολεος) aux ailes postérieures, qui sont membraneuses et repliées en travers sur l'abdomen. Ces ailes postérieures seules servent au vol. L'appareil buccal est broyeur, les métamorphoses complètes. Les larves, d'ordinaire munies de pieds, offrent des formes variées, aussi variées que le sont leurs mœurs.

Ce n'est pas dans ce groupe que se trouvent les plus redoutables ennemis de la vigne ; mais c'est de beaucoup celui qui en renferme le plus grand nombre.

On a divisé les Coléoptères en un certain nombre de familles, et parmi celles-ci nous citerons comme renfermant des ampélophages : les Chrysomélides ou Phytophages, les Longicornes, les Curculionides ou Charançons, les Ténébrionides, les Térédiles, les Buprestides et les Lamellicornes.

Les Chrysomélides sont surtout nuisibles aux feuilles, les Longicornes au bois et aux racines, les Charançons aux bourgeons. Les Ténébrionides, d'habitude mangeurs de détritus, ne nous offrent qu'une espèce qui s'attaque aux bourgeons souterrains des greffons, les Térédiles, comme les Longicornes jouent le rôle de mangeurs de bois, ainsi que la seule espèce de Buprestide réellement ampélophage ; les Lamellicornes, enfin, sont, les uns brouteurs de feuilles, les autres mangeurs de racines, souvent les deux à la fois si on les observe sous leurs différents états.

Nous avons dressé comme suit la liste des Coléoptères dont nous devrons parler avec quelques détails. Elle comprend 40 espèces, ce qui peut paraître considérable, mais le paraîtra moins si nous disons que le même nombre à peu près a été retranché à la liste primitivement dressée. Nous avons supprimé toutes les espèces qui ne sont que de loin en loin nuisibles, nous réservant de les citer au besoin, tout au moins en note, à propos des espèces congénères.

Famille des Chrysomélides : *Altica ampelophaga* Guérin.
—   —   *Aulacophora abdominalis* Fabricius.
—   —   *Malacosoma lusitanicum* Linné.
—   —   *Adoxus vitis* Fabricius.
—   —   *Clythra taxicornis* Fabricius.
—   des Longicornes :   *Cerambyx miles* Bonelli.
—   —   *Clytus verbasci* Linné.
—   —   *Callidium unifasciatum* Olivier.
—   —   *Vesperus Xatarti* Mulsant.
—   des Curculionides :   *Rhynchites Betuleti* Fabricius.
—   —   *Geonemus flabellipes* Olivier.
—   —   *Cneorhinus geminatus* Fabricius.
—   —   *Peritelus subdepressus* Mulsant.
—   —   — *griseus* Olivier.
—   —   — *Senex* Bohemann.
—   —   — *familiaris* Bohemann.
—   —   *Otiorhynchus planithorax* Bohemann.
—   —   — *ligustici* Linné.
—   —   — *asphaltinus* Germar.
—   —   — *populeti* Bohemann.
—   —   — *sulcatus* Fabricius.
—   —   — *globus* Bohemann.
—   —   — *singularis* Linné.
—   —   — *raucus* Fabricius.
—   des Ténébrionides :   *Opatrum sabulosum* Linné.
—   des Térédiles :.   *Apate (sinoxylon) sexdentata* Olivier.
—   —   — — *muricata* Fabricius.
—   —   — *(xylopertha) sinuata* Fabricius.
—   —   — — *bimaculata* Olivier.
—   des Buprestides :   *Agrilus derasofasciatus* Lacordaire.
—   des Lamellicornes :   *Cetonia hirtella* Linné.
—   —   — *stictica* Linné.
—   —   *Pentodon punctatus* Villers.
—   —   *Anomala Œnea* Degeer.
—   —   — *vitis* Fabricius.
—   —   *Melolontha vulgaris* Fabricius.
—   —   — *fullo* Linné.
—   —   *Rhizotrogus marginipes* Mulsant.
—   —   — *inflatus* Buquet.
—   —   *Lethrus apterus* Laxmann.

L'ALTISE DE LA VIGNE

(*Altica Ampelophaga* GUÉRIN.)

SYNONYMIE: *Chrysomela oleracea* Linné, *Altica oleracea* Geoffroy, *Altica Ampelophaga* Guérin-Meneville, *Altica consob·ina* Dufstschmidt. Noms français et noms vulgaires : Altise de la vigne, pucerote, puce de vigne; en espagnol, *pulgon de la vid*.

Le grand genre *Altica*, créé par Geoffroy aux dépens des *Chrysomela* de Linné, subdivisé par les entomologistes modernes en un grand nombre de groupes secondaires, se compose de petits Coléoptères sauteurs, aux couleurs parfois métalliques et qui font partie de la famille des Chrysomélines (χρυσος or) ou Phytophages (φυτόν bourgeon, φαγεῖν manger).

Très nombreuses en espèces, environ 250 en France seulement, les Altises attaquent un grand nombre de nos plantes cultivées. Une seule espèce, heureusement, se trouve, non pas exclusivement, mais fréquemment sur la vigne. Confondue d'abord avec l'Altise des potagers (*A. Oleracea* Linné), nommée ainsi dans le livre d'Audouin, elle a été définitivement considérée comme distincte depuis la description qu'en a donnée Guérin-Méneville et appelée par cet auteur *A. Ampelophaga*.

C'est un petit insecte allongé, vert ou bleu métallique (Pl. III, fig. 6), bien connu des vignerons du midi de l'Europe, et échappant par des sauts à la main qui veut le saisir. Il est nuisible à l'état de larve et à celui d'insecte parfait. L'espèce se trouvant en France sur divers végétaux, le saule entre autres, de temps immémorial sans doute, on ne peut, ainsi que semble l'indiquer Audouin, considérer l'Espagne comme le point de départ de l'espèce, du moins en ce qui concerne l'Europe. Du vignoble de Malaga, où d'après cet auteur les ravages étaient signalés dès le moyen âge, l'insecte dévastateur aurait, par une migration continue de l'Ouest à l'Est, envahi le Roussillon vers 1817, et les environs de Montpellier vers 1819.

L'espèce n'est pas originaire d'Espagne. Foudras, l'auteur d'une excellente monographie des Altises[1], mort octogénaire en 1859, l'avait trouvée sur le saule à Lyon, bien avant 1819 ; mais on peut dire que l'Espagne

-----

[1] Foudras ; *Altisides*. Paris, Maguin, Blanchard et Cie, 1859.

est le point central de la grande multiplication de cet insecte sur la vigne, celui d'où certaines années il peut rayonner, essaimer par vols considérables emportés par le vent vers le Nord ou le Sud, et aussi être inconsciemment transporté par l'homme.

Ce qu'il y a de certain, c'est que si cette émigration lente et progressive de l'Ouest à l'Est n'est pas prouvée pour l'Europe, elle paraît l'être pour nos colonies du nord de l'Afrique. L'Algérie, le pays le plus ravagé aujourd'hui, n'avait que très peu d'altises en 1849, époque où a été publiée par M. Lucas la partie entomologique de l'*Exploration scientifique de l'Algérie*. L'espèce, alors d'introduction récente sans doute, y est citée sous le nom erroné d'*Altica Lythri*, il est vrai, mais est citée comme se trouvant sur la vigne, sans qu'il soit cependant parlé des dégâts occasionnés par elle.

Depuis cette époque, les choses ont changé. Un service de bateau à vapeur a été créé entre Carthagène et Oran; les routes d'abord, les lignes ferrées ensuite, ont relié entre eux les divers centres de culture ; Mascara et Médeah, les deux plus anciens vignobles du pays, ont été atteints; aujourd'hui les trois provinces sont contaminées, et pas n'est besoin d'être prophète pour annoncer que la Tunisie, encore indemne, ne tardera pas à être envahie. La ligne ferrée venant d'Algérie par la vallée de la Medjerdah sera la brèche d'entrée de l'ennemi.

En Algérie, l'*altise* arrive souvent à enlever *plus de la moitié de la récolte* dans certains quartiers, et la masse des insectes est parfois telle que tous les efforts des vignerons demeurent impuissants. « A Bouffarik, dit M. le Dᵣ Cazalis [1], Président de la Société d'Agriculture de l'Hérault, j'ai assisté au milieu d'août à une invasion d'altises, et je n'exagère nullement en disant que sur chaque feuille il y en avait plus de trente. Que faire contre un pareil fléau? Vous avez beau organiser la chasse la plus intelligente contre ces bestioles : celles que vous détruisez sont vite remplacées par d'autres plus affamées, venues, par nuages épais, de tous les points qu'elles ont dévastés et où elles ne pouvaient plus vivre. »

Rien de semblable ne se produit jamais en Europe, et ce parasite peut, en résumé, être considéré comme indifférent dans le nord, assez nuisible dans le midi de la France et en Italie, très nuisible en Espagne et comme un véritable fléau en Algérie. En dehors des faits biologiques étudiés par nous-même en France, c'est donc en Algérie que nous avons dû chercher beaucoup de renseignements sur les ravages exercés par cet insecte et les moyens de le combattre. En citant MM. Lecq, professeur départemental d'Agriculture d'Alger ; Barbier, professeur à l'École d'Agriculture de Rouïba, et d'Au-

----

[1] *Messager agricole du Midi*, 10 septembre 1888.

relles de Paladine, nous indiquons suffisamment à quelles sources autorisées nous avons puisé.

I. — DESCRIPTION ET BIOLOGIE.

L'*Altica ampelophaga* à l'état parfait a été, comme nous l'avons dit, confondue avec l'*A. oleracea*, espèce beaucoup plus répandue, qui habite les bois, les prairies et les jardins dans toute l'Europe et qui a été décrite par Linné sur des exemplaires trouvés en Suède. Nous signalerons de notre mieux les différences qui les distinguent, mais nous donnons tout d'abord de l'espèce qui attaque la vigne la description suivante:

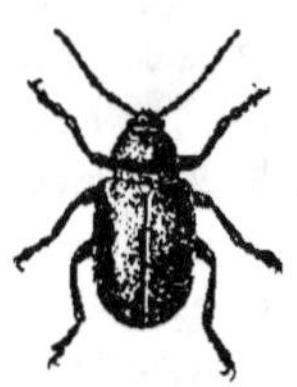
Fig. 58. — Altise de la vigne, grossie.

Le *corps*, en ovale allongé, est long de 3 millim. 50 à 4 millim. 50, large de 2 millim. 50 à 3 millim., entièrement d'un vert brillant foncé ou d'un bleu brillant métallique, et, en comparant un grand nombre d'individus, on trouve toutes les nuances entre ces deux couleurs. La *tête* est petite ; les *yeux* noirs et saillants ; le front brillant, bien que finement rugueux ; la face munie entre les antennes d'une carène saillante ; l'*épistome* et le *labre* bronzés,; les *antennes* filiformes, longues, atteignant le tiers de la longueur des élytres et dépassant parfois la moitié, brunes avec les premiers articles métalliques ; les *mandibules* et les *palpes* bruns. Le *prothorax*, plus étroit à sa base que la saillie des élytres, est d'un tiers plus large que long, marginé sur ses bords latéraux, ayant à sa base un large sillon transversal, sinueux à ses deux extrémités et rejoignant la marge latérale, finement ponctué, plus fortement vers les angles antérieurs et sur le sillon transversal. L'*écusson*, petit, triangulaire, est court et arrondi vers sa pointe postérieure. Les *pieds*, de même couleur que le corps, ont les tarses bruns, les cuisses renflées pour le saut, comme chez toutes les *Altises* du reste. Les *élytres* sont couvertes d'une ponctuation inégale, confuse ou en séries longitudinales, les *ailes* d'un roux sombre avec les nervures brunes. L'*abdomen*, composé de cinq segments, est finement ponctué, le cinquième arceau supérieur ou *pygidium* creusé d'un sillon longitudinal.

L'*Altica ampelophaga* diffère surtout de l'*A. oleracea* par sa taille plus grande. Cette dernière espèce ne dépasse pas 3 millim. à 3^{mm},50 de long et 1^{mm},75 à 2 millim. de large ; la forme générale de son corps est en ovale plus régulier, avec la teinte du dessus tirant parfois sur le cuivreux, et celle du dessous toujours sur le noir foncé.

Hivernage de l'insecte. — *L'Altise de la vigne* passe l'hiver à l'état parfait, abritée sous les écorces, les feuilles mortes, dans les fentes des murs, et ce sont surtout chez nous les vignobles plantés en gradins soutenus par des murs de pierres sèches ou ceux qui se trouvent le long des routes plantées de platanes aux écorces soulevées, qui ont à souffrir de cet ennemi. En France, en Italie et même en Espagne, les ravages, bien que graves certaines années, n'étant pas à comparer à ceux du nord de l'Afrique, nous n'insisterons pas sur ces abris d'hiver en ce qui concerne l'Europe ; mais nous emprunterons à un travail de M. Lecq [1] un passage touchant cet hivernage de l'insecte en Algérie :

« L'altise cherche au plus près un abri pour l'hiver. On la trouve alors sous les écorces des vieilles souches, dans les touffes de chiendent, dans les interstices des murailles et même dans les mottes de terre sèche. Quand l'insecte ne trouve pas un refuge dans la vigne même, il gagne la bordure du champ. Les amas de feuilles sèches, les brindilles de toutes sortes, les débris qui jonchent le sol au pied des haies, sont ses retraites pour la saison des pluies.

» L'altise se remise aussi dans les fentes des troncs, sous les feuilles des arbres qui ne se dépouillent pas pendant l'hiver. Sur les bords des vignobles, les cyprès, les lentisques, les pins, les mûriers, les faux poivriers, les eucalyptus, se montrent parfois couverts d'altises. Les troncs des mûriers qui bordent les vignes paraissent souvent bleus, tant ils portent d'insectes.

» Sur l'*Eucalyptus resinifera,* l'altise se loge dans les fentes que présente l'écorce. Sur l'*E. globulus*, c'est sous les lamelles de l'écorce qui s'exfolie qu'elle se réfugie.

» Un agriculteur de la Metidja, très connu par les magnifiques plantations d'eucalyptus qu'il a entreprises, nous disait qu'en voyant le nombre prodigieux d'altises remisées sur ses *redgum*, il avait pensé un instant devoir les détruire autour de ces vignes. Mais en réfléchissant que par là il ne ferait qu'augmenter la dissémination des altises, alors concentrées en un même point, il se ravisa, et au lieu d'abattre ses arbres il en fit brosser le tronc pour en recueillir les insectes dans un entonnoir échancré disposé à la base de l'arbre.

» L'*Eucalyptus globulus* n'est pas aussi facile à nettoyer. Avant de brosser, il est nécessaire d'enlever les écorces qui, encore adhérentes, recouvrent les insectes hivernant.

» On trouve encore l'altise en colonies très nombreuses, dans les *diss,*

---

[1] Hipp. Lecq ; L'*Altise de la vigne.* Alger, 1884.

les palmiers nains, les ronces, les romarins, les haies de cactus, de roseaux ou d'agaves, dans les luzernes, les chaumes, les vieilles souches de tabac, les artichauts, les ricins, etc., même dans les fentes des poteaux télégraphiques qui traversent la plaine de la Metidja. »

Dès que le soleil printanier a fait éclore les bourgeons de la vigne, en mars pour le sud de l'Espagne et l'Algérie, en avril pour le midi de la France, les altises sortent de leurs retraites, prennent leur vol, s'abattent en foule au plus près, sur les feuilles naissantes qu'elles commencent à dévorer, les perçant de milliers de petits trous (Pl. III, fig. 5), s'attaquant même aux jeunes sarments. Le jeûne de l'hiver aussitôt reparé, l'accouplement s'opère et la ponte commence. Celle-ci terminée, l'insecte ne tarde pas à mourir.

L'œuf. — Les œufs, au nombre d'une trentaine environ, un peu moins en France, un peu plus en Algérie, sont pondus au revers de la feuille en une ou plusieurs plaques séparées. Ils sont jaunes, ellipsoïdes, ont un diamètre d'environ un quart de millim. sur une longueur d'un demi-millim., et chacun est surmonté d'un petit amas brun terminé en pointe. Mis par nous sous le microscope, cet appendice s'est montré formé d'un fragment de déjections de l'insecte.

C'est là bien certainement un moyen de protection contre les espèces carnassières. Cette supposition est appuyée sur l'exemple d'autres insectes de la famille des Chrysomélines, tels que les Criocères, qui, à l'état de larves, sont toujours abrités sous une couche épaisse de leurs excréments, et protégés ainsi efficacement contre les oiseaux.

La larve. — Au bout de sept à huit jours, et pendant les mois chauds au bout de six, l'enveloppe de l'œuf, qui peu à peu s'est rembrunie en passant par la couleur jaune orange à mesure que l'embryon se développait, livre passage à une petite larve jaune. Bientôt après, celle-ci commence à ronger la face inférieure des feuilles, attaquant le parenchyme sans atteindre la cuticule supérieure. Cette dernière cependant se dessèche peu à peu, et au bout de deux ou trois jours les parties rongées, d'abord jaunes, puis de couleur feuille morte, sont très visibles en dessus du limbe (Pl. III, fig. 5). Si les larves sont nombreuses, la feuille arrive à se dessécher en grande partie, et l'insecte va en attaquer une autre.

Six ou sept jours après sa naissance, la *larve*, qui de jaune est devenue brune, change de peau. Cette mue, d'après M. Lecq, dure environ vingt-quatre heures, après lesquels l'insecte se remet à manger pendant quatre jours. Il est alors devenu noir et ressemble à une petite chenille (Pl. III, fig. 5). L'analogie est d'autant plus grande que cette larve, comme on le verra dans notre description, est, en outre de ses six pieds, aidée dans sa marche par un mamelon ambulatoire rétractile placé au bout de l'abdomen. Vers le douzième jour a lieu une seconde mue, après laquelle l'insecte mange encore pendant quatre jours.

La *larve*, alors âgée de 16 à 18 jours, parfois de 15 seulement si la température est très chaude, descend le long des bras et du tronc de la souche et s'enfonce environ à 10 centim. dans le sol. C'est du moins à cette profondeur que nous avons trouvé les *nymphes* dans les éducations faites dans notre laboratoire de l'École d'Agriculture de Montpellier. Là elle se forme une loge ovale aux parois soigneusement tassées, dans laquelle s'opère la métamorphose en *nymphe*.

Avant de parler de cette dernière, nous donnerons de la larve adulte la description suivante :

Longueur 6 millim. environ, sur $1^{mm},50$ de large.

Corps noir allongé, cylindrique, mou, éruciforme, composé de douze segments non compris la tête et un mamelon ambulatoire anal. La *tête* est lisse, brillante, garnie de quelques poils raides portant deux courtes antennes coniques de trois articles. Les segments du *thorax* et ceux de l'*abdomen*, moins brillants que la tête, portent chacun en dessus et en dessous une série transversale de petits tubercules d'un noir brillant surmontés de longs poils, ceux du dos à extrémité renflée en forme de poire, hyaline et d'apparence glandulaire. Ces tubercules rangés régulièrement forment sur l'ensemble des segments des lignes longitudinales. Les six *pattes* sont relativement courtes, écartées, faisant saillie latéralement quand l'animal marche, noires, composées de cinq pièces, bien visibles seulement au microscope et terminées par un ongle court, recourbé et de couleur fauve. En dessous de cet ongle se voit une vésicule ou ventouse membraneuse hyaline, débordant l'ongle et permettant à la larve de marcher sur des corps verticaux très lisses. L'*abdomen* est terminé par le mamelon ambulatoire anal dont nous avons parlé, sorte de pseudopode charnu, extractile, au centre duquel est l'anus, et qui fait saillie toutes les fois que la larve recourbe son extrémité postérieure pour chercher un point d'appui et se porter en avant.

La nymphe. — Audouin, parlant de cette forme de l'altise, dit qu'elle est d'un jaune assez vif et qu'elle est fixée sur les feuilles. Nous l'avons personnellement observée entièrement blanche et enfermée, comme nous l'avons dit, dans une loge souterraine, à une profondeur d'environ 10 centimètres. Il n'y a pas contradiction entre ces deux observations. Ayant eu plusieurs fois, ces années dernières, l'occasion de trouver des nymphes dans des boîtes où avaient été enfermées, avec des feuilles, des larves d'altises adultes, nous avons constaté que, lorsque la métamorphose s'opère ainsi hors du sol, la nymphe revêt cette livrée d'un jaune vif et se trouve dans les replis des feuilles. Audouin, apparemment, avait omis de fournir aux larves en observation la possibilité de s'enterrer.

Qu'elles soient blanches ou qu'elles soient jaunes, les *nymphes* répondent à la description suivante :

Corps court, 4 millim. au plus, sur une largeur de près de 3, la *tête* étant inclinée sur le devant du thorax et ne faisant pas partie de la longueur, garni de tubercules surmontés d'un poil raide et brun, et rangés transversalement sur chaque segment. *Antennes* passant derrière les deux premières paires de pattes, appliquées contre le corps sur les ailes et se recourbant en dessous vers le milieu du corps. *Pattes* également appliquées contre le corps, ainsi que les *ailes*, qui se recourbent en dessous du thorax passant entre les pattes intermédiaires. *Abdomen*, seule partie mobile du corps, atténué à l'extrémité, recourbé en avant et terminé, comme chez la nymphe du Gribouri, par deux éperons ; ces appendices seulement plus bruns, plus droits, plus divergents, légèrement recourbés à l'extrémité et ne servant qu'aux déplacements de l'insecte dans sa loge.

Toutes les parties du corps se chitinisent graduellement et se rembrunissent, en commençant par les yeux, les parties de la bouche, les antennes et les pattes, continuant par la tête et le dessus du thorax Au bout de huit jours environ, la nymphe, ayant rejeté sa cuticule vers l'extrémité abdominale, est devenue un insecte parfait. Celui-ci a tout d'abord le dessous du corps blanc ainsi que les élytres ; mais vingt-quatre heures après, les couleurs, d'abord brunes, puis métalliques, ont apparu, et l'altise suffisamment solidifiée ne tarde pas à sortir de sa loge souterraine pour prendre son vol, brouter les feuilles et recommencer le cycle de ses métamorphoses.

Multiplication de l'Insecte. — Nous avons obtenu dans notre cabinet jusqu'à cinq générations dans l'année, mais en fournissant à nos altises des feuilles toujours tendres, en les mettant surtout à l'abri des froids et des vents printaniers, pendant lesquels, au dehors, elles fussent restées inactives et blotties sous les écorces. A l'état de nature, il n'y a pas plus de trois ou quatre générations.

Y compris le séjour plus ou moins long de l'insecte parfait dans la loge qui a abrité la nymphose, il faut, en effet, compter environ quarante-cinq jours pour le cycle complet, c'est-à-dire depuis la ponte de l'œuf jusqu'à celle de l'insecte qui en est sorti. Pour peu que des intempéries surviennent, le délai est porté à cinquante ou soixante jours. Les insectes n'apparaissant au dehors, en Europe du moins, que d'avril à septembre, c'est-à-dire pendant six mois, il n'y a donc bien chez nous, à l'air libre, que trois ou quatre générations. Il est possible que ce nombre soit dépassé en Andalousie et en Afrique. Après le *Phylloxera*, qui, dans l'année, en a cinq ou six et de plus est doué de la parthénogénèse, l'*Altise* est donc l'insecte ampélophage *qui se multiplie le plus*.

En calculant seulement sur trois générations avec une moyenne de trente œufs, on trouve qu'en septembre, la descendance d'une seule femelle hivernante serait théoriquement de 27,000. Mais il est juste de dire que pendant l'été, les feuilles de la vigne étant devenues dures, un grand nombre de jeunes larves meurent sans pouvoir manger. On observe ce fait, même en captivité, avec des feuilles choisies.

En Algérie, les vents chauds et secs ont, d'après M. Lecq, la propriété de dessécher les œufs et de tuer les larves sur la feuille. Le siroco africain, souvent si malfaisant, a donc pour effet de débarrasser la vigne d'une grande quantité de ces hôtes dangereux.

Dans le midi de la France, les vents violents contribuent également à en réduire le nombre. Les larves précipitées sur le sol, plus ou moins blessées par l'agitation des feuilles, exposées aux rayons du soleil, meurent sans pouvoir remonter sur la souche.

Soit que l'insecte parfait recherche les endroits à l'abri du vent pour s'y établir et y pondre, soit que la larve puisse mieux s'y développer, nous avons toujours observé que les localités sans cesse balayées par le vent étaient bien moins ravagées que les endroits abrités. M. Lecq, en ce qui concerne l'Algérie, est aussi très affirmatif sur ce point.

Notre insecte a enfin un ennemi naturel dont Audouin a nié l'importance, allant même jusqu'à douter de ses habitudes carnassières, et qui cependant détruit un assez grand nombre d'altises. Il se nourrit non seulement de l'Altise de la vigne, mais de plusieurs autres espèces du même groupe.

C'est un hémiptère de la famille des Pentatomides, une punaise des bois, pour nous servir du nom vulgaire, le *Zicrona cœrulea*. Cette espèce, décrite par Linné, se trouve dans toute la zone tempérée, de la Suède à l'Algérie. Le corps, long de 7 à 8 millim., est aplati comme celui de tous les Pentatomides et relativement large. La robe est d'un bleu métallique avec des reflets verts rappelant les couleurs de l'altise ; la partie membraneuse des élytres, c'est-à-dire l'extrémité, est brunâtre.

Cet insecte a été pour la première fois signalé comme parasite de l'altise par Cazalis-Allut. Dunal a confirmé l'observation dans son travail sur les *Insectes de la vigne* (1832), et maintes fois nous avons pu en vérifier l'exactitude.

A peu près partout où il y a des altises dans les vignes, on rencontre cette punaise bleue, et bien souvent on la trouve le rostre plongé entre les segments de sa victime ; elle lui suce le sang en la saisissant avec les pattes antérieures, l'attaquant surtout à l'état de larve, mais aussi à l'état parfait et même, d'après M. Lecq, à l'état d'œuf.

Nous croyons utile de donner en note [1] quelques renseignements de plus sur les mœurs de cet utile auxiliaire.

La descendance d'une altise femelle hibernante, que nous avons vue être théoriquement de 27,000 individus, est donc fortement réduite à l'automne par le fait du vent, de la sécheresse et des attaques de la punaise bleue ; mais, pour peu que la saison soit pluvieuse, les vents secs et violents moins fréquents, elle peut être encore de plusieurs milliers d'individus.

Migrations. — Comme complément à ce que nous venons de dire des mœurs de l'altise, nous ajouterons quelques mots sur ses migrations à l'état parfait. En France et en Italie, le mal, localisé dans certains quartiers, ne gagne guère les vignobles voisins, et les migrations par vols nombreux sont très rares. Il n'en est pas de même dans le sud de l'Espagne et en Algérie. Comme le dit très bien M. Lecq, l'altise saute plutôt qu'elle ne vole, et c'est toujours aux abords des refuges d'hiver que sont constatées au printemps les colonies les plus nombreuses. Ce n'est que progressivement que l'insecte

---

[1] Le *Zicrona cœrulea* hiverne dans les mêmes abris que l'*Altise*, et d'après M. Lecq, auquel sont empruntés plusieurs des détails qui suivent, on le rencontre là dans la proportion de cinq à six pour mille. Pendant l'hibernation, il semble ne prendre aucune nourriture.

Au printemps, les punaises bleues apparaissent dans les vignobles quelque temps après l'*Altise*. Bientôt les femelles pondent une cinquantaine d'œufs sphériques. Afin d'assurer la nourriture des petits qui en naîtront, les mères proportionnent le nombre d'œufs qu'elles déposent sur chaque feuille à celui des œufs déjà pondus par l'*Altise*.

Le jour de la ponte, les œufs sont blancs ; dès le lendemain, ayant pris peu à peu une teinte foncée, ils sont devenus d'un noir brillant. L'éclosion a lieu quatre ou cinq jours après la ponte.

Comme chez tous les Hémiptères, l'état larvaire ressemble à la forme parfaite, il n'en diffère guère que par l'absence d'ailes. Au sortir de l'œuf, il est de couleur rougeâtre, teinte qu'il conservera plusieurs jours, prenant peu à peu toutefois des reflets bleus. Après une mue, des fourreaux d'ailes apparaissent, l'insecte est devenu d'un bleu métallique : c'est l'état de nymphe. Puis, une dernière mue opérée, les ailes se développent et nous avons la forme parfaite. Sous ces trois états, l'insecte se nourrit surtout de larves d'*Altises* proportionnées à sa taille et, quand il est adulte, il en détruit une douzaine par jour.

se répand dans le reste du vignoble, et ceci explique comment, de deux champs contigus, l'un peut être dévasté et l'autre indemne.

Si le saut était le seul moyen de locomotion de l'altise, les dégâts qu'elle cause seraient localisés, et, par une chasse active dans un rayon déterminé, on pourrait maintenir le mal dans de faibles limites. Mais lorsque tout est dévoré dans un quartier, les insectes, faisant usage de leurs ailes, émigrent par essaims considérables, vont fondre sur les localités indemnes et parfois sont emportés par le vent à de nombreux kilomètres de leur point de départ.

M. Lecq cite un propriétaire du Sahel qui a assisté à une véritable pluie d'altises dans sa vigne, alors que les vignobles les plus voisins étaient à deux kilomètres du sien. A la Maison-Carrée, près Alger, un jour de marché, une pluie du même genre a été constatée. Dans nos généralités sur l'insecte, nous avons cité, d'après M. le Dr Cazalis, un fait analogue concernant Bouffarik.

On voit combien une lutte énergique, en quelque sorte incessante, s'impose aux vignerons algériens, et il est à craindre que le mal n'aille encore *crescendo*, la vigne étant, par son mode de culture et son extension croissante, un milieu essentiellement favorable à la multiplication de l'altise.

<h2 style="text-align:center">II. — MOYENS DE DESTRUCTION.</h2>

Dans le midi de la France, on lutte contre l'altise exclusivement avec un entonnoir de fer-blanc profondément échancré pour faire entrer le tronc du cep (fig. 59) et au-dessus duquel on secoue la vigne avec un bâton. Cet instrument est appelé en Languedoc *entonnoir à altises*, ayant été inventé surtout contre cet insecte, mais nous l'avons déjà recommandé contre plusieurs parasites. Un homme peut secouer par heure de 150 à 200 souches.

Pour peu que l'opération soit faite à l'heure voulue, c'est-à-dire le matin, l'altise se laisse prendre. L'insecte ni ne s'envole, ni ne se laisse choir ; il saute, et, sa force musculaire étant en

Fig. 59. — Entonnoir à Altises.

raison directe de la chaleur du jour, il ne saute pas, le matin, en dehors de l'entonnoir.

Nous avons vu dans le Roussillon, le pays de France le plus attaqué, l'entonnoir à altises permettre aux propriétaires de lutter efficacement, même dans les quartiers les plus infestés, tels que les vignes en terrasses de Banyuls, Collioure, Cosperon, etc. Là, les conditions climatériques sont un peu celles de l'Espagne; la terre schisteuse et meuble est bonne pour la nymphose, et les murs en pierres sèches offrent d'innombrables abris pour l'hiver. Malgré cela, l'infatigable vigneron catalan, levé dès l'aube, agissant vigoureusement dès les premiers beaux jours, les insectes non encore dispersés, frappant des souches aux sarments courts qui livrent d'un coup toutes leurs altises à l'entonnoir, arrive à être maitre de la situation. Il faut dès le début mettre tout son personnel à l'œuvre et bien se dire qu'une altise non détruite sera peut-être légion à l'automne. Un ouvrier exercé peut donc, au printemps, en opérant le matin avant huit heures, rentrer à la ferme avec un sac rempli d'altises. Les insectes ébouillantés sont donnés aux volailles.

La présence de celles-ci dans les vignes est utile également; mais on ne peut, comme nous le ferons pour l'*Écrivain*, conseiller le petit poulailler roulant, les points d'attaque étant beaucoup moins circonscrits.

Un viticulteur algérien lisant ces lignes sera peut-être tenté de traiter d'illusoires nos moyens de défense. Il aurait raison si nous avions voulu parler de nos colonies du nord de l'Afrique. Ce qui est possible dans des contrées où les grands ravages sont, en somme, l'exception, devient en effet insuffisant dans celles où ils sont la règle. Ici, les abris d'hiver moins nécessaires, les conditions de climat et de sol plus favorables, les générations plus nombreuses, le nombre d'œufs pondus plus grand, font de l'altise le fléau terrible et grandissant toujours que nous avons décrit. C'est donc dans les travaux publiés en Algérie que nous puiserons, pour tracer la marche à suivre dans la défense d'un vignoble de notre colonie.

Dans les petites exploitations, l'entonnoir échancré pourra suffire, à condition toujours d'agir énergiquement dès les premiers beaux jours, la souche non encore développée, et principalement sur les rangées de ceps les plus rapprochés des abris d'hiver.

En grande culture, à l'usage de l'entonnoir on peut ajouter celui des insecticides. D'après M. d'Aurelles de Paladine, les meilleurs sont les suivants : 1° la poudre de pyrèthre du Caucase vraie [1], mélangée au soufre d'Apt dans la proportion de 6 à 7 kil. % ; 2° la poudre de tabac maure [2]

---

[1] Pour la culture économique de cette plante, dont les fleurs triturées achetées dans le commerce reviennent à 250 fr. le quintal, qui par ce fait ne peuvent être employées, voir dans le journal *la Vigne française*, n° du 28 février 1887, une note de M. de Malgraive, de Marengo (Algérie).

[2] Pour la fabrication du tabac maure ou tabac ayant subi une sorte de fermentation ammoniacale, et qui sous cette forme est beaucoup plus insecticide que le tabac ordinaire, voir la note de M. d'Aurelles de Paladine dans le *Messager agricole* de Montpellier, n° du 10 avril 1887.

à priser, également mélangée au soufre d'Apt dans la proportion de 12 à 15 kil. %; 3° le soufre d'Apt seul ou mélangé avec de la chaux nouvellement fusée.

La présence constante du soufre d'Apt dans ces mélanges pulvérulents permet de combattre à la fois l'altise et l'Oïdium.

On a ensuite imaginé les abris artificiels, et de plus en plus ce dernier moyen de destruction, toujours combiné avec l'usage de l'entonnoir échancré, semble devoir être préféré à l'emploi des insecticides.

M. Barbier a très judicieusement tracé la marche à suivre[1] dans la grande culture en Algérie. Laissant de côté les insecticides, qu'il considère « d'application difficile et coûteuse », il combine trois modes de destruction : 1° la recherche des insectes dans les abris d'hiver, recherche combinée avec l'emploi des abris artificiels usités aussi en Andalousie; 2° l'usage de l'entonnoir échancré; 3° l'ablation des feuilles portant les premières pontes.

Ce dernier procédé n'est pas nouveau, il a été dès 1849 préconisé par Cazalis-Allut[2]; mais, combiné avec les deux précédents, il en est le complément.

En substance, voici ce que dit M. Barbier : Le premier point est de cantonner les altises en hiver dans un nombre limité d'abris. Il faut bien se garder de détruire complètement les broussailles et les arbustes ; il est essentiel, au contraire, que les insectes trouvent quelques refuges d'hiver où l'on sera sûr de les rencontrer. Tout vignoble présente quelques-uns de ces coins plus abrités que les autres, tels que des fonds de ravins, que les altises préfèrent, et il est facile de constater quels sont ces endroits. On pourra y couper en automne les buissons qui les garnissent, laisser sur place ce bois de très faible valeur et qui, sec au printemps, s'enflammera facilement. On y ajoutera des tas de sarments, des gerbes de *diss* (grande graminée commune en Algérie) et des feuilles de palmier nain.

Au printemps, avant la pousse de la vigne, on incendiera ces amas de broussailles sèches, en ayant soin de choisir un temps froid et de préférence en faisant l'opération la nuit. De cette façon, fort peu d'altises pourront s'échapper, surtout si l'on a le soin d'enflammer tout le pourtour à la fois. Les écorces d'arbres à demi soulevées, celles de l'eucalyptus surtout, seront enlevées, brûlées, et le tronc flambé à l'aide d'un flambeur au pétrole ou à l'alcool.

Comme abris artificiels, M. Barbier dit s'être très bien trouvé des petits

---

[1] *L'Algérie agricole*, n° du 1er mars 1888.

[2] *Bulletin de la Société d'Agriculture de l'Hérault.*

paillassons de bouteilles, si abondants dans les colonies et qui n'ont aucun emploi. Posés sur un piquet fiché en terre, ils constituent d'excellents abris. Quand on les enlève, ils sont parfois garnis d'altises ; on n'a qu'à les brûler ou à les plonger dans l'eau bouillante pour les utiliser de nouveau. M. Grellet, le premier viticulteur algérien qui ait songé à utiliser ces paillassons, en place jusque dans ses haies vives et détruit énormément d'altises par ce moyen.

Pour rendre la chasse d'hiver aussi fructueuse que possible, dit M. Lecq (*loc. cit.*), le vigneron doit supprimer dans son vignoble et aux alentours tout ce qui ne peut pas devenir un piège pour l'altise. Les chemins doivent être nettoyés d'herbes sèches et de pierres entassées, les chiendents et les mauvaises herbes arrachés ; puis on doit disposer çà et là de petits tas de broussailles. En janvier-février, on brûle ces abris artificiels, en les arrosant, si besoin est, d'un peu de pétrole. Les tas de broussailles disposés comme pièges doivent être formés de branchages et de feuilles qui ne se décomposent pas sous l'action des pluies. L'altise, par instinct, cherche comme refuge les végétaux résistant à la pourriture, tels que les diss, les brindilles d'oliviers, les feuilles de palmiers nains, les sarments de vigne, etc. Une bonne précaution est de protéger ces petits tas contre la pluie au moyen de tuiles creuses.

Dans les environs de Malaga, d'après le même auteur, on emploie des nids artificiels fabriqués avec des feuilles de palmiers réunies en bottes liées au moyen d'une ficelle. Ils affectent la forme d'un tronc de cône. On les suspend aux ceps de distance en distance, à une hauteur de 10 à 20 centim. au-dessus du sol.

En 1866, lors d'une invasion d'altises présentant les caractères d'un véritable fléau, une Commission nommée pour étudier et combattre le mal recueillit dans plusieurs vignobles de la plaine de Malaga des nids qui contenaient jusqu'à 400 insectes chacun. Ces nids furent échaudés et les altises jetées aux poules.

On doit ramasser le contenu des nids toutes les fois que l'on va procéder au labour de la vigne, pour que le laboureur ne soit pas gêné dans son travail, et aussitôt que celui-ci est fait, les insectes détruits, on replace les nids. La dernière levée de ces abris artificiels a lieu pendant la seconde quinzaine de mars.

Au début de la végétation de la vigne, dit M. Barbier, l'altise abandonne ses retraites d'hiver, se précipite sur les rangs de souches les plus voisins; mais elle n'y reste pas à demeure, elle craint les froids de la nuit et *se réfugie le soir dans les abris les plus rapprochés*, d'où elle ne sort qu'après le lever du soleil. L'emploi des abris artificiels est encore ici tout indiqué. On les enlève le matin avant la sortie des insectes.

Les propriétaires, qui ont forcé en quelque sorte les altises à gagner les abris d'hiver peu nombreux que nous avons décrits, n'ont que peu de centres d'invasion au printemps, et l'œuvre de destruction est facile. Elle sera encore simplifiée si l'on a soin de maintenir les altises cantonnées sur ces points, ce qui peut s'obtenir en recouvrant de poudre de soufre trituré et de chaux une zone de rangées de souches, une vingtaine par exemple, limitant la partie envahie. C'est alors qu'on fait usage, le jour, de l'entonnoir échancré, et, la nuit, des abris artificiels, paillassons de bouteilles ou autres, ébouillantés le matin.

Si l'on a ainsi opéré, il y aura bien peu d'altises, et par conséquent peu de pontes au delà de la zone soufrée.

On sait que les altises préfèrent certains cépages, surtout ceux à feuilles tendres, tels que le Morastel fleuri ou Brun fourca, l'Alicante, l'Aramon, et en général tous les cépages à feuilles glabres. En plantant, dans les endroits abrités des vents, des carrés de ces cépages, on pourrait aussi maintenir plus longtemps la localisation des insectes.

L'enlèvement des premières pontes se fera en sacrifiant les feuilles qui les portent. D'après la note de Cazalis-Allut citée plus haut, aussitôt les pontes observées, c'est-à-dire en mai pour le Languedoc, il faut enlever *toutes les feuilles et toutes les pousses placées au-dessous des raisins maîtres*, les premières pontes n'étant que par exception placées *au-dessus*.

M. Barbier, avec raison soucieux de respecter autant que possible l'appareil végétatif aérien de la vigne, dit que, même dans les quartiers fortement atteints, il suffit d'enlever les *quatre premières feuilles*. L'ouvrier, en relevant le sarment, peut voir rapidement l'envers des autres feuilles et écraser avec les doigts les quelques pontes qui pourraient y être déposées. Nous conseillons, dit M. Barbier, de s'en tenir là et de ne pas s'inquiéter de la seconde génération de l'insecte. Elle sera peu importante si les travaux sus-indiqués ont été bien effectués.

Restent les chances d'invasion pendant l'été par les essaims arrivant au vol des parages dévastés. Devant ces millions d'insectes tombant en pluie, le vigneron se considérera peut-être comme débordé. Néanmoins la lutte ne devra pas être abandonnée. La récolte des altises à l'entonnoir n'étant guère possible à cette époque, à cause du développement des sarments, on pourra employer le soufre mélangé de chaux à haute dose, ou mieux encore les composés cupriques expérimentés avec succès à Marseille par M. G. Gastine [1] contre l'insecte parfait. Mais ces retours

---

[1] *Progrès agricole*, 31 juillet 1887. De préférence à la bouillie bordelaise, M. Gastine recommande, dans cette Note, les liqueurs ammoniacales cupriques

offensifs ne se produisent pas toutes les années. Il faut espérer qu'un jour prochain viendra où le plus grand nombre des colons auront compris la gravité du mal et lutteront vigoureusement.

Une action énergique et combinée intervenant chaque année rendra de plus en plus rares ces invasions d'été.

LE MALACOSOME DE PORTUGAL

(*Malacosoma lusitanicum* LINNÉ.)

Cette espèce de Chrysomélide appartient à la sous-famille ou tribu des Gallérucides, dont la *Galléruque de l'orme* est le type le plus connu. Moins répandue et beaucoup moins nuisible que l'altise, elle n'en occasionne pas moins çà et là sur la vigne, dans toute l'Europe méridionale, des dégâts appréciables dans la région de l'olivier, où elle est à peu près confinée. Ce sont surtout les coteaux secs qui ont à souffrir de ses attaques.

Les premiers états de cet insecte, probablement souterrains, ne sont pas connus, et il y a lieu de s'en étonner, car l'insecte parfait, qui se montre de la première quinzaine de mai à fin juin, apparaît parfois en très grand nombre.

Les *Malacosoma* broutent les parties sucrées des fleurs, surtout de celles des Composées, et se jettent aussi en nombre sur les bourgeons remplis de sève sucrée, tels que ceux de la vigne. C'est par dizaines qu'on les trouve parfois sur chacun d'eux mangeant les feuilles à la façon des altises.

Comme le nom de genre l'indique (μαλακός mou, σῶμα, corps) les téguments de cet insecte sont mous.

comme formant un dépôt plus adhérent. « L'insecte parfait, dit-il, refuse la nourriture cuivreuse, même lorsque les feuilles ont été lavées. » Nous pouvons affirmer qu'il n'en n'est pas de même de la larve : nous l'avons personnellement élevée avec des feuilles criblées de taches d'eau céleste. M. Gastine le reconnaît du reste dans sa Note, où il dit que « si une vigne était traitée par les liqueurs cupriques dès le début de sa foliation, et ensuite à des intervalles rapprochés pendant qu'elle complète son système foliaire, on arriverait à ce résultat d'écarter l'*altise à l'état d'insecte parfait* et d'empêcher les pontes. Les traitements, ajoute-t-il, pourraient ainsi s'appliquer dès le printemps, à la fois contre l'*altise* et contre le *Mildew* ; mais il faut absolument opérer *avant la première ponte* ; celle-ci effectuée, l'évolution des œufs et des larves se ferait sans obstacle. »

Le *corps*, long de 7 à 9 millim. et large de 4 environ, est oblong, épais, cylindrique, entièrement de couleur jaune rougeâtre, sauf les méso et métasternum, qui sont noirs. La *tête* est en museau obtus, le chaperon relevé en bourrelet, les *yeux* saillants; les *antennes*, relativement épaisses, atteignent les deux tiers de la longueur du corps. Le *prothorax* transversal, à peine rétréci en avant, est notablement plus étroit que les *élytres*. Celles-ci sont oblongues, arrondies à l'extrémité et à épaules saillantes. Les *pattes* assez grandes, de grosseur moyenne, les postérieures notablement plus longues.

Les mâles se distinguent par la forme du dernier segment ventral, qui est profondément entaillé de chaque côté et creusé d'un sillon.

Quand on saisit cet insecte, il projette ses antennes en avant et contrefait le mort en répandant une odeur désagréable rappelant celle des coccinelles ou gallinettes.

Nous l'avons trouvé très souvent en Languedoc et en Provence, broutant les bourgeons de vigne au point de nuire sensiblement à la plante. Maintes fois il nous a été envoyé d'Algérie comme coupable des mêmes dégâts, et M. Targioni (*Relazione*, 1884, pag. 106) l'a signalé en Sicile.

Les mœurs de la larve, probablement mangeuse de racines, n'étant pas connues, on ne peut que ramasser l'insecte parfait, qui est diurne, très facile à voir, à saisir et à écraser.

L'AULACOPHORE ABDOMINAL

(*Aulacophora abdominalis* FABRICIUS.)

Pas plus que l'espèce précédente, dont elle est voisine, celle-ci n'a de nom français. Son nom, dont l'étymologie est αυλαξ sillon et φορειν porter, vient d'un sillon transversal placé sur le thorax. Bien que l'aire géographique de cette Gallérucide soit fort étendue (elle va du détroit de Gibraltar au Japon et même aux îles du Pacifique et de l'océan Indien), la zone où elle s'attaque aux bourgeons de la vigne est restreinte. Ce n'est guère que dans l'extrême sud de l'Europe et sur la côte barbaresque qu'elle est signalée nuisible. M. Targioni l'a reçue comme telle des environs de Palerme; elle figure dans la liste d'ampélophages grecs envoyée par M. Gennadius; nous l'avons enfin reçue de Jaffa (Syrie) et de plusieurs points d'Algérie, tels qu'Alger, Bouffarik, Sétif, Constantine et Bône. Cette

espèce n'a jamais été trouvée en France. Ses métamorphoses sont inconnues, comme celles des *Malacosoma*, dont elle parait avoir les mœurs, et
comme pour ces dernières on ne peut que conseiller le ramassage à la main.

Les dégâts de cette espèce seraient, croyons-nous, peu appréciables s'ils
n'étaient, en Algérie surtout, associés d'ordinaire à ceux d'autres insectes,
tels que les *Malacosoma* et diverses *Clytra*.

On reconnaîtra l'*Aulacophora abdominalis* aux caractères suivants:
longueur 6 à 7 millim., largeur 3 à 4 millim. *Corps* oblong, ovalaire,
épais, élargi en arrière, de couleur jaune avec le métasternum et l'abdomen
noirs. *Tête* formant un museau prononcé, relevé entre les antennes, avec
les *yeux* gros, globuleux, noirs, le *labre* rembruni, les *mandibules* rembrunies également, à 5 ou 6 dents aiguës, les *antennes* assez grêles, jaunes,
ne dépassant guère le milieu du corps, les *palpes* épais et jaunes.
Prothorax court, notablement plus étroit que les élytres, ayant au milieu
un sillon (αυλαξ) ou impression transversale profonde, plus large et plus
profonde dans son milieu chez le mâle. *Élytres* élargies en arrière, arrondies à l'extrémité; hanches antérieures saillantes, contiguës, ainsi que les
intermédiaires. *Abdomen* noir, sauf le dernier segment ventral qui est jaune
dans son milieu et profondément impressionné de chaque côté chez la
femelle et entaillé chez le mâle ; celui-ci se distingue encore par le premier
article des antennes fortement renflé.

CHAPITRE XVII.

LE GRIBOURI OU ÉCRIVAIN[1]

(*Adoxus vitis* FOURCROY.)

Synonymie : *Cantharis octava* (huitième Cantharide) Aldrovandi (1602).
— *Cryptocephalus niger elytris rubris* Geoffroy (1764). — *Cryptocephalus
vitis* Fourcroy (1785). — *Eumolpus vitis* Kugellan (1798) et Fabricius
(1801). — *Adoxus vitis* Kirby (1837). — *Bromius vitis* Chevrolat (1837)
et Redtenbacher (1840).

L'*Adoxus vitis*, appelé en français Gribouri, Écrivain et aussi Eumolpe,
est nommé encore par les vignerons des diverses contrées viticoles : Écrivain[2], Bête à la forge, Diablotin, Bête à café, etc.

Pour le nom scientifique, nous avons adopté avec tous les auteurs modernes, comme nom de genre, celui d'*Adoxus*, le plus anciennement créé

---

[1] BIBLIOGRAPHIE. — **Aldrovande** ; *De Insectis*, 1602. — **Pluche** ; *Spectacle
de la nature*. Paris, 1732. — **Geoffroy** ; *Histoire abrégée des Insectes des environs de Paris*, 1764. — **Latreille** ; *Nouveau Dictionn. d'hist. nat.*, tom. X,
pag. 640, 1819. — **Vallot** ; *Histoire des Insectes ennemis de la vigne*, 1841. —
Audouin ; *Insectes ennemis de la vigne*, 1842. — **Demerméty** ; *Quelques
faits sur l'Écrivain* (Journal d'Agr. de Dijon, 1849). — **Baron Thénard** ;
Comptes rendus Acad. Sc., 6 novembre 1854. — **Vinas** ; *Le Gribouri* (Revue
viticole de Dijon. 1864). — **Horvath** ; *Beitrag zur Naturgeschicte von Eumolpus vitis von Dr Geyza v. Horvath* (Ann. de la Soc. Imp. Roy. Zool. Bot. de
Vienne, 1873). Texte hongrois. — **Valéry Mayet et Lichtenstein** ; *Étude
sur le Gribouri* (Ann. Soc. des Agr. de France, 1878, et également Ann. Soc.
d'Hort. et d'Hist. nat. de l'Hérault, 1878). — **Ed André** ; *Métam. de l'Eumolpus vitis* (Le Naturaliste, Revue illustrée des Sc. nat. Paris, 1er juillet 1887).

[2] D'après M. Demerméty (*Journal d'Agr. de Dijon*, 1849), cité par M. André,
on orthographiait autrefois en Bourgogne : Gripevin, Esgrippe vin, d'où l'on a fait
Écrivin. D'après le même auteur, *Gribouri* viendrait de grippe-bourre, du vieux
mot latin *buria*, signifiant bourgeon de la vigne.

depuis les démembrements successifs des genres *Cryptocephalus* et *Eumolpus*, et comme nom d'espèce, celui de *vitis*, créé par Fourcroy (*Entomologia parisiensis*, 1785), et non par Fabricius (*Systema Eleutheratorum*, 1801), comme l'indiquent, par erreur sans doute, certains auteurs.

Le Gribouri, pour nous servir du nom français le plus anciennement connu, est un coléoptère de la famille des Chrysomélines ou Herbivores et qui, depuis des siècles, est réputé très dangereux pour la vigne. C'est un petit insecte court, ayant la tête à demi cachée dans le thorax et qui a les couleurs du hanneton commun, c'est-à-dire la tête et le thorax noirs et les élytres rousses. Il attaque la vigne, à l'exclusion de toutes les autres plantes, et nous sommes étonné de voir certains entomologistes considérer cette espèce comme une variété de l'*Adoxus obscurus* Linné. Ce dernier, beaucoup plus gros, entièrement noir, vit sur une plante des prairies marécageuses, l'*Epilobium angustifolium*, parfois sur le trèfle, mais jamais sur la vigne.

Le nom d'*Écrivain*, employé par bon nombre de viticulteurs, vient sans doute de ce que cet insecte, pour se nourrir, entame la feuille d'une façon spéciale. D'après la juste comparaison du baron Thénard (*Compt. rend. Acad. des Sc.*, 6 nov. 1854), il fait sur les feuilles et les parties vertes des entailles allongées (Pl. III, fig. 7) rappelant celles qui seraient faites « avec le bec bien ouvert d'une plume sans encre ». Si deux de ces traits se rencontrent bout à bout dans leur milieu, soit à angle aigu, soit à angle droit, on a l'image grossière de certaines lettres majuscules de l'alphabet latin.

Cet insecte est un des plus nuisibles à la vigne ; non pas que les entailles pratiquées sur les feuilles puissent entraver gravement leur fonctionnement, mais les lésions faites aux racines par la larve arrivent à tuer la souche. Parfois le mal se manifeste au loin sous forme de taches circulaires prises maintes fois pour la *tache d'huile* du Phylloxera. Heureusement pour le vigneron, les générations ne se succèdent pas d'ordinaire au delà de quelques années dans la même localité. Dès que les souches sont fortement affaiblies, l'ennemi émigre et va pondre ses œufs ailleurs.

I. — HISTORIQUE.

Quoi qu'en dise Walckenaer, le *Gribouri* n'était pas connu des anciens. L'insecte nommé par les Grecs *Ips* ou *Iks*, connu des Romains sous le nom de *Volucra*, et qui était à coup sûr une *larve mangeant la feuille*, ne pouvait être notre espèce, dont la larve est souterraine.

L'erreur vient de ce qu'à l'époque de Walckenaer (1836) on croyait, d'après l'assertion de Geoffroy (1764), que la larve de l'*Écrivain* vivait aux dépens des feuilles.

Aldrovande (*De insectis* (1602), pag. 472), auquel il faut toujours remonter pour trouver les premières indications un peu précises sur les insectes, fait du *Gribouri* sa *huitième Cantharide*, qu'il décrit ainsi : *corpore, capite, pectore, antennis ac pedibus nigris, vaginis rubris :* elle a le corps, la tête, la poitrine, les antennes et les pieds noirs, les élytres rouges. Elle nuit, dit-il, à la vigne. C'est une exacte description de l'insecte.

Olivier de Serres paraît ne pas avoir connu l'*Écrivain*. Pluche, dans son *Spectacle de la nature* (1732), parle seulement de deux petits ennemis de la vigne, la *Bêche* (notre Rhynchite) et le *Gribouri*, « qui, dit-il, a la figure d'un petit hanneton, passe l'hiver en terre au pied du cep et le fait souvent périr ». Il y a là une précieuse indication de mœurs souterraines, et qui a été, comme on le verra plus loin, trop longtenps négligée. Geoffroy (1764) décrit assez bien son *Cryptocephalus niger, elytris rubris,* vivant sur la vigne, pour qu'il n'y ait aucun doute à avoir sur l'identité de l'espèce ; il a le tort seulement d'affirmer (pag. 232 de son *Histoire des Insectes*) « que la larve du *Gribouri* détruit les jeunes pousses de la vigne et en fait périr les fleurs ». Il ne se contente pas de donner ainsi des mœurs aériennes à une larve qui vit sous terre, mais il confond encore la larve de l'*Altise* se nourrissant de feuilles avec celle de la *Cochylis* qui attaque la grappe en fleur.

En 1819, l'abbé Latreille (*Nouveau Dictionn. d'Hist. natur.*), répète ce que dit Geoffroy ; mais le Prince de l'Entomologie française dégage vite sa responsabilité en disant : « Les détails relatifs à l'*Eumolpe* de la vigne donnés par Geoffroy ont été reproduits par d'autres auteurs ; mais je préviens le lecteur que, n'ayant jamais eu l'occasion de vérifier ces faits, je ne les ai rapportés que d'après le témoignage de Geoffroy. »

Depuis lors, la plupart des auteurs, même de très récents [1] et non les moins connus, ont répété l'erreur de Geoffroy. Quelques protestations surgissaient pourtant, et, dès 1841, la première partait d'un des pays les plus ravagés, la Bourgogne. Nous lisons en effet, pag. 278 du travail de Vallot, que, « d'après les vignerons, la présence de nombreux *Écrivins* dans une vigne la fait périr. Suivant eux, ces insectes s'enfoncent en terre, rongent la racine et tuent le cep». L'auteur, il est vrai, se demande si ces dégâts ne pourraient pas être attribués aux *vers blancs du hanneton*, mais il sollicite de nouvelles observations.

---

[1] Maurice Girard ; *Traité d'Entomologie*, 1873, pag. 786.— Goureau ; *Insectes nuisibles*, 1861, pag. 31. — Boisduval ; *Entomologie horticole*, 1867, pag. 180.

L'année suivante, Audouin répète que «la larve de l'*Eumolpe*, malheureusement non encore observée par lui, *vit aux dépens des racines*, s'attache au point que l'on nomme le collet et mange les jeunes radicelles, ce qui ne tarde pas à faire dépérir la vigne». Mais ce n'était encore, sans doute, que d'après les observations superficielles des vignerons, et en quelque sorte d'intuition, que le Professeur du Muséum parlait ainsi. En 1849, M. Demerméty[1] (de Dijon) dit nettement que «la larve du *Gribouri* vit en terre, qu'elle est toute petite, comme un point blanc, et entièrement semblable à celle du *Hanneton*[2]. Enfin, en 1854, le baron Thénard, dans une Note à l'Institut citée plus haut, sans cependant décrire encore la larve en question, a parlé de lésions importantes faites par elle aux racines, a établi *par l'expérience*, et avec des rangées de souches témoins, que les vignes attaquées reprenaient après, par l'application de tourteaux riches en essence de moutarde.

La première observation précise et sérieuse sur les métamorphoses du *Gribouri* ne date cependant que de 1863. Elle est due à M. Vinas, agent-voyer à Béziers, a été publiée à Dijon dans le journal *la Revue Viticole*, 1864, pag. 269, et nous sommes étonné qu'aucun auteur ne l'ait citée. Ce travail n'est pas complet, en ce sens que les *Écrivains* observés par l'auteur, les pontes et les éclosions de larves obtenues, leur descente aux racines et les sillons tracés dans ces dernières, sillons dans lesquels les larves se tiennent cachées, sont trop brièvement décrits; il est peu scientifiquement rédigé, mais il n'en n'est pas moins vrai qu'il éclaire définitivement la question.

Il est fâcheux que ce Mémoire de sept à huit pages n'ait pas été reproduit par les journaux scientifiques et agricoles de cette époque : il eût évité bien des essais et des tâtonnements infructueux.

M. Horvath, de Buda-Pest, l'a ignoré en écrivant, en 1873, son travail sur l'*Eumolpus vitis*. Nous ignorions nous-même l'existence de ces deux travaux en publiant en 1878, en collaboration avec Lichtenstein, notre *Étude sur le Gribouri* ; mais on peut dire que les trois Mémoires se complètent. Le premier parle de la larve sortant de l'œuf et s'établissant aux racines ; le second donne la première bonne description de cette larve, avec figures ; le nôtre enfin, avec de nouveaux détails sur la larve, décrit la nymphe et la transformation en insecte parfait. Un quatrième et très bon travail sur le même objet, confirmant les trois autres et donnant de nouvelles

---

[1] Demerméty ; *Quelques faits sur l'Écrivin (Journal d'Agr. de Dijon)*. Nous devons ce renseignement à l'obligeance de M. André.

[2] Comme on peut le voir par la fig. 8 de notre Pl. III, il y a en effet quelques rapports de formes entre la larve du *Gribouri* et celle du *Hanneton*.

observations de M. Vergnette-Lamotte, correspondant de l'Institut, a été
publié, en 1887, par M. André.

Ce sont ces quatre Mémoires qui nous serviront à retracer dans son
ensemble la biologie de l'*Adoxus vitis*.

II. — DESCRIPTION ET BIOLOGIE.

L'insecte parfait, nous l'avons dit, rappelle par ses couleurs celles du
hanneton; mais, comme on peut le voir (fig. 60 et Pl. III, fig. 9), la forme
est bien différente.

Le *corps* est long d'environ 5 millim. et large de 3, couvert d'un duvet
gris jaunâtre. La *tête*, en partie rentrée dans le thorax,
est noire avec un sillon entre les deux yeux et deux
antennes grêles, un peu plus renflées à l'extrémité
qu'à la base. Celle-ci est rousse et le reste de l'antenne noire. Le *prothorax*, globuleux, noir, est petit
par rapport à l'abdomen. Les pattes sont noires, avec
les tibias et parfois les tarses roux. L'*abdomen*, une
fois et demie ou deux plus large que le thorax, est
recouvert entièrement par les deux *élytres*. Celles-ci
sont arrondies à l'extrémité, à épaules saillantes,

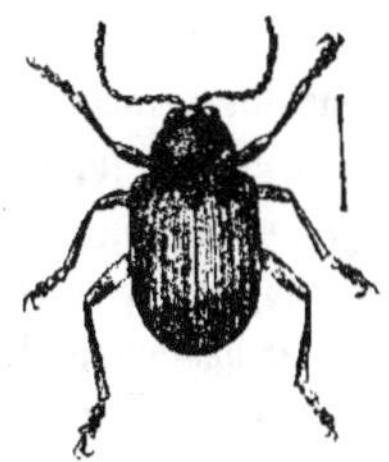

Fig. 60. — Gribouri
ou Écrivain, grossi.

à stries ponctuées, d'une couleur rouge tirant sur le brun ou le ferrugineux.
Le dessous du corps est noir.

Certains individus (fig. 60), pris tout d'abord pour des mâles, sont
relativement moins larges, plus élancés, avec les élytres plus arrondies aux
épaules et à l'extrémité, que chez l'individu représenté Pl. III, fig. 9. Ils
ont été reconnus femelles à la dissection, et le mâle, jusqu'à présent, a
échappé aux recherches.

Plusieurs auteurs ont parlé de l'accouplement; celui-ci n'a pas encore été
observé. L'insecte pondrait-il par parthénogénèse? La chose est peu
probable, mais non impossible. Toujours est-il que, dès 1863, M. Vinas
avait observé à Béziers [1] que des *Écrivains* tenus en captivité pendant
un mois, isolés les uns des autres, pondaient des œufs féconds. On pourra
dire que l'accouplement pouvait avoir eu lieu avant la capture ; mais, ce
qui est bien propre à piquer la curiosité du naturaliste, c'est que, malgré des
recherches minutieuses, MM. Jobert et de Vergnette-Lamotte [2] de Dijon,
sur des centaines d'individus disséqués, n'ont pu découvrir le sexe mâle.

[1] *Revue viticole de Dijon*, par Ladrey, 1864, pag. 269.
[2] Jobert et de Vergnette-Lamotte; *Compt. rend. Acad. des Sc.* 1881.

L'Adoxus, très craintif, échappe facilement à la main qui veut le saisir. Pour cela, il replie ses pattes et ses antennes contre le corps et se laisse rouler à terre en contrefaisant le mort. L'époque de la première apparition est la seconde quinzaine de mai. Le plus grand nombre se montrent en juin et juillet.

Comme nous l'avons dit dans les généralités, l'insecte parfait se nourrit du parenchyme de la feuille, de la tige verte et aussi du raisin, en y traçant les entailles spéciales qui lui ont valu son nom d'Écrivain.

Œufs.—Le nombre des œufs pondus est d'une trentaine environ ; ils sont déposés, en captivité, dans les anfractuosités et les fentes du récipient où on élève l'insecte, les replis de papier, etc. Il est probable qu'à l'état de liberté ils sont toujours placés sous les écorces, non loin du collet de la souche ; c'est dans ces conditions-là que M. Maurice Girard (*Bull. de la Soc. Ent. de France*, 22 juillet 1874) dit avoir observé plusieurs pontes.

Les œufs, longs d'un millim. environ, sont en forme d'ellipse allongée, de couleur jaune pâle. Ils ressemblent à ceux de l'Altise, mais ceux-ci sont de couleur beaucoup plus foncée et portent tous un petit fragment de déjections de la pondeuse, ce qui ne se voit pas sur les œufs de l'Écrivain.

Larve. — Après une dizaine de jours, dit M. André [1], qui le premier a figuré la larve venant d'éclore, les œufs donnent naissance à des larves minuscules, un millim. environ de longueur, assez agiles, à corps blanc, courbé et surmonté d'une tête brune. On y peut distinguer à la loupe de très petites antennes et des mandibules rougeâtres, ainsi que trois paires de courtes pattes. Des poils dressés ornent les douze anneaux qui suivent la tête, et le douzième ou dernier segment en montre quelques-uns plus longs et placés en prolongement du corps. Selon M. Vinas, ces larves ressemblent beaucoup pour la forme à celles de l'Altise au moment de leur naissance ; seulement elles ont la tête plus forte, plus carrée, les mandibules plus développées, le corps moins velu et de couleur plus claire, c'est-à-dire d'un jaune nankin très pâle.

Peu de temps après leur naissance, elles cherchent à s'enfoncer dans le sol. « Le 20 juin, dit M. Vinas, j'ai rempli une boîte de terre fine non tassée et j'ai mis au milieu une petite feuille de vigne sur laquelle j'avais déposé une vingtaine de larves d'Eumolpe nées de la veille. Presque immédiatement les larves se sont mises en marche ; un quart d'heure après, il n'en restait pas sur la feuille, la plupart s'étant enfouies, et, deux heures après, il n'en restait plus une sur le sol. Le même jour, j'ai pris des racines de vigne

____

[1] *Le Naturaliste*, revue illustrée des Sc. nat. Paris, 1er juillet 1887.

depuis un millim. jusqu'à 5 millim. de diamètre, j'ai mis ces racines et ces larves, ainsi que des œufs, dans un vase avec de la terre arrosée. J'ai mis de plus, sur la terre, des insectes parfaits au nombre de onze, qui ont pondu de nouveaux œufs à la surface de la terre ou peut-être dans l'intérieur, ce que je n'ai pu constater.

Le 11 juillet, ayant versé le contenu du vase sur une grande feuille de papier, j'ai pris une des racines qui avait de 3 à 4 millim. de diamètre, et j'ai vu de suite qu'elle avait été rongée sur plusieurs points. Il y avait sur ces points un sillon irrégulier, de 2 millim. environ de largeur sur 2 ou 3 centim. de longueur ; sur le trajet de ce sillon, l'écorce n'existait plus et la partie ligneuse était profondément entamée.

»En suivant un de ces sillons, j'ai posé la pointe d'un petit scalpel sur l'écorce, immédiatement après le sillon, pour voir si ce dernier ne pénétrait pas sous l'écorce au delà de sa portée apparente, et presque aussitôt une larve d'Eumolpe est sortie de dessous l'écorce. J'ai trouvé encore dans la même racine trois autres larves cachées comme la première. Les unes et les autres avaient environ 3 millim. de longueur.»

L'expérience n'a, paraît-il, pas été poussée plus loin par M. Vinas, mais elle suffit pour établir la relation qu'il y a entre les larves issues des œufs de l'*Adoxus vitis* et celles qui vivent dans les entailles des racines.

M. de Vergnette, de son côté, en cultivant des vignes en pots sous une enveloppe de gaze et en y plaçant de nombreux *Écrivains*, a retrouvé, à l'automne, des larves fortement développées et qui avaient tracé le long des racines de nombreux sillons, assez profonds pour qu'elles puissent s'y cacher.

Nous avons personnellement observé les larves[1], à partir du mois d'octobre, sur des souches où de nombreux gribouris avaient été observés. Elles étaient engagées dans les sillons creusés par elles. Mises en terre avec des racines dans un vase à fleurs enfoncé dans le sol et laissées tout l'hiver de 1877-78 à l'air libre, nous les avons retrouvées fin mars, les unes encore dans les racines, les autres ayant déjà formé leur coque en terre pour se changer en nymphe.

Suivant le travail de M. Horvath[2], celles qui ne se métamorphosent pas au printemps recommencent leur ravages et ne construisent leur coque que fin juillet, pour apparaître en août à l'état d'insecte parfait.

La nature, prodigue des individus, mais soigneuse de la conservation des espèces, nous offre ainsi souvent chez les insectes des éclosions tardives,

[1] *Ann. de la Soc. des Agric. de France*, 1878.
[2] *Ann. de la Soc. Imp. Roy. Zool. Bot. de Vienne*, 1873.

sorte de réserve dans le cas où quelque accident détruirait, avant la ponte, tous les individus éclos.

De cette larve adulte (Pl. III, fig. 8), nous donnerons la description suivante:

Corps rappelant par sa forme celui de la larve d'un hanneton, c'est-à-dire courbé comme celle-ci en forme de croissant. On peut encore, comme l'a fait M. Horvath, comparer sa forme à celle des larves de *Cryptocephalus* (χρυπτός caché, κεφαλή tête), genre voisin et dans lequel les auteurs du siècle dernier avaient compris notre insecte. La longueur est de 6 millim. et demi si la larve est recourbée, de 8 environ si l'on redresse le corps. Celui-ci est blanc, de consistance molle, excepté la tête, qui est d'un brun clair et plus chitineuse, muni de six pieds assez développés, composé de quatorze anneaux, y compris la tête et le segment anal, garni de cils espacés et jaunâtres, plus nombreux sur le dos que sous le ventre, surtout dans la partie thoracique.

La *tête*, saillante, d'un brun clair, arrondie, porte au sommet un léger sillon médian qui la divise en deux lobes. Les *yeux* sont nuls, les *antennes* très courtes, coniques, composées de trois articles, le premier le plus long, le troisième terminé par deux petites pointes charnues. *Mandibules* épaisses et cornées, d'un brun clair à la base, d'un brun de poix sur les bords et à l'extrémité. *Mâchoires* grandes, aussi longues que les mandibules, aplaties, demi-transparentes, cornées seulement sur les bords. *Palpes maxillaires* de quatre articles; *palpes labiaux* d'un seul article.

Les *pieds*, relativement développés, 1 millim. et demi à 1 millim. trois quarts, transparents et pourtant assez consistants pour être propres à la marche, sont composés de quatre parties dont la dernière se termine par un ongle aigu d'un brun foncé.

Nymphe. — Après avoir quitté les racines, à la fin de mars généralement, la larve se pratique dans le sol, comme nous l'avons dit, une loge ovale en terre, aux parois fortement tassées, dans laquelle s'opère sa métamorphose en nymphe. A Montpellier, nous avons observé celle-ci fin avril.

Le *corps* est blanc, composé de douze anneaux, muni sur chacun de ceux-ci d'une rangée transversale de cils raides assez longs et de quelques poils épars plus courts. Les cils raides sont beaucoup plus longs sur la tête et le prothorax ; ce dernier en a deux rangées parallèles. La *tête* est fortement inclinée sur la poitrine, les parties de la bouche très visibles ; les antennes, recourbées en arrière, passent derrière les deux premières paires de pattes, qui sont, ainsi que la paire postérieure, plaquées contre le corps. Les *élytres* et les *ailes*, assez développées, sont ramenées sur l'abdomen et passent entre les deux paires de pattes postérieures. L'*abdomen* est composé de huit segments, les quatre premiers également élargis, les quatre derniers progressivement atténués. le segment anal armé de deux forts ongles recourbés. Cette nymphe est surtout remarquable par les deux grands ongles recourbés du bout de l'abdomen et par ceux plus grands encore, mais moins recourbés, dont l'extrémité des cuisses antérieures et postérieures est armée. Cette armature et les poils des segments servent à faciliter les mouvements. Placé par nous au milieu d'une table, l'insecte se déplaçait en s'accrochant avec ces appendices, au point d'arriver au bord assez promptement, et nous ne serions pas étonné que, dérangé dans sa loge souterraine par la pioche ou la charrue, il ne puisse parvenir à s'enterrer de nouveau à une certaine profondeur.

Au bout d'une quinzaine de jours, la nymphe, qui de blanche est peu à peu devenue brune, en commençant par les yeux, les antennes et les pattes, se transforme en insecte parfait en rejetant la cuticule qui l'enveloppait. Pendant quelques jours encore, celui-ci séjourne dans sa coque terreuse, et enfin apparaît au jour, fin mai ou commencement de juin.

III. — LUTTE CONTRE L'INSECTE.

Malgré les ravages parfois très grands du gribouri, on n'a pas encore trouvé contre lui de remède absolument efficace. En Bourgogne, suivant M. André, on se sert d'un récipient en toile, en bois, en fer-blanc ou en vannerie, que l'on place sous la souche, et au-dessus duquel celle-ci est frappée au moyen d'un bâton. Étant données les habitudes de l'insecte, qui, au moindre bruit, au moindre mouvement de la souche, replie pattes et antennes et se laisse rouler sur le sol, nous préférons de beaucoup l'entonnoir évasé en fer-blanc, échancré comme un plat à barbe (fig. 61) et terminé par un sac, dont on se sert dans tout le midi de la France contre plusieurs espèces d'insecte, et que nous avons appelé l'entonnoir à altises. Cet instrument a environ 50 à 60 centim. de diamètre; plus il est large, meilleur il est. En procédant au milieu du jour, les gribouris qui échappent sont nombreux ; mais en opérant le matin,

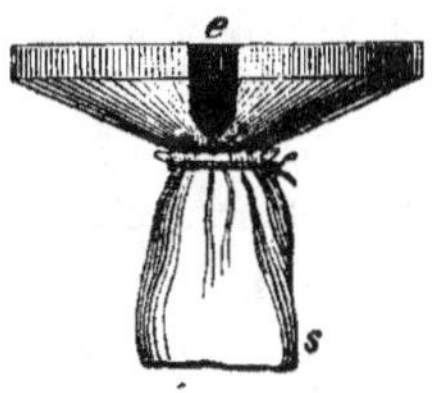

Fig. 61. — Entonnoir à Altises.

avant que le soleil ait réchauffé les insectes, on arrive à faire de ceux-ci des récoltes très considérables.

Nous avons vu souvent dans les vallées de l'Hérault, notamment dans les communes de Florensac, Montagnac et Pézenas, des vignerons rentrer à la ville vers huit heures du matin avec des sacs qui renfermaient bien chacun plusieurs centaines de grammes de gribouris. Les sacs étaient, en arrivant, plongés pendant cinq minutes dans l'eau bouillante et les insectes donnés aux volailles. Celles-ci mangent bien l'insecte ébouillanté ; mais elles le préfèrent vivant, et on a utilisé souvent leur concours pour le détruire dans les vignes. Les poules, les canards, surtout les dindons et les pintades, mangent énormément d'insectes et, en dehors de l'époque de la maturité du raisin, ne nuisent pas à la souche. Nous avons vu, en Languedoc, des troupeaux de dindons promenés du matin au soir dans les vignes par un enfant ou une femme, et la récolte s'en bien trouver. On a même employé contre le gribouri le poulailler portatif ou roulant. M. André conseille de se servir du modèle de grande dimension décrit par M. Gayot [1], long de 6 mèt., large de 2, traîné dans le champ par un cheval, pouvant loger trois ou quatre cents volailles et comprenant un logement pour un gardien. Nous avons vu personnellement ce système employé avec succès contre les *vers blancs* du hanneton qui ravagent les cultures de betterave et de colza, dans le département de la Somme ; les volailles apprennent vite à marcher derrière la charrue ; mais pour les exploitations viticoles, contre des insectes vivant en dehors du sol, nous préférons les petits appareils employés dans le Bordelais.

Ce sont des poulaillers en forme de grande niche à chien, montés sur deux roues, pouvant se traîner à bras, être au besoin rentrés le soir et ne renfermant qu'un nombre limité de volailles, une dizaine par exemple. En plaçant l'appareil sur les points attaqués par le gribouri, et qui, nous l'avons dit, sont d'ordinaire circonscrits sous forme de *taches d'huile phylloxériques*, on obtiendra, à peu de frais, un très bon résultat.

Tels sont les moyens, à la portée de tous, employés dans les diverses contrées viticoles contre le gribouri à l'état parfait.

On a songé aussi à lutter contre la larve souterraine. Là nous retrouvons l'intervention de la science et les insecticides. Dès 1845, le baron Thénard [2] avait observé les lésions produites sur la racine par la larve et avait songé à l'atteindre au moyen d'un gaz insecticide. Après divers essais en grande culture exécutés avec plusieurs produits, dans une de ses propriétés, à Buxy, près Chalon-sur-Saône, le célèbre chimiste s'arrêta à l'emploi dans le sol des tourteaux de colza et de moutarde, aux premiers, de préférence, comme plus abondants. Ces tourteaux, *préparés d'une façon*

---

[1] Gayot ; *Guide pratique pour l'aménagement des habitations des animaux*, vol. III, pag. 287. Paris, Lacroix, 1886.

[2] *Comptes rendus de l'Acad. des Sciences.* 6 novembre 1854, pag. 886.

spéciale, ont la propriété de dégager lentement des vapeurs très insecticides d'essence de moutarde.

Les expériences entreprises étaient probantes : les souches laissées comme témoins mouraient, tandis que celles qui avaient reçu le traitement revenaient à la vie. La méthode fut appliquée avec succès par plusieurs grands propriétaires de la Bourgogne ; mais le mode spécial de préparation des tourteaux sera toujours une difficulté pour quiconque n'est pas placé près des lieux de production, et, pour bien faire comprendre au lecteur quelle est cette difficulté, nous laisserons la parole à l'inventeur du procédé. « J'achetai, dit-il, des tourteaux du commerce ; mais, traités par l'eau, ils ne donnaient pas trace d'essence de moutarde. Je me rendis chez l'huilier : il chauffait la graine à plus de 150 degrés, et chacun sait qu'au-dessus de 80 degrés la meilleure farine de moutarde noire perd la propriété de donner de l'essence. Je préparai donc moi-même environ 100 kilogr. de tourteaux, et ceux-ci ne laissèrent rien à désirer. Je fis alors préparer 2,400 kilogr. de ces tourteaux, en ayant bien soin d'empêcher de chauffer la graine au-dessus de 80 degrés et d'employer le moins d'eau possible pour l'extraction de l'huile, ce qui, avec de bonnes presses, se fait sans perte. Ces 2,400 kilogr. furent employés à la dose de 1,200 kilogr. par hectare, appliqués tous les trois ans, soit 400 kilogr. par hectare et par an, et depuis cette époque mes vignes sont ainsi traitées. Le tourteau, préalablement réduit en poudre sous la meule, est employé du 15 février au 15 mars. Pour cela, chaque vigneron en emporte tous les matins dans sa hotte une provision d'environ 50 kilogr., quantité nécessaire pour 1/24 d'hectare, surface moyenne piochée par un vigneron. Arrivé à la vigne, il en sème une petite quantité à la volée et pioche aussitôt la surface de terrain qui l'a reçue, et il continue ainsi jusqu'au bout de son travail. Il est essentiel que le tourteau soit semé par petite partie et pioché aussitôt, sans cela il pourrait perdre dans l'atmosphère la plus grande partie de l'essence de moutarde qu'il est capable de donner ; il n'agirait plus alors que comme engrais. »

Le baron Thénard estime les frais à environ 50 fr. par hectare et par an. Les tourteaux ayant à peu près doublé depuis 1854, on peut porter la dépense à 100 fr. par hectare, somme de laquelle il faut, il est vrai, déduire l'économie d'autres engrais, économie possible par suite de l'emploi du tourteau.

Quoi qu'il en soit, le procédé n'est sûrement applicable que sur les lieux de fabrication de l'huile de colza et étant donné un fabricant qui se conforme rigoureusement aux prescriptions toutes scientifiques tracées par Thénard. Dans les vignobles du midi de la France, par exemple, ces conditions sont impossibles à rencontrer, et nous conseillerons d'employer un autre insecticide souterrain, qui celui-là a fait ses preuves, partout où on l'a employé dans des terres pas trop compactes : le sulfure de carbone. Cet insecticide par excellence a réussi souvent contre le *Phylloxera*, toujours contre la larve du hanneton et contre celle du *Vesperus*, qui cause tant de dégâts aux vignes de l'Espagne et des Pyrénées-Orientales ; il ne peut manquer d'être efficace contre la larve du Gribouri. A défaut de la charrue sulfureuse, le pal injecteur est, à l'heure qu'il est, entré dans l'outillage de toute exploitation viticole de quelque importance.

Comme dernier mot concernant la lutte contre l'*Écrivain*, nous dirons que les racines des cépages du Nouveau-Monde semblent ne pas souffrir des attaques de cet insecte. Depuis que les vignobles de l'Hérault sont en majeure partie reconstitués sur pieds américains, cet ennemi semble avoir disparu de notre département, tout au moins comme fléau. Nous continuons à le trouver à l'état parfait sur les vignes reconstituées et même sur les feuilles des cépages des États-Unis cultivés francs de pied, tels que le *Jacquez*, mais plus rarement. En tout cas, les attaques de sa larve ne semblent pas faire souffrir les ceps. Les racines des cépages d'outre-mer reconstitueraient-elles leurs tissus entaillés par la larve de Gribouri, comme elles le font d'ordinaire après la désagrégation causée par la piqûre du *Phylloxera* ? C'est probable.

Le fait est que l'*Adoxus vitis* existe aux États-Unis ; le genre *Adoxus* a même été créé en 1837 par l'auteur anglais Kirby[1], sur des exemplaires de cette espèce faisant partie des collections recueillies par l'expédition de sir John Franklin. Or l'*A. vitis* n'est signalé nulle part en Amérique comme nuisible aux vignes cultivées ; il est remplacé par une espèce voisine, le *Colaspis flavida* Say, qui, à l'état de larve, ronge, comme notre espèce, les racines de la vigne.

Les plants américains paraissent donc bien positivement avoir ce nouvel avantage de nous débarrasser d'un de nos ennemis les plus sérieux. C'est heureux pour nous, heureux pour eux aussi ! Par ces temps de Mildew, de Black Rot, etc., ils ont tant à se faire pardonner !

---

[1] Kirby ; *Fauna borealis Americana*, 1837, tom. IV, pag. 209.

LE CLYTHRE TAXICORNE

(*Clythra taxicornis* Fabricius [1].)

Les *Clythra* sont des Chrysomélides de forme généralement allongée, au corps cylindrique, de largeur uniforme, aux élytres parallèles, à la tête engagée dans le thorax, aux fortes mandibules, aux pieds antérieurs très développés chez les mâles, qui vivent à l'état de larves dans les fourmilières et qui, à l'état parfait, broutent les feuilles de plusieurs végétaux, entres autres celles de la vigne.

Les œufs sont déposés sur les plantes, généralement en bouquets, les uns adhérents à la tige ou à la feuille par un des bouts, d'autres portés par un long pédoncule, chez les espèces du sous-genre *Coptocephala* par exemple.

Les larves, au corps très allongé et cylindrique, recourbé en demi-cercle postérieurement, vivent dans des fourreaux portatifs formés de leurs excréments[2], convertis par la dessiccation en une substance noirâtre et peu solide. Elles sont parasites des fourmis, vivant sans doute de leurs provisions et se trouvant, soit dans les galeries de la fourmilière (*Clythra* proprement dites), soit sous les pierres, dans le voisinage (*Labidostomis*).

La nymphose s'opère dans les mêmes lieux, à l'intérieur du fourreau complètement fermé à cet effet, et il est fréquent, quand on ouvre une fourmilière à la fin d'avril, de trouver l'insecte parfait ainsi enfermé dans sa coque, qui ressemble à une graine brune et allongée ou à quelque débris de bois.

Plusieurs espèces sont chaque année signalées sur la vigne[3], mais

---

[1] Bibliographie. — **Fabricius** ; *Systema Entomologiæ*, 1775. — **Laicharting** ; *Verzeichniss und Beschreibung der Tyroler Insecten*, 1781. — **Fabricius**; *Systema Eleutheratorum*, 1801. — **Léon Dufour** ; *Larve et coque de la Clytra pubescens* (Ann. gén. des Sciences phys. Bruxelles, tom. VI, 1820). — **Lacordaire** ; *Monogr. des Coléoptères Phytophages*, tom. II, 1848. — **E. Lefèvre** ; *Monographie des Clytrides d'Europe* (Ann. Soc. ent de France, 1872).

[2] Nous avons vu déjà les déjections utilisées comme appareil de protection par les chrysomélides, tels que l'*Altise* de la vigne, qui en garnit l'extrémité de ses œufs, et les *Criocères*, qui s'en recouvrent entièrement à l'état de larves.

[3] On trouve encore fréquemment sur les bourgeons de la vigne, dans le midi

la *C. taxicornis* plus spécialement, et c'est à ce titre que nous l'avons choisie comme type de Clythre ampélophage.

On reconnaîtra la *Clythra (Labidostomis) taxicornis* aux caractères suivants :

Longueur, 8 à 12 millim., largeur 3 millim. environ.

Corps cylindrique, de couleur vert bleuâtre brillant, sauf les élytres qui sont d'un jaune testacé. Le *mâle*, généralement plus grand que la femelle, ce qui se retrouve du reste chez toutes les *Clythra*, est remarquable par sa grosse *tête* carrée et rugueuse, son front large, profondément creusé, ses mandibules longues, très saillantes, ses antennes aux derniers articles aplatis en forme de dents de scie, son *prothorax* plus large que les élytres et aux bords dentelés, ses pieds antérieurs très développés et ses tibias arqués. La *femelle*, plus petite, a la tête triangulaire, le front moins creusé, les mandibules, les antennes et les pieds antérieurs plus courts et les tibias droits.

Cette *Clythra*, qui vit spécialement sur les chênes, surtout le chêne vert, dont elle broute les chatons fleuris et les pousses tendres, est, certaines années, fortement nuisible à d'autres espèces botaniques telles que les *Rumex* et surtout la vigne. C'est par nuées que nous l'avons vue parfois, aux environs de Montpellier et en Algérie, s'abattre sur les pampres, qu'elle entaille de ses grandes mandibules; mais ses ravages ne durent pas. Son activité est en raison directe de la chaleur solaire. Au bout d'une quinzaine de jours, l'accouplement et la ponte opérés, ces insectes, qui ont apparu presque tous à la fois, disparaissent aussi très brusquement.

Comme nous l'avons dit à propos de l'*Aulacophora abdominalis*, les dégâts coïncident souvent avec ceux de cette espèce et ceux du *Malacosoma lusitanicum*. Ces trois insectes nous sont d'ordinaire envoyés ensemble par les viticulteurs algériens, et l'on doit lutter contre eux par le même procédé, celui du ramassage à la main.

---

de la France, la *Clythra (Labidostomis) lucida*, et nous avons reçu souvent comme ampélophage, de divers points de l'Espagne et d'Algérie, la *Clythra (Coptocephala) chalybæa*. La première ressemble en plus petit à la *C. taxicornis* : longueur 6 à 9 millim. seulement, tête et thorax d'un vert métallique brillant, élytres d'un jaune très pâle, parfois presque blanc. La seconde est une petite espèce (3 à 4 millim.), unicolore, d'un vert bronzé parfois bleuâtre. Nous nous contentons de citer ces deux insectes en note, les considérant comme causant des dommages peu importants.

CHAPITRE XVIII.

FAMILLE DES LONGICORNES.

Les *Longicornes* ou *Capricornes*, comme on les nomme vulgairement,
sont des *Coléoptères* à quatre articles aux tarses (tétramères), généralement
de grande taille, aux formes élégantes, aux longues antennes composées
de onze articles dépassant souvent la longueur du corps et dont les premiers
états se développent d'ordinaire dans le bois. Les larves sont blanches,
molles, longues, cylindriques; leur tête est petite, leur prothorax développé,
leur corps va se rétrécissant un peu d'avant en arrière, et, à peu d'excep-
tions près, elles pratiquent des galeries dans les tissus des arbres aux dépens
desquels elles vivent.

Chacune de nos essences forestières, ou à peu près, est attaquée par une
ou plusieurs espèces de *Longicornes*, espèces souvent spéciales à chaque
essence. La vigne ne fait pas exception. Quatre *Longicornes* peuvent être
rangés dans la liste de ses ennemis, mais un seul lui est particulier, et,
comme nous l'avons vu maintes fois déjà, l'espèce spéciale n'est pas la plus
dangereuse.

Ces quatre Longicornes sont les suivants : *Vesperus Xatarti, Clytus
Verbasci, Callidium unifasciatum*[1] et *Cerambyx miles*. Le *Callidium uni
fasciatum* est l'espèce spéciale à la vigne.

---

[1] D'autres *Callidium* attaquent accidentellement la vigne, mais trop rarement
pour que nous les rangions dans les ampélophages. Mulsant et Perris citent en
effet comme trouvé dans la vigne le *Callidium clavipes* Fabricius, grosse espèce
de 15 à 20 millim. de long, entièrement d'un noir de suie et qui vit dans le bois
mort de plusieurs arbres. Nous avons trouvé également aux environs de Montpellier, dans un vieux cep de vigne sauvage, à moitié mort, le *Callidium femo-
ratum* Linné, autre espèce couleur de suie, mais plus petite que la précédente,
8 à 11 millim. de long, avec les cuisses ferrugineuses.

LE VESPÈRE DE XATART[1].

(*Vesperus Xatarti* MULSANT.)

Ce Longicorne polyphage, aux mœurs et aux formes étranges, est la seule espèce du groupe qui puisse être considérée comme très nuisible à la vigne. Nous avons vu que, sous leurs premiers états, la plupart des insectes qui composent cette famille des Longicornes vivent aux dépens des végétaux, se nourrissant de leur bois ou de leur écorce. Chez les *Vesperus*, il n'en n'est pas ainsi. La larve vit dans le sol à la façon du *ver blanc* ou larve du hanneton, et, comme cette dernière, se nourrit de racines. Elle détruit parfois celles de la vigne sur de très grandes surfaces, et à ce titre nous avons à parler avec détail de cet insecte.

Le genre créé par Latreille (*Règne animal* de Cuvier, 1829) se compose d'espèces habitant les parties chaudes de l'Europe et le nord de l'Afrique. Trois ont été signalées en France et sept ou huit dans les diverses contrées que baigne la Méditerranée. Heureusement pour la plus grande partie des vignobles français, notre *Vesperus* appartient à la faune espagnole ; mais il a déjà envahi une bonne partie du département des Pyrénées-Orientales et vient d'être signalé dans l'Aude.

Les Longicornes qui nous occupent, classés par les entomologistes dans la sous-famille ou tribu des Lepturides, s'éloignent beaucoup de leurs congénères. Ceux-ci sont des insectes aux couleurs vives, aux mœurs diurnes, et qui fréquentent les fleurs à l'état parfait, après avoir vécu dans le bois sous leur forme larvaire. Les *Vesperus* sont au contraire nocturnes ou crépusculaires et revêtus de teintes grises tirant sur le brun ou le livide. Ils se font surtout remarquer par les différences de formes qui existent entre le mâle et la femelle. Ils ne vont jamais butiner sur les fleurs.

---

[1] BIBLIOGRAPHIE. — **Latreille**; *Règne animal de Cuvier*, 1829, tom. IV, pag. 129. — **Mulsant**; *Description du Vesperus Xatarti femelle* (Longicornes, 1re édition, 1839. — **Jacquelin Duval**; *Description du V. Xatarti mâle* (Ann. Soc. ent. de Fr., 1850). — **Valéry Mayet et J. Lichtenstein**; *Métamorphoses du Vesperus Xatarti*, avec planches (Ann. Soc. ent. de Fr., 1873 et 1875). **Perris**; *Larves de Coléopteres*. Paris, Deyrolle, 1877. — **Oliver**; *Mœurs du Vesperus Xatarti et moyens de le détruire* (Ann. Soc. des Agr. de France, 1879).

I. — HISTORIQUE.

Le genre *Vesperus* a été créé par Latreille (1829) pour un Longicorne de Provence (*V. strepens*) découvert par Olivier et décrit par Fabricius au siècle dernier, sous le nom de *Stenocherus strepens*. Trouvée pour la première fois par Léon Dufour, en 1813, dans les montagnes de Moxente, près Valence (Espagne), la femelle de l'espèce qui nous occupe a été décrite par Mulsant en 1839[1] et dédiée à un M. Xatart, de Pratz de Mollo (Pyrénées-Orientales), qui en avait recueilli dans cette localité un second individu femelle. En 1850, Jacquelin Duval décrivait le mâle dans les *Annales de la Société entomologique de France*. L'auteur du *Genera des Coléoptères d'Europe* avait pris cet exemplaire à Prades (Pyrénées-Orientales). L'espèce était donc bien positivement française.

Depuis lors, on n'entendit presque plus parler de ce Longicorne. De loin en loin, on en capturait un individu; très peu de collections le possédaient, les marchands le vendaient au poids de l'or, et il était classé dans ce que les collectionneurs appellent les insectes rares, dont on ne prononce le nom qu'avec un certain respect. Pour le naturaliste, qui en fait de rareté ne connaît guère que les espèces dont l'homme est en train d'opérer la destruction, ou celles dont on ignore la localité précise et l'époque d'apparition, le *Vesperus* ne pouvait être rare. L'insecte échappait toujours aux recherches, par la bonne raison qu'on les effectuait en été et qu'il apparaît en hiver.

Nos observations sur les mœurs et les métamorphoses de cette espèce, publiées de 1871 à 1875[2] en collaboration avec Lichtenstein, tout en faisant connaître son histoire, ont montré que l'insecte réputé rare est abondant au point d'être un fléau pour la vigne. De la larve, de forme si particulière, connue de temps immémorial des vignerons de l'Aragon sous le nom de *Vildas* et de ceux du Roussillon sous ceux de *Boutou* ou de *Menge-Mallots* (mange-plantiers), nous avons obtenu le *Vesperus* à l'état parfait, ainsi que sa ponte et l'éclosion de celle-ci au printemps suivant.

En 1879 enfin, un Mémoire présenté à la Société des Agriculteurs de France par notre ami M. Paul Oliver, de Collioure, confirmait nos observations, précisait l'époque et la durée de l'apparition, ainsi que les lieux de ponte habituels de l'insecte, et indiquait les moyens de le détruire.

C'est de ces divers Mémoires que sont tirés les détails biologiques qui suivent, et celui de M. Oliver, si plein d'observations exactes, sera cité bien souvent.

22

II. — DESCRIPTION ET BIOLOGIE.

Les deux sexes du *Vesperus Xatarti*, comme chez toutes les espèces du genre, sont fort différents l'un de l'autre. Le mâle est un longicorne

normalement conformé (fig. 62). Ses *antennes* dépassent la longueur du corps et ses élytres planes, recouvrant entièrement l'abdomen, abritent des ailes inférieures organisées pour le vol. Chez la femelle, les *antennes* dépassent à peine la moitié de la longueur du corps ; les *ailes inférieures* sont nulles ou avortées, toujours impropres au vol, et les *élytres* déhiscentes, plus courtes que l'abdomen, généralement gonflé d'œufs, font ressembler l'insecte aux coléoptères de la famille des Vésicants appélés Meloés.

Fig. 62. — Vesperus Xatarti mâle, grandeur naturelle.

Le *corps*, long de 18 à 22 millim. chez le mâle, de 20 à 30 millim. chez la femelle, est d'un gris tirant tantôt sur le brun, tantôt sur le livide clair, toujours plus foncé sur la tête et le prothorax, ceux-ci densement recouverts de poils livides. Les téguments sont toujours plus ou moins mous.

La description peut se compléter ainsi : Chez le mâle, *tête* longue et aplatie, plongée en arrière des yeux et se retrécissant progressivement en une sorte de col étroit ; *prothorax* long, étroit en avant, s'élargissant peu à peu en arrière, ayant toutefois le milieu un peu renflé, sans épine ni tubercule sur le côté, luisant au milieu de la ligne médiane ; *élytres* parallèles, planes, recouvrant entièrement l'abdomen et offrant d'ordinaire quelques traces de nervures.

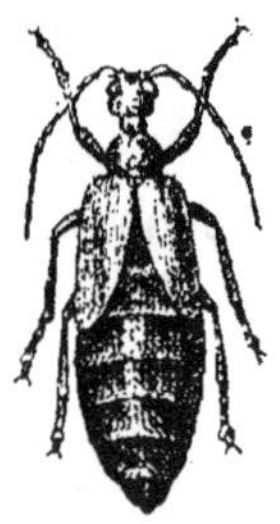

Chez la femelle (fig. 63), *tête* prolongée en arrière des yeux, comme chez le mâle, mais se rétrécissant plus brusquement en forme de col étroit, celui-ci plus court ; *prothorax* plus globuleux, également inerme et luisant sur le milieu de la ligne médiane ; *élytres* déhiscentes, courtes, prolongées seulement jusqu'à l'extrémité du troisième segment abdominal ; *ailes inférieures* nulles ou très rudimentaires ; *abdomen* brun, très renflé avant la ponte, très réduit ; celle-ci opérée, terminé par un oviscapte membraneux assez long.

Fig. 63. — Vesperus Xatarti femelle, grandeur naturelle.

« Bien qu'arrivé à l'état parfait dès le mois d'octobre, le *Vesperus Xatarti*, dit M. Oliver, reste dans sa coque jusqu'à fin décembre. Ce n'est qu'à cette époque que l'on commence à trouver quelques mâles hors de terre, appliqués sous les bras de la vigne ou sous les pierres, toujours à l'abri de la lumière. Les femelles n'apparaissent que plus tard, dans les premiers jours de janvier.

»A l'époque de la sortie de terre, on aperçoit souvent, près du tronc des souches, de nombreux trous de sortie, et, si l'on fouille la terre, la galerie qui les suit vous conduit à une coque de *Vesperus* nouvellement percée.

» L'apparition desdits trous fixe d'une manière certaine sur la sortie de l'insecte.

»L'accouplement a lieu dans le courant de janvier, et, à Collioure du moins, il est rare de récolter des *Vesperus* après la première semaine de février. Un mâle peut féconder plusieurs femelles, du moins en captivité. L'accouplement dure deux ou trois heures, quelquefois plus. La femelle, d'une fécondité extraordinaire, puisque j'ai compté des pontes de 200 à 500 œufs, dépose ceux-ci sous les exfoliations des souches, dans les fentes des pierres, sous les écorces des arbres, etc. »

Les œufs sont blancs, très allongés, ayant 3 millim. de long sur à peine 1 de large, assez souvent serrés les uns contre les autres en larges plaques adhérentes à l'écorce (fig. 64).

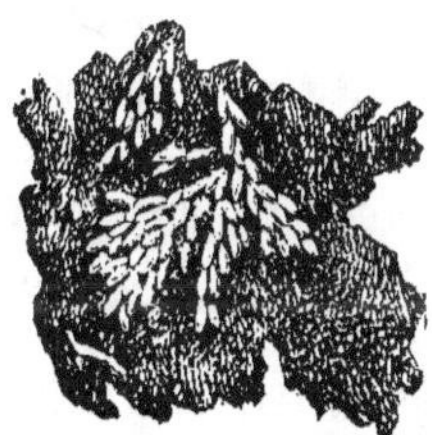

Fig. 64.—Fragment d'écorce avec œufs de Vesperus en dessous, grandeur naturelle.

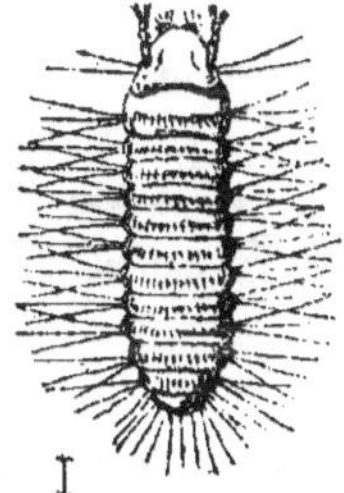

Fig. 65.— Larve de Vesperus venant d'éclore, fortement grossie.

La petite larve qui en sort du 15 au 30 avril (fig. 65) a, à peu près, les mêmes dimensions. Elle diffère notablement de la larve adulte en ce qu'elle est aussi allongée que cette dernière est courte ; les segments, dans leur partie latérale, sont garnis de poils très longs groupés par trois, formant pinceau de chaque côté du segment et portés sur un léger mamelon. Ces poils sont aussi longs que la largeur du corps. La tête est munie de six ocelles disposés par trois, en triangle à la base de chaque antenne. Celles-ci sont composées de cinq articles, dont les deux derniers accouplés, plantés côte à côte dans le troisième.

Munie de pieds relativement longs, notre petite larve est agile. Aussitôt éclose (détail observé par M. Oliver, mais qui nous a échappé), elle commence par manger la coque de l'œuf avant de s'enfoncer dans le sol. Volontiers elle se laisse choir et ses longs poils semblent destinés à amortir sa chute. Celle-ci opérée, elle pénètre dans les fissures du sol, où elle ne tarde pas sans doute à subir une mue qui fera d'elle une larve rhizophage de forme étrange.

Cette larve (fig. 66) est aveugle, courte, couverte de poils courts, très différente, en un mot, de la forme aérienne, allongée et munie de grands poils, que nous venons de décrire. Elle répond à la description suivante, faite sur un individu adulte :

Corps blanc, épais, chargé de poils courts et blonds, en forme de cube allongé, légèrement plus large à la partie postérieure, à quatre côtés distincts, nullement arrondi, si ce n'est dans les parties thoracique et céphalique ; long d'environ 25 millim. et large de 1? ; composé de 12 segments, non compris la tête et les lèvres anales ; creusé dans ses côtés par un double sillon longitudinal dans lequel les segments produisent un mamelon triangulaire.

Tête blanche, couverte de poils blonds ; front rugueux et comme chagriné, marqué d'un léger sillon médian ; labre large et court, à angles très arrondis, fortement cilié dans sa partie antérieure ; palpes maxillaires de trois articles, palpes labiaux de deux seulement ; mâchoires aplaties, en forme de hache, garnies d'une vingtaine de cils courts qui doivent aider à la mastication ; mandibules blanches à la base, brunes à l'extrémité, fortes, peu arquées, une fois plus longues que larges, dépassant légèrement le labre, à extrémité échancrée, fortement évidée en dedans, ce qui les rend très tranchantes ; antennes de 4 articles atteignant les deux tiers de la longueur des mandibules.

Thorax très développé dans sa partie prothoracique, celle-ci distincte par ses dimensions de tous les autres segments, à bords latéraux arrondis ; segments méso et métathoraciques très courts, en forme de carène dans leur partie dorsale, marqués en dessus dans leur milieu, ainsi que le premier segment abdominal, d'un double sillon en forme de V très court ; pieds assez développés pour une larve de longicorne, mais relativement moins que ceux de la forme aérienne, composés de quatre parties distinctes: trochanter, cuisse, tibia et tarse, ce dernier réduit à un ongle corné.

Abdomen composé de 9 segments, les 6 premiers aplatis sur le dos en forme de plaque; anus transversal; la lèvre supérieure sinueuse est terminée par une pointe s'adaptant sur l'inférieure, celle-ci en forme de V très ouvert.

Stigmates en forme d'ellipse, au nombre de 9 paires placées de côté dans les replis supérieurs des mamelons latéraux, la première vers l'angle postérieur du prothorax, les huit autres sur les huit premiers segments abdominaux.

Cette larve subit plusieurs mues sous terre et passe trois ans, croyons-nous, avant de se transformer en nymphe. Ce qu'il y a de certain, c'est que nous avons toujours trouvé en juin trois types de larve bien distincts par la taille : les petites, nées au printemps sans doute, les moyennes accomplissant leur deuxième année et les grandes leur troisième année. Ce sont ces dernières qui nous ont donné les insectes parfaits en automne. Nous les avons élevées au moyen d'avoine semée sur la terre du bocal où nous les tenions enfermées. Comme nous le verrons plus loin, la larve du *Vesperus*

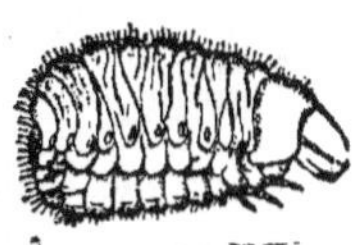

Fig. 66. — Larve de Vesperus, grandeur naturelle.

est en effet à peu près indifférente sur le choix de la racine dont elle se nourrit, et c'est, croyons-nous, l'état physique du sol toujours biné, permettant aux jeunes larves de s'enterrer facilement et joint à la présence d'écorces soulevées facilitant les pontes, qui multiplie l'insecte dans les vignes.

« Dans la vie de la larve, dit M. Oliver, il y a tous les ans deux périodes d'activité, du 15 mars au 15 mai environ, et du 15 septembre à fin octobre. C'est surtout à son réveil après l'hiver que la larve mange avec le plus de voracité ; c'est aussi à ce moment que les dégâts occasionnés sont les plus apparents. La larve ne se nourrit donc ni pendant les fortes chaleurs, ni à l'époque des froids.

»Quand elle prend son repos, on la trouve assez profondément dans le sol, mais sans abri particulier. On la rencontre aussi quelquefois en hiver, immobile, presque à fleur de terre, mais dans les crevasses des vieilles souches ou sous l'angle formé par le pivot et une racine.

»La troisième année écoulée, la larve a pris un grand développement ; aussi va-t-elle se transformer bientôt en nymphe. Après la période d'activité printanière, elle forme une coque de terre assez profondément pour que les travaux de binage ne puissent l'atteindre. Là, elle passe à l'état de nymphe au moment des fortes chaleurs, en juillet ou en août. C'est ce qui explique le petit nombre de nymphes que j'ai pu récolter.

» De 1874 à 1878, je n'ai pu en recueillir que trois (la première remise à M. Mayet, la seconde à M. Pellet, de Perpignan, l'autre à M. Planchon), tandis que j'ai acheté à mes vignerons plus de 8,000 insectes parfaits. »

La *nymphe* (fig 67), dont nous n'avons pu donner la description qu'en 1875, sur l'exemplaire envoyé par M. Oliver, rappelle les formes de l'insecte parfait. Le corps est blanc, glabre ; la *tête* est inclinée sur le *prothorax* au point d'être parfois dépassée par celui-ci, qui est convexe ; les antennes et les élytres passent sur la partie ventrale entre les pieds intermédiaires et postérieurs. L'*abdomen*, composé de 8 segments très saillants dans leur partie dorsale, porte sur chacun des 5 premiers une large rangée transversale de soies fauves, courtes, raides et dirigées en arrière. Le segment anal est terminé par

Fig. 67. — Nymphe de Vesperus femelle, grandeur naturelle.

deux pointes coniques, chitineuses, rembrunies à l'extrémité et incurvées en dedans.

La métamorphose en insecte parfait a lieu à la fin de l'été. D'après M. Oliver, c'est vers le 20 septembre que, sur le littoral des Pyrénées orientales du moins, les premiers individus éclos se trouvent dans le sol. En octobre et surtout novembre, le nombre de ceux qui sont mis à jour par les binages est de plus en plus grand ; mais ce n'est que fin décembre, comme nous l'avons nous-même constaté avec M. Oliver, que les premiers mâles se voient normalement hors de terre.

Il en est ainsi dans ce que nous appellerons la région moyenne de l'espèce ; mais si l'on descend plus au Sud, l'époque d'apparition est devancée ; elle devient automnale. Si l'on s'élève au contraire dans la région montagneuse des Pyrénées orientales, l'insecte ne paraît qu'au printemps.

Piochard de la Brulerie a en effet capturé en septembre, à Medina-Celi (Vieille-Castille), un mâle et trois femelles cachées sous une pierre[1]. Lichtenstein, de son côté, a trouvé à Carignena (Aragon) le 25 décembre[2], dans un tronc d'olivier, deux femelles évidemment sorties de terre depuis quelque temps, puisqu'elles ont pondu des œufs fécondés. Par contre, le capitaine Xambeu (de Ria) a observé que dans la région semi-montagneuse des Pyrénées orientales (Prades, Ria, Vernet-les-Bains), l'apparition se faisait de la fin de janvier au 15 mars[3]. Nous avons pour notre part trouvé des larves sous de grosses pierres enfoncées, au pic des Trois Termes (Albères), à 1,200 mèt. d'altitude, et Pellet, de Perpignan, cité par Perris[4], parle également de larves rencontrées à La Preste-les-Bains

---

1 Piochard de la Brulerie ; *Bull. Soc. ent. de France*, 1875, pag. 32.

2 Lichtenstein ; *Bull. Soc. ent. de France*, 1875, pag. 31.

3 Xambeu ; *Bull. Soc. ent. de France*, 1875, pag. 31.

4 Perris ; *Larves de Coléoptères*. Paris, Deyrolle, 1877.

(1,100 mèt.) et à Montlouis (1,600 mèt.). A ces altitudes, la neige couvrant le sol une bonne partie de l'hiver, l'espèce est nécessairement printanière.

L'insecte paraît ne pas manger. Le jour, il reste sous les bras de la vigne, dans les troncs caverneux des oliviers, ou sous les pierres ; en un mot, à l'abri de la lumière.

« Au crépuscule, dit M. Oliver, les femelles montent sur les souches ou de préférence sur les arbres, s'il y en a dans le voisinage, tandis que les mâles dirigent leur vol vers le même point. Si la nuit est calme, on trouve des insectes accouplés presque au sommet des branches ; si le vent souffle, ils se tiennent assez rapprochés du tronc. J'ai vu des femelles venir d'assez loin à la recherche d'un arbre planté dans la vigne.

»Cette habitude de l'insecte explique pourquoi nous trouvons beaucoup plus de larves de *Vesperus* sur les souches plantées aux alentours des oliviers, figuiers, sorbiers, amandiers, etc.

»Le mâle vole vers la lumière ; aussi n'est-il pas rare d'en prendre attirés par l'éclat des lampes dans les cafés et buvettes champêtres. Les hommes d'équipe de la gare m'en apportent fréquemment.

»Dans le mois de janvier, pendant les nuits obscures et calmes, les enfants, auxquels je paye l'insecte 10 cent. pièce, lui font une chasse en règle. On les voit, armés d'une ou de plusieurs bougies, se promener sous les ormeaux des glacis militaires. De temps en temps ils posent à terre la lumière ; le *Vesperus* voltige autour, et il est vite captif. »

III. — DÉGATS.

Les larves de *Vesperus*, avons-nous dit, sont polyphages. Dans les régions montagneuses, où nous les avons signalées entre 11 et 1,600 mèt., elles vivent, soit des racines des graminées dans les pâturages, soit de celles des arbres, telles que les hêtres et les frênes. M. Oliver les a trouvées s'attaquant aux racines d'ormes, et M. Naudin, de l'Institut, lors de son séjour à Collioure, nous a dit avoir remarqué que dans son jardin ces larves voraces allaient de préférence aux racines des melons et autres Cucurbitacées. Mais c'est principalement dans les vignes que les dégâts sont appréciables.

« Les attaques des larves de *Vesperus*, dit M. Oliver, sont surtout à craindre pour les jeunes plantiers ; de là, le nom de *Menge-Mallols* qui leur a été donné. Elles sont également à craindre pour les provins et même pour les vieilles souches.

»A la première année de plantation, on trouve fréquemment le sarment coupé en deux, et, si celui-ci a pris racine, la première ou la seconde année on voit, dans le mois de juin surtout, la végétation faiblir et, quelque temps après, le sujet mourir. En arrachant la jeune plante, on observe une incision annulaire entre le point d'émission des premières racines et le collet de la souche.

»A la troisième année, on n'observe plus d'incision annulaire complète et le pivot est trop épais pour pouvoir être sectionné. La vigne résiste momentanément aux blessures faites par les larves, qui cependant finiront par avoir raison de la souche. La plupart des ceps, sur les coteaux de Collioure, Port-Vendres et Banyuls, arrivés à l'âge de 20 et 30 ans, n'ont plus de pivots ; aussi peut-on facilement les ébranler. Ils ne tiennent au sol qu'à l'aide des racines latérales, qui ont pris naissance à proximité du collet, lesquelles, attaquées à leur tour et à plusieurs reprises, ne peuvent plus fournir d'aliment et entraînent avec leur perte la mort de la plante.

»Il n'est pas un coin du territoire des trois communes ci-dessus où l'on ne trouve le *Vesperus* ; toutefois il est des parties où il est tellement abondant qu'il défie tout viticulteur de pouvoir y faire venir la vigne.

»Les vignerons de Collioure et de Port-Vendres appellent la larve du *Vesperus* le *Menge-Mallols*, ceux de Banyuls le *Boutou*. Dans cette dernière commune, l'abondance de cette larve en certain parage a donné le nom à une partie du territoire, qu'on nomme le Boutou.

»Je ne prétends pas comparer les ravages de notre insecte à ceux du *Phylloxera;* mais ce que je puis dire sans crainte d'être démenti, c'est que, si nous voulons remplacer tous les vides faits chaque année par cette larve, nos vignerons doivent provigner pendant un mois et demi au moins. Heureux encore quand, ayant recouché une souche, nous pouvons voir, l'année d'après, le manquant remplacé, car il n'est pas rare d'observer, en juin ou juillet, des provins portant plusieurs gros raisins s'étioler et mourir. Si on les déchausse, on trouve souvent encore les larves acharnées après leur victime.

»De tous les renseignements recueillis, je juge que les larves du *Vesperus* détruisent annuellement, dans les trois communes précitées, de 50 à 60 hectares de vignes.

»Si, comme il a été dit plus haut, la larve du *Vesperus* est polyphage, il n'en n'est pas moins vrai que la vigne paraît lui convenir de préférence. En effet, dès qu'un propriétaire reconnaît que les ravages de l'insecte sont trop considérables en un point de sa vigne, il arrache les souches et la laisse inculte. Huit à dix ans après, il défriche, et si, à ce moment, il rencontre encore quelques larves, elles sont rares. Par contre, on aura une idée de leur abondance sur certains points plantés, par le fait suivant : En avril 1878, M. Planchon, venu à Collioure, m'ayant témoigné le désir d'en recueillir un certain nombre, je le conduisis dans une de mes vignes dite *le Douy*. Ayant cru reconnaître à l'aspect extérieur d'une souche les attaques des larves du *Vesperus*, je la fis déchausser, et nous en recueillîmes dix-sept; la souche voisine nous en fournit cinq. »

Les détails si précis que nous venons de citer suffisent pour montrer l'excessive abondance d'un insecte autrefois réputé rare, ainsi que l'importance de ses ravages.

IV. — MOYENS DE DESTRUCTION.

Concernant les meilleurs procédés à employer contre le *Vesperus*, nous ne pouvons mieux faire que de citer encore M. Oliver.

«Convaincu, dit-il, que je pourrais avoir raison des larves par la destruction des insectes parfaits, j'achetai en novembre 1876 une vigne située au territoire de Coume-Chéric, vigne réputée dans la commune comme un foyer de *Vesperus*; et nous allons voir qu'elle jouissait d'une réputation non usurpée. Cette vigne étant inculte depuis deux ans, je la fis défoncer un peu profondément. L'opération commença le 17 novembre et dura jusqu'au 15 décembre. Pendant ce temps, quatorze de mes travailleurs recueillirent 820 *Vesperus* à l'état parfait, qui, payés à 10 cent. pièce, représentaient 82 fr., première mise de fonds d'un repas que mes vignerons firent le jour de Noël.

»De 1875 à 1878, j'ai acheté ainsi plus de 8,000 insectes parfaits. Dans les journées des 4 et 5 janvier 1878, j'en ai acheté 618, la grande partie prise à la chasse au flambeau par huit de mes travailleurs, de 6 heures à 7 heures et demie du soir. La seule soirée du 5 janvier leur en avait procuré 411.

»En ce qui concerne les larves, afin d'arriver, sinon à leur destruction, du moins à leur éloignement des provins, les vignerons mettent, soit de l'algue marine, soit de la suie autour du sarment couché.

»En 1876, j'ai voulu me rendre compte de l'efficacité de la suie. Je fis déchausser 2,000 souches et je plaçai sur les racines de chacune un kilogr. de suie. L'année d'après, j'ai trouvé à plusieurs reprises des larves colorées en noir par le contact de la suie et ne paraissant nullement incommodées par cette substance.

»Les *Mange-Mallols*, avons-nous dit, sortent de leur hibernation après le 15 mars. Si la terre est humide, ils montent jusqu'à la surface. C'est le moment que j'ai toujours choisi pour bêcher les parties de vignes les plus attaquées. La couleur blanche des larves tranchant sur celle de la terre, le travailleur les aperçoit facilement et en tue des quantités.

»Il est d'autres propriétaires qui sèment en hiver, près des souches, des légumineuses, pois, fèves, haricots, etc. Les larves de *Vesperus*, qui paraissent friandes d'une telle nourriture, s'attaquent aux racines des dites plantes, attaque que l'on reconnaît à l'étiolement des feuilles. Si l'on arrache alors vivement les légumineuses, on entraine hors de terre les larves, qui restent fréquemment accrochées aux racines. Ce procédé très simple donne d'excellents résultats.

»Outre la suie, j'ai employé contre notre ennemi plusieurs insecticides tels que sulfure de potassium, pyrite de fer, coaltar, etc. Ce dernier tuait les larves, mais tuait aussi les provins. Le sulfure de carbone seul paraissait inoffensif à la plante et efficace contre l'insecte. Les résultats constatés contre le *Phylloxera* me paraissaient du reste assez encourageants, et je me suis décidé à entrer résolument dans cette voie après la tournée de la Commission internationale de Viticulture.

»A quel moment convenait il d'employer l'insecticide ? Fallait-il traiter les vignes pendant l'hibernation de la larve, c'est-à-dire à l'époque où elle est profondément enfoncée dans le sol ? Fallait-il attendre son réveil fin mars, quand elle monte à la surface de la terre ?

»Les vapeurs de sulfure de carbone étant plus denses que l'air, j'ai préféré attaquer l'animal dans les profondeurs du sol et j'ai adopté le traitement d'hiver appliqué en novembre et décembre. Du même coup, sont tués les larves de *Vesperus*, les insectes parfaits avant leur sortie et la larve du *Rhizotrogus marginipes*, petit hanneton connu dans ma commune sous le nom de *Pare-Massac*, et qui est aussi un ennemi de la vigne.

»Dans ce traitement, à l'encontre de celui contre le *Phylloxera*, il n'est pas nécessaire de traiter toute la surface, parce que quatre-vingt-dix-neuf fois sur cent nous trouvons les larves très rapprochées de la souche. Aussi n'ai-je fait que deux trous autour de chaque pied de vigne, à 25 centim. du pied, injectant dans chacun d'eux 7 gram. de sulfure de carbone.

»Afin de m'assurer de l'efficacité du traitement et avant de commencer son application, j'ai ramassé une dizaine de larves que j'ai placées entourées de terre dans une toile métallique. J'ai enfoui le tout assez profondément et j'ai opéré comme je viens de le dire. Le lendemain, j'ai constaté la mort de toutes les larves. Cet essai a été fait en présence de plusieurs propriétaires et les a décidés à appliquer le traitement.

J'ai d'abord appliqué l'insecticide sur une partie de vignes où les larves abondaient, à l'endroit même où, avec M. Planchon, nous en avions recueilli 22 sur deux souches. Huit jours après, j'ai mis six hommes à provigner. Malgré toute leur attention, ils n'ont trouvé que deux larves vivantes; tandis que précédemment, de leur propre aveu, ils en auraient trouvé une centaine, au plus bas chiffre. Ces mêmes vignerons ont vu bon nombre de larves et d'insectes parfaits morts sous terre.

»Même résultat favorable a été constaté à la vigne où nous avons recueilli, en 1876, 820 *Vesperus*. Dix hommes occupés à provigner n'ont trouvé que 13 larves et pas un seul insecte vivant.

»Quelle que soit l'efficacité du traitement, ce qu'il importe surtout à l'agriculteur, c'est d'en connaître le prix de revient. Aussi vais-je donner l'énumération de son coût dans trois de mes vignes où l'application n'a pas été uniforme.

»Que je fasse remarquer que le traitement au sulfure de carbone pourra n'être appliqué que tous les trois ans, et même tous les quatre ans, après la seconde application.

Vigne : Le Douy.

4,064 souches traitées à 2 trous, soit 8,128 trous,
chacun 7 grammes de sulfure.............. 25 fr. 60
7 journées d'homme à 2 fr. 50 17   50
4   —   de femme à 1   50............. 6

TOTAL............. 49 fr. 10

»Le seizième des trous a été fait au pal en fer, soit dépense à l'hectare de 10,000 souches : 120 fr. 80.

Vigne : Come-Cheric.

8.992 souches traitées à 2 trous, soit 17,984 trous,
chacun à 7 gram. de sulfure .... 56 fr. 65
9 journées trois quarts d'homme à 2 fr. 50..... 24   50
9   —   —   de femme à 1   50..... 14   25

TOTAL .... 95 fr. 40

»Le douzième des trous a été fait au pal en fer, soit dépense à l'hectare : 106 fr. 10.

Vigne : Derrière-Couvent.

1,799 souches traitées à 2 trous, soit 3,398 trous,
chacun 7 gram. de sulfure....... .... 11 fr. 35
6 journées et demie d'homme à 2 fr. 50........ 16   50
6   —   —   de femme à 1   50........ 9   75

TOTAL............. 37 fr. 60

»Le sixième des trous a été fait au pal en fer, soit dépense à l'hectare : 209 fr.

»Pour la préservation des provins, voici comment je conseille d'opérer :

»Fin mars ou dans les premiers jours d'avril, on injectera 16 gram. de sulfure en deux trous à 25 centim. du provin, et pour plus de sûreté nous traiterons de la même façon les quatre souches environnantes.»

Depuis la publication de ces lignes, il y a dix ans, nous tenons de M. Oliver que les traitements au sulfure de carbone ont continué à donner les meilleurs résultats.

Dans les quatre communes de Collioure, Argelez-sur-Mer, Port-Vendres et Banyuls, ils sont appliqués par tous les propriétaires soucieux du bon état de leurs vignes. Ce traitement insecticide s'impose d'autant plus à l'heure qu'il est, que le *Phylloxera* a produit en Roussillon, comme partout, la transformation partielle, tout au moins, des vignes françaises franches de pied en vignes greffées sur américain ; or le provignage, qui permettait de remplacer les manquants produits par le *Vesperus*, est devenu par le fait impossible.

LE CLYTE DU BOUILLON BLANC.

(*Clytus Verbasci* Linné.)

Synonymie. — *Leptura Verbasci* Linné, *Callidium ornatum* Herbst, *Stenochorus C. duplex* Scopoli, *Clytus ornatus* Fabricius.

Les clytes sont des Longicornes au corps cylindrique ayant les antennes rarement aussi longues que le corps, souvent à peine plus longues que la moitié de celui-ci. qui ont le prothorax globuleux, les pieds longs, les cuisses antérieures en massue et le premier article des tarses postérieurs aussi long ou même plus long que tous les autres réunis.

« Ces insectes, dit Mulsant (*loc. cit.*), sont remarquables par l'élégance de leur parure. Les uns, sur leurs étuis de velours jaune, portent des points ou des bandes d'ébène; plusieurs, sur un fond obscur, montrent des signes hiéroglyphiques, des lignes courbes ou flexueuses, des chevrons ou des croissants d'argent ; les autres, sur leur corps de jais, semblent chamarrés de galons d'or.

»Les goûts de ces gracieuses créatures sont en harmonie avec leur beauté. C'est aux fleurs que la plupart vont demander leur nourriture. Elles volent des ombelles du panais aux corymbes de la mille-feuille, ou cherchent sur des plantes plus humbles les sucs emmiellés dont elles sont avides. Leurs pieds longs et déliés, appropriés à leur genre de vie, sont des indices de leur légèreté. Dans les journées chaudes surtout, leur agilité désole souvent la main prête à les saisir. »

L'espèce qui nous occupe, comme son nom l'indique, vit souvent à l'état parfait sur les fleurs du bouillon-blanc (*Verbascum*).

On reconnaîtra sans peine ce joli capricorne aux caractères suivants :

Longueur 10 à 13 millim., largeur 2 à 3 millim. *Corps* allongé, un peu cylindrique, noir, entièrement revêtu d'un duvet jaune un peu verdâtre ou parfois d'un blanc cendré. *Tête* étroite et allongée ; *antennes* atteignant à peu près la moitié de la longueur du corps. *Prothorax* globuleux, un peu oblong, paré sur son disque d'une bande transverse (femelle) ou de trois taches en rangée transverse (mâle). *Élytres* ornées chacune, près de la base, d'un anneau incomplet ouvert extérieurement, et postérieurement de deux bandes noires, la première échancrée à son bord antérieur.

La *larve*, longue de 14 à 18 millim., est composée de quatorze segments, y compris la tête et le mamelon anal. Le *corps* blanc, un peu incarnat, n'est pas cylindrique, mais coupé carrément, sensiblement renflé antérieurement, revêtu de poils fins et blonds, pourvu sous chacun de trois segments thoraciques de six pattes relativement longues. La *tête*, petite, aux deux tiers enchâssée dans le prothorax, est d'un blanc roussâtre avec le bord antérieur noir ; celui-ci est plus nettement échancré que chez les autres larves de *Clytus* ; il n'y a pas trace d'ocelles ; les *antennes*, relativement longues, de quatre articles. *Prothorax* aussi grand que les trois segments réunis, une fois et demie aussi large que la tête, arrondi latéralement. *Abdomen* de neuf segments, plus le mamelon anal, les sept premiers pourvus sur leur partie dorsale et ventrale d'une double rangée d'ampoules ambulatoires parcourues par des plis et couvertes de fines rugosités. Ces ampoules, rappelant les fausses pattes des chenilles, moins les griffes, s'invaginent et se désinvaginent au gré de l'insecte, qui s'en sert pour avancer dans sa galerie.

Cette larve perfore les bois morts les plus divers et attaque aussi bien les piquets et les échalas que les parties mortes de la souche elle-même. Elle vit en plein bois, faisant en cela concurrence aux Termites, que nous avons vus ronger l'intérieur des vieux ceps, au point d'en occasionner parfois la rupture.

La *nymphe*, reproduisant, comme chez tous les Longicornes, du reste, l'ébauche exacte de l'insecte parfait, est blanche ; on remarque sur le front quelques poils courts, blonds, arqués en avant. Le *prothorax*, lisse, est revêtu sur sa moitié antérieure de deux bandes transversales de poils semblables, arqués en arrière, les *méso* et *métathorax* inermes et parsemés de poils. L'*abdomen* porte sur sa partie dorsale des poils inclinés en arrière également et des spinules très fines sur les premiers anneaux, plus fortes sur les derniers. Face ventrale glabre.

L'insecte parfait paraît fin juin et se montre jusqu'aux premiers jours d'août, non seulement sur les fleurs du bouillon-blanc, mais sur d'autres, celles des Ombellifères principalement, telles que la carotte et le panicaud. Son trou de sortie du bois, absolument rond, fait penser à un trou de vrille.

Toutes les fois que nous avons élevé des larves de *Clytus* trouvées en plein bois dans les souches, en Languedoc, nous avons obtenu le *Clytus verbasci*; mais il est possible que d'autres espèces polyphages, telles que le *Clytus quadripunctatus*, soient trouvées un jour sur la vigne. L'important était de signaler le principal auteur des trous ronds si fréquents sur le bois mort de nos vieux ceps. L'insecte est trop peu nuisible pour que l'on doive même conseiller de lui faire la chasse sur les fleurs.

LA CALLIDIE A UNE BANDE.

(*Callidium unifasciatum* OLIVIER.)

Les *Callidium* sont des Longicornes au *corps* relativement large et aplati, aux *antennes* variables, à troisième article plus long que le quatrième, au *prothorax* déprimé, transversal et arrondi sur les côtés. Les *élytres*, planes, sont parallèles ou dilatées en arrière et les *pattes* ont les cuisses renflées en massue.

Le genre est nombreux, plus de 70 espèces décrites. Mulsant l'a subdivisé en de nombreux sous-genres [1] dans le détail desquels nous n'avons pas à entrer.

Une espèce, le *Callidium unifasciatum*, attaque spécialement la vigne.

C'est un gracieux petit insecte, long de 6 à 7 millim., large de 2 à 3 millim., au *corps* aplati, hérissé en dessus de poils obscurs peu épais. La teinte générale est le brun fauve, plus foncé sur les deux tiers postérieurs des *élytres*. Celles-ci sont parées chacune, un peu au delà de la moitié de leur longueur, d'une bande transversale blanche, arquée, moins développée vers la suture. Les *antennes* atteignent les deux tiers ou les trois quarts de la longueur du corps ; les *cuisses* sont fortement renflées et comme pédicellées.

La *larve*, longue de 8 à 10 millim., a été décrite avec détails par Perris[2];

---

1 Mulsant ; *Les Longicornes* (*Histoire nat. des Coléoptères de France.* Paris, Maguin, Blanchard et Cᶦᵉ, 1863).

2 Perris ; *Larves de Coléoptères.* Paris, Deyrolle, 1877.

elle est blanche, trapue, assez fortement épaissie antérieurement, assez densement revêtue sur tout son corps de poils fins et blanchâtres, pourvue de trois paires de pattes extrêmement courtes et écartées. Vu au microscope, l'épiderme de la base latérale des segments abdominaux paraît couvert de fines épines qui facilitent les mouvements de l'insecte dans sa galerie.

Celle-ci est sinueuse, très irrégulière, comblée derrière l'insecte par ses déjections et pratiquée immédiatement sous l'écorce. Pendant l'hiver, la larve plonge plus profondément dans le bois. Quand l'époque de la métamorphose en nymphe est proche, l'insecte se retourne dans sa galerie, qu'il prolonge vers la surface du bois, l'élargissant pour s'y pratiquer une loge.

La *nymphe* reproduit, ébauchées, toutes les formes de l'insecte parfait; elle est blanche, glabre, lisse sur la tête, le thorax, les membres et le dessous du corps ; un mamelon tuberculé se voit sur le devant du thorax, ainsi que des aspérités roussâtres, spiniformes, disposées en ellipse sur la partie dorsale des deuxième et septième segments abdominaux ; sur le huitième, se trouvent quatre épines verticales disposées en carré; l'extrémité de l'abdomen est inerme. L'état de nymphe dure quinze jours ou trois semaines.

L'insecte parfait paraît en mai et vit peu de temps, juste les jours nécessaires à l'accouplement et à la ponte. Celle-ci se fait sous les écorces des parties du cep plus ou moins affaiblies, aussi bien dans les sarments que dans le bois d'un plus grand diamètre. Il n'y a qu'une génération par an.

Nous ne pouvons considérer cette espèce comme réellement nuisible à la vigne. C'est généralement sur la lambrusque de nos haies qu'on la rencontre. Nous ne l'avons trouvée qu'une fois sur la vigne cultivée[1], et encore sur des espaliers fortement déprimés par le Phylloxera.

Elle n'a jamais, quoi qu'en dise M. Fabre[2], été rencontrée sur un autre végétal que la vigne. Ainsi se trouve de nouveau confirmée cette règle, observée déjà, qui fait du parasite naturel un ennemi bien moins dangereux que celui contre les ravages duquel la plante n'est pas prémunie.

---

[1] En 1877, au domaine de Viviers, près Montpellier.
[2] Fabre ; *Catalogue de la Faune avignonaise.*

LE CAPRICORNE SOLDAT.

(*Cerambyx miles* BONELLI.)

Cette espèce, de grande taille, qui ressemble au Capricorne héros (*Cerambyx heros*), connu de tous comme vivant sur le chêne, ne se trouve pas sur la vigne dans l'Europe occidentale. Elle vit chez nous assez souvent sur l'amandier, le plus souvent sur l'aubépine, l'azerolier et autres *Cratægus*.

Nous ne l'eussions pas comprise dans notre liste d'ampélophages si M. Horvath n'avait, en 1884, signalé cet insecte comme attaquant la vigne en Hongrie[1]. « Ce grand *Longicorne*, dit-il, est bien moins commun en Hongrie que le *Cerambyx heros*, dont il diffère surtout par les antennes plus courtes et l'angle sutural du sommet des élytres obtus ou arrondi et non muni d'une petite dent spiniforme. Sa larve a été trouvée en 1883 à Fehértemplom (Hongrie méridionale), dans des souches de vignes dont elle rongeait le bois, y perçant des galeries semblables à celles que le *C. heros* perce dans les chênes. L'ouverture extérieure de ces galeries se trouve à une profondeur de 4 à 10 centim. sous la surface du sol, au collet du cep et conduit dans un canal dirigé vers le haut.

Cette larve, devenue adulte, est longue de 4 à 5 centim., cylindrique, un peu atténuée vers l'extrémité. Les anneaux, blanc jaunâtre, sont couverts de poils roux, espacés et courts ; les ocelles et les pieds manquent.

Très semblable à la larve du *Cerambyx heros*, elle en diffère surtout, ajoute M. Horvath, par l'absence des ocelles et des pieds et par la forme de l'anus, qui est une simple fente transversale et non une fissure trifide.

Cette larve, d'après le même auteur, passerait d'une souche à l'autre, se creusant une galerie à travers le sol, et attaquerait même *extérieurement* les tiges souterraines des jeunes plantiers.

Il faut l'autorité que nous reconnaissons au savant hongrois pour nous faire admettre pour cette larve : 1º des mœurs à l'occasion terricoles ; 2º l'absence de pieds.

Les mœurs terricoles ont, il est vrai, été observées par nous chez les larves de *Vesperus* et chez celles des *Dorcadion*[2], Longicornes apparte-

---

[1] Dr Horvath ; *Évolution du Cerambyx miles* (*Rovartani Lapok*, juillet 1884, et son supplément français, septembre 1884).

[2] Valéry Mayet ; *Note sur les mœurs souterraines des larves de Longicornes du genre Dorcadion* (*Bull. Soc. ent. de France*, 1882).

nant à deux tribus très distinctes, les Lepturides et les Lamides ; mais chez tous les *Vesperus* et *Dorcadion* dont les larves sont connues, celles-ci sont terricoles, tandis que toutes les larves de *Cerambyx* observées vivent exclusivement dans le bois.

A la rigueur, en regardant le séjour dans le sol comme accidentel, nous pouvons l'admettre ; mais plus grande est pour nous la difficulté de concevoir une larve de *Cerambyx* sans pieds. D'après Perris (*Larves de Coléoptères*, pag. 474), l'absence de pieds chez une larve de Longicornes est un caractère important de la tribu des Lamides, dont les *Dorcadion* cités plus haut font partie ; aucune des larves de Cérambycides décrites jusqu'à ce jour n'est apode. Si l'observation de M. Horvath est rigoureuse, le fait est des plus curieux et bien propre à faire douter de l'importance de certains caractères considérés jusqu'ici comme essentiels.

CHAPITRE XIX.

FAMILLE DES CURCULIONIDES.

Ces insectes, appelés aussi *Rhynchophores*, ou plus simplement *Charançons*, ou bien encore *Porte-becs*, constituent la famille la plus nombreuse, non seulement des Coléoptères et de la classe des insectes, mais de tout le règne animal.

On en a décrit actuellement dans le monde entier plus de 10,000 espèces, et peut-être y en a-t-il encore autant à décrire. On les reconnaît sans peine à leur tête prolongée en forme de rostre ou bec portant la bouche à son extrémité. L'appareil buccal se compose de mâchoires à un seul lobe et de mandibules courtes, mais robustes. Les antennes, insérées dans une fossette latérale appelée *scrobe*, sont le plus souvent coudées. Les tarses sont composés de quatre articles, comme ceux des *Longicornes* et des *Chrysomélides*.

Les Curculionides forment une famille très naturelle, qui n'a donné lieu qu'à fort peu de discussions sur les limites à lui assigner. Un caractère important à ajouter aux précédents consiste dans l'absence constante de pieds à l'état larvaire. Toutes les larves de charançons sont apodes.

On voit de quelle importance est ce caractère chez les larves, puisqu'il est ici caractère de famille.

Les espèces qui attaquent la vigne sont assez nombreuses, mais il n'en existe pas d'exclusivement ampélophages ; on peut même dire qu'une seule, le Rhynchite du bouleau (*Rhynchites Betuleti*), occasionne des dégâts d'une grande importance. Ce sera donc la seule espèce sur laquelle nous nous étendrons longuement. A elle seule elle composera notre chapitre XIX, et le chapitre XX, sous le titre général de Charançons coupe-bourgeons, comprendra toutes les autres espèces.

Nous parlerons des quinze charançons suivants : *Rhynchites Betuleti, Geonemus flabellipes, Cneorhinus geminatus, Peritelus subdepressus, P. griseus, P. senex, P. familiaris, Otiorhynchus planithorax, O. ligustici, O. asphaltinus, O. populeti, O. sulcatus, O. globus, O. singularis, O. raucus.*

LE RHYNCHITE OU ATTELABE[1]

(*Rhynchites Betuleti* FABRICIUS.)

SYNONYMIE : *Curculio Betulæ* Linné (1758).—*Rhinomacer totus viridi sericeus* Geoffroy (1762). — *Rhinomacer violaceus* Scopoli (1763). — *Rhinomacer alni. R. bispinus, R. unispinus, R. inermis* Müller (1776). — *Rhinomacer viridis* Fourcroy (1785). — *Attelabus Betuleti* Fabricius (1792). — *Rhynchites Betuleti* Herbst (1797). — *Involvulus Betuleti* Schrank (1798).— *Rhynchites Betuleti* Latreille (1807), Schœnherr (1826), Audouin (1842), Desbrochers des Loges (1869). — *Byctiscus Betuleti* Thomson (1859). — *Byctiscus Betulæ* Bedel (1886).

Les noms français sont encore plus nombreux. Dans les différents traités d'Agriculture, cet insecte est désigné indifféremment sous les noms de *Rhynchite* et *Attelabe*. Olivier de Serres (1604) disait *Coigneau* ou *Instrumentier*, c'est-à-dire faiseur de cornets, d'instruments; Estienne et Liebault (1618) l'appelaient *Formion* ; Pluche (1732) le nommait *Bêche* ; Geoffroy (1762), *Becmare vert* ; Rozier (1771), *Velours vert*, *Rouleur*. Les vignerons des différents vignobles disent *Bec mord* (de bec mordant), et par corruption *Becmore, Becmarc, Becmart*, ou bien encore *Urbec* (de bec brûlant), et par corruption *Hurebet, Urcebère, Ulber, Ulbar, Etulber, Urebée, Albère, Uberiot, Philbert, Chalibert*; on l'appelle aussi *Diableau, Grimaud, Gorgelion, Destreau*, etc. Aux environs d'Angers, on dit *Bécan* (animal à bec) ou *Pécan*, ou bien encore *Cunche*. Dans le vignoble des côtes du Rhône, c'est *Instrumentier*, comme du temps d'Olivier de Serres. En Languedoc, on dit *Cigareur*.

Si nous passons à l'étranger, c'est le *Rebenstecher* (coupeur de vignes) des Allemands. En Italie, autant de régions viticoles, autant de noms diffé-

[1] BIBLIOGRAPHIE. — **Aldrovande**; *De Animalibus insectis*. Bologne, 1602. — **Linné**; *Systema naturæ*. Stockholm, 1767. — **Geoffroy** ; *Hist. abrégée des Ins. des environs de Paris*, 1762.— **Scopoli**; *Entomologia Carniolica*. Vienne, 1763. — **Fabricius**; *Entomologia systematica emendata et aucta*. Copenhague, 1792-94. — **Herbst**; *Natursystem aller bekannten in und auslandichen Insecten*. Berlin, 1783-95.— **Walckenaer**; *Recherches sur les Insectes nuisibles à la vigne*. Paris, 1835. —**Nordlinger**; *Die kleinen Feinde der Landwirthschaft*. Stuttgard, 1855 et 1869. — **Gehin** ; *Insectes du poirier*. Metz, 1857.

rents : *Punteruolo della vite* (charançon de la vigne), *Sigaraio, Gorga-glione, Pizzifierro, Pampanella, Pizzetto, Rovigiolo, Padronella, Tagliadizzo* ou *Tagliadiccio.*

Plus de cinquante noms pour une seule espèce ! et nous n'avons cité que ceux de la France et des pays voisins C'est qu'il n'y a pas d'insecte plus connu du vigneron, plus facile à voir sur les vignes, dont il roule les feuilles en forme de cigares. La nomenclature latine, c'est-à-dire universelle, a quelque utilité, on en conviendra ! Pour le nom scientifique, malgré les catalogues allemands, nous avons adopté celui de *Rhynchites Betuleti*[1], admis par tous les monographes, depuis Schœnherr jusqu'à Desbrochers des Loges, celui que nous trouvons également dans l'ouvrage le plus récent (*Catalogue des Coléoptères de l'ancien Monde*, par de Marseul. Paris, 1888).

Comme son nom l'indique, le *Rhynchites Betuleti* vit sur le bouleau. Dans les pays froids, il fréquente aussi le noisetier, le tremble, le peuplier, le saule, l'aulne. Dans les régions tempérées, il vit sur le poirier, le cognassier et surtout la vigne, dont la feuille si tendre et si facile à rouler, la culture si répandue, faite sur un sol toujours biné, ont énormément multiplié l'espèce.

Celle-ci se trouve dans tous les vignobles de l'Europe. Malgré ce qu'en a dit Audouin, qui considérait ses ravages «comme plus visibles que graves», elle peut partout, à un moment donné, devenir redoutable. Nördlinger, qui dans son très bon livre intitulé : *Des petits ennemis de l'Agriculture*, a consacré de nombreuses pages à notre insecte, cite des localités où, dans la Bavière rhénane et le grand-duché de Bade, la récolte sur pied a été parfois réduite des neuf dixièmes et celle de l'année suivante fortement compromise. Dans l'Hérault, aux environs de la petite ville de Mèze, sur les bords de l'étang salé de Thau, principalement sur les territoires des deux communes

---

[1] Nous ne pouvons adopter, comme nom générique, celui d'*Attelabus* Linné, ni celui de *Rhinomacer* Geoffroy, l'un et l'autre ayant été réservés, depuis la création du genre *Rhynchites* par Schneider, en 1791, à deux groupes voisins, mais très distincts. Le nom spécifique de *Betulæ* Linné, auquel sont revenus les partisans absolus de la priorité, tels que M. Bedel (*Faune des Coléoptères du bassin de la Seine.* Paris, 1886), ne saurait davantage être conservé, même en admettant le sous-genre *Byctiscus* Thomson, attendu que cette épithète de *Betulæ* s'applique à une autre espèce de Linné. Celle-ci a été placée par le grand naturaliste suédois dans le genre *Attelabus* ; mais, depuis les dernières éditions de son *Systema naturæ*, elle a été ramenée parmi les *Rhynchites*. Ce *Rhynchites betulæ* est une petite espèce noire, allongée, toute différente de celle qui nous occupe, et qui vit sur le noisetier, le hêtre, le bouleau et l'aulne, jamais sur la vigne.

de Loupian et de Bouzigues, nous avons vu certaines années, fin juin, la vigne n'avoir plus une seule feuille qui ne fût roulée en cigare, et cela à perte de vue, sur des longueurs de plusieurs kilomètres. Les raisins, mis au soleil, tombaient ou se séchaient avant que les feuilles aient pu repousser, et la récolte dans ces quartiers-là était anéantie.

Nous n'avons pas, sans doute, à apprendre au lecteur que la feuille, par ses fonctions de respiration et surtout d'assimilation de l'acide carbonique de l'air, est l'organe aérien le plus important de la plante ; qu'en un mot, fixant le carbone et le combinant avec l'eau et les sels puisés dans le sol par les racines, elle fait le sucre du raisin et le raisin lui-même, fait aussi l'aoûtement du bois, etc.

Le *Rhynchites Betuleti* est la seule espèce du genre qui s'attaque à la vigne, heureusement ! C'est par erreur que Linné, et après lui Audouin, ainsi que tous les auteurs qui ont copié ce dernier, ont signalé comme ampélophages les *R. Bacchus* et *R. Populi*. Le premier vit exclusivement sur plusieurs espèces d'arbres fruitiers, pruniers, abricotiers, poiriers et surtout pommiers. L'insecte dépose ses œufs dans le fruit où vit sa larve et ne roule jamais de feuilles. Il est couleur de cuivre rouge tirant sur le vineux, de forme plus allongée, et ne peut être confondu avec notre espèce, qui est d'un vert ou d'un bleu métalliques, avec le ventre de même couleur. Le *Rhynchites Populi*, lui, est vert métallique, souvent doré, et roule des feuilles, mais seulement celles du peuplier, du tremble et parfois du bouleau : de là, confusion possible ; mais on le distinguera toujours à sa taille moitié plus petite que celle du *R. Buteleti*, à sa forme plus arrondie et surtout à son ventre noir.

I. — HISTORIQUE.

Pas plus que pour la Pyrale ou la Cochylis, les textes anciens ne sont assez clairs pour que l'on puisse affirmer que leurs auteurs ont positivement voulu parler du Rhynchite. Schrank (1798) avait donné à notre insecte le nom d'*Involvulus Betuleti*. L'auteur autrichien semble ainsi avoir rapporté l'espèce à l'*Involvulus* des anciens. Nous avons vu que c'était plutôt à la Pyrale ou à la Cychylis que ce nom devait être rapporté.

D'après Walckenaer, le mot de *Volvox*, employé par Pline, et celui de *Cantharis*, que l'on trouve dans la compilation connue sous le nom de Géoponiques, sembleraient s'appliquer à l'insecte qui nous occupe. Les anciens désignaient en effet sous le nom de *Cantharis* (le κανθαρος des Grecs) tous les Scarabées (Coléoptères) aux couleurs métalliques ; *Scarabæus*, en un mot, voulait dire en latin Coléoptère noir ou de couleurs ternes, et *Cantharis*

Coléoptère de couleur métallique. Or les Géoponiques parlent d'une *Cantharis* qui nuisait aux vignes.

En émettant cet avis, Walckenaer, qui un peu plus loin parle pourtant, sous le nom de *Melolontha vitis*, d'un autre Coléoptère métallique vivant sur la vigne, l'*Anomala vitis*, semble n'avoir pas songé à cet insecte, qui se trouve pourtant en Italie et réunit toutes les conditions pour être considéré, lui aussi, comme la *Cantharis* des Géoponiques.

On voit que sur ce sujet, comme sur bien d'autres, les textes anciens, même commentés par un membre de l'Académie des Inscriptions et Belles-Lettres, sont loin d'être clairs.

Depuis l'antiquité, la mention du *Rhynchite* la plus reculée que nous connaissions, est celle que signale, sans citer son auteur, il est vrai, M. Le Grand (*Revue viticole*. Dijon, 1864) et qui daterait de 1448. Il est question, pag. 344, de prières publiques ordonnées cette année-là par l'Évêché d'Autun (Saône-et-Loire) pour implorer le ciel contre les ravages des *Becmares*.

Le même auteur cite, en en donnant la traduction, une sentence ecclésiastique latine, trouvée, dit-il, dans un livre fort rare et rendue en 1516 contre l'*Hurebet* par l'Official de Troyes. Or la tradition vigneronne de la Bourgogne a conservé, jusqu'à aujourd'hui, ces noms de *Becmare* et d'*Hurebet* spécialement pour le *Rhynchite*.

Dans son livre *De Animalibus insectis*, écrit au XVIᵉ siècle et publié en 1602, Aldrovande est le premier auteur qui ait parlé du *Rhynchite* de façon à ce qu'il n'y ait absolument aucun doute sur l'espèce. Il l'a, de plus, figurée assez exactement.

Il l'appelle sa *neuvième Cantharis*. Après une description de l'insecte trouvé sur la vigne et dévastant ses feuilles (*in vite repertum ac folia ejus depopulantem*), l'auteur italien ajoute : *convolvit folia*, elle roule les feuilles, *atque in his sua ova reponit*, et dépose ses œufs dans leur intérieur. C'est, dit-il, l'insecte appelé vulgairement *Tagliadizzo* coupeur, par les vignerons ; or, d'après M. Targioni [1], ce nom est encore employé dans certaines régions de l'Italie.

Olivier de Serres, dans son *Théâtre de l'Agriculture et mesnage des champs*, publié en 1604, décrit ainsi le *Rhynchite*, qu'il appelle Coigneau : *Certaines bestioles de diverses espèces tourmentent la vigne au nouveau temps, spécialement celle qu'on appelle Coigneaux, de couleur vert luisante, coupant les tendrons de raisins, enfin s'enfermant dans des feuilles de vigne qu'ils roulent comme parchemin, y faisant leurs œufs.*

---

[1] Targioni-Tozzetti ; *Relazione della r. stazione di Entomologia agraria di Firenze*, 1888, pag. 114.

Depuis Olivier de Serres jusqu'au xixᵉ siècle, on ne trouve, traitant ce sujet, que quelques auteurs du xviiiᵉ. Les ouvrages du *Père de l'Agriculture* ont fait loi, en effet, pendant tout le xviiᵉ siècle et une partie du xviiiᵉ. En citant Pluche (1732) et l'abbé Rozier (1771), nous aurons nommé les deux principaux auteurs qui ont parlé du *Rhynchite* pendant cette période.

Nordlinger (*loc. cit.*) dit qu'en 1750 les vignes de Landau, et en 1756 celles de Roth (grand-duché de Bade) ont été gravement attaquées ; mais l'entomologiste allemand ne cite pas les sources de ces renseignements.

L'insecte est mentionné et décrit, cela va sans dire, par tous les auteurs du xixᵉ siècle ; mais nous avons vu, en ce qui concerne la synonymie, combien son nom scientifique a été discuté et ballotté d'un genre à l'autre. Plusieurs de ces auteurs, y compris Audouin, répétant l'erreur de Linné, ont dit que le *Rhynchites Betuleti* vivait souvent sur la vigne mélangé aux *R. Bacchus* et *Populi*. Nous avons, dans les généralités sur notre insecte, suffisamment indiqué les différences notables de forme, de couleur et de manière de vivre existant entre les trois espèces, pour qu'il soit nécessaire d'y revenir.

II. — DESCRIPTION ET BIOLOGIE.

Le genre *Rhynchite* se compose de Charançons aux couleurs généralement métalliques ou bronzées ; les antennes, non coudées, sont insérées au milieu du rostre, qui est long ; les élytres, plus larges que le prothorax, sont courtes et laissent à découvert l'extrémité de l'abdomen.

Le *R. Betuleti* (fig. 68, et Pl. III, fig. 13), à ses couleurs métalliques, vertes ou bleues, se distinguera de suite des autres charançons vivant sur la vigne, et qui ont tous des couleurs sombres ou terreuses.

De notre insecte à l'état parfait, nous donnerons la description suivante :

Corps long de 5 à 7 millim., large de 2ᵐᵐ,50 à 3ᵐᵐ,50, oblong, d'un beau vert brillant métallique, passant au doré sur le rostre, les pattes et le bord externe des élytres, parfois d'un bleu verdâtre, d'un bleu profond ou violacé, glabre ou ne portant de traces de duvet blanc que sur les parties latérales du prothorax et postérieures des élytres. Partie ventrale de même couleur que le reste du corps.

Fig. 68. — Rhynchite vu de profil, grossi.

Tête allongée, subcylindrique, à peine élargie en arrière, finement ponctuée, ridée transversalement à la base, marquée entre les deux yeux, qui sont noir brillant, d'une dépression rugueuse plus accentuée chez le mâle. Le *bec* est allongé, recourbé, élargi et aplati au bout ; les *antennes*, droites ou à peine coudées, sont insérées dans son milieu et se logent en partie dans deux sillons (scrobes) creusés latéralement dans le bec entre leur insertion et les yeux.

Prothorax arrondi, aussi long que large, un peu atténué à l'avant, finement ponctué comme la tête, ridé transversalement à l'avant et à l'arrière, muni dans son milieu d'un léger sillon, et sur ses côtés, chez le mâle seulement, d'une forte épine dirigée en avant. *Écusson* transversal, tronqué carrément au sommet.

Élytres en carré oblong, épaules à angles droits arrondis, à ponctuation plus forte que celle de la tête et du thorax, disposée en lignes longitudinales, légèrement pubescentes à l'extrémité. *Dessous du corps* finement ponctué, ainsi que le *pygidium*, plus profondément sur le sternum et les flancs, qui sont rugueux.

Pattes médiocres ; cuisses comprimées, peu renflées ; tibias faiblement arqués ; premier article des tarses relativement long, le second court, le troisième bilobé, très dilaté en large ; le quatrième ou dernier terminé par deux crochets aigus fortement recourbés.

La seule espèce avec laquelle les petits individus de notre espèce puissent être confondus est le *R. Populi*. On distinguera toujours ce dernier à ses élytres absolument glabres et au-dessous du corps noir, parfois bleuâtre, mais jamais métallique.

Le *Rhynchites Betuleti*, qui a passé l'hiver dans le sol, au pied des arbres ou des souches, dans les crevasses ou sous les écorces du cep, sort de sa retraite vers la première quinzaine de mai. Avant l'accouplement et la ponte, il broute çà et là les feuilles et les tiges vertes pour se nourrir, et cela sans grand inconvénient pour le cep. Dès que l'accouplement est opéré, c'est-à-dire fin mai, l'insecte attaque les feuilles pour leur confier sa ponte, et c'est alors que les ravages sérieux commencent. Entre le 10 et le 20 juin, toutes les pontes sont terminées.

Suivant l'arbre auquel il s'adresse, la manière de procéder est un peu différente. D'après Nordlinger et Géhin [1], sur le poirier et généralement les arbres à petites feuilles, le travail consiste à rechercher les pousses en pleine végétation et à faire avec les mandibules, à environ 10 centim. de l'extrémité, une entaille destinée à faire pendre la partie terminale, sans la séparer complètement. Le bourgeon ainsi incisé, ne recevant plus qu'une faible nourriture, ne tarde pas à se faner, et l'insecte obtient ainsi des feuilles plus molles et plus aptes à être transformées en étui où la ponte pourra s'opérer. Pour faire enrouler les feuilles ainsi ramollies, le Rhynchite

---

[1] Géhin ; *Les Insectes du poirier*. Metz, 1857.

PLANCHE III.

Métamorphoses et Ravages de divers Insectes ampélophages.

----

1. Grappe en boutons attaquée par la chenille de la Cochylis (*Tortrix (Cochylis ambiguella*) (1re génération).

2. Grappe commençant à mûrir, attaquée par la chenille de la Cochylis qui a percé les grains (2e génération).

3. Papillon de la Cochylis les ailes pliée,

4. Papillon de la Cochylis les ailes étendues.

5. Feuille de vigne attaquée par l'Altise (larves et insecte parfait grandeur naturelle).

6. Altise de la vigne (*Altica ampelophaga* Guérin), fortement grossie.

7. Feuille de vigne attaquée par le Gribouri (*Adoxus vitis*), avec l'insecte grandeur naturelle.

8. Larve souterraine du Gribouri.

9. Gribouri ou Écrivain, fortement grossi.

10. Bourgeon de vigne attaqué par le Rhynchite ou Attelabe (*Rhynchites Betuleti*), avec l'insecte grandeur naturelle.

10 A. Feuille de vigne roulée en cigare, encore verte, avec trou de sortie de la larve.

11. Feuille de vigne roulée en cigare, desséchée.

12. Larve du Rhynchite vivant dans le cigare, fortement grossie.

13. Rhynchite ou Attelabe à l'état parfait, fortement grossi.

s'aide de son bec et de ses pattes. Pour tous les détails de l'opération, qui sont longuement décrits par Nordlinger, nous renverrons à son travail et à l'édition française de Brehm *les Insectes*, par M. Künckel d'Herculais, qui donne en partie la traduction de ce passage. L'auteur allemand parle d'une sécrétion agglutinante « qui sert à fixer la partie de la feuille qui vient d'être roulée, qui sort par la partie postérieure de l'abdomen de l'insecte et qui, étendue et frottée par cette extrémité abdominale, finit par encoller solide- ment la feuille par cette manière de repassage répété». Nordlinger va jusqu'à dire que l'on voit la matière collante «se tirer en fil». Nous n'avons jamais rien vu de semblable, peut-être parce que nos obser- vations ont porté spécialement sur des feuilles de vigne faciles à rouler, tandis que Nordlinger parle de feuilles de peuplier ; mais, ni Géhin, ni Goureau, ni Perris, les trois auteurs français qui ont bien observé le *Rhynchites Betuleti*, ne mentionnent la chose.

Si les feuilles sont petites, ce qui se présente sur le saule et le bouleau, il en faut dix ou quinze pour confectionner le rouleau ; l'opération faite sur le peuplier et le poirier en exige quatre ou cinq ; sur l'aulne, le cognas- sier parfois, et sur la vigne toujours, une seule suffit.

Dans ce dernier cas, ce n'est pas la tige du bourgeon qui est incisée, ce qui ferait inutilement flétrir plusieurs feuilles, mais seulement le pétiole de la feuille destinée à être repliée en forme de cigare.

Sur la vigne, l'insecte attaque de préférence la feuille la plus rapprochée du raisin, et dès que, par l'incision du pétiole, elle est assez flétrie pour être pliée, il commence à la rouler (fig 69, et Pl. III, fig. 10). Dès le xviiie siècle, Rozier avait parfaitement observé l'opération et la décrit ainsi :

« Le Rouleur ou Charançon de la vigne, dit-il, commence par faire une incision sur le pétiole de la feuille, pour l'affaiblir ; puis il en pique les ner- vures. Il commence par celle du petit lobe extérieur et y dépose ses œufs ; dès que ce lobe est roulé, l'insecte attaque la nervure du voisin, mais en sens contraire, de sorte que l'endroit de la division du lobe où finit le pre- mier tour est le principe du nouveau tour en sens contraire : ainsi, il y a deux lobes dont le tour commence de droite à gauche et deux de gauche à droite ; enfin le cinquième lobe sert de recouvrement à tous les autres. Dans chaque tour sont renfermés des œufs ; il faut cinq à six jours pour que la feuille soit entièrement roulée.»

Ces œufs, arrondis, hyalins, ont un peu plus de un demi-millimètre de diamètre. La femelle, après l'enroulement du lobe de la feuille, le perce en un ou deux endroits avec son bec et pond un œuf dans chaque trou. D'après Nordlinger, le bec intervient de nouveau après la ponte pour pousser l'œuf au fond du trou. Chaque rouleau reçoit ainsi en moyenne cinq ou six œufs,

mais parfois on n'en trouve qu'un seul. Si la feuille est grande, on en trouve
jusqu'à sept ou huit. L'éclosion survient au bout d'une dizaine de jours, et
la larve qui sort de l'œuf se nourrit du parenchyme de la feuille roulée en
cigare et desséchée (Pl. III, fig. 11).

La larve. — Ne trouvant nulle part une description suffisante de cette
forme, pas même dans Nordlinger, nous nous arrêterons quelques instants
à la décrire avant de parler de ses mœurs.

Cette larve (Pl. III, fig 12) est blanche, molle, apode, comme toutes
celles des charançons. Le *corps*, long, quand elle est adulte, de 6 à 7
millim. et large d'environ 2^{mm},50, est relativement court, un peu plus
développé, en hauteur surtout, à la partie thoracique, couvert de poils
blonds, espacés, assez raides, et composé de douze segments non compris
la *tête*. Celle-ci est petite, ronde, fortement chitinisée, de couleur rousse,
munie d'antennes épaisses, très courtes, composées de trois articles. Le
labre ou lèvre supérieure est de couleur plus claire que le reste de la tête.
La *lèvre inférieure*, bilobée, porte une paire de palpes de deux articles.
Les *mandibules* sont fortes, rembrunies au bout, creusées d'un sillon
dans leur longueur et terminées par deux dents aplaties tranchantes. Les
mâchoires, bien visibles en dessous, portent à leur partie externe deux
palpes courts de trois articles. Le *thorax* est relativement grand, surtout
le segment prothoracique, qui porte vers ses angles postérieurs une paire
de stigmates bien visibles, de couleur fauve clair. *Abdomen* de neuf segments ; les huit premiers portent chacun un stigmate fauve clair situé sur
les côtés de la partie dorsale, contre la rangée longitudinale de bourrelets
latéraux qui séparent les arceaux du dos de ceux de la partie ventrale.

Aussitôt après sa sortie de l'œuf, c'est-à-dire du 10 au 25 juin, la
larve commence à brouter l'intérieur du cigare, constituant ainsi autour
d'elle une loge irrégulière qu'elle agrandit peu à peu, en raison de son
propre accroissement. Les excréments, en forme de filaments bruns, pulvérulents, sont rejetés entre les replis du fourreau, et de là tombent sur
le sol. Au bout de trois à cinq semaines, soit environ milieu de juillet,
la larve est adulte, dans les conditions normales du moins, c'est-à-dire la
feuille suspendue au pampre ou tombée sur le sol ; mais dans les éducations faites dans le laboratoire, faute d'humidité sans doute, elle grossit
plus lentement et ne perce souvent la feuille qu'au bout d'un mois et demi
ou deux, parfois trois. Pour quitter le cigare, l'insecte pratique une
ouverture arrondie d'un diamètre plus faible que celui de son corps (Pl. III,
fig. 10 A) ; de sorte que cette sortie est parfois très pénible et ne se fait
qu'au prix de vigoureux efforts.

Aussitôt dégagée, la larve tombe sur la terre, où de suite elle s'enfonce avec d'autant plus de facilité que le sol des vignes est d'ordinaire soigneusement biné. Arrivé à une profondeur qu'aucun auteur n'a précisée et qui, dans nos éducations de laboratoire, a toujours atteint le fond du récipient, l'insecte se pratique une loge arrondie, du diamètre d'un pois, dont les parois sont tassées et lisses, mais qui est toujours assez peu solide. Là, après une quinzaine de jours de repos, c'est-à-dire environ fin juillet, a lieu la métamorphose en nymphe.

La nymphe. — Sous cet état, l'insecte, long de 5 à 6 millim. et large de 4, est blanc, couvert de soies abondantes, présentant ébauchées les formes de l'insecte parfait. Le *bec*, les *pattes* et les *ailes*, d'aspect translucide, sont repliés contre le corps ; l'*abdomen* est fortement recourbé en avant. A mesure que la transformation approche, les yeux et les pattes se rembrunissent ; puis, à travers la cuticule, destinée à se rompre et à livrer passage à la forme définitive, apparaissent un peu les couleurs de celle-ci, d'abord sombres, puis métalliques.

Au bout de trois semaines environ, seconde quinzaine d'août par conséquent, l'insecte parfait est éclos. Si l'automne est sec et peu chaud, il ne quitte sa retraite, ou tout au moins la terre, qu'au printemps suivant. Mais si à des pluies abondantes, ayant ramolli le sol, succède une série de beaux jours d'automne, l'insecte sort avant l'hiver, et on revoit alors des Rhynchites sur les feuilles fin septembre. On les trouve même parfois accouplés ; mais, dans le midi de la France du moins, il n'y a jamais de seconde génération, comme certains auteurs l'ont annoncé. L'insecte, sorti en automne, passe l'hiver sous la mousse, les feuilles sèches, les écorces, dans les haies, au pied des arbres, à demi enterré dans la fissure existant entre le tronc et le sol. C'est là que nous le rencontrons bien souvent en hiver à Montpellier.

III. — MOYENS DE DESTRUCTION.

Les ennemis naturels du Rhynchite sont assez peu nombreux en France pour que nous n'ayons pas eu l'occasion de les observer. Ils paraissent plus abondants en Allemagne. Ratzeburg, qui a fait de si belles observations sur les mœurs des Hyménoptères parasites[1], en cite cinq espèces vivant aux dépens de plusieurs charançons, et en particulier de notre espèce. D'abord deux Braconides : *Bracon discoideus* Wesmann et *Microgaster lævigatus* Wesmann ; ensuite deux Ichneumonides : *Pimpla flavipes*

---

[1] Ratzeburg ; *Die Forst-Insecten*, 1839-1844, *et Die Ichneumonen der Forst-Insecten,* 1844-1852.

Gravenhorst et *Ophioneurus simplex* Gravenhorst ; enfin un Chalcidide :
l'*Elachestus carinatus* Ratzeburg.

N'ayant à notre disposition ni tous les types de ces espèces, ni même
toutes les descriptions, nous renverrons pour ces dernières aux travaux
particuliers des descripteurs.

En ce qui concerne les moyens de destruction que le viticulteur peut
employer, ils sont peu nombreux. L'insecte passe l'hiver dans le sol, et le
sulfure de carbone, le seul insecticide auquel on puisse songer pendant
cette saison, ne pourrait pas traverser les parois de la loge où l'ennemi
est enfermé. Celui-ci, nous l'avons vu, est du reste souvent sorti avant
les froids.

Nous ne sommes guère plus avancés que du temps d'Olivier de Serres,
qui parle *des feuilles roulées comme parchemin, le
remède à cela étant de les oster avec les mains.*
C'est encore actuellement ce qu'il y a de mieux à
conseiller ; mais, par tous les détails donnés ci-dessus,
le lecteur a pu voir que si l'on ne veut pas s'exposer
à cueillir des cigares ne renfermant plus de larves, il
faut ne pas attendre la fin de juin pour effectuer l'opération. On fera bien de la pratiquer pendant la première
quinzaine du mois et de la renouveler trois ou quatre
fois. Le travail, pouvant être confié à des femmes ou
à des enfants, est peu coûteux. Il faut en même temps

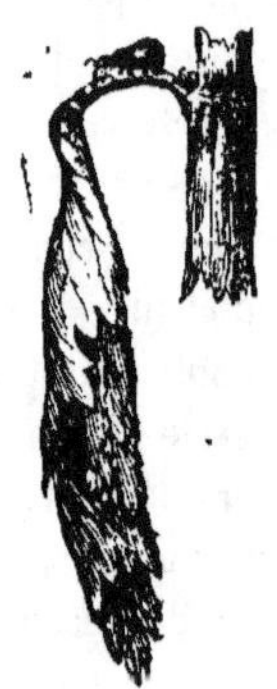

Fig. 69. — Feuille
de vigne roulée
en cigare par le
Rhynchite.

recueillir les auteurs du dégât, les insectes parfaits eux-
mêmes. Si l'on a soin d'opérer le matin, de six à neuf,
moment de leur plus grande activité, on les aper-
cevra facilement circulant sur les feuilles ou en train de confectionner leur
cigare, et, bien qu'ils se laissent choir et rouler habilement sur le sol en
repliant leurs pattes et leur bec, l'opérateur les saisira facilement en mettant préalablement au-dessous d'eux une de ses mains, ou son chapeau, ou
mieux encore une poche de toile grossière tendue sur un cerceau de bois
flexible. En procédant ainsi, on ne peut manquer d'enrayer le mal.

CHAPITRE XX

LES CHARANÇONS COUPE-BOURGEONS

Sous le nom général de Coupe-Bourgeons, nous comprenons une assez longue série de Charançons appelés aussi Lisettes dans le nord de la France, et qui sont bien connus par les dégâts qu'ils exercent sur les pousses tendres de divers végétaux. Quatorze d'entre eux peuvent-être rangés parmi les ennemis sérieux de la vigne d'Europe.

Ces coupe-bourgeons appartiennent tous à un groupe de Curculionides que M. Bedel [1] a appelé la sous-famille des Brachyrhinides (βραχύς court, ρίς, ρινός nez), groupe subdivisé en deux tribus : les Brachydérides et les Otiorhyn-chides. Ces insectes ont pour caractères communs : des élytres renflées ou globuleuses, souvent soudées et recouvrant des ailes avortées; des antennes coudées, des mandibules portant à leur angle antéro-externe une paire d'appendices cornés, en forme de grandes mandibules recourbées et appelés *fausses mandibules*. Ces fausses mandibules tombent peu de temps après l'apparition de l'insecte : leur usage est inconnu ; mais, étant données les mœurs souterraines de toutes les larves du groupe, on peut supposer qu'elles permettent à l'insecte parfait de se frayer à travers le sol un passage vers la lumière.

La plupart des Brachyrhinides ennemis de la vigne appartiennent à la tribu des Otiorhynchides. Deux espèces seulement, le *Geonemus flabellipes* et le *Cneorhinus geminatus*, appartiennent aux Brachydérides.

Cette tribu des Brachydérides, fort voisine naturellement de celle des Otiorhynchides, s'en distingue surtout par le scrobe ou sillon servant à loger l'antenne, dirigé vers le bas, en dessous de l'œil, tandis que chez les Otiorhynchides il est dirigé vers le haut.

I. — **Geonemus flabellipes** Olivier.

Le *Geonemus flabellipes* est une espèce méridionale que ses mœurs nocturnes avaient sans doute dérobée, jusqu'à ces années dernières, aux recher-

[1] Bedel ; *Faune des Coléoptères du bassin de la Seine*. Paris, 1888.

ches des viticulteurs, et même à celles des entomologistes. Bien que depuis longtemps décrit, l'insecte passait pour rare en effet, et l'on a vu, à propos du *Vesperus*, le cas que l'on doit faire de cette épithète.

Ce qu'il y a de certain, c'est que personne, à notre connaissance, n'en a jamais parlé comme nuisible à la vigne, et c'est cependant le coupe-bourgeon qui compromet le plus gravement la récolte dans certaines parties du Bas-Languedoc

De Beaucaire à Béziers, on le rencontre çà et là dans les taillis, surtout sur les buissons de chêne vert, mais il n'est pas signalé sur la vigne. Il est répandu, croyons-nous, dans toute la région de l'olivier, mais peu commun là où les *Otiorhynchus* abondent; il pullule au contraire sur certains coteaux secs, tels que ceux de la vallée de l'Aude, de Carcassonne à la mer, pays où les *Otiorhynchus* ampélophages sont à peu près inconnus.

Nous l'avons reçu principalement des communes de Narbonne, Lézignan, Capendu, Ginestas et surtout Aiguesvives, Minerve et Olonzac; en un mot, de cette région mi-partie dans l'Aude, mi-partie dans l'Hérault, connue sous le nom de Minervois. M. Falque, propriétaire à Olonzac, qui est obligé chaque année de faire une chasse active à ces ravageurs, nous a donné des détails sur leurs mœurs. L'insecte, enterré le jour, ne commet ses méfaits que la nuit tombée; il faut le chercher à la lanterne. Il apparaît seconde quinzaine d'avril, pour disparaître fin mai.

Les métamorphoses sont inconnues. Bien certainement la larve vit dans le sol, se nourrissant de racines, comme celle de tous les Brachyrhinides dont on connaît les métamorphoses.

Un très grand nombre de larves de Charançons se ressemblent, les recherches dans l'intérieur du sol sont difficiles[1]; de là, les lacunes considé-

---

[1] « Les larves souterraines, dit Perris (*Larves de Coléoptères*, pag. 378), sont celles dont la découverte est la plus tardive, parce que leur recherche présente de grandes difficultés. Si l'on sait qu'un insecte vit sur un végétal, on peut, en cherchant avec soin sur ou dans les plantes et les arbres de la localité, s'initier aux secrets de ses évolutions. On est encouragé dans ces recherches par les indications recueillies, par des notions tirées des règles de l'analogie ; on est excité par l'espoir de trouver sur telle plante ce qu'on a vainement cherché sur telle autre. La variété même des investigations alimente l'ardeur, entretient le courage : une feuille rongée ou minée, un trou dans une écorce, une excroissance sur une tige, de la sciure, des déjections, un air de maladie, tout sert de repère ou de jalon.

» Mais quand il faut bouleverser le terrain à l'aveugle, sans savoir même quelquefois à quelle profondeur on doit aller, la monotonie, la lenteur, la fatigue, le plus souvent l'insuccès, rebutent et découragent. On n'a quelque chance d'arriver

rables qui existent dans la biologie d'un grand nombre d'espèces aux mœurs souterraines.

On reconnaitra facilement l'insecte parfait aux caractères suivants :

Longueur 9 à 12 millim , largeur 4 à 6 millim.

Corps allongé, aptère, recouvert de squamules d'un gris clair, souvent un peu métalliques sur la partie ventrale et les pieds. *Tête* finement ponctuée, terminée par un bec assez court, canaliculé en dessus et offrant de plus un léger sillon de chaque côté ; le *scrobe* antennaire est profond, courbe, très oblique, se terminant vers la partie inférieure des yeux, les deux premiers articles du *funicule* longs, les suivants plus courts. *Prothorax* faiblement arrondi, un peu plus long que large, criblé de points et de rides transversales profondes. *Écusson* très petit. *Élytres* oblongues, convexes surtout en arrière, soudées et rebordant l'abdomen en dessous, chargées chacune de neuf rangées longitudinales de points profonds. Les *cuisses* sont renflées, les *tibias* antérieurs munis d'épines intérieurement et d'un crochet au sommet, les ongles des *tarses* écartés et libres.

Pour se débarrasser de cet insecte, on devra le faire chasser sur les bourgeons, la nuit, à la lanterne, et si l'invasion tend à devenir annuelle, comme à Olonzac, on fera bien de traiter la vigne au sulfure de carbone, afin de tuer la larve, qui, nous l'avons dit, ne peut être que souterraine. Comme dans le traitement contre le *Vesperus*, deux trous de pal injecteur par souche devront suffire.

II. — Cneorhinus geminatus [1] Fabricius.

Cette petite espèce de Charançon est depuis assez longtemps signalée sur la vigne. Dès 1839, Ratzeburg, dans son ouvrage sur les *Insectes des*

à un résultat qu'en suivant des ouvriers qui piochent la terre ou un laboureur qui retourne la terre.

»Quand, par ce moyen, on est arrivé à trouver quelque larve, on n'est pas au bout de ses peines. Il faut élever cette larve, lui donner une nourriture appropriée, la conserver dans des conditions équivalentes aux conditions naturelles ; ce qui est d'une telle difficulté qu'on échoue presque toujours. De plus, comme les larves souterraines de Curculionides se ressemblent toutes, on ne sait pas même alors à quel genre on a affaire.»

[1] BIBLIOGRAPHIE. — **Ratzeburg** ; *Les Insectes des forêts. Die Forst-Insecten.* Berlin, 1839-1844. — **Nordlinger** ; *Les petits ennemis de l'agriculture, Die kleinen Feinde der Landwirthschaft.* Stuttgart, 1855, et 2e édition, 1869. — **Jacquelin Duval** ; *Coléoptères nuisibles à l'agriculture et aux forêts* (Introduction au Genera des Col. d'Europe, pag. 16. Paris, Deyrolle, 1857). — **Perris**, *Larves de Coléoptères.* Paris, Deyrolle, 1877, pag. 379.

forêts, le cite en effet comme «occasionnant parfois d'assez grands dommages à la vigne en attaquant les jeunes bourgeons».

Nordlinger en parle aussi comme tel dans la première édition (1855) de son livre, et maintes fois il nous a été signalé et envoyé à déterminer par des viticulteurs.

D'après tout ce que nous connaissons de ses mœurs, c'est une espèce qui ne s'écarte pas des terrains sablonneux ou tout au moins très meubles, et n'est bien nuisible que les années où elle se multiplie exceptionnellement.

La larve vit sous terre. Elle est blanche, courte, charnue, apode, légèrement incurvée, n'offrant rien par conséquent de distinctif des autres larves de charançons mangeuses de racines. Perris, qui l'a observée, dit-il, maintes fois «en faisant retourner des gazons», l'a élevée, a obtenu la nymphe et n'a rien trouvé à signaler de particulier sur le compte de celle-ci.

L'insecte parfait se nourrit de feuilles et de jeunes bourgeons ; il est nuisible surtout à la vigne et, comme tous les coupe-bourgeons, opère ses dégâts la nuit.

Fig. 70.— Cneorhinus geminatus, grossi.

Ce Charançon gris, dont la forme globuleuse est caractéristique (fig. 70), répond à la description suivante :

Longueur 5 à 7 millim., largeur 3 à 4 millim.

Corps ovalaire, renflé en dessus, couvert de squamules d'un gris soyeux. *Bec* très court, fortement échancré au sommet, généralement séparé du front par une impression transverse ; *scrobe* large, infléchi et un peu courbé. *Yeux* modérément saillants. *Antennes* courtes, *scape* atteignant le milieu des yeux, *massue* ovalaire. *Fausses mandibules* d'un rouge rubis. *Prothorax* court, transverse, tronqué à la base et au sommet, arrondi sur les côtés, un peu moins large en avant qu'en arrière, de couleur gris très clair, rembruni en dessus par trois larges bandes longitudinales de squamules plus foncées. *Écusson* très petit. *Élytres* soudées, rebordant fortement l'abdomen, ovales-oblongues, renflées, ayant les épaules arrondies, d'un gris plus foncé que le prothorax, ayant chacune, comme lui, trois bandes longitudinales plus foncées. *Ailes inférieures* nulles.

Cet insecte est assez commun aux environs de Montpellier, dans le territoire connu sous le nom de Sablas (sables de Montpellier de la Carte géologique), ainsi que dans certaines parties du cordon littoral du Gard et de l'Hérault, tels que le territoire de Cette. Il n'y a jamais cependant exercé de dommages sérieux ; ses dégâts, en tout cas, disparaissent derrière ceux des *Peritelus.* Il n'en est pas de même des terres sablonneuses plantées

de vignes de la Gironde et des Landes, d'où il nous est souvent envoyé
plus ou moins mélangé avec les *Peritelus* et l'*Otiorhynchus singularis*,
mais les dominant toujours en nombre.

En récoltant ces petits ravageurs avec l'entonnoir à altises, de bon matin, avant qu'ils aient regagné les crevasses de la souche, le pied des herbes
ou les mottes de terre sous lesquelles ils s'abritent pendant le jour, on
peut arriver à les détruire, leur apparition fin avril ne durant pas plus de
deux ou trois semaines. Il ne faut pas se contenter de frapper la souche,
l'insecte bien cramponné ne tombant pas toujours à la secousse, il faut le
décrocher à la main.

III. — Les Peritelus[1].

Nous arrivons ici aux coupe-bourgeons classés avec les *Otiorhynchus*
dans la tribu des Otiorhynchides, c'est-à-dire des Brachyrhinides ayant le
sillon antennaire dirigé vers le haut.

Sous le nom générique de *Peritelus*, créé par Germar en 1824, sont compris plusieurs petits Charançons gris nuisibles aux cultures, surtout dans
les terres meubles. De tout temps sans doute, les cultivateurs ont dû avoir
à se plaindre des dégâts exercés par ces petites espèces ; l'une d'elles, dont
nous parlons en note, décrite depuis longtemps, a même été appelée *noxius*
(nuisible) ; mais l'extension récente de la culture de la vigne dans les sables des bords de rivière ou des dunes maritimes, foyers de grande multiplication des *Peritelus*, a beaucoup agrandi les surfaces attaquables, et de
tous côtés, depuis dix ans, les plaintes se sont élevées, comme si le mal était
nouveau.

Le genre *Peritelus* est nombreux en espèces, cinquante environ en Europe. Cinq[2] ont été observées sur la vigne, mais quatre le sont chaque
année plus spécialement.

Ce sont : *Peritelus subdepressus* Mulsant, dans les terres sèches ou peu
humides ; *P. griseus* Olivier, dans les terres meubles, sablonneuses ou

[1] BIBLIOGRAPHIE. — **Jacquelin Duval** ; *Curculionides* (Genera des Col.
d'Europe. Paris, Deyrolle, 1868). — **Seidlitz** ; *Mon. der Curculion. Gattung
Peritelus* (Berlin ent. Zeitung, tom. IX, pag. 271, 1865). — **De Marseul** ;
Monogr. des Otiorhynchides (Journal l'Abeille, tom. X, 1er partie, 1872. —
Targioni-Tozzetti ; *Relazione della R. stazione di ent. agr.* Firenze, 1884.

[2] La cinquième espèce, que nous ne faisons figurer ici qu'en note parce qu'elle
n'attaque qu'exceptionnellement la vigne, est le *Peritelus noxius* Bohemann. Il
est de la Provence, et Targioni le dit très répandu en Italie et signalé sur la vigne
à Novare (*Relazione*, 1884, pag. 109 et 309). Nous l'avons reçu des environs

non, un peu fraîches, surtout avoisinant les rivières ; *P. senex* Bohemann, dans les terres sablonneuses ou très meubles ; enfin *P. familiaris* Bohemann, espèce qui paraît être la plus nuisible dans l'Europe orientale.

Ces espèces vivent généralement séparées l'une de l'autre, leur habitat exactement délimité par les sortes de terrain que nous venons d'indiquer ; parfois cependant on les trouve mêlées ensemble et même associées à d'autres genres. Le *Peritelus griseus*, par exemple, nous est souvent envoyé de l'ouest de la France mélangé aux *Cneorhinus geminatus* ou à l'*Otiorhynchus singularis*. Les larves de *Peritelus* ne sont pas connues, mais elles vivent très probablement dans le sol, mangeant des racines, comme toutes les larves d'Otiorhynchides.

A. **Peritelus subdepressus** Mulsant. — On distinguera facilement cette espèce à la forme en carré allongé de ses élytres. Le *corps*, long de 4 à 6 millim. sur 2 à 3 de large, est couvert de squamules de couleur uniforme, tantôt d'un gris plus ou moins bronzé, tantôt d'un gris blanc d'argent presque métallique. La *tête* courte ainsi que le *rostre*, celui-ci plus large que long, de sorte que les côtés de la tête, y compris le rostre, paraissent parallèles. Les antennes sont épaisses. Le *prothorax*, à peine plus long que large, aux côtés et aux deux bouts arrondis, est un peu déprimé (subdepresssus), ainsi que les *élytres*, qui sont une fois et demie aussi larges que le prothorax, une fois et demie plus longues que larges, avec le bord latéral fortement échancré chez le mâle.

C'est presque toujours le *Peritelus* que nous avons observé broutant les bourgeons de la vigne dans les terrains un peu secs en Languedoc ; c'est la moins abondante des trois espèces françaises citées par nous, la moins dangereuse par conséquent, et nous ne l'avons vue nuire un peu sérieusement qu'à de jeunes plantiers. Elle se trouve dans le midi de la France et en Italie.

B. **Peritelus griseus** Olivier. — Synonymie : *P. spheroides* Germar (1824). L'aire géographique de cette espèce est fort étendue ; c'est la plus abondante sur la vigne, celle qui, cinq à six fois sur dix, nous est envoyée comme broutant les bourgeous, avec prière instante d'indiquer le remède, *car le mal est grave et marche vite*, disent les lettres.

L'insecte par dizaines, par centaines, s'attaque à chaque bourgeon

d'Arles, de Fréjus et de Sainte-Maxime (Var), comme trouvé sur la vigne mélangé à des *P. senex*. On le reconnaît sans peine à son corps large, à sa taille plus grande (4 à 6 millim. sur 2,50 à 3,50), à ses longues antennes atteignant la longueur du corps chez le mâle, à son prothorax profondément criblé de points enfoncés et à ses élytres orbiculaires deux à trois fois aussi larges que le prothorax.

naissant, le broute à l'extérieur, le perfore, pénètre aussi dans l'intérieur
et ne laisse pas même intacte la tige verte, qui bientôt se flétrit. Qu'on
juge de sa manière de procéder, par une lettre reçue récemment de la vallée
de l'Hérault et reproduite en note [1]. Si la vigne est
établie, bien racinée, la récolte est perdue ou à peu
près, le dégât peut se comparer à celui d'une forte
grêle ; mais la souche ne succombera pas. Si c'est un
plantier qui est atteint, le mal est plus grave. Sur un
plant qui, comme on dit vulgairement, a de la peine
à *partir*, le bourgeon vidé et séché n'est pas remplacé.
Les manquants seront la règle, les boutures racinées
l'exception. Il en est de même des greffons; le travail
sera à recommencer l'année suivante.

Fig. 71. — Peritelus
griseus, grossi.

Quand on visite les vignes pendant le jour, il y a quelques insectes
accrochés aux bourgeons ou enfermés dans leur intérieur ; mais la masse des
rongeurs nocturnes est sous les mottes, dans les fissures ou enterrée à 1 ou
2 centim.

Le *Peritelus griseus* est le plus grand et le plus variable du genre.
Tandis que les plus développés atteignent 7^{mm},50 de long, les plus petits
ne dépassent pas 4 millim., c'est-à-dire la taille d'un grand *P. senex*. On
reconnaîtra notre espèce à sa couleur, qui est d'ordinaire d'un gris assez foncé
sur la partie dorsale, toujours taché de gris clair; à celle des flancs et du ventre
plus claire, dont les squamules ont parfois des reflets métalliques ; à ses
antennes déliées, ayant le funicule peu épais, à dernier article moins large
que le premier. Le *prothorax* est renflé en arrière, atténué en avant. Les
élytres sont en ovale allongé, toujours convexes.

Cet insecte se trouve dans toute l'Europe tempérée, moins l'Orient :
France, Allemagne du centre et du nord, Suisse et Italie. On peut dire

[1] « Voici, dit l'auteur de la lettre, comment j'ai découvert l'envahissement des
insectes que je vous envoie. J'allais, ce matin mercredi, visiter un plantier, en
compagnie de mon régisseur, lorsque je m'aperçus que la vigne, très belle samedi
matin, au lieu de progresser, avait fortement décliné. J'avais vu samedi les bourgeons tous très gonflés, en partie entr'ouverts, tandis qu'aujourd'hui ils apparaissent à peine sur la tige de la bouture, et, en regardant de plus près, je me suis
aperçu que chaque bourgeon était percé d'un trou par lequel avaient pénétré une
ou plusieurs des bêtes en question qui dévoraient tout l'intérieur, se faisant ainsi
une espèce de nid. Les insectes s'accrochent à tel point que le secouage de la
souche ne suffit pas à les faire tomber et qu'il est le plus souvent nécessaire de
les prendre avec les ongles pour les tirer du bourgeon. » (20 mai, château de
Journac, par Gignac, Hérault.)

que c'est le plus commun du genre. Il attaque tous les bourgeons tendres, mais ne se trouve guère que dans les terres un peu fraîches. Il vit en masse sur les saules cultivés en têtard, sur les mûriers et sur tous les arbres fruitiers plus ou moins taillés. C'est le charançon que les jardiniers parisiens appellent plus spécialement la *grisette*. Perris, Goureau, Géhin, Nordlinger, Kaltenbach, Targioni, tous ceux enfin qui ont écrit sur les insectes des arbres fruitiers, le comptent parmi les ennemis sérieux des vergers. Il n'est pas étonnant que la vigne, qui a le triste privilège d'attirer tous les parasites polyphages, ait à souffrir de celui-ci.

C. **Peritelus senex** Bohemann. — La plus petite des quatre espèces que nous décrivons : 2,50 à 4^{mm},50 de long sur 1,50 à près de 3 millim. de large. *Corps* relativement court, subglobuleux ; la robe est de couleur tantôt uniforme, allant du gris assez clair au gris foncé ; tantôt marquée de taches plus foncées ou plus claires. *Rostre* moitié aussi large que la tête, rétréci par-devant avec les lobes latéraux saillants ; *antennes* rousses. *Prothorax* un peu plus court que large avec les côtés fortement globuleux, habituellement marqué de deux bandes longitudinales plus foncées, ces deux bandes prolongées parfois sur les élytres. Sommet des tibias antérieurs formant en dehors un angle un peu saillant. *Élytres* courtes, à peine plus larges que longues, arrondies sur les côtés, sphériques en arrière.

Cette espèce, qui paraît propre à notre pays, pullule en quantité énorme dans tous les terrains sablonneux du midi de la France ; c'est la plus répandue sur la vigne en Camargue, dans les vignobles du littoral sablonneux du Gard, de l'Hérault, de l'Aude et des Pyrénées-Orientales. Nous l'avons reçue des environs d'Arles mêlée à des *P. noxius* et *griseus*. Elle vit également sur les bords de l'Océan.

D. **Peritelus familiaris** Bohemann. — Ce *Peritelus* est d'ordinaire de la taille des plus grands *Senex*, 4 à 4^{mm},50 de long, et ressemble à cette espèce pour le faciès. Les épaules sont seulement moins arrondies et le prothorax droit sur les côtés. Le *corps* est court, large et épais ; les squamules, très serrées, sont tantôt de couleur uniforme d'un gris brun ou d'un gris blanc, tantôt avec des taches ou brunes ou claires se détachant sur le fond de couleur opposée. La *tête* a le rostre court avec les lobes latéraux peu saillants, les arêtes bordant les scrobes courtes, ce qui est le contraire du *griseus*. Le *prothorax* court, plus large que long, un peu plus rétréci par devant et par derrière, souvent orné de deux bandes brunes longitudinales convergentes par-devant, ce qui fait paraître cette partie du corps plus rétrécie en avant qu'elle ne l'est en réalité. *Élytres* un peu plus longues que larges, plus de deux fois aussi larges que le prothorax, le dessus et les côtés fortement arrondis ou sphériques, et malgré cela rétrécies à l'extrême pointe.

Cette espèce est étrangère à la France. Elle figure dans la liste des ampélophages de Hongrie que nous a adressée M. Horvath et y est notée comme très nuisible. M. Seidlitz, dans sa monographie des *Peritelus*, la signale de Hongrie, de Serbie, de Russie méridionale et en particulier de Crimée. Elle paraît, en un mot, remplacer les trois espèces françaises dans les vignobles de l'Orient tempéré.

MOYENS DE DESTRUCTION.

Il est difficile de recueillir les *Peritelus* au moyen de l'entonnoir à altises. Nous avons vu en effet qu'une bonne partie se cache pendant le jour et que le reste se tient fortement cramponné aux bourgeons ou même enfermé dans l'intérieur de ces derniers. Dans toute la région du midi de la France, surtout depuis que, par suite de l'extension de la vigne dans les plaines sablonneuses du littoral, les *Peritelus* sont bien connus de tous les intéressés, on ramasse à la main ces petits rongeurs nocturnes. Mais récolter, jusque dans les bourgeons, des bestioles qui parfois n'ont pas 3 millim. de long, est un travail long, minutieux et nécessairement incomplet, puisque, nous l'avons dit, une grande partie se tient cachée pendant le jour dans le sol.

Dans les terrains non sablonneux, c'est-à-dire où l'on est attaqué par les *Peritelus griseus* et *subdepressus*, on pourra appliquer en automne le sulfure de carbone contre la larve souterraine. La pleine réussite obtenue ainsi par M. Oliver, en ce qui concerne le *Vesperus*, peut donner confiance dans l'efficacité du procédé.

Dans les terrains sablonneux, où pullule le *Peritelus senex*, terrains gardant mal les vapeurs de sulfure, on peut songer aux cultures intercalaires, qui ont également bien réussi à Collioure contre le *Vesperus*. Par un semis de céréales ou de légumineuses effectué en automne, tout au moins l'année de la plantation, on détournerait certainement l'ennemi des bourgeons de la vigne.

Beaucoup plus que de détruire le *Peritelus*, il s'agit de le détourner des bourgeons ; qu'on se le dise bien. Le détruire ! on n'y arrivera pas ! Il est chez lui dans les sables, y pullulant depuis l'apparition de sa race dans les temps géologiques. L'homme est venu, a commencé par faciliter la multiplication du Charançon par ses labours, puis il a remplacé les plantes sauvages dont il vivait, par de la vigne. L'insecte se jette nécessairement sur celle-ci, pendant les quelques semaines d'état parfait que lui fait traverser son cycle biologique, qui dure un an. Que pendant ces quelques semaines, en mai généralement, il trouve une plante quelconque à brouter au ras du sol, il laissera les bourgeons de la vigne. On pourrait au besoin, comme nous l'avons conseillé à propos des Noctuelles, laisser non cultivé, avec toutes les mauvaises herbes, et cela jusqu'à fin mai, un intervalle de vigne sur deux, sauf à achever le travail une fois l'insecte disparu.

IV. — Les Otiorhynques[1].

Ces Curculionides sont assez connus des jardiniers et des agriculteurs pour que leur nom ait été francisé. En dehors du scrobe antennaire dirigé vers le haut, caractère commun à tous les Otiorhynchides, les *Otiorhyn-chus*[2] se distinguent par une taille relativement grande, un corps aptère, aux téguments très durs. Leur coloration est sombre, noire ou brune, devenant parfois grise, jaunâtre ou en partie métallique par un revêtement de poils, de squamules ou d'une sécrétion cireuse tégumentaire. Le bec est court, découpé à son extrémité, s'élargissant sur les côtés sous forme de lobes en deçà et au delà de l'insertion des antennes. Ces découpures et ces lobes justifient le nom donné à ces insectes (ὠτίον auricule, ῥύγχος bec).

[1] BIBLIOGRAPHIE. — **Bouché** ; *Descr. de la larve et de la nymphe de l'O. sulcatus* (Naturg. der Ins. Berlin, 1834, pag. 202) — **Westwood** ; *Mét. de l'O. sulcatus*, avec fig. (Gardener's Magazine, tom. XIII, 1837, pag. 158, fig. 67). — **Ratzeburg** ; *Descr. de la larve de l'O. Ater* (Die Forst. Ins., 1837, pag. 116, pl. IV, fig. 8). — **Kiesenwetter** ; *Ueber den der Weincultur schädlichen Rüsselkæfer (Ot. nigrita)*. Deutsche nat. Zeitung, 1846. — **Kalbrunner** ; *Otior. Ligustici, ein dem Weinstock schädlicher Kæfer* (Soc. zool. bot. de Vienne, 1853). — **Newman** ; *Trans. Ent. Soc. London*, 1855. — **Stierlin** ; *Rev. der Eur. Otiorh.* (Ent. Zeit. Berlin, 1861, pag. 250). — **De Marseul** ; *Monogr. des Otiorhynchides d'après Seidlitz et Stierlin* (Journal l'Abeille. Paris, 1872-73). — **Kunckel d'Herculais** ; *Ravages de l'O. sulcatus.* (Bull. Soc. ent. de France, 1882, pag. 58). — **Fairmaire** ; *L'O. sulcatus nuisible dans les serres à vignes en Belgique* (Bull. Soc. ent. de Fr., 1882, pag. 78). — **André** ; *Métamorphoses de l'O. Ligustici* (Les Parasites de la vigne, 1882, pag. 103).

[2] Nous préférons le nom générique d'*Otiorhynchus* Germar (1824) à celui de *Brachyrhinus* Latreille (1802), adopté par certains auteurs, Jacquelin Duval, Bedel, etc., parce que le nom d'*Otiorhynchus*, en français Otiorhynque, a été consacré par l'usage agricole. Nous sommes, du reste, d'accord en cela avec le dernier Catalogue paru (De Marseul ; *Catalogue des Coléoptères de l'ancien Monde*. Paris, 1888).

L'antenne est coudée, le fouet ou funicule composé de 10 articles. Le pronotum ou corselet s'élargit au milieu ; il en est de même des élytres soudées, qui sont dures, toujours plus larges que le corselet, mais peu saillantes aux épaules. Les cuisses sont renflées, les tibias armés d'une épine à leur extrémité.

La forme varie suivant les sexes. Les mâles, ordinairement plus sveltes que les femelles, ont souvent des impressions sur le métasternum et la base de l'abdomen ; leur segment anal présente parfois une sculpture spéciale et les tibias peuvent subir diverses modifications.

Ces insectes sont nocturnes et d'ordinaire polyphages. Durant le jour, ils se tiennent blottis sous les pierres, dans les mousses, sous les mottes, enterrés au collet des arbres ou des souches. Certaines espèces, surtout parmi les plus grandes, se tiennent de préférence sur

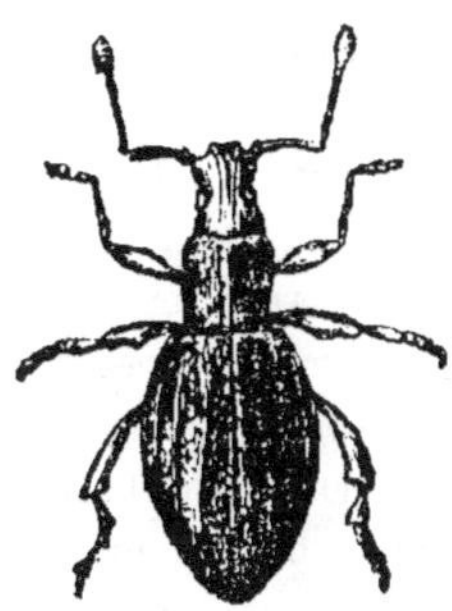

Fig. 72. — Otiorhynque de la livêche, grossi (*Ot. Ligustici* L.(, d'après M. André.

les arbustes et les buissons, et c'est particulièrement chez ces dernières que s'observe la sécrétion cireuse pulvérulente, jaune ou grise, citée plus haut, pulvérulence qui disparaît au moindre contact.

Les larves de plusieurs espèces, *O. sulcatus*, *ater*, *Ligustici*, ont été étudiées. Elles sont toutes souterraines, vivant de racines.

Les Otiorhynques sont depuis longtemps réputés nuisibles aux arbres. D'après Vallot (pag. 281), Aldrovande (*De Animalibus insectis*, 1602), parlant de divers coupeurs de bourgeons (*tagliadizzo*), en distingue un spécialement sous le nom d'Ips ou Ipa [1], et qui semble se rapporter non pas au Rhynchite, assez bien décrit et figuré par le vieux naturaliste italien, mais à l'un des divers *Otiorhynchus* ampélophages de son pays. « *Noster Talhiaditius Ipa est, in vitibus tantum reperitur eas rodens*, dit-il ; notre Tagliadizzo est l'Ipa, on le trouve seulement rongeant les vignes. »

Walckenaer (pag. 241), le premier parmi les auteurs modernes, cite positivement une espèce sur la vigne, l'*O. singularis* Linné ; il l'appelle, il est vrai, *Curculio picipes* Fabricius, mais les deux noms sont synonymes.

Depuis Walckenaer (1835), pas une liste d'Ampélophages sans *Otiorhynchus*. Dans tous les pays viticoles, en effet, dans le centre et l'orient

---

[1] Comme nous l'avons dit dans le résumé historique général donné dans notre Introduction, ce mot d'Ips a été employé par les anciens auteurs grecs, Théophraste, Strabon, etc., pour désigner un insecte quelconque mangeant la vigne. Aldrovande paraît l'avoir appliqué spécialement à un *Otiorhynchus*.

de l'Europe surtout, ces gros charançons polyphages, aux mœurs nocturnes, sont représentés sur la vigne par plusieurs espèces.

Le genre est immense. Stierlin, dans sa Monographie, en a décrit plus de 400 espèces, toutes d'Europe ou des pays limitrophes, le plus grand nombre du centre et de l'orient, surtout dans les régions montagneuses. Les quelques espèces américaines ont toutes leur centre géographique en Europe[1]. Le dernier Catalogue paru (de Marseul, *Coléoptères de l'ancien Monde*, Paris, 1888) arrive au chiffre énorme de 581 espèces, y compris, il est vrai, tous les sous-genres du groupe. La France est relativement pauvre, 110 espèces environ.

Nous lancer dans la description des 25 ou 30 qui dans l'Europe, l'Asie-Mineure ou la Barbarie ont été signalées sur la vigne, serait dépasser le but; nous borner à décrire l'*O. sulcatus*, appelé parfois l'Otiorhynque de la vigne, ne serait pas assez. Nous prendrons un moyen terme. Nous ferons figurer dans notre liste, en ne leur consacrant qu'une courte diagnose, les principales espèces signalées sur la vigne à l'étranger, et nous ne décrirons avec quelques détails que les trois plus communes en France, c'est-à-dire : *Otiorhynchus Ligustici* Linné, l'*O. sulcatus* Fabricius et l'*O. singularis* Linné.

A. OTIORHYNCHUS LIGUSTICI Linné (fig. 72). — SYNONYMIE : *O. monopterus* Fourcroy (1785). En français, Otiorhynque de la livèche, Bécare

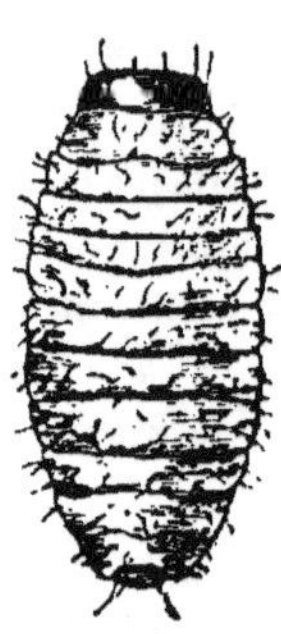

aux environs de Paris. C'est la plus grosse des trois espèces françaises. Longueur 11 à 13^{mm},50. *Corps* relativement large et bombé, noir, garni de poils et de squamules grises. *Rostre* épais, élargi vers le bout, avec une carène médiane se terminant entre les yeux. *Scrobe* prolongé jusqu'aux yeux. *Prothorax* plus large que long, convexe, garni de petits granules arrondis entre lesquels sont de nombreux poils gris. *Élytres* convexes, fortement dilatées, rétrécies en pointe arrondie par derrière, marquées en dessus de trois côtes peu saillantes, densement couvertes de petits granules saillants, et, dans l'intervalle, de poils et de squamules grises, celles-ci généralement disposées en forme de mouchetures.

Fig. 73. — Larve de l'Otiorhynque de la livèche (grossie), d'après M. André.

La larve, étudiée tout d'abord par M. de Verguette-Lamothe, a été sommairement décrite et figurée par M. André. Elle est représentée (fig. 73)

[1] Hamilton et Fauvel ; *Liste des Coléoptères communs à l'Europe et à l'Amérique du Nord,* pag. 156 (*Revue d'Entomologie.* Caen, 1889).

vue de dos et fortement grossie. Vue de profil, son corps est légèrement incurvé. A part la tête, qui est rousse, cette larve est blanche, charnue, apode, garnie de poils raides, se mouvant lentement et passant toute son existence à ronger les racines. L'insecte est toutefois nuisible encore à l'état parfait, lorsque pour se nourrir il coupe les jeunes pousses.

«Les femelles, dit M. André, pondent dans la terre, au collet de la souche, des œufs très petits, arrondis (fig 74), vers le milieu ou la fin de l'été.

»Les petites larves en sortent bientôt, pénétrant dans la terre à une faible profondeur, et commencent leur œuvre de destruction. Avant l'hiver, elles ont acquis à peu près leur grandeur définitive. Elles paraissent s'engourdir et garder un repos absolu pendant toute la mauvaise saison, puisqu'on les retrouve au printemps dans le même état. Il est possible que, les frimas passés, elles prennent encore un peu de nourriture; en tout cas, fin avril ou en mai, on rencontre en terre les nymphes, qui permettent déjà de reconnaître sous les membranes qui l'emmaillotent l'insecte qui en naîtra. A la fin de mai, celui-ci rejette ces enveloppes, et pendant quelques jours reste immobile dans sa loge souterraine, pour laisser à ses organes le temps d'acquérir de la fermeté; puis il apparaît à la surface du sol.

»Mais ce n'est pas pour y mener une vie plus inoffensive. Caché le jour dans les réduits les plus obscurs, il se met en marche dès que la nuit est venue, et, montant sur les ceps, il atteint les bourgeons déjà grands. Avec ses mandibules, il les coupe et les tenaille de façon à les faire complètement dessécher.

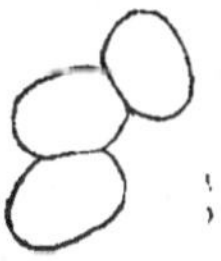

»On ne connaît pas au juste le nombre d'œufs constituant la ponte d'une femelle. Cependant une observation de M. Bellevoye permet de supposer qu'il s'élève à plus de 150. La présence de cet insecte n'est heureusement pas continue

Fig. 74. — Œufs (fortement grossis) de l'Otiorhynque de la livèche (d'après M. André).

dans les vignes : il peut en effet se nourrir d'une foule de plantes, et ce n'est qu'à des intervalles irréguliers qu'on l'a indiqué comme nuisible aux vignes. »

L'Otiorhynque de la livèche est répandu dans toute l'Europe du nord et du centre, jusque dans le sud de la Russie et même en Sibérie (Schœnherr), mais il est inconnu dans la région de l'olivier.

B. OTIORHYNCHUS SULCATUS Fabricius. — Le nom français est Otiorhynque sillonné, mais on l'appelle aussi très souvent Otiorhynque de la vigne. C'est en effet l'espèce le plus ampélophage du genre, la plus répandue et la seule qui occasionne à la fois des dégâts dans le nord et dans le midi de la France. Vallot (1841) est, croyons-nous, le premier qui en ait parlé comme attaquant la vigne, et depuis cette époque elle figure dans toutes les listes d'ampélophages.

Elle est plus petite que l'espèce précédente, 9 à 11 millim., et répond à la description suivante :

Corps noir assez densement garni de poils jaune gris, avec des mouchetures de même couleur. *Rostre* largement sillonné sur toute sa longueur, ponctué ainsi que le front. *Antennes* presque aussi longues que la moitié du corps, le deuxième article du funicule une fois et demie aussi long que le premier, le troisième oblong. *Prothorax* aussi long que large, très grenu. *Élytres* déprimées, mouchetées de gris jaune, profondément sillonnées, indistinctement ponctuées dans les sillons; interstices granulés. Chez le mâle, les élytres sont plus étroites et le segment anal subfovéolé.

Les métamorphoses ont été observées et figurées par divers auteurs, Bouché, Westwood, Nordlinger. La larve souterraine est nuisible aux racines d'un grand nombre de plantes cultivées en serre: Saxifrages, Sedum, Begonias, Cinéraires, Primevères, Fougères, etc., et en plein champ au framboisier et à la vigne. Plusieurs Notes ont été communiquées à ce sujet à la Société entomologique de France par MM. Lucas, Fairmaire, Kunckel d'Herculais, etc. En suivant fin mars ou premiers jours d'avril des piocheurs de vigne en Beaujolais, nous avons plusieurs fois recueilli nous-même la larve, qui était mise au jour avec des *vers blancs* de hanneton, dont elle a les mœurs.

Vers le milieu d'avril, a lieu la métamorphose en nymphe dans une loge pratiquée dans le sol, et, seconde quinzaine de mai, l'insecte paraît hors de terre et il commence à entamer les bourgeons pendant la nuit.

La *larve* est apode, blanche, peu chitinisée, sauf la tête qui est rousse, avec les parties de la bouche, surtout les mandibules, rembrunies. Le *corps*, composé de 14 segments, y compris la tête et le mamelon anal, est relativement allongé, 9 à 10 millim. sur 4 à 4,50 de large, incurvé, comme celui de la plupart des larves de charançons, muni d'une double rangée longitudinale de petits mamelons ambulatoires un peu luisants, garni de poils blonds, rangés transversalement sur les segments. Les mouvements sont lents, et l'insecte, déterré, tend aussitôt à rentrer dans le sol.

L'ère géographique de cet otiorhynque est très étendue. Il est de toute la France, de presque toute l'Europe, Italie, Espagne, Suisse, Allemagne, Autriche, Angleterre ; se retrouve en Amérique, Canada, Terre-Neuve États-Unis du Nord ; mais, la larve ne pouvant vivre que dans un sol meuble et un peu frais, il est très localisé dans la région de l'olivier. Dans l'Hérault, à part la zone du châtaignier et celle du hêtre, où l'insecte abonde, mais où la vigne est peu ou pas cultivée, nous n'avons vu les dégâts sur les bourgeons de vigne être sérieux que dans les terres d'alluvions des communes de Sauvian et Sérignan, près Béziers. En ce qui concerne le midi de la France, on peut dire généralement que les *Otiorhynchus* y sont, comme coupe-bourgeons nuisibles aux vignes, remplacés par les *Periclus* et le *Geonemus*. En France, le centre de nocuité de notre espèce paraît être la Bourgogne et le Beaujolais. En Allemagne, d'après M. Von Heyden, ce serait la vallée de la Moselle.

C. Otiorhynchus singularis Linné (1767). — Synonymie : *O. picipes* Fabricius (1777), *O. granulatus* Herbst (1784), *O. notatus* Bonds (1784), *O. squamiger* Marsham (1802). Variétés : *O. Marquati* Fald. (1837), *O. vastator* Marsham (1802), *O. Chevrolati* Gyllenhall (1843), Stierlin (1861).

Cette espèce, une des plus polyphages, vivant indifféremment sur les Conifères, les arbres feuillus, tels que le hêtre, le chêne, l'aubépine ou la vigne, a été, nous l'avons vu, la première signalée comme ámpélophage par Walckenaer (1835).

C'est un insecte des pays frais et tempérés, inconnu dans la région de l'olivier. Sa variabilité l'a fait décrire plusieurs fois par les chercheurs d'espèces nouvelles et a fortement contribué à embrouiller sa synonymie.

Il est inscrit sous le nom de *picipes* dans le Catalogue de Marseul (1888), mais le nom du premier descripteur est généralement adopté en Europe.

La larve n'est pas connue. Bien qu'assez variable, l'insecte parfait se reconnaît pourtant facilement. C'est la plus petite des trois espèces décrites ici.

Longueur 7 à 8 millim., largeur 3 à 3^mm, 75 *Corps* ovale-oblong, d'un brun rougeâtre, couvert de squamules serrées de couleur cendrée ou brune, les plus claires groupées souvent en forme de mouchetures. *Tête* squameuse avec une fovéole profonde oblongue entre les yeux qui sont ovales, peu convexes. *Rostre* un peu plus long que la tête, élargi au bout, plan en dessus, garni de poils blonds à l'extrémité. *Antennes* pubescentes, deuxième article du funicule une fois et demi aussi long que le premier, les suivants sphériques, massue ovale. *Prothorax* aussi long que large, parfois un peu plus long, convexe, arrondi sur les côtés, garni de petits granules piligères peu serrés. *Élytres* un peu plus larges à la base que le prothorax, brusquement dilatées, peu convexes et terminées postérieurement en pointe arrondie, striées, ponctuées de points en forme d'ocelles avec une squamule claire dans le milieu, les interstices ayant chacun une série de petits granules faibles, pilifères. *Pattes* d'un brun rouge plus ou moins clair, couvertes, ainsi que le ventre, de poils blonds et de squa-

mules, dent des fémurs peu prononcée Chez le mâle, la base de l'abdomen
est légèrement creusée.

L'*Otiorhynchus singularis* habite, comme le *sulcatus*, presque toute
l'Europe, mais dans le Midi il ne quitte pas la région montagneuse ; dans
le Nord, il se trouve jusqu'à Saint-Pétersbourg. Il est signalé ampélophage,
surtout dans l'ouest de la France, la Gironde, les Landes, le Gers, d'où nous
l'avons reçu plusieurs fois mélangé avec le *Cneorhinus geminatus* et le
Peritelus griseus. M. Fairmaire l'a signalé dans les serres à arbres fruitiers
à Saint-Pétersbourg et sur la vigne en Savoie (*Bull. Soc. ent. de Fr.*, 1881,
pag. 47).

D. **Autres otiorhynques de la vigne.** — A part les trois espèces
que nous venons de décrire comme les plus répandues, nombre d'autres,
nous l'avons dit, ont été signalées sur la vigne, en France ou à l'étranger.
Dans notre pays d'abord, on cite: *Otiorhynchus raucus* Fabricius et *tene-
bricosus* Herbst. En Italie, d'après les divers auteurs, Bargagli [1], Targioni,
Gestro, etc., on peut nommer : *Otiorhynchus Zebra* Fabricius, *nigrita*
Fabricius, *armatus* Bohemann, *Giraja* Germar, dont le *corruptor* Host.
n'est qu'un synonyme, *globus* Bohemann, *Lombardus* Stierlin, enfin *raucus*
Fabricius. Pour la Grèce, la liste envoyée par M. Gennadius renferme :
Otiorhynchus Hellenicus Stierlin, *lugens* Germar, *Græcus* Stierlin, *Car-
celli* Gyllenhall et *scitus* Bohemann. D'après M. Horvath, les *Otiorhynchus*
ampélophages de la Hongrie sont: *O. Ligustici* Linné, *Populeti* Bohemann,
lavandus Germar et *conspersus* Herbst. L'espèce la plus nuisible d'Autriche, selon M. Reitter, de Vienne, serait l'*O. longipennis* Stierlin, et
personnellement nous avons reçu de Trieste l'*O. planatus* Herbst comme
ayant fait des dégâts notables aux environs de cette ville. En Allemagne,
avec M. von Heyden, nous trouvons comme nuisibles, dans la vallée de la
Moselle le vulgaire *O. sulcatus*, et dans celle du Rhin l'*O. nigrita* Fabricius, dont le *tristis* Scopoli est synonyme ; cet insecte est fort bien figuré
dans l'ouvrage de Brehm. En Russie, une seule espèce nous est signalée
par M. Kowalesky, mais elle est fortement nuisible, surtout en Crimée :
c'est l'*O. asphaltinus* Germar. D'Espagne, M. Graëlls ne cite que *O.
sulcatus*. Enfin, M. Lecq, d'Alger, nous a envoyé comme très nuisible aux
jeunes vignes une petite espèce habitant la Barbarie, l'*O. planithorax*
Bohemann.

Ensemble 20 espèces, en dehors des 3 précédemment décrites ; total 23.

---

[1] Pour l'Italie seule, M. Bargagli cite dix espèces d'*Otiorhynchus* plus ou
moins ampélophages (*Bull. Soc. ent. ital.*, 1er et 2 juin 1884).

Nous eussions pu, comme nous l'avons dit, en compulsant tous les auteurs, porter le nombre à 25 ou 30 ; mais à quoi bon ! De ces 20 espèces, nous n'en faisons figurer que 5 dans la liste générale des ampélophages, ce qui porte à 8 le nombre total des *Otiorhynchus* qui en font partie.

Sur ces 5 espèces, les plus nuisibles, croyons-nous, après les 3 décrites, nous donnerons quelques détails dans l'ordre suivant : *Otiorhynchus planithorax, O. asphaltinus, O. populeti, O. globus* et *O. raucus.*

Otiorhynchus planithorax Bohemann. Reçu de M. Lecq, professeur d'Agriculture à Alger, « comme ayant détruit en huit jours, au milieu de mai, près de 4,000 pieds de vigne dans une seule propriété ». Facile à distinguer à première vue, d'abord à sa petite taille, 5 à 6^{mm},50. de longueur et de 2,75 de large, puis à sa couleur noir de poix, avec les antennes et les pieds roux. Le corps, presque glabre, est en ovale allongé, forme moyenne des *Otiorhynchus* ; les élytres assez renflées, le prothorax dilaté sur les côtés, plan en dessus. Particulier à l'Algérie.

O. asphaltinus Germar. Signalé très nuisible à la vigne en Crimée par Schœnherr en 1833, et depuis par de nombreux auteurs. M. Kowalesky, d'Odessa, le fait figurer dans la liste à nous envoyée en 1888, toujours en stipulant la Crimée comme centre géographique. Des espèces mentionnées ici, c'est la seule que nous n'ayions pas vue; mais, d'après la description de Stierlin, l'insecte est de taille moyenne, 11 millim. de long sur 4,30 de large, variant peu, au corps noir luisant, sans squamules ou poils, les élytres en ovale allongé, marquées de stries avec des points enfoncés, et entre ces stries, une double rangée de petits points.

O. populeti Bohemann. Une des espèces les plus nuisibles dans la Hongrie méridionale, d'après M. Weny[1].Elle est signalée, par Stierlin, de la Styrie, du Tyrol et de la Suisse. Elle doit être répandue aussi au sud des Balkans, car nous l'avons reçue de Salonique, comme nuisant à la vigne aux environs de cette ville. C'est un otiorhynque de taille moyenne, 7 à 10 millim. de long sur 3 à 4 de large, c'est-à-dire assez allongé, un peu cylindrique, le corps noir mat, garni éparsement de squamules et de poils d'un gris jaune.Il a par la couleur, mais non par la forme, quelques rapports avec l'*O. sulcatus.*

O. globus Bohemann. Cité de Hongrie par M. Stierlin, d'Italie par M. Bargagli. M. Fairmaire, de son côté (*Bull. Soc. ent. de Fr.*, 1881, pag. 59) le signale, d'après le Dr Gestro, «comme l'auteur de dommages importants dans les vignobles de Casale (Monteferrato) ». C'est une petite

---

[1] J. Weny; *Un ennemi inconnu de la vigne* (supplément français du *Rovartani Lapok*, de Budapesth, 1886, pag. 2 et pag. 3 à 9 du texte hongrois).

espèce, 5 à 6 millim. de long sur 2 à 2,50 de large, noire avec des poils gris, pas très serrés, les élytres tachetées de squamules dorées. Les antennes et les pattes d'un brun roux .

O. raucus Fabricius. Commun certaines années aux environs de Paris et signalé sur la vigne par plusieurs auteurs : Dr Boisduval (*Entom. hort.*, 1867, pag. 155), Fairmaire (*Bull. Soc. ent. de Fr.*, 1881, pag. 48). L'insecte est assez petit et relativement court, 6 à 8 millim. de long sur 3 à 3,50 de large. Le corps est couvert de squamules grises très serrées, parfois avec des macules plus claires, le pronotum et les élytres renflés. La forme, au premier abord, rappelle celle d'un *Peritelus* de grande taille.

MOYENS DE DESTRUCTION.

Dans toutes les cultures de vigne où les Otiorhynques sont assez nombreux pour avoir attiré l'attention des vignerons, on les fait ramasser à la la main, mais le travail doit se faire la nuit tombée, à la lanterne; quoi qu'en dise en effet Boisduval (*Entom, horticole*, pag. 156), le nombre de ceux qui se tiennent le jour appliqués contre les murs des espaliers ou autres est très peu considérable. Ce ramassage à la main, très praticable dans un enclos restreint, ne l'est guère en grande culture.

On a parlé de labourage au moment où l'insecte est en nymphe, c'est-à-dire fin avril (Fairmaire, *Bull. Soc. ent.*, 1881, pag. 48); mais nous objecterons que la nymphe est enfermée dans une coque de terre, et que celle-ci peut fort bien ne pas être brisée par le labour. Quant aux larves retardataires, elles ne seront nullement gênées par ce binage ; au contraire.

«En Grèce, nous dit M. Gennadius (*Comptes rendus Acad. des Sciences*, 6 décembre 1880), les effets insecticides de la submersion contre les *Otiorynchus sulcatus*, *lugens*, etc., sont connus depuis des siècles ». La submersion, objecterons-nous, n'est possible que dans des conditions exceptionnelles.

En Hongrie, M. Weny (*Rovartani Lapok*, de Budapesth, 1886, pag. 3), parlant de la commune de Langenfeld (dép. de Krasso Szoreny), dit que l'*O. populeti* en est venu, par sa multiplication, à rendre la culture de la vigne impossible dans le pays. Ayant fait l'observation que les ravageurs se cachent pendant la journée sous les mottes de terre ombragées par des arbres, il a conseillé aux vignerons de planter dans le sol des rameaux pourvus de feuilles et de mettre à leur base de grosses mottes sèches. « Ces pièges artificiels, dit l'auteur, ont donné de très bons résultats. Les insectes se sont réfugiés par milliers sous les mottes, où le lendemain on a pu les ramasser et les détruire en grande quantité. Ainsi, un vigneron a pu récolter, aidé de sa femme, en deux heures et demie, 5 litres de ces insectes.»

Cet exemple était utile à citer à propos de l'*O. populeti*, inconnu chez nous, mais un des plus nuisibles dans l'Europe centrale.

En ce qui concerne la généralité des cas, nous préférons de beaucoup l'emploi du sulfure de carbone appliqué contre la larve souterraine. Le pal injecteur réussit contre les larves de *Vesperus* et de hannetons ; il ne peut manquer d'être toujours efficace contre celles des Otiorhynques.

«M. de Vergnette-Lamothe, dit M. André (*Les parasites de la vigne*, pag. 107), a constaté que le sulfure de carbone est un poison efficace contre les larves d'Otiorhynques et même contre les insectes parfaits enterrés, et les injections faites au pied des ceps sont appelées à donner contre les parasites d'exellents résultats.

L'expérience est donc faite, et nous nous en tiendrons à ce procédé de destruction [1].

[1] Parmi les moyens naturels de lutte contre les insectes, on peut ranger le rôle des animaux insectivores, surtout celui des crapauds. En Beaujolais, il nous est arrivé d'en disséquer qui avaient plus de vingt Otiorhynques dans l'estomac. On a pu discuter sur l'utilité des oiseaux insectivores. Certains, a-t-on dit, mangent tous les insectes, les utiles comme les nuisibles. Le rôle du crapaud semble toujours utile, nous n'avons jamais trouvé d'insecte carnassier dans son estomac. On ne saurait donc trop combattre l'absurde préjugé qui, dans nos campagnes, fait sacrifier sans pitié cet utile auxiliaire.

Chaque soir il quitte le trou qu'il s'est pratiqué dans un vieux mur ou tout simplement dans le sol, et il n'y rentre que l'estomac garni de 20 ou 30 Otiorhynques, chenilles de Noctuelle ou autres ravageurs nocturnes.

Si l'on avait soin, de distance en distance, de creuser au bord des vignes des petits fossés qui, aux pluies du printemps, se rempliraient d'eau, permettraient au crapaud de déposer ses œufs et faciliteraient l'évolution de ses têtards ; si à côté de ces petites mares on plaçait un tas de pierres mal jointées pouvant abriter l'adulte, les quelques mètres carrés occupés par ces *crapaudières* ne seraient pas mal employés.

Je vois d'ici certains lecteurs sourire à ce plaidoyer en faveur de mon Batracien. Je leur dirai que, par le monde, font sourire pas mal de vérités qui n'en restent pas moins des vérités.

CHAPITRE XXI.

L'OPATRE DES SABLES.

(*Opatrum sabulosum* Linné.)

La famille des Ténébrionides, dont le Tenebrion des boulangeries, l'insecte parfait du *ver de farine*, est le type le plus connu, n'est représentée parmi les ennemis de la vigne que par une seule espèce, l'*Opatrum sabulosum*.

Les Coléoptères qui composent ce groupe ont pour caractère des tarses *hétéromères*, c'est-à-dire à nombre d'articles différents, cinq aux pieds antérieurs et intermédiaires, quatre aux pieds postérieurs. Leurs ailes inférieures sont souvent avortées, leurs élytres soudées, leur robe généralement sombre ou terreuse, et c'est ce qui leur a valu dans certaines classifications le nom de Mélasomes (μελας noir, σωμα corps).

L'espèce qui nous occupe réunit tous ces caractères. Bien que fort commune, répandue dans toute l'Europe et jusqu'à l'extrémité de la Sibérie, elle n'a pas d'histoire au point de vue des dégâts qu'elle peut exercer sur la vigne. Il n'y a qu'une dizaine d'années qu'on en parle. C'est qu'en effet elle n'attaque ni la racine, ni la feuille, ni le raisin, mais seulement la greffe. Or l'opération de la greffe n'est pratiquée sur une grande échelle que depuis une dizaine d'années. Partout les vieux plants d'Europe se mettent sur pieds américains résistant au *Phylloxera*.

Comme pratique viticole usuelle, le procédé étant nouveau, il n'est pas étonnant que le viticulteur rencontre des ennemis nouveaux, des mangeurs de bourgeons enterrés ou lents à se développer, des rongeurs de bourrelets de soudure. De ces derniers, nous aurons l'occasion de parler plus loin. L'Opatre des sables est un de ces mangeurs de bourgeons enterrés, le plus sérieux de tous, le seul dont la presse agricole [1]

---

[1] La lettre suivante, adressée au *Vigneron narbonnais* et reproduite par une bonne partie de la presse agricole méridionale, nous semble utile à citer. Elle est signée d'un nom connu en géologie, G. de Malafosse, le savant doublé d'un praticien.

La Roque, par Sallèle d'Aude, 16 mai 1888.

Cher Monsieur,

« Un nouvel ennemi vient de fondre sur nos vignes.

» Cette fois, c'est d'un Coléoptère qu'il s'agit : il a nom *Opatrum sabulosum*.

se soit occupée, le seul aussi dont il y ait quelque intérêt à parler avec détails [1].

Long de 8 à 9 millim., il ne porte pas, comme l'altise, un brillant costume ; sa livrée est gris foncé et sur ses élytres se montrent de petites verrues disposées en séries longitudinales.

»En légions vraiment innombrables, cet insecte fouisseur s'est répandu dans nos vignes. Sa nourriture habituelle se compose de végétaux en décomposition, mais il est par malheur également friand des bourgeons naissants et gonflés de sève. Comme il est lourd et maladroit, il n'a pas, jusqu'ici du moins, tenté d'escalader les ceps : c'est aux greffes de l'année qu'il s'adresse. Creusant la terre des buttes, il arrive au bourgeon du greffon et le dévore avant qu'il ait paru hors du sol. Dès que la pousse a développé quelques feuilles, il n'y touche plus.

»Le mal causé par ce maudit rongeur est déjà sérieux ; s'il parvient à traiter le second bourgeon des greffes comme il a traité le premier, ce sera un désastre.

»Aussitôt le fléau constaté, j'ai essayé de faire répandre des herbes, des feuilles, au pied des buttes des greffes ; les Opatres se rassemblent en masse pendant la chaleur sous ces abris, et on les fait simplement ramasser à la main. »

Dans une lettre à nous adressée en date du 30 mai, M. de Malafosse complète ainsi ses renseignements : « Les bataillons d'*Opatrum* sont loin de diminuer. Deux fois je les ai fait décimer par une chasse active, et il n'y paraît guère. En soulevant les paquets d'herbes pourries mis au pied des buttes, on voit des centaines d'insectes, et pendant ce temps les greffes poussent.... s'il plaît à Dieu. « Je crois bien, ajoute M. de Malafosse, que les binages, supprimant toutes les mauvaises herbes, nourriture habituelle des Coléoptères ci-dessus, sont pour quelque chose dans leur présence sur les greffes. »

Plusieurs autres viticulteurs, tels que M. Falque d'Olonzac (Hérault), déjà cité à propos du *Geonemus flabellipes*, nous ont envoyé sur l'Opatre des plaintes et des renseignements si analogues à ceux reçus de M. de Malafosse, qu'il est inutile de les reproduire entièrement. « Ces maudits insectes noirs, dit M. Falque, rongent tous les bourgeons de greffons *qui veulent sortir du sol* et devenir de beaux sarments.» Comme M. de Malafosse, ce viticulteur ajoute qu'il est résolu à ne labourer entièrement les vignes greffées que lorsque les pousses seront garnies de feuilles vertes, afin de laisser dans les mauvaises herbes un aliment à la voracité de l'ennemi.

[1] Outre l'Opatre des sables, on nous a plusieurs fois soumis, comme ayant attaqué les bourgeons de greffons buttés, les larves de deux Coléoptères bien différents de l'*Opatrum*, le *Cebrio gigas* Fabricius et l'*Agriotes obscurus* Linné. Le premier est un insecte méridional de la famille des Mollipennes, dont la larve vit généralement des racines de la luzerne ; le second, qui appartient à la famille des Élatérides ou Taupins, est d'habitude, à l'état larvaire, nuisible aux racines des céréales. Les dégâts causés par ces insectes ne sont pour nous qu'accidentels. Il est probable qu'on observera encore bien d'autres mangeurs de racines venant attaquer les bourgeons enterrés des vignes greffées.

L'insecte est partout, dans les champs et sur les chemins, où sa robe couleur de terre le dissimule, où le pied du passant l'écrase. Pour peu que le terrain soit ensoleillé et peu compacte, il se multiplie en raison directe des binages fréquents et des détritus abandonnés sur le sol ou à demi enterrés.

Si, pour protéger les greffes et assurer leur solidité, tout en s'épargnant la peine et la dépense de leur mettre un tuteur, le vigneron les butte avec de la terre au point d'enterrer ou à peu près les deux bourgeons laissés d'ordinaire aux greffons (fig. 75), ceux-ci, avant de pousser, se gonflent plus

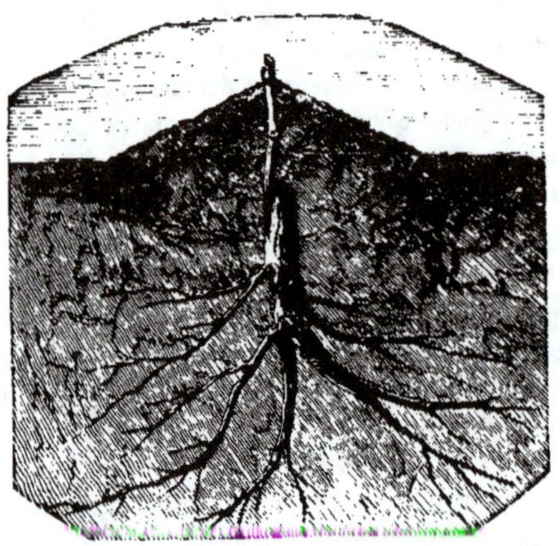

Fig. 75. — Cep greffé en fente et butté.

qu'ils ne le feraient en plein air, puis s'entr'ouvrent en montrant des feuilles jaunes, autrement dit, privées de chlorophylle. Ils poussent, tant qu'ils sont en terre, à la façon des légumes, cardons, céleris ou autres, que les maraîchers buttent pour les faire *blanchir*.

C'est alors que l'Opatre, grand mangeur de détritus encore frais, de feuilles fanées ou seulement jaunies et étiolées, s'attaquera au bourgeon et le videra entièrement. Sa larve vermiforme, cylindrique, ressemblant au *ver de farine* cité plus haut, se mettra souvent de la partie, et le bourgeon sera vite perdu. Si, sans être enterré, le bourgeon est très près de terre, ne faisant saillie que d'un ou deux centimètres au sommet de la butte, surtout si, pour une raison ou pour une autre, une fois entr'ouvert, il est lent à se développer, l'insecte pourra parfois l'attaquer. Nous avons constaté le cas au domaine de la Valette, près Montpellier, mais il est rare.

On reconnaîtra sans peine l'Opatre à son corps long de 8 à 10 millim., large de 3,50 à 5, un peu aplati, d'un brun terreux, ayant les élytres soudées et garnies de stries longitudinales verruqueuses ; la *tête*, munie de petites antennes, est dissimulée dans l'échancrure du *thorax;* celui-ci étant de la même largeur que les élytres, leur séparation est peu apparente ; les *pattes* sont courtes, et, comme le dit très bien M. de Malafosse, l'insecte est lourd et maladroit.

Les métamorphoses de l'*Opatrum sabulosum* ont été décrites en 1871 par M. Lucas (*Ann. Soc. ent. de Fr.*, pag. 452). La *larve*, nous l'avons dit, ressemble à celle du Ténébrion (ver de farine), en plus petit, bien entendu, environ 18 millim. de long au lieu de 25 à 30. Comme la larve du Ténébrion, elle est cylindrique, de couleur jaune brillant, un peu plus rembrunie cependant, surtout sur la partie thoracique et à la partie postérieure de chaque segment. La tête est arrondie, plus large que longue, bien différente en cela des larves d'Élatérides, auxquels celle de l'Opatre est parfois mélangée. Elle diffère encore de la larve du Ténébrion par le dernier segment abdominal. Chez celle-ci, il est à peine déprimé en dessus et ne porte que deux épines relevées à son extrémité. Chez celle de l'*Opatrum*, ce dernier segment est élargi, déprimé et même creusé en dessus, et le bord postérieur porte dix épines, cinq de chaque côté. La *nymphe*, qui se trouve en août dans une petite loge pratiquée dans le sol, est d'un blanc pur quand elle vient de se transformer, et devient peu à peu ferrugineuse, à mesure qu'elle se rapproche de sa dernière métamorphose. A part l'armature de l'abdomen, elle n'offre rien de particulier. Cette armature, destinée à faciliter les mouvements dans la loge, se compose d'expansions membraneuses placées sur les côtés de chaque segment, et chitinisées sur leurs bords latéraux, mais sans épines sur le bord terminal, comme on en voit chez les nymphes de Ténébrions. Le dernier segment est, comme chez celle-ci, terminé par deux pointes blanches comme le reste du corps, avec une épine brune au bout. Au mois de septembre, les insectes parfaits sont éclos, ils s'enfoncent dans le sol pour passer l'hiver, et apparaissent au premier printemps.

Doit-on considérer cet insecte comme pouvant entraver sérieusement, dans certains quartiers, la reconstitution des vignobles par la greffe sur pieds américains ? Nous ne le pensons pas. D'après les détails seuls que nous avons donnés, le lecteur a dû se tracer lui-même, de suite, la marche à suivre : 1° toujours laisser deux bourgeons au greffon ; 2° consolider suffisamment celui-ci au moyen d'un tuteur pour ne pas être obligé d'enterrer les bourgeons ; 3° si l'Opatre se multiplie trop, déposer, comme M. de Malafosse l'a indiqué, un paquet d'herbes fanées au pied du cep. Ce piège à bon marché, recommandé déjà par nous contre les chenilles de

Noctuelles, sera visité deux ou trois fois par semaine et permettra de détruire non seulement l'Opatre, mais bien des mangeurs de bourgeons dont nous ne parlons pas.

LES APATES DES SARMENTS[1]

Tout viticulteur, principalement dans le midi de l'Europe, a remarqué que les fagots de sarments empilés depuis longtemps en plein air et même à l'abri de la pluie, sont rongés par de petites larves blanches, courtes, produisant de petits insectes bruns. Par la grande multiplication de ces rongeurs de bois, les *quissous* de nos vignerons méridionaux, les sarments, au bout de deux ou trois ans, arrivent à tomber complètement en poussière. Le fait n'est pas d'observation récente ; dès la fin du siècle dernier, Olivier avait décrit une des espèces les plus répandues, comme perforant le bois de la vigne. Elles sont du reste polyphages, ainsi que nous le verrons plus loin.

Si ces insectes se contentaient toujours d'attaquer les sarments coupés, le mal causé ne serait pas énorme, ils n'auraient pas à plusieurs reprises effrayé les viticulteurs. On en aurait toujours été quitte pour brûler ou vendre le plus tôt possible les piles de fagots ; mais il arrive souvent que lorsque, par une cause quelconque, pourridié, gribouri, phylloxera ou autre, la végétation de la souche est languissante, les sarments sur pied sont attaqués par ces larves, ce qui les fait partiellement sécher à partir de l'un des nœuds. Que de fois nous avons vu tel propriétaire de vigne, refusant de croire à la présence du Phylloxera aux racines de ses souches, nous apporter des sarments ainsi perforés et paraître convaincu que les auteurs de tout le mal étaient les rongeurs de bois.

Ces larves qui détruisent les sarments secs ou malades appartiennent à plusieurs espèces, et, à la rigueur, à plusieurs genres faisant partie de la famille des Térédiles, de la tribu des Apatides ; mais elles peuvent toutes être ramenées dans le grand genre *Apate*, créé par Fabricius.

[1] BIBLIOGRAPHIE. — **Olivier** ; *Encyc. d'Hist. nat.*, tom. V, pag. 110. — **Vallot** ; *Mémoire sur les Ins. ennemis de la vigne*, 1839. — **Perris** ; *Mœurs et métamorphoses de quelques Apates* (Ann. Soc. ent. de Fr., 1850, pag. 555-571, avec pl.). — **Perris** ; *Larves de Coléoptères*. Paris et Lyon, 1877. — **M** Girard ; *Les larves des sarments de vigne* (Soc. des Agr. de Fr., 1879. — **André** ; *Les parasites de la vigne*. Beaune, 1882. — **Targioni** ; *Relazione della R. Stazione di Entomologia agraria di Firenze*, 1884, pag. 282.

Les *Apate* sont des insectes qui ont embarrassé les classificateurs. Par leur forme et leur manière de vivre, ils ont les plus grands rapports avec les Xylophages ou Lignivores, et ont même été rangés autrefois dans cette famille ; mais le nombre d'articles de leurs tarses, cinq au lieu de quatre, la présence de pieds chez leurs larves, celles des Xylophages étant apodes, plusieurs autres caractères également, les ont fait extraire des Xylophages et placer dans les Térédiles, à côté des Vrillettes (*Anobium*).

Ce qui a contribué à maintenir la confusion dans certains esprits peu versés dans les études entomologiques, c'est que le nom de *Bostrichus* avait été primitivement donné par Geoffroy aux *Apate*, que l'on pourrait appeler les faux-xylophages, et que ce même nom de *Bostrichus* a été postérieurement appliqué par Fabricius à un des principaux genres des Xylophages vrais, tandis qu'un nom nouveau, celui d'*Apate*, était donné par l'entomologiste danois aux *Bostrichus* de Geoffroy. L'usage a consacré les deux appellations de Fabricius, le nom français de Bostriche est entré dans la langue usuelle des forestiers, et c'est pour cela que, malgré l'École allemande, plus éprise de priorité absolue que de clarté, nous appelons *Apate* les insectes qui nous occupent. Nous sommes en cela d'accord avec Jacquelin Duval[1], de Marseul (Catalogue, 1888) et la plupart des entomologistes.

Ce genre *Apate* (de ἀπάτη tromperie), dans lequel, pour simplifier la nomenclature, nous faisons entrer les *Sinoxylon* et les *Xylopertha*, rangés dans la tribu des Apatides, se distingue par les caractères généraux suivants : *Corps* cylindrique ; *tête* verticale, plus ou moins surplombée par la partie antérieure du prothorax ; *mâchoires* à deux lobes distincts, *tarses* de cinq articles ; *élytres* obliquement tronquées postérieurement, et souvent munies d'épines.

Cinq à six espèces attaquent la vigne en France ou dans les autres ré-

---

[1] « Je ne crois pas, dit Jacquelin Duval (*Genera des Col. d'Eur.*, tom. III, pag. 227), que l'on puisse désigner impunément sous le nom de *Bostrichus* d'autres insectes que ceux connus vulgairement sous ce nom. On n'accuse que trop la science de vouloir se mettre hors de la portée des masses. Le reproche est grave, et dans le cas actuel il serait fondé. Du reste, voici, entre plusieurs autres, un exemple de violation purement scientifique, mais irréparable aujourd'hui, du droit de priorité : le nom de *Melolontha* a été employé régulièrement, pour la première fois, par Geoffroy pour désigner notre genre actuel *Clythra*. Fabricius, ignorant peut-être le fait, appliqua le nom de *Melolontha* aux insectes connus sous le nom vulgaire de hanneton, et ce nom est resté. Le cas est exactement semblable à celui ci-dessus. »

gions viticoles. Nous ne parlerons que des quatre plus répandues : *Apate sexdentata, A. muricata, A. sinuata, A. bimaculata.*

I. — Apate (Sinoxylon) sexdentata OLIVIER.

C'est l'espèce la plus commune dans le midi de l'Europe, le nord de l'Afrique, l'Asie-Mineure, la Syrie et même l'Égypte, d'où nous l'avons reçue récemment; elle est polyphage, attaque, outre la vigne, le figuier, le robinier, le mûrier, le châtaignier, etc. C'est la seule espèce signalée dans la liste d'ampélophages d'Espagne envoyée par M. de Graëlls. Six à sept fois sur dix, en Languedoc, c'est celle qui, vulgairement connue sous le nom de *quissou,* met en poussière les sarments secs et presque toujours celle qui les attaque sur la souche. Nous la décrirons donc avec plus de détails que les autres.

L'insecte parfait est caractérisé par son corps relativement court, 4 à 5 millim. de long sur 2 à 2^{mm},50 de large, cylindrique, d'un brun roux plus clair sur les élytres; ses antennes de dix articles, dont les trois derniers en forme de dents de scie aiguës, forment une massue aussi longue que la tige. Le prothorax, épais, très renflé en avant, plus ou moins tuberculeux ou fortement granuleux, est muni de chaque côté de petites épines relevées. Les élytres, courtes par rapport à la longueur du corps, sont obliquement tronquées postérieurement et munies chacune de trois dents aiguës, ensemble six ; de là, son nom. Cet insecte est rangé dans le genre *Sinoxylon* (σίνω je gâte, ξύλον le bois) par la plupart des entomologistes.

Perris a décrit dès 1850 ses mœurs et ses métamorphoses. «Cet insecte, dit-il, pénètre dans l'intérieur du sarment, mort ou malade, par un bourgeon; puis il y fait une galerie circulaire en dessous de l'écorce. Dans les sarments d'un faible diamètre, cette galerie est remplacée par une loge un peu spacieuse. C'est dans cette galerie ou loge que s'opère l'accouplement ; puis la femelle s'enfonce dans le sarment, parallèlement à l'axe, et dans cette nouvelle galerie, qui a plusieurs centimètres de longueur, elle dépose des œufs blancs, lisses, elliptiques. Cela fait, elle sort par où elle est entrée, pour aller préparer un autre berceau à sa progéniture. Les larves qui naissent des œufs pénètrent dans le sarment et le parcourent longitudinalement, en y creusant des galeries dont elles consomment les déblais et qu'elles laissent derrière elles remplies d'excréments. Souvent des larves parties d'un nœud voisin attaqué par une autre femelle, se croisent en chemin sans se nuire. Celles qui occupent un sarment sont ordinairement en si grand nombre qu'elles le réduisent pour ainsi dire en poussière, et cela est l'œuvre de quatre mois au plus. »

Cette *larve* (fig. 76) rappelle au premier abord celles des Xylophages ou des Charançons, recourbée comme celles-ci, avec les segments thoraciques très développés par rapport à ceux de l'abdomen ; mais on la distinguera de suite à la présence des pattes. Elle ressemble beaucoup à celle des *Anobium* ou *vrillettes*. Le *corps*, long de 4 à 5 millim., blanc, charnu, est composé, y compris la tête, de 13 segments dont l'intersection, par suite des replis transversaux de la peau, est parfois difficile à saisir. La *tête*, de

Fig. 76. — Larve d'Apate sexdentata, fortement grossie.

couleur rousse, est très petite par rapport au thorax, sans ocelles, munie d'*antennes* courtes, composées de 4 articles ; chacun des trois *segments thoraciques*, très développés, surtout le *prothorax*, porte une paire de *pattes* assez développées, composées de cinq pièces dont la dernière ou tarse, en forme d'ongle, est seule rembrunie. Ces pieds sont garnis de poils blonds. Les *stigmates*, au nombre de neuf paires, sont placés, le premier près du bord postérieur du prothorax, dans un repli triangulaire, les autres près du bord antérieur des huit premiers segments abdominaux ; ceux-ci progressivement atténués.

La transformation en *nymphe* s'opère sans apprêt, sans coque formée avec des débris de bois ou des excréments, comme chez les *Anobium*, simplement dans le fond de la galerie.

Cette forme n'offre rien de bien distinctif des autres nymphes de Coléoptères, si ce n'est que la partie dorsale des segments abdominaux porte une rangée de petites spinules ferrugineuses très peu visibles sur les premiers segments et d'autant plus apparentes qu'on s'approche de l'extrémité.

L'insecte parfait sort du sarment en le perçant d'un trou rond, vis-à-vis de l'endroit où sa transformation s'est opérée. Il y a deux générations dans l'année : celle dont on trouve les individus éclos au premier printemps et qui pond en mai, et celle qui, éclose fin août, pond en septembre pour donner les larves d'automne et les insectes parfaits du printemps suivant.

II. — Apate (Sinoxylon) muricata Fabricius.

Tout ce que nous avons dit au sujet des métamorphoses du l'*Apate sexdentata*, nous jugeons inutile de le répéter au sujet de cette espèce. Sauf la taille, qui est double, la larve est semblable, les mœurs les mêmes, les dégâts exercés sur les sarments identiques, avec cette différence qu'en dehors de la vigne, elle s'attaque à des bois généralement plus durs. Nous l'avons trouvée dans des branches de chêne, et Boyer de Fonscolombe, ainsi que M. Targioni, dans du bois d'olivier.

Le centre géographique de cet insecte paraît être l'Italie. MM. Targioni et Costa le signalent sur la vigne, du nord au sud de la péninsule ; Chapuis et Candeze (*Larves de Coléoptères*) le citent du Tyrol.

Il est répandu çà et là en Provence et il est plus rare en Languedoc. Nous ne l'y avons trouvé que deux fois, à Montpellier et à Carcassonne.

On le distinguera sans peine de l'*A. sexdentata* à sa taille, 7 à 8 millim. de long sur 3 environ de large ; la couleur est à peu près la même, un peu plus sombre pourtant chez le *muricata*. L'extrémité des élytres, obliquement tronquée, porte de chaque côté 4 épines, ensemble 8, dont 6 plus petites et moins aiguës sur le pourtour de l'entaille des élytres, et 2 plus grandes, plus aiguës, au milieu du disque formé par cette entaille et de chaque côté de la suture.

III. — Apate (Xylopertha) sinuata Fabricius.

D'après Perris, plusieurs espèces du sous-genre *Xylopertha* (ξύλον bois, πέρθω je dévaste) se trouvent dans les sarments ; nous n'y avons jamais constaté que celle-ci, encore ne se trouve-t-elle pas dans la région de l'olivier. Nous l'avons reçue des environs de Lyon, et Perris la dit commune dans les Landes, où elle attaque le chêne, le châtaignier et la vigne. On ne pourra la confondre avec aucune autre.

La taille est petite, le corps allongé, 5 centim. de long environ sur 2 de large, la robe d'un noir brillant. Les *antennes* de 9 articles, avec la massue faiblement dentée en scie et composée de 3 gros articles aplatis; le *prothorax*, moins renflé que chez les *Sinoxylon*, est rapeux, garni sur les bords de petites dents relevées et de poils blonds. Les élytres, obliquement tronquées, sont comme évidées dans cette entaille, dont les bords latéraux, nettement dessinés, portent chacun une dent très émoussée sur les côtés et une autre plus aiguë à l'extrémité des élytres.

IV. — Apate bimaculata Olivier.

Dans tous les Catalogues, cet insecte fait partie du genre *Apate* proprement dit. Suivant Perris, il vit dans le bois de la vigne et dans celui du tamarix. Nous ne l'avons personnellement jamais observé que rongeant les sarments, dans les mêmes conditions que les espèces précédentes. Il ne se trouve pas, croyons-nous, en dehors de la région de l'olivier, et, d'après M. Gennadius, ce serait l'espèce dominante en Grèce. Elle n'est pas rare dans le département de l'Hérault, moins abondante toutefois que l'*A. sexdentata.*

C'est une jolie espèce, au corps allongé, 8 millim. environ sur 3 de large, au premier abord de couleur grise, mais qui, vue à la loupe, offre sur ses élytres des dessins en relief d'un noir brillant, avec des poils dorés dans les intervalles. La *tête* noire est couverte en dessus de poils d'un roux doré. Les *antennes* ont dix articles. Le *prothorax*, renflé et rapeux en avant, est garni dans la même région de poils d'un roux doré qui se prolongent vers l'arrière sous forme d'une bande médiane étroite ; de chaque côté et en arrière, une grande tache formée par des poils blancs avec une ou deux petites taches noires au milieu. De ces deux taches blanches vient le nom de *bimaculata*. Les *élytres*, tronquées postérieurement, le sont moins que chez les espèces précédentes ; l'angle de l'entaille est arrondi, et malgré cela marqué encore par deux tubercules ou épines mousses.

V. — Insectes parasites des Apates.

Outre les quatre espèces d'*Apates* ci-dessus, sans parler du *Callidium unifasciatum*, décrit en son lieu et place, on peut rencontrer dans les sarments vermoulus un certain nombre d'autres insectes. Quiconque n'est pas versé dans les connaissances entomologiques pourrait voir en eux de nouveaux ennemis de la vigne. Il n'en est rien. Ce sont au contraire des protecteurs des sarments qui vivent aux dépens des Apates, des agents actifs de cette loi du parasitisme dont nous avons vu le rôle être si important dans l'équilibre des êtres organisés. La majeure partie appartiennent à l'ordre des Coléoptères, une espèce à celui des Hyménoptères.

Parmi les premiers, nous trouvons surtout des Clérides, c'est-à-dire des Coléoptères de la même famille que l'insecte rouge et bleu d'acier, commun sur les fleurs et connu sous le nom français de Clairon des abeilles. Ce sont des insectes aux couleurs vives, au prothorax long et étroit, ce qui leur a valu de la part de leurs monographes, Mulsant et Rey, le nom d'Angusticolles. Les Clérides parasites des Apates des sarments sont : *Denops albofasciata, Tillus unifasciatus* et *Opilo mollis* [1].

Le *Denops albofasciata* Charpentier, exclusivement de la région de l'olivier, est un insecte bizarre, très allongé, 7 millim. environ de long sur 1,50 à 2 de large, à la *tête* plus large que le *prothorax*, au *corps* rouge dans sa moitié antérieure, bleu dans sa moitié postérieure, et dont les élytres sont traversées par une large blande blanche. A Amélie-les-Bains

---

[1] M. André (*Les parasites de la vigne*, pag. 226) cite un quatrième Cléride, l'*Opilo domesticus*, comme attaquant les Apates des sarments. Avec Perris, nous considérons cette forme comme une variété de l'*O. mollis*.

(Pyrénées-Orientales), nous avons trouvé en nombre cette jolie espèce dans des sarments de vigne rongés par l'*Apate sexdentata*.

Le *Tillus unifasciatus* Fabricius, rare dans la région de l'olivier, est au contraire commun dans les autres pays viticoles de la France. C'est une espèce de même longueur à peu près que la précédente, mais moins étroite, environ 2^{mm},50 de large, noire, sauf les élytres, dont le premier tiers antérieur est rouge, et qui un peu au delà de la moitié de leur longueur ont une bande transversale blanche.

L'*Opilo mollis* Linné se reconnaîtra de suite à sa teinte d'un brun gris avec trois taches fauves sur chaque élytre, et à sa taille relativement grande, 7 à 10 millim. Il habite toute la France, vivant aussi bien aux dépens des Apates des sarments qu'à ceux des autres rongeurs de bois.

Les larves de ces divers Clérides ont été étudiées, celle du *Denops albofasciata* et du *Tillus unifasciatus* par Perris[1], celle de l'*Opilo mollis* par Waterhouse[2] et par Perris[3].

Elles se distingueront facilement de celles des *Apate*. Elles sont carnassières, ont des pieds fortement chitinisés et sont relativement agiles. Le corps est long, aplati, blanc, renflé latéralement dans son milieu, avec la tête brune, munie de fortes mandibules, le dernier segment abdominal rembruni à l'extrémité et armé de deux pointes brunes parfois recourbées.

Perris (*Larves de Coléoptères*, 1877, pag. 22) a décrit également comme vivant en Corse dans les sarments de vigne, aux dépens de l'*Apate sexdentata*, la larve d'une petite espèce de la famille des Histérides, longue de 2 millim. à peine, le *Teretrius picipes* Fabricius. L'insecte, qui est du centre de l'Europe, se trouve çà et là en France dans les galeries de divers mangeurs de bois, et il est probable que la Corse n'est pas le seul pays où il décime les Apates des sarments. Les Histérides sont des Coléoptères aux téguments durs et luisants, ayant la faculté de rentrer complètement leur tête dans le prothorax, ce qui les a fait comparer aux tortues. Leurs larves carnassières ont un corps blanc, charnu, avec la tête plate, parfois même un peu concave, ferrugineuse et cornée, ainsi que le prothorax, les mandibules très développées et falciformes, avec une dent à l'intérieur. Chez celle de notre *Teretrius*, les mandibules ne sont pas munies de cette dent et le dernier segment abdominal est terminé par deux longs appendices biarticulés.

---

[1] Perris ; *Métamorphose du Denops albofasciata et du Tillus unifasciatus* (*Monographie des Angusticolles*, par Mulsant et Rey. Lyon et Paris, 1863).

[2] Waterhouse ; *Trans. of the entom. Soc. of London*, tom. I, 1836.

[3] Perris ; *Insectes du pin maritime*. Paris, 1863.

Outre ces divers Coléoptères, on trouve d'après Ratzeburg [1], dans les galeries de l'*Apate sinuata* et vivant à ses dépens, un petit Hyménoptère de la famille des Chalcidides, le *Pteromalus bimaculatus* Nées.

Tels sont les quelques parasites destinés par la nature à réfréner la trop grande multiplication de nos rongeurs de sarments, et que l'on trouve parfois mélangés à ceux-ci. Mais il nous arrive souvent de recevoir en communication, comme *ayant perforé des sarments sur pied*, des Hyménoptères parfaitement innocents de la chose.

Il s'agit d'espèces indifférentes à la vigne, qui viennent utiliser pour leur ponte les galeries abandonnées par les Apates, galeries qu'une observation superficielle leur a bien souvent fait attribuer. Nous parlerons de ces mouches à quatre ailes non nuisibles, mais qu'il est indispensable de connaître, en traitant des divers Hyménoptères qui fréquentent la vigne.

LE BUPRESTE DE LA VIGNE.

(*Agrilus derasofasciatus* LACORDAIRE.)

A plusieurs reprises, nous avons vu les insectes spéciaux à la vigne d'Europe être moins dangereux pour elle que les espèces polyphages. Le petit Buprestide qui nous occupe ne fait pas exception à la règle.

Le groupe des Buprestides, ou plus simplement Buprestes, constitue une famille naturelle composée d'insectes au corps allongé, aux formes peu élégantes, aux pieds courts, aux antennes en forme de scie, également courtes, malgré cela très recherchés des amateurs et vulgairement appelés Richards, à cause de la beauté de leurs couleurs métalliques. Tous les Buprestes à l'état de larves rongent l'intérieur des tiges ou des racines des végétaux, et, en nous plaçant au point de vue agricole, doivent être appelés ennemis.

Notre Bupreste de la vigne est un des plus modestes du groupe comme taille et comme couleur et l'un des moins nuisibles. Nous ne l'avons personnellement observé que sur la vigne sauvage ; mais d'après Perris et M. André il se trouve aussi sur la vigne cultivée. Perris dit qu'il vit dans les rameaux récemment morts ou malades. En Bourgogne, M. André l'a vu sortir de tiges de vignes paraissant saines : il y avait vécu sans doute

[1] Ratzeburg ; *Die Ichneumonen der Forst-Insecten,* 1844-1852.

dans l'épaisseur de l'écorce, et notre ami M. Argod, de Crest (Drôme), l'a capturé un jour par centaines, fin juin, sur les pousses tendres d'un espalier très vigoureux.

« La larve, dit Perris [1], rampe sous l'écorce en traçant des galeries sinueuses ; son existence est de près d'une année, et, pour se transformer en nymphe, elle pénètre dans le bois lorsque l'écorce est mince, ou dans les feuilles même de l'écorce lorsque celle-ci est épaisse. »

Cette larve est blanche, aplatie, très grêle, aveugle, apode. Comme chez toutes celles de Buprestides, la *tête* est petite, avec les parties de la bouche rembrunies ; le *prothorax* plus développé en large que tous les autres segments, les méso et métathorax plus étroits au contraire que tous les segments abdominaux. Ceux-ci sont au nombre de dix, le dernier bilobé à l'extrémité et terminé par deux pointes chitineuses, brunes, tronquées au bout, garnies du côté interne de petites pointes dirigées en avant, organe destiné sans doute à faciliter les mouvements de la larve dans sa galerie. Ce dernier segment est en outre garni de poils blonds ; les autres portent latéralement quelques poils blonds très fins, à peine visibles à la loupe.

La nymphose se fait en mai, dans les couches ligneuses, dans une loge creusée à cet effet. La nymphe est nue, blanche, très molle, entièrement glabre et n'offre rien de particulier.

L'insecte parfait paraît en juin ou juillet. Il est long de 5 à 5^{mm},50 environ, large de 1,50. Allongé, étroit, peu convexe, d'un vert olive luisant, métallique, le thorax et la tête parfois cuivreux ; les élytres, glabres, sont, sur le tiers postérieur de leur longueur, garnies le long de la suture d'une bande de poils soyeux. Le dernier segment abdominal est échancré en dessous, mais non fovéolé, ce qui distinguera toujours cette espèce des trois autres, *hastulifer*, *graminis* et *olivicolor*, qui ont aussi la bande suturale soyeuse de l'extrémité des élytres.

L'espèce est signalée en France, en Allemagne, en Italie, en Grèce, au Caucase, en Asie-Mineure, en Algérie, en un mot dans presque toutes les régions où vient la vigne. M. Targioni (*Relazione*, 1884, pag. 270) la dit commune dans l'Italie centrale. Ne la considérant pas comme vraiment nuisible, nous n'avons pas à parler des moyens de la combattre.

[1] Perris ; *Mœurs et métamorphoses de l'Agrilus derasofasciatus* (*Mém. de l'Acad. des Sciences, Arts et Belles-Lettres de Lyon*, 1851.)

CHAPITRE XXII.

FAMILLE DES LAMELLICORNES.

On nomme ainsi les Coléoptères plus spécialement connus sous le nom vulgaire de *Scarabés*, et qui composent pour certains entomologistes la famille des Scarabéides. Ces insectes, dont le hanneton commun est le type le plus connu, se distinguent de tous les autres par leurs formes épaisses, leurs élytres laissant à découvert l'extrémité dorsale de l'abdomen ou *pygidium*, et surtout par les derniers articles de leurs antennes courts, dilatés en large en forme de lamelles s'ouvrant et se fermant comme les feuillets d'un livre.

Les *larves*, connues des agriculteurs sous le nom de *vers blancs*, sont molles, grasses, d'un blanc rosé ou ardoisé tournant au brun à l'extrémité abdominale, qui est renflée et arrondie. Leur corps, recourbé en arc, ne peut se redresser complètement, et à part celles des cétoines, qui rampent sur le dos, elles en sont réduites à progresser couchées sur le côté. Les pattes, assez développées, servent moins à la marche qu'au creusement des galeries dans le sol ou le bois décomposé qui abrite leur existence.

Beaucoup de Lamellicornes sont polyphages. La vigne, que nous avons vue attirer à elle tant de parasites étrangers, ne pouvait manquer d'être attaquée par plusieurs membres de cette populeuse famille. Les uns, sous forme de larve, nuisent aux racines ; les autres, arrivés à l'état parfait, se nourrissent des feuilles. On peut même ici s'étonner de ne pas voir les Lamellicornes brouteurs de feuilles être plus nombreux sur des bourgeons aussi succulents que ceux de la vigne.

En éliminant plusieurs espèces, nuisibles seulement dans des circonstances particulières, le nombre des Lamellicornes faisant partie de notre liste générale sera de douze : *Cetonia hirtella, C. stictica, Pentodon punctatus, Anomala vitis, A. Ænea, Melolontha vulgaris, M. fullo, Rhizotrogus marginipes. R. euphytus, R. inflatus, R. sinuatocollis* et *Lethrus apterus.*

LA CÉTOINE VELUE

(*Cetonia (Tropinota) hirtella* LINNÉ.)

SYNONYMIE : *Scarabæus hirtellus* Linné, *Scarabæus hirtus* Scopoli, *Cetonia hirta* Fabricius, *Tropinota hirtella* Mulsant, *Epicometis hirta* Burmeister, *Cetonia hirtella* Erichson, *Epicometis hirtella* Redtenbacher. En français, Cétoine velue.

Qui dit Cétoine à l'état parfait, dit généralement insecte vivant sur les fleurs, et la Cétoine dorée n'est que trop connue des amateurs de roses. Mais, comme nous l'avons dit dans notre Introduction, à défaut de fleurs à leur convenance, les cétoines se jettent parfois sur les bourgeons plus ou moins riches en sucre, tels que ceux de la vigne. Après la feuille, elles broutent la fleur, et dans les pays semi-désertiques où il existe des vignobles, comme les steppes du sud de la Russie, elles peuvent devenir un ennemi sérieux.

Dès la fin du siècle dernier, l'auteur de la treizième et dernière édition du *Systema naturæ* de Linné (1788), Gmelin, cite, comme nuisible dans les vignobles du bas Volga, le *Scarabæus hirtellus*, notre *Cetonia hirtella*, et encore de nos jours cette espèce fait partie de la liste d'ampélophages qui nous a été adressée d'Odessa par M. Kowalevsky. Elle est désignée comme gâtant souvent les fleurs de la vigne. De Grèce, M. Gennadius nous l'indique comme « broutant assez souvent les bourgeons de la vigne, mêlée à quelques individus d'autres espèces (*C. stictica, aurata* et *angustata*), mais abandonnant les ceps dès qu'il y a dans la campagne suffisamment de fleurs pour les nourrir ».

En ce qui concerne l'Occident, nous recevons assez souvent l'espèce d'Algérie et surtout de Corse, parfois même du département du Var (les Maures, Fréjus, l'Esterel), comme exerçant les mêmes dégâts. En Languedoc et dans les autres régions viticoles de France, en Italie et en Espagne, comme aussi dans le centre de l'Europe, l'insecte est partout sur les fleurs, mais n'est pas signalé sur la vigne.

On ne confondra la *Cetonia hirtella* avec aucune autre. Elle est longue de 9 à 12 millim., large de 6 à 7, d'un noir verdâtre, couverte de poils gris tirant sur le roux et parée sur chaque élytre de sept à huit taches blanches. Le prothorax est plus étroit en arrière qu'au milieu, ce qui range de suite l'insecte dans le sous-genre *Tropinota* ; les tibias antérieurs sont armés de trois pointes. Une seule espèce du même sous-genre lui ressemble, la *C. squalida*. On la distinguera de cette dernière, d'abord à la taille plus petite, ensuite à la troisième nervure ou côte principale de l'élytre, non bifurquée au-devant.

Si nous comparons la *larve* à celle du hanneton, nous trouvons pour notre cétoine un *ver blanc* plus petit des deux tiers, beaucoup plus court, plus épais, au *corps* peu courbé en arc, atténué en avant, développé en arrière, aux segments garnis dans leur partie dorsale d'une étroite rangée transversale de longs poils blonds dirigés en arrière. La *tête*, en proportion avec le faible développement des parties de la bouche destinées à n'entamer que des substances molles, est très petite par rapport au corps. Les trois anneaux du *thorax*, peu développés, portent des pieds courts, garnis de poils épineux, verticillés, ayant les tarses très peu renflés et l'ongle de l'extrémité remplacé par une pièce cylindrique obtuse au bout. L'*abdomen* est la partie du corps où les segments sont le plus développés. L'insecte ne se sert pas de ses pattes pour marcher, il progresse assez rapidement en rampant sur le dos.

Les larves de cétoines vivent, en général, dans le bois très pourri, dans la vermoulure des arbres ou la vieille tannée employée dans les couches des jardins. Celle de notre espèce vit dans les mêmes conditions, mais se contente souvent de débris de feuilles, de racines ou de fumier décomposé. Les fumures au fumier de ferme contribuent donc à multiplier cet insecte dans les vignobles.

La nymphose se fait en automne dans une coque ellipsoïde formée de débris de terreau et enduite d'une couche d'excréments mélangés de salive étendue par les pattes de l'insecte. Cette coque, une fois sèche, est très solide. L'état de nymphe dure un mois environ, et l'insecte parfait, éclos avant l'hiver, passera toute la mauvaise saison dans le sol, pour apparaître aux premiers beaux jours.

D'après tout ce que nous avons dit au début, il est bien certain que notre cétoine n'attaque la vigne que lorsqu'elle n'a pas de fleurs qui lui conviennent à sa disposition, c'est-à-dire des fleurs de Rosacées, de Crucifères ou Composées.

Dans ces conditions, une bande de terre à proximité de la vigne, semée d'une des plantes préférées, le Colza par exemple, suffirait pour attirer sur un même point le plus grand nombre des cétoines, que l'on n'aurait plus qu'à recueillir à poignées. Différemment, le ramassage à la main sur les bourgeons, pratiqué dans le sud de la Russie, en Grèce et en Corse, reste le seul procédé efficace de préservation.

LA CÉTOINE MOUCHETÉE.

(*Cetonia (Oxythyrea) stictica* Linné.)

SYNONYMIE : Le *drap mortuaire* Geoffroy, *Scarabæus sticticus* Linné, *Scarabæus albopunctatus* de Geer, *Cetonia stictica* Fabricius, *Oxythyrea stictica* Mulsant.

Après la Cétoine velue, celle-ci est la plus fréquente sur la vigne. Très commune dans toute l'Europe sur diverses fleurs, elle se trouve çà et là dans le midi de la France sur les jeunes bourgeons de la vigne. M. Targioni (*Relazione*, 1884 et 1888) la signale un peu plus fréquente en Sardaigne et en Sicile, M. Gennadius aux environs d'Athènes; mais, là où elle devient un véritable ennemi pour le vigneron, c'est dans les îles de la Grèce. Nous l'avons reçue de M. Eleuthère de Coumi (île de Négrepont) comme un des insectes les plus nuisibles dans ces parages. Elle occasionne des dégâts tels dans les vignes de ce propriétaire qu'il est obligé, certaines années, de dépenser dans l'espace de quelques jours 500 à 600 fr. de journées de ramassage sur une surface de 25 à 30 hectares.

La cétoine mouchetée se distinguera facilement de la cétoine velue. Elle est longue de 8 à 14 millim., large de 4 à 5,50, c'est-à-dire proportionnellement plus allongée. Le *corps*, d'un noir violet, parfois un peu verdâtre, est garni de poils blanchâtres assez longs, peu touffus ; le *prothorax*, plus large en arrière qu'au milieu, muni d'une carène médiane peu accusée, est paré de six points blancs enfoncés, trois de chaque côté de la carène, et de quelques macules blanches marginales. Les *élytres* sont parsemées de taches blanches beaucoup plus nombreuses que chez la *C. hirtella*, et les tibias antérieurs ne sont armés que de deux dents. Ce dernier caractère distingue nettement le sous-genre *Oxythyrea* des autres *Cetonia*.

Des métamorphoses de l'insecte, nous ne dirons rien; nous ne ferions que répéter ce que nous avons dit concernant celles de la *C. hirtella*.

LE PENTODON PONCTUÉ.

(*Pentodon punctatus* VILLERS.)

SYNONYMIE : *Scarabæus punctatus* Villers, *Scarabæus punctulatus* Rossi, *Geotrupes punctatus* Sturm, *Geotrupes monodon* Duftsch, *Pentodon punctatus* Mulsant.

Nous avons vu un ténébrionide, l'*Opatrum sabulosum*, nuire aux greffes de la vigne en attaquant les bourgeons enterrés du greffon. Voici encore un ennemi de la greffe, un lamellicorne, dont la larve souterraine attaque non pas le bourgeon, mais la soudure du greffon français avec le pied américain, soudure dont le bourrelet de cicatrisation est parfois volumineux.

Le mal est tellement sérieux dans plusieurs quartiers de l'Hérault et de l'Aude, tels que les communes de Villeneuve-les-Maguelone, Florensac, Coursan, Narbonne, etc., que nous avons vu, dans certains champs, le quart, le tiers et même la moitié des greffes compromises par cette larve.

L'insecte parfait rappelle par sa forme les bousiers du genre *Geotrupes*, si communs dans les déjections, et doit peut-être à cette ressemblance de ne pas être écrasé par les vignerons. Les naturalistes eux-mêmes s'y sont laissé prendre au début; la note bibliographique où nous voyons figurer le nom générique de *Geotrupes* en fait foi.

Les *Pentodon* appartiennent non pas à la tribu des Géotrupides, mais à celle des Dynastides ou Lamellicornes appelés vulgairement Rhinocéros, c'est-à-dire ayant une ou plusieurs cornes sur la tête et le prothorax (*Dynastes, Oryctes, Pentodon,* etc.). Ce sont des Rhinocéros sans cornes, ou plutôt avec des cornes toujours avortées et réduites, à des tubercules (fig. 77), comme chez les femelles de certaines *Oryctes*.

Fig. 77. — Pentodon ponctué, grandeur naturelle.

Les Dynastides vivent d'ordinaire, à l'état de larve, dans le bois décomposé, dans le terreau tout au moins. Les *Pentodon* font exception à la règle; leurs larves se nourrissent exclusivement de tissus végétaux vivants, généralement de racines.

Nous en avons fait de nombreux élevages dans des bocaux où nous semions tout simplement de l'avoine.

Quand, pour garantir la greffe de la dessiccation, on a butté contre
elle de la terre meuble, au point de faire disparaître le greffon (fig. 75), la
larve, qui, bien que terricole, ne dédaigne pas de brouter une tige jeune et
vivante, quitte les racines et monte souterrainement dans la butte. Là elle se
met à ronger le jeune bois, à l'endroit surtout où la soudure se forme, et produit un bourrelet de cicatrisation qui met quelque temps à se lignifier. Le
greffon est naturellement perdu ; bien heureux encore lorsque le jeune pied
américain qui le porte n'est pas perdu lui-même, par suite de lésions à ses
racines ou à sa tige.

Les larves de pentodons sont parfois très funestes aussi aux jeunes
plantiers ; en cela, elles rivalisent avec celles des vespères et des hannetons.

I. — DESCRIPTION ET BIOLOGIE.

Nous n'avons vu nulle part décrites les métamorphoses de l'insecte qui
nous occupe. Comparée au *ver blanc* du hanneton (fig. 78), la larve adulte
est d'une taille double, surtout plus épaisse ; la *tête*, plus petite en proportion, presque aussi large, mais moins longue, est plus arrondie ; la
partie des pattes représentant le tarse, si renflée chez la larve du hanneton,
est relativement effilée chez celle du Pentodon, toujours munie d'un ongle
pointu à l'extrémité. Cette larve, comme celle du hanneton, paraît vivre
deux ans, et les métamorphoses complètes, y compris la vie de l'insecte
parfait, s'accomplir en trois ans.

La nymphose se fait en juillet, dans une coque de terre ellipsoïde, aux
parois cimentées avec des déjections. Celles-ci, rendues fluides par de la
salive, ou du moins un liquide tiré de la bouche, sont pétries et étendues
au moyen des pattes contre les parois de la loge. En mettant dans un bocal
en verre rempli de terre des larves âgées de 2 ans, et en semant de l'avoine
au-dessus, l'opération est facile à observer, quelques larves venant toujours construire leur loge contre les parois du verre.

La nymphe est blanche, grosse, courte, montrant, appliqués contre le
corps, tous les appendices de l'insecte parfait et revêtue d'une cuticule
lisse paraissant comme veloutée. Deux petits tubercules couverts de poils
courts terminent le dernier segment abdominal.

L'insecte parfait (fig. 77) passe l'hiver dans sa loge, mais il en sort souvent aux pluies de septembre ; il ne s'accouple pas cependant en automne
et rentre dans le sol pour passer l'hiver. Ses tibias antérieurs, aplatis et
dentelés, sont un bon instrument de fouilles. Dès le mois de mars et d'avril,
il commence à circuler sur le sol, principalement le soir, à partir de 4
heures. Nous ne l'avons jamais vu manger. Comme la plupart des Dynas-

tides, il paraît vivre sur ses réserves graisseuses, qui sont considérables. La larve mange donc pour les trois états, de larve, de nymphe et d'insecte parfait, comme nous l'avons vu chez certains Lépidoptères (Pyrale, Cochylis, etc.), et c'est ce qui explique la rapidité et l'importance des dégâts quand la vigne est jeune encore, peu racinée et le sol rigoureusement purgé de toutes les plantes spontanées.

L'insecte, avons-nous dit, est facile à confondre avec les bousiers du genre *Geotrupes*. On le reconnaîtra aux caractères suivants :

Corps long de 16 à 24 millim., large de 9 à 14 millim., aux formes épaisses et arrondies, d'un noir profond, dilaté à la partie postérieure. *Tête* munie, sur le front, de deux petites dents séparées par une ligne saillante, arquées en arrière et représentant les cornes dont sont pourvus tous les Dynastides. *Prothorax* arrondi, convexe, densement et finement ponctué. *Écusson* en triangle, plus large que long. *Élytres* graduellement élargies en arrière, grossièrement ponctuées, striées, mais ayant ces stries, sauf celle qui longe la suture, non parallèles à celle-ci et allant de l'épaule à l'extrémité de la suture. Dessous du corps noir brillant, garni de poils roux à la naissance des pattes et à la suture des segments. Les *pattes* fortes, les *tibias* antérieurs aplatis et garnis extérieurement de trois dents, les postérieurs comme tronqués et garnis de fortes épines, ce qui fait de ces insectes de bons fouisseurs.

Cette espèce est exclusivement méridionale (France, Espagne, Italie) : en Orient et en Algérie, elle est remplacée par d'autres, du même genre, produisant sans doute les mêmes dégâts sur les jeunes plantiers. En ce qui concerne la France, nous ne la voyons, en dehors de la région de l'olivier, que dans le bassin de la Garonne, entre Carcassonne et Toulouse.

On distinguera sans peine les pentodons des géotrupes à leur ventre noir et aux stries des élytres non parallèles à la suture, un des caractères des Dynastides. Les géotrupes ont presque tous le ventre métallique, bleu ou vert, et les stries des élytres toujours parallèles à la suture.

II. — MOYEN DE DESTRUCTION.

A la description que nous venons d'en faire, les viticulteurs reconnaî-tront sans peine le pentodon à l'état parfait. C'est le soir qu'on le trouve se promenant dans les vignes ou sur le bord des chemins. Il vole au crépus-cule; son vol est sonore et il s'abat lourdement sur le sol. On devra l'écraser dès qu'on le rencontrera, surtout autour des pépinières et des plantiers. On détruira ainsi facilement une grande partie de ces gros insectes, qui n'ont aucun moyen d'échapper aux recherches ; mais nous conseillons aussi, toutes les fois qu'on greffera une vigne, de sulfurer préalablement le sol. Nous avons vu l'opération être efficace contre les larves de *Vesperus*, nous la verrons pleinement réussir contre le *ver blanc* du hanneton ; elle ne peut manquer d'être infaillible aussi contre la larve, qui cause tant de souci au viticulteur méridional en train de reconstituer ses vignes détruites par le *Phylloxera*.

LE HANNETON VERT DE LA VIGNE[1].

(*Anomala vitis* FABRICIUS.)

SYNONYMIE: *Melolontha vitis* Fabricius ; *Anomala vitis* Stephens ; *A. holosericea* Illiger ; *Euchlora vitis* Audouin.

L'*Anomala vitis* est pour nous assez mal nommée. Elle n'attaque pas plus spécialement la vigne que tout autre arbre planté dans ses localités préférées, et même entre le saule et la vigne, par exemple, nous l'avons toujours vue choisir le premier.

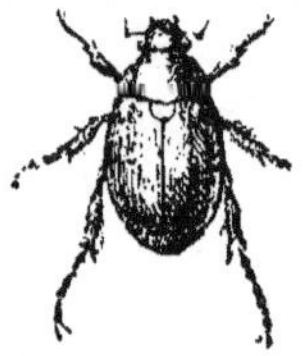

L'insecte est abondant dans tous les parages sablonneux des régions circaméditerranéennes, principalement dans les dunes maritimes, qu'il y ait des vignes ou non. On le trouve sur tous les végétaux un peu élevés qui y croissent, tels que le tamarix et le scolyme, et, si l'on remplace ces végétaux par de la vigne, l'insecte s'abat sur cette dernière. Rien d'étonnant à cela: nous avons vu certains *Peritelus*, inconnus des viticulteurs il y a quinze ans, devenir ampélophages lorsqu'on est venu planter la vigne dans leur domaine.

Fig. 78.—Anomala vitis, grandeur naturelle.

[1] BIBLIOGRAPHIE. — **Fabricius**; *Systema Entomologiæ*, 1775. — **Lodi**; *Storia naturale di quelli scarabæo che apporta grandissimo damno alle viti (Anomala vitis)* 1789. — **Mulsant et Valéry Mayet**; *Description des métamorphoses de l'Anomala vitis (Ann. Soc. Linnéenne de Lyon*, 1866, et 14ᵉ cahier des *Opuscules entom.* de Mulsant, pag. 69). — **Mulsant**; *Les Lamellicornes de France.* Paris, Deyrolle, 1871.

L'insecte, qui par sa couleur vert métallique ressemble à la cétoine dorée, appartient à une tout autre tribu, celle des Mélolonthides. C'est le *Melolontha vitis* de Fabricius, le hanneton de la vigne de certains livres d'ampélographie, le petit hanneton vert d'Audouin.

Dès 1789, un Italien, Lodi, a parlé de notre *Anomala* comme très nuisible aux vignes et, depuis, quiconque a écrit sur les petits ennemis des viticulteurs a donné des détails sur cet insecte.

I. — DESCRIPTION ET BIOLOGIE.

Malgré le nombre d'auteurs qui ont parlé de l'*Anomala vitis*, personne, avant nous, n'a décrit ses métamorphoses. Il y a lieu de s'en étonner, car la larve abonde dans les nombreuses localités sablonneuses où se trouve l'insecte parfait, et sa taille ne lui permet guère d'échapper aux recherches.

Elle vit dans le sable humide, à 15 ou 20 cent. de profondeur au pied des plantes qui y croissent, mangeant de préférence les racines des graminées, mais s'accommodant parfaitement de celles de la vigne. Le défrichement récent de la plus grande partie de nos dunes maritimes semble avoir augmenté plutôt que diminué la fréquence de l'insecte.

Cette *larve*, à part la taille, qui est des deux tiers plus petite, a les plus grands rapports avec celle du hanneton commun (fig. 79). Le *corps* blanc, couvert de poils blonds, peu serrés, a la même forme allongée, semicylindrique, fortement courbée en arc à l'état de repos. Y compris la tête, il est composé de quatorze segments. La *tête*, d'un roux jaune plus clair, est plus petite en proportion, surtout plus étroite ; l'*épistome* et le *labre* plus allongés ; les *mandibules* ne sont rembrunies que dans leur moitié antérieure. Les *pattes* sont à peu près dans les mêmes proportions que chez le *ver blanc* du hanneton ; mais les tarses, beaucoup moins dilatés, plus cependant que chez les pentodons et les cétoines, sont terminés par des ongles pointus relativement plus grands, bien visibles aux six pattes. Outre les poils blonds dont il a été parlé, la partie dorsale de l'abdomen, composé de dix anneaux, est garnie, du deuxième au sixième, d'une large rangée de poils très courts, spiniformes, produisant sous le doigt l'effet d'une lime ; les septième, huitième et neuvième anneaux glabres ; le dixième ou dernier, aussi grand que les onzième et douzième réunis, garni à l'extrémité, en dessus de poils soyeux dirigés en arrière, et en dessous, comme chez le hanneton, de poils raides, courts, recourbés en crochets. Il y a également en dessous, comme chez le *ver blanc* du hanneton, deux rangées de spinules ; mais elles sont de forme et de disposition différentes, et, pour donner une idée exacte de ce caractère distinctif, nous préférons renvoyer à la description comparative que l'on trouvera plus loin à propos de la larve du hanneton commun.

Vers la fin de mars, la larve, qui paraît vivre un an et demi, se creuse dans le sable une loge dont elle durcit les parois au moyen d'un liquide, salive ou suc gastrique, rendu par la bouche et gâché avec du sable au moyens des pattes. La nymphose a lieu vers le milieu de mai. Pour cette métamorphose, notre larve présente une particularité curieuse qui n'a été signalée chez aucune larve de Lamellicornes. Au lieu de faire glisser vers la partie postérieure de son corps la peau qui s'en détache pour laisser apparaître la nymphe, celle-ci reste dans cette peau flétrie, qui, ouverte étroitement d'un côté seulement, comme chez les Dermestides, l'enveloppe ainsi que ferait un cercueil. Il en est de même chez l'*Anomala ænea*, dont nous parlerons plus loin, et, observation que nous n'avons pas encore publiée, il en est de même aussi chez un genre voisin des *Anomala*, les *Anisoplia*, insectes nuisibles aux céréales. Certaines larves d'*Anomala* ne se métamorphosent pas au printemps. Elles passent à l'état de nymphe en août seulement, sont insectes parfaits en septembre et ne paraîtront hors de terre que l'année suivante. C'est la réserve destinée par la nature à perpétuer la race, en cas de destruction totale des insectes parfaits de la génération éclose en juin. Ces insectes d'automne, qui auront vécu près de dix mois sur leurs réserves graisseuses, se confondront l'année suivante avec les insectes de printemps[1].

La *nymphe* est blanche, des deux tiers plus petite que celle du hanneton commun, relativement longue par rapport à l'insecte parfait. Elle en montre toutes les parties sous sa cuticule translucide. Le *corps* est un peu arqué, avec un sillon dorsal bien visible sur le thorax et l'abdomen, les trois derniers segments de celui-ci longitudinalement ridés, le dernier segment bilobé, mais les lobes non terminés par les appendices pointus avec une épine brune recourbée au bout qui caractérisent la nymphe du hanneton commun. Cet appareil, destiné à faciliter les mouvements dans la loge, est remplacé, chez notre espèce, par des poils ras et serrés qui font paraître l'extrémité du dernier segment comme veloutée.

Fin juin, paraît l'insecte parfait. C'est un joli mélolonthide d'un vert métallique brillant, long de 12 à 17 millim., large de 7 à 10, au *corps* un

---

[1] Comme pour les *Pentodon*, ces diverses observations ont été faites sur des larves enfermées dans des bocaux de verre remplis de sable à la surface duquel de l'avoine était semée. En n'opérant que sur la moitié de la surface du bocal et en n'ensemençant que quinze jours après l'autre moitié, qui vient ainsi alterner avec la première, les larves ont en permanence des racines fraîches à manger.

peu ovale, avec les *antennes*, le bord externe du prothorax, et ordinairement celui des élytres, roux. *Tête, prothorax* et *écusson* densement et finement ponctués. *Élytres* convexes, deux fois plus longues que le prothorax, moins densement ponctuées, à sept ou huit stries distinctes, la deuxième bordant le côté externe du calus ou proéminence postérieure. *Dessous du corps* d'un vert bronzé, garni de poils, sauf sous la partie ventrale qui est presque glabre. Comme teinte, cette dernière est souvent d'un bronzé violacé. *Pattes* robustes, de même couleur que le corps, avec un des ongles des pieds antérieurs bifurqués, la base et le bord antérieur des cuisses postérieures jaunes.

Parfois la couleur vert métallique des élytres, peut-être chez un individu sur cent, tourne au vert doré ou flavescent; parfois elle vire au bleu; on trouve même des individus entièrement bleus, un sur mille environ; parfois enfin la teinte est d'un vert violacé vineux et même entièrement vineuse, ce qui est toutefois très rare.

Ces diverses variétés ont été observées par nous aux environs de Montpellier, d'Aiguesmortes et de Cette. Les exemplaires reçus de Grèce sont d'un vert métallique foncé; la bordure jaune du prothorax est très étroite, celle des élytres et du devant des cuisses nulle, le dessous de la tête et du thorax très peu velu. Chez les individus qui nous viennent d'Alger et de Tunis, la teinte est normale, mais le corps est relativement allongé; la bordure jaune des élytres parfois nulle, les poils du sternum également rares. Si jamais notre espèce est réunie avec la suivante, les individus d'Orient et de la côte barbaresque pourront servir de trait d'union. En France, les deux formes sont toujours faciles à séparer. D'après la *Monographie des Lamellicornes* de Mulsant (1871), l'*Anomala vitis* est toujours distincte de l'*A. ænea* par ses antennes entièrement fauves, la bordure jaune de son prothorax, les poils touffus de son sternum, la forme de ses élytres non parallèles, toujours un peu élargies dans le milieu, légèrement rugueuses et à stries moins distinctes; sa taille enfin est d'habitude plus grande.

L'insecte, avons-nous dit, paraît fin juin. Parfois sa sortie du sol est retardée jusqu'aux premiers jours de juillet, mais elle dure toujours très peu, quinze jours au plus. Pendant ce temps-là, l'*Anomala* se jette avec tant de voracité sur les pampres de la vigne, broutant les feuilles et les sarments verts, qu'elle arrive, notamment sur notre littoral méditerranéen, aux environs d'Aiguesmortes, à faire, certaines années, des dégâts sérieux. Les feuilles sont comme lacérées par la grêle.

Le soir, au crépuscule, nos insectes volent par milliers, tourbillonnant dans l'air en valses folles. Ils s'abattent en grand nombre sur certains points et par centaines parfois sur une même souche. Puis, s'écartant circulairement de leur centre d'attaque, les bandes affamées forment au milieu des vignes des *taches d'huile* faciles à apercevoir au loin, d'un point élevé, tel que les remparts d'Aiguesmortes.

L'accouplement opéré, vers le milieu de juillet, brusquement, l'insecte disparaît. Les mâles meurent et les femelles s'enfoncent dans le sable pour y pondre une trentaine d'œufs arrondis, légèrement allongés, qui écloront première quinzaine d'août.

L'*Anomala vitis* est signalée de France, d'Espagne, d'Italie, de Grèce, de Hongrie, d'Autriche ; nous l'avons reçue de Tunis et d'Alger. Elle se trouve donc dans toute la région de l'olivier, principalement sur le littoral ; mais elle s'écarte un peu de ces limites.

D'après Mulsant, elle remonte la vallée du Rhône jusqu'à Lyon ; on la trouve dans le Tyrol d'après M. Von Heyden, en Hongrie d'après M. Horvath. En Italie, les vignobles plantés dans les cendres du Vésuve ont beaucoup à en souffrir, d'après MM. Jatta et Savastano. Les points les plus éloignés de la mer signalés par M. Targioni sont : Vérone, Côme, Alexandrie, Avellino et Sassari dans l'île de Sardaigne. L'insecte abonde à Montpellier dans les terrains sablonneux des environs de la ville (sables tertiaires de Montpellier), à 12 ou 15 kilom. de la mer. Nous l'avons reçu aussi, comme nuisant à la vigne, de l'intérieur du département, de Lamalou-les-Bains et de Clermont-l'Hérault.

Les dégâts apparents sont dus à l'insecte parfait ; mais la larve souterraine, vivant de racines, est parfois nuisible aux jeunes plantiers.

II. — MOYENS DE DESTRUCTION.

On n'a fait jusqu'à présent que recueillir l'insecte parfait, et nous ne voyons pas de meilleur moyen de le combattre, la nature du sol sablonneux empêchant de songer à détruire les larves au moyen du sulfure de carbone. Les insectes, pendant le jour, restent immobiles, suspendus aux feuilles, et, comme ils se réunissent en grand nombre sur un même point, la récolte en est facile. Il faut seulement surveiller attentivement l'époque d'apparition, celle-ci, nous l'avons dit, durant à peine quinze jours. Le sol est parfois criblé de trous de sortie.

LE HANNETON BRONZÉ.

(*Anomala ænea* DE GEER.)

SYNONYMIE : *Melolontha ænea* de Geer. — *Melolontha dubia* Herbst.
M Julii Panzer. — *Euchlora Julii* Mulsant (*Lamellicornes*, 1ᵉ édition,
1842). — *Anomala Frischii* Burmeister. — *Anomala ænea* Mulsant
(*Lamellicornes*, 2ᵉ édition, 1871).

Aucun Mélolonthide n'offre sous le rapport de la taille, de la couleur et
même de la forme, d'aussi grandes variations ; de là, une synonymie embrouillée, et encore n'y avons-nous pas fait entrer les noms de certaines
variétés considérées comme espèces par plusieurs auteurs.

Nous ne dirons que peu de chose de l'insecte qui nous occupe, spécifi-
quement confondu par certaines écoles avec l'*A. vitis*. Les catalogues allemands font en effet de cette dernière une simple variété de l'*A. ænea*.
Espèce ou variété, peu nous importe dans le cas présent, et, sur des
insectes aussi variables, on pourrait discuter longtemps.

Avec Mulsant et les catalogues français, nous laissons subsister les deux
espèces : 1° parce que la soi disant variété se trouve être la forme la plus
importante au point de vue agricole ; 2° parce que les caractères et la
manière de vivre nous semblent motiver suffisamment la séparation.

L'*Anomala ænea* est plus petite de taille que l'*A. vitis*, 12 millim. à
15,50 sur 6 à 7 de large ; les élytres sont moins renflées latéralement, plus
parallèles, surtout dans la variété *oblonga*. La couleur dominante est le
vert métallique sans bordure jaune au prothorax ; mais les teintes sont très
variables, allant du vert flave au bleu foncé et même au noir profond, en
passant par le vert et le bleu métalliques, parfois nuancés de fauve ou
de rouge cuivreux. La poitrine est toujours peu garnie de poils et la massue
des antennes est noire.

L'arbre préféré par cet insecte est le saule. Sauf dans la région de l'olivier, où l'*A. vitis* domine, il est commun fin juin ou premiers jours de
juillet, dans toute la France, au bord des rivières. Il s'abat aussi sur la
vigne ; c'est à ce titre que nous en parlons. Il est cité comme tel de Hongrie
par M. Horvath, d'Autriche par M. Bolle (de Goritz). En France, nous
l'avons pris personnellement sur la vigne dans les Pyrénées, à Vernet-les-
Bains et à Bigorre. Ses dégâts ne peuvent toutefois jamais se comparer à
ceux de l'*A. vitis*.

CHAPITRE XXIII.

LE HANNETON COMMUN[1].

(*Melolontha vulgaris* FABRICIUS.)

SYNONYMIE : *Scarabæus melolontha* Linné.

Le hanneton, cet ennemi si connu des cultivateurs, ne jouait, il y a vingt ans, en viticulture, qu'un rôle très secondaire. L'insecte parfait, si nuisible aux feuilles des arbres en général, n'attaque qu'exceptionnellement les pampres de la vigne, et la larve (*ver blanc*) n'exerce sur les racines des vieilles souches que des dégâts peu appréciables.

Il n'en est pas de même pour les jeunes vignes encore peu racinées, et, depuis l'invasion phylloxérique, l'importance des ravages exercés sur les jeunes plants, greffés ou non, tenus en pépinière a fait de cet insecte un ennemi avec lequel il faut compter.

Dans la région de l'olivier, le hanneton est peu commun. Bon nombre d'habitants de Montpellier ou de Narbonne ne l'ont même jamais vu ; l'insecte existe aux environs de ces deux villes, mais à l'état de rareté, et dans le département de l'Hérault, par exemple, pour entendre parler de lui par les cultivateurs, il faut aller dans la région montagneuse.

Dans le centre, l'est et l'ouest de la France, le *ver blanc* du hanneton joue le rôle que nous avons vu jouer au *ver blanc* du *Pentodon* ou de l'*Anomala*, et que nous verrons jouer par celui de certains *Rhizotrogus* dans la région de l'olivier.

[1] BIBLIOGRAPHIE. — **Gœdart** ; *Descr. des métamorphoses* (*Metamorphosis et Historia naturalis insectorum*. Medioburgi, 1662, et trad. fr., 1700). — **Linné** ; *Systema naturæ*, 11e édit., 1767. — **Fabricius** ; *Systema Entomologiæ* Leipsik, 1775. — **Ratzeburg** ; *Les Insectes des forêts*, 1839, pag. 71, pl. 3. — **Westwood** ; *Intr. to the mod. class.* London, 1839. — **Fonscolombe** ; *Ins. nuisibles à l'agr.* (Acad. d'Aix, 1840). — **Erichson** ; *Naturg. Ins. deutsch.*, 1842. — **Mulsant** ; *Lamellicornes*, 1re édit., 1842 ; 2e édit., 1871. Paris. — **Maurice Girard** ; *Traité élémentaire d'Entomologie*. Paris.

Voir en outre de nombreux articles et mémoires dans les *Ann. de la Soc. ent. de Fr.*, les Bulletins des diverses Soc. d'Agr. et les Journaux agricoles.

I. — HISTORIQUE.

Le nom de *Melolontha* a été employé pour la première fois par Geoffroy (1762) pour désigner les Chrysomélides appelés *Clythra* (voir pag. 333). Linné (1767), croyant voir dans le μηλολόνθη d'Aristote le hanneton commun, donnait à cet insecte le nom de *Scarabæus Melolontha*. Fabricius (1775), rejetant le nom de *Scarabæus* comme trop général, mais ne discutant pas celui de *Melolontha*, l'adopta comme nom générique, et donna à notre hanneton le nom définitif de *Melolontha vulgaris*. L'entomologiste danois est considéré comme l'auteur du genre et de l'espèce.

D'après Mulsant (*Lamellicornes*, 1re éd., 1849, pag. 406), le nom de μηλολόνθη a été employé par Aristote pour indiquer un coléoptère assez mal défini. D'autres auteurs grecs s'en sont servis pour désigner un coléoptère qui servait de jouet aux enfants, comme on le voit par le ver suivant d'Aristophane dans la comédie des Nuées (v. 761) :

Donnez à votre esprit l'essor ; laissez-le voler, comme le Mélolonthe attaché par la patte à un fil.

« Mais, ajoute Mulsant, si l'on en croit un ancien scholiaste d'Aristophane, le Mélolonthe serait un petit animal de couleur d'or semblable à un Scarabé ; aussi, d'après Hesychius, était-il nommé, par plusieurs, *Chrysocantharus* ou Scarabé doré, dénomination qui répond à peu près à celle de *Scarabæus viridis* que lui donne Gaza, grammairien grec du xvᵉ siècle. Il faudrait voir alors dans le Mélolonthe des anciens une de nos riches Cétoines. Dans ce cas on trouverait très raisonnable le commentaire donné par Suidas (xᵉ siècle) : insecte qui se pose sur les fleurs. »

Nous sommes de l'avis du célèbre entomologiste lyonnais et à même de changer son hypothèse en certitude.

Informations prises, en effet, auprès des nombreux étudiants de nationalité grecque qui se trouvent à Montpellier, le hanneton est inconnu des enfants hellènes [1], qui s'amusent au contraire couramment avec une grande et belle cétoine, d'un vert doré métallique, rare en France, mais commune en Grèce, la *Cetonia speciosissima*, à laquelle ils mettent *un fil à la patte*, comme du temps d'Aristophane (423 ans avant Jésus-Christ). Plusieurs

---

[1] Le hanneton existe en Grèce ; mais, comme dans toutes les parties les plus sèches de la région de l'olivier, il y est rare. On ne le rencontre que dans les vallées relativement fraîches ; encore y est-il sous une forme spéciale, variété *candicans*, plus couverte encore de poils blancs que la variété *albida* du midi de la France.

exemplaires de l'insecte nous ayant été apportés, nous sommes sûr de l'espèce. C'est une cétoine longue d'environ 25 millim. et large de 17.

Depuis Fabricius, personne n'a contesté le nom scientifique de notre insecte. D'après Mulsant, le nom français de hanneton paraîtrait originaire de la basse latinité et proviendrait des mots *alisonans, alitonans, alitonus* (qui fait du bruit avec ses ailes).

De très nombreux auteurs ont écrit sur le hanneton, sur ses métamorphoses, ses mœurs, ses dégâts et les moyens de le détruire. Le lecteur qui ne se contenterait pas de la petite Note bibliographique par nous donnée, voudra bien consulter la seconde édition des *Lamellicornes* de Mulsant (Paris, Deyrolle, 1871). Il y trouvera, page. 523, la valeur de deux grandes pages de bibliographie.

II. — DESCRIPTION ET BIOLOGIE.

Le hanneton met trois ans à accomplir le cycle de ses métamorphoses. L'année où il y en a beaucoup est suivie d'une année où il y en a moins, à laquelle succède une troisième où il n'y en a presque pas ; et telle est la régularité du cycle triennal, que l'ordre n'est jamais interverti. Les années où ces insectes abondent sont appelées les années à hannetons. Ce sont naturellement celles où les ravages des larves souterraines sont presque nuls, la plus grande partie des insectes étant sous leur forme parfaite. Celle-ci ne nuit gravement qu'aux feuilles des arbres élevés, peupliers, saules, chênes, etc. Celles de la vigne ne sont presque jamais attaquées, et les quelques exemples cités doivent avoir été accompagnés de circonstances particulières telles qu'abatages considérables d'arbres dans le pays ayant privé les hannetons de leur nourriture naturelle. Nous n'avons donc pas à insister sur les méfaits de l'insecte ailé.

Il paraît du milieu d'avril à la fin de mai. Sa vie n'est guère que d'environ trois semaines; mais comme les hannetons ne sortent de terre que successivement, pendant vingt ou vingt-cinq jours, il s'ensuit que leur apparition dure de six à sept semaines, un peu moins si le temps est beau.

L'insecte se tient, le jour, accroché aux feuilles des arbres, ne se réveillant que rarement de sa torpeur pour voler d'un arbre à l'autre, et le crépuscule venu, pendant une demi-heure environ, on le voit parcourir les airs en bourdonnant. Son vol, assez lent le jour, est rapide au crépuscule ; mais comme son corps est relativement pesant, il le dirige mal, se heurte aux obstacles et tombe au moindre choc. De là le proverbe : *Étourdi comme un hanneton.*

A la nuit close, il vient de nouveau chercher un asile sur les arbres, et.

c'est pendant la nuit qu'il fait la plus grande consommation de feuilles.

L'accouplement opéré, les mâles meurent. Les femelles, dont les ovaires renferment de cinquante à quatre-vingts œufs à divers degrés de développement, s'enfoncent dans le sol à 10 ou 20 centim. pour y opérer, en un seul tas, une première ponte de vingt à trente œufs ellipsoïdes, longs de 2 à 3 millim. Puis elles ressortent, retournent aux feuilles pour se nourrir, et, quelques jours après, suivant le nombre d'œufs restant dans les ovaires, ont lieu une ou deux nouvelles pontes, suivies de la mort de l'insecte.

Les lieux de ponte sont choisis avec soin. Ce sont des terres meubles, fraîchement labourées et fumées, ouvertes aux influences de l'air et du soleil, pas trop sèches, pas trop humides, et «c'est pour cela, dit M. Vermorel[1], que les pépinières de vigne qui remplissent toutes ces conditions sont trop souvent choisies. Il n'est pas rare de trouver dans deux champs contigus un nombre d'insectes très différent. Si l'un d'eux était récemment travaillé au moment de la ponte, alors que l'autre était inculte, le premier est rempli de larves très rares dans le second.»

Cinq à six semaines après le dépôt des œufs, ceux-ci éclosent. La larve qui en sort est connue sous plusieurs noms vulgaires : *ver blanc*, *ver des jardins, ver matis, turc, man, meunier, engraisse-gallines, moutonnet*, etc. Tout d'abord elle se contente de parcelles de fumier ou de débris de racines à demi décomposés. Elle croît rapidement et atteint dans la même année environ 2 centim. de longueur, mais sa taille n'est pas proportionnée à cet allongement. «En revanche, dit Mulsant, ce sera principalement en épaisseur que le corps de ces larves se développera les années suivantes. Pendant les quelques mois qui suivent leur naissance, elles vivent réunies en famille, à la façon de diverses chenilles. Après l'hiver, pendant lequel elles ont eu le soin de s'enterrer profondément entre 60 et 80 centim. pour éviter la gelée, le besoin d'une nourriture plus abondante les force à se disperser. Elles pratiquent dans toutes les directions des galeries souterraines, et dès ce moment elles commencent à attaquer les racines vivantes et à commettre des dégâts qui vont croissant avec leur grosseur et avec la force de leurs mandibules.»

La seconde année, fin mars ou premiers jours d'avril, les *vers blancs* remontent à la surface du sol, et c'est alors que les grands dégâts commencent. Jusqu'au mois d'octobre, ils dévorent avec voracité toutes les racines à leur portée. Les dégâts qu'ils commettent dans les prairies, les champs de céréales, les vergers et les pépinières, sont devenus célèbres.

---

[1] Vermorel; *Note sur la destruction des vers blancs* (Congrès viticole de Mâcon, 1887, et Journal le *Progrès agricole de Montpellier*, novembre 1887).

En ce qui concerne spécialement la vigne, si, comme nous l'avons dit, les vieilles souches résistent assez bien, les jeunes plants, greffés ou non, surtout mis en pépinière, ont beaucoup à souffrir. Le corps du *ver blanc*, courbé en arc, est admirablement adapté à ce travail destructeur. Les racines une fois mangées, le bois lui-même est attaqué.

»En 1887, dit M. Vermorel, aux environs de Villefranche sur Saône, nous avons pu constater des reprises de greffage réduites à 20, 15, même 2 % et qui n'avaient pas d'autres causes de non-réussite que le *ver blanc*. Partout les boutures avaient l'écorce rongée au pied et les racines dévorées.»

Au printemps de la troisième année, les larves remontent de nouveau à la surface du sol, et jusque vers le mois de juillet continuent leurs ravages, qui sont d'autant plus terribles que leur taille est plus grande.

Les premiers jours de juillet, le *ver blanc*, ayant acquis tout son développement, plonge de nouveau dans les profondeurs du sol pour y subir sa métamorphose en nymphe. Cette transformation s'opère fin juillet, dans une loge de terre ovale, aux parois fortement tassées et cimentées avec de la salive.

L'état de nymphe dure de quatre à cinq semaines, c'est-à-dire jusqu'à fin août. L'insecte parfait, la cuticule qui l'enveloppait rejetée, a d'abord le corps mou et blanc; peu à peu ses téguments se colorent, et, fin septembre, l'abdomen, tout d'abord gonflé, étant rentré sous les élytres, le hanneton a la consistance nécessaire pour crever sa coque. Il ne le fait que si la saison est exceptionnellement douce; mais d'ordinaire il reste dans sa retraite jusque vers le milieu de février, époque à laquelle il commence à se frayer un chemin qui le conduira au jour en avril ou mai. L'insecte doit à son apparition générale dans ce dernier mois, le nom de *Maikäfer*, Scarabée de mai, qui lui est donné en Allemagne.

En résumé, le hanneton passe à l'état d'œuf.....	1 mois.
A l'état de larve de 1re année...............	6 —
— — — de 2e année...............	12 —
— — — de 3e année...............	7 —
— — nymphe.......................	1 —
A l'état d'insecte parfait, enterré ou hors de terre.	9 —
TOTAL.......................	36 mois.

Depuis le Mémoire de Gœdart (1662), les diverses formes dont nous venons de retracer rapidement l'évolution ont été décrites par de nombreux auteurs. Nous n'en donnerons donc qu'une description succincte et surtout comparative.

La *larve* adulte (fig. 79) est longue de 4 à 5 centim. Le *corps*, semi-cylindrique, plié en arc, est d'un blanc sale avec les derniers segments abdominaux ardoisés, composé de quatorze segments y compris la *tête* ; celle-ci relativement grosse, semi-globuleuse, est d'un jaune fauve ; les *mandibules* longues, unidentées sur leur tranche interne, noires dans la moitié supérieure de leur longueur, les *mâchoires* à un seul lobe oblong, munies au côté interne de deux rangées de petites épines ; les *palpes maxillaires* de quatre articles ; les *antennes* de cinq articles, le quatrième plus long que le troisième. *Segments thoraciques* garnis de longs poils blonds, portant trois paires de *pieds* robustes,

Fig. 79. — Larve du hanneton commun.

remarquables par leurs tibias et leurs tarses renflés, ainsi que par leurs ongles graduellement plus courts à chaque paire. *Segments abdominaux* garnis de poils pus courts et plus rares, et en outre, en dessus, les sept premiers garnis d'une ou deux rangées de petits poils spiniformes faisant râpe sous le doigt. Le dernier segment garni en dessus, à son extrémité, de poils blonds et fins, et en dessous de poils raides et crochus au bout. On voit de plus, en dessous de ce dernier segment, occupant presque toute la longueur de sa partie médiane, une double rangée parallèle de petites épines brunes très courtes, dessinant comme un sillon étroit.

Ce dernier caractère permettra de distinguer le *ver blanc* du hanneton de tous les autres. Celui du hanneton foulon, dont nous parlerons bientôt, a cette double rangée de spinules beaucoup plus courte, atteignant à peine le tiers du segment ; mais les spinules sont plus longues, terminées par des poils blonds dont les deux rangées, plutôt divergentes que parallèles, inclinées au-devant l'une de l'autre, arrivent presque à se toucher. Chez la larve de l'*Anomala*, les deux rangées de spinules n'atteignent guère aussi que le tiers du segment, mais elles ne sont plus parallèles. Partant de la lèvre inférieure anale, elles vont au-devant l'une de l'autre, limitant ainsi un espace triangulaire et les spinules sont terminées par des poils convergents assez longs pour s'entre-croiser.

Perris, pag. 101 de son livre *Larves de Coléoptères*, a bien signalé la longueur de ces poils terminant les spinules chez l'*Anomala* ; mais, à propos du hanneton foulon, il ne dit rien de la dimension des spinules. Pour nous, elles font, comme longueur, transition entre celles, si courtes, du hanneton commun et celles des *Anomala*, qui sont longues au point de s'entre-croiser.

La *nymphe* est d'un blanc jaunâtre, les *antennes*, les *pattes* et les *ailes* repliées en avant contre la poitrine, les ailes découvrant presque entièrement sur la partie dorsale les *méso* et *métathorax* et entièrement l'*abdomen*. Celui-ci, très mobile, est incurvé en avant, composé de neuf segments, les trois derniers aussi grands ensemble que les six premiers réunis. Le dernier segment bilobé à l'extrémité et portant au bout de chacun de ces lobes ; un appendice charnu dirigé en dehors, mais terminé par une épine brune dirigée en dedans. Cet appareil permet à la nymphe de se retourner dans sa loge souterraine. Les huit premiers segments abdominaux portent huit paires de *stigmates* latéraux arrondis, les quatre premières entourées d'un rebord chitineux de couleur brune, les quatre dernières plus petites et non chitinisées.

En prenant au printemps des *vers blancs* de troisième année, il est facile d'obtenir cette nymphe par le procédé indiqué à propos du *Pentodon* et de l'*Anomala*.

Est-il besoin de décrire l'insecte parfait si cher aux écoliers ? (fig. 80) Oui ! puisque nous avons vu que dans la région de l'olivier bon nombre de viticulteurs ne le connaissent pas.

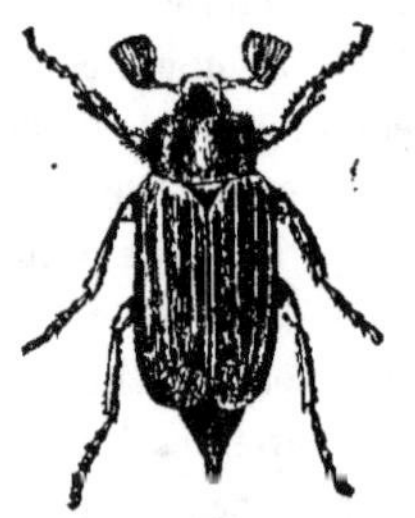

Fig. 80. — Hanneton commun mâle.

Si nous prenons l'insecte type, celui du nord et du centre de l'Europe, c'est un gros coléoptère oblong aux formes épaisses, long de 25 millim. environ et large de 15 millim., au *corps* peu densement hérissé en dessus de poils cendrés assez courts, plus densement en dessous, surtout sous le thorax où les poils sont plus longs. La *tête* et le *prothorax* d'un noir légèrement bronzé ou verdâtre, parfois rougeâtre ; les *antennes* de dix articles, la massue de sept longs feuillets chez les mâles, de cinq feuillets courts chez les femelles. Les *élytres* d'un fauve rouge ou de couleur marron, élargies, chargées en dessus de cinq nervures, comme poudrées de poils courts et cendrés ; le *pygidium* ou dernier arceau dorsal de l'abdomen, triangulaire, prolongé en une pointe large, déprimée, graduellement rétrécie et tronquée à l'extrémité. *Abdomen* paré en dessous, sur les côtés, de poils aplatis en forme d'écailles longues, d'un blanc de lait, formant sur chaque segment une tache triangulaire ou en dent de scie.

Dans le midi de la France, du moins dans la région de l'olivier, on ne trouve que la variété *albida*, chez laquelle les poils courts du corps beaucoup plus serrés, font paraître l'insecte comme saupoudré de farine. Ce caractère est encore plus accentué dans la variété *candicans*, qui se trouve en Grèce, en Turquie et en Asie-Mineure. Dans ces pays secs, ces poils serrés jouent sans aucun doute le rôle de protecteurs contre la dessiccation

des tissus, comme nous le voyons, dans les mêmes contrées, pour le duvet
serré qui recouvre les feuilles de tant de végétaux.

III. — MOYENS DE DESTRUCTION.

Par ses défrichements, ses labours et ses fumures, l'homme est le grand
multiplicateur du hanneton. La Gaule primitive, couverte de forêts et de
terres en friche, avait, à coup sûr, fort peu de ces insectes. Étant donnée
la nécessité où l'on est de labourer un champ, on devra le plus possible le
faire en automne, l'opération faite au printemps offrant à la femelle de
notre lamellicorne toutes les conditions voulues pour sa ponte.

De nombreux moyens de destruction ont été préconisés. Le ramassage
à la main est le plus usité. Des arrêtés administratifs ou des lois spéciales
ont été essayés dans divers pays. En France, l'arrêté administratif avec
prime a été jusqu'à présent préféré. «En 1867, dit M. Maurice Girard, à la
caisse départementale de la Seine-Inférieure, en primes de 20 fr., puis seulement de 10 fr. pour 100 kilogr. d'adultes, on a payé 80,000 fr. qui ont
produit la destruction de 1 milliard 140 millions d'insectes, d'où seraient
nés 23 milliards de larves. C'est à l'aube du jour, avant l'évaporation
de la rosée, que les battues ont la plus grande efficacité.

»Tous les prétendus spécifiques contre les *vers blancs* qu'on devait mêler
aux terres avec l'engrais ont été reconnus insuffisants ou dangereux,
amenant en même temps la mort des plantes. Nous ne saurions omettre
toutefois le moyen indiqué par M. P. Audouin afin d'éloigner des champs
les femelles en quête d'une terre meuble pour la ponte. Il consiste à employer la naphtaline brune, solide et volatile, très odorante, extraite des
huiles de goudron de gaz et à très bas prix. On jette par hectare 4 à 500
kilogr. de naphtaline mêlée à trois fois son poids de terre sèche ou de sable,
proportions que l'expérience a démontrées inoffensives pour les végétaux».

Ce procédé de l'épandage de la naphtaline peut être facilement appliqué
dans les endroits relativement restreints où l'on fait enraciner les jeunes
plants en pépinière. On répandra la naphtaline fin mai, c'est-à-dire à l'époque
de la ponte. Ces pépinières de vigne sont à la fois les endroits où la présence des *vers blancs* est surtout funeste, et, par suite des binages indispensables au printemps, ceux qui attirent plus spécialement les femelles
pondeuses.

On a parlé aussi des poulaillers roulants. L'idée n'est pas nouvelle, elle
date de Parmentier. Le procédé a été employé par de nombreux agriculteurs du Nord dans les cultures de céréales. Nous l'avons vu fonctionner
aux environs d'Amiens dans des cultures de betteraves, et Maurice Girard

(*loc. cit.*, pag. 452) décrit le modèle imaginé par M. Giot, de Brie-Comte-Robert (Seine-et-Marne). Nous avons du reste parlé de ce moyen à propos du Gribouri (pag. 330).

Dans le cas particulier de pépinières de vignes à protéger, outre que celles-ci sont généralement placées près des fermes et accessibles à la basse-cour, nous préférons de beaucoup l'application du sulfure de carbone, qui a fait ses preuves de divers côtés.

M. l'Inspecteur Croisette-Desnoyer, chargé des pépinières destinées à repeupler la forêt de Fontainebleau et fournissant chaque année plusieurs millions d'arbres feuillus ou résineux, après l'essai de nombreux procédés de destruction, a été amené à l'emploi exclusif du sulfure de carbone. Il est arrivé à la destruction totale de ces larves voraces, sur cinq hectares de pépinières domaniales, sans que le prix de revient de cette opération ait dépassé 40 fr. par hectare.

Mais écoutons à ce sujet un viticulteur : « Mes premiers essais pour la la destruction des *vers blancs* dans les pépinières de vigne en Beaujolais, dit M. Vermorel, datent de 1884 seulement ; mais ils ont été couronnés de succès. L'année où les insectes ailés font leur apparition, les dégâts de larves sont insignifiants ; il est donc inutile de traiter cette année-là. Il est préférable d'attendre le printemps suivant et d'appliquer en février, avant que la larve remonte, une dose de 20 à 28 gram. par mètre carré.

»On doit avoir grand soin de ne faire ni façon ni labour au moins quinze jours avant ou après : ces façons, en ameublissant le sol, permettraient aux vapeurs de sulfure de carbone de s'échapper au dehors. Il est à remarquer que, les pépinières se trouvant généralement dans un terrain meuble et léger, cette nature de sol convient très bien à la diffusion du toxique.

»Sur les terrains à planter et qui sont libres de toute culture, le milieu de février est le meilleur moment pour le sulfurage.

»Avec le pal injecteur réglé à 5 gram., on pratique un trou tous les 50 centim. en tous sens, à 5 gram. par trou ; on met ainsi 20 gram. par mètre carré ou 200 kil. à l'hectare.

»A 6 gram. par trou, 24 gram. par mètre carré ou 240 kil. à l'hectare, et à 7 gram. par trou, 28 gram. par mètre carré ou 280 kil. à l'hectare.

»Dans les pépinières plantées en plants greffés, on ne peut guère dépasser 20 gram. par mètre carré. L'application se fait également en février, avant que les insectes aient commencé à remonter. On enfonce le pal plus profondément, 35 à 40 centim., de façon à injecter le sulfure de carbone plus bas que les racines et à éviter à celles-ci le contact du sulfure de carbone liquide.

»Enfin il est toujours bon de s'assurer, par une fouille, de la position des larves avant d'effectuer un traitement. Une opération faite lorsque les *vers blancs* sont déjà remontés à la surface ne les atteint pas : les vapeurs du sulfure tendent à descendre ; j'ai pu m'en rendre compte bien des fois. »

LE HANNETON FOULON.

(*Melolontha fullo* Linné.)

Synonymie : *Scarabæus fullo* Linné. *Polyphylla fullo* Harris.

Ce grand hanneton, connu vulgairement sous les noms de hanneton foulon, hanneton peint, hanneton du Poitou, etc., bien certainement un des plus beaux Coléoptères de nos régions, est, sous forme de larve, parfois nuisible aux jeunes vignes, dans les terrains de sable.

On le reconnaitra facilement à sa grande taille, 3 à 3,60 centim. de long sur un peu moins de 2 de large ; à son *corps* noir ou rougeâtre, brillant, marbré de taches blanches irrégulières ; à ses *antennes* de 10 articles, avec une massue de 6 petits feuillets chez la femelle et de 7 grands feuillets (1 centim. de long environ) chez le mâle ; à son *pygidium* non prolongé en pointe, et au cri particulier qu'il pousse, rappelant le piaulement d'un oiseau. Ce cri est produit par le frottement du dernier segment abdominal contre le sommet des élytres.

Cet insecte, répandu dans la plus grande partie de l'Europe, se trouve à peu près partout où il y a du sable fin, mais n'est abondant que dans certaines régions.

L'insecte parfait se montre en juillet, vole au crépuscule pendant une demi-heure à peine, et, la nuit tombée, rentre dans le sable, où sa présence jusqu'au lendemain soir est révélée par une petite excavation en forme d'entonnoir. Un certain nombre cependant restent hors du sol et se trouvent, pendant le jour, accrochés aux branches des arbres, principalement des pins, dont l'insecte broute volontiers les feuilles.

Il est signalé abondant dans certaines parties de l'Allemagne, principalement dans le Brandebourg ; en Belgique également et dans le nord de la France, dans les dunes de la mer du Nord et de la Manche, et, ce qui est plus important au point de vue viticole, dans la vallée du Rhône, de Lyon à Arles, dans la Gironde, les Landes et çà et là dans les dunes de la Méditerranée, où sa multiplication toutefois parait en raison inverse de celle des *Anomala*. Dans l'Hérault, par exemple, on ne trouve le hanneton foulon que là où l'*Anomala* est rare ou absente.

Nous avons vu la larve nuire sérieusement aux jeunes vignes de sable à Arles, à Tarascon et au Bourg Saint-Andéol (Ardèche). Nous l'avons reçue de M. Flourens, de Murviel-les-Béziers, comme ayant complè'ement détruit un plantier établi dans les sables du bord de la rivière d'Orb.

A l'étranger, l'insecte nous a été signalé par M. Horvath. Il est, nous dit-il, fortement nuisible dans les vignes des bords du Danube, et M. Karoly Sajo a publié sur le même sujet un article avec planche, dans le journal hongrois *Rovartani Lapok* (livraison d'août 1884, pag. 168). La larve y est représentée rongeant un jeune cep et l'ayant aux trois quarts dépouillé de ses racines et même de son écorce.

Nous ne voulons pas donner à cet ennemi, de date récente, plus d'importance qu'il n'en mérite ; nous l'avons trouvé associé dans ses dégâts avec d'autres espèces [1] dont nous ne parlons qu'en note ; mais nous le prenons pour type de ces Mélolonthides ampélophages que nous appellerons des irré-guliers et qui avant les plantations dans les sables étaient considérés comme inoffensifs. Nous avons vu déjà le cas à propos des *Peritelus*.

La *larve* est remarquable surtout par sa taille. C'est un énorme *ver blanc* dont le corps, si on le redresse, dépasse 6 centim. de long et atteint 1

---

[1] Mélangées aux larves de hanneton foulon reçues de Murviel-les-Béziers, s'en trouvaient de plus petites, prises tout d'abord par nous pour des jeunes de la même espèce. Elles se sont métamorphosées en même temps que les grosses, et nous ont donné un insecte d'un genre voisin, l'*Anoxia villosa* Fabricius. Cette espèce a été également obtenue d'un *ver blanc* que nous avait remis M. Planchon comme trouvé au pied d'une souche, non plus dans le sable, mais dans le terrain tuffeux très meuble des environs de Montpellier, connu en géologie sous le nom de tufs quaternaires de Castelnau. Cette espèce n'est donc pas particulière aux sables, et nous l'avons prise plusieurs fois au vol le soir dans des vignes situées dans les mêmes terrains de tuf.

-Signalons encore une espèce du même genre qui vit exclusivement dans les sables maritimes de la Méditerranée, l'*Anoxia Australis* Schönherr, obtenue de larves envoyées de Vias, entre Agde et Béziers, comme ayant abîmé un jeune plantier établi dans les dunes de cette localité. Les *Anoxia* sont d'assez gros hannetons velus qui ont été génériquement séparés des *Melolontha* à cause de la massue de leurs antennes, qui n'a que quatre feuillets chez la femelle et cinq chez le mâle, au lieu de six et sept. Leurs larves se distinguent au dernier segment sans rangées longitudinales de spinules en dessous.

Outre les espèces que nous venons de nommer et les Rhizotrogues, dont nous parlerons bientôt, il est probable que bien d'autres Mélolonthides seront encore signalés comme nuisibles aux vignes.

centim. et demi de large. Comparé à celui du hanneton commun, nous trouvons l'épaisseur relativement plus forte. A part cela, même forme, même couleur, mêmes tarses et tibias renflés, mêmes longs poils espacés sur le corps, mêmes bandes transversales de spinules râpeuses sur le dos, mêmes poils du dernier segment fins en dessus, raides et terminés en crochet en dessous. Deux différences anatomiques cependant sont à signaler : 1° dans les antennes ; 2° dans la double rangée de spinules médianes placées en dessous du dernier segment. Le quatrième article des antennes est, non pas *plus long* que le troisième, comme chez la larve du *Melolontha vulgaris*, mais *plus court*, et la disposition des spinules médianes du dernier segment, ainsi que leur dimension, sont tout autres. Pour abréger, nous renvoyons à ce sujet à la description comparative qui a été faite plus haut de la larve du hanneton commun.

La *nymphe*, comparée à celle du hanneton commun, offre, à part ses grandes dimensions, des différences de détails qu'il est utile de signaler : 1° les deux lobes divergents du dernier segments sont terminés par deux pointes mousses rembrunies qui sont encore plus divergentes, tandis que nous les avons vues être convergentes chez le hanneton commun ; 2° la dimension extraordinaire des antennes du mâle apporte à leur position une modification forcée. Ne pouvant plus tenir dans le petit espace qui existe entre les parties de la bouche et le tibia antérieur, elles sont placées *en dehors* de cet espace, reposant sur l'extrémité du tibia et atteignant presque la longueur du tarse.

LES RHIZOTROGUES.

Nous avons vu les *vers blancs* des hannetons être sérieusement nuisibles à la vigne dans le centre de la France, ceux du *Pentodon* et de l'*Anomala* exercer les mêmes dégâts dans le midi de l'Europe ; voici encore, pour la région de l'olivier et spécialement pour l'Algérie, de nouveaux ennemis parmi les *Mélolonthides*.

Ils appartiennent au genre *Rhizotrogus*, dont on parle peu en Europe, mais qui dans nos colonies du nord de l'Afrique entrave sérieusement les viticulteurs.

Les rhizotrogues sont des *Mélolonthides* de taille moindre que le hanneton commun, généralement de couleur uniforme, variant du fauve au brun marron, n'ayant pas le pygidium pointu, ayant des antennes de 9 ou

10 articles avec une massue de trois feuillets seulement. Par l'avortement constant des ailes inférieures, certaines espèces sont aptères dans les deux sexes; chez d'autres, les femelles seules sont privées de la faculté de voler.

Le genre est nombreux en espèces, 160 dans le dernier Catalogue paru (de Marseul, 1889), et la plupart habitent les régions méridionales. Sur ce nombre, la France et l'Europe centrale n'ont pas plus de 20 espèces; le reste est propre à l'Orient, à l'Asie centrale, à l'extrême sud de l'Europe et surtout à l'Afrique du Nord. L'Algérie, à elle seule, compte plus de 60 espèces.

Tous les *vers blancs* de ces *Mélolonthides* peuvent être nuisibles à nos cultures, l'étymologie du nom l'indique (ῥίζα racine, τρώγειν ronger). Ils sont, de plus, mangeurs de feuilles à l'état parfait. Il n'est donc pas étonnant de voir plusieurs *Rhizotrogus* signalés comme nuisibles à la vigne.

Outre que les espèces composant ce genre sont nombreuses, les variations infinies d'un grand nombre d'entre elles rendent leur étude extrêmement difficile. Les formes d'Europe sont relativement faciles à distinguer l'une de l'autre; mais celles du nord de l'Afrique ont lassé plus d'un classificateur.

Des coupes dont on a fait des sous-genres ont heureusement été pratiquées. Elles sont basées sur le nombre d'articles des antennes, la présence ou l'absence des ailes inférieures, etc.

En Europe, il y a fort peu de rhizotrogues nuisibles à la vigne. Nous n'en connaissons que trois signalés comme tels: *Rhizotrogus marginipes*, *R. cicatricosus* et *R. ochraceus*; encore les deux dernières espèces sont-elles nuisibles d'une façon très relative, et nous n'en parlerons que brièvement, sans les comprendre dans notre liste générale d'ampélophages.

Le *Rhizotrogus cicatricosus* Mulsant, espèce répandue dans la vallée du Rhône, a été observée par nous à Montpellier. Nous l'avons, il y a quelques années, obtenu à l'état parfait, de plusieurs petits *vers blancs* qui nous avaient été apportés par M. Planchon comme trouvés chez lui aux racines d'un jeune plantier.

C'est un *Rhizotrogus* de taille moyenne, 13 à 17 millim. de long sur une largeur de 6 à 7, au corps oblong, parallèle, d'un rouge clair rosé sur la *tête* et le *prothorax*; les *élytres* et le reste du corps sont d'un jaune fauve. Le *prothorax* est glabre, entouré d'une rangée de cils. L'insecte parfait, que nous avons pris en mars et avril à Lyon, paraît à Montpellier en février et même parfois à la fin de janvier. On le voit voler avant 5 heures pendant une demi-heure environ, puis il rentre dans le sol.

Le *Rhizotrogus ochraceus* Knoch, assez répandu en Provence et en Italie, a été signalé comme nuisible à la vigne par M. Targioni (*Relazione*,

1884, pag. 107). C'est un insecte de même taille que le *R. cicatricosus*,
mais qui en diffère par le nombre d'articles aux antennes, 9 au lieu de 10,
ce qui l'a fait ranger dans le sous-genre *Amphimallus*. Les teintes de sa
robe sont aussi fort différentes. La tête et le prothorax sont d'un brun
rougeâtre, les élytres et les pattes d'un fauve jaune ou rougeâtre clair.
L'insecte paraît en mai et vole surtout le matin.

Parmi les espèces d'Europe, nous ne comprendrons donc dans notre
liste générale que le *Rhizotrogus marginipes* Mulsant. L'espèce est sérieusement nuisible sur les coteaux secs, en Languedoc et en Roussillon,
où M. Oliver (de Collioure) l'a signalée. Mais avant d'en donner une
description détaillée, parlons des espèces algériennes, qui, de beaucoup,
sont les plus importantes en viticulture.

La côte barbaresque est la terre classique des *Rhizotrogues :* soixante et
quelques espèces, avons-nous dit, ont été signalées en Algérie seulement.
Dans cette quantité considérable, bon nombre sont capables sans doute
de mettre à mal un plantier; mais jusqu'à présent trois espèces seulement
ont été accusées de graves méfaits. Ce sont : *Rhizotrogus euphytus, inflatus*
et *sinuatocollis.*

Le premier appartient au sous-genre *Apterogyna*, c'est-à-dire aux *Rhizotrogus* dont la femelle seule est privée d'ailes (ἄπτερος sans ailes, γυνή
femelle) ; les deux autres au sous-genre *Geotrogus* (γῆ terre, τρώγειν ronger), dont les deux sexes ont les ailes inférieures avortées.

Nous avons souvent reçu les deux premiers en communication, ils
abondent surtout dans la province d'Oran ; le troisième semble dominer
dans celle d'Alger, d'après M. Rivière, directeur du Jardin d'essai du
Hamma, près Alger.

Nous ne pouvons mieux faire, du reste, que de citer cet auteur.
M. Rivière est bien certainement l'homme qui a le mieux observé sur place
et à l'œuvre les Rhizotrogues algériens. Voici ce qu'il en dit dans un
article publié en 1882 [1] :

« Trois espèces principales se font remarquer plus spécialement dans
nos cultures : *Rhizotrogus euphytus, inflatus* et *sinuatocollis.*

» Cette année-ci, l'insecte qui a mangé nos feuilles de vigne est le
R. sinuatocollis. A l'état de larve, il avait déjà attaqué les racines et même
le collet de nos jeunes ceps. Cette année se trouvant être celle de la transformation à l'état parfait, ces jeunes hannetons sont sortis de terre et se
sont jetés, pour vivre, sur la verdure la plus voisine.

» Pendant le jour, rien ne signale la présence de l'insecte ; mais entre 9

---

[1] Ch. Rivière ; *Affection des vignes en Algérie (L'Algérie agr.,* 1er oct. 1882).

et 10 heures du soir, on voit la terre se soulever à la base des ceps, puis des légions de *Rhizotrogues* sortir des galeries souterraines et par milliers envahir toute la plantation. A 11 heures du soir, toutes les colonies sont dehors et en plein fonctionnement. Le parenchyme des feuilles craque en bruit régulier sous les mandibules de centaines de milliers de ravageurs, les feuilles plient sous leur poids et les jeunes bourgeons qui les portent ne tardent pas à être détruits.

»Entre 3 et 4 heures du matin, le nombre diminue, et quand vient le jour on est présence de très grands ravages, mais sans traces d'insectes. Les hannetons sont rentrés sous terre dans des galeries rapidement construites, où ils attendent à l'ombre et au frais, engourdis et digérant, l'heure de reprendre leur œuvre de dévastation. Pendant environ dix ou douze jours, ils continuent la même existence. Les mâles meurent bientôt; les femelles s'enfoncent pour pondre vingt ou trente œufs, et meurent à leur tour.

»Dans notre laboratoire, nous avons mis un grand vase rempli de terre légère fortement tassée, dans laquelle des sarments chargés de belles et tendres feuilles furent plantés. Vingt de ces hannetons furent déposés un soir sur la terre du pot. Dans la nuit, ils mangeaient les feuilles; le matin, ils avaient disparu. La nuit suivante, nouvelle apparition et même disparition au matin : les feuilles des sarments renouvelés étaient toujours mangées. Après quinze nuits d'expérience, on procéda à la recherche des hannetons pendant le jour. La terre du vase fut retirée par couches successives. A 15 centim., on commença à rencontrer un insecte ; puis à 25, puis à 35, c'est-à-dire au fond du vase, on trouva la totalité des hannetons. Quelques femelles commençaient à pondre, d'autres avaient terminé cette fonction, étaient mortes et se désarticulaient.

»L'insecte peut donc exercer ses ravages pendant une quinzaine de nuits. Dans les galeries qu'il pratique pour s'enfoncer dans le sol, quelques-uns ont la tête en bas, d'autres dans une position contraire, et ces derniers sont des femelles.

»Cette invasion aérienne peut devenir assez redoutable. Dans le domaine d'Amourah (près Milianah), les hannetons ont envahi les jeunes plantations, qui auraien t certainement entièrement péri sans le zèle éclairé du régisseur, M. Coste. Cet intelligent viticulteur, aussitôt la cause du mal reconnue, fit construire des lanternes à réflecteurs munies d'une poignée. Vers dix heures du soir, une brigade d'ouvriers marchant de front, projetant la lumière de leur lanterne sur chaque cep, précipitaient dans un sac tous les hannetons en incursion sur les feuilles. En quelques nuits, on a ramassé *cent dix mille quatre cents* de ces insectes. Il y en a en moyenne 1,595 au kilo.

»Ce Mélolonthide rencontre évidemment dans nos vignobles des conditions très favorables à son existence par un sol parfaitement défoncé, entretenu friable par des façons successives, etc., etc. Cet état du sol permet au hanneton de se dérober facilement pendant le jour à de nombreux ennemis, et de vivre largement pendant la nuit tant qu'il est insecte parfait. Ses larves, pour accomplir leur œuvre de destruction souterraine, rencontrent les mêmes avantages. Les jeunes racines mangées, elles entament quelquefois le collet de nos nouvelles plantations de vignes. Pendant environ trois ans, ces larves continuent leurs dégâts, en les accentuant jusqu'au moment de leur transformation en insecte parfait.

»On comprendra donc la nécessité de combattre l'insecte sous forme de hanneton avant la ponte des femelles, qui peuvent engendrer chacune une trentaine de *vers blancs.*»

Il est inutile de pousser plus loin cette citation, déjà longue. Elle suffit pour montrer l'importance des dégâts occasionnés par des insectes dont il n'était pas parlé il y a vingt ans. Les plantations importantes de vignes dans le nord de l'Afrique datent à peu près de cette époque.

Les *Rhizotrogus* compris dans notre liste générale, et dont nous allons donner une description un peu détaillée, se composent donc d'une espèce d'Europe, *Rhizotrogus marginipes* Mulsant, et de trois espèces algériennes : *Rhizotrogus euphytus* Buquet, *R. inflatus* Buquet et *R. sinuatocollis* Fairmaire.

I. — **Rhizotrogus marginipes** Mulsant.

Le Rhizotrogue français, accusé de nuire un peu sérieusement à la vigne, est, au premier abord, facile à confondre avec plusieurs autres, tels que le *R. cicatricosus* déjà cité, le *R. rufescens*, etc. Il est cependant toujours très distinct pour l'œil tant soit peu exercé.

Mulsant, qui a créé l'espèce (*Lamellicornes*, 1re édition. Paris 1842), a suffisamment mis en saillie les caractères distinctifs pour que nous puissions dans les lignes suivantes, même en condensant fortement la description, permettre au lecteur de distinguer facilement notre insecte.

Longueur 13 à 16 millim., largeur 7 à 8 millim. *Corps* oblong, dilaté postérieurement, de couleur entièrement blonde chez le mâle, d'ordinaire plus foncée et tirant sur le rougeâtre sur la tête et le prothorax, chez la femelle. *Prothorax* hérissé de longs poils livides et marqué de gros points enfoncés, très rapprochés. *Écusson* grossièrement ponctué de quelques-uns de ces mêmes gros points enfoncés. *Élytres* blondes, souvent plus pâles le long de la suture, qui est brune, hérissées de quelques longs poils à la base, glabres sur le reste de leur surface.

On distinguera toujours, et de suite, notre insecte du *R. cicatricosus*, qui vit parfois dans les mêmes localités, à sa forme plus courte, plus épaisse et surtout aux longs poils d e son corselet. Celui-ci est glabre chez le *R. cicatricosus*, garni seulement de longs cils sur son bord antérieur. Cette dernière espèce, avons-nous dit, paraît, à l'état parfait, de février à avril; notre *R. marginipes* ne commence à se montrer qu'en mai, et on le trouve jusqu'à fin juin.

L'espèce paraît être méridionale. Nous ne l'avons pas rencontrée au-dessus de Lyon, où elle est déjà rare. Perris l'a signalée à Mont-de-Marsan, Chevrolat à Bordeaux, M. Marquet à Toulouse. Nous l'avons trouvée dans tout le bas Languedoc sur les coteaux les plus secs, notamment dans les environs de Montpellier, au quartier de l'Aiguelongue ; dans ceux de Cette, au-dessus du petit fort appelé la Butte-ronde; et auprès de Narbonne, dans la petite chaîne de la Clape. Dans ces trois localités, nous avons vu des plantiers avoir des manquants considérables par suite des attaques de son petit *ver blanc*. M. Oliver, dans son travail sur le *Vesperus*, cité en son lieu et place, dit qu'en Roussillon cette larve aide le *Vesperus* dans son œuvre de destruction, commettant toutefois des dégâts proportionnés à sa taille. Elle est, paraît-il, assez abondante pour avoir attiré l'attention des vignerons, qui l'appellent *Pare-Massac*. Nous avons également trouvé l'insecte sur tout le versant espagnol des Pyrénées orientales et il est probablement répandu dans une bonne partie de la Catalogne.

Le ramassage à la main ne peut être conseillé contre l'insecte parfait, qui paraît ne pas manger, ne sortir le soir et le matin que pour s'accoupler et pondre, et qui le jour se tient blotti sous les pierres ou les mottes de terre.

M. Oliver détruit le *Pare-Massac* comme il détruit le *Menge-Mallols* (*larve de Vesperus*), au moyen du sulfure de carbone.

II. — Rhizotrogus (Apterogyna) euphytus BUQUET.

Des trois espèces algériennes, celle-ci est la plus petite et bien certainement l'une des plus faciles à dist inguer parmi les nombreuses formes de la côte barbaresque.

Tout d'abord elle diffère des deux autres par son mâle ailé et sa femelle aptère, ce qui la fait de suite ranger dans le sous-genre *Apterogyna*.

Le mâle, long de 14 à 15 millim., large de 7 à 8, de couleur fauve, parfois marron, très peu luisant, uniforme, sauf sur les côtés du prothorax, qui sont plus clairs, rappelle par sa forme certaines espèces européennes, telles que le *R. cicatricosus* Mulsant, ou plutôt l'*insularis* Reiche, qui est propre à la Corse. La *tête*, relativement petite, est généralement plus foncée que le reste du corps. Le *prothorax*, arrondi en avant, foncé en dessus, plus clair sur ses bords, ceux-ci élargis au milieu parfois assez brusquement, sont un peu sinués postérieurement, avec l'angle postéro-externe un peu aigu, parfois presque droit. L'*écusson*, un peu plus large que long, avec les côtés fortement arqués, est lisse, quelques gros points enfoncés sur ses bords. Les *élytres* parallèles sont souvent planes en dessus, garnies de cinq côtes très effacées, et, dans les intervalles, de points également peu visibles à l'œil nu. En dessous, la poitrine est couverte de poils blonds assez touffus.

La femelle, dont les ailes inférieures sont toujours avortées, a le corps relativement court, arrondi et épais. La longueur est bien toujours de 14 à 15 millim., mais la largeur atteint 8 ou 9. La teinte générale est le fauve assez foncé, plus uniforme que chez le mâle; souvent, malgré cela, les tissus sont assez translucides pour que les œufs, dans l'abdomen, s'aperçoivent par transparence, comme chez beaucoup de *Rhizotrogus*, du reste. Le *prothorax* est plus globuleux, plus dilaté sur les côtés; l'*écusson* plus large, parfois même une fois plus large que long, avec les côtés assez arrondis pour que la pointe du sommet disparaisse. Les *élytres* ne sont ni planes ni parallèles en dessus, mais au contraire courtes, globuleuses et arrondies sur les côtés, les *pieds* beaucoup plus courts que chez le mâle.

Les femelles de plusieurs *Rhizotrogus* des sous-genres *Apterogyna* et *Geotrogus* réunissent très souvent les caractères ci-dessus, ce qui en rend l'étude fort difficile; telle espèce, fort différente d'une autre par les mâles, lui ressemble absolument par les femelles. On distinguera les individus de ce sexe, chez notre espèce, à leur taille relativement petite; mais le plus sûr sera de les trouver avec les mâles.

Nous avons reçu le *R. euphytus* d'Oran, d'Alger et de Bône. Nous l'avons pris personnellement à Constantine et à Batna. M. Rivière le signale de Relizane, province d'Oran, et de l'Oued Sly, dans la plaine du Chelif. Il est donc répandu dans les trois provinces.

III. — **Rhizotrogus (Geotrogus) inflatus** Buquet.

Cette espèce, comme la suivante, du reste, appartient au sous-genre *Geotrogus*, c'est-à-dire aux *Rhizotrogus* dont les deux sexes sont aptères.

On la reconnaîtra à sa grande taille, à sa couleur, à sa forme et au grand développement des pattes chez le mâle. La longueur de celui-ci est de 16 à 19 millim., celle de la femelle de 18 à 21. Le mâle est large de 9 à 10 millim., la femelle de 11 à 12. La couleur est le brun roux testacé, peu brillant chez la femelle, presque mat chez le mâle, plus foncé généralement sur le prothorax, avec les deux côtés de celui-ci plus clairs, parfois les élytres un peu plus claires aussi sur les côtés. La forme générale, resserrée au milieu, rappelle celle d'un huit ou d'une graine d'arachide dont un des côtés serait plus petit que l'autre. La *tête* est relativement petite, le *prothorax* au contraire très développé, globuleux en dessus, arrondi ou en pointe obtuse sur ses côtés, resserré postérieurement et dépassant de beaucoup dans son milieu l'angle huméral des élytres. Celles-ci, peu renflées chez le mâle, ne dépassant guère la largeur du prothorax, très renflées au contraire chez la femelle, dépassant de 2 à 3 millim. la largeur du prothorax, de longueur variable, découvrant, en un mot, plus ou moins l'abdomen, lisse en dessus, avec quelques côtes presque effacées.

Les pieds sont très développés chez le mâle, les postérieurs atteignant la longueur du corps à cause des tarses, longs de 8 à 10 millim. Ce caractère des longs pieds, commun à plusieurs espèces voisines, a fait nommer l'une de celles-ci *araneipes* (à pieds d'araignées). Ces insectes, obligés de courir sur le sol, où les retient leur défaut d'ailes, ont des pieds développés en conséquence.

M. Rivière cite l'espèce comme très nuisible en Algérie, sans indiquer de localités. Nous ne l'avons reçue que de la province d'Oran, de Sidi-bel-Abbès, de Mascara et d'Oran, en mars et avril. Nous l'avons recueillie nous-même dans cette dernière localité en très grand nombre, en mars, dans les jardins maraîchers, où nous la trouvions le jour noyée dans les réservoirs d'eau destinée à l'arrosage.

IV. — **Rhizotrogus (Geotrogus) sinuatocollis** Fairmaire.

N'ayant jamais reçu cette espèce en communication, n'en ayant qu'un seul mâle en notre possession, exemplaire bien typique, il est vrai, nous en donnons la description surtout d'après celle de l'auteur de l'espèce[1]. Sans doute, à cause de la similitude des individus femelles chez beaucoup de *Geotrogus*, M. Fairmaire ne décrit également que le mâle.

Corps long de 15 millim. environ, d'un brun noir presque mat, brillant sur le corselet. Dessous, pattes, palpes et antennes d'un testacé pâle, ainsi que les bords latéraux du corselet; côtés de l'abdomen et pygidium brunâtres; abdomen brillant. *Tête* large, rugueusement ponctuée. *Corselet* transversal presque aussi large en avant qu'en arrière, à ponctuation assez forte, médiocrement serrée; côtés assez fortement sinués avant le milieu et du milieu aux angles postérieurs, qui sont presque droits, mais un peu saillants et émoussés. *Écusson* n'ayant que quelques points isolés. *Élytres*

[1] Fairmaire et Coquerel ; *Coléoptères de Barbarie* (*Ann. Soc. ent. de France*, 1860, pag. 425).

assez courtes, pas plus larges que le corselet, arrondies chacune à l'extrémité, y compris l'angle sutural, finement ridées et couvertes d'une ponctuation assez grosse, peu enfoncée, écartée ; quelques traces de côtes peu distinctes. *Pygidium* finement pointillé, parsemé de points écartés. Dessous du corps presque glabre. *Abdomen* à peine ponctué. *Pattes* longues.

La coloration de ce *Rhizotrogus*, ajoute M. Fairmaire, rappelle celle du *R. numidicus*.

Ayant reçu personnellement de Medeah, comme trouvés sur la vigne, quelques *R. numidicus*, nous nous demandons si plusieurs espèces, y compris cette dernière, ne se trouveraient pas mélangées sur la vigne aux environs d'Alger et n'auraient pas été confondues sous le nom de *R. sinuatocollis*. Par l'envoi de nombreux exemplaires que nous sollicitons de la part des viticulteurs algériens, la question pourra facilement être résolue.

MOYENS DE DESTRUCTION.

D'après M. Rivière (*loc. cit.*), le seul moyen pratique est le ramassage à la main pendant la nuit. Nous avons vu à quels résultats on est arrivé par ce moyen au domaine d'Amourah ; mais, lorsque M. Rivière écrivait son article, le sulfure de carbone n'avait pas encore fait ses preuves contre les *vers blancs* du hanneton commun. Il nous paraît tout indiqué d'employer également cet insecticide contre les larves des *Rhizotrogus*. Le sol sera ainsi purgé avant même la plantation des boutures, et le ramassage nocturne de l'insecte parfait sera opéré, s'il le faut, par exemple, en cas d'invasion de chez un voisin négligent.

LE LETHRE A GROSSE TÊTE[1]

(*Lethrus cephalotes* PALLAS.)

Synonymie : *Lethrus* Scopoli (1763). *Lucanus apterus* Laxmann (1770). *Scarabæus cephalotes* Pallas (1771). *Lethrus apterus* Sols. *Lethrus scarabæoides* Hochen. *Lethrus podolicus* Fischer. C'est le *Schneider* (coupeur) des Autrichiens, le *Rebenschneider* des Allemands. Brehm (édition franç.) l'appelle le *Coupeur de vigne*, traduction du mot allemand.

[1] BIBLIOGRAPHIE. — **Aldrovande**; *De animalibus Insectis*, 1602. — **Scopoli**; *Entomologia Carniolica*, 1763. — **Latreille**; *Genera Crustaceorum et Insectorum*. Paris, 1806. — **Fischer**; *Ann. des Sciences nat.*, 1824, tom. I,

Le genre *Lethrus* se compose de gros insectes noirs, bizarres de formes et de mœurs, lamellicornes de par les classificateurs, mais ayant des antennes sans lamelles, bousiers par leurs affinités nombreuses avec les *Geotrupes*, mais vivant de bourgeons ; rappelant enfin les Lucanes ou cerfs-volants, non par le corps, qui est court, mais par la forme et le développement de leurs mandibules.

Le groupe presque entier est asiatique. Il compte une vingtaine d'espèces ayant pour patrie la Sibérie, le pays des Kirghiz, le Turkestan, le nord de la Perse et la Turquie d'Asie, mais s'étendant en Europe jusqu'à la Russie occidentale et à la Turquie, et une espèce, celle qui nous occupe, jusqu'à la Hongrie et l'Autriche, atteignant même les bords de l'Adriatique aux environs de Trieste et de Fiume.

Cette dernière espèce seule nous occupera, bien que le genre entier soit coupeur de bourgeons et que, le cas échéant, il puisse être nuisible aux vignes. Le *Lethrus cephalotes* est du reste le seul du genre dont les mœurs aient été sérieusement étudiées. Ses dégâts dans les vignes sont depuis bien longtemps connus des vignerons.

Les auteurs anciens n'en parlent pas ; mais, dès le xve siècle, Aldrovande avait observé, décrit et figuré l'insecte dans son livre *De animalibus Insectis* (1602). Le vieil auteur italien donne une description assez exacte du nid, une figure bien reconnaissable de l'animal, et, comme le dit très bien Vallot (1841), « il est extraordinaire qu'aucun naturaliste n'ait rappelé l'observation d'Aldrovande ».

Bien des détails cités par cet auteur semblent être en effet ignorés des divers entomologistes qui depuis ont parlé de l'insecte. Il faut arriver au travail tout récent (1884) de M. Gustáv Emich (de Budapesth) pour trouver l'histoire de ses métamorphoses.

I. — DESCRIPTION ET BIOLOGIE.

Les *Lethrus*, nous l'avons dit, sont très voisins des *Geotrupes*, ces bousiers dont nous avons parlé à propos des *Pentodon*. Ils ont la même conformation, font partie de la même tribu, celle des Géotrupides, et pour les individus femelles, qui ont la tête et les mandibules relativement peu développées, la confusion est au premier abord possible avec certains *Geotrupes*

pag. 221. — **Walckenaer ;** *Ann. Soc. ent. de France*, 1835, pag. 211. — **Vallot ;** *Les Insectes ennemis de la vigne*, 1841, pag. 295. — **Erichson ;** *Naturgeschichte der Insecten Deutschlands*, 1847-48. — **Nordlinger ;** *Des petits ennemis de l'agriculture*, 1869, pag. 119. — **Emich Gustáv ;** *Métamorphoses du Lethrus apterus* (Rovartani Lapok, 1884, pag. 30, et Suppl. fr., pag. 4).

aptères du sous-genre *Thorectes*. En dehors du corps, relativement plus court, et du grand développement de la tête et des mandibules, les *Lethrus* se distinguent de suite des *Geotrupes* par leurs antennes, dont les deux derniers articles sont inclus dans celui qui les précède. Par suite de cette structure, les antennes semblent formées de 9 articles seulement et leur massue triangulaire ne peut se déplier en éventail.

Le *corps*, relativement court et globuleux (fig. 81), long de 17 à 22 millim., large de 11 à 13, à surface un peu rugueuse, avec un léger pointillé sur la tête et le thorax, est d'un noir mat, parfois à reflets légèrement bronzés. La *tête*, très développée par rapport au corps, du moins chez le mâle, triangulaire, ou allant s'élargissant du vertex aux deux yeux, porte des *mandibules* énormes, dentelées du côté interne et

*Fig. 81.—*Lethre à grosse tête, grandeur naturelle.

munies en dessous d'une grande corne ou dent dirigée vers le bas, évidée au côté interne et qui fait de ces mandibules un appareil très meurtrier pour les jeunes bourgeons. Le *corselet* ou *prothorax*, près d'une fois plus large que long, est prolongé en pointe des deux côtés antérieurs, ces deux pointes formant au milieu une large échancrure arrondie qui reçoit exactement la tête lorsque celle-ci s'abaisse. Les *élytres*, très courtes, arrondies postérieurement, soudées, formant presque une moitié d'hémisphère, sont fortement rebordées sur les deux côtés de l'abdomen, les *ailes inférieures* étant nulles.

Chez la femelle, la *tête* est beaucoup plus petite, les *mandibules* également, la dent inférieure de celles-ci nulle, les pointes antérieures du prothorax et le *prothorax* lui-même moins développés.

D'après Erichson, cet insecte coupe aussi bien des jeunes pousses de graminées et de pissenlit que des bourgeons de vigne. Comme aucun observateur ne parle de sa nourriture à l'état parfait, et bien que, trompé sans doute par la ressemblance avec les *Geotrupes*, Nordlinger dise qu'il habite dans les déjections desséchées, il est permis de croire qu'il se nourrit, comme sa larve, de pousses de végétaux fanées et un peu fermentées. En cela il ne ferait que se comporter comme plusieurs bousiers du genre *Aphodius* (*A. fimetarius*, *granarius*, etc.), qui se trouvent très souvent sous les tas d'herbes fanées et demi-pourries entassées dans nos jardins après les binages, et qui ne fréquentent les bouses que lorsqu'elles sont plus ou moins anciennes et fermentées.

Consulté par nous à ce sujet, M. Horvath (de Budapesth) nous répond « que notre insecte ne vit jamais dans les déjections et qu'il se nourrit très probablement des plantes avec lesquelles il approvisionne son nid ».

Le *Lethrus* habite dans un trou profond, comme tous les Géotrupides. Il s'établit de préférence dans les vignes, parce que les bourgeons succulents y abondent. Le soir et le matin, il sort, grimpe avec agilité sur les ceps et, au moyen de ses cisailles, taille les jeunes pousses, qui bientôt jonchent le sol. Après cela, il redescend et transporte à reculons, un à un, tous les bourgeons coupés dans son repaire. Nous tenons ces divers détails de M. Ch. Dawant[1], de Smyrne. Ils s'éloignent peu, du reste, de ceux qui ont été donnés par les divers auteurs.

Les métamorphoses du *Lethrus cephalotes*, avons-nous dit, ont été observées par M. Gustáv Hemich et nous ne pouvons mieux faire, à ce sujet, que de citer textuellement cet auteur :

« Cet intéressant coléoptère, dit-il, est assez commun dans les vignobles de la Hongrie, où il fait d'ordinaire son apparition en avril ou mai. Bientôt après, chaque mâle se choisit une femelle, après des combats souvent acharnés, et, l'accouplement opéré, le couple commence à creuser dans le sol une galerie profonde pour y déposer les œufs et approvisionner les larves qui en sortiront. Ces galeries sont toujours creusées dans un sol sec, compact et plus ou moins argileux. Leur première partie, d'une longueur de 25 à 30 centim., se dirige obliquement dans le sol ; la seconde partie se continue verticalement jusqu'à une profondeur de 50 à 60 centim. A côté de cette partie, se trouvent 6 à 8 loges à parois polies, de la dimension et de la forme d'un œuf de pigeon, destinées à recevoir des petites boules de feuilles fanées qui serviront de nourriture aux larves. La construction de ce logement souterrain étant terminée, les insectes se mettent à recueillir les bourgeons. C'est ordinairement le mâle qui coupe avec ses mandibules les parties tendres de diverses plantes et avant tout celles de la vigne. Il les apporte, en marchant à reculons, dans la galerie souterraine. La femelle en compose des boules de la grosseur d'un œuf de pigeon, dans chacune desquelles elle pond un œuf et qu'elle place séparément dans les loges ci-dessus mentionnées.

»Dix ou douze jours après, les œufs donnent naissance à une larve qui se nourrit de sa boule de feuilles et atteint, fin juillet ou commencement d'août, tout son développement.

»La *larve* adulte a 22 à 33 millim. de long ; elle est courbée en arc, demi-cylindrique, un peu plus étroite en avant que dans la partie abdominale et d'un blanc jaunâtre transparent, sauf les organes buccaux et la

---

[1] Les *Lethrus* reçus de ce correspondant sont d'un tiers plus grands que ceux venus d'Odessa, de Budapesth et de Trieste, et peuvent être rapportés au *L. Brachiicollis* Fairmaire, espèce d'Asie-Mineure.

tête, qui sont d'un brun jaunâtre. La *tête* est large de 4 à 4^mm,50, très convexe, avec une impression semi-lunaire sur le front. Les *yeux* manquent ; les *antennes* sont de 4 petits articles, le *labre* de deux parties, les *mandibules* très fortes et dentées. Les *mâchoires* sont composées de deux lobes avec des palpes de 4 articles. Le *menton*, arrondi, porte deux palpes bi-articulés. Les *pattes* sont très peu développées, composées de 3 parties et terminées par un petit ongle obtus. Les 3 anneaux thoraciques et les 9 qui composent l'abdomen sont renflés et rugueux [1].

»La larve ne change de peau qu'une seule fois, immédiatement avant sa transformation en nymphe. Quand elle a consommé sa boule de feuilles et atteint tout son développement, elle construit dans la loge qu'elle a vidée, au moyen de petites parcelles de terre mélangées à ses excréments et cimentées avec de la salive, un cocon en forme de gland où elle se transforme en nymphe.

»Cette nymphe se change bientôt en insecte parfait, qu'on trouve déjà en septembre dans le cocon, mais qui n'en sortira qu'au printemps suivant, en détachant, comme une calotte, sa partie supérieure. »

II. — MOYENS DE DESTRUCTION.

Les ravages causés par les *Lethrus* sont parfois terribles. On le comprendra sans peine, étant donnée l'habitude qu'ont ces insectes de couper les bourgeons à la base. Vu leur grande taille, ils font même une exception remarquable à la règle générale qui fait des gros insectes des ennemis relativement peu dangereux.

« Chaque année, écrit M. Ch. Dawant en date du 20 mai 1887, chaque année, les *Lethres* apparaissent au mois d'avril, en même temps que la vigne bourgeonne. Cette année-ci, nous avons fait détruire plus de 14,000 de ces coupeurs de bourgeons dans notre seule propriété des Dardanelles. »

[1] D'après la bonne planche qui accompagne le travail de M. Gustáv Emich, les trois anneaux thoraciques sont progressivement développés, du prothorax au métathorax. Cette progression dans les dimensions, visible surtout dans l'épaisseur, va encore crescendo dans les segments abdominaux jusqu'au troisième, qui est le plus développé. A partir du quatrième, le decrescendo commence ; mais il est peu sensible jusqu'aux deux derniers segments, qui sont brusquement atténués.

Ce développement particulier du troisième segment abdominal se retrouve chez plusieurs larves de *Lamellicornes* coprophages (κόπρος fumier, φαγεῖν manger). Il est surtout accentué chez celles des *Onthophagus* (ὄνθος fiente), dont le dos est relevé en bosse pourvue d'un mamelon rétractile. Les mouvements de ces larves dans l'intérieur d'une loge allongée en hauteur sont ainsi facilités.

En Russie, en Autriche, en Hongrie, aussi bien qu'en Turquie d'Europe ou d'Asie, partout où se trouve l'insecte, on le fait ramasser à la main : le procédé est tout indiqué ; mais, étant donnée la profondeur du terrier où le *Lethrus* se réfugie, on peut conseiller le sulfure de carbone ; on l'appliquera, non pas en automne ou en hiver, quand l'insecte est enfermé dans la coque solide que nous avons décrite, mais au printemps, l'ennemi étant sorti de sa retraite d'hiver et ayant même commencé ses dégâts.

Le petit retard dans la végétation occasionné à la vigne par un liquide à la fois réfrigérant et insecticide, appliqué aux racines en avril, sera toujours moins grave que les dégâts de milliers de coupeurs de bourgeons. Ceux-ci succomberont en nombre considérable, étant donné qu'ils seront à l'état parfait, c'est-à-dire beaucoup plus sensibles que des larves à l'action toxique des vapeurs du sulfure de carbone.

CHAPITRE XXIV.

ORDRE DES HYMÉNOPTÈRES

On nomme ainsi (de ὑμήν membrane, et πτερόν aile) les insectes à quatre ailes, deux grandes et deux petites, quatre ailes transparentes et divisées en cellules. Ce sont les insectes supérieurs, aussi bien par la perfection de leurs instincts que par leur développement organique, concentration des centres nerveux, du système tégumentaire, etc. Le prothorax, très petit, est soudé au mésothorax et l'abdomen presque toujours pédiculé. Les tarses ont 5 articles. Les métamorphoses sont complètes. L'appareil buccal n'est ni broyeur ni suceur, on peut l'appeler lécheur. La lèvre supérieure et les mandibules sont à peu près conformées comme chez les insectes broyeurs; mais l'allongement des mâchoires et celui de la lèvre inférieure, dont l'extrémité flexible est appelée languette, en font réellement un appareil propre à lécher.

Les abeilles, les guêpes, les fourmis, les ichneumons, les cynips, les tenthrèdes, etc., sont les types les plus connus de ce groupe, vraiment remarquable par ses instincts souvent merveilleux.

A l'état parfait, tous les Hyménoptères se nourrissent de matières sucrées qu'ils vont chercher dans les fleurs, sur les feuilles des arbres, qu'ils demandent aussi parfois à la pulpe des fruits. C'est à ce dernier titre que nous faisons figurer les guêpes parmi les ennemis de la vigne.

Vespæ uvas appetunt, les guêpes sont friandes de raisins, disait Aldrovande (1602); la remarque n'est donc pas nouvelle, et il y a lieu de s'étonner que les auteurs qui ont écrit sur la matière aient à peine parlé des dégâts commis par ces insectes sur les raisins et les autres fruits sucrés.

Nous parlerons donc des guêpes; mais, pour être bref, nous ne décrirons avec quelques détails que celle qui est la plus répandue en France, la Guêpe commune (*Vespa vulgaris*). A cette espèce malfaisante, nous joindrons un Hyménoptère de la famille des Tenthrédides ou Mouches à scie, la *Tenthredo strigosa*, dont la larve ou fausse-chenille est accusée de perforer les sarments encore pleins de vie. A propos de ce rongeur de sarments verts, nous parlerons enfin, mais en note seulement, des Hyménoptères inoffensifs qui habitent les·sarments secs.

LA GUÊPE COMMUNE [1]

(*Vespa vulgaris* LINNÉ.)

Les guêpes se distinguent de tous les autres Hyménoptères par la disposition de leurs ailes antérieures, repliées au repos suivant leur longueur, embrassant en partie les postérieures et se rangeant sur les côtés de l'abdomen. De là le nom de *Diploptères* (διπλόη repli, πτερόν aile) donné à la famille dont ces insectes font partie. Les guêpes sont connues de tout le monde, à cause de leur livrée jaune et noire, de leur abdomen brusquement séparé du thorax, d'où l'expression de *taille de guêpe* et surtout à cause de la piqûre douloureuse produite par leur aiguillon. De là aussi l'expression populaire : *tomber dans un guêpier*. Non contents d'être très irritables et de produire facilement des piqûres pouvant occasionner les accidents les plus graves, ces insectes, comme nous l'avons dit, doivent être rangés parmi les ravageurs de nos vergers. Ils aiment les fruits sucrés, surtout les raisins, et causent, certaines années, de grands dégâts dans les espaliers et même en grande culture, comme nous le verrons plus loin.

Les guêpes étaient connues d'Aldrovande, avons-nous dit ; bien plus, au IVᵉ siècle avant Jésus-Christ, Aristote les avait déjà bien observées, et dans son *Histoire des animaux* il a fait de leurs mœurs un tableau où il y a peu à retoucher.

I. — DESCRIPTION ET BIOLOGIE.

Sous le rapport des mœurs sociales, les guêpes peuvent être comparées aux fourmis plutôt qu'aux abeilles. Leurs colonies, appelées guêpiers, sont composées de trois sortes d'individus : des mâles, des femelles et des ouvrières ; ces dernières, qui ne sont que des femelles aux ovaires avortés, exécutent les travaux pénibles et nourrissent les jeunes larves. Parfois cependant elles sont un peu fécondes ; mais, ne pouvant s'accoupler, elles

[1] BIBLIOGRAPHIE. — **Réaumur** ; *Mémoires*, tom. IV. — **Henri de Saussure** ; *Monographie des Guêpes sociales*. Paris, 1853-58. — **Maurice Girard** ; *Traité élémentaire d'Entomologie*, tom. II. Paris, 1879. — **Kunckel d'Herculais** ; *Les Insectes* (édition française de Brehm, 1882).

pondent, par parthénogénèse, des œufs de mâle, comme les ouvrières demi-fécondes des abeilles.

Dans les régions froides ou tempérées, les colonies sont annuelles. Les guêpes périssent en hiver dès les premières gelées. Les ouvrières, avant de mourir, ont même soin de jeter tout le couvain hors du guêpier. Il ne reste, pour perpétuer la race, que des femelles fécondées qui passent la mauvaise saison, soit dans le guêpier, soit dans les fentes des murs, les crevasses des arbres ou sous les écorces, et qui construiront au printemps un petit guêpier provisoire. Dans ce nid de printemps seront élevées uniquement des ouvrières qui, devenues ailées, construiront le grand guêpier d'été où la mère fondatrice pondra des œufs de mâles et de femelles, et la colonie définitive sera ainsi constituée.

Le guêpier est établi sous une branche d'arbre ou à l'abri d'un mur, dans un tronc caverneux ou dans une cavité arrondie creusée dans le sol. Ce dernier mode de disposition est toujours celui qu'adopte la guêpe commune.

Dans une grande cavité creusée à cet effet, généralement sur la pente d'un talus herbeux et dont l'entrée est bien dissimulée, le guêpier est construit avec une sorte de papier fait de fibres de bois un peu pourri, malaxées avec de la salive. Ce nid, dont le diamètre atteint 30 centim., se compose d'une grande enveloppe en forme de ballon, faite de plusieurs plaques de papier conchoïdales et imbriquées les unes sur les autres, avec une ouverture ronde réservée vers le bas du ballon.

Celui-ci, suspendu dans la cavité par un support ou pétiole principal et consolidé par plusieurs autres partant de la voûte ou des parois, renferme une série de gâteaux aplatis en forme de disques, formés de la même matière papyracée et horizontalement placés au-dessus les uns des autres. Ces gâteaux, au nombre d'une dizaine environ, d'un diamètre correspondant à celui de la partie occupée par eux dans le ballon et reliés entre eux par un pétiole central et quelques autres piliers, sont composés de cellules ou alvéoles hexagonales accolées les unes aux autres comme celles des abeilles, et dont l'ouverture est tournée vers le bas. Entre les parois du ballon et le bord des rayons, ainsi qu'entre ceux-ci, un espace suffisant est réservé pour la circulation des insectes.

Les œufs sont pondus par les femelles au fond de chaque cellule, et la larve, vermiforme, blanche, charnue, apode et aveugle, placée ainsi la tête en bas, est nourrie par les ouvrières, qui viennent dégorger dans sa bouche la pâtée recueillie à son intention et à moitié digérée. Cette pâtée se compose de matières sucrées et aussi de substances animales. C'est ce qui fait que l'on voit si souvent les guêpes manger des insectes ou se repaître, à l'étal des bouchers, de la viande qui y est suspendue.

Au bout d'une vingtaine de jours, la larve est adulte. Elle se retourne alors, tapisse d'une légère couche de soie le fond et les parois de l'alvéole, reprend sa position première et ferme sa cellule en tissant sur l'ouverture un opercule bombé et d'une grande épaisseur.

Dans cette cellule hermétiquement close, la nymphose s'opère bientôt, et, au bout d'une dizaine de jours, l'insecte parfait, éclos, ronge les bords de l'opercule avec ses mandibules et sort de sa prison.

Les mœurs que nous venons de décrire sont celles de la plupart des guêpes dont le nid est souterrain, celles des deux plus nuisibles à nos fruits et les plus répandues dans nos campagnes d'Europe et du nord de l'Afrique, la *Vespa vulgaris* Linné et la *V. germanica*[1] Fabricius ; comme ces deux *Vespa*, parfois difficiles à distinguer l'une de l'autre, sont d'ordinaire confondues sous le nom de guêpe commune et considérées même par certains entomologistes[2] comme deux races ou variétés d'une même espèce, nous ne donnerons qu'une seule description, celle de la *Vespa vulgaris* type, nous contentant d'indiquer les légères différences existant entre les deux formes.

Le *corps*, de couleur jaune et noire, long de 13 à 18 millim., avec une envergure de 23 à 35, est relativement court. La *tête*, velue, large, transversale, atteignant la largeur du thorax, est noire avec le chaperon ou partie antérieure de l'épistome jaune et marqué d'une tache noire rappelant la forme d'une ancre, une ligne jaune transversale sur le front allant jusqu'au fond de l'échancrure des yeux, parfois interrompue et divisée en trois taches, une bande jaune derrière les yeux partant de la base des mandibules ; celles-ci très fortes, armées de dents aiguës entièrement jaunes. Les *antennes*, coudées, épaisses et courtes chez la femelle, beaucoup plus grêles et plus longues chez le mâle, sont noires, avec le premier article jaune en avant chez celui-ci. Le *thorax*, velu, noir, avec 6 taches jaunes latérales, 3 de chaque côté, et 4 postérieures ; les *pattes* jaunes avec la moitié basilaire des cuisses noires. L'*abdomen*, très peu velu, brusquement détaché du thorax

---

[1] Plusieurs autres guêpes indigènes faisant leur nid hors de terre, telles que le frelon (*Vespa crabro*), la guêpe sylvestre (*Vespa sylvestris*) et la petite guêpe française (*Vespa (Polystes) gallica*), contribuent au pillage de nos vendanges, mais dans des proportions tellement moindres que la guêpe commune, que nous nous contentons de les mentionner ici. L'abeille domestique a été aussi accusée de piller la vendange. Ses mandibules, non munies de dents comme celles des guêpes, ne peuvent couper une peau de raisin, et nous ne l'avons jamais vue butiner que sur les grains entamés.

[2] Maurice Girard ; *Traité élément. d'Entomologie*, tom. II, pag. 850. Paris, Baillière, 1879.

et ne tenant que par un pédicule très mince, quoique court, les 5 premiers segments noirs à la base, jaunes postérieurement, avec trois points noirs parfois soudés à la bande noire de la base ; les autres segments presque entièrement jaunes. L'aiguillon, dont l'extrémité abdominale est armée chez les femelles et les ouvrières[1], n'est pas barbelé comme chez les abeilles, mais la blessure qu'il fait est beaucoup plus douloureuse.

La Guêpe germanique ne diffère de cette description que par quelques détails : la taille moyenne, un peu plus grande, 1 millim. environ, le chaperon jaune sans tache noire en forme d'ancre, les points noirs de l'abdomen toujours détachés de la bande noire et les poils du corps un peu moins sombres. Le guêpier paraîtrait construit avec du papier plus solide. Nombre d'individus forment transition entre les deux soi-disant espèces.

La piqûre d'une guêpe peut occasionner dans la partie lésée, et parfois dans tout un membre, une enflure considérable accompagnée de fièvre, et cela pendant plusieurs jours. H. de Saussure cite même des cas de mort pour des guêpes introduites dans la bouche enfermées dans des fruits qu'elles avaient excavés.

II. — DÉGATS.

Au moment de la maturité des raisins, c'est-à-dire en septembre, la population d'un guêpier qui a eu pour point de départ, au printemps, une seule mère fondatrice, atteint souvent plusieurs milliers d'individus. Dans les pays septentrionaux, cette population étant moins considérable, les fruits aussi étant moins sucrés, les dégâts occasionnés par les guêpes sont beaucoup moins importants que dans les pays plus chauds. En Champagne, par exemple, ou sur les bords du Rhin, les vignerons les considèrent comme fort peu préjudiciables, et, si ce n'étaient l'arme terrible dont ces insectes sont munis et les accidents qui s'ensuivent, on ne se donnerait pas la peine de détruire les guêpiers.

Dans le midi de l'Europe, le mal fait aux vignes de raisins sucrés est au contraire fort considérable. Dans le département de l'Hérault, par exemple, les propriétaires des fameux crus de muscat de Frontignan et de Lunel ont actuellement la plus grande difficulté à reconstituer leurs vignes dé-

---

[1] L'aiguillon des *Hyménoptères* n'étant que l'oviscapte adapté à une fonction particulière, celle de la défense de l'individu ou de la colonie, les mâles en sont toujours privés. Chez la guêpe, l'aiguillon, n'étant pas barbelé, peut être retiré : c'est l'instrument de défense de l'individu et de la colonie. Chez les abeilles, l'arme restant toujours dans la blessure à cause de ses barbelures, l'insecte meurt quand il a piqué : c'est l'instrument de défense de la colonie seulement.

truites par le *Phylloxera*, et cela uniquement à cause des guêpes, qui dévorent chaque année, non pas en partie, mais en totalité toute la récolte.

Y a-t-il plus de guêpes qu'avant l'invasion phylloxérique ? Évidemment non. Mais si nous estimons à une centaine le nombre des guêpiers qui s'établissent chaque printemps sur le territoire de Frontignan, par exemple, ce qui est certainement au-dessous de la vérité ; si nous donnons à chacune de ces colonies une population atteignant en septembre 2,000 individus, nous avons le chiffre de 200,000 maraudeurs partant tous les matins, l'antenne au vent, à la recherche des grappes parfumées.

Ces 200,000 guêpes se répartissaient autrefois sur 350 hectares environ plantés en muscat. Elles y occasionnaient un dommage à coup sûr appréciable, mais laissaient bien au propriétaire les huit dixièmes de sa récolte. La reconstitution des vignes à vin rouge marche vite à Frontignan, comme partout du reste en Languedoc ; mais celle des muscats ne s'élève guère actuellement à plus de 40 hectares[1]. Les 200,000 maraudeurs, travaillant 16 heures par jour sur cette faible surface, et cela pendant plus d'un mois, ont arrêté la reconstitution. Le propriétaire ne récoltant rien avec le plant muscat, a intérêt à reconstituer ses vignes avec des cépages à vin rouge à peu près respectés par nos Hyménoptères, et qui lui donnent une récolte assurée, se vendant toujours bien. Voilà comment un crû célèbre peut disparaître, pour toujours peut-être, *par le fait des guêpes.*

III. — ENNEMIS NATURELS ET MOYENS DE DESTRUCTION.

La guêpe commune a plusieurs ennemis naturels, et quand cet Hyménoptère pillard est en petit nombre dans les vergers et les vignes au mois de septembre, c'est que l'année précédente les *Rhipiphorus paradoxus*, les *Triphon Vesparum* ou les diverses *Volucella* ont été abondantes au point de laisser fort peu de guêpes pour l'hivernage.

Les *Rhipiphorus* sont des Coléoptères bizarres, de couleur brune ou jaunâtre, longs de 12 à 15 millim., à abdomen pointu, à élytres déhiscentes et à antennes en forme de peigne ou d'éventail (ῥιπίς éventail, φορεῖν porter). La larve de ce parasite pénètre dans l'alvéole occupée par une larve de guêpe adulte, et lorsque celle-ci a filé son cocon pour se transformer en nymphe, elle l'attaque, la dévore lentement, se substitue à elle dans cette loge bien close, s'y transforme elle-même en nymphe et en insecte

---

[1] Nous tenons ces chiffres de M. le Maire de Frontignan, qui a bien voulu répondre au questionnaire que nous lui avons adressé, et qui est d'avis, comme nous, que la guêpe est le grand obstacle à la reconstitution des vignobles de muscat.

parfait. Dans des recherches opérées l'année dernière à Crest (Drôme) avec l'aide de deux naturalistes de la localité, M. le Dr Mauduit et M. A. Argod, nous avons exploré des guêpiers où plus de la moitié des loges étaient occupées par des *Rhipiphorus*.

Le *Triphon Vesparum* Ratzeburg est un Hyménoptère de la famille des Ichneumonides qui, à l'état parfait, s'introduit dans les guêpiers, pose un œuf sous la peau des larves de guêpes, et la petite larve qui en sort, après avoir laissé le légitime propriétaire filer sa coque pour la nymphose, le dévore et se file elle-même une deuxième enveloppe soyeuse au fond de la cellule. Rouget a trouvé aux environs de Dijon, dans certaines colonies de guêpes, plusieurs milliers de cellules occupées par les larves ou les cocons de cet Ichneumonide.

Les Volucelles ennemies de la guêpe commune sont au nombre de trois : *Volucella zonaria* Poda, *V. inanis* Linné, *V. pellucens* Linné. Les deux premiers de ces gros Diptères ont une livrée jaune et noire, destinée sans doute à faciliter leur entrée dans les guêpiers; mais la troisième espèce, *V. pellucens*, est brune, avec la base de l'abdomen d'un blanc transparent.

« Si l'on comprend aisément, dit M. Kunckel d'Herculais, l'historien des Volucelles, que les *V. zonaria* et *inanis* puissent, à la faveur de leur déguisement, pénétrer au milieu des habitations des guêpes, comment expliquera-t-on que la *V. pellucens*, qui n'a aucun trait de ressemblance avec ces Hyménoptères, puisse arriver jusqu'au nid et pondre sur ses enveloppes sans être massacrée ? Nous devons ici confesser notre ignorance. »

Les larves qui sortent de ces œufs pondus sur les rayons, et que nous avons observées dans presque tous les guêpiers que nous avons ouverts, sont fort curieuses. Ce sont de grosses larves grisâtres, épineuses, à peau assez épaisse pour être à l'abri de l'aiguillon des guêpes, qui, étant larves de Diptères, ne peuvent avoir de vraies pattes, mais qui se meuvent au moyen de fausses pattes avec des couronnes de crochets au bout, rappelant en un mot celles des chenilles. Elles vont d'une cellule à l'autre, dévorant les larves et les nymphes de guêpes. A l'entrée de l'hiver, elles sont adultes et s'enferment dans le sol aux premiers froids. Au printemps, elles s'y changent en pupe, apparaissent en été sous leur forme parfaite, vont butiner sur les fleurs, s'accouplent, pondent dans les nids de guêpes, et le cycle de leurs métamorphoses recommence. Ces larves, par leur grand nombre et leur appétit insatiable, anéantissent parfois presque entièrement la population d'un guêpier.

L'homme peut aussi défendre jusqu'à un certain point sa récolte. La mise en sac des raisins au moment de la véraison est un moyen fort usité dans la culture en espalier et qui est efficace contre les guêpes, mais il est impraticable en grande culture. L'entomologiste Aubé, à la fois un savant et un agriculteur distingué, se disait très satisfait pour ses chasselas d'un manchon de papier dans lequel il introduisait le raisin, et qu'il serrait vers le haut avec une ficelle ou simplement en le froissant autour du pédoncule. Les guêpes, ne voyant pas le raisin, n'ont, paraît-il, pas l'idée de passer par l'ouverture d'en bas restée ouverte. En grande culture, nous ne voyons guère de possible que la lutte directe contre l'insecte.

Maurice Girard conseille de tuer au printemps toutes les mères fondatrices que l'on aperçoit butinant sur les fleurs. Goureau préconise de mettre dans une chambre, au pied d'une croisée ouverte, des fruits confits additionnés de sirop qui attirent les guêpes en assez grand nombre, puis de fermer la croisée et de tuer les insectes contre les vitres. En renouvelant la manœuvre cinq ou six fois par jour, il est arrivé, dit-il, à en détruire plusieurs centaines dans la journée.

Nous considérons comme plus simple la recherche et la destruction des guêpiers. En observant tant soit peu les allées et venues des insectes, on finit par trouver leurs nids. Ils sont généralement situés dans les endroits herbeux, sur les talus des chemins exposés à l'Est, de préférence ombragés par une haie ; nous en avons toutefois observé dans toutes les expositions, même en plein champ, et tout le monde sait que les guêpiers bouleversés par la charrue occasionnent chaque année des accidents. Une fois l'emplacement reconnu, il sera soigneusement marqué avec les précautions voulues, c'est-à-dire le moins de bruit et de mouvement possible, de crainte d'attirer l'attention des sentinelles vigilantes gardant l'entrée du terrier ; puis l'on viendra pendant la nuit asphyxier la colonie.

Le colonel Goureau recommande la mèche soufrée. Le conseil nous paraît un peu théorique. Un insecticide liquide coulant jusqu'au fond du guêpier semble préférable. Nous nous sommes toujours servi avec succès de pétrole ou de benzine. Un tiers de litre ou un peu plus, émulsionné dans un même volume d'eau, suffit ; mais il est mieux d'employer le liquide pur. Il est bon d'être deux pour faire l'opération ; l'un tient la lanterne pendant que l'autre opère. On commence par dégager avec une petite pioche l'entrée de la galerie. Celle-ci est souvent sinueuse, parfois longue de 20 à 30 centim. et risquerait d'absorber la plus grande partie du liquide. On creuse jusqu'à ce qu'on commence à apercevoir l'enveloppe de papier; si on peut l'entamer pour faire pénétrer le liquide directement jusqu'aux gâteaux, ce sera mieux. On renverse alors vivement la bouteille sur l'orifice, qui est ainsi exactement bouché par le goulot, et le lendemain matin, en la retirant, on trouve la colonie asphyxiée.

On fera bien de choisir une nuit sombre et sans lune : les guêpes, en effet, butinent fort tard, jusqu'à neuf ou dix heures si la nuit est claire, et l'on pourrait être attaqué par les retardataires rentrant au nid pendant l'opération si l'on entreprenait celle-ci un soir de pleine lune, par exemple.

Les précautions ci-dessus indiquées étant prises, on ne court absolument aucun danger, et nous avons ainsi opéré personnellement dans diverses contrées de la France la destruction de nombreux guêpiers.

Dans certaines mairies de village, on donne des primes pour la destruction des hannetons, des éphippigères, des vipères, etc.; pourquoi n'en donnerait-on pas pour celle des guêpiers? La destruction d'une colonie de 2 à 3,000 guêpes serait-elle payée 5 francs, que les habitants de tous les villages y gagneraient, à plus forte raison ceux des régions où l'on cultive spéciale-ment les fruits sucrés, et surtout les raisins.

LA TENTHRÈDE DE LA VIGNE

(Tenthredo (Macrophya) strigosa DAHLBOM.)

Depuis longtemps déjà on parle d'Hyménoptères dont les métamorphoses s'opèrent dans l'intérieur des sarments de la vigne et qui, par ce fait, sont accusés de nuire à la plante. Chaque année, des diverses régions viticoles nous sont soumis de ces bois perforés, les uns habités par des larves, les autres par des insectes parfaits qui n'ont pas encore pris leur essor.

Parmi ces Hyménoptères, nous devons tout d'abord distinguer deux groupes qui y jouent deux rôles bien différents: 1° ceux qui ne viennent chercher dans les sarments secs qu'un abri pour leur progéniture, et ce sont les plus nombreux; 2° ceux qui déposent leurs œufs dans les sar-ments vivants et dont les larves provoqueront le dessèchement de ceux-ci.

Des premiers, nous avons déjà dit quelques mots à propos des Apates rongeurs de sarments. Nous n'en parlerons qu'en note[1], les considérant

---

[1] Les *Hyménoptères* qui habitent les sarments secs sont nombreux, mais aucun n'est spécial à la vigne. Ce sont les mêmes qui fréquentent diverses tiges creuses de petit calibre, chaumes de roseaux ou autres, les mêmes que l'on trouve dans les galeries pratiquées dans le bois par les insectes lignivores et surtout dans les tiges à moelle faciles à creuser, telles que celles de la ronce. On peut même très utilement consulter à ce sujet le beau Mémoire de Dufour et Perris sur les *Insectes de la ronce* (*Ann. Soc. ent. de Fr.*, 1840), travail fort bien complété dans le même recueil, en 1866, par le Dr Giraud. On y trouvera l'histoire et la description de

comme inoffensifs pour la vigne, mais nous en parlerons parce qu'il est utile précisément qu'on connaisse ce rôle inoffensif.

Ces insectes s'établissent en effet, soit dans les galeries abandonnées par les *Apate*, soit dans la partie morte des crossettes ou onglets qui portent le bois de l'année. On nomme ainsi les bouts de bois de deux ans qui, après la taille, se dessèchent sur une longueur d'un pouce environ au-dessus du dernier œil laissé par le sécateur, et dont nous avons déjà parlé à propos des œufs d'hiver du *Phylloxera*. Le canal médullaire de ces bouts de sarments, facilement creusé jusqu'au tissu vivant, mais pas au delà, offre un abri suffisant pour l'établissement des nids.

Des seconds ou plutôt du second, car jusqu'à présent une seule espèce a été étudiée dans les sarments vivants, nous dirons le peu que l'on sait, regrettant de ne pas avoir de documents plus complets. Le sujet est mal connu et nous attirons sur lui l'attention des viticulteurs.

Vallot (*Ins. de la Vigne*, Acad. de Dijon, 1841, pag. 280) est, croyons-

près de soixante espèces qui ne se rencontrent pas toutes évidemment sur la vigne; mais on peut dire que dans ce nombre sont compris, à peu près, tous les *Hyménoptères* que nous pourrions y trouver.

Ces insectes ne jouent pas tous le même rôle dans les sarments secs. Il y a ceux qui viennent y faire leur nid et ceux qui vivent aux dépens de ceux-ci, les *Nidifiants* et les *Parasites*, pour nous servir des termes consacrés.

Parmi les *Nidifiants*, on trouve des *Hyménoptères* de trois familles différentes : des *Apiaires* ou *Mellifères*, des *Vespides* et des *Fouisseurs*.

Les *Apiaires* garnissent la galerie creusée dans le canal médullaire de nombreuses petites loges disposées en chapelet et séparées par une mince cloison. Dans chacune de ces chambrettes est placée une petite provision de miel, sur laquelle un œuf est pondu, et qui servira de nourriture à la petite larve. Ces abeilles appartiennent principalement aux genres *Osmia, Ceratina, Heriades* et *Prosopis*. Il serait inutile d'entrer dans le détail de toutes les espèces observées dans ces sarments secs ; qu'il nous suffise de dire que les plus fréquemment rencontrées par nous sont : *Osmia leucomela* Kirby, *Ceratina cærulea* Linné et *C. Albilabris* Jurine.

Les *Vespides* appartiennent au genre *Odynerus,* guêpes solitaires qui approvisionnent leur nid de petites chenilles.

Les *Fouisseurs* les plus fréquents sont : le *Trypoxylon figulus* Linné, qui garnit de petites araignées son nid cloisonné comme celui des Apiaires, et le *Cemonus unicolor*, qui alimente le sien avec des Pucerons.

Puis viennent les Parasites de ces diverses espèces : les *Chrysis* et les *Fœnus*, qui vivent aux dépens des *Trypoxylon*, l'*Ephialtes divinator* qui décime les *Cemonus*, et encore bien d'autres espèces d'*Ichneumonides*. Nous avons raconté (*Messager agricole du Midi*, 1887) comment l'*Ephialtes* s'y prend pour atteindre sa victime enfermée dans une loge close de toute part. A travers le bois tendre du

nous, le premier qui ait parlé d'une tenthrède ou mouche à scie observée pondant ses œufs dans les sarments verts. Il l'a nommée *Tenthredo (Hylotoma) vitis*, mais le naturaliste bourguignon n'a malheureusement pas décrit l'insecte. Il paraît le ranger, d'intuition, à côté de la Tenthrède du rosier (*Hylotoma rosarum* Linné), à cause de l'analogie des pontes ; mais il s'empresse d'ajouter que de nouvelles observations sont nécessaires.

Qu'était-ce que la Tenthrède de la vigne observée par Vallot ? On ne l'a jamais su !

Il faut arriver à 1879 pour trouver (*Bull. de la Soc. ent. de Fr.*, pag. 108) une communication de M. le Dr Laboulbène, faite en son nom et en celui de M. Ch. Robin, sur une espèce bien définie, la *Tenthredo (Macrophya) strigosa*, attaquant positivement la vigne.

« En 1878, dit M. Laboulbène, M. Vignat, propriétaire à Craz, près Bellegarde (Ain), ayant remarqué dans une vigne de 1,200 ceps environ un état de souffrance considérable, procéda soigneusement à la taille de 1879. Là, il découvrit dans presque chaque sarment une larve ou fausse-chenille de tenthrède, longue de 1 centim.,'qui descendait, en se creusant une galerie dans la moelle, jusqu'aux yeux ou bourgeons et causait de la sorte d'importants dégâts. L'insecte observé par M. Vignat passe l'hiver

sarment, l'insecte, au moyen de son oviscapte conformé en stylet, pond un œuf sur chaque larve du *Cemomus;* de cet œuf sort une larve carnassière, et l'habitant de la loge qui a mangé les Pucerons est dévoré à son tour.

On voit quelle extension il faudrait donner à cette note si l'on voulait parler de tous les insectes que peut renfermer un bout de sarment sec. Il suffit d'avoir indiqué les plus répandus.

Nous ne pouvons parler des *Hyménoptères* inoffensifs, qui ont trop occupé la presse viticole, sans citer la *Guêpe du Jacquez.* C'est ainsi que deux Notes au *Messager agricole du Midi* (10 avril et 10 mai 1882) appellent une innocente abeille tapissière. Ces Notes, reproduites et commentées par vingt journaux, ont fait crier de suite à une nouvelle et dangereuse importation américaine. L'insecte, en somme, était coupable d'avoir, çà et là, aux environs de Nimes et de Toulon, « tondu la *longueur* de sa langue » sur des feuilles de Jacquez et d'en avoir tapissé son nid.

Soumise à Lichtenstein, l'espèce, parfaitement indigène, a été rapportée par lui à la *Megachile sericans* Boyer de Fonscolombe, abeille tapissière, par conséquent coupeuse de morceaux de feuilles, qui a de tout temps fait sur la vigne ce que fait sur le rosier la *Megachile centuncularis* Linné, dont Réaumur a si bien raconté l'histoire.

J.-É. Planchon, réduisant les choses à leur juste valeur (Journal *la Vigne américaine*, septembre 1882), a heureusement fait cesser ces flots de prose, plus nuisibles à coup sûr que l'insecte incriminé.

dans le sarment et sort courant avril à l'état parfait. Ce dernier, envoyé à M. Ch. Robin, a pu être déterminé et rapporté à la *Tenthredo* (*Macrophya*) *strigosa* Dahlbom. Cette larve dévastatrice a depuis lors été constatée dans les vignes des arrondissements de Nantua et de Belley. »

La Note du savant Professeur de la Faculté de Médecine de Paris ne donne pas d'autres détails importants. Nous ajouterons que M. Ravaz, répétiteur de viticulture à l'École nationale d'Agriculture de Montpellier, a reçu l'année dernière de Crémieux (Isère), c'est-à-dire d'une région avoisinant les vignobles de l'Ain, des sarments de vigne frais renfermant, au-dessous de piqûres très apparentes sur l'écorce, des œufs et des larves de tenthrèdes. La prompte dessiccation de ces sarments à nous remis, ne nous a pas permis d'élever ces larves, mais elles peuvent vraisemblablement être rapportées à notre tenthrède.

Avant d'entrer dans le détail des caractères spécifiques, nous donnerons les caractères généraux de la famille des Tenthrédides, à laquelle notre insecte appartient.

Les Tenthrèdes ou Mouches à scie, comme on les appelle bien souvent, sont caractérisées par une tête large, transversale, des antennes non coudées, épaissies à l'extrémité, un abdomen non pédiculé, formé de huit anneaux et, chez la femelle, pourvu d'une tarière à la face ventrale. Cette tarière ou oviscape, enfermée dans un fourreau à deux valves, consiste en trois pièces, une dorsale appelée gorgeret et deux ventrales dentelées en scie, et qui ont valu à ces insectes le nom de Mouches à scie donné par Réaumur. Les larves, pourvues de neuf à onze paires de pieds, ressemblent à des chenilles. La plupart vivent de feuilles comme les vraies chenilles ; certaines, et c'est le cas de notre espèce, rongent l'intérieur des tiges. La nymphose se fait dans un cocon de soie solide, fermé des deux bouts.

Le genre *Macrophya* comprend les tenthrèdes dont les hanches postérieures s'étendent presque jusqu'au bord postérieur du troisième segment abdominal, ce qui fait que l'extrémité des cuisses postérieures atteint la pointe abdominale.

La *M. strigosa* répond à la description suivante : *Corps*, long de 12 à 13 millim., noir, sauf les troisième et quatrième segments de l'*abdomen* qui sont rougeâtres, les *fémurs* et la moitié des *tibias* postérieurs également rougeâtres ; *pattes* antérieures et moyennes en grande partie jaunâtres ; *bouche*, partie supérieure du *pronotum* et *écusson* blanchâtres ; des taches de même couleur aux derniers segments de l'abdomen.

ADDENDA

Au moment où nous livrions à l'imprsesion les pages 281 à 301, consacrées aux Orthoptères, nous avions déjà quelques Notes concernant de petites espèces polyphages appartenant à cet ordre, se trouvant çà et là sur les feuilles de la vigne, mais ne nous paraissant pas causer de dommages appréciables. Nous nous proposions donc de les passer sous silence; mais certaines observations précises faites pendant l'été de 1889, certains renseignements aussi venus de l'étranger, nous ont montré que, pour être complet, nous devions parler de ces minuscules ennemis.

L'un, le *Smynthurus luteus* Lublock, appartient à la petite famille des Podurides; les autres, les *Thrips hæmorrhoïdalis* Bouché et *T. Syriacus* Nob., à la famille des Thripsides.

Par suite de leur degré d'infériorité anatomique, la place des Podurides et des Thripsides dans la classification est au commencement de l'ordre des Orthoptères, et c'est là qu'ils seront placés s'il nous est donné de publier une seconde édition de ce livre.

FAMILLE DES PODURIDES.

LE SMYNTHURE JAUNATRE

(Smynthurus luteus LUBBOCK.)

Les Podurides, dont les Smynthurides forment une sous-famille, font partie du sous-ordre des Thysanoures (θύσανος frange, οὐρά queue), c'est-à-dire des Orthoptères aptères ayant le corps velu ou couvert d'écailles et terminé par de longs filets abdominaux qui, parfois repliés en dessous, peuvent servir d'appareil de saut.

Le *Smynthurus luteus* a déjà fait parler de lui comme se trouvant çà et là sur les feuiiles de la vigne. Lichtenstein a en effet décrit, d'une façon très superficielle il est vrai (*la Vigne américaine,* vol. VII, pag. 252), sous le nom de *Smynthurus vitis,* un petit Poduride qui a été avec juste raison, croyons-nous, ramené à notre espèce par M. le Dʳ Tömasvary, de Budapesth (*Rovartany Lapok*, 7 juillet 1884).

C'est un petit insecte sauteur, s'écrasant facilement et répondant à la description suivante :

Longueur 5 à 7 dixièmes de millim. *Corps* aptère, trapu, globuleux, à segmentation peu distincte, de couleur hyaline ou jaune verdâtre pâle, revêtu de poils espacés, courts et spiniformes. *Tête* volumineuse, élargie latéralement en forme de carré long transverse, munie de deux *antennes* coudées atteignant les deux tiers de la longueur du corps, composées de quatre articles dont les trois premiers, formant le funicule, sont lisses, et le dernier, le plus long, souvent replié, est comme multiarticulé ou formé d'une série de petites sphères. Les organes de la vision sont représentés par deux groupes de 5 *ocelles* noires placés un peu en arrière à la base des antennes. Le *thorax*, fortement étranglé, offre les trois segments courts, à peine distincts, et les pieds longs. L'*abdomen*, globuleux, très développé, formant plus des deux tiers de la longueur du corps, porte, repliés en dessous, les deux filets chitineux servant d'appareil pour le saut, qui caractérisent la sous-famille.

Il est probable que cette petite espèce n'est pas la seule du genre qui fréquente la vigne. Nous trouvons en effet (*Bull. Soc. ent. de Fr.*, 1878, pag. 135) une Note de M. Mégnin sur le *Smynthurus lupilinæ* Bourlet, qui abonde certaines années sur la vigne aux environs de Bar-le-Duc (Meuse).

Le dommage causé par ces petits insectes, généralement mangeurs de détritus, sont à peu près nuls. Il était toutefois intéressant de les signaler, les viticulteurs, d'après les Notes de MM. Lichtenstein et Mégnin, les ayant à plusieurs reprises confondus avec le Phylloxera.

FAMILLE DES THRIPSIDES[1].

Avant de parler des Thripsides signalés sur la vigne, il est nécessaire de donner quelques renseignements généraux sur ce groupe d'insectes

[1] BIBLIOGRAPHIE. — **Schranck** ; *Beschreibung aus Blasenfusses* (*Thrips*), 1776 (in Beiträge, 31. Tab. I, fig. 25 et 26). — **Fabricius** ; *Entomologia systematica*, 1794, tom. IV, pag. 229. — **Bouché** ; *Naturgeschichte der Insecten besonders* (in Hinsicht ihrer ersten Zustände als Larven und Puppen, 1834). — **Haliday** ; *An Epitome of the British genera in the order Thysanoptera*, etc. (The entomologist Magazine, 1836, tom. III, pag. 439).— **E. Heeger** ; *Beiträge zur Naturgeschichte der Physopoden* (Wien. Sitzungsberichte, vol. IX, 1852).— **Maurice Girard** ; *Traité élémentaire d'Entomologie*, vol. III, pag. 1072. Paris, Baillière et fils, 1885.— **Géhin** ; *Les Insectes du poirier*, pag. 37. Metz, J. Verronnais, 1857.

minuscules dont il a été dit quelques mots (pag. 96) à propos du *Phylloxera*
et qui embarrasse encore les classificateurs.

Geoffroy (1762), ayant remarqué chez eux des mandibules et des mâchoires, les avait, de prime abord, rangés dans les Orthoptères. Latreille
(1829), se basant sur certains caractères extérieurs, surtout sur leur forme
aplatie, les réunissait aux Hémiptères. Avec M. Burmeister et la plupart
des classificateurs modernes revenus aux idées de Geoffroy, nous les
considérons comme des Orthoptères dégradés.

Le corps, très petit, long de 1 à 2 millim. et souvent moins, est allongé,
presque linéaire, et malgré cela aplati ; les quatre ailes, presque égales, sont
frangées de longs poils : de là, le nom de *Thysanoptères* (θύσανος frange)
donné par Haliday à l'ordre spécial qu'il a créé pour ces petits animaux
(*The Entomologist Magazine*, tom. III, pag. 439). Le naturaliste anglais
a reconnu chez eux des pièces buccales d'un type spécial, tenant le milieu
entre celles des Hémiptères et celles des Orthoptères. La *tête* parait cylindrique, la bouche étant prolongée en forme de trompe ; les *mandibules*,
dilatées à la base, se terminent en pointe aiguë ; les *mâchoires*, aplaties,
soudées avec le menton, sont allongées et portent des palpes à deux ou
trois articles. Sur le vertex sont les *antennes*, composées de 5 à 9 articles.
Au lieu de griffes, les tarses biarticulés portent à leur extrémité des disques
vésiculeux formant ventouses. Les *Thrips* sont classés d'après les nervures
des ailes. Chez les *Heliothrips*, les seuls du groupe dont nous ayons à
parler, les ailes n'offrent qu'une seule nervure longitudinale. Les pattes
sont très développées, la marche est rapide, le vol prompt, et bien souvent
l'insecte échappe à la pointe humide du petit pinceau dont il faut se servir
pour s'en emparer. L'abdomen, de 9 segments, est très mobile ; tantôt
relevé en dessus, comme chez les staphylins ; tantôt replié en dessous,
comme chez l'écrevisse, il permet à l'insecte d'exécuter des sauts.

Peu d'auteurs ont écrit sur les *Thrips*, on le voit par la Note bibliographique ; mais tous ceux qui les ont observés d'une façon suivie, disent que
ces insectes vivent de végétaux. En parlant des ennemis naturels du *Phylloxera*, nous avons cependant cité, d'après M. Riley, le *Thrips Phylloxeræ*,
qui, faisant exception à la règle, se nourrirait de phylloxeras. Lichtenstein,
de son côté, ayant trouvé des *Thrips* dans des galles phylloxériques vides,
semble en conclure [1] qu'ils en avaient mangé les habitants.

L'autorité attachée à ces deux noms a accrédité dans le monde agricole
que le *Phylloxera gallicole* payait un certain tribu aux *Thrips*. Pour
nous, rien n'est moins prouvé. Tous les Thripsides observés par Fabricius,

---

[1] J. Lichtenstein ; *Comptes rend. Acad. des Sc.*, 2ᵉ semestre 1880, pag. 1045.

29

Bouché, Haliday, Heeger, Maurice Girard, Géhin, Targioni et nous-même, par tous les horticulteurs également, se nourrissent de la cuticule tendre des feuilles, des fleurs ou des fruits.

Quelque confiance donc que nous ayons dans les observations de M. Riley, nous pensons que celle-ci, déjà ancienne du reste, aurait besoin d'être confirmée, et nous ne sommes pas seul de cet avis. Dans l'opuscule du Dr Haller : *Des ennemis naturels du Phylloxera*, nous lisons en effet cette phrase : « D'après Taschenberg, les *Thrips* doivent se nourrir uniquement des sucs des plantes ».

Nous n'en décrirons que deux espèces, les deux seules un peu nuisibles à la vigne : le *Thrips hæmorrhoidalis* Bouché et le *T. syriacus*, espèce nouvelle, croyons-nous, reçue de Jaffa et à nous signalée comme exerçant quelques dégâts aux environs de cette ville, par suite de sa grande multiplication.

A Montpellier, outre le Thrips hémorrhoïdal, la vigne nous a donné en petite quantité une espèce que nous ne pouvons déterminer sûrement et dont nous proposons de faire l'étude. Elle est jaune avec les élytres pâles et pourrait bien être le Thrips de l'ortie (*Thrips urticæ* Schrank), signalé sur la vigne par Fabricius dès 1794. « *Thrips urticæ*, dit-il (*Entomologia syst.*, tom. IV, pag. 229), *Thrips flava, elytris albidis* ». Et l'auteur danois ajoute : « *Habitat in pagina inferiori foliorum urticæ, vitis, coryli aliorumque, solitaria*, il vit isolément sur la face inférieure des feuilles de l'ortie, de la vigne, du noisetier et d'autres plantes ». La diagnose n'est pas suffisante pour que nous puissions déterminer notre insecte. Dunal (1832) et Vallot (1841), d'après Fabricius et Gmelin, ont également cité le *Thrips urticæ* sur la vigne.

LE THRIPS HÉMORRHOIDAL.

(*Thrips* (*Heliothrips*) *hæmorrhoidalis* BOUCHÉ.)

On reconnaîtra cet insecte à la description suivante : Longueur 1^{mm},25 environ, largeur 0^{mm},25 à 0^{mm},30. *Corps* d'un brun noir, avec l'extrémité de l'abdomen d'un rouge ferrugineux, entièrement couvert de lignes réticulées en saillie dont les mailles forment de petits hexagones réguliers sur la *tête*, le *thorax* et les *pattes*, et qui, plus allongées sur l'abdomen, sont disposées en rangées longitudinales régulières. Les *pattes* et les *antennes* sont d'un blanc livide, celles-ci composées de 8 articles, dont le dernier est très effilé. Les ailes, presque transparentes, portent une seule nervure longitudinale, ce qui fait ranger l'insecte dans le genre *Heliothrips*.

La larve, d'un jaune livide pâle, est toujours plus abondante que l'insecte parfait.

Cette espèce est commune sur un grand nombre de végétaux, diverses Malvacées, les poiriers, les pommiers, l'oranger et la vigne, principalement en espalier. Dans les serres, il constitue parfois un des fléaux les plus redoutés des horticulteurs, surtout pour les Orchidées, et c'est ce qui a fait dire par certains auteurs que l'espèce était d'origine exotique. En plein air, en Europe, l'insecte, bien qu'assez répandu géographiquement, paraît ne pas se trouver dans toutes les localités. Nous l'avons observé pour la première fois à Montpellier en juillet 1889. Peut-être aussi les recherches faites les années précédentes n'avaient-elles pas été assez minutieuses. Le minuscule insecte, large d'un quart de millimètre, échappe facilement à la vue. Il nous a paru du reste n'avoir causé aucun dommage appréciable. En Italie, nous écrit M. Targioni, l'espèce abonde certaines années, du Nord au Sud, sur l'oranger et surtout la vigne. En 1887, dans les vignobles des environs de Palerme, il s'était multiplié d'une façon extraordinaire, sans cependant occasionner de très sérieux dégâts.

Nous n'en dirons pas autant de la vigne cultivée sous verre. Dans une serre à raisins chasselas visitée par nous, au mois d'août, aux environs du Mans (Sarthe), presque toutes les feuilles avaient la cuticule plus ou moins rongée par des myriades de ces petits parasites. Beaucoup de ces feuilles étaient entièrement desséchées, au grand détriment de la récolte.

LE THRIPS DE SYRIE.

(*Thrips* (*Heliothrips*) *Syriacus* MAYET.)

Insecte devant être, comme le *Thrips hæmorrhoidalis*, rangé dans le sous-genre *Heliothrips*, à cause de ses ailes à une seule nervure longitudinale.

Comparé à la même espèce, le *corps*, de même longueur, mais relativement plus large, $0^{mm},30$ environ, est entièrement d'un brun noir recouvert également de lignes réticulées en saillie, mais plus difficiles à voir à cause de la teinte foncée. Ces lignes réticulées ne se voient pas sur les pattes, même chez les individus traités à la potasse caustique; elles sont au contraire très visibles sur tout le corps du *T. hæmorrhoidalis*. La *tête*, plus petite, surtout plus courte, est en forme de carré long transversal, le bord antérieur muni de deux échancrures entre lesquelles est une pointe médiane bifide ; mais la pointe est plus obtuse que chez l'autre espèce et les échancrures latérales sont plus accentuées. Les *antennes*, également de 8 articles, sont plus épaisses. Le *prothorax*, petit et court, à côtés non parallèles, dilaté dans sa partie postérieure qui est fortement engagée dans le *mésothorax* ; celui-ci, très développé en large, surtout en arrière, également à côtés non parallèles, recevant le prothorax dans son échancrure du bord antérieur. Le *métathorax*, très court, est aussi développé en large, moins cependant que le segment précédent.

Déjà fort différente, comme on le voit, du Thrips hémorrhoïdal par sa forme parfaite, notre espèce s'en éloigne encore plus par ses états de larve et de nymphe.

Comme chez plusieurs autres espèces de Thripsides, le *Thrips decora* du blé par exemple, la larve et la nymphe sont de couleur vermillon, y compris les moignons d'ailes de cette dernière, ce qui décèle de suite la présence de l'insecte. Les premiers états sont de plus remarquables par deux caractères : 1° le corps est garni de quelques poils capités, c'est-à-dire terminés par un bouton arrondi, hyalin, d'aspect glandulaire ; 2° le dernier segment, de forme tubuleuse, est élargi à l'extrémité et garni d'un verticille de longs poils entourant l'ouverture anale.

Nous avons reçu cet insecte de M. Niego, de Jaffa, et nous ne pouvons mieux faire que de citer en partie ce qu'il nous dit à son sujet. « Il vit, dit-il, en groupes sur les deux faces des feuilles et aussi sur le sarment, on ne le rencontre pas sur le raisin. La maturité du fruit était déjà commencée quand il a fait son apparition. En quelques jours, plusieurs rangs de souches ont été envahis et toutes les feuilles des vignes atteintes se sont desséchées. »

Cette invasion subite au moment de la véraison tendrait à prouver que cette espèce se trouve, comme la précédente, sur divers végétaux [1].

---

[1] Au moment où nous mettons sous presse, nous observons sur des feuilles de vigne venant du Rochet, près Montpellier, domaine appartenant à Mme Saintpierre, deux nouvelles espèces de *Thrips*. L'une est entièrement noire, l'autre couleur de paille, presque blanche, avec trois taches brunes sur chaque élytre. Il est probable qu'une observation attentive dans les divers vignobles amènerait la découverte de

MOYENS DE DESTRUCTION.

En plein air, nous ne considérons pas ces insectes comme assez nuisibles pour que l'on puisse songer à employer contre eux des moyens souvent peu efficaces, tels que les pulvérisations.

Il en n'est pas de même pour la culture de la vigne sous verre, culture qui tend à prendre une extension considérable dans le nord de la France, en Angleterre, en Allemagne et surtout en Belgique.

Les pulvérisations au pétrole (2 %, dans un hectolitre d'eau) ou à l'infusion de tabac devront être employées en cas d'attaque sérieuse ; mais, devant une faible invasion, on pourra se contenter de la poudre de pyrèthre, un des meilleurs insecticides, trop peu employé en horticulture. Une fois les insectes disparus, un bassinage énergique, sans aucun inconvénient pour les raisins, débarrassera les feuilles de toute la matière pulvérulente.

beaucoup d'autres *Thripsides*. L'étude de ces microscopiques rongeurs d'épiderme, en somme rarement nuisibles, a un intérêt plutôt scientifique que pratique.

Nous venons d'observer également (septembre), dans le même domaine du Rochet, des Acariens, qui, s'étant multipliés d'une façon extraordinaire, ont provoqué dans une des vignes le dessèchement de près de la moitié des feuilles. Examinés au microscope, ces Acariens blancs, transparents, longs d'un tiers de millim. environ, ne peuvent être rapportés qu'au groupe des Tétranyques. Quelles sont leurs affinités avec le *Phyloptus vitis*? C'est ce qu'une étude postérieure nous dira. Citons enfin, pour compléter nos *Addenda*, le Puceron vrai de la vigne (*Aphis vitis*), observé abondamment par nous en juillet sous des feuilles d'Aramon, dans le domaine de l'École d'Agriculture de Montpellier.

FIN.

ERRATA

Page 96, ligne 19, *au lieu de* Blankenkorni,   *lire* Blankenhorni.
— 141 — 33 — soient — fussent.
— 155 — 22 — in — en.
— 170 — 32 — d'environ — environ,
— 176 — 21 — *trydecim* — *tredecim.*
— 189 — 31 — *Zicroma* — *Zicrona.*
— 194 — 35 — *d'elluva* — dell'uva.
— 200 — 5 — *vitina* — *vitana.*
— 203 — 4 — *amurcam condito* — *amurca condita.*
— 250 — 9 — la — le.
— 250 — 12 — décrite — décrit.
— 250 — 16 — la — le.
— 267 — 12 — Zigæna — *Zygœna.*
— 287 — 20 — Éphippiger — Éphippigère.
— 289 — 2 — Linné — Marquet.
— 325, lignes 1 et 34, *au lieu de* Lamotte — Lamothe.
— 337, ligne 4, *au lieu de Stenocherus* — *Stenochorus.*
— 355 — 25 — coupeur — piqueur.
— 401 — 19 — bibliographique — synonymique.
— 448 — 21 — *lupilinæ* — *lupulinæ.*

TABLE MÉTHODIQUE DES MATIÈRES

CHAPITRE V.

CHAPITRE VI.

CHAPITRE VII.

CHAPITRE VIII.

CHAPITRE IX.

CHAPITRE X.

CHAPITRE XI.

CHAPITRE XII.

CHAPITRE XIII.

CHAPITRE XIV.

CHAPITRE XV.

CHAPITRE XXIV.

ADDENDA.

FIN DE LA TABLE MÉTHODIQUE.

TABLE ALPHABÉTIQUE DES MATIÈRES

FIN DE LA TABLE ALPHABÉTIQUE.

RAFFINERIE DE SOUFRE

DU MÉDOC

Th. SKAWINSKI, ADDE & CAUSSADE

LESPARRE (MÉDOC)

Spécialités de Soufres composés pour combattre l'Oïdium
le Mildiou, l'Anthracnose et la Coulure

SOUFRES & POUDRES SKAWINSKI

MARQUE DÉPOSÉE

ENGRAIS CHIMIQUES

Sulfate de Fer, Sulfate de Cuivre, etc , etc.

ADRESSE TÉLÉGRAPHIQUE :

Société Médocaine. — LESPARRE (Médoc).

BROUHOT & Cie

INGÉNIEURS-MÉCANICIENS

A VIERZON (Cher)

Exposition Universelle, Paris 1878 : **2 Médailles d'Or et 1 d'Argent.**
Grande Exposition Internationale, Toulouse 1887 : **Diplôme d'Honneur.**
Exposition Universelle, Barcelone 1888 : **Médaille d'Or.**

*Pompes en tous genres, pour tous débits et toutes hauteurs,
pour submersions, arrosages
et traitement des vignes au Sulfure de Carbone dissous dans l'eau*

Pompe centrifuge.

Concours spécial de
Machines élévatoires
d'Avignon.

**Grande Médaille d'Or
et Médaille d'Argent
grand module
de la Société des
Agriculteurs de France
pour Locomobiles
et Pompes centrifuges**

Pompe à pistons.

Pompe à action directe.

Machines à vapeur
fixes, demi-fixes
et locomobiles.

Chaudières à flamme
directe ou à
retour de flamme.

Locomobile à retour de flamme.

Envoi franco, sur demande, du Catalogue
et de tous Devis et Renseignements.

CATALOGUE

DES OUVRAGES

SUR LES

VIGNES AMÉRICAINES

LE PHYLLOXERA ET LE VIN

MONTPELLIER

CAMILLE COULET, LIBRAIRE-ÉDITEUR

LIBRAIRE DE LA BIBLIOTHÈQUE UNIVERSITAIRE
ET DE L'ÉCOLE NATIONALE D'AGRICULTURE DE MONTPELLIER

5, GRAND'RUE, 5

—

1889

CATALOGUE

DES

OUVRAGES SUR LES VIGNES AMÉRICAINES

LE PHYLLOXERA ET LE VIN

EN VENTE

Chez Camille COULET, Libraire-Éditeur

Agenda viticole pour 1889, élégante brochure de 316 pages, format et reliure portefeuille, comprenant 165 pages de tableaux et renseignements pratiques à l'usage des viticulteurs. Prix 2 fr. 50. Franco . . . . 2 fr. 75

Allien (Justin). Les plants américains à Saint-Georges ; par Justin ALLIEN. Montpellier, 1882, in-8 de 36 pages ; prix 50 c. Franco. . . . . 65 c.

Ambroy (T.). La submersion des vignes par T. AMBROY, Président de la Société des Viticulteurs submersionnistes, deuxième édition. Montpellier, 1883. 1 vol. in-12 ; prix 1 fr. 50. Franco. . . . . 1 fr. 65

Annales de l'École nationale d'Agriculture de Montpellier ; première année, 1884-85, avec 6 fig. dans le texte, 8 planches lithographiées et 26 tableaux météorologiques, hors texte. 1 vol. grand in-8° broch. 7 fr. Franco. . . . . 8 fr.

Annales de l'École nationale d'Agriculture de Montpellier. t. II, deuxième année, 1886. Montpellier, 1886. 1 vol. gr. in-8 avec 34 pl., dont 8 en chromo-lithographie ; prix 7 fr. Franco. . . . . 8 fr. 25

Annales de l'École nationale d'Agriculture de Montpellier. t. III, troisième année, 1887. Montpellier, 1888. 1 vol. gr. in-8, avec 14 planches, dont 8 en chromo et 24 tableaux météorologiques ; prix 7 fr. Franco. . . . . . 8 fr. 20

Audibert (J.-F.). L'art de faire le vin avec les raisins secs : par J.-F. AUDIBERT, 12e édition complétement revue, corrigée et augmentée. Marseille, 1886. 1 vol. in-8 ; prix 3 fr. 50. Franco. . . . . 4 fr.

Bastide (Et.). Les Vins sophistiqués, procédés simples pour reconnaître les sophistications les plus usuelles, coloration artificielle, plâtrage, salicylage, vinage, mouillage, etc. ; par Et. BASTIDE, pharmacien de 1re classe de l'École de Paris. 1 vol. in-16, de 150 pages, avec figures : prix 2 fr. Franco. . . . . 2 fr. 25

Batilliat (P.). Traité pratique des vins de la France ; par P. BATILLIAT. Paris, 1846. 1 vol. in-8 broché ; prix 7 fr. 50 Franco. . . . .
(Quelques exemplaires seulement.)

Baltet. L'art de greffer les arbres, arbrisseaux et arbustes fruitiers, forestiers, etc., par M. Ch. BALTET, horticulteur à Troyes. 4e édition entièrement revue et augmentée, comprenant notamment la restauration des arbres et le rétablissement de la vigne par la greffe. Paris, 1888, 1 vol. in-12, avec 175 figures ; prix 4 fr. Franco. . . . . . 4 fr. 50

— Traité de la culture fruitière, commerciale et bourgeoise, par M. Ch. BALTET, horticulteur à Troyes. Paris, 1884. 1 volume in-18, avec 350 figures ; prix 6 fr. Franco. . . . . 6 fr. 60

Bedel (A.). Traité complet de manipulation des vins, par A. BEDEL, rédacteur en chef du journal, la Vigne et du Moniteur Vinicole. Paris, 1887 ; prix 3 fr. 50, Franco 4 fr.

Berniard (L.). L'Algérie et ses vins, par L. BERNIARD (première partie : Oran). Paris, 1888. 1 vol. in-12; prix 3 fr. Franco. . . . . 3 fr. 25

Boireau (Raimond). Culture de la Vigne, traitement pratique des Vins, Vinification, distillation ; troisième édition, par Raimond BOIREAU. Bordeaux, 1884-1887. 2 vol. in-8 avec figures ; prix 10 fr. Franco. . . . . 11 fr. 25

Bonnard (E.). Séances du Congrès viticole international ouvert à Montpellier le 26 octobre 1874, sous la présidence de M. DROUYN DE LHUYS, Président de la Société des Agriculteurs de France. Montpellier, 1874, in-8 de 14 pages ; prix 1 fr. 50. Franco. . . . . 1 fr. 75

Boucau (Yves). Culture de la Vigne dans les sables des Landes, par Yves BOUCAU, 1888. 1 vol. in-8 ; prix 3 fr. 50. Franco. . . . . 4 fr.

Bouffard (A.). Les nouveaux procédés de vinification, plâtrage, phosphatage, tartrage, sels ammoniacaux, etc., par M. A. BOUFFARD, professeur de technologie à l'École nationale d'Agriculture de Montpellier, 1888, in-8 ; prix 1 fr. Franco. . . . . 1 fr. 10

— Nouvelle étude sur la vinification du Jacquez, par M. A. BOUFFARD, professeur d'œnologie à l'École nationale d'Agriculture de Montpellier ; 1887, in-8 ; prix 0 fr. 50. Franco. . . . . 0 fr. 60

Bourdel (A.). Du plâtrage des vins. Expériences cliniques sur l'homme soumis à l'usage du vin plâtré ; par le Dr A. BOURDEL, professeur-agrégé. Quatrième édition, Montpellier, 1888, in-8 avec deux planches ; prix 1 fr. Franco poste . . . . 1 fr. 15

Bourgade (G.). Vignes américaines et climatologie comparée de la France méridionale et des États-Unis d'Amérique ; par G. BOURGADE. Deuxième édition, revue et augmentée. Montpellier, 1884 ; gr. in-8 ; prix 2 fr. Franco poste . . . . 2 fr. 15

— Nouvelle étude sur les vignes américaines. Rapport lu

au Comice agricole de Béziers, le 5 janvier 1887, par G. Bourgade, propriétaire-viticulteur. Montpellier 1887, in-8 ; prix 0 fr. 75 c. Franco poste. . . . . 0 fr. 85 c.

Bouschet (M.-H.). Les raisins du Verger, ou choix des meilleurs et des plus beaux raisins de table pour le verger dans le midi de la France ; par H. Bouschet, membre de la Société d'Agriculture de l'Hérault. Montpellier, 1869 ; in-8 de 35 pages ; prix 1 fr. Franco poste. . . 1 fr. 25

— Moyens de transformer promptement par les vignes américaines les vignobles menacés par le Phylloxera ; par H. Bouschet. Montpellier, 1874, in-8 ; prix 50 c. Franco poste . . . . 0 fr. 60 c.

Broche (G.). Petit traité d'agriculture, indiquant un procédé de plantation préservant les vignes du Phylloxera et les moyens de combattre cette maladie, par Gaston Broche. Nîmes 1886 ; in-12 ; prix 0 fr. 50. Franco poste . 0 fr. 60

Bush et fils et **Meissner**. Catalogue illustré et descriptif des vignes américaines, par MM. Bush et fils et Meissner. Deuxième édition française, avec 149 figures intercalées dans le texte, 3 planches en chromo-lithographie ; traduite sur la troisième édition anglaise par Louis Bazille, Vice-Président de la Société d'Horticulture et d'Histoire naturelle de l'Hérault, revue et annotée par J.-E. Planchon, professeur à la Faculté de médecine de Montpellier, correspondant de l'Institut, membre de la Société centrale d'Agriculture et de la Société d'Horticulture et d'Histoire naturelle de l'Hérault. Montpellier, 1885, 1 vol. gr. in-8 jésus de 234 pages ; prix 8 fr. Franco poste . . 8 fr. 75

Caille (L.). Guide pratique du vigneron pour la reconstitution des vignobles de l'Est et du Centre de la France, à l'aide de la vigne américaine, par Louis Caille, professeur d'Agriculture et de Viticulture à l'École de Recoulettes. Chambéry, 1888. 1 vol. in-12 avec figures dans le texte ; prix 2 fr. Franco poste. . . . . 2 fr. 25

Cambassédès (Dr). Les Usines de déchets de soie au

point de vue industriel, hygiénique et social ; par le
Dr CAMBASSÉDÈS. Montpellier, 1889. 1 vol. in-12 avec deux
planches lithogr. Prix 2 fr. 50. Franco poste . . 2 fr. 75

Cauvy (B.). Considérations sur l'état actuel de la maladie
de la vigne dans le département de l'Hérault et sur les
moyens de la combattre efficacement et de reconstituer
nos vignobles. Montpellier, 1876. in-8 ; prix 1 fr. Franco
poste . . . . 1 fr. 20

Cazalis-Allut. Observations sur le plâtrage des vins et
le sel marin pouvant remplacer le plâtre avec avantage ;
quelques mots sur la plantation des cépages précoces ;
par CAZALIS-ALLUT. Montpellier, 1858, in-8 ; prix. . 50 c.

— Œuvres agricoles, recueillies et publiées par son fils, le
Dr Frédéric CAZALIS, directeur du *Messager agricole du
Midi*, et précédées d'une notice biographique sur l'auteur,
par Henri MARÈS, avec un beau portrait de l'auteur, 1 vol.
in-8 ; prix 6 fr. Franco poste. . . . . 6 fr. 70

— De l'altise de la vigne, moyen le plus économique et le
plus efficace de conserver la récolte des vignes attaquées
par cet insecte ; par CAZALIS-ALLUT, membre de la Société
d'Agriculture du département de l'Hérault. Montpellier,
1884. in-8 ; prix franco poste. . . . . 0 fr. 50

Cazalis (F.). Instruction populaire. Le soufrage des vignes
d'après les travaux de MM. Bon-Charmeux, Lafargue,
Henri Marès, Cazalis-Allut et Jules Itier ; par le Dr Frédéric CAZALIS, 2me édition, revue et augmentée. Montpellier,
1857, in-8 de 20 pages ; prix 40 c. Franco poste. . 50 c.

   (En préparation, pour paraître en août 1889) :

— Traité pratique de l'art de faire le vin, par le Dr Frédéric CAZALIS. directeur du *Messager agricole du Midi*. 1 vol.
in-8 de 500 pag. environ.

Cazeneuve (P.). La coloration des vins par les couleurs
de la houille ; par P. CAZENEUVE, professeur de chimie à
la Faculté des Sciences de Lyon. Paris, 1886 ; prix 3 fr. 50.
Franco poste. . . . . 4 fr.

Chancel (G.). Étude sur la composition des vins et sur les procédés de vinification ; par M. G. Chancel, doyen de la Faculté des Sciences de Montpellier, in-8 de 40 pages. Montpellier, 1866 ; prix 2 fr. Franco poste . . . . 2 fr. 30

Chauzit (B.). État actuel de la question du Phylloxera en France, Historique, Emploi des Insecticides, Submersion, Plantation dans les sables. Études complètes sur les vignes américaines ; par B. Chauzit, professeur d'Agriculture du Gard. Nimes, 1885, 1 vol. in-12 ; PRIX 3 fr. Franco poste . . . . 3 fr. 50

— La Submersion des vignes. Études pratique, théorique et économique ; par B. Chauzit, professeur départemental d'Agriculture du Gard, et Trocchard-Verdier, submersion-niste. Montpellier, 1888, grand in-8 ; prix 1 fr. 50. Franco poste . . . . 1 fr. 75

Claudon (E.). Fabrication du vinaigre, fondée sur les études de M. Pasteur ; par Emile Claudon. Paris, 1875, 1 vol. in-8 ; prix 3 fr. Franco poste . . . . 3 fr. 25

Cocks. Bordeaux et ses vins, classés par ordre de mérite ; par Ch. Cocks. Quatrième édition, refondue et augmentée par M. E. Féret. 1 vol. in-18, avec 225 vues des châteaux vinicoles ; prix 6 fr. Franco poste . . . . 6 fr. 50
Le même volume avec cartes, prix 8 fr. Franco.   8 fr. 50

Comes (O.). Le Mal nero ou la Gommose dans les vignes et dans n'importe quelle autre plante ligneuse, et les varia-tions excessives de température ; par O. Comes, profes-seur de botanique et de pathologie végétale à l'École royale supérieure d'Agriculture de Portici, traduit de l'italien par A. Picard, licencié ès-sciences naturelles. Montpellier, 1888, 1 vol. in-12 ; prix 1 fr. Franco poste . . . . 1 fr. 10

Comy (J.). Culture des cépages américains dits porté-greffe, suivie d'un nouveau procédé de plantations à la charrue, avec figures hors texte ; par J. Comy, membre de la Société d'Agriculture du Gard. Nimes, 1879, in-8 ; prix 2 fr. Franco poste . . . . 2 fr. 25

Compte-rendu des séances des Congrès internationaux de Sériciculture et de Viticulture tenus à Montpellier en octobre 1874. In-8 ; prix 1 fr. 50. Franco poste.   1 fr. 75

Congrès viticole réuni à Montpellier les 4, 5 et 6 septembre 1878 pour l'étude des Vignes américaines. Montpellier, 1878, 1 vol. in-8 ; prix 2 fr. Franco . . . . .   2 fr. 50
(Quelques exemplaires seulement.)

Congrès national Viticole de Mâcon, compte-rendu in-extenso des travaux du Congrès, 20-23 octobre 1887. 1 vol. gr. in-8 ; prix 7 fr. Franco poste. . . . . .   7 fr. 85

Convert (F.). La propriété, constitution, estimation, administration ; par F. CONVERT, professeur d'économie rurale à l'École nationale d'Agriculture de Montpellier. Montpellier, 1886, 2e tirage. 1 vol. in-12, prix 4 fr. Franco poste . . . .   4 fr. 50

Cornu (E.). Culture de la Vigne dans la Côte-d'Or et vinification. 1 vol. in-12 ; prix 1 fr. 50. Franco poste. .   1 fr. 70

Coste (U.). Le plâtrage des vins et l'hygiène publique, par le docteur U. COSTE. Montpellier, 1887. 1 vol. in-8, prix 1 fr. Franco poste . . . .   1 fr. 10

Couderc (G.). Étude de l'hybridation artificielle de la vigne appliquée à la recherche de producteur direct résistant au phylloxera et exposé d'une méthode de sélection des jeunes pieds de semis, avec un plan. Montpellier, 1887. In-8 ; prix 1 fr. Franco poste . . . .   1 fr. 75

Crolas et **Vermorel** (V.). Manuel pratique des sulfurages ; guide du vigneron pour l'emploi du sulfure de carbone contre le phylloxera ; par MM. le Dr CROLAS et V. VERMOREL. Deuxième édition, revue et augmentée, 1886 ; prix 1 fr. 50 Franco poste . . . .   1 fr. 75

Courty (E.). Reconstitution des vignobles par les plants américains, résistance, adaptation, choix des cépages, cultures, greffages, frais, récoltes ; par Etienne COURTY, propriétaire-viticulteur, membre de la Société d'Agriculture de l'Hérault. Cinquième édition revue et augmentée. Montpellier. 1889. 1 vol. in-12 ; prix 1 fr. 50. Franco poste, 1 fr. 70

Crozier (F.-P.). Traité pratique et raisonné de la différence des vignes ; par F.-P. Crozier, propriétaire-viticulteur. Paris, 1884, 1 vol. in-18, de 230 p.; prix 2 fr. 50. Franco poste . . . . 2 fr. 85

Cuboni (J.). Le Peronospora des grappes ; par le docteur J. Cuboni, directeur de la station de pathologie végétale de Rome, traduit de l'italien, par A. Picaud, licencié ès-sciences naturelles, avec deux planches, dont une chromo-lithographiée. Montpellier, 1889, 1 vol. in-12 ; prix 1 fr. 50 Franco poste . . . . 1 fr. 60

Dalichon (H.). Le Vin de Jacquez et le *Messager du Midi* : par H. Dalichon, négociant. Lunel, 1884, in-12; prix 0 fr. 50. Franco poste . . . . 0 fr. 60

Degrully et **P. Viala**. Les Vignes américaines à l'École d'Agriculture de Montpellier. 1884, gr. in-8 ; prix 1 fr. 50. Franco poste . . . . 1 fr. 70

Déjernon. Les vignes et les vins de l'Algérie, 2 vol. in-8, comprenant ensemble 680 pages ; prix 10 fr. Franco poste. . . . . 11 fr.

Despetis (D^r). Traité pratique de la culture des vignes américaines ; par le Dr Despetis, 2e édit., revue, corrigée et augmentée. Montpellier, 1889, 1 vol. de 340 pages environ ; prix 3 fr. 50. Franco poste. . . . . . . 4 fr.

Du Breuil. Instruction élémentaire sur la conduite des arbres fruitiers. Greffe. — taille, — restauration des arbres mal taillés ou épuisés par la vieillesse. — Culture, — récolte et conservation des fruits ; par M. A. Du Breuil. 11me édition. Paris, 1885, 1 vol. in-18, avec 207 figures ; prix 2 fr. 50. Franco poste. . . . . 2 fr. 75

— Cours d'arboriculture : principes généraux. Anatomie végétale, physiologie végétale, sol, engrais, pépinières ; par M. A. Du Breuil. 2me édition. Paris, 1885. 1 vol. in-18,

avec 176 figures dans le texte et une carte coloriée ; prix
3 fr. 50. Franco poste . . . . 4 fr.

Du Breuil. Arbres et arbrisseaux à fruits de table ; par
M. A. Du Breuil, 7e édition. Paris, 1876. 1 vol. in-18, avec
555 figures dans le texte, et planches gravées ; prix 8 fr.
Franco poste. . . . . 9 fr.

— Arbres et arbrisseaux d'ornement. Plantations des lignes
d'ornement, parcs et jardins ; par M. A. Du Breuil, 2e
édition. Paris, 1878. 1 vol. in-18 avec tableaux, plans de
jardins, et 190 figures ; prix 5 fr. Franco poste. 5 fr. 60

Duponchel. Le Phylloxera. Guérison probable de la vigne
par un traitement préventif physiologique et naturel. Montpellier, 1875, in-8 ; prix 0 fr. 75. Franco poste. 0 fr. 90

— Avant-projet pour la création d'un sol fertile à la
surface des landes de Gascogne ; par A. Duponchel,
ingénieur des ponts et chaussées, avec une carte
coloriée. Montpellier, 1864, in-8 ; prix 1 fr. 50. Franco
poste. . . . . 1 fr. 70

-- Les irrigations insecticides, procédé rationnel de
défense contre le phylloxera ; par A. Duponchel, ingénieur des ponts et chaussées. Montpellier, 1883, in-8 ;
prix 1 fr. 25. Franco poste. . . . . 1 fr. 40

Expériences faites à Las Sorres, près Montpellier. Résultats pratiques de l'application des divers procédés présentés aux Concours des prix de 20,000 fr. et de 300.000 fr.,
proposés par le Gouvernement pour la conservation des
vignes phylloxérées et leur reconstitution. Montpellier,
1877. 1 vol. gr. in-8, avec planches ; prix 9 fr. Franco
poste . . . . 10 fr. 50

Espitalier. Encore un moyen de salut pour les vignes
phylloxérées. Ensablement avec additions d'engrais. Instructions pratiques pour l'emploi de ce procédé. Montpellier, 1874, in-8. Franco poste. . . . . 0 fr. 75

Faucon (Louis). Guérison des vignes phylloxérées ; instructions pratiques sur le procédé de la submersion. Montpellier, 1874, in-8 ; prix 2 fr. 50. Franco poste . 2 fr. 75

Faucon (Louis). Nouvelles observations sur la submersion des vignes. Deuxième édition. Montpellier, 1879 ; prix 0 fr. 50. Franco poste. . . . . 0 fr. 60

Ferrouillat (P). Instruments à soufrer, par Paul FERROUIL- LAT, professeur de génie rural à l'École d'Agriculture de Montpellier. Montpellier, 1886, in-8 : prix 0 fr. 75. Franco poste. . . . . 0 fr. 85

Fischer (J. de). Rôle des amphibiens en agriculture, par J. de FISCHER. Montpellier, 1886. In-8 : prix 0 fr. 75. Franco poste . . . . 0 fr. 85

Fitz-James (Mme la duchesse de). La viticulture franco-amé- ricaine (1869-1889). Congrès viticoles. Excursions viticoles en France et en Algérie. La viticulture au point de vue financier. Bouture à un œil ; par Mme la duchesse de FITZ-JAMES. Montpellier, 1889. 1 vol. in-12, de 600 pages, avec figures dans le texte ; prix 6 fr. Franco poste. 6 fr. 75

Foëx (G.). Manuel pratique de Viticulture pour la reconsti- tution des vignobles méridionaux, vignes américaines, sub- mersion, plantation dans les sables ; par Gustave FOËX, Directeur et Professeur de Viticulture à l'École nationale d'Agriculture de Montpellier, avec 90 figures dans le texte : 4e édition, revue et considérablement augmentée. Montpel- lier, 1887. 1 vol. in-12 ; prix 3 fr. 50. Franco poste. 4 fr.

Foëx (G.). Cours complet de Viticulture, par G. FOËX, directeur de l'École nationale d'Agriculture de Montpel- lier, deuxième édition, revue et considérablement aug- mentée. Montpellier, 1888, 1 vol. in-8 de 942 pages, avec 4 cartes en chromo et 501 figures dans le texte ; prix 16 fr. Franco poste. . . . . 17 fr. 50

— Rapport sur le plâtrage des vins, par G. FOËX, direc- teur de l'École nationale d'Agriculture, suivi des expé- riences sur le plâtrage des vins effectuées à l'École nationale d'Agriculture de Montpellier sur l'ordre de M. le ministre de l'Agriculture, par MM. BOUFFARD, ARDOY-

NAUD et BOURDEL. Montpellier. 1888. 1 vol. in-8 ; prix
2 fr. 50. Franco poste. . . . . 2 fr. 75

Foëx (G.). Instructions pratiques sur les moyens de combattre le Mildew (Peronospora de la Vigne) ; par Gustave
FOEX, directeur et professeur de Viticulture à l'École
nationale d'Agriculture. Montpellier, in-8 ; prix 0 fr. 50.
Franco poste. . . . . 0 fr. 60

Foëx et **Viala**. Ampélographie américaine ; introduction
par M. Gustave FOEX, Directeur et Professeur de Viticulture, et M. Pierre VIALA, répétiteur de Viticulture à l'École
nationale d'Agriculture de Montpellier, 1885, in-f° avec
6 planches phototypiques ; prix 7 fr. Franco poste, 7 fr. 60
(Quelques exemplaires seulement.)

Foëx (G.) et **Pierre Viala**. Le Mildiou ou Peronospora de
la Vigne ; par Gustave FOEX, Directeur et Professeur de
Viticulture, et Pierre VIALA, répétiteur de Viticulture à
l'École nationale d'Agriculture. Montpellier, 1885, 1 vol. in-
12. avec 4 planches, dont une en chromolithographie ;
prix 2 fr. Franco poste. . . . . 2 fr. 20

Gastine (G.). Action des sels cuivriques contre les altises,
emploi du carbonate ammoniacal de cuivre contre le peronospora ; par G. GASTINE. Montpellier, 1887, in-8 ; prix 0 f. 50
Franco poste . . . . 0 fr. 60

— Les préparations cupriques ammoniacales contre
le peronospora ; par G. GASTINE. Montpellier, 1887,
in-8 ; prix 0 fr. 50. Franco poste. . . . . . . 0 fr. 60

— et **Couanon** (Georges). Emploi du sulfure de carbone
contre le Phylloxera ; par G. GASTINE et Georges
COUANON, délégués régionaux du ministère de l'Agriculture,
publié avec la collaboration de L. Gastine, délégué départemental du service contre le Phylloxera dans la province
d'Oran. Paris, 1884, 1 vol. in-8 ; prix 5 fr. Franco
poste . . . . 5 fr. 50

Gaillardon (B.). Manuel du vigneron en Algérie et Tunisie ;

par B. GAILLARDON, négociant en vins. Paris, 1886, 1 vol.
in-12 ; prix 2 fr. 50. Franco poste . . . . 3 fr.

Gautier (Arm.). La sophistication des vins, méthodes ana-
lytiques et procédés pour reconnaître les fraudes ; par Arm.
GAUTIER, Agrégé à la Faculté de Médecine. Troisième édition.
1 vol. in-18 jésus de VIII-268 pages, avec une planche coloriée contenant 53 tons de vins naturels ou colorés artifi-
ciellement ; prix 4 fr. 50. Franco poste . . . . . . 5 fr.

Giret et **Vinas**. Chauffage des vins, en vue de les conserver, les muter et les vieillir. Deuxième édition, 1 vol. in-
18 de 143 pages et 3 gravures ; prix 1 fr. 25. Franco
poste . . . . 1 fr. 50

Girard (J. de). Le plâtrage des vins considéré au point de
vue chimique et médical ; par le Dr Joseph de GIRARD, professeur-agrégé à la Faculté de médecine, docteur ès sciences. Montpellier, 1887, in-8 ; prix 0 fr. 75. Franco
poste . . . . 0 fr. 85

— Plâtrage des vins. Discussion de la partie chimique
du rapport présenté par M. Marty à l'Académie de
médecine ; par le Dr J. de GIRARD, professeur-agrégé à la
Faculté de Médecine, docteur ès sciences. Montpellier, 1889,
in-8 ; prix 0 fr. 60. Franco poste . . . . 0 fr. 70

Guyot (Jules). Culture de la vigne et vinification. Deuxième
édition. 1 vol. in-18 de 236 p. et 30 gravures ; prix 3 fr. 50.
Franco poste . . . . 4 fr.

— Étude des vignobles de France, pour servir à
l'enseignement mutuel de la viticulture et de la vinification
française ; par le Dr Jules GUYOT. Seconde édition, augmentée de quatre tables alphabétiques, rédigées par M.
COIGNET. Paris, 1876. 3 vol. in-8, avec 974 figures dans le
texte et une carte viticole de la France ; 30 fr. Franco
poste . . . . 33 fr.

Hardy (J.-A). Traité de la taille des arbres fruitiers ; par
A.-F. HARDY, Directeur de l'École d'Horticulture de Ver-
sailles, avec 140 fig. intercalées dans le texte. Paris, 1884 ;
prix 5 fr. 50. Franco poste . . . . 6 fr. 25

Houdaille (F.). Les gelées de printemps et les nuages artificiels; par F. HOUDAILLE, licencié ès-sciences, répétiteur à l'Ecole d'agriculture de Montpellier, 1887 : prix 0.75 Franco poste . . . . 0 fr. 70

Joué (Léon). Guide pratique du greffeur de vignes, suivi d'une Notice sur l'établissement d'un vignoble ; par Léon JOUÉ, Elève de l'Ecole nationale d'Agriculture de Montpellier, 1886, 1 vol. in-12 ; prix 1 f. Franco poste. . 1 fr. 15

— Lutte contre le Mildew (divers procédés de destruction) ; par Léon JOUÉ, Diplômé de l'Ecole nationale d'agriculture de Montpellier. Montpellier, 1886, 1 vol. in-12; prix 0 fr. 60. Franco poste . . . . 0 fr. 70

Jeanjean (Adrien). Notice géologique et agronomique sur les phosphates de chaux du département du Gard ; par Adrien Jeanjean, membre de la Société géologique de France. Nîmes 1884 ; prix 1 fr. 50. Franco poste 1 fr. 60

— La géologie agricole appliquée à la culture de la vigne dans le département du Gard ; par Adrien JEANJEAN, Président du comice agricole du Vigan. Montpellier, 1887. In-8 ; prix 2 fr. Franco poste . . . . 2 fr. 25

Krebs (Léon). Traité de la fabrication des boissons économiques et liqueurs de table ; par Léon KREBS. Paris, 1887. 1 vol. in-12 ; prix 3 fr. 50. Franco poste . . . . . 4 fr.

Laliman (L.). Etudes sur les divers travaux phylloxériques et les vignes américaines, notamment sur les études faites en Espagne, par Don Miret y TARROU, Vocal de la Commission du phylloxera à Madrid ; par L. LALIMAN. Paris, 1879 et mars 1880. 1 vol. in-8 ; prix 3 fr. Franco poste . . . . 3 fr. 50

Laneyrie (P.). Vade mecum du négociant en vins dans ses rapports avec la régie des contributions indirectes ; par LANEYRIE, négociant en vins. Paris, 1880. 1. vol. in-12 ; prix 3 fr. 50. Franco. . . . . 4 fr.

Laure (Henri). Guide des cultivateurs du midi de la France.

de Corse et de l'Algérie ; par Henri LAURE. Toulon, 1854.
Prix 7 fr. Franco poste . . . . 7 fr. 60

Laurent (A.). Reconstitution par le plant résistant. Etude
nouvelle par A. LAURENT, propriétaire-viticulteur. Montpellier, 1884, in 18. Franco poste . . . . . . 0 fr. 60

Lespiault (Maurice). Les vignes américaines dans le sud-
ouest de la France, par Maurice LESPIAULT, propriétaire-
viticulteur. Nérac, 1881, in-8. Franco poste . . 1 fr. 25

— Notes et observations sur les vignes américaines ; par
Maurice LESPIAULT, vice-président du comité de viticulture du département. Nérac, 1882, in-8. Franco poste 1 f. 50

Lichtenstein (J.). Considérations nouvelles sur la génération des pucerons (Homoptères monoïques). Paris, 1878.
In-8 avec deux planches. Prix 2 f. Franco poste. 2 f. 50

— Les cépages américains, classés et annotés d'après les
auteurs des Etats-Unis. Montpellier, 1874, in-8 ; prix
0 fr. 50. Franco poste. . . . . 0 fr. 60

— Tableau synoptique des maladies de la vigne, par J. LICH-
TENSTEIN, entomologiste à Montpellier ; prix 1 fr. 50.
Franco poste. . . . . 1 fr. 65

— Histoire du Phylloxera. Paris, 1878, gr. in-8, 39 pages
avec planches ; prix 4 fr. Franco. . . . . . 4 fr. 25

— Monographie des Aphidiens. (Les Pucerons). Genera
et Species. Paris, 1885-86, 2 vol. avec pl. coloriées.

— 1re partie : *Genera*, 1 vol. in-8 de 188 pag. avec 4 pl.
col. ; prix 10 fr. Franco poste . . . . 10 fr. 50

— De l'évolution biologique en général et du phylloxera
en particulier ; par J. LICHTENSTEIN. Paris, 1883. 1 vol.
in-12. Prix 1 fr. 50. Franco poste . . . . . . 1 fr. 65

Loret (H.) et **A. Barrandon**. *Flore de Montpellier*, comprenant l'analyse descriptive des plantes vasculaires de
l'Hérault, leurs propriétés médicinales, les noms vulgaires et les noms patois, et un Vocabulaire des termes de

botanique, avec une Carte du département. Montpellier, 1877, 2 vol. in-8 ; prix 6 fr. Franco poste. . . . 7 fr. 25

Lutrand (F.). Conservation du sang destiné à la clarification des vins. Lettre de M. Lutrand à M. le Dr Frédéric Cazalis, Directeur du *Messager agricole*, suivie de quelques remarques sur le mot *soufrage*. Montpellier, sans date, in-8. Prix. . . . . 0, 50 cent.
(25 exemplaires seulement.)

— De l'étouffement des chrysalides dans les cocons des vers à soie, nouvelle manière de l'obtenir ; par F. Lutrand, chimiste. Deuxième édition. Montpellier, 1863, in-12 ; prix 1 fr. Franco poste . . . . 1 fr. 15
(15 exemplaires seulement.)

— Quelques considérations à propos du chauffage des vins, par F. Lutrand, pharmacien. Montpellier 1870, in-18. Prix 0, 50 cent. Franco poste. . . . . . . 0, 60 cent.
(20 exemplaires seulement.)

Maercker (Max.). Traité de la fabrication de l'alcool ; par le Dr Max Maercker, directeur du Laboratoire de recherches, et professeur de l'Université de Halle-sur-Saale, traduit de la 4e édition allemande, par MM. E. Bosker, ingénieur civil, ancien directeur de distillerie ; Ch. Warnery, distillateur. Montpellier, 1889, 2 vol. grand in-8 avec de nombreuses figures dans le texte ; prix des deux vol. 25 fr. Franco poste. . . . . 28 fr.

Machard (Henri). Traité pratique sur les vins ; par Henri Machard. Cinquième édition du traité de vinification, revue et considérablement augmentée, 1874. 1 vol. in-12 de 424 p. Prix 3 fr. 50. Franco poste. . . . . 4 fr.

Maillot (Eugène). Leçons sur le Ver à Soie du mûrier ; par Eugène Maillot, Directeur de la station séricicole à l'École d'Agriculture. Montpellier, 1885. 1 vol. in-8, avec 36 fig. dans le texte et 3 pl. gravées ; prix 5 fr. Franco poste. . . . . 5 fr. 60

Malpighi. Traité du Ver à soie : texte original, traduit en

français avec des notes, par Eugène MAILLOT, Directeur de
la station séricicole à l'École d'Agriculture. Montpellier,
1878. 1 vol. in-4 jésus avec 12 pl. lithographiques, 10 fr.
Franco poste. . . . . 11 fr.

Marès (Henri). Manuel pour le soufrage des vignes malades,
emploi des soufrages, ses effets ; par Henri MARÈS, 4e édition, accompagnée de fig. et augmentée d'un chapitre sur
l'Essai des soufres en poudre. Montpellier, 1 vol. in-12 ;
prix 1 fr. 25. Franco poste. . . . . 1 fr. 30

— Des moyens pratiques de combattre la maladie de
la vigne ; progrès de la vigne pendant l'hiver, par
Henri MARÈS, secrétaire perpétuel de la Société centrale
d'Agriculture de l'Hérault. Montpellier, 1874, in-8 ; prix
0 fr. 50. Franco poste. . . . . 0 fr. 60

— Description des cépages principaux de la région Méditerranéenne de la France, par Henri MARÈS, membre correspondant de l'Institut, membre de la Société nationale d'Agriculture de France, secrétaire perpétuel de la Société centrale d'Agriculture de l'Hérault. 1 vol. in-fº carré (44 c.
sur 56 c.), de 30 planches en chromo-lithographie, et de
120 pages de texte environ ; prix . . . . 60 fr.
(En souscription.)
L'ouvrage sera publié en trois livraisons de dix planches
chacune. Le souscripteur paiera 30 fr. en recevant la 1re
livraison, 30 fr. en recevant la 2e ; la 3e sera livrée gratis.
A partir de la cinq cent unième souscription, le prix sera
porté à . . . . 75 fr.

— Traité pratique de la culture de la vigne dans le midi de
la France ; par Henri MARÈS, correspondant de l'Institut,
membre de la Société d'agriculture de France, secrétaire
perpétuel de la Société centrale d'agriculture de l'Hérault,
1 vol. in-12 avec nombreuses figures dans le texte.
(En préparation, pour paraître en 1889.)

Martin (L.-H. de). Rapports sur les expériences faites avec
l'œnotherme Terrel des Chênes et sur le Concours des
chaudières à échauder la vigne pour la destruction des

PROSPECTUS

Camille COULET, Éditeur | G. MASSON, Éditeur
5, Grand'Rue, Montpellier | 120, Boul. Saint-Germain, Paris

DESCRIPTION
DES
CÉPAGES PRINCIPAUX
DE LA
RÉGION MÉDITERRANÉENNE DE LA FRANCE
Par M. H. MARÈS
CORRESPONDANT DE L'INSTITUT
MEMBRE DE LA SOCIÉTÉ NATIONALE D'AGRICULTURE DE FRANCE
Secrétaire perpétuel de la Société centrale d'Agriculture de l'Hérault

---

Cet ouvrage traitera des Cépages ou Variétés de Vignes qui ont fait la réputation des Vignobles du Midi de la France. Au moment où notre Viticulture, détruite ou ravagée par le Phylloxera et les Maladies Cryptogamiques, se reconstitue sur de nouvelles bases, une connaissance complète des variétés de Vignes que l'expérience a mises au premier rang, soit pour la distinction et la délicatesse de leurs produits, soit pour leur abondance, est une des meilleures garanties de succès.

Ce travail contiendra la description de nos Cépages méridionaux, leur synonymie, leur origine, les méthodes de culture dont ils sont l'objet, la mention des terrains dans lesquels ils se développent le mieux, les procédés de vinification qui leur sont applicables, et sera accompagné de 30 planches coloriées.

L'importance du sujet a conduit l'auteur à adopter, pour le texte et les dessins, le format carré ouvert de 44 centimètres sur 56.

Le texte formera environ 120 pages.

Chaque planche coloriée représentera le raisin, le sarment et la feuille d'une Variété de Vigne ou Cépage de la région, peints d'après nature, en grandeur naturelle, conformément aux types qui leur sont propres.

Cet ensemble formera un grand Album dont l'exécution typographique et lithographique sera l'objet de soins particuliers.

LISTE DES CÉPAGES

Aramon	Syrrah	Muscat blanc
Ugni blanc	Terret noir	Muscat d'Alexandrie
Morrastel	Terret Bourret	Muscat Hambourg
Espar	Aspiran noir	Olivette noire
Carignane	Piquepoulo gris	Olivette blanche
Grenache	Brun Fourca	Petit Bouschet
Œillade	Maccabeu	Alicante Bouschet
Cinsaut	Chasselas	Gibé
Clairette	Malvoisie	Colombaud
Jouannen	Calitor noir	Furmint

Conditions et mode de Publication

La description des Cépages principaux de la Région Méditerranéenne de la France, par H. MARÈS, se composera de **Trente planches** en chromo-lithographie. du format in-folio carré (44 centim. sur 56), accompagnées d'un **Texte explicatif** de 120 pages environ.

L'ouvrage sera publié en *trois Livraisons* de dix planches chacune, qui paraîtront de six mois en six mois à partir du 1er janvier 1889.

Le prix sera de 60 francs pour les *cinq cents premiers* Souscripteurs ; *à partir du cinq cent unième*, le prix sera porté à **75 francs**. Aucune Livraison ni Planche ne sera vendue séparément.

Conditions de la Souscription

Le Souscripteur payera *trente francs* en recevant la *première livraison, trente francs* en recevant *la deuxième;* la troisième sera livrée *gratis.*

ON SOUSCRIT

A MONTPELLIER	A PARIS
Chez Camille COULET, Editeur	Chéz G. MASSON, Editeur
5, GRAND'RUE, 5	Boul. Saint-Germain, 120

BULLETIN DE SOUSCRIPTION

Je soussigné déclare souscrire à .... exemplaire de l'ouvrage intitulé : **Description des Cépages principaux de la Région Méditerranéenne de la France**, par HENRI MARÈS, *au prix de 60 francs, que je m'engage à payer de la manière suivante : trente francs en recevant la première livraison et Trente francs en recevant la deuxième, la troisième livraison devant m'être remise gratis,* selon les conditions du Prospectus de cette Publication.

A .... le 188

NOM .... *Signature*

ADRESSE ....

Prière de détacher et d'adresser à M. COULET, libraire-éditeur, Montpellier

pyrales ; par le Dr L.-H. de Martin. Paris, 1873. gr. in-8. Franco poste. . . . . 1 fr. 75

Martin (L.-H. de). Les Fouloirs, Pompes, Pressoirs et autres instruments d'intérieur de cave, au Concours vinicole de Narbonne ; par le Dr L.-H. de Martin, membre correspondant de la Société d'Agriculture de France. Paris. 1873, in-8 de 63 p. avec tableaux. Franco poste. . . . . . 2 fr. 25

— Tribut à la Viticulture et à l'Œnologie méridionales ; par le Dr L.-H. de Martin. Paris, 1875, in-8. Franco 1 fr. 75

— Le plâtrage de la vendange en 1887 ; conférences faites à Carcassonne, Cette, Narbonne et Perpignan, par le Dr L.-H. de Martin, Président du Syndicat régional méditerranéen en faveur du plâtrage de la vendange. Narbonne 1888, in-8 ; prix 0 fr. 75. Franco poste. . . . . 0 fr. 85

Mayet (Valéry). Les insectes de la vigne et les moyens de les combattre, par Valéry Mayet, professeur à l'École nationale d'Agriculture de Montpellier ; avec quatre pl. dont trois en chromolithogr. et nombreuses fig. dans le texte. Montpellier. 1889. 1 vol. in-8 de 350 p. ; prix 8 fr. Franco poste. . . . . 8 fr. 75
(Paraîtra en mai 1889.)

Menson (V.). Sur une nouvelle classification des vignes des Etats-Unis d'Amérique ; discours du professeur Menson, prononcé devant la Société d'horticulture, à la grande exposition de la Nouvelle-Orléans, le 20 janvier 1885 ; traduit par G. Bourgade (de Montblanc). Montpellier, 1885. in-8 ; prix 0 fr. 50. Franco poste. . . . . . . 0 fr. 60

Messager Agricole. revue des associations et des intérêts agricoles du Midi. 30e année, publié sous la direction de M. F. Cazalis. Paraissant le 10 de chaque mois par numéro de 40 pag. Prix de l'abonnement, 8 fr. Pour l'Étranger. . . . . 10 fr.

Mercier. Mémoires des différentes natures et qualités du raisin de notre terrain (envoyé à Mgr l'Intendant de Bordeaux, octobre 1782 ; par Mercier, avocat de Nimes, avec

un Avant-Propos par le Dr CAMBASSÉDÈS. Montpellier, 1879,
in-12. Prix 1 fr. Franco poste. . . . . 1 fr. 15

Millardet. Histoire des principales variétés et espèces de
vignes d'origine américaine qui résistent au Phylloxera ;
par A. MILLARDET, Professeur à la Faculté des Sciences de
Bordeaux. Paris, 1885. 1 vol. in-4 avec 24 pl. ; prix 25 fr.
Franco poste. . . . . 27 fr.

— Traitement du Mildiou et du Rot, par le mélange de chaux et de sulfate de cuivre ; par M. A. MILLARDET,
Professeur à la Faculté des Sciences de Bordeaux. Paris,
1886, gr. in-8 ; prix 2 fr. Franco poste. . . . 2 fr. 25

— Notes sur les vignes américaines (série III) ; par
A. MILLARDET, professeur à la Faculté des Sciences de Bordeaux. Paris, 1888. Gr. in-8 ; prix 2 fr. 50. Franco 2 fr. 75

Monestier (Ch.). Destruction du Phylloxera par les gaz.
Montpellier, 1873, in-12. Franco poste. . . . . . . 1 fr.

Mortillet (de). Bonturages et greffages des vignes américaines, pour le midi et le centre de la France. Grenoble,
1880, in-8 de 64 pages. Franco poste. . . . . 1 fr. 25

Note sur la vente des Vins de sucre par E... R... membre
de la Société d'Agriculture du Gard. Montpellier, 1887,
in-8 ; prix 0 fr. 50. Franco poste. . . . . . . 0 fr. 60

Odard (Comte). Ampélographie universelle, ou traité des
cépages les plus estimés. Cinquième édition. 1 vol. in-8
de 650 pages : prix 7 fr. 50. Franco poste. . . 8 fr. 25

Paparelli (L.). Etude chimique sur l'olivier ; par Louis
PAPARELLI. Montpellier, 1888. In-8, prix 0 fr. 75. Franco
poste . . . . 0 fr. 85

Pellicot (A.). Le Vigneron provençal, cépages provençaux
et autres, culture et vinification. Montpellier, 1 vol. in-12 ;
prix 3 fr. 50. Franco poste . . . . 4 fr.

Petit Manuel de Viticulture, en rapport avec les be-
soins présents, phylloxera, plants américains, greffages,

cépages nouveaux, mildew et autres maladies; par D. L..., professeur d'histoire naturelle. Toulouse, 1886, 1 vol. in-12 avec 62 figures dans le texte ; prix 1 fr. Franco poste 1 fr. 75

Planchon (J.-E.). Les mœurs du Phylloxera de la vigne, résumé biologique ; par M. J.-E. PLANCHON, Professeur à la Faculté de Médecine. Montpellier, 1877, gr. in-8, avec une planche coloriée ; prix 1 fr. 25. Franco poste 1 fr. 35

— La question phylloxérique en 1876. Paris, 1877, in-8. Franco poste . . . . 1 fr. 35

Poggi (Dr Tito). Engrais artificiels et fumiers d'étable, règles pratiques pour l'achat, l'emploi et l'évaluation des engrais. Traduit de l'italien par le Dr Frédéric CAZALIS, directeur du *Messager agricole*. Montpellier, 1888, 1 vol. petit in-8 ; prix 1 fr. 25. Franco poste . . . . 1 fr. 50

Portes (L.), chimiste expert de l'Entrepôt, pharmacien en chef de Lourcine, et F. RUYSSEN. Traité de la vigne et de ses produits, précédé d'une préface de M. A. CHATIN, membre de l'Institut, directeur de l'Ecole supérieure de Paris. 2 forts volumes de plus de 700 pages chacun, avec de nombreuses figures dans le texte. Prix de l'ouvrage complet, 24 fr. Franco poste . . . . 26 fr.

Le tome 1er et le 1er fascicule du tome II sont en vente ; la fin de l'ouvrage, qui se paye d'avance, sera remise aux souscripteurs en 1889.

Pouzolz (de). Flore du département du Gard, ou Description des plantes qui croissent naturellement dans ce département ; par de POUZOLS. Montpellier. 2 vol. in-8 brochés ; prix 5 fr. Franco poste . . . . . . 6 fr. 25

— Idem, avec planches coloriées. 7 fr. Franco poste 8 fr. 25

Prades (A.). Ce que je crois être la meilleure des Greffes. Montpellier, 1884, gr. in-8 avec figures ; prix 1 fr. 50. Franco poste . . . . 1 fr. 75

— Modification rationnelle dans la structure de la greffe anglaise. Montpellier, 1884, gr. in-8. Franco poste 0 fr. 30

Programme des études pratiques de Viticulture et d'Ampélographie : 1° Rapport à M. le Préfet de l'Hérault par M. Saint-Pierre, Directeur ; 2° Projet d'établissement des vignes d'essai (deux rapports), par M. Foex, professeur, Montpellier, 1876, in-8 avec 45 figures ; prix . . 1 fr. 50
(Quelques exemplaires seulement.)

Progrès agricole (le), Journal d'agriculture méridionale, dirigé par L. Degrully, professeur à l'École nationale d'Agriculture de Montpellier, paraissant tous les dimanches à Montpellier en fascicules de 16 à 24 p. in-8. Prix de l'abonnement pour la France, 12 fr. Pays de l'Union postale 14 fr.

Pulliat (V.). Manuel du greffeur des vignes dans les Écoles de greffage de la Société de Viticulture de Lyon, Quatrième édit. Montpellier, 1889, in-8. Franco poste. 4 fr. 15

— Mille variétés de Vignes, description et synonymies, par V. Pulliat, professeur de Viticulture à l'Institut national agronomique, troisième édition. Montpellier, 1888. 1 vol. gr. in-12 de 400 pages ; prix 4 fr. Franco poste. 4 fr. 50

— Les vignes d'Amérique. Les traitements au sulfure de carbone et les traitements contre le mildew dans la région lyonnaise ; Rapport présenté à la Société régionale de Viticulture de Lyon, par V. Pulliat. Montpellier 1887, in-8 ; prix 1 fr. Franco poste . . . . 1 fr. 15

Rapport fait à la Chambre de commerce de Montpellier sur le plâtrage des vins ; par MM. Bérard, doyen et professeur de chimie à la Faculté de médecine ; Chancel, doyen et professeur à la Faculté des Sciences ; Cauvy, professeur de chimie à l'École supérieure de pharmacie. Montpellier, in-4 de 8 pages ; prix. . . . . . . 1 fr.
(Il ne reste que 10 exemplaires.)

Ravaz (L.). Ampélographie, monographies du Portugais bleu et du Saint-Sauveur ; par L. Ravaz, répétiteur de viticulture à l'École nationale d'agriculture de Montpellier, 1887, in-4 avec 3 planches en chromo. Prix 2 fr. Franco poste. . . . . 2 fr. 20

Rendu (Victor). Ampélographie française, ou Traité de la vigne, comprenant la statistique, la description des meilleurs cépages, l'analyse chimique du sol et les procédés de culture et de vinification des principaux vignobles de la France ; par M. Victor RENDU, Inspecteur général de l'Agriculture. Paris, 1857. 1 vol. de texte in-fol., et un atlas de 70 planches magnifiquement coloriées. 2 volumes reliés. . , ... 330 fr.

— Le même ouvrage, le texte seul. 1 beau volume gr. in-8 avec une carte, prix 6 fr. Franco poste. . . . . 6 fr. 75

Résumé des leçons pratiques sur le greffage des vignes américaines. Montpellier, 1880, in-18. Franco poste 0 fr. 60.

Résultats des divers procédés de guérison proposés à la Commission pour combattre la nouvelle maladie de la vigne, qui ont été appliqués dans le domaine de Las Sorres, près Montpellier, du 6 juillet 1872 au 29 août 1878. Montpellier, in-8. Franco poste. . . . . 1 fr.

Réunions publiques organisées par la Société centrale d'Agriculture de l'Hérault à l'école d'Agriculture de Montpellier, les 5, 6 et 7 mars 1883 (Vignes américaines, sulfure de carbone, sulfocarbonate de potassium. Montpellier, 1883, in-8 de 193 pag. Franco poste. . . . . . 1 fr. 75

Robin (J.) et **Vermorel** (V. . Sucrage des vins et vins de seconde cuvée, par J. ROBIN et VERMOREL, 3e édition. Montpellier, 1888. 1 vol. in-8. Prix 1 fr. 50. Franco poste. 1 60

Robinet (Edouard). Manuel général des vins. Vins mousseux, vins rouges, vins blancs, vins de raisins secs, vins artificiels, vendanges, vinification, sucrage, coupages, soins des sommeliers, utilisation des résidus de la vigne et des vins. Troisième édition, refondue, corrigée et accompagnée de planches, par Edouard ROBINET (d'Epernay). Paris, 1888, in-12. Prix 4 fr. Franco poste. . . 4 fr. 40

— Guide pratique du distillateur, fabrication de liqueurs, distillation, rectification, filtrage, trouchage, générateurs, matières sucrées, conserves, comprenant : liqueurs de tous pays, sirops, punchs, eaux aromatiques, huiles essentielles, essences, alcools aromatiques, liqueurs hygiéniques, coloration, vins de liqueurs, miels et hydromels, fruits à l'eau-de-vie, boissons gazeuses, liqueurs de ménages. Paris 1889. 1 vol. in-12; prix 4 fr. Fr. poste. 4 fr. 75

Robinet. Manuel pratique d'analyse des vins, fermentation, alcoolisation, falsification, procédés pour les reconnaître. 4me édition, par M. E. Robinet (d'Epernay). Paris 1883. 1 vol. in-12: prix 4 fr. Franco poste . . . . . 4 fr. 50

Rougier (L.) Instruction pratique sur la reconstitution des vignobles par les cépages américains; par L. Rougier, professeur, deuxième édition, revue et augmentée, 1 vol. in-12: prix 2 fr. Franco poste . . . . 2 fr. 35

— Manuel pratique de vinification, vins naturels, vins de sucre, piquettes, eau-de-vie, marc; deuxième édition revue et augmentée. 1 vol. petit in-8, avec figures dans le texte: prix 2 fr. 50. Franco poste. . . 2 fr. 75
(Paraîtra en mai 1889).

— Etraire de l'adui; par L. Rougier, professeur départemental d'agriculture de l'Ardèche. Montpellier, 1888, in-8: prix 0, 50. Franco poste 0 60

— Le greffage sans étêtement du sujet; par L. Rougier, professeur d'agriculture de l'Ardèche. Montpellier 1887, in-8; prix 0 fr. 75. Franco poste . . . . . 0 fr. 85

Rouville (Paul de). Carte géologique et minéralogique du département de l'Hérault, dressée par M. Paul de Rouville, professeur à la Faculté des sciences de Montpellier. 4 feuilles coloriées . . . . 15 fr.

— Introduction à la description géologique du département de l'Hérault, par M. Paul de Rouville, professeur de minéralogie et de géologie à la Faculté des sciences de Montpellier. 1 vol. in-8. . . . 3 fr. 50

Rovasenda. Essai d'une Ampélographie universelle, par le comte de Rovasenda; traduite, annotée et augmentée, par le Dr F. Cazalis et M. Foex, Directeur et Professeur,

— 23 —

et Pierre VIALA, Professeur de Viticulture à l'Ecole
nationale d'Agriculture de Montpellier. Deuxième édition
augmentée, avec une planche en couleur. Montpellier,
1887, 1 vol. in-4; prix 7 fr. Franco poste . . . 7 fr. 75

Salleron (J.). Notice sur les instruments de précision
appliqués à l'œnologie, 2e édition; par J. SALLERON, Paris,
1887, 1 vol . in-8. Prix 3 fr. Franco poste. . . 3 fr. 50

— Etudes sur le vin mousseux; nouveau mode du tirage
rationnel et infaillible; l'élasticité du verre et la résistance
des bouteilles; le liège et son application au bouchage du
vin de Champagne; par J. SALLERON. Paris 1886, 1 vol.
in-8 avec figures dans le texte; prix 6 fr. Franco. 6 fr. 50

Sahut (Félix). Les vignes américaines, leur greffage et
leur taille; par Félix SAHUT, Vice-Président de la Société
d'horticulture et d'histoire naturelle de l'Hérault, avec
80 figures dans le texte. Troisième édition, revue et considérablement augmentée. Montpellier, 1887. 1 vol. in-12
de 800 pages environ, prix 6 francs. Franco poste. 6 fr. 90

— De l'adaptation au sol dans la question des vignes américaines. Compte rendu sténographique d'une Conférence
faite le 2 septembre 1885 au Congrès national viticole de
Bordeaux; par M. Félix SAHUT, Vice-Président de la
Société d'Horticulture et d'Histoire naturelle de l'Hérault;
brochure grand in-8 raisin de 12 pages, prix 0 fr. 75.
Franco poste. . . . . 0 fr. 85

— La Jaunisse ou Chlorose des vignes, par Félix SAHUT,
Vice-Président de la Société d'Horticulture et d'Histoire
naturelle de l'Hérault, brochure grand in-8 raisin de
16 pages. Prix 0 fr. 75. Franco poste. . . . 0 fr. 85

— De l'adaptation des Vignes américaines au sol et au climat.
Conférence faite au congrès agricole et viticole de Toulouse le 22 octobre 1887, *suivie d'une étude sur le Boutu-
rage à un œil*; par M. Félix SAHUT, vice-président de la
Société d'Horticulture et d'Histoire naturelle de l'Hérault.
Montpellier, 1888. 1 vol. grand in-18 avec 12 fig. intercalées dans le texte; prix 1 fr. 50. Franco poste 1 fr. 75

Sahut F. Les Eucalyptus ; aire géographique de leur indigénat et de leur culture ; historique de leur découverte ; description de leurs propriétés industrielles, assainissantes, médicinales ; guide théorique et pratique de leur culture ; par Félix Sahut, avec figures dans le texte et une carte de la Tasmanie. Montpellier, 1888. 1 vol. grand in-8 ; prix 4 fr. Franco poste. . . . . 4 fr. 50

Tochon (P.). L'art de faire le vin et de lui conserver ses qualités ; conseils et renseignements aux Vignerons et aux Viticulteurs ; par P. Tochon, Président de la Société d'agriculture de Chambéry. Deuxième édition revue et augmentée. Montpellier, 1888. 1 vol. in-8 de 128 pages ; prix 2 fr. 50. Franco poste. . . . . 2 fr. 75

Vermorel (V.). Simples notions sur les engrais chimiques ; guide pour l'achat et l'emploi ; par Vermorel. 3e édition. 1 vol. grand in-18. Prix 1 fr. 50. Franco poste. . 1 fr. 65

— Le Congrès national viticole de Bordeaux, du 30 août au 5 septembre 1886, et les vignes américaines du Midi ; par V. Vermorel. Montpellier, 1887. in-8. Prix 1 fr. Franco poste. . . . . 1 fr. 15

Veyrac (J.-B). Barême du Distillateur et du Propriétaire vinicole ; par J.-B. Veyrac. Montpellier, 1867. 1 vol. in-12 ; prix 2 fr. Franco poste. . . . . 2 fr. 25

— Barême vinicole du Midi. Guide indispensable des Négociants, Propriétaires, Maîtres de Chais, etc. ; septième édit. Montpellier, 1887. 1 vol. in-12 ; prix 1 f. Franco 1 fr. 25

Viala (Pierre). Les maladies de la Vigne : Peronospora, Oïdium, Anthracnose, Coltis, Pourridié, Cladosporium, Black-Rot, etc. ; par Pierre Viala, Professeur de viticulture à l'Ecole d'agriculture de Montpellier, avec 5 pl. en chromo et 200 figures dans le texte. Deuxième édition, revue, corrigée et considérablement augmentée. Montpellier, 1887. 1 vol. in-8 ; prix 9 fr. Franco. . . . 9 fr. 75

— Les Hybrides Bouschet, essai d'une monographie des vignes à jus rouge ; par P. Viala, répétiteur de viticul-

ture à l'Ecole nationale d'Agriculture de Montpellier,
avec cinq planches en chromolithographie. Montpellier,
1886. 1 vol. grand in-8 ; prix 7 fr. Franco. . . 7 fr. 60

Viala et **Ravaz.** Le Blak-Rot et le Coniothyrium Diplodiella;
par M. P. VIALA, Professeur de viticulture, et L. RAVAZ,
répétiteur. Deuxième édition, revue et considérablement
augmentée, avec une planche en chromolithographie et
15 fig. dans le texte. Montpellier, 1888, 1 vol. in-18 ; prix
3 fr. Franco poste. . . . . 3 fr. 25

— et **Ferrouillat** (P.). Traitement du mildiou, par Pierre
VIALA et Paul FERROUILLAT, professeurs d'agriculture,
avec une planche en chromo et 26 figures dans le texte.
Montpellier, 1887, un vol. grand in-18. Prix 1 fr. Franco
poste. . . . . 1 fr. 15

— et **Ferrouillat** (P.). Manuel pratique pour le traitement
des maladies de la vigne ; par Pierre VIALA et Paul
FERROUILLAT, professeurs à l'Ecole d'agriculture de Montpellier, avec une planche en chromo et 65 figures dans le
texte. Montpellier, 1888. 1 vol. grand in-18. Prix 2 fr.
Franco poste. . . . . 2 fr. 25

— Le traitement du Black-Rot en Amérique, par M. Pierre
VIALA, professeur de viticulture à l'Ecole nationale d'agriculture de Montpellier, suivi du rapport officiel adressé à
M. Norman J. Colman, directeur du département de
l'agriculture, par M. LAMSON SCRIBNER. Montpellier, 1888,
in-8 avec 3 figures. Prix 0 fr. 50. Franco poste 0 fr. 60 cent.

— et **Ravaz.** Recherches sur les maladies de la Vigne, la
mélanose ; par Pierre VIALA et L. RAVAZ. Montpellier 1887,
in-8, avec trois planches, dont deux en chromo, in-8.
Prix 2 fr. Franco poste. . . . . 2 fr. 20

— Mission viticole en Amérique. Rapport au ministre de
l'agriculture, par P. VIALA, professeur de viticulture à
l'Ecole nationale d'agriculture de Montpellier, 1 vol. gr.
in-18, 1888. Prix. . . . . 0 fr. 75

Viala (P.). Une mission viticole en Amérique, par Pierre VIALA, professeur de viticulture à l'École nationale d'agriculture. Montpellier, 1889, 1 vol. in-8 avec 8 planches en chromolithographie et une carte géologique des États-Unis. Prix 15 fr. Franco poste . . . . 16 fr.

Viard (E.). Traité général des Vins et de leurs Falsifications; par Émile VIARD. Deuxième édition. Paris, 1889, 1 vol. in-8.
Prix 10 fr. Franco poste . . . . 11 fr.
(Paraîtra bientôt 1889.)

Vigne américaine (la). Sa culture, son avenir en Europe. Revue publiée par MM. J.-E. Roux et Neubrech, sous la direction de M. J.-E. Planchon, Professeur à la Faculté des Sciences et Directeur de l'École supérieure de pharmacie de Montpellier. Paraît le 15 de chaque mois à partir du 15 janvier de chaque année. Prix de l'abonnement 6 fr.

Viguier (M.). La formation du littoral du département de l'Aude ; par M. Viguier, docteur ès-sciences, membre de la Société géologique de France. Montpellier, 1888. In-8 ;
prix 1 fr. Franco poste . . . . 1 fr. 15

— Études géologiques sur le département de l'Aude (Bassin des Corbières) ; par M. Viguier, docteur ès-sciences, membre de la Société géologique de France. Montpellier, 1887. 1 vol. gr. in-8, avec 11 planches et une carte géologique au 1,320.000e ; prix 15 fr. Franco poste . . . 15 fr. 75

Vins (les) français et le vinage ; par un Viticulteur, ancien négociant en vins. Montpellier, 1888. 1 vol. in-12 ; prix 1 fr. Franco poste . . . . 1 fr. 15

Vray. Taille en cercle de la vigne, avec planches explicatives ; par Vray. In-8 ; prix 1 fr. 50. Franco poste 1 fr. 65

DICTIONNAIRE

D'AGRICULTURE

ENCYCLOPÉDIE AGRICOLE COMPLÈTE

Ouvrage renfermant la culture des terres, l'élevage et l'entretien des animaux domestiques, la viticulture, la culture maraîchère et fruitière, l'horticulture, la sylviculture, la sériciculture, la pisciculture, la chasse, la pêche, l'apiculture, l'entomologie agricole, les industries annexées aux exploitations rurales, la mécanique agricole, l'économie et la législation rurales, les irrigations et le drainage, la géographie et la biographie agricoles, la comptabilité, l'hygiène rurale, etc. ;

Par J.-A. BARRAL

ANCIEN SECRÉTAIRE PERPÉTUEL DE LA SOCIÉTÉ NATIONALE D'AGRICULTURE DE FRANCE

Et H. SAGNIER

RÉDACTEUR EN CHEF DU " JOURNAL DE L'AGRICULTURE "

Le **Dictionnaire d'Agriculture** formera de 20 à 25 fascicules de 160 pages chacun, format in-8 raisin, et contiendra plus de 3000 figures.

Prix de chaque fascicule. . . . . 3 fr. 50

Les dix-sept premiers fascicules sont en vente :

Tome I (A-B), fascicules I à VI, 1 vol. broché. 21 fr.
Tome II (C-F), fascicules VII à XIII, 1 volume. 24 fr. 50

Chaque fascicule, franco, poste, 4 fr.

LE
MESSAGER AGRICOLE

REVUE DES ASSOCIATIONS
ET DES INTÉRÊTS AGRICOLES
DU MIDI

PUBLIÉ SOUS LA DIRECTION DE

M. le Dr Frédéric CAZALIS

PARAISSANT LE 10 DE CHAQUE MOIS

PAR NUMÉRO DE 40 PAGES

PRIX DE L'ABONNEMENT POUR LA FRANCE **8** FR.

POUR L'ÉTRANGER **10** FR.

On s'abonne en adressant un mandat-poste à

M. Camille COULET

LIBRAIRE-ÉDITEUR DE L'ÉCOLE NATIONALE D'AGRICULTURE

5, Grand'Rue, 5, **MONTPELLIER**

LA
VIGNE AMÉRICAINE
ET LA
VITICULTURE EN EUROPE

REVUE FONDÉE EN 1877

PAR

J.-E. PLANCHON, V. PULLIAT & J.-E. ROBIN

RÉDACTEUR :

V. PULLIAT

Professeur à l'Institut national agronomique, Membre de la Société
nationale d'Agriculture.

---

*La VIGNE AMÉRICAINE paraît du 20 au 22
de chaque mois.*

LES ABONNEMENTS

Partent du 1er janvier et ne sont pas reçus pour moins d'un an

PRIX : 6 fr. ; Recouvrés à domicile, **6 fr. 50**
Étranger, **7 fr.**

On s'abonne en adressant un mandat-poste de **6** francs à

M. Camille COULET

LIBRAIRE-ÉDITEUR DE L'ÉCOLE NATIONALE D'AGRICULTURE
5, Grand'Rue, 5, Montpellier

ANNONCES ET RÉCLAMES

S'adresser à M. **ROBIN**, administrateur
à LAPEYROUSE-MORNAY, par EPINOUSE (Drôme)

Astruc. Mémoire pour l'histoire naturelle de la province de Languedoc, divisé en trois parties, ornées de figures et cartes en taille-douce. Paris, 1837. 1 vol. in-4 rel. veau 20 fr.

Audouin (Victor). Histoire des insectes nuisibles à la vigne, et particulièrement de la pyrale qui dévaste les vignobles des départements de la Côte-d'Or, de Saône-et-Loire, du Rhône, de l'Hérault, des Pyrénées-Orientales, de la Haute-Garonne, de la Charente-Inférieure, de la Marne et de la Seine-et-Oise, avec l'indication des moyens qu'on doit employer pour la combattre; par Victor Audouin. Paris, 1842, avec 23 planches, dont 18 coloriées; 1 vol. in-4° ½ reliure; prix . . . . 25 fr.
(Bel exemplaire de cet ouvrage rare et recherché.)

Baccii (Andreæ). De Naturali Vinorum historia, de Vinis Italiæ et de Conviviis antiquorum, libri VII. Romæ, Mutius, 1596. 1 vol. in-f° relié en parchemin; prix. . . . . . . 40 fr.
(Bel exemplaire de cet ouvrage rare et recherché.)

Bories. Mémoires sur la manière de déterminer les titres ou degrés de spirituosité des eaux-de-vie et esprits de vin. Montpellier, 1772, in-4°, avec planches, dérelié (rare): prix . . . . 5 fr.

Deshayes (G.-P.). Description des coquilles fossiles des environs de Paris. Paris, Béchet jeune, et (ensuite) Berger Levrault, 1824-37. 3 vol. grand in-4 reliés en 2 vol., demi-reliure, non rognés; prix . . . . 350 fr.

Dubrunfault. Traité complet de l'art de la distillation, contenant, dans un ordre méthodique, les instructions théoriques et pratiques les plus exactes et les plus nouvelles

sur la préparation des liqueurs alcooliques avec les fruits,
les grains, les pommes de terre, les fécules et tous les végétaux sucrés ou farineux, par Demachy. Paris, 1824,
2 vol. in-8, fig., demi-relié (rare) ; prix . . . . 25 fr.

Fuessly (J.-G.). Archives de l'histoire des insectes, publiées
en allemand par Jean Gaspard Fuessly, traduites en français. Wintherthour, 1764, 1 vol. in-4, avec planches noires
et coloriées, cartonné, non rogné ; prix . . . . . 30 fr.

Garidel (Pierre). Histoire des plantes qui naissent aux
environs d'Aix et dans plusieurs autres endroits de la
Provence. Aix, 1715, 1 vol. in-f°, avec 100 planches et un
frontispice gravé, relié basane ; prix . . . . . 20 fr.
(Mouillure dans la marge du bas.)

Geoffroy. Histoire abrégée des insectes, dans laquelle ces
animaux sont rangés suivant un ordre méthodique, par
Geoffroy. Paris, 1764, 2 vol. in-4, figures, rel. basane ;
prix . . . . 20 fr.

Henderson (A.). The history of ancient and modern Vines.
Londres, Balwin, 1824, 1 vol. in-4, fig. sur bois, cartonné
et non rogné ; prix . . . . 50 fr.

Lesser (Creusé de). Statistique du département de l'Hérault.
Montpellier, 1824, avec une carte du département, 1 vol.
in-4 broché . . . . 12 fr.

Parmentier (M.). Mémoire sur les avantages que la province de Languedoc peut retirer de ses grains, considérés
sous leurs différents rapports avec l'Agriculture, le commerce, la meunerie, et la boulangerie, avec figures. Paris.
1786. 1 vol. in-4, papier velin, relié veau ; prix . . 12 fr.

Pisonis (G.). De Indiæ utriusque re naturali et medica
Libri XIV. Lugd. Bat., apud Elzivirios, 1658, in-f° ; fig.,
rel. parchemin ; prix . . . . 20 fr.

Progrès agricole (le). Collection complète depuis l'origine
(1884) jusqu'à fin décembre 1888, en numéros, collection
complète devenue très rare ; prix . . . . 125 fr.

Rendu (Victor). Ampélographie française, ou Traité de la vigne, comprenant la statistique, la description des meilleurs cépages, l'analyse chimique du sol et les procédés de culture et de vinification des principaux vignobles de la France ; par M. Victor Rendu, Inspecteur général de l'Agriculture. Paris, 1857. 1 vol. de texte in-f°, et un atlas de 70 planches magnifiquement coloriées, 2 vol. reliés 330 fr.

Stendel (E.-T.). Nomenclator botanicus, seu synonymia plantarum universalis ; secunda editio ; Stuttgartiæ, 1841, 2 vol. grand in-8 reliés en une demi-reliure veau. 25 fr.

Stoltz (M.-J.-L.). Ampélographie rhénane, ou Description caractéristique, historique, synonymique, agronomique et économique des cépages les plus estimés et les plus cultivés dans la vallée du Rhin depuis Bâle jusqu'à Coblentz et dans plusieurs contrées viticoles de l'Allemagne méridionale ; par M.-J.-L. Stoltz. Paris, 1852, avec 32 pl. lithographiées, dont 30 en couleur et 2 noires. 1 vol. in-4, broché non rogné ; prix . . . . 45 fr.

(Ouvrage rare et recherché.)

Théâtre d'Agriculture et ménage des champs, d'Olivier de Serres, par Du Pradel. Paris, 1804. 2 vol. in-4, avec pl., cartonnés non rognés ; prix . . . . 35 fr.

Tilli (M.-A.). Catalogus plantarum horti Pisani. Florentiæ, 1723, orné d'un portrait avec 50 pl. gravées ; 1 vol. in-f° relié veau ; prix. . . . . 20 fr.

Vigne américaine (la). Collection complète depuis l'origine (1877), à fin décembre 1888 ; prix . . . . . . 150 fr.

(Collection très rare)

MONTPELLIER. — IMP. G. FIRMIN, 3, PLACE DE LA MAIRIE

PARAIT TOUS LES DIMANCHES A MONTPELLIER

LE
PROGRÈS AGRICOLE ET VITICOLE

Journal d'Agriculture méridionale

DIRIGÉ PAR **L. DEGRULLY**

Professeur à l'École nationale d'Agriculture de Montpellier

Avec le concours de MM. les Professeurs de l'École d'Agriculture de Montpellier, de Présidents de Sociétés agricoles, de Professeurs départementaux d'Agriculture et d'un grand nombre d'Agriculteurs et de Viticulteurs.

Le PROGRÈS AGRICOLE paraît tous les dimanches en fascicule cousu et rogné de 16 à 24 pages in-8° et forme, par an, deux volumes de 550 pages environ.

Le Progrès Agricole et Viticole s'occupe tout spécialement des questions relatives à la défense des Vignobles français et la reconstitution des Vignobles détruits par les plantations américaines.

Le PROGRÈS AGRICOLE donne en prime chaque année à ses lecteurs des Gravures coloriées

---

PRIX DE L'ABONNEMENT

France : Un an, **12** fr. — Recouvré à domicile, **12** fr. **50** c.
Pays de l'Union postale : Un an, **14** fr.

On n'accepte pas d'abonnement pour moins d'un an. Les abonnements partent du 1er janvier au 1er juillet de chaque année.

Adresser tout ce qui concerne la Rédaction, les Abonnements et les Annonces, à M. le Directeur du PROGRÈS AGRICOLE, rue Albisson, 1 (rue Nationale, maison Batigne, à Montpellier.

On s'abonne en adressant un mandat-poste de 12 fr. à M. C. COULET, Libraire de l'École nationale d'Agriculture, Grand'Rue, 5, MONTPELLIER.

Publications de la Librairie Camille COULET, Éditeur

BUSH et fils et MEISSNER. Catalogue illustré et descriptif des vignes américaines, par MM. Bush et fils et Meissner. Deuxième édition française. avec 149 figures intercalées dans le texte; 3 planches en chromo-lithographie ; traduite sur la troisième édition anglaise par Louis Bazille, Vice-Président de la Société d'Horticulture et d'Histoire naturelle de l'Hérault, revue et annotée par J.-E. Planchon, professeur à la Faculté de Médecine de Montpellier, correspondant de l'Institut, membre de la Société centrale d'Agriculture et de la Société d'Horticulture et d'Histoire naturelle de l'Hérault. Montpellier, 1885, 1 vol. gr. in 8 jésus de 234 pages ; Prix 8 fr. Franco poste............ 8 fr. 75

CONVERT (F.). La propriété, constitution, estimation, administration; par F. Convert, professeur d'Economie rurale à l'Ecole nationale d'Agriculture de Montpellier, 2ᵉ tirage. Montpellier, 1886, 1 vol. in-12; prix 4 fr. Franco poste.. 4 fr. 50

DESPETIS (Dʳ). Traité pratique de la culture des Vignes américaines; par le Dʳ Despetis, 2ᵉ édit., revue, corrigée et augmentée. Montpellier, 1889, 1 vol de 276 pages; prix 3 fr 50. Franco poste...................... 4 fr.

FITZ-JAMES (Mᵐᵉ la Duchesse de). La Viticulture franco-américaine (1869-1889). Congrès viticoles. Excursions viticoles en France et en Algérie. La Viticulture au point de vue financier. Bouture à un œil; par Mᵐᵉ la Duchesse de Fitz-James. — Montpellier, 1889, 1 vol. in-12 de 600 pag., avec figures dans le texte; prix 6 fr. Franco poste..................... 6 fr. 75

FOEX (G.). Manuel pratique de Viticulture pour la reconstitution des Vignobles méridionaux, Vignes américaines, submersion, plantation dans les sables; par Gustave Foex, Directeur et Professeur de Viticulture à l'Ecole nationale d'Agriculture de Montpellier, avec 90 figures dans le texte; 4ᵉ édition, revue et considérablement augmentée. Montpellier, 1887, 1 vol. in-12; prix 3 fr. 50. Franco poste.. 4 fr.

FOEX (G.). Cours complet de viticulture, par G. Foex, directeur de l'Ecole nationale d'Agriculture de Montpellier, deuxième édition, revue et considérablement augmentée. Montpellier, 1888, 1 vol. in-8 de 942 pages, avec 4 cartes en chromo et 501 figures dans le texte; prix 16 fr. Franco poste.... 17 fr. 50.

PULLIAT (V.). Manuel du greffeur des vignes; par v. Pulliat, Professeur à l'Institut agronomique. Quatrième édition, revue, corrigée et augmentée. Montpellier. 1889, in-8. de 36 pages avec 12 figures dans le texte; prix 1 fr. Franco poste... 1 fr. 20

PULLIAT (V.). Mille variétés de Vignes, description et synonymies; par V. Pulliat, professeur de Viticulture à l'Institut national agronomique, 3ᵉ édition. Montpellier, 1888, 1 vol. in-12 de 400 pages; prix 4 fr. Franco poste. 4 fr. 50.

ROVASENDA. Essai d'une Ampélographie universelle ; par le comte de Rovasenda, traduite, annotée et augmentée par M. le Dʳ F. Cazalis et MM. Foex, Directeur et Professeur, et Pierre Viala, Professeur de Viticulture à l'Ecole nationale d'Agriculture de Montpellier. 2ᵉ édition, augmentée avec une planche en couleur. Montpellier, 1887, 1 vol. in-4; prix 7 fr. Franco poste 7 fr.75

ROUGIER (L.). Manuel pratique de vinification, vins naturels, vins de sucre, piquettes, eau-de-vie, marc; deuxième édition revue et augmentée. 1 vol. petit in-8, avec figures dans le texte; prix 2 fr. 50. Franco poste....... 2 fr. 75

SAHUT (Félix). Les Vignes américaines, leur greffage et leur taille; par Félix Sahut, Vice-Président de la Société d'horticulture et d'histoire naturelle de l'Hérault, avec 80 figures dans le texte. 3ᵉ édition, revue et considérablement augmentée. Montpellier, 1887, 1 vol. in-12 de 800 pages environ; prix 6 fr. Franco poste... 6 fr. 90

TOCHON (P.). L'Art de faire le Vin et de lui conserver ses qualités; conseils et renseignements aux Vignerons et aux Viticulteurs ; par P. Tochon, Président de la Société d'Agriculture de Chambéry, 2ᵉ édition, revue et augmentée. Montpellier, 1888, 1 vol. in-8 de 128 pages; prix 2 fr. 50. Franco poste 2 fr. 75

VIALA (P.). Une mission viticole en Amérique; par Pierre Viala, professeur de Viticulture à l'Ecole nationale d'Agriculture. — Montpellier, 1889, 1 vol. in-8°, avec 8 planches en chromolithographie et une carte géologique des Etats-Unis. Prix 15 fr. Franco poste..................... ... .. 16 fr.

Montpellier. — Typ. Charles Boehm.